Santz-Multiplikator

D. R. G. M.

Kleinste, das gesamte Zahlenreich umfassende

Rechentafel

zum unmittelbaren Ablesen des Ergebnisses aller Längen-, Flächen-, Inhalts-, Gewichts- und Preis-Berechnungen, wie überhaupt der Multiplikation und Division beliebig vieler Zahlen

von

Adolf Santz
Oberingenieur in Berlin

Berlin
Verlag von Julius Springer
1920

ISBN 978-3-642-98274-3 ISBN 978-3-642-99085-4 (eBook)
DOI 10.1007/978-3-642-99085-4

Softcover reprint of the hardcover 1st edition 1920

Vorwort.

Die vorliegende Rechentafel beherrscht bei bisher unerreicht geringem Umfange das gesamte Zahlenreich und ermöglicht die Multiplikation oder Division beliebig vieler Zahlen durch direkte Ablesung, und zwar für alle Berechnungen vorstehender Art, besonders bei Ermittelung von Gewichten beliebiger Mengen, Bestandsaufnahmen, Kalkulationen, Kontrollen usw., unabhängig von einem bestimmten Erzeugnis.

Ihre Eigenart besteht zunächst darin, daß die vorhandenen 2015 Einheitszahlen nicht in der bisher üblichen arithmetischen Reihe (1-2-3-4-5-6 usw.), sondern in geometrischer Reihe steigen, bei der jede folgende Einheit gegenüber der vorhergehenden immer um den gleichen prozentualen Betrag wächst.

Findet man bei Rechentafeln eine Einheit nicht unmittelbar zur Ablesung vor, so muß man entweder interpolieren, oder man begnügt sich damit, das Ergebnis bei der nächst höheren oder tieferen vorhandenen Einheit abzulesen. Dabei ist man jedoch bei arithmetisch angeordneten Tafeln über die Größe des begangenen Fehlers völlig im Zweifel, denn dieser ist an den einzelnen Stellen der arithmetischen Reihe verschieden groß, weil der Unterschied z. B. von 1 auf 2 100%, von 2 auf 3 50%, von 3 auf 4 $33^1/_3$%, von 4 auf 5 25%, von 10 auf 11 10% usw. ist.

Bei der hier gewählten geometrischen Reihe dagegen kann, wo auch immer man einen Zwischenwert aus der nächst höheren oder tieferen vorhandenen Einheit abliest, der Fehler eine gewisse gleichbleibende prozentuale Größe nicht übersteigen, die für den vorliegenden Zweck so gewählt ist, daß der Unterschied zwischen auf einander folgenden Einheiten nur rund **0,6%** beträgt.

Ist also trotz der großen Menge aufgeführter Einheiten eine nicht zur direkten Ablesung des Ergebnisses vorhanden und wird infolgedessen die nächst höhere oder tiefere vorhandene Einheit benutzt, so weiß man doch ganz genau, daß der dadurch begangene Fehler immer nur kleiner als 0,6% sein kann. Sollte in besonderen Fällen diese Genauigkeit nicht genügen, so läßt sich auch der genaue Wert aus der Tafel zwanglos ermitteln.

Für die Zwecke der Industrie, z. B. Gewichtsberechnungen, ist eine so geringe Abweichung von der genauen Rechnung belanglos, denn die Schwankungen der spezifischen Gewichte der Werkstoffe bzw. der Maße (als Folge von Herstellungsungenauigkeiten) können stets erheblich größer sein als 0,6%. Für Gewichtskalkulationen ist es sogar vorteilhaft, aus einer höheren Tafel abzulesen, als sie dem genauen Einheitsgewicht (für 1 m, Stück usw.) entspricht, weil dadurch das Preisrisiko, das auf dem Käufer eines Erzeugnisses nach Maßgabe der vom Hersteller als zulässig verlangten Gewichtsabweichungen lastet, ganz oder doch wenigstens teilweise beseitigt werden kann (Gewichtsabweichungen bei Stabeisen z. B. bis $\pm$ 3% usw.).

Die weitere Eigenart der vorliegenden Anordnung besteht darin, daß — zum Zwecke der Raumersparnis ohne Schaden für die Übersichtlichkeit — stets in einer einzigen Zahlentafel alle diejenigen Einheiten zusammengefaßt sind, die die gleichen Zahlen enthalten, z. B. 0,1006, 1,006, 10,06, 100,6, 1006.

Die am Kopfe jeder Zahlentafel angebrachte Pfeilanordnung ermöglicht — im Verein mit den zwischen den einzelnen Ergebniszahlen verlaufenden Führungslinien — ein sofortiges Ablesen des Ergebnisses unter völlig zwangloser Ermittelung der Kommastellung für die verschiedenen Einheiten.

Vor Gebrauch der Tafel wolle man die nachstehenden Beispiele beachten, die einige der vielen Anwendungsmöglichkeiten zeigen.

Aus dem Bedürfnis der Industrie-Praxis nach einer wirklich handlichen Rechentafel entstanden, möge das vorliegende kleine Werk seinen Zweck erfüllen, nämlich alle die vielfältigen Multiplikations- und Divisionsrechnungen der Technik und Industrie zu erleichtern und damit Zeit und Arbeit sparen zu helfen. Besonders überall dort, wo Rechenstab oder Rechenmaschine nicht benutzt werden können, bzw. der erstere nicht genau genug ist.

Berlin, im April 1920.

Adolf Santz.

Anwendungsbeispiele.

Beispiel 1.

Wie schwer ist ein Flacheisenstab von 8 × 60 mm Querschnitt und 3,7 m Länge, dessen Einheitsgewicht (für 1 m) 3,76 kg ist?

Als Einheit gilt 3,76. Das Ergebnis ihrer Multiplikation mit beliebigen Anzahlen findet sich auf der oben die gleichzahlige Kennzahl 3760 tragenden Seite. Hier geht man von der links stehenden Anzahl 3,7 in die für die Einheiten 3760-376,0-37,6-3,76 und 0,376 giltige Ergebniskolonne wagerecht hinüber und findet dort die Zahl 13 912. Um die Stellung des Kommas im Ergebnis von 3,7 × 3,76 zu ermitteln, braucht man nur den Pfeil, der vom Kopfe der Kolonne von Einheit 3,76 ausgeht, abwärts zu verfolgen. Er sagt zwanglos aus, daß das Komma hinter der zweiten Zahl (3) von 13 912 steht, das Ergebnis also 13,912 kg ist.

Zum Vergleich sei hier die gewöhnliche, schriftlich auszuführende und umständliche, Rechnung hinzugefügt:

```
3,7 × 3,76
----------
   222
  2 59
 11 1
--------
13,912
```

Beispiel 2.

Welchen Rauminhalt muß ein Behälter haben, in dem 3340 kg Steinkohle gelagert werden sollen, wenn das Gewicht der letzteren für 1 geschütteten cbm mit 813 kg angegeben wird?

Da es sich hier um eine Division (3340 : 813) handelt, ist gegenüber Beispiel 1 der umgekehrte Weg einzuschlagen. Maßgebend ist die Seite mit der Kennzahl 8130, die gleichzahlig mit der hier als Einheit geltenden 813,0 ist. In der Ergebniskolonne finden sich für Einheit 813,0, als dem Gesamtgewichte von 3340 kg am nächsten kommend, die Zahlen 3333,3 und 3414,6. Der gesuchte Rauminhalt für 3340 kg muß daher zwischen den zu vorgenannten Ergebniszahlen gehörigen Anzahlen 4,1 und 4,2 liegen, und zwar offenbar dicht an 4,1. Es ergibt sich also — mit wohl im allgemeinen ausreichender Genauigkeit — als der gesuchte Rauminhalt 4,1 cbm bzw., wenn man das geringe Mehr schätzt, 4,11 cbm.

Das gewöhnliche umständliche, rechnerische Verfahren wäre:

```
3340 : 813 = 4,1082 = rund 4,11 cbm
3252
----
  880
  813
  ----
   6700
   6504
   ----
    196
```

Beispiel 3.

Welches Gewicht hat ein Kupferdraht von 6 mm Durchmesser und 895,7 m Länge, dessen Einheitsgewicht (für 1 m) 0,245 kg ist?

Aufzuschlagen ist die Seite mit der Kennzahl 2450, da sie gleichzahlig mit 0,245 ist. Die Tafel enthält (direkt) nur Anzahlen von 0,01 bis 10 (m), während es sich hier um 895,7 m handelt. Man zerlegt daher 895,7 in 890 + 5,7 und stellt weiter die einfache Überlegung an, daß, wenn man 890 wissen will, in der Tafel sich aber nur das Ergebnis für die Anzahl 8,9 findet, in der für letztere bei Einheit 0,245 giltigen Ergebniszahl das Komma um zwei Stellen nach rechts gerückt werden muß.

Durch Ablesung bei 8,9 in Kolonne 2450 für Einheit 0,245 ergibt sich zunächst 2,1805 kg, demnach für:

8,9 × 100 = 890 m 218,05

ferner, direkt ablesbar, für:

5,7 m 1,3965

und als Ergebnis der Aufgabe . . . . 219,4465 = rund **219,45 kg.**

Auch hier dürfte die Ersparnis gegenüber der gewöhnlichen Rechnung offensichtlich sein.

```
0,245 × 895,7
-------------
      1715
     1 225
    22 05
   196 0
-------------
   219,4465 = rund 219,45
```

Die Tafel ist also mit Hilfe der oben erläuterten, ganz einfachen und jedem geläufigen Überlegung für jede beliebige Anzahl benutzbar.

Eine Anzahl von 357 642 m des Drahtes von 0,245 kg Metergewicht würde man in 350 000 + 7600 + 42 zerlegen.

Also ablesen:	niederschreiben
3,5 × 0,245 = 0,8575	
Für 350 000 m Komma 5 Stellen nach rechts . .	= 85 750
7,6 × 0,245 = 1,862	
Für 7 600 m Komma 3 Stellen nach rechts . .	= 1 862
4,2 × 0,245 = 1,029	
Für 42 m Komma 1 Stelle nach rechts	= 10,29
also 357 642 m	= **87 622,29 kg.**

Das Ergebnis ist ohne Umblättern durch einfaches Ablesen und Zusammenzählen von 3 Zahlen gefunden, gegenüber der umständlichen Rechnung:

```
0,245 × 357 642
---------------
          490
         9 80
        147 0
       1715
      1225
      735
---------------
      87622,290
```

Beispiel 4.

Welches Gewicht haben 5,7 Liter Benzin, wenn dessen spezifisches Gewicht (Gewicht von 1 Liter in kg) 0,851 ist?

Die Einheit ist 0,851, die Kennzahl der Seite also 8510. Eine solche ist jedoch nicht unmittelbar vorhanden, Vielmehr findet sich nur eine Seite 8480 ÷ 8530 (0,848 ÷ 0,853), von denen die erste gegenüber 0,851 zu klein, die zweite zu groß ist. Man muß sich also entscheiden, ob man das Ergebnis aus der nächst tieferen vorhandenen Einheit 0,848 oder aus der nächst höheren 0,853 ablesen will. Nach der Anlage der Tafel ist der Unterschied zweier vorhandenen und auf einander folgenden Einheiten stets rund 0,6 %. Bei Ablesung aus der nächst tieferen oder nächst höheren Einheit kann also der Fehler immer nur kleiner als 0,6 % sein. Da 0,851 näher an 0,853 als an 0,848 liegt, wird man aus 0,853 ablesen und findet bei Anzahl 5,7 ohne weiteres durch den von 0,853 abwärts ziehenden Pfeil das Ergebnis zu 4,8621 kg.

Die zeitraubende genaue Rechnung hätte ergeben:

```
5,7 × 0,851
-----------
     57
    285
   4 56
-----------
 4,8507 kg.
```

Der Fehler durch Ablesung aus der nächsthöheren vorhandenen Einheit beträgt also nur 11,4 Gramm oder knapp 0,3 %. Er dürfte ohne weiteres zu vernachlässigen sein, zumal die bei der Herstellung unvermeidlichen Schwankungen des spezifischen Gewichtes viel größer sein können.

Beispiel 5.

Bei einem Eisenbahnbau sei die sog. Massenberechnung aufzustellen. An einer Stelle betrage die erforderliche Dammhöhe 4 m, die Kronenbreite 5 m, der Böschungswinkel 1,5 : 1, sodaß die trapezförmige Querschnittsfläche einen Inhalt von 44 qm hat. Die Länge des mit diesem Profile aufzuführenden Dammes sei 293 m. Zu bestimmen ist die in ihm enthaltene Erdmasse.

Nimmt man als Einheit 293 an, so findet man, daß nur eine Seite mit den Kennzahlen 2917 ÷ 2934 (291,7 ÷ 293,4) vorhanden ist. Bei Ablesung aus 293,4 ergibt sich für Anzahl 4,4 ein Inhalt von 1291,0, für 44 qm also ein solcher von 12 910 cbm.

Die genaue Rechnung wäre:

```
 44 × 293
----------
    132
   396
   88
----------
 12892 cbm.
```

Der Fehler durch Ablesung bei 293,4 statt 293,0 beträgt also nur 18 cbm oder 0,15 % nach der Plusseite. Er dürfte bei fast 13000 cbm und den Ungenauigkeiten der Bauausführung völlig belanglos sein.

Beispiel 6.

Will man sich mit dem Fehler, der bei Nichtvorhandensein der betreffenden Einheit immer nur kleiner sein kann, als 0,6 %, nicht einverstanden erklären, so kann auch das genaue Ergebnis mit Leichtigkeit gefunden werden.

Es sei das genaue Ergebnis von 336,5 × 3,7 zu bestimmen. Maßgebend ist die Seite mit den Kennzahlen 3360 ÷ 3380 (336,0 ÷ 338,0).

Die Ablesung finde in diesem Falle aus der nächsttieferen vorhandenen Einheit 336,0 statt und zeigt für Anzahl 3,7 als Ergebnis 1243,2. Da das Mehr von 336,5 gegenüber 336,0 0,5 ist, wird der gesuchte Mehrbetrag (Anzahl × Mehr) = 3,7 × 0,5 = 1,85, das genaue Ergebnis also 1243,2 + 1,85 = **1245,05** sein.

Der Rechenstab hätte 1240 ergeben, also einen erheblich größeren Fehler als er hier bei Ablesung (ohne Korrektur) eingetreten wäre.

Beispiel 7.

Wie groß ist der Inhalt eines Prismas von 314,4 m Länge, 2,67 m Höhe und 83,8 m Breite?

Zunächst ist auf Seite 3126 ÷ 3144 das Ergebnis von 314,4 × 2,67 zu bestimmen, indem für Einheit 314,4 bei Anzahl 2,6 m 817,4
und für die an 2,67 noch fehlenden 0,07 m bei dieser Anzahl 22,0
abgelesen werden. Das Ergebnis ist 839,4

Als zweite Operation ist 839,4 × 83,8 nach Seite 8380 ÷ 8430 auszuführen, indem man für Einheit 83,8 bei Anzahl 8,3 695,54 abliest,
also für 830 m 69 554
und bei Anzahl 9,4 787,72
das sind . . . . **70 341,72 cbm**
als Inhalt des Prismas.

Bei dem bisherigen, gewöhnlichen Verfahren wäre auszuführen gewesen:

1) 2,67 × 314,4
```
   1 068
  10 68
  26 7
 801
 839,448 = rund 839,4
```

2) 839,4 × 83,8
```
  671 52
 2518 2
67152
70341,72 cbm.
```

Die Ausrechnung mit dem üblichen Rechenstab von 25 cm Länge hätte ergeben: für 2,67 × 314,4 ca. 841 und für 841 × 83,8 ca. 70 400 cbm, wobei die immerhin Überlegung erfordernde Bestimmung der Stellenzahl besonders zu erwähnen ist. Das Ergebnis zeigt einen Fehler von 68 cbm nach der Minusseite.

Beispiel 8.

Für Kalkulationszwecke sei der Wert von 285,6 kg Stahl zu bestimmen, von dem 100 kg 256 M. (also 1 kg 2,56 M.) kosten.

Maßgebend ist als Kennzahl 2560. Es findet sich jedoch nur eine Seite mit 2555 ÷ 2570. Erfolgt die Ablesung aus der ersteren für Einheit 2,555 (statt 2,560), so ergibt sich zunächst

für 280 kg 7,154 mit Komma um 2 Stellen nach rechts 715,40
für die restlichen 5,6 kg 14,31
also für 285,6 kg . . . . **729,71 M.**

Die genaue Rechnung hätte ergeben:

285,6 × 2,56
```
 17 136
142 80
571 2
731,136 = rund 731,14 M.
```

Der durch einfache Ablesung aus 2,555 statt 2,56 begangene Fehler beträgt 1,43 M. oder 0,2 %.

Das genaue Ergebnis des vorliegenden Beispieles läßt sich auf einfache Weise, wie folgt, finden. Der Unterschied zwischen Einheit 2,555, bei der abgelesen wurde, und der tatsächlichen 2,56 beträgt 0,005. Es ist daher ein Fehler von 0,005 × Anzahl 285,6 gemacht worden. 0,005 × 286 ergibt 1,43. Wird diese Zahl zu dem abgelesenen Ergebnis 729,71 hinzugezählt, so ergibt sich der genaue Wert des Stahles zu 731,14 M.

Bekanntlich treten bei allen Erzeugnissen Abweichungen vom genauen, rechnerischen Gewicht auf, die meist nach der Plusseite gerichtet sind und von den Erzeugern dem Käufer gegenüber als zulässig ausbedungen werden. Ein auf diese Weise entstehendes Mehrgewicht muß der Käufer, wenn das betreffende Erzeugnis nach Gewicht (z. B. 100 kg) gehandelt wird, bezahlen. Es empfiehlt sich deshalb, von vornherein schon wenigstens einen Teil der zu erwartenden Gewichtsüberschreitung bei der Vorkalkulation des Wertes durch Ablesung aus der nächsthöheren Einheit zu berücksichtigen.

Bei Formeisen sind z. B. Gewichtsabweichungen von ± 3 % durch die „Vorschriften für die Lieferung von Eisen und Stahl" als zulässig festgelegt. Die Erfahrung zeigt, daß man im allgemeinen bei der Vorkalkulation sein Preisrisiko deckt, wenn man in dem ebengenannten Falle eine Gewichtsabweichung von + 1,2 ÷ 1,5 % rechnet. Bei Benutzung der Tafel unter diesem Gesichtspunkte hätte man bei Ausrechnung des Markwertes nicht bei der genauen oder nächst höheren Einheit ablesen müssen, sondern man hätte, da der Unterschied von Einheit zu Einheit — nach Anlage der Tafel — nur 0,6 % ist, sogar noch 2 bis 3 Einheiten weiter hinaufgehen müssen, um die vorgenannten + 1,2 ÷ 1,5 % zu decken. Die Erwägung wurde hier hinzugefügt, um zu beweisen, wie unwesentlich an sich der nach Anlage der Tafel bei nicht unmittelbarem Vorhandensein der genauen Einheit mögliche Höchstfehler (immer weniger als 0,6 %) ist, gegenüber sonstigen, in der Natur der verschiedenen Erzeugnisse begründeten Fehler- bzw. Abweichungsmöglichkeiten vom genauen, rechnerischen Wert ist.

Beispiel 9.

Die üblichen Lohnberechnungstafeln soll die vorliegende Tafel zwar nicht ersetzen; sie kann jedoch ohne weiteres hierfür benutzt werden, auch wenn sich die gesuchte Einheit nicht unmittelbar findet.

Wieviel verdient ein Arbeiter, der pro Stunde einen Lohn von 3,25 M. hat, in 4,5 Stunden?

Maßgebend ist Seite 3240 ÷ 3260 (3,24 ÷ 3,26). Liest man zunächst bei Anzahl 4,5 für Einheit 3,24 ab, so findet sich 14,58 M. Da nun 3,25 M. in der Mitte zwischen 3,24 und 3,26 liegt, so ist zu 14,58 M. noch die Hälfte des Unterschiedes zwischen 4,5 × 3,24 und 4,5 × 3,26 hinzuzuzählen. Dieser Unterschied beträgt für die Einheiten 3,24 und 3,26, wie die Tafel ohne weiteres ausweist, 0,09 (14,58 gegen 14,67). Zu 14,58 sind also noch 0,045 oder rund 0,05 M. hinzuzufügen, womit sich der Verdienst des Arbeiters zu 14,63 M. ergibt. Bei Nichtvorhandensein einer Lohnrechentafel dürfte die Zeitersparnis gegenüber der Rechnung

3,25 × 4,5
1 625
13 00
14,625 = rund 14,63 M. immer noch beachtenswert sein.

Beispiel 10.

Welchen Wert hat $3{,}28^3$.

Maßgebend ist Seite 3280 ÷ 3300 für Einheit 3,28. Zunächst ist zu berechnen 3,28 × 3,28, d. i. 3,28 (3,2 + 0,08).

Ablesen 3,2 × 3,28	. . . . . =	10,496
0,08 × 3,28	. . . . . =	0,262
		10,758

Sodann ist zu ermitteln 3,28 × 10,758, d. i. 3,28 (10 + 0,75 + 0,008).

Ablesen 10 × 3,28	=	32,800
0,75 × 3,28 wird bei 7,5 abgelesen und das Komma um eine Stelle nach links gerückt	=	2,460
0,008 × 3,28 wird bei 0,08 abgelesen und das Komma um eine Stelle nach links gerückt	=	0,0262
also $3{,}28^3$	=	35,2862 = rund **35,29.**

Beispiel 11.

Welchen Inhalt hat eine Kreisfläche von 3,56 m Durchmesser?

Fläche $= \frac{\pi}{4} \times 3{,}56^2 = 0{,}7854 \times 3{,}56 \times 3{,}56$.

Abgelesen wird auf Seite 3560 ÷ 3580 für Einheit 3,56:

1)	0,7854 × 3,56	
bei 7,8	0,78 × 3,56	= 2,7768
bei 5,4	0,0054 × 3,56	= 0,0192
		2,7960
2)	2,796 × 3,56	
	2,7 × 3,56	= 9,612
bei 9,6	0,096 × 3,56	= 0,342
	also Inhalt	= **9,954 qm.**

Beispiel 12.

Welchen Umfang hat ein Kreis von 4,7 m Durchmesser?

Umfang $= \pi \times 4{,}7 = 3{,}142 \times 4{,}7$.

π = 3,142 findet sich auf der letzten Seite des Buches.

Bei Anzahl 4,7 liest man aus der Tafel 3,142 den Umfang zu **14,767 m** ab.

0,01 bis 4,5	0,1	1,0	10,0	100,0	1000,0	0,1006	1,006	10,06	100,6	1006,0
0,01	0	0	0	1	0	0	0	0	1	0
0,02	0	0	0	2	0	0	0	0	2	0
0,03	0	0	0	3	0	0	0	0	3	0
0,04	0	0	0	4	0	0	0	0	4	0
0,05	0	0	0	5	0	0	0	0	5	0
0,06	0	0	0	6	0	0	0	0	6	0
0,07	0	0	0	7	0	0	0	0	7	0
0,08	0	0	0	8	0	0	0	0	8	0
0,09	0	0	0	9	0	0	0	0	9	1
0,1	0	0	1	0	0	0	0	1	0	1
0,2	0	0	2	0	0	0	0	2	0	1
0,3	0	0	3	0	0	0	0	3	0	2
0,4	0	0	4	0	0	0	0	4	0	2
0,5	0	0	5	0	0	0	0	5	0	3
0,6	0	0	6	0	0	0	0	6	0	4
0,7	0	0	7	0	0	0	0	7	0	4
0,8	0	0	8	0	0	0	0	8	0	5
0,9	0	0	9	0	0	0	0	9	0	5
1	0	1	0	0	0	0	1	0	0	6
1,1	0	1	1	0	0	0	1	1	0	7
1,2	0	1	2	0	0	0	1	2	0	7
1,3	0	1	3	0	0	0	1	3	0	8
1,4	0	1	4	0	0	0	1	4	0	8
1,5	0	1	5	0	0	0	1	5	0	9
1,6	0	1	6	0	0	0	1	6	1	0
1,7	0	1	7	0	0	0	1	7	1	0
1,8	0	1	8	0	0	0	1	8	1	1
1,9	0	1	9	0	0	0	1	9	1	1
2	0	2	0	0	0	0	2	0	1	2
2,1	0	2	1	0	0	0	2	1	1	3
2,2	0	2	2	0	0	0	2	2	1	3
2,3	0	2	3	0	0	0	2	3	1	4
2,4	0	2	4	0	0	0	2	4	1	4
2,5	0	2	5	0	0	0	2	5	1	5
2,6	0	2	6	0	0	0	2	6	1	6
2,7	0	2	7	0	0	0	2	7	1	6
2,8	0	2	8	0	0	0	2	8	1	7
2,9	0	2	9	0	0	0	2	9	1	7
3	0	3	0	0	0	0	3	0	1	8
3,1	0	3	1	0	0	0	3	1	1	9
3,2	0	3	2	0	0	0	3	2	1	9
3,3	0	3	3	0	0	0	3	3	2	0
3,4	0	3	4	0	0	0	3	4	2	0
3,5	0	3	5	0	0	0	3	5	2	1
3,6	0	3	6	0	0	0	3	6	2	2
3,7	0	3	7	0	0	0	3	7	2	2
3,8	0	3	8	0	0	0	3	8	2	3
3,9	0	3	9	0	0	0	3	9	2	3
4	0	4	0	0	0	0	4	0	2	4
4,1	0	4	1	0	0	0	4	1	2	5
4,2	0	4	2	0	0	0	4	2	2	5
4,3	0	4	3	0	0	0	4	3	2	6
4,4	0	4	4	0	0	0	4	4	2	6
4,5	0	4	5	0	0	0	4	5	2	7

4,6 bis 10	0,1	1,0	10,0	100,0	1000,0	0,1006	1,006	10,06	100,6	1006,0
4,6	0	4	6	0	0	0	4	6	2	8
4,7	0	4	7	0	0	0	4	7	2	8
4,8	0	4	8	0	0	0	4	8	2	9
4,9	0	4	9	0	0	0	4	9	2	9
5	0	5	0	0	0	0	5	0	3	0
5,1	0	5	1	0	0	0	5	1	3	1
5,2	0	5	2	0	0	0	5	2	3	1
5,3	0	5	3	0	0	0	5	3	3	2
5,4	0	5	4	0	0	0	5	4	3	2
5,5	0	5	5	0	0	0	5	5	3	3
5,6	0	5	6	0	0	0	5	6	3	4
5,7	0	5	7	0	0	0	5	7	3	4
5,8	0	5	8	0	0	0	5	8	3	5
5,9	0	5	9	0	0	0	5	9	3	5
6	0	6	0	0	0	0	6	0	3	6
6,1	0	6	1	0	0	0	6	1	3	7
6,2	0	6	2	0	0	0	6	2	3	7
6,3	0	6	3	0	0	0	6	3	3	8
6,4	0	6	4	0	0	0	6	4	3	8
6,5	0	6	5	0	0	0	6	5	3	9
6,6	0	6	6	0	0	0	6	6	4	0
6,7	0	6	7	0	0	0	6	7	4	0
6,8	0	6	8	0	0	0	6	8	4	1
6,9	0	6	9	0	0	0	6	9	4	1
7	0	7	0	0	0	0	7	0	4	2
7,1	0	7	1	0	0	0	7	1	4	3
7,2	0	7	2	0	0	0	7	2	4	3
7,3	0	7	3	0	0	0	7	3	4	4
7,4	0	7	4	0	0	0	7	4	4	4
7,5	0	7	5	0	0	0	7	5	4	5
7,6	0	7	6	0	0	0	7	6	4	6
7,7	0	7	7	0	0	0	7	7	4	6
7,8	0	7	8	0	0	0	7	8	4	7
7,9	0	7	9	0	0	0	7	9	4	7
8	0	8	0	0	0	0	8	0	4	8
8,1	0	8	1	0	0	0	8	1	4	9
8,2	0	8	2	0	0	0	8	2	4	9
8,3	0	8	3	0	0	0	8	3	5	0
8,4	0	8	4	0	0	0	8	4	5	0
8,5	0	8	5	0	0	0	8	5	5	1
8,6	0	8	6	0	0	0	8	6	5	2
8,7	0	8	7	0	0	0	8	7	5	2
8,8	0	8	8	0	0	0	8	8	5	3
8,9	0	8	9	0	0	0	8	9	5	3
9	0	9	0	0	0	0	9	0	5	4
9,1	0	9	1	0	0	0	9	1	5	5
9,2	0	9	2	0	0	0	9	2	5	5
9,3	0	9	3	0	0	0	9	3	5	6
9,4	0	9	4	0	0	0	9	4	5	6
9,5	0	9	5	0	0	0	9	5	5	7
9,6	0	9	6	0	0	0	9	6	5	8
9,7	0	9	7	0	0	0	9	7	5	8
9,8	0	9	8	0	0	0	9	8	5	9
9,9	0	9	9	0	0	0	9	9	5	9
10	1	0	0	0	0	1	0	0	6	0

0,01 bis 4,5	0,1012	1,012	10,12	101,2	1012,0	0,1018	1,018	10,18	101,8	1018,0
0,01	0	0	0	1	0	0	0	0	1	0
0,02	0	0	0	2	0	0	0	0	2	0
0,03	0	0	0	3	0	0	0	0	3	1
0,04	0	0	0	4	0	0	0	0	4	1
0,05	0	0	0	5	1	0	0	0	5	1
0,06	0	0	0	6	1	0	0	0	6	1
0,07	0	0	0	7	1	0	0	0	7	1
0,08	0	0	0	8	1	0	0	0	8	1
0,09	0	0	0	9	1	0	0	0	9	2
0,1	0	0	1	0	1	0	0	1	0	2
0,2	0	0	2	0	2	0	0	2	0	4
0,3	0	0	3	0	4	0	0	3	0	5
0,4	0	0	4	0	5	0	0	4	0	7
0,5	0	0	5	0	6	0	0	5	0	9
0,6	0	0	6	0	7	0	0	6	1	1
0,7	0	0	7	0	8	0	0	7	1	3
0,8	0	0	8	1	0	0	0	8	1	4
0,9	0	0	9	1	1	0	0	9	1	6
1	0	1	0	1	2	0	1	0	1	8
1,1	0	1	1	1	3	0	1	1	2	0
1,2	0	1	2	1	4	0	1	2	2	2
1,3	0	1	3	1	6	0	1	3	2	3
1,4	0	1	4	1	7	0	1	4	2	5
1,5	0	1	5	1	8	0	1	5	2	7
1,6	0	1	6	1	9	0	1	6	2	9
1,7	0	1	7	2	0	0	1	7	3	1
1,8	0	1	8	2	2	0	1	8	3	2
1,9	0	1	9	2	3	0	1	9	3	4
2	0	2	0	2	4	0	2	0	3	6
2,1	0	2	1	2	5	0	2	1	3	8
2,2	0	2	2	2	6	0	2	2	4	0
2,3	0	2	3	2	8	0	2	3	4	1
2,4	0	2	4	2	9	0	2	4	4	3
2,5	0	2	5	3	0	0	2	5	4	5
2,6	0	2	6	3	1	0	2	6	4	7
2,7	0	2	7	3	2	0	2	7	4	9
2,8	0	2	8	3	4	0	2	8	5	0
2,9	0	2	9	3	5	0	2	9	5	2
3	0	3	0	3	6	0	3	0	5	4
3,1	0	3	1	3	7	0	3	1	5	6
3,2	0	3	2	3	8	0	3	2	5	8
3,3	0	3	3	4	0	0	3	3	5	9
3,4	0	3	4	4	1	0	3	4	6	1
3,5	0	3	5	4	2	0	3	5	6	3
3,6	0	3	6	4	3	0	3	6	6	5
3,7	0	3	7	4	4	0	3	7	6	7
3,8	0	3	8	4	6	0	3	8	6	8
3,9	0	3	9	4	7	0	3	9	7	0
4	0	4	0	4	8	0	4	0	7	2
4,1	0	4	1	4	9	0	4	1	7	4
4,2	0	4	2	5	0	0	4	2	7	6
4,3	0	4	3	5	2	0	4	3	7	7
4,4	0	4	4	5	3	0	4	4	7	9
4,5	0	4	5	5	4	0	4	5	8	1

4,6 bis 10	0,1012	1,012	10,12	101,2	1012,0	0,1018	1,018	10,18	101,8	1018,0
4,6	0	4	6	5	5	0	4	6	8	3
4,7	0	4	7	5	6	0	4	7	8	5
4,8	0	4	8	5	8	0	4	8	8	6
4,9	0	4	9	5	9	0	4	9	8	8
5	0	5	0	6	0	0	5	0	9	0
5,1	0	5	1	6	1	0	5	1	9	2
5,2	0	5	2	6	2	0	5	2	9	4
5,3	0	5	3	6	4	0	5	3	9	5
5,4	0	5	4	6	5	0	5	4	9	7
5,5	0	5	5	6	6	0	5	5	9	9
5,6	0	5	6	6	7	0	5	7	0	1
5,7	0	5	7	6	8	0	5	8	0	3
5,8	0	5	8	7	0	0	5	9	0	4
5,9	0	5	9	7	1	0	6	0	0	6
6	0	6	0	7	2	0	6	1	0	8
6,1	0	6	1	7	3	0	6	2	1	0
6,2	0	6	2	7	4	0	6	3	1	2
6,3	0	6	3	7	6	0	6	4	1	3
6,4	0	6	4	7	7	0	6	5	1	5
6,5	0	6	5	7	8	0	6	6	1	7
6,6	0	6	6	7	9	0	6	7	1	9
6,7	0	6	7	8	0	0	6	8	2	1
6,8	0	6	8	8	2	0	6	9	2	2
6,9	0	6	9	8	3	0	7	0	2	4
7	0	7	0	8	4	0	7	1	2	6
7,1	0	7	1	8	5	0	7	2	2	8
7,2	0	7	2	8	6	0	7	3	3	0
7,3	0	7	3	8	8	0	7	4	3	1
7,4	0	7	4	8	9	0	7	5	3	3
7,5	0	7	5	9	0	0	7	6	3	5
7,6	0	7	6	9	1	0	7	7	3	7
7,7	0	7	7	9	2	0	7	8	3	9
7,8	0	7	8	9	4	0	7	9	4	0
7,9	0	7	9	9	5	0	8	0	4	2
8	0	8	0	9	6	0	8	1	4	4
8,1	0	8	1	9	7	0	8	2	4	6
8,2	0	8	2	9	8	0	8	3	4	8
8,3	0	8	4	0	0	0	8	4	4	9
8,4	0	8	5	0	1	0	8	5	5	1
8,5	0	8	6	0	2	0	8	6	5	3
8,6	0	8	7	0	3	0	8	7	5	5
8,7	0	8	8	0	4	0	8	8	5	7
8,8	0	8	9	0	6	0	8	9	5	8
8,9	0	9	0	0	7	0	9	0	6	0
9	0	9	1	0	8	0	9	1	6	2
9,1	0	9	2	0	9	0	9	2	6	4
9,2	0	9	3	1	0	0	9	3	6	6
9,3	0	9	4	1	2	0	9	4	6	7
9,4	0	9	5	1	3	0	9	5	6	9
9,5	0	9	6	1	4	0	9	6	7	1
9,6	0	9	7	1	5	0	9	7	7	3
9,7	0	9	8	1	6	0	9	8	7	5
9,8	0	9	9	1	8	0	9	9	7	6
9,9	1	0	0	1	9	1	0	0	7	8
10	1	0	1	2	0	1	0	1	8	0

0,01 bis 4,5	0,1024	1,024	10,24	102,4	1024,0	0,103	1,03	10,3	103,0	1030,0
0,01	0	0	0	1	0	0	0	0	1	0
0,02	0	0	0	2	0	0	0	0	2	1
0,03	0	0	0	3	1	0	0	0	3	1
0,04	0	0	0	4	1	0	0	0	4	1
0,05	0	0	0	5	1	0	0	0	5	2
0,06	0	0	0	6	1	0	0	0	6	2
0,07	0	0	0	7	2	0	0	0	7	2
0,08	0	0	0	8	2	0	0	0	8	2
0,09	0	0	0	9	2	0	0	0	9	3
0,1	0	0	1	0	2	0	0	1	0	3
0,2	0	0	2	0	5	0	0	2	0	6
0,3	0	0	3	0	7	0	0	3	0	9
0,4	0	0	4	1	0	0	0	4	1	2
0,5	0	0	5	1	2	0	0	5	1	5
0,6	0	0	6	1	4	0	0	6	1	8
0,7	0	0	7	1	7	0	0	7	2	1
0,8	0	0	8	1	9	0	0	8	2	4
0,9	0	0	9	2	2	0	0	9	2	7
1	0	1	0	2	4	0	1	0	3	0
1,1	0	1	1	2	6	0	1	1	3	3
1,2	0	1	2	2	9	0	1	2	3	6
1,3	0	1	3	3	1	0	1	3	3	9
1,4	0	1	4	3	4	0	1	4	4	2
1,5	0	1	5	3	6	0	1	5	4	5
1,6	0	1	6	3	8	0	1	6	4	8
1,7	0	1	7	4	1	0	1	7	5	1
1,8	0	1	8	4	3	0	1	8	5	4
1,9	0	1	9	4	6	0	1	9	5	7
2	0	2	0	4	8	0	2	0	6	0
2,1	0	2	1	5	0	0	2	1	6	3
2,2	0	2	2	5	3	0	2	2	6	6
2,3	0	2	3	5	5	0	2	3	6	9
2,4	0	2	4	5	8	0	2	4	7	2
2,5	0	2	5	6	0	0	2	5	7	5
2,6	0	2	6	6	2	0	2	6	7	8
2,7	0	2	7	6	5	0	2	7	8	1
2,8	0	2	8	6	7	0	2	8	8	4
2,9	0	2	9	7	0	0	2	9	8	7
3	0	3	0	7	2	0	3	0	9	0
3,1	0	3	1	7	4	0	3	1	9	3
3,2	0	3	2	7	7	0	3	2	9	6
3,3	0	3	3	7	9	0	3	3	9	9
3,4	0	3	4	8	2	0	3	5	0	2
3,5	0	3	5	8	4	0	3	6	0	5
3,6	0	3	6	8	6	0	3	7	0	8
3,7	0	3	7	8	9	0	3	8	1	1
3,8	0	3	8	9	1	0	3	9	1	4
3,9	0	3	9	9	4	0	4	0	1	7
4	0	4	0	9	6	0	4	1	2	0
4,1	0	4	1	9	8	0	4	2	2	3
4,2	0	4	3	0	1	0	4	3	2	6
4,3	0	4	4	0	3	0	4	4	2	9
4,4	0	4	5	0	6	0	4	5	3	2
4,5	0	4	6	0	8	0	4	6	3	5

4,6 bis 10	0,1024	1,024	10,24	102,4	1024,0	0,103	1,03	10,3	103,0	1030,0
4,6	0	4	7	1	0	0	4	7	3	8
4,7	0	4	8	1	3	0	4	8	4	1
4,8	0	4	9	1	5	0	4	9	4	4
4,9	0	5	0	1	8	0	5	0	4	7
5	0	5	1	2	0	0	5	1	5	0
5,1	0	5	2	2	2	0	5	2	5	3
5,2	0	5	3	2	5	0	5	3	5	6
5,3	0	5	4	2	7	0	5	4	5	9
5,4	0	5	5	3	0	0	5	5	6	2
5,5	0	5	6	3	2	0	5	6	6	5
5,6	0	5	7	3	4	0	5	7	6	8
5,7	0	5	8	3	7	0	5	8	7	1
5,8	0	5	9	3	9	0	5	9	7	4
5,9	0	6	0	4	2	0	6	0	7	7
6	0	6	1	4	4	0	6	1	8	0
6,1	0	6	2	4	6	0	6	2	8	3
6,2	0	6	3	4	9	0	6	3	8	6
6,3	0	6	4	5	1	0	6	4	8	9
6,4	0	6	5	5	4	0	6	5	9	2
6,5	0	6	6	5	6	0	6	6	9	5
6,6	0	6	7	5	8	0	6	7	9	8
6,7	0	6	8	6	1	0	6	9	0	1
6,8	0	6	9	6	3	0	7	0	0	4
6,9	0	7	0	6	6	0	7	1	0	7
7	0	7	1	6	8	0	7	2	1	0
7,1	0	7	2	7	0	0	7	3	1	3
7,2	0	7	3	7	3	0	7	4	1	6
7,3	0	7	4	7	5	0	7	5	1	9
7,4	0	7	5	7	8	0	7	6	2	2
7,5	0	7	6	8	0	0	7	7	2	5
7,6	0	7	7	8	2	0	7	8	2	8
7,7	0	7	8	8	5	0	7	9	3	1
7,8	0	7	9	8	7	0	8	0	3	4
7,9	0	8	0	9	0	0	8	1	3	7
8	0	8	1	9	2	0	8	2	4	0
8,1	0	8	2	9	4	0	8	3	4	3
8,2	0	8	3	9	7	0	8	4	4	6
8,3	0	8	4	9	9	0	8	5	4	9
8,4	0	8	6	0	2	0	8	6	5	2
8,5	0	8	7	0	4	0	8	7	5	5
8,6	0	8	8	0	6	0	8	8	5	8
8,7	0	8	9	0	9	0	8	9	6	1
8,8	0	9	0	1	1	0	9	0	6	4
8,9	0	9	1	1	4	0	9	1	6	7
9	0	9	2	1	6	0	9	2	7	0
9,1	0	9	3	1	8	0	9	3	7	3
9,2	0	9	4	2	1	0	9	4	7	6
9,3	0	9	5	2	3	0	9	5	7	9
9,4	0	9	6	2	6	0	9	6	8	2
9,5	0	9	7	2	8	0	9	7	8	5
9,6	0	9	8	3	0	0	9	8	8	8
9,7	0	9	9	3	3	0	9	9	9	1
9,8	1	0	0	3	5	1	0	0	9	4
9,9	1	0	1	3	8	1	0	1	9	7
10	1	0	2	4	0	1	0	3	0	0

0,01 bis 4,5	0,1036	1,036	10,36	103,6	1036,0	0,1042	1,042	10,42	104,2	1042,0
0,01	0	0	0	1	0	0	0	0	1	0
0,02	0	0	0	2	1	0	0	0	2	1
0,03	0	0	0	3	1	0	0	0	3	1
0,04	0	0	0	4	1	0	0	0	4	2
0,05	0	0	0	5	2	0	0	0	5	2
0,06	0	0	0	6	2	0	0	0	6	3
0,07	0	0	0	7	3	0	0	0	7	3
0,08	0	0	0	8	3	0	0	0	8	3
0,09	0	0	0	9	3	0	0	0	9	4
0,1	0	0	1	0	4	0	0	1	0	4
0,2	0	0	2	0	7	0	0	2	0	8
0,3	0	0	3	1	1	0	0	3	1	3
0,4	0	0	4	1	4	0	0	4	1	7
0,5	0	0	5	1	8	0	0	5	2	1
0,6	0	0	6	2	2	0	0	6	2	5
0,7	0	0	7	2	5	0	0	7	2	9
0,8	0	0	8	2	9	0	0	8	3	4
0,9	0	0	9	3	2	0	0	9	3	8
1	0	1	0	3	6	0	1	0	4	2
1,1	0	1	1	4	0	0	1	1	4	6
1,2	0	1	2	4	3	0	1	2	5	0
1,3	0	1	3	4	7	0	1	3	5	5
1,4	0	1	4	5	0	0	1	4	5	9
1,5	0	1	5	5	4	0	1	5	6	3
1,6	0	1	6	5	8	0	1	6	6	7
1,7	0	1	7	6	1	0	1	7	7	1
1,8	0	1	8	6	5	0	1	8	7	6
1,9	0	1	9	6	8	0	1	9	8	0
2	0	2	0	7	2	0	2	0	8	4
2,1	0	2	1	7	6	0	2	1	8	8
2,2	0	2	2	7	9	0	2	2	9	2
2,3	0	2	3	8	3	0	2	3	9	7
2,4	0	2	4	8	6	0	2	5	0	1
2,5	0	2	5	9	0	0	2	6	0	5
2,6	0	2	6	9	4	0	2	7	0	9
2,7	0	2	7	9	7	0	2	8	1	3
2,8	0	2	9	0	1	0	2	9	1	8
2,9	0	3	0	0	4	0	3	0	2	2
3	0	3	1	0	8	0	3	1	2	6
3,1	0	3	2	1	2	0	3	2	3	0
3,2	0	3	3	1	5	0	3	3	3	4
3,3	0	3	4	1	9	0	3	4	3	9
3,4	0	3	5	2	2	0	3	5	4	3
3,5	0	3	6	2	6	0	3	6	4	7
3,6	0	3	7	3	0	0	3	7	5	1
3,7	0	3	8	3	3	0	3	8	5	5
3,8	0	3	9	3	7	0	3	9	6	0
3,9	0	4	0	4	0	0	4	0	6	4
4	0	4	1	4	4	0	4	1	6	8
4,1	0	4	2	4	8	0	4	2	7	2
4,2	0	4	3	5	1	0	4	3	7	6
4,3	0	4	4	5	5	0	4	4	8	1
4,4	0	4	5	5	8	0	4	5	8	5
4,5	0	4	6	6	2	0	4	6	8	9

4,6 bis 10	0,1036	1,036	10,36	103,6	1036,0	0,1042	1,042	10,42	104,2	1042,0
4,6	0	4	7	6	6	0	4	7	9	3
4,7	0	4	8	6	9	0	4	8	9	7
4,8	0	4	9	7	3	0	5	0	0	2
4,9	0	5	0	7	6	0	5	1	0	6
5	0	5	1	8	0	0	5	2	1	0
5,1	0	5	2	8	4	0	5	3	1	4
5,2	0	5	3	8	7	0	5	4	1	8
5,3	0	5	4	9	1	0	5	5	2	3
5,4	0	5	5	9	4	0	5	6	2	7
5,5	0	5	6	9	8	0	5	7	3	1
5,6	0	5	8	0	2	0	5	8	3	5
5,7	0	5	9	0	5	0	5	9	3	9
5,8	0	6	0	0	9	0	6	0	4	4
5,9	0	6	1	1	2	0	6	1	4	8
6	0	6	2	1	6	0	6	2	5	2
6,1	0	6	3	2	0	0	6	3	5	6
6,2	0	6	4	2	3	0	6	4	6	0
6,3	0	6	5	2	7	0	6	5	6	5
6,4	0	6	6	3	0	0	6	6	6	9
6,5	0	6	7	3	4	0	6	7	7	3
6,6	0	6	8	3	8	0	6	8	7	7
6,7	0	6	9	4	1	0	6	9	8	1
6,8	0	7	0	4	5	0	7	0	8	6
6,9	0	7	1	4	8	0	7	1	9	0
7	0	7	2	5	2	0	7	2	9	4
7,1	0	7	3	5	6	0	7	3	9	8
7,2	0	7	4	5	9	0	7	5	0	2
7,3	0	7	5	6	3	0	7	6	0	7
7,4	0	7	6	6	6	0	7	7	1	1
7,5	0	7	7	7	0	0	7	8	1	5
7,6	0	7	8	7	4	0	7	9	1	9
7,7	0	7	9	7	7	0	8	0	2	3
7,8	0	8	0	8	1	0	8	1	2	8
7,9	0	8	1	8	4	0	8	2	3	2
8	0	8	2	8	8	0	8	3	3	6
8,1	0	8	3	9	2	0	8	4	4	0
8,2	0	8	4	9	5	0	8	5	4	4
8,3	0	8	5	9	9	0	8	6	4	9
8,4	0	8	7	0	2	0	8	7	5	3
8,5	0	8	8	0	6	0	8	8	5	7
8,6	0	8	9	1	0	0	8	9	6	1
8,7	0	9	0	1	3	0	9	0	6	5
8,8	0	9	1	1	7	0	9	1	7	0
8,9	0	9	2	2	0	0	9	2	7	4
9	0	9	3	2	4	0	9	3	7	8
9,1	0	9	4	2	8	0	9	4	8	2
9,2	0	9	5	3	1	0	9	5	8	6
9,3	0	9	6	3	5	0	9	6	9	1
9,4	0	9	7	3	8	0	9	7	9	5
9,5	0	9	8	4	2	0	9	8	9	9
9,6	0	9	9	4	6	1	0	0	0	3
9,7	1	0	0	4	9	1	0	1	0	7
9,8	1	0	1	5	3	1	0	2	1	2
9,9	1	0	2	5	6	1	0	3	1	6
10	1	0	3	6	0	1	0	4	2	0

0,01 bis 4,5	1048,0 104,8 0,1048 1,048 10,48					1054,0 105,4 0,1054 1,054 10,54				
0,01	0	0	0	1	0	0	0	0	1	1
0,02	0	0	0	2	1	0	0	0	2	1
0,03	0	0	0	3	1	0	0	0	3	2
0,04	0	0	0	4	2	0	0	0	4	2
0,05	0	0	0	5	2	0	0	0	5	3
0,06	0	0	0	6	3	0	0	0	6	3
0,07	0	0	0	7	3	0	0	0	7	4
0,08	0	0	0	8	4	0	0	0	8	4
0,09	0	0	0	9	4	0	0	0	9	5
0,1	0	0	1	0	5	0	0	1	0	5
0,2	0	0	2	1	0	0	0	2	1	1
0,3	0	0	3	1	4	0	0	3	1	6
0,4	0	0	4	1	9	0	0	4	2	2
0,5	0	0	5	2	4	0	0	5	2	7
0,6	0	0	6	2	9	0	0	6	3	2
0,7	0	0	7	3	4	0	0	7	3	8
0,8	0	0	8	3	8	0	0	8	4	3
0,9	0	0	9	4	3	0	0	9	4	9
1	0	1	0	4	8	0	1	0	5	4
1,1	0	1	1	5	3	0	1	1	5	9
1,2	0	1	2	5	8	0	1	2	6	5
1,3	0	1	3	6	2	0	1	3	7	0
1,4	0	1	4	6	7	0	1	4	7	6
1,5	0	1	5	7	2	0	1	5	8	1
1,6	0	1	6	7	7	0	1	6	8	6
1,7	0	1	7	8	2	0	1	7	9	2
1,8	0	1	8	8	6	0	1	8	9	7
1,9	0	1	9	9	1	0	2	0	0	3
2	0	2	0	9	6	0	2	1	0	8
2,1	0	2	2	0	1	0	2	2	1	3
2,2	0	2	3	0	6	0	2	3	1	9
2,3	0	2	4	1	0	0	2	4	2	4
2,4	0	2	5	1	5	0	2	5	3	0
2,5	0	2	6	2	0	0	2	6	3	5
2,6	0	2	7	2	5	0	2	7	4	0
2,7	0	2	8	3	0	0	2	8	4	6
2,8	0	2	9	3	4	0	2	9	5	1
2,9	0	3	0	3	9	0	3	0	5	7
3	0	3	1	4	4	0	3	1	6	2
3,1	0	3	2	4	9	0	3	2	6	7
3,2	0	3	3	5	4	0	3	3	7	3
3,3	0	3	4	5	8	0	3	4	7	8
3,4	0	3	5	6	3	0	3	5	8	4
3,5	0	3	6	6	8	0	3	6	8	9
3,6	0	3	7	7	3	0	3	7	9	4
3,7	0	3	8	7	8	0	3	9	0	0
3,8	0	3	9	8	2	0	4	0	0	5
3,9	0	4	0	8	7	0	4	1	1	1
4	0	4	1	9	2	0	4	2	1	6
4,1	0	4	2	9	7	0	4	3	2	1
4,2	0	4	4	0	2	0	4	4	2	7
4,3	0	4	5	0	6	0	4	5	3	2
4,4	0	4	6	1	1	0	4	6	3	8
4,5	0	4	7	1	6	0	4	7	4	3

4,6 bis 10	1048,0 104,8 0,1048 1,048 10,48					1054,0 102,4 0,1054 1,054 10,54				
4,6	0	4	8	2	1	0	4	8	4	8
4,7	0	4	9	2	6	0	4	9	5	4
4,8	0	5	0	3	0	0	5	0	5	9
4,9	0	5	1	3	5	0	5	1	6	5
5	0	5	2	4	0	0	4	2	7	0
5,1	0	5	3	4	5	0	5	3	7	5
5,2	0	5	4	5	0	0	5	4	8	1
5,3	0	5	5	5	4	0	5	5	8	6
5,4	0	5	6	5	9	0	5	6	9	2
5,5	0	5	7	6	4	0	5	7	9	7
5,6	0	5	8	6	9	0	5	9	0	2
5,7	0	5	9	7	4	0	6	0	0	8
5,8	0	6	0	7	8	0	6	1	1	3
5,9	0	6	1	8	3	0	6	2	1	9
6	0	6	2	8	8	0	6	3	2	4
6,1	0	6	3	9	3	0	6	4	2	9
6,2	0	6	4	9	8	0	6	5	3	5
6,3	0	6	6	0	2	0	6	6	4	0
6,4	0	6	7	0	7	0	6	7	4	6
6,5	0	6	8	1	2	0	6	8	5	1
6,6	0	6	9	1	7	0	6	9	5	6
6,7	0	7	0	2	2	0	7	0	6	2
6,8	0	7	1	2	6	0	7	1	6	7
6,9	0	7	2	3	1	0	7	2	7	3
7	0	7	3	3	6	0	7	3	7	8
7,1	0	7	4	4	1	0	7	4	8	3
7,2	0	7	5	4	6	0	7	5	8	9
7,3	0	7	6	5	0	0	7	6	9	4
7,4	0	7	7	5	5	0	7	8	0	0
7,5	0	7	8	6	0	0	7	9	0	5
7,6	0	7	9	6	5	0	8	0	1	0
7,7	0	8	0	7	0	0	8	1	1	6
7,8	0	8	1	7	4	0	8	2	2	1
7,9	0	8	2	7	9	0	8	3	2	7
8	0	8	3	8	4	0	8	4	3	2
8,1	0	8	4	8	9	0	8	5	3	7
8,2	0	8	5	9	4	0	8	6	4	3
8,3	0	8	6	9	8	0	8	7	4	8
8,4	0	8	8	0	3	0	8	8	5	4
8,5	0	8	9	0	8	0	8	9	5	9
8,6	0	9	0	1	3	0	9	0	6	4
8,7	0	9	1	1	8	0	9	1	7	0
8,8	0	9	2	2	2	0	9	2	7	5
8,9	0	9	3	2	7	0	9	3	8	1
9	0	9	4	3	2	0	9	4	8	6
9,1	0	9	5	3	7	0	9	5	9	1
9,2	0	9	6	4	2	0	9	6	9	7
9,3	0	9	7	4	6	0	9	8	0	2
9,4	0	9	8	5	1	0	9	9	0	8
9,5	0	9	9	5	6	1	0	0	1	3
9,6	1	0	0	6	1	1	0	1	1	8
9,7	1	0	1	6	6	1	0	2	2	4
9,8	1	0	2	7	0	1	0	3	2	9
9,9	1	0	3	7	5	1	0	4	3	5
10	1	0	4	8	0	1	0	5	4	0

0,01 bis 10	0,106	1,06	10,6	106,0	1060,0	0,1066	1,066	10,66	106,6	1066,0
0,01	0	0	0	1	1	0	0	0	1	1
0,02	0	0	0	2	1	0	0	0	2	1
0,03	0	0	0	3	2	0	0	0	3	2
0,04	0	0	0	4	2	0	0	0	4	3
0,05	0	0	0	5	3	0	0	0	5	3
0,06	0	0	0	6	4	0	0	0	6	4
0,07	0	0	0	7	4	0	0	0	7	5
0,08	0	0	0	8	5	0	0	0	8	5
0,09	0	0	0	9	5	0	0	0	9	6
0,1	0	0	1	0	6	0	0	1	0	7
0,2	0	0	2	1	2	0	0	2	1	3
0,3	0	0	3	1	8	0	0	3	2	0
0,4	0	0	4	2	4	0	0	4	2	6
0,5	0	0	5	3	0	0	0	5	3	3
0,6	0	0	6	3	6	0	0	6	4	0
0,7	0	0	7	4	2	0	0	7	4	6
0,8	0	0	8	4	8	0	0	8	5	3
0,9	0	0	9	5	4	0	0	9	5	9
1	0	1	0	6	0	0	1	0	6	6
1,1	0	1	1	6	6	0	1	1	7	3
1,2	0	1	2	7	2	0	1	2	7	9
1,3	0	1	3	7	8	0	1	3	8	6
1,4	0	1	4	8	4	0	1	4	9	2
1,5	0	1	5	9	0	0	1	5	9	9
1,6	0	1	6	9	6	0	1	7	0	6
1,7	0	1	8	0	2	0	1	8	1	2
1,8	0	1	9	0	8	0	1	9	1	9
1,9	0	2	0	1	4	0	2	0	2	5
2	0	2	1	2	0	0	2	1	3	2
2,1	0	2	2	2	6	0	2	2	3	9
2,2	0	2	3	3	2	0	2	3	4	5
2,3	0	2	4	3	8	0	2	4	5	2
2,4	0	2	5	4	4	0	2	5	5	8
2,5	0	2	6	5	0	0	2	6	6	5
2,6	0	2	7	5	6	0	2	7	7	2
2,7	0	2	8	6	2	0	2	8	7	8
2,8	0	2	9	6	8	0	2	9	8	5
2,9	0	3	0	7	4	0	3	0	9	1
3	0	3	1	8	0	0	3	1	9	8
3,1	0	3	2	8	6	0	3	3	0	5
3,2	0	3	3	9	2	0	3	4	1	1
3,3	0	3	4	9	8	0	3	5	1	8
3,4	0	3	6	0	4	0	3	6	2	4
3,5	0	3	7	1	0	0	3	7	3	1
3,6	0	3	8	1	6	0	3	8	3	8
3,7	0	3	9	2	2	0	3	9	4	4
3,8	0	4	0	2	8	0	4	0	5	1
3,9	0	4	1	3	4	0	4	1	5	7
4	0	4	2	4	0	0	4	2	6	4
4,1	0	4	3	4	6	0	4	3	7	1
4,2	0	4	4	5	2	0	4	4	7	7
4,3	0	4	5	5	8	0	4	5	8	4
4,4	0	4	6	6	4	0	4	6	9	0
4,5	0	4	7	7	0	0	4	7	9	7
4,6	0	4	8	7	6	0	4	9	0	4
4,7	0	4	9	8	2	0	5	0	1	0
4,8	0	5	0	8	8	0	5	1	1	7
4,9	0	5	1	9	4	0	5	2	2	3
5	0	5	3	0	0	0	5	3	3	0
5,1	0	5	4	0	6	0	5	4	3	7
5,2	0	5	5	1	2	0	5	5	4	3
5,3	0	5	6	1	8	0	5	6	5	0
5,4	0	5	7	2	4	0	5	7	5	6
5,5	0	5	8	3	0	0	5	8	6	3
5,6	0	5	9	3	6	0	5	9	7	0
5,7	0	6	0	4	2	0	6	0	7	6
5,8	0	6	1	4	8	0	6	1	8	3
5,9	0	6	2	5	4	0	6	2	8	9
6	0	6	3	6	0	0	6	3	9	6
6,1	0	6	4	6	6	0	6	5	0	3
6,2	0	6	5	7	2	0	6	6	0	9
6,3	0	6	6	7	8	0	6	7	1	6
6,4	0	6	7	8	4	0	6	8	2	2
6,5	0	6	8	9	0	0	6	9	2	9
6,6	0	6	9	9	6	0	7	0	3	6
6,7	0	7	1	0	2	0	7	1	4	2
6,8	0	7	2	0	8	0	7	2	4	9
6,9	0	7	3	1	4	0	7	3	5	5
7	0	7	4	2	0	0	7	4	6	2
7,1	0	7	5	2	6	0	7	5	6	9
7,2	0	7	6	3	2	0	7	6	7	5
7,3	0	7	7	3	8	0	7	7	8	2
7,4	0	7	8	4	4	0	7	8	8	8
7,5	0	7	9	5	0	0	7	9	9	5
7,6	0	8	0	5	6	0	8	1	0	2
7,7	0	8	1	6	2	0	8	2	0	8
7,8	0	8	2	6	8	0	8	3	1	5
7,9	0	8	3	7	4	0	8	4	2	1
8	0	8	4	8	0	0	8	5	2	8
8,1	0	8	5	8	6	0	8	6	3	5
8,2	0	8	6	9	2	0	8	7	4	1
8,3	0	8	7	9	8	0	8	8	4	8
8,4	0	8	9	0	4	0	8	9	5	4
8,5	0	9	0	1	0	0	9	0	6	1
8,6	0	9	1	1	6	0	9	1	6	8
8,7	0	9	2	2	2	0	9	2	7	4
8,8	0	9	3	2	8	0	9	3	8	1
8,9	0	9	4	3	4	0	9	4	8	7
9	0	9	5	4	0	0	9	5	9	4
9,1	0	9	6	4	6	0	9	7	0	1
9,2	0	9	7	5	2	0	9	8	0	7
9,3	0	9	8	5	8	0	9	9	1	4
9,4	0	9	9	6	4	1	0	0	2	0
9,5	1	0	0	7	0	1	0	1	2	7
9,6	1	0	1	7	6	1	0	2	3	4
9,7	1	0	2	8	2	1	0	3	4	0
9,8	1	0	3	8	8	1	0	4	4	7
9,9	1	0	4	9	4	1	0	5	5	3
10	1	0	6	0	0	1	0	6	6	0

0,01 bis 4,5

	1072,0 / 107,2 / 0,1072 / 1,072 / 10,72					1078,0 / 107,8 / 0,1078 / 1,078 / 10,78				
0,01	0	0	0	1	1	0	0	0	1	1
0,02	0	0	0	2	1	0	0	0	2	2
0,03	0	0	0	3	2	0	0	0	3	2
0,04	0	0	0	4	3	0	0	0	4	3
0,05	0	0	0	5	4	0	0	0	5	4
0,06	0	0	0	6	4	0	0	0	6	5
0,07	0	0	0	7	5	0	0	0	7	5
0,08	0	0	0	8	6	0	0	0	8	6
0,09	0	0	0	9	6	0	0	0	9	7
0,1	0	0	1	0	7	0	0	1	0	8
0,2	0	0	2	1	4	0	0	2	1	6
0,3	0	0	3	2	2	0	0	3	2	3
0,4	0	0	4	2	9	0	0	4	3	1
0,5	0	0	5	3	6	0	0	5	3	9
0,6	0	0	6	4	3	0	0	6	4	7
0,7	0	0	7	5	0	0	0	7	5	5
0,8	0	0	8	5	8	0	0	8	6	2
0,9	0	0	9	6	5	0	0	9	7	0
1	0	1	0	7	2	0	1	0	7	8
1,1	0	1	1	7	9	0	1	1	8	6
1,2	0	1	2	8	6	0	1	2	9	4
1,3	0	1	3	9	4	0	1	4	0	1
1,4	0	1	5	0	1	0	1	5	0	9
1,5	0	1	6	0	8	0	1	6	1	7
1,6	0	1	7	1	5	0	1	7	2	5
1,7	0	1	8	2	2	0	1	8	3	3
1,8	0	1	9	3	0	0	1	9	4	0
1,9	0	2	0	3	7	0	2	0	4	8
2	0	2	1	4	4	0	2	1	5	6
2,1	0	2	2	5	1	0	2	2	6	4
2,2	0	2	3	5	8	0	2	3	7	2
2,3	0	2	4	6	6	0	2	4	7	9
2,4	0	2	5	7	3	0	2	5	8	7
2,5	0	2	6	8	0	0	2	6	9	5
2,6	0	2	7	8	7	0	2	8	0	3
2,7	0	2	8	9	4	0	2	9	1	1
2,8	0	3	0	0	2	0	3	0	1	8
2,9	0	3	1	0	9	0	3	1	2	6
3	0	3	2	1	6	0	3	2	3	4
3,1	0	3	3	2	3	0	3	3	4	2
3,2	0	3	4	3	0	0	3	4	5	0
3,3	0	3	5	3	8	0	3	5	5	7
3,4	0	3	6	4	5	0	3	6	6	5
3,5	0	3	7	5	2	0	3	7	7	3
3,6	0	3	8	5	9	0	3	8	8	1
3,7	0	3	9	6	6	0	3	9	8	9
3,8	0	4	0	7	4	0	4	0	9	6
3,9	0	4	1	8	1	0	4	2	0	4
4	0	4	2	8	8	0	4	3	1	2
4,1	0	4	3	9	5	0	4	4	2	0
4,2	0	4	5	0	2	0	4	5	2	8
4,3	0	4	6	1	0	0	4	6	3	5
4,4	0	4	7	1	7	0	4	7	4	3
4,5	0	4	8	2	4	0	4	8	5	1

4,6 bis 10

	1072,0 / 107,2 / 0,1072 / 1,072 / 10,72					1078,0 / 107,8 / 0,1078 / 1,078 / 10,78				
4,6	0	4	9	3	1	0	4	9	5	9
4,7	0	5	0	3	8	0	5	0	6	7
4,8	0	5	1	4	6	0	5	1	7	4
4,9	0	5	2	5	3	0	5	2	8	2
5	0	5	3	6	0	0	5	3	9	0
5,1	0	5	4	6	7	0	5	4	9	8
5,2	0	5	5	7	4	0	5	6	0	6
5,3	0	5	6	8	2	0	5	7	1	3
5,4	0	5	7	8	9	0	5	8	2	1
5,5	0	5	8	9	6	0	5	9	2	9
5,6	0	6	0	0	3	0	6	0	3	7
5,7	0	6	1	1	0	0	6	1	4	5
5,8	0	6	2	1	8	0	6	2	5	2
5,9	0	6	3	2	5	0	6	3	6	0
6	0	6	4	3	2	0	6	4	6	8
6,1	0	6	5	3	9	0	6	5	7	6
6,2	0	6	6	4	6	0	6	6	8	4
6,3	0	6	7	5	4	0	6	7	9	1
6,4	0	6	8	6	1	0	6	8	9	9
6,5	0	6	9	6	8	0	7	0	0	7
6,6	0	7	0	7	5	0	7	1	1	5
6,7	0	7	1	8	2	0	7	2	2	3
6,8	0	7	2	9	0	0	7	3	3	0
6,9	0	7	3	9	7	0	7	4	3	8
7	0	7	5	0	4	0	7	5	4	6
7,1	0	7	6	1	1	0	7	6	5	4
7,2	0	7	7	1	8	0	7	7	6	2
7,3	0	7	8	2	6	0	7	8	6	9
7,4	0	7	9	3	3	0	7	9	7	7
7,5	0	8	0	4	0	0	8	0	8	5
7,6	0	8	1	4	7	0	8	1	9	3
7,7	0	8	2	5	4	0	8	3	0	1
7,8	0	8	3	6	2	0	8	4	0	8
7,9	0	8	4	6	9	0	8	5	1	6
8	0	8	5	7	6	0	8	6	2	4
8,1	0	8	6	8	3	0	8	7	3	2
8,2	0	8	7	9	0	0	8	8	4	0
8,3	0	8	8	9	8	0	8	9	4	7
8,4	0	9	0	0	5	0	9	0	5	5
8,5	0	9	1	1	2	0	9	1	6	3
8,6	0	9	2	1	9	0	9	2	7	1
8,7	0	9	3	2	6	0	9	3	7	9
8,8	0	9	4	3	4	0	9	4	8	6
8,9	0	9	5	4	1	0	9	5	9	4
9	0	9	6	4	8	0	9	7	0	2
9,1	0	9	7	5	5	0	9	8	1	0
9,2	0	9	8	6	2	0	9	9	1	8
9,3	0	9	9	7	0	1	0	0	2	5
9,4	1	0	0	7	7	1	0	1	3	3
9,5	1	0	1	8	4	1	0	2	4	1
9,6	1	0	2	9	1	1	0	3	4	9
9,7	1	0	3	9	8	1	0	4	5	7
9,8	1	0	5	0	6	1	0	5	6	4
9,9	1	0	6	1	3	1	0	6	7	2
10	1	0	7	2	0	1	0	7	8	0

0,01 bis 4,5	0,1084	1,084	10,84	108,4	1084,0	0,109	1,09	10,9	109,0	1090,0
0,01	0	0	0	1	1	0	0	0	1	1
0,02	0	0	0	2	2	0	0	0	2	2
0,03	0	0	0	3	3	0	0	0	3	3
0,04	0	0	0	4	3	0	0	0	4	4
0,05	0	0	0	5	4	0	0	0	5	5
0,06	0	0	0	6	5	0	0	0	6	5
0,07	0	0	0	7	6	0	0	0	7	6
0,08	0	0	0	8	7	0	0	0	8	7
0,09	0	0	0	9	8	0	0	0	9	8
0,1	0	0	1	0	8	0	0	1	0	9
0,2	0	0	2	1	7	0	0	2	1	8
0,3	0	0	3	2	5	0	0	3	2	7
0,4	0	0	4	3	4	0	0	4	3	6
0,5	0	0	5	4	2	0	0	5	4	5
0,6	0	0	6	5	0	0	0	6	5	4
0,7	0	0	7	5	9	0	0	7	6	3
0,8	0	0	8	6	7	0	0	8	7	2
0,9	0	0	9	7	6	0	0	9	8	1
1	0	1	0	8	4	0	1	0	9	0
1,1	0	1	1	9	2	0	1	1	9	9
1,2	0	1	3	0	1	0	1	3	0	8
1,3	0	1	4	0	9	0	1	4	1	7
1,4	0	1	5	1	8	0	1	5	2	6
1,5	0	1	6	2	6	0	1	6	3	5
1,6	0	1	7	3	4	0	1	7	4	4
1,7	0	1	8	4	3	0	1	8	5	3
1,8	0	1	9	5	1	0	1	9	6	2
1,9	0	2	0	6	0	0	2	0	7	1
2	0	2	1	6	8	0	2	1	8	0
2,1	0	2	2	7	6	0	2	2	8	9
2,2	0	2	3	8	5	0	2	3	9	8
2,3	0	2	4	9	3	0	2	5	0	7
2,4	0	2	6	0	2	0	2	6	1	6
2,5	0	2	7	1	0	0	2	7	2	5
2,6	0	2	8	1	8	0	2	8	3	4
2,7	0	2	9	2	7	0	2	9	4	3
2,8	0	3	0	3	5	0	3	0	5	2
2,9	0	3	1	4	4	0	3	1	6	1
3	0	3	2	5	2	0	3	2	7	0
3,1	0	3	3	6	0	0	3	3	7	9
3,2	0	3	4	6	9	0	3	4	8	8
3,3	0	3	5	7	7	0	3	5	9	7
3,4	0	3	6	8	6	0	3	7	0	6
3,5	0	3	7	9	4	0	3	8	1	5
3,6	0	3	9	0	2	0	3	9	2	4
3,7	0	4	0	1	1	0	4	0	3	3
3,8	0	4	1	1	9	0	4	1	4	2
3,9	0	4	2	2	8	0	4	2	5	1
4	0	4	3	3	6	0	4	3	6	0
4,1	0	4	4	4	4	0	4	4	6	9
4,2	0	4	5	5	3	0	4	5	7	8
4,3	0	4	6	6	1	0	4	6	8	7
4,4	0	4	7	7	0	0	4	7	9	6
4,5	0	4	8	7	8	0	4	9	0	5

4,6 bis 10	0,1084	1,084	10,84	108,4	1084,0	0,109	1,09	10,9	109,0	1090,0
4,6	0	4	9	8	6	0	5	0	1	4
4,7	0	5	0	9	5	0	5	1	2	3
4,8	0	5	2	0	3	0	5	2	3	2
4,9	0	5	3	1	2	0	5	3	4	1
5	0	5	4	2	0	0	5	4	5	0
5,1	0	5	5	2	8	0	5	5	5	9
5,2	0	5	6	3	7	0	5	6	6	8
5,3	0	5	7	4	5	0	5	7	7	7
5,4	0	5	8	5	4	0	5	8	8	6
5,5	0	5	9	6	2	0	5	9	9	5
5,6	0	6	0	7	0	0	6	1	0	4
5,7	0	6	1	7	9	0	6	2	1	3
5,8	0	6	2	8	7	0	6	3	2	2
5,9	0	6	3	9	6	0	6	4	3	1
6	0	6	5	0	4	0	6	5	4	0
6,1	0	6	6	1	2	0	6	6	4	9
6,2	0	6	7	2	1	0	6	7	5	8
6,3	0	6	8	2	9	0	6	8	6	7
6,4	0	6	9	3	8	0	6	9	7	6
6,5	0	7	0	4	6	0	7	0	8	5
6,6	0	7	1	5	4	0	7	1	9	4
6,7	0	7	2	6	3	0	7	3	0	3
6,8	0	7	3	7	1	0	7	4	1	2
6,9	0	7	4	8	0	0	7	5	2	1
7	0	7	5	8	8	0	7	6	3	0
7,1	0	7	6	9	6	0	7	7	3	9
7,2	0	7	8	0	5	0	7	8	4	8
7,3	0	7	9	1	3	0	7	9	5	7
7,4	0	8	0	2	2	0	8	0	6	6
7,5	0	8	1	3	0	0	8	1	7	5
7,6	0	8	2	3	8	0	8	2	8	4
7,7	0	8	3	4	7	0	8	3	9	3
7,8	0	8	4	5	5	0	8	5	0	2
7,9	0	8	5	6	4	0	8	6	1	1
8	0	8	6	7	2	0	8	7	2	0
8,1	0	8	7	8	0	0	8	8	2	9
8,2	0	8	8	8	9	0	8	9	3	8
8,3	0	8	9	9	7	0	9	0	4	7
8,4	0	9	1	0	6	0	9	1	5	6
8,5	0	9	2	1	4	0	9	2	6	5
8,6	0	9	3	2	2	0	9	3	7	4
8,7	0	9	4	3	1	0	9	4	8	3
8,8	0	9	5	3	9	0	9	5	9	2
8,9	0	9	6	4	8	0	9	7	0	1
9	0	9	7	5	6	0	9	8	1	0
9,1	0	9	8	6	4	0	9	9	1	9
9,2	0	9	9	7	3	1	0	0	2	8
9,3	1	0	0	8	1	1	0	1	3	7
9,4	1	0	1	9	0	1	0	2	4	6
9,5	1	0	2	9	8	1	0	3	5	5
9,6	1	0	4	0	6	1	0	4	6	4
9,7	1	0	5	1	5	1	0	5	7	3
9,8	1	0	6	2	3	1	0	6	8	2
9,9	1	0	7	3	2	1	0	7	9	1
10	1	0	8	4	0	1	0	9	0	0

0,01 bis 4,5	0,1096	1,096	10,96	109,6	1096,0	0,1102	1,102	11,02	110,2	1102,0
0,01	0	0	0	1	1	0	0	0	1	1
0,02	0	0	0	2	2	0	0	0	2	2
0,03	0	0	0	3	3	0	0	0	3	3
0,04	0	0	0	4	4	0	0	0	4	4
0,05	0	0	0	5	5	0	0	0	5	5
0,06	0	0	0	6	6	0	0	0	6	6
0,07	0	0	0	7	7	0	0	0	7	7
0,08	0	0	0	8	8	0	0	0	8	8
0,09	0	0	0	9	9	0	0	0	9	9
0,1	0	0	1	1	0	0	0	1	1	0
0,2	0	0	2	1	9	0	0	2	2	0
0,3	0	0	3	2	9	0	0	3	3	1
0,4	0	0	4	3	8	0	0	4	4	1
0,5	0	0	5	4	8	0	0	5	5	1
0,6	0	0	6	5	8	0	0	6	6	1
0,7	0	0	7	6	7	0	0	7	7	1
0,8	0	0	8	7	7	0	0	8	8	2
0,9	0	0	9	8	6	0	0	9	9	2
1	0	1	0	9	6	0	1	1	0	2
1,1	0	1	2	0	6	0	1	2	1	2
1,2	0	1	3	1	5	0	1	3	2	2
1,3	0	1	4	2	5	0	1	4	3	3
1,4	0	1	5	3	4	0	1	5	4	3
1,5	0	1	6	4	4	0	1	6	5	3
1,6	0	1	7	5	4	0	1	7	6	3
1,7	0	1	8	6	3	0	1	8	7	3
1,8	0	1	9	7	3	0	1	9	8	4
1,9	0	2	0	8	2	0	2	0	9	4
2	0	2	1	9	2	0	2	2	0	4
2,1	0	2	3	0	2	0	2	3	1	4
2,2	0	2	4	1	1	0	2	4	2	4
2,3	0	2	5	2	1	0	2	5	3	5
2,4	0	2	6	3	0	0	2	6	4	5
2,5	0	2	7	4	0	0	2	7	5	5
2,6	0	2	8	5	0	0	2	8	6	5
2,7	0	2	9	5	9	0	2	9	7	5
2,8	0	3	0	6	9	0	3	0	8	6
2,9	0	3	1	7	8	0	3	1	9	6
3	0	3	2	8	8	0	3	3	0	6
3,1	0	3	3	9	8	0	3	4	1	6
3,2	0	3	5	0	7	0	3	5	2	6
3,3	0	3	6	1	7	0	3	6	3	7
3,4	0	3	7	2	6	0	3	7	4	7
3,5	0	3	8	3	6	0	3	8	5	7
3,6	0	3	9	4	6	0	3	9	6	7
3,7	0	4	0	5	5	0	4	0	7	7
3,8	0	4	1	6	5	0	4	1	8	8
3,9	0	4	2	7	4	0	4	2	9	8
4	0	4	3	8	4	0	4	4	0	8
4,1	0	4	4	9	4	0	4	5	1	8
4,2	0	4	6	0	3	0	4	6	2	8
4,3	0	4	7	1	3	0	4	7	3	9
4,4	0	4	8	2	2	0	4	8	4	9
4,5	0	4	9	3	2	0	4	9	5	9

4,6 bis 10	0,1096	1,096	10,96	109,6	1096,0	0,1102	1,102	11,02	110,2	1102,0
4,6	0	5	0	4	2	0	5	0	6	9
4,7	0	5	1	5	1	0	5	1	7	9
4,8	0	5	2	6	1	0	5	2	9	0
4,9	0	5	3	7	0	0	5	4	0	0
5	0	5	4	8	0	0	5	5	1	0
5,1	0	5	5	9	0	0	5	6	2	0
5,2	0	5	6	9	9	0	5	7	3	0
5,3	0	5	8	0	9	0	5	8	4	1
5,4	0	5	9	1	8	0	5	9	5	1
5,5	0	6	0	2	8	0	6	0	6	1
5,6	0	6	1	3	8	0	6	1	7	1
5,7	0	6	2	4	7	0	6	2	8	1
5,8	0	6	3	5	7	0	6	3	9	2
5,9	0	6	4	6	6	0	6	5	0	2
6	0	6	5	7	6	0	6	6	1	2
6,1	0	6	6	8	6	0	6	7	2	2
6,2	0	6	7	9	5	0	6	8	3	2
6,3	0	6	9	0	5	0	6	9	4	3
6,4	0	7	0	1	4	0	7	0	5	3
6,5	0	7	1	2	4	0	7	1	6	3
6,6	0	7	2	3	4	0	7	2	7	3
6,7	0	7	3	4	3	0	7	3	8	3
6,8	0	7	4	5	3	0	7	4	9	4
6,9	0	7	5	6	2	0	7	6	0	4
7	0	7	6	7	2	0	7	7	1	4
7,1	0	7	7	8	2	0	7	8	2	4
7,2	0	7	8	9	1	0	7	9	3	4
7,3	0	8	0	0	1	0	8	0	4	5
7,4	0	8	1	1	0	0	8	1	5	5
7,5	0	8	2	2	0	0	8	2	6	5
7,6	0	8	3	3	0	0	8	3	7	5
7,7	0	8	4	3	9	0	8	4	8	5
7,8	0	8	5	4	9	0	8	5	9	6
7,9	0	8	6	5	8	0	8	7	0	6
8	0	8	7	6	8	0	8	8	1	6
8,1	0	8	8	7	8	0	8	9	2	6
8,2	0	8	9	8	7	0	9	0	3	6
8,3	0	9	0	9	7	0	9	1	4	7
8,4	0	9	2	0	6	0	9	2	5	7
8,5	0	9	3	1	6	0	9	3	6	7
8,6	0	9	4	2	6	0	9	4	7	7
8,7	0	9	5	3	5	0	9	5	8	7
8,8	0	9	6	4	5	0	9	6	9	8
8,9	0	9	7	5	4	0	9	8	0	8
9	0	9	8	6	4	0	9	9	1	8
9,1	0	9	9	7	4	1	0	0	2	8
9,2	1	0	0	8	3	1	0	1	3	8
9,3	1	0	1	9	3	1	0	2	4	9
9,4	1	0	3	0	2	1	0	3	5	9
9,5	1	0	4	1	2	1	0	4	6	9
9,6	1	0	5	2	2	1	0	5	7	9
9,7	1	0	6	3	1	1	0	6	8	9
9,8	1	0	7	4	1	1	0	8	0	0
9,9	1	0	8	5	0	1	0	9	1	0
10	1	0	9	6	0	1	1	0	2	0

0,01 bis 4,5	0,1108	1,108	11,08	110,8	1108,0	0,1114	1,114	11,14	111,4	1114,0
0,01	0	0	0	1	1	0	0	0	1	1
0,02	0	0	0	2	2	0	0	0	2	2
0,03	0	0	0	3	3	0	0	0	3	3
0,04	0	0	0	4	4	0	0	0	4	5
0,05	0	0	0	5	5	0	0	0	5	6
0,06	0	0	0	6	6	0	0	0	6	7
0,07	0	0	0	7	8	0	0	0	7	8
0,08	0	0	0	8	9	0	0	0	8	9
0,09	0	0	1	0	0	0	0	1	0	0
0,1	0	0	1	1	1	0	0	1	1	1
0,2	0	0	2	2	2	0	0	2	2	3
0,3	0	0	3	3	2	0	0	3	3	4
0,4	0	0	4	4	3	0	0	4	4	6
0,5	0	0	5	5	4	0	0	5	5	7
0,6	0	0	6	6	5	0	0	6	6	8
0,7	0	0	7	7	6	0	0	7	8	0
0,8	0	0	8	8	6	0	0	8	9	1
0,9	0	0	9	9	7	0	1	0	0	3
1	0	1	1	0	8	0	1	1	1	4
1,1	0	1	2	1	9	0	1	2	2	5
1,2	0	1	3	3	0	0	1	3	3	7
1,3	0	1	4	4	0	0	1	4	4	8
1,4	0	1	5	5	1	0	1	5	6	0
1,5	0	1	6	6	2	0	1	6	7	1
1,6	0	1	7	7	3	0	1	7	8	2
1,7	0	1	8	8	4	0	1	8	9	4
1,8	0	1	9	9	4	0	2	0	0	5
1,9	0	2	1	0	5	0	2	1	1	7
2	0	2	2	1	6	0	2	2	2	8
2,1	0	2	3	2	7	0	2	3	3	9
2,2	0	2	4	3	8	0	2	4	5	1
2,3	0	2	5	4	8	0	2	5	6	2
2,4	0	2	6	5	9	0	2	6	7	4
2,5	0	2	7	7	0	0	2	7	8	5
2,6	0	2	8	8	1	0	2	8	9	6
2,7	0	2	9	9	2	0	3	0	0	8
2,8	0	3	1	0	2	0	3	1	1	9
2,9	0	3	2	1	3	0	3	2	3	1
3	0	3	3	2	4	0	3	3	4	2
3,1	0	3	4	3	5	0	3	4	5	3
3,2	0	3	5	4	6	0	3	5	6	5
3,3	0	3	6	5	6	0	3	6	7	6
3,4	0	3	7	6	7	0	3	7	8	8
3,5	0	3	8	7	8	0	3	8	9	9
3,6	0	3	9	8	9	0	4	0	1	0
3,7	0	4	1	0	0	0	4	1	2	2
3,8	0	4	2	1	0	0	4	2	3	3
3,9	0	4	3	2	1	0	4	3	4	5
4	0	4	4	3	2	0	4	4	5	6
4,1	0	4	5	4	3	0	4	5	6	7
4,2	0	4	6	5	4	0	4	6	7	9
4,3	0	4	7	6	4	0	4	7	9	0
4,4	0	4	8	7	5	0	4	9	0	2
4,5	0	4	9	8	6	0	5	0	1	3

4,6 bis 10	0,1108	1,108	11,08	110,8	1108,0	0,1114	1,114	11,14	111,4	1114,0
4,6	0	5	0	9	7	0	5	1	2	4
4,7	0	5	2	0	8	0	5	2	3	6
4,8	0	5	3	1	8	0	5	3	4	7
4,9	0	5	4	2	9	0	5	4	5	9
5	0	5	5	4	0	0	5	5	7	0
5,1	0	5	6	5	1	0	5	6	8	1
5,2	0	5	7	6	2	0	5	7	9	3
5,3	0	5	8	7	2	0	5	9	0	4
5,4	0	5	9	8	3	0	6	0	1	6
5,5	0	6	0	9	4	0	6	1	2	7
5,6	0	6	2	0	5	0	6	2	3	8
5,7	0	6	3	1	6	0	6	3	5	0
5,8	0	6	4	2	6	0	6	4	6	1
5,9	0	6	5	3	7	0	6	5	7	3
6	0	6	6	4	8	0	6	6	8	4
6,1	0	6	7	5	9	0	6	7	9	5
6,2	0	6	8	7	0	0	6	9	0	7
6,3	0	6	9	8	0	0	7	0	1	8
6,4	0	7	0	9	1	0	7	1	3	0
6,5	0	7	2	0	2	0	7	2	4	1
6,6	0	7	3	1	3	0	7	3	5	2
6,7	0	7	4	2	4	0	7	4	6	4
6,8	0	7	5	3	4	0	7	5	7	5
6,9	0	7	6	4	5	0	7	6	8	7
7	0	7	7	5	6	0	7	7	9	8
7,1	0	7	8	6	7	0	7	9	0	9
7,2	0	7	9	7	8	0	8	0	2	1
7,3	0	8	0	8	8	0	8	1	3	2
7,4	0	8	1	9	9	0	8	2	4	4
7,5	0	8	3	1	0	0	8	3	5	5
7,6	0	8	4	2	1	0	8	4	6	6
7,7	0	8	5	3	2	0	8	5	7	8
7,8	0	8	6	4	2	0	8	6	8	9
7,9	0	8	7	5	3	0	8	8	0	1
8	0	8	8	6	4	0	8	9	1	2
8,1	0	8	9	7	5	0	9	0	2	3
8,2	0	9	0	8	6	0	9	1	3	5
8,3	0	9	1	9	6	0	9	2	4	6
8,4	0	9	3	0	7	0	9	3	5	8
8,5	0	9	4	1	8	0	9	4	6	9
8,6	0	9	5	2	9	0	9	5	8	0
8,7	0	9	6	4	0	0	9	6	9	2
8,8	0	9	7	5	0	0	9	8	0	3
8,9	0	9	8	6	1	0	9	9	1	5
9	0	9	9	7	2	1	0	0	2	6
9,1	1	0	0	8	3	1	0	1	3	7
9,2	1	0	1	9	4	1	0	2	4	9
9,3	1	0	3	0	4	1	0	3	6	0
9,4	1	0	4	1	5	1	0	4	7	2
9,5	1	0	5	2	6	1	0	5	8	3
9,6	1	0	6	3	7	1	0	6	9	4
9,7	1	0	7	4	8	1	0	8	0	6
9,8	1	0	8	5	8	1	0	9	1	7
9,9	1	0	9	6	9	1	1	0	2	9
10	1	1	0	8	0	1	1	1	4	0

0,01 bis 4,5	0,112	1,12	11,2	112,0	1120,0	0,1126	1,126	11,26	112,6	1126,0
0,01	0	0	0	1	1	0	0	0	1	1
0,02	0	0	0	2	2	0	0	0	2	3
0,03	0	0	0	3	4	0	0	0	3	4
0,04	0	0	0	4	5	0	0	0	4	5
0,05	0	0	0	5	6	0	0	0	5	6
0,06	0	0	0	6	7	0	0	0	6	8
0,07	0	0	0	7	8	0	0	0	7	9
0,08	0	0	0	9	0	0	0	0	9	0
0,09	0	0	1	0	1	0	0	1	0	1
0,1	0	0	1	1	2	0	0	1	1	3
0,2	0	0	2	2	4	0	0	2	2	5
0,3	0	0	3	3	6	0	0	3	3	8
0,4	0	0	4	4	8	0	0	4	5	0
0,5	0	0	5	6	0	0	0	5	6	3
0,6	0	0	6	7	2	0	0	6	7	6
0,7	0	0	7	8	4	0	0	7	8	8
0,8	0	0	8	9	6	0	0	9	0	1
0,9	0	1	0	0	8	0	1	0	1	3
1	0	1	1	2	0	0	1	1	2	6
1,1	0	1	2	3	2	0	1	2	3	9
1,2	0	1	3	4	4	0	1	3	5	1
1,3	0	1	4	5	6	0	1	4	6	4
1,4	0	1	5	6	8	0	1	5	7	6
1,5	0	1	6	8	0	0	1	6	8	9
1,6	0	1	7	9	2	0	1	8	0	2
1,7	0	1	9	0	4	0	1	9	1	4
1,8	0	2	0	1	6	0	2	0	2	7
1,9	0	2	1	2	8	0	2	1	3	9
2	0	2	2	4	0	0	2	2	5	2
2,1	0	2	3	5	2	0	2	3	6	5
2,2	0	2	4	6	4	0	2	4	7	7
2,3	0	2	5	7	6	0	2	5	9	0
2,4	0	2	6	8	8	0	2	7	0	2
2,5	0	2	8	0	0	0	2	8	1	5
2,6	0	2	9	1	2	0	2	9	2	8
2,7	0	3	0	2	4	0	3	0	4	0
2,8	0	3	1	3	6	0	3	1	5	3
2,9	0	3	2	4	8	0	3	2	6	5
3	0	3	3	6	0		3	3	7	8
3,1	0	3	4	7	2		3	4	9	1
3,2	0	3	5	8	4	0	3	6	0	3
3,3	0	3	6	9	6	0	3	7	1	6
3,4	0	3	8	0	8	0	3	8	2	8
3,5	0	3	9	2	0	0	3	9	4	1
3,6	0	4	0	3	2	0	4	0	5	4
3,7	0	4	1	4	4	0	4	1	6	6
3,8	0	4	2	5	6	0	4	2	7	9
3,9	0	4	3	6	8	0	4	3	9	1
4	0	4	4	8	0	0	4	5	0	4
4,1	0	4	5	9	2	0	4	6	1	7
4,2	0	4	7	0	4	0	4	7	2	9
4,3	0	4	8	1	6	0	4	8	4	2
4,4	0	4	9	2	8	0	4	9	5	4
4,5	0	5	0	4	0	0	5	0	6	7

4,6 bis 10	0,112	1,12	11,2	112,0	1120,0	0,1126	1,126	11,26	112,6	1126,0
4,6	0	5	1	5	2	0	5	1	8	0
4,7	0	5	2	6	4	0	5	2	9	2
4,8	0	5	3	7	6	0	5	4	0	5
4,9	0	5	4	8	8	0	5	5	1	7
5	0	5	6	0	0	0	5	6	3	0
5,1	0	5	7	1	2	0	5	7	4	3
5,2	0	5	8	2	4	0	5	8	5	5
5,3	0	5	9	3	6	0	5	9	6	8
5,4	0	6	0	4	8	0	6	0	8	0
5,5	0	6	1	6	0	0	6	1	9	3
5,6	0	6	2	7	2	0	6	3	0	6
5,7	0	6	3	8	4	0	6	4	1	8
5,8	0	6	4	9	6	0	6	5	3	1
5,9	0	6	6	0	8	0	6	6	4	3
6	0	6	7	2	0	0	6	7	5	6
6,1	0	6	8	3	2	0	6	8	6	9
6,2	0	6	9	4	4	0	6	9	8	1
6,3	0	7	0	5	6	0	7	0	9	4
6,4	0	7	1	6	8	0	7	2	0	6
6,5	0	7	2	8	0	0	7	3	1	9
6,6	0	7	3	9	2	0	7	4	3	2
6,7	0	7	5	0	4	0	7	5	4	4
6,8	0	7	6	1	6	0	7	6	5	7
6,9	0	7	7	2	8	0	7	7	6	9
7	0	7	8	4	0	0	7	8	8	2
7,1	0	7	9	5	2	0	7	9	9	5
7,2	0	8	0	6	4	0	8	1	0	7
7,3	0	8	1	7	6	0	8	2	2	0
7,4	0	8	2	8	8	0	8	3	3	2
7,5	0	8	4	0	0	0	8	4	4	5
7,6	0	8	5	1	2	0	8	5	5	8
7,7	0	8	6	2	4	0	8	6	7	0
7,8	0	8	7	3	6	0	8	7	8	3
7,9	0	8	8	4	8	0	8	8	9	5
8	0	8	9	6	0	0	9	0	0	8
8,1	0	9	0	7	2	0	9	1	2	1
8,2	0	9	1	8	4	0	9	2	3	3
8,3	0	9	2	9	6	0	9	3	4	6
8,4	0	9	4	0	8	0	9	4	5	8
8,5	0	9	5	2	0	0	9	5	7	1
8,6	0	9	6	3	2	0	9	6	8	4
8,7	0	9	7	4	4	0	9	7	9	6
8,8	0	9	8	5	6	0	9	9	0	9
8,9	0	9	9	6	8	1	0	0	2	1
9	1	0	0	8	0	1	0	1	3	4
9,1	1	0	1	9	2	1	0	2	4	7
9,2	1	0	3	0	4	1	0	3	5	9
9,3	1	0	4	1	6	1	0	4	7	2
9,4	1	0	5	2	8	1	0	5	8	4
9,5	1	0	6	4	0	1	0	6	9	7
9,6	1	0	7	5	2	1	0	8	1	0
9,7	1	0	8	6	4	1	0	9	2	2
9,8	1	0	9	7	6	1	1	0	3	5
9,9	1	1	0	8	8	1	1	1	4	7
10	1	1	2	0	0	1	1	2	6	0

0,01 bis **4,5**	0,1132	1,132	11,32	113,2	1132,0	0,1139	1,139	11,39	113,9	1139,0
0,01	0	0	0	1	1	0	0	0	1	1
0,02	0	0	0	2	3	0	0	0	2	3
0,03	0	0	0	3	4	0	0	0	3	4
0,04	0	0	0	4	5	0	0	0	4	6
0,05	0	0	0	5	7	0	0	0	5	7
0,06	0	0	0	6	8	0	0	0	6	8
0,07	0	0	0	7	9	0	0	0	8	0
0,08	0	0	0	9	1	0	0	0	9	1
0,09	0	0	1	0	2	0	0	1	0	3
0,1	0	0	1	1	3	0	0	1	1	4
0,2	0	0	2	2	6	0	0	2	2	8
0,3	0	0	3	4	0	0	0	3	4	2
0,4	0	0	4	5	3	0	0	4	5	6
0,5	0	0	5	6	6	0	0	5	7	0
0,6	0	0	6	7	9	0	0	6	8	3
0,7	0	0	7	9	2	0	0	7	9	7
0,8	0	0	9	0	6	0	0	9	1	1
0,9	0	1	0	1	9	0	1	0	2	5
1	0	1	1	3	2	0	1	1	3	9
1,1	0	1	2	4	5	0	1	2	5	3
1,2	0	1	3	5	8	0	1	3	6	7
1,3	0	1	4	7	2	0	1	4	8	1
1,4	0	1	5	8	5	0	1	5	9	5
1,5	0	1	6	9	8	0	1	7	0	9
1,6	0	1	8	1	1	0	1	8	2	2
1,7	0	1	9	2	4	0	1	9	3	6
1,8	0	2	0	3	8	0	2	0	5	0
1,9	0	2	1	5	1	0	2	1	6	4
2	0	2	2	6	4	0	2	2	7	8
2,1	0	2	3	7	7	0	2	3	9	2
2,2	0	2	4	9	0	0	2	5	0	6
2,3	0	2	6	0	4	0	2	6	2	0
2,4	0	2	7	1	7	0	2	7	3	4
2,5	0	2	8	3	0	0	2	8	4	8
2,6	0	2	9	4	3	0	2	9	6	1
2,7	0	3	0	5	6	0	3	0	7	5
2,8	0	3	1	7	0	0	3	1	8	9
2,9	0	3	2	8	3	0	3	3	0	3
3	0	3	3	9	6	0	3	4	1	7
3,1	0	3	5	0	9	0	3	5	3	1
3,2	0	3	6	2	2	0	3	6	4	5
3,3	0	3	7	3	6	0	3	7	5	9
3,4	0	3	8	4	9	0	3	8	7	3
3,5	0	3	9	6	2	0	3	9	8	7
3,6	0	4	0	7	5	0	4	1	0	0
3,7	0	4	1	8	8	0	4	2	1	4
3,8	0	4	3	0	2	0	4	3	2	8
3,9	0	4	4	1	5	0	4	4	4	2
4	0	4	5	2	8	0	4	5	5	6
4,1	0	4	6	4	1	0	4	6	7	0
4,2	0	4	7	5	4	0	4	7	8	4
4,3	0	4	8	6	8	0	4	8	9	8
4,4	0	4	9	8	1	0	5	0	1	2
4,5	0	5	0	9	4	0	5	1	2	6

4,6 bis **10**	0,1132	1,132	11,32	113,2	1132,0	0,1139	1,139	11,39	113,9	1139,0
4,6	0	5	2	0	7	0	5	2	3	9
4,7	0	5	3	2	0	0	5	3	5	3
4,8	0	5	4	3	4	0	5	4	6	7
4,9	0	5	5	4	7	0	5	5	8	1
5	0	5	6	6	0	0	5	6	9	5
5,1	0	5	7	7	3	0	5	8	0	9
5,2	0	5	8	8	6	0	5	9	2	3
5,3	0	6	0	0	0	0	6	0	3	7
5,4	0	6	1	1	3	0	6	1	5	1
5,5	0	6	2	2	6	0	6	2	6	5
5,6	0	6	3	3	9	0	6	3	7	8
5,7	0	6	4	5	2	0	6	4	9	2
5,8	0	6	5	6	6	0	6	6	0	6
5,9	0	6	6	7	9	0	6	7	2	0
6	0	6	7	9	2	0	6	8	3	4
6,1	0	6	9	0	5	0	6	9	4	8
6,2	0	7	0	1	8	0	7	0	6	2
6,3	0	7	1	3	2	0	7	1	7	6
6,4	0	7	2	4	5	0	7	2	9	0
6,5	0	7	3	5	8	0	7	4	0	4
6,6	0	7	4	7	1	0	7	5	1	7
6,7	0	7	5	8	4	0	7	6	3	1
6,8	0	7	6	9	8	0	7	7	4	5
6,9	0	7	8	1	1	0	7	8	5	9
7	0	7	9	2	4	0	7	9	7	3
7,1	0	8	0	3	7	0	8	0	8	7
7,2	0	8	1	5	0	0	8	2	0	1
7,3	0	8	2	6	4	0	8	3	1	5
7,4	0	8	3	7	7	0	8	4	2	9
7,5	0	8	4	9	0	0	8	5	4	3
7,6	0	8	6	0	3	0	8	6	5	6
7,7	0	8	7	1	6	0	8	7	7	0
7,8	0	8	8	3	0	0	8	8	8	4
7,9	0	8	9	4	3	0	8	9	9	8
8	0	9	0	5	6	0	9	1	1	2
8,1	0	9	1	6	9	0	9	2	2	6
8,2	0	9	2	8	2	0	9	3	4	0
8,3	0	9	3	9	6	0	9	4	5	4
8,4	0	9	5	0	9	0	9	5	6	8
8,5	0	9	6	2	2	0	9	6	8	2
8,6	0	9	7	3	5	0	9	7	9	5
8,7	0	9	8	4	8	0	9	9	0	9
8,8	0	9	9	6	2	1	0	0	2	3
8,9	1	0	0	7	5	1	0	1	3	7
9	1	0	1	8	8	1	0	2	5	1
9,1	1	0	3	0	1	1	0	3	6	5
9,2	1	0	4	1	4	1	0	4	7	9
9,3	1	0	5	2	8	1	0	5	9	3
9,4	1	0	6	4	1	1	0	7	0	7
9,5	1	0	7	5	4	1	0	8	2	1
9,6	1	0	8	6	7	1	0	9	3	4
9,7	1	0	9	8	0	1	1	0	4	8
9,8	1	1	0	9	4	1	1	1	6	2
9,9	1	1	2	0	7	1	1	2	7	6
10	1	1	3	2	0	1	1	3	9	0

0,01 bis 4,5	0,1146	1,146	11,46	114,6	1146,0	0,1153	1,153	11,53	115,3	1153,0
0,01	0	0	0	1	1	0	0	0	1	2
0,02	0	0	0	2	3	0	0	0	2	3
0,03	0	0	0	3	4	0	0	0	3	5
0,04	0	0	0	4	6	0	0	0	4	6
0,05	0	0	0	5	7	0	0	0	5	8
0,06	0	0	0	6	9	0	0	0	6	9
0,07	0	0	0	8	0	0	0	0	8	1
0,08	0	0	0	9	2	0	0	0	9	2
0,09	0	0	1	0	3	0	0	1	0	4
0,1	0	0	1	1	5	0	0	1	1	5
0,2	0	0	2	2	9	0	0	2	3	1
0,3	0	0	3	4	4	0	0	3	4	6
0,4	0	0	4	5	8	0	0	4	6	1
0,5	0	0	5	7	3	0	0	5	7	7
0,6	0	0	6	8	8	0	0	6	9	2
0,7	0	0	8	0	2	0	0	8	0	7
0,8	0	0	9	1	7	0	0	9	2	2
0,9	0	1	0	3	1	0	1	0	3	8
1	0	1	1	4	6	0	1	1	5	3
1,1	0	1	2	6	1	0	1	2	6	8
1,2	0	1	3	7	5	0	1	3	8	4
1,3	0	1	4	9	0	0	1	4	9	9
1,4	0	1	6	0	4	0	1	6	1	4
1,5	0	1	7	1	9	0	1	7	3	0
1,6	0	1	8	3	4	0	1	8	4	5
1,7	0	1	9	4	8	0	1	9	6	0
1,8	0	2	0	6	3	0	2	0	7	5
1,9	0	2	1	7	7	0	2	1	9	1
2	0	2	2	9	2	0	2	3	0	6
2,1	0	2	4	0	7	0	2	4	2	1
2,2	0	2	5	2	1	0	2	5	3	7
2,3	0	2	6	3	6	0	2	6	5	2
2,4	0	2	7	5	0	0	2	7	6	7
2,5	0	2	8	6	5	0	2	8	8	3
2,6	0	2	9	8	0	0	2	9	9	8
2,7	0	3	0	9	4	0	3	1	1	3
2,8	0	3	2	0	9	0	3	2	2	8
2,9	0	3	3	2	3	0	3	3	4	4
3	0	3	4	3	8	0	3	4	5	9
3,1	0	3	5	5	3	0	3	5	7	4
3,2	0	3	6	6	7	0	3	6	9	0
3,3	0	3	7	8	2	0	3	8	0	5
3,4	0	3	8	9	6	0	3	9	2	0
3,5	0	4	0	1	1	0	4	0	3	6
3,6	0	4	1	2	6	0	4	1	5	1
3,7	0	4	2	4	0	0	4	2	6	6
3,8	0	4	3	5	5	0	4	3	8	1
3,9	0	4	4	6	9	0	4	4	9	7
4	0	4	5	8	4	0	4	6	1	2
4,1	0	4	6	9	9	0	4	7	2	7
4,2	0	4	8	1	3	0	4	8	4	3
4,3	0	4	9	2	8	0	4	9	5	8
4,4	0	5	0	4	2	0	5	0	7	3
4,5	0	5	1	5	7	0	5	1	8	9

4,6 bis 10	0,1146	1,146	11,46	114,6	1146,0	0,1153	1,153	11,53	115,3	1153,0
4,6	0	5	2	7	2	0	5	3	0	4
4,7	0	5	3	8	6	0	5	4	1	9
4,8	0	5	5	0	1	0	5	5	3	4
4,9	0	5	6	1	5	0	5	6	5	0
5	0	5	7	3	0	0	5	7	6	5
5,1	0	5	8	4	5	0	5	8	8	0
5,2	0	5	9	5	9	0	5	9	9	6
5,3	0	6	0	7	4	0	6	1	1	1
5,4	0	6	1	8	8	0	6	2	2	6
5,5	0	6	3	0	3	0	6	3	4	2
5,6	0	6	4	1	8	0	6	4	5	7
5,7	0	6	5	3	2	0	6	5	7	2
5,8	0	6	6	4	7	0	6	6	8	7
5,9	0	6	7	6	1	0	6	8	0	3
6	0	6	8	7	6	0	6	9	1	8
6,1	0	6	9	9	1	0	7	0	3	3
6,2	0	7	1	0	5	0	7	1	4	9
6,3	0	7	2	2	0	0	7	2	6	4
6,4	9	7	3	3	4	0	7	3	7	9
6,5	0	7	4	4	9	0	7	4	9	5
6,6	0	7	5	6	4	0	7	6	1	0
6,7	0	7	6	7	8	0	7	7	2	5
6,8	0	7	7	9	3	0	7	8	4	0
6,9	0	7	9	0	7	0	7	9	5	6
7	0	8	0	2	2	0	8	0	7	1
7,1	0	8	1	3	7	0	8	1	8	6
7,2	0	8	2	5	1	0	8	3	0	2
7,3	0	8	3	6	6	0	8	4	1	7
7,4	0	8	4	8	0	0	8	5	3	2
7,5	0	8	5	9	5	0	8	6	4	8
7,6	0	8	7	1	0	0	8	7	6	3
7,7	0	8	8	2	4	0	8	8	7	8
7,8	0	8	9	3	9	0	8	9	9	3
7,9	0	9	0	5	3	0	9	1	0	9
8	0	9	1	6	8	0	9	2	2	4
8,1	0	9	2	8	3	0	9	3	3	9
8,2	0	9	3	9	7	0	9	4	5	5
8,3	0	9	5	1	2	0	9	5	7	0
8,4	0	9	6	2	6	0	9	6	8	5
8,5	0	9	7	4	1	0	9	8	0	1
8,6	0	9	8	5	6	0	9	9	1	6
8,7	0	9	9	7	0	1	0	0	3	1
8,8	1	0	0	8	5	1	0	1	4	6
8,9	1	0	1	9	9	1	0	2	6	2
9	1	0	3	1	4	1	0	3	7	7
9,1	1	0	4	2	9	1	0	4	9	2
9,2	1	0	5	4	3	1	0	6	0	8
9,3	1	0	6	5	8	1	0	7	2	3
9,4	1	0	7	7	2	1	0	8	3	8
9,5	1	0	8	8	7	1	0	9	5	4
9,6	1	1	0	0	2	1	1	0	6	9
9,7	1	1	1	1	6	1	1	1	8	4
9,8	1	1	2	3	1	1	1	2	9	9
9,9	1	1	3	4	5	1	1	4	1	5
10	1	1	4	6	0	1	1	5	3	0

0,01 bis 4,5	0,116	1,16	11,6	116,0	1160,0	0,1167	1,167	11,67	116,7	1167,0
0,01	0	0	0	1	2	0	0	0	1	2
0,02	0	0	0	2	3	0	0	0	2	3
0,03	0	0	0	3	5	0	0	0	3	5
0,04	0	0	0	4	6	0	0	0	4	7
0,05	0	0	0	5	8	0	0	0	5	8
0,06	0	0	0	7	0	0	0	0	7	0
0,07	0	0	0	8	1	0	0	0	8	2
0,08	0	0	0	9	3	0	0	0	9	3
0,09	0	0	1	0	4	0	0	1	0	5
0,1	0	0	1	1	6	0	0	1	1	7
0,2	0	0	2	3	2	0	0	2	3	3
0,3	0	0	3	4	8	0	0	3	5	0
0,4	0	0	4	6	4	0	0	4	6	7
0,5	0	0	5	8	0	0	0	5	8	4
0,6	0	0	6	9	6	0	0	7	0	0
0,7	0	0	8	1	2	0	0	8	1	7
0,8	0	0	9	2	8	0	0	9	3	4
0,9	0	1	0	4	4	0	1	0	5	0
1	0	1	1	6	0	0	1	1	6	7
1,1	0	1	2	7	6	0	1	2	8	4
1,2	0	1	3	9	2	0	1	4	0	0
1,3	0	1	5	0	8	0	1	5	1	7
1,4	0	1	6	2	4	0	1	6	3	4
1,5	0	1	7	4	0	0	1	7	5	1
1,6	0	1	8	5	6	0	1	8	6	7
1,7	0	1	9	7	2	0	1	9	8	4
1,8	0	2	0	8	8	0	2	1	0	1
1,9	0	2	2	0	4	0	2	2	1	7
2	0	2	3	2	0	0	2	3	3	4
2,1	0	2	4	3	6	0	2	4	5	1
2,2	0	2	5	5	2	0	2	5	6	7
2,3	0	2	6	6	8	0	2	6	8	4
2,4	0	2	7	8	4	0	2	8	0	1
2,5	0	2	9	0	0	0	2	9	1	8
2,6	0	3	0	1	6	0	3	0	3	4
2,7	0	3	1	3	2	0	3	1	5	1
2,8	0	3	2	4	8	0	3	2	6	8
2,9	0	3	3	6	4	0	3	3	8	4
3	0	3	4	8	0	0	3	5	0	1
3,1	0	3	5	9	6	0	3	6	1	8
3,2	0	3	7	1	2	0	3	7	3	4
3,3	0	3	8	2	8	0	3	8	5	1
3,4	0	3	9	4	4	0	3	9	6	8
3,5	0	4	0	6	0	0	4	0	8	5
3,6	0	4	1	7	6	0	4	2	0	1
3,7	0	4	2	9	2	0	4	3	1	8
3,8	0	4	4	0	8	0	4	4	3	5
3,9	0	4	5	2	4	0	4	5	5	1
4	0	4	6	4	0	0	4	6	6	8
4,1	0	4	7	5	6	0	4	7	8	5
4,2	0	4	8	7	2	0	4	9	0	1
4,3	0	4	9	8	8	0	5	0	1	8
4,4	0	5	1	0	4	0	5	1	3	5
4,5	0	5	2	2	0	0	5	2	5	2

4,6 bis 10	0,116	1,16	11,6	116,0	1160,0	0,1167	1,167	11,67	116,7	1167,0
4,6	0	5	3	3	6	0	5	3	6	8
4,7	0	5	4	5	2	0	5	4	8	5
4,8	0	5	5	6	8	0	5	6	0	2
4,9	0	5	6	8	4	0	5	7	1	8
5	0	5	8	0	0	0	5	8	3	5
5,1	0	5	9	1	6	0	5	9	5	2
5,2	0	6	0	3	2	0	6	0	6	8
5,3	0	6	1	4	8	0	6	1	8	5
5,4	0	6	2	6	4	0	6	3	0	2
5,5	0	6	3	8	0	0	6	4	1	9
5,6	0	6	4	9	6	0	6	5	3	5
5,7	0	6	6	1	2	0	6	6	5	2
5,8	0	6	7	2	8	0	6	7	6	9
5,9	0	6	8	4	4	0	6	8	8	5
6	0	6	9	6	0	0	7	0	0	2
6,1	0	7	0	7	6	0	7	1	1	9
6,2	0	7	1	9	2	0	7	2	3	5
6,3	0	7	3	0	8	0	7	3	5	2
6,4	0	7	4	2	4	0	7	4	6	9
6,5	0	7	5	4	0	0	7	5	8	6
6,6	0	7	6	5	6	0	7	7	0	2
6,7	0	7	7	7	2	0	7	8	1	9
6,8	0	7	8	8	8	0	7	9	3	6
6,9	0	8	0	0	4	0	8	0	5	2
7	0	8	1	2	0	0	8	1	6	9
7,1	0	8	2	3	6	0	8	2	8	6
7,2	0	8	3	5	2	0	8	4	0	2
7,3	0	8	4	6	8	0	8	5	1	9
7,4	0	8	5	8	4	0	8	6	3	6
7,5	0	8	7	0	0	0	8	7	5	3
7,6	0	8	8	1	6	0	8	8	6	9
7,7	0	8	9	3	2	0	8	9	8	6
7,8	0	9	0	4	8	0	9	1	0	3
7,9	0	9	1	6	4	0	9	2	1	9
8	0	9	2	8	0	0	9	3	3	6
8,1	0	9	3	9	6	0	9	4	5	3
8,2	0	9	5	1	2	0	9	5	6	9
8,3	0	9	6	2	8	0	9	6	8	6
8,4	0	9	7	4	4	0	9	8	0	3
8,5	0	9	8	6	0	0	9	9	2	0
8,6	0	9	9	7	6	1	0	0	3	6
8,7	1	0	0	9	2	1	0	1	5	3
8,8	1	0	2	0	8	1	0	2	7	0
8,9	1	0	3	2	4	1	0	3	8	6
9	1	0	4	4	0	1	0	5	0	3
9,1	1	0	5	5	6	1	0	6	2	0
9,2	1	0	6	7	2	1	0	7	3	6
9,3	1	0	7	8	8	1	0	8	5	3
9,4	1	0	9	0	4	1	0	9	7	0
9,5	1	1	0	2	0	1	1	0	8	7
9,6	1	1	1	3	6	1	1	2	0	3
9,7	1	1	2	5	2	1	1	3	2	0
9,8	1	1	3	6	8	1	1	4	3	7
9,9	1	1	4	8	4	1	1	5	5	3
10	1	1	6	0	0	1	1	6	7	0

0,01 bis **4,5**	**1174**,0 · **117**,4 · **0**,1174 · **1**,174 · **11**,74					**1181**,0 · **118**,1 · **0**,1181 · **1**,181 · **11**,81				
0,01	0	0	0	1	2	0	0	0	1	2
0,02	0	0	0	2	3	0	0	0	2	4
0,03	0	0	0	3	5	0	0	0	3	5
0,04	0	0	0	4	7	0	0	0	4	7
0,05	0	0	0	5	9	0	0	0	5	9
0,06	0	0	0	7	0	0	0	0	7	1
0,07	0	0	0	8	2	0	0	0	8	3
0,08	0	0	0	9	4	0	0	0	9	4
0,09	0	0	1	0	6	0	0	1	0	6
0,1	0	0	1	1	7	0	0	1	1	8
0,2	0	0	2	3	5	0	0	2	3	6
0,3	0	0	3	5	2	0	0	3	5	4
0,4	0	0	4	7	0	0	0	4	7	2
0,5	0	0	5	8	7	0	0	5	9	1
0,6	0	0	7	0	4	0	0	7	0	9
0,7	0	0	8	2	2	0	0	8	2	7
0,8	0	0	9	3	9	0	0	9	4	5
0,9	0	1	0	5	7	0	1	0	6	3
1	0	1	1	7	4	0	1	1	8	1
1,1	0	1	2	9	1	0	1	2	9	9
1,2	0	1	4	0	9	0	1	4	1	7
1,3	0	1	5	2	6	0	1	5	3	5
1,4	0	1	6	4	4	0	1	6	5	3
1,5	0	1	7	6	1	0	1	7	7	2
1,6	0	1	8	7	8	0	1	8	9	0
1,7	0	1	9	9	6	0	2	0	0	8
1,8	0	2	1	1	3	0	2	1	2	6
1,9	0	2	2	3	1	0	2	2	4	4
2	0	2	3	4	8	0	2	3	6	2
2,1	0	2	4	6	5	0	2	4	8	0
2,2	0	2	5	8	3	0	2	5	9	8
2,3	0	2	7	0	0	0	2	7	1	6
2,4	0	2	8	1	8	0	2	8	3	4
2,5	0	2	9	3	5	0	2	9	5	3
2,6	0	3	0	5	2	0	3	0	7	1
2,7	0	3	1	7	0	0	3	1	8	9
2,8	0	3	2	8	7	0	3	3	0	7
2,9	0	3	4	0	5	0	3	4	2	5
3	0	3	5	2	2	0	3	5	4	3
3,1	0	3	6	3	9	0	3	6	6	1
3,2	0	3	7	5	7	0	3	7	7	9
3,3	0	3	8	7	4	0	3	8	9	7
3,4	0	3	9	9	2	0	4	0	1	5
3,5	0	4	1	0	9	0	4	1	3	4
3,6	0	4	2	2	6	0	4	2	5	2
3,7	0	4	3	4	4	0	4	3	7	0
3,8	0	4	4	6	1	0	4	4	8	8
3,9	0	4	5	7	9	0	4	6	0	6
4	0	4	6	9	6	0	4	7	2	4
4,1	0	4	8	1	3	0	4	8	4	2
4,2	0	4	9	3	1	0	4	9	6	0
4,3	0	5	0	4	8	0	5	0	7	8
4,4	0	5	1	6	6	0	5	1	9	6
4,5	0	5	2	8	3	0	5	3	1	5

4,6 bis **10**	**1174**,0 · **117**,4 · **0**,1174 · **1**,174 · **11**,74					**1181**,0 · **118**,1 · **0**,1181 · **1**,181 · **11**,81				
4,6	0	5	4	0	0	0	5	4	3	3
4,7	0	5	5	1	8	0	5	5	5	1
4,8	0	5	6	3	5	0	5	6	6	9
4,9	0	5	7	5	3	0	5	7	8	7
5	0	5	8	7	0	0	5	9	0	5
5,1	0	5	9	8	7	0	6	0	2	3
5,2	0	6	1	0	5	0	6	1	4	1
5,3	0	6	2	2	2	0	6	2	5	9
5,4	0	6	3	4	0	0	6	3	7	7
5,5	0	6	4	5	7	0	6	4	9	6
5,6	0	6	5	7	4	0	6	6	1	4
5,7	0	6	6	9	2	0	6	7	3	2
5,8	0	6	8	0	9	0	6	8	5	0
5,9	0	6	9	2	7	0	6	9	6	8
6	0	7	0	4	4	0	7	0	8	6
6,1	0	7	1	6	1	0	7	2	0	4
6,2	0	7	2	7	9	0	7	3	2	2
6,3	0	7	3	9	6	0	7	4	4	0
6,4	0	7	5	1	4	0	7	5	5	8
6,5	0	7	6	3	1	0	7	6	7	7
6,6	0	7	7	4	8	0	7	7	9	5
6,7	0	7	8	6	6	0	7	9	1	3
6,8	0	7	9	8	3	0	8	0	3	1
6,9	0	8	1	0	1	0	8	1	4	9
7	0	8	2	1	8	0	8	2	6	7
7,1	0	8	3	3	5	0	8	3	8	5
7,2	0	8	4	5	3	0	8	5	0	3
7,3	0	8	5	7	0	0	8	6	2	1
7,4	0	8	6	8	8	0	8	7	3	9
7,5	0	8	8	0	5	0	8	8	5	8
7,6	0	8	9	2	2	0	8	9	7	6
7,7	0	9	0	4	0	0	9	0	9	4
7,8	0	9	1	5	7	0	9	2	1	2
7,9	0	9	2	7	5	0	9	3	3	0
8	0	9	3	9	2	0	9	4	4	8
8,1	0	9	5	0	9	0	9	5	6	6
8,2	0	9	6	2	7	0	9	6	8	4
8,3	0	9	7	4	4	0	9	8	0	2
8,4	0	9	8	6	2	0	9	9	2	0
8,5	0	9	9	7	9	1	0	0	3	9
8,6	1	0	0	9	6	1	0	1	5	7
8,7	1	0	2	1	4	1	0	2	7	5
8,8	1	0	3	3	1	1	0	3	9	3
8,9	1	0	4	4	9	1	0	5	1	1
9	1	0	5	6	6	1	0	6	2	9
9,1	1	0	6	8	3	1	0	7	4	7
9,2	1	0	8	0	1	1	0	8	6	5
9,3	1	0	9	1	8	1	0	9	8	3
9,4	1	1	0	3	6	1	1	1	0	1
9,5	1	1	1	5	3	1	1	2	2	0
9,6	1	1	2	7	0	1	1	3	3	8
9,7	1	1	3	8	8	1	1	4	5	6
9,8	1	1	5	0	5	1	1	5	7	4
9,9	1	1	6	2	3	1	1	6	9	2
10	1	1	7	4	0	1	1	8	1	0

0,01 bis 4,5	0,1188	1,188	11,88	118,8	1188,0	0,1195	1,195	11,95	119,5	1195,0
0,01	0	0	0	1	2	0	0	0	1	2
0,02	0	0	0	2	4	0	0	0	2	4
0,03	0	0	0	3	6	0	0	0	3	6
0,04	0	0	0	4	8	0	0	0	4	8
0,05	0	0	0	5	9	0	0	0	6	0
0,06	0	0	0	7	1	0	0	0	7	2
0,07	0	0	0	8	3	0	0	0	8	4
0,08	0	0	0	9	5	0	0	0	9	6
0,09	0	0	1	0	7	0	0	1	0	8
0,1	0	0	1	1	9	0	0	1	2	0
0,2	0	0	2	3	8	0	0	2	3	9
0,3	0	0	3	5	6	0	0	3	5	9
0,4	0	0	4	7	5	0	0	4	7	8
0,5	0	0	5	9	4	0	0	5	9	8
0,6	0	0	7	1	3	0	0	7	1	7
0,7	0	0	8	3	2	0	0	8	3	7
0,8	0	0	9	5	0	0	0	9	5	6
0,9	0	1	0	6	9	0	1	0	7	6
1	0	1	1	8	8	0	1	1	9	5
1,1	0	1	3	0	7	0	1	3	1	5
1,2	0	1	4	2	6	0	1	4	3	4
1,3	0	1	5	4	4	0	1	5	5	4
1,4	0	1	6	6	3	0	1	6	7	3
1,5	0	1	7	8	2	0	1	7	9	3
1,6	0	1	9	0	1	0	1	9	1	2
1,7	0	2	0	2	0	0	2	0	3	2
1,8	0	2	1	3	8	0	2	1	5	1
1,9	0	2	2	5	7	0	2	2	7	1
2	0	2	3	7	6	0	2	3	9	0
2,1	0	2	4	9	5	0	2	5	1	0
2,2	0	2	6	1	4	0	2	6	2	9
2,3	0	2	7	3	2	0	2	7	4	9
2,4	0	2	8	5	1	0	2	8	6	8
2,5	0	2	9	7	0	0	2	9	8	8
2,6	0	3	0	8	9	0	3	1	0	7
2,7	0	3	2	0	8	0	3	2	2	7
2,8	0	3	3	2	6	0	3	3	4	6
2,9	0	3	4	4	5	0	3	4	6	6
3	0	3	5	6	4	0	3	5	8	5
3,1	0	3	6	8	3	0	3	7	0	5
3,2	0	3	8	0	2	0	3	8	2	4
3,3	0	3	9	2	0	0	3	9	4	4
3,4	0	4	0	3	9	0	4	0	6	3
3,5	0	4	1	5	8	0	4	1	8	3
3,6	0	4	2	7	7	0	4	3	0	2
3,7	0	4	3	9	6	0	4	4	2	2
3,8	0	4	5	1	4	0	4	5	4	1
3,9	0	4	6	3	3	0	4	6	6	1
4	0	4	7	5	2	0	4	7	8	0
4,1	0	4	8	7	1	0	4	9	0	0
4,2	0	4	9	9	0	0	5	0	1	9
4,3	0	5	1	0	8	0	5	1	3	9
4,4	0	5	2	2	7	0	5	2	5	8
4,5	0	5	3	4	6	0	5	3	7	8

4,6 bis 10	0,1188	1,188	11,88	118,8	1188,0	0,1195	1,195	11,95	119,5	1195,0
4,6	0	5	4	6	5	0	5	4	9	7
4,7	0	5	5	8	4	0	5	6	1	7
4,8	0	5	7	0	2	0	5	7	3	6
4,9	0	5	8	2	1	0	5	8	5	6
5	0	5	9	4	0	0	5	9	7	5
5,1	0	6	0	5	9	0	6	0	9	5
5,2	0	6	1	7	8	0	6	2	1	4
5,3	0	6	2	9	6	0	6	3	3	4
5,4	0	6	4	1	5	0	6	4	5	3
5,5	0	6	5	3	4	0	6	5	7	3
5,6	0	6	6	5	3	0	6	6	9	2
5,7	0	6	7	7	2	0	6	8	1	2
5,8	0	6	8	9	0	0	6	9	3	1
5,9	0	7	0	0	9	0	7	0	5	1
6	0	7	1	2	8	0	7	1	7	0
6,1	0	7	2	4	7	0	7	2	9	0
6,2	0	7	3	6	6	0	7	4	0	9
6,3	0	7	4	8	4	0	7	5	2	9
6,4	0	7	6	0	3	0	7	6	4	8
6,5	0	7	7	2	2	0	7	7	6	8
6,6	0	7	8	4	1	0	7	8	8	7
6,7	0	7	9	6	0	0	8	0	0	7
6,8	0	8	0	7	8	0	8	1	2	6
6,9	0	8	1	9	7	0	8	2	4	6
7	0	8	3	1	6	0	8	3	6	5
7,1	0	8	4	3	5	0	8	4	8	5
7,2	0	8	5	5	4	0	8	6	0	4
7,3	0	8	6	7	2	0	8	7	2	4
7,4	0	8	7	9	1	0	8	8	4	3
7,5	0	8	9	1	0	0	8	9	6	3
7,6	0	9	0	2	9	0	9	0	8	2
7,7	0	9	1	4	8	0	9	2	0	2
7,8	0	9	2	6	6	0	9	3	2	1
7,9	0	9	3	8	5	0	9	4	4	1
8	0	9	5	0	4	0	9	5	6	0
8,1	0	9	6	2	3	0	9	6	8	0
8,2	0	9	7	4	2	0	9	7	9	9
8,3	0	9	8	6	0	0	9	9	1	9
8,4	0	9	9	7	9	1	0	0	3	8
8,5	1	0	0	9	8	1	0	1	5	8
8,6	1	0	2	1	7	1	0	2	7	7
8,7	1	0	3	3	6	1	0	3	9	7
8,8	1	0	4	5	4	1	0	5	1	6
8,9	1	0	5	7	3	1	0	6	3	6
9	1	0	6	9	2	1	0	7	5	5
9,1	1	0	8	1	1	1	0	8	7	5
9,2	1	0	9	3	0	1	0	9	9	4
9,3	1	1	0	4	8	1	1	1	1	4
9,4	1	1	1	6	7	1	1	2	3	3
9,5	1	1	2	8	6	1	1	3	5	3
9,6	1	1	4	0	5	1	1	4	7	2
9,7	1	1	5	2	4	1	1	5	9	2
9,8	1	1	6	4	2	1	1	7	1	1
9,9	1	1	7	6	1	1	1	8	3	1
10	1	1	8	8	0	1	1	9	5	0

0,01 bis 4,5	0,1202	1,202	12,02	120,2	1202,0	0,1209	1,209	12,09	120,9	1209,0
0,01	0	0	0	1	2	0	0	0	1	2
0,02	0	0	0	2	4	0	0	0	2	4
0,03	0	0	0	3	6	0	0	0	3	6
0,04	0	0	0	4	8	0	0	0	4	8
0,05	0	0	0	6	0	0	0	0	6	0
0,06	0	0	0	7	2	0	0	0	7	3
0,07	0	0	0	8	4	0	0	0	8	5
0,08	0	0	0	9	6	0	0	0	9	7
0,09	0	0	1	0	8	0	0	1	0	9
0,1	0	0	1	2	0	0	0	1	2	1
0,2	0	0	2	4	0	0	0	2	4	2
0,3	0	0	3	6	1	0	0	3	6	3
0,4	0	0	4	8	1	0	0	4	8	4
0,5	0	0	6	0	1	0	0	6	0	5
0,6	0	0	7	2	1	0	0	7	2	5
0,7	0	0	8	4	1	0	0	8	4	6
0,8	0	0	9	6	2	0	0	9	6	7
0,9	0	1	0	8	2	0	1	0	8	8
1	0	1	2	0	2	0	1	2	0	9
1,1	0	1	3	2	2	0	1	3	3	0
1,2	0	1	4	4	2	0	1	4	5	1
1,3	0	1	5	6	3	0	1	5	7	2
1,4	0	1	6	8	3	0	1	6	9	3
1,5	0	1	8	0	3	0	1	8	1	4
1,6	0	1	9	2	3	0	1	9	3	4
1,7	0	2	0	4	3	0	2	0	5	5
1,8	0	2	1	6	4	0	2	1	7	6
1,9	0	2	2	8	4	0	2	2	9	7
2	0	2	4	0	4	0	2	4	1	8
2,1	0	2	5	2	4	0	2	5	3	9
2,2	0	2	6	4	4	0	2	6	6	0
2,3	0	2	7	6	5	0	2	7	8	1
2,4	0	2	8	8	5	0	2	9	0	2
2,5	0	3	0	0	5	0	3	0	2	3
2,6	0	3	1	2	5	0	3	1	4	3
2,7	0	3	2	4	5	0	3	2	6	4
2,8	0	3	3	6	6	0	3	3	8	5
2,9	0	3	4	8	6	0	3	5	0	6
3	0	3	6	0	6	0	3	6	2	7
3,1	0	3	7	2	6	0	3	7	4	8
3,2	0	3	8	4	6	0	3	8	6	9
3,3	0	3	9	6	7	0	3	9	9	0
3,4	0	4	0	8	7	0	4	1	1	1
3,5	0	4	2	0	7	0	4	2	3	2
3,6	0	4	3	2	7	0	4	3	5	2
3,7	0	4	4	4	7	0	4	4	7	3
3,8	0	4	5	6	8	0	4	5	9	4
3,9	0	4	6	8	8	0	4	7	1	5
4	0	4	8	0	8	0	4	8	3	6
4,1	0	4	9	2	8	0	4	9	5	7
4,2	0	5	0	4	8	0	5	0	7	8
4,3	0	5	1	6	9	0	5	1	9	9
4,4	0	5	2	8	9	0	5	3	2	0
4,5	0	5	4	0	9	0	5	4	4	1

4,6 bis 10	0,1202	1,202	12,02	120,2	1202,0	0,1209	1,209	12,09	120,9	1209,0
4,6	0	5	5	2	9	0	5	5	6	1
4,7	0	5	6	4	9	0	5	6	8	2
4,8	0	5	7	7	0	0	5	8	0	3
4,9	0	5	8	9	0	0	5	9	2	4
5	0	6	0	1	0	0	6	0	4	5
5,1	0	6	1	3	0	0	6	1	6	6
5,2	0	6	2	5	0	0	6	2	8	7
5,3	0	6	3	7	1	0	6	4	0	8
5,4	0	6	4	9	1	0	6	5	2	9
5,5	0	6	6	1	1	0	6	6	5	0
5,6	0	6	7	3	1	0	6	7	7	0
5,7	0	6	8	5	1	0	6	8	9	1
5,8	0	6	9	7	2	0	7	0	1	2
5,9	0	7	0	9	2	0	7	1	3	3
6	0	7	2	1	2	0	7	2	5	4
6,1	0	7	3	3	2	0	7	3	7	5
6,2	0	7	4	5	2	0	7	4	9	6
6,3	0	7	5	7	3	0	7	6	1	7
6,4	0	7	6	9	3	0	7	7	3	8
6,5	0	7	8	1	3	0	7	8	5	9
6,6	0	7	9	3	3	0	7	9	7	9
6,7	0	8	0	5	3	0	8	1	0	0
6,8	0	8	1	7	4	0	8	2	2	1
6,9	0	8	2	9	4	0	8	3	4	2
7	0	8	4	1	4	0	8	4	6	3
7,1	0	8	5	3	4	0	8	5	8	4
7,2	0	8	6	5	4	0	8	7	0	5
7,3	0	8	7	7	5	0	8	8	2	6
7,4	0	8	9	9	5	0	8	9	4	7
7,5	0	9	0	1	5	0	9	0	6	8
7,6	0	9	1	3	5	0	9	1	8	8
7,7	0	9	2	5	5	0	9	3	0	9
7,8	0	9	3	7	6	0	9	4	3	0
7,9	0	9	4	9	6	0	9	5	5	1
8	0	9	6	1	6	0	9	6	7	2
8,1	0	9	7	3	6	0	9	7	9	3
8,2	0	9	8	5	6	0	9	9	1	4
8,3	0	9	9	7	7	1	0	0	3	5
8,4	1	0	1	9	7	1	0	1	5	6
8,5	1	0	2	1	7	1	0	2	7	7
8,6	1	0	3	3	7	1	0	3	9	7
8,7	1	0	4	5	7	1	0	5	1	8
8,8	1	0	5	7	8	1	0	6	3	9
8,9	1	0	6	9	8	1	0	7	6	0
9	1	0	8	1	8	1	0	8	8	1
9,1	1	0	9	3	8	1	1	0	0	2
9,2	1	1	0	5	8	1	1	1	2	3
9,3	1	1	1	7	9	1	1	2	4	4
9,4	1	1	2	9	9	1	1	3	6	5
9,5	1	1	4	1	9	1	1	4	8	6
9,6	1	1	5	3	9	1	1	6	0	6
9,7	1	1	6	5	9	1	1	7	2	7
9,8	1	1	7	8	0	1	1	8	4	8
9,9	1	1	9	0	0	1	1	9	6	9
10	1	2	0	2	0	1	2	0	9	0

0,01 bis 10	0,1216	1,216	12,16	121,6	1216,0	0,1223	1,223	12,23	122,3	1223,0
0,01	0	0	0	1	2	0	0	0	1	2
0,02	0	0	0	2	4	0	0	0	2	4
0,03	0	0	0	3	6	0	0	0	3	7
0,04	0	0	0	4	9	0	0	0	4	9
0,05	0	0	0	6	1	0	0	0	6	1
0,06	0	0	0	7	3	0	0	0	7	3
0,07	0	0	0	8	5	0	0	0	8	6
0,08	0	0	0	9	7	0	0	0	9	8
0,09	0	0	1	0	9	0	0	1	1	0
0,1	0	0	1	2	2	0	0	1	2	2
0,2	0	0	2	4	3	0	0	2	4	5
0,3	0	0	3	6	5	0	0	3	6	7
0,4	0	0	4	8	6	0	0	4	8	9
0,5	0	0	6	0	8	0	0	6	1	2
0,6	0	0	7	3	0	0	0	7	3	4
0,7	0	0	8	5	1	0	0	8	5	6
0,8	0	0	9	7	3	0	0	9	7	8
0,9	0	1	0	9	4	0	1	1	0	1
1	0	1	2	1	6	0	1	2	2	3
1,1	0	1	3	3	8	0	1	3	4	5
1,2	0	1	4	5	9	0	1	4	6	8
1,3	0	1	5	8	1	0	1	5	9	0
1,4	0	1	7	0	2	0	1	7	1	2
1,5	0	1	8	2	4	0	1	8	3	5
1,6	0	1	9	4	6	0	1	9	5	7
1,7	0	2	0	6	7	0	2	0	7	9
1,8	0	2	1	8	9	0	2	2	0	1
1,9	0	2	3	1	0	0	2	3	2	4
2	0	2	4	3	2	0	2	4	4	6
2,1	0	2	5	5	4	0	2	5	6	8
2,2	0	2	6	7	5	0	2	6	9	1
2,3	0	2	7	9	7	0	2	8	1	3
2,4	0	2	9	1	8	0	2	9	3	5
2,5	0	3	0	4	0	0	3	0	5	8
2,6	0	3	1	6	2	0	3	1	8	0
2,7	0	3	2	8	3	0	3	3	0	2
2,8	0	3	4	0	5	0	3	4	2	4
2,9	0	3	5	2	6	0	3	5	4	7
3	0	3	6	4	8	0	3	6	6	9
3,1	0	3	7	7	0	0	3	7	9	1
3,2	0	3	8	9	1	0	3	9	1	4
3,3	0	4	0	1	3	0	4	0	3	6
3,4	0	4	1	3	4	0	4	1	5	8
3,5	0	4	2	5	6	0	4	2	8	1
3,6	0	4	3	7	8	0	4	4	0	3
3,7	0	4	4	9	9	0	4	5	2	5
3,8	0	4	6	2	1	0	4	6	4	7
3,9	0	4	7	4	2	0	4	7	7	0
4	0	4	8	6	4	0	4	8	9	2
4,1	0	4	9	8	6	0	5	0	1	4
4,2	0	5	1	0	7	0	5	1	3	7
4,3	0	5	2	2	9	0	5	2	5	9
4,4	0	5	3	5	0	0	5	3	8	1
4,5	0	5	4	7	2	0	5	5	0	4
4,6	0	5	5	9	4	0	5	6	2	6
4,7	0	5	7	1	5	0	5	7	4	8
4,8	0	5	8	3	7	0	5	8	7	0
4,9	0	5	9	5	8	0	5	9	9	3
5	0	6	0	8	0	0	6	1	1	5
5,1	0	6	2	0	2	0	6	2	3	7
5,2	0	6	3	2	3	0	6	3	6	0
5,3	0	6	4	4	5	0	6	4	8	2
5,4	0	6	5	6	6	0	6	6	0	4
5,5	0	6	6	8	8	0	6	7	2	7
5,6	0	6	8	1	0	0	6	8	4	9
5,7	0	6	9	3	1	0	6	9	7	1
5,8	0	7	0	5	3	0	7	0	9	3
5,9	0	7	1	7	4	0	7	2	1	6
6	0	7	2	9	6	0	7	3	3	8
6,1	0	7	4	1	8	0	7	4	6	0
6,2	0	7	5	3	9	0	7	5	8	3
6,3	0	7	6	6	1	0	7	7	0	5
6,4	0	7	7	8	2	0	7	8	2	7
6,5	0	7	9	0	4	0	7	9	5	0
6,6	0	8	0	2	6	0	8	0	7	2
6,7	0	8	1	4	7	0	8	1	9	4
6,8	0	8	2	6	9	0	8	3	1	6
6,9	0	8	3	9	0	0	8	4	3	9
7	0	8	5	1	2	0	8	5	6	1
7,1	0	8	6	3	4	0	8	6	8	3
7,2	0	8	7	5	5	0	8	8	0	6
7,3	0	8	8	7	7	0	8	9	2	8
7,4	0	8	9	9	8	0	9	0	5	0
7,5	0	9	1	2	0	0	9	1	7	3
7,6	0	9	2	4	2	0	9	2	9	5
7,7	0	9	3	6	3	0	9	4	1	7
7,8	0	9	4	8	5	0	9	5	3	9
7,9	0	9	6	0	6	0	9	6	6	2
8	0	9	7	2	8	0	9	7	8	4
8,1	0	9	8	5	0	0	9	9	0	6
8,2	0	9	9	7	1	1	0	0	2	9
8,3	1	0	0	9	3	1	0	1	5	1
8,4	1	0	2	1	4	1	0	2	7	3
8,5	1	0	3	3	6	1	0	3	9	6
8,6	1	0	4	5	8	1	0	5	1	8
8,7	1	0	5	7	9	1	0	6	4	0
8,8	1	0	7	0	1	1	0	7	6	2
8,9	1	0	8	2	2	1	0	8	8	5
9	1	0	9	4	4	1	1	0	0	7
9,1	1	1	0	6	6	1	1	1	2	9
9,2	1	1	1	8	7	1	1	2	5	2
9,3	1	1	3	0	9	1	1	3	7	4
9,4	1	1	4	3	0	1	1	4	9	6
9,5	1	1	5	5	2	1	1	6	1	9
9,6	1	1	6	7	4	1	1	7	4	1
9,7	1	1	7	9	5	1	1	8	6	3
9,8	1	1	9	1	7	1	1	9	8	5
9,9	1	2	0	3	8	1	2	1	0	8
10	1	2	1	6	0	1	2	2	3	0

0,01 bis 4,5	0,123	1,23	12,3	123,0	1230,0	0,1237	1,237	12,37	123,7	1237,0
0,01	0	0	0	1	2	0	0	0	1	2
0,02	0	0	0	2	5	0	0	0	2	5
0,03	0	0	0	3	7	0	0	0	3	7
0,04	0	0	0	4	9	0	0	0	4	9
0,05	0	0	0	6	2	0	0	0	6	2
0,06	0	0	0	7	4	0	0	0	7	4
0,07	0	0	0	8	6	0	0	0	8	7
0,08	0	0	0	9	8	0	0	0	9	9
0,09	0	0	1	1	1	0	0	1	1	1
0,1	0	0	1	2	3	0	0	1	2	4
0,2	0	0	2	4	6	0	0	2	4	7
0,3	0	0	3	6	9	0	0	3	7	1
0,4	0	0	4	9	2	0	0	4	9	5
0.5	0	0	6	1	5	0	0	6	1	9
0,6	0	0	7	3	8	0	0	7	4	2
0,7	0	0	8	6	1	0	0	8	6	6
0,8	0	0	9	8	4	0	0	9	9	0
0,9	0	1	1	0	7	0	1	1	1	3
1	0	1	2	3	0	0	1	2	3	7
1,1	0	1	3	5	3	0	1	3	6	1
1,2	0	1	4	7	6	0	1	4	8	4
1,3	0	1	5	9	9	0	1	6	0	8
1,4	0	1	7	2	2	0	1	7	3	2
1,5	0	1	8	4	5	0	1	8	5	6
1,6	0	1	9	6	8	0	1	9	7	9
1,7	0	2	0	9	1	0	2	1	0	3
1,8	0	2	2	1	4	0	2	2	2	7
1,9	0	2	3	3	7	0	2	3	5	0
2	0	2	4	6	0	0	2	4	7	4
2,1	0	2	5	8	3	0	2	5	9	8
2,2	0	2	7	0	6	0	2	7	2	1
2,3	0	2	8	2	9	0	2	8	4	5
2,4	0	2	9	5	2	0	2	9	6	9
2,5	0	3	0	7	5	0	3	0	9	3
2,6	0	3	1	9	8	0	3	2	1	6
2,7	0	3	3	2	1	0	3	3	4	0
2,8	0	3	4	4	4	0	3	4	6	4
2,9	0	3	5	6	7	0	3	5	8	7
3	0	3	6	9	0	0	3	7	1	1
3,1	0	3	8	1	3	0	3	8	3	5
3,2	0	3	9	3	6	0	3	9	5	8
3,3	0	4	0	5	9	0	4	0	8	2
3,4	0	4	1	8	2	0	4	2	0	6
3,5	0	4	3	0	5	0	4	3	3	0
3,6	0	4	4	2	8	0	4	4	5	3
3,7	0	4	5	5	1	0	4	5	7	7
3,8	0	4	6	7	4	0	4	7	0	1
3,9	0	4	7	9	7	0	4	8	2	4
4	0	4	9	2	0	0	4	9	4	8
4,1	0	5	0	4	3	0	5	0	7	2
4,2	0	5	1	6	6	0	5	1	9	5
4,3	0	5	2	8	9	0	5	3	1	9
4,4	0	5	4	1	2	0	5	4	4	3
4,5	0	5	5	3	5	0	5	5	6	7

4,6 bis 10	0,123	1,23	12,3	123,0	1230,0	0,1237	1,237	12,37	123,7	1237,0
4,6	0	5	6	5	8	0	5	6	9	0
4,7	0	5	7	8	1	0	5	8	1	4
4,8	0	5	9	0	4	0	5	9	3	8
4,9	0	6	0	2	7	0	6	0	6	1
5	0	6	1	5	0	0	6	1	8	5
5,1	0	6	2	7	3	0	6	3	0	9
5,2	0	6	3	9	6	0	6	4	3	2
5,3	0	6	5	1	9	0	6	5	5	6
5,4	0	6	6	4	2	0	6	6	8	0
5,5	0	6	7	6	5	0	6	8	0	4
5,6	0	6	8	8	8	0	6	9	2	7
5,7	0	7	0	1	1	0	7	0	5	1
5,8	0	7	1	3	4	0	7	1	7	5
5,9	0	7	2	5	7	0	7	2	9	8
6	0	7	3	8	0	0	7	4	2	2
6,1	0	7	5	0	3	0	7	5	4	6
6,2	0	7	6	2	6	0	7	6	6	9
6,3	0	7	7	4	9	0	7	7	9	3
6,4	0	7	8	7	2	0	7	9	1	7
6,5	0	7	9	9	5	0	8	0	4	1
6,6	0	8	1	1	8	0	8	1	6	4
6,7	0	8	2	4	1	0	8	2	8	8
6,8	0	8	3	6	4	0	8	4	1	2
6,9	0	8	4	8	7	0	8	5	3	5
7	0	8	6	1	0	0	8	6	5	9
7,1	0	8	7	3	3	0	8	7	8	3
7,2	0	8	8	5	6	0	8	9	0	6
7,3	0	8	9	7	9	0	9	0	3	0
7,4	0	9	1	0	2	0	9	1	5	4
7,5	0	9	2	2	5	0	9	2	7	8
7,6	0	9	3	4	8	0	9	4	0	1
7,7	0	9	4	7	1	0	9	5	2	5
7,8	0	9	5	9	4	0	9	6	4	9
7,9	0	9	7	1	7	0	9	7	7	2
8	0	9	8	4	0	0	9	8	9	6
8,1	0	9	9	6	3	1	0	0	2	0
8,2	1	0	0	8	6	1	0	1	4	3
8,3	1	0	2	0	9	1	0	2	6	7
8,4	1	0	3	3	2	1	0	3	9	1
8,5	1	0	4	5	5	1	0	5	1	5
8,6	1	0	5	7	8	1	0	6	3	8
8,7	1	0	7	0	1	1	0	7	6	2
8,8	1	0	8	2	4	1	0	8	8	6
8,9	1	0	9	4	7	1	1	0	0	9
9	1	1	0	7	0	1	1	1	3	3
9,1	1	1	1	9	3	1	1	2	5	7
9,2	1	1	3	1	6	1	1	3	8	0
9,3	1	1	4	3	9	1	1	5	0	4
9,4	1	1	5	6	2	1	1	6	2	8
9,5	1	1	6	8	5	1	1	7	5	2
9,6	1	1	8	0	8	1	1	8	7	5
9,7	1	1	9	3	1	1	1	9	9	9
9,8	1	2	0	5	4	1	2	1	2	3
9,9	1	2	1	7	7	1	2	2	4	6
10	1	2	3	0	0	1	2	3	7	0

0,01 bis 4,5 / 4,6 bis 10	0,1244	1,244	12,44	124,4	1244,0	0,1251	1,251	12,51	125,1	1251,0
0,01	0	0	0	1	2	0	0	0	1	3
0,02	0	0	0	2	5	0	0	0	2	5
0,03	0	0	0	3	7	0	0	0	3	8
0,04	0	0	0	5	0	0	0	0	5	0
0,05	0	0	0	6	2	0	0	0	6	3
0,06	0	0	0	7	5	0	0	0	7	5
0,07	0	0	0	8	7	0	0	0	8	8
0,08	0	0	1	0	0	0	0	1	0	0
0,09	0	0	1	1	2	0	0	1	1	3
0,1	0	0	1	2	4	0	0	1	2	5
0,2	0	0	2	4	9	0	0	2	5	0
0,3	0	0	3	7	3	0	0	3	7	5
0,4	0	0	4	9	8	0	0	5	0	0
0,5	0	0	6	2	2	0	0	6	2	6
0,6	0	0	7	4	6	0	0	7	5	1
0,7	0	0	8	7	1	0	0	8	7	6
0,8	0	0	9	9	5	0	1	0	0	1
0,9	0	1	1	2	0	0	1	1	2	6
1	0	1	2	4	4	0	1	2	5	1
1,1	0	1	3	6	8	0	1	3	7	6
1,2	0	1	4	9	3	0	1	5	0	1
1,3	0	1	6	1	7	0	1	6	2	6
1,4	0	1	7	4	2	0	1	7	5	1
1,5	0	1	8	6	6	0	1	8	7	7
1,6	0	1	9	9	0	0	2	0	0	2
1,7	0	2	1	1	5	0	2	1	2	7
1,8	0	2	2	3	9	0	2	2	5	2
1,9	0	2	3	6	4	0	2	3	7	7
2	0	2	4	8	8	0	2	5	0	2
2,1	0	2	6	1	2	0	2	6	2	7
2,2	0	2	7	3	7	0	2	7	5	2
2,3	0	2	8	6	1	0	2	8	7	7
2,4	0	2	9	8	6	0	3	0	0	2
2,5	0	3	1	1	0	0	3	1	2	8
2,6	0	3	2	3	4	0	3	2	5	3
2,7	0	3	3	5	9	0	3	3	7	8
2,8	0	3	4	8	3	0	3	5	0	3
2,9	0	3	6	0	8	0	3	6	2	8
3	0	3	7	3	2	0	3	7	5	3
3,1	0	3	8	5	6	0	3	8	7	8
3,2	0	3	9	8	1	0	4	0	0	3
3,3	0	4	1	0	5	0	4	1	2	8
3,4	0	4	2	3	0	0	4	2	5	3
3,5	0	4	3	5	4	0	4	3	7	9
3,6	0	4	4	7	8	0	4	5	0	4
3,7	0	4	6	0	3	0	4	6	2	9
3,8	0	4	7	2	7	0	4	7	5	4
3,9	0	4	8	5	2	0	4	8	7	9
4	0	4	9	7	6	0	5	0	0	4
4,1	0	5	1	0	0	0	5	1	2	9
4,2	0	5	2	2	5	0	5	2	5	4
4,3	0	5	3	4	9	0	5	3	7	9
4,4	0	5	4	7	4	0	5	5	0	4
4,5	0	5	5	9	8	0	5	6	3	0
4,6	0	5	7	2	2	0	5	7	5	5
4,7	0	5	8	4	7	0	5	8	8	0
4,8	0	5	9	7	1	0	6	0	0	5
4,9	0	6	0	9	6	0	6	1	3	0
5	0	6	2	2	0	0	6	2	5	5
5,1	0	6	3	4	4	0	6	3	8	0
5,2	0	6	4	6	9	0	6	5	0	5
5,3	0	6	5	9	3	0	6	6	3	0
5,4	0	6	7	1	8	0	6	7	5	5
5,5	0	6	8	4	2	0	6	8	8	1
5,6	0	6	9	6	6	0	7	0	0	6
5,7	0	7	0	9	1	0	7	1	3	1
5,8	0	7	2	1	5	0	7	2	5	6
5,9	0	7	3	4	0	0	7	3	8	1
6	0	7	4	6	4	0	7	5	0	6
6,1	0	7	5	8	8	0	7	6	3	1
6,2	0	7	7	1	3	0	7	7	5	6
6,3	0	7	8	3	7	0	7	8	8	1
6,4	0	7	9	6	2	0	8	0	0	6
6,5	0	8	0	8	6	0	8	1	3	2
6,6	0	8	2	1	0	0	8	2	5	7
6,7	0	8	3	3	5	0	8	3	8	2
6,8	0	8	4	5	9	0	8	5	0	7
6,9	0	8	5	8	4	0	8	6	3	2
7	0	8	7	0	8	0	8	7	5	7
7,1	0	8	8	3	2	0	8	8	8	2
7,2	0	8	9	5	7	0	9	0	0	7
7,3	0	9	0	8	1	0	9	1	3	2
7,4	0	9	2	0	6	0	9	2	5	7
7,5	0	9	3	3	0	0	9	3	8	3
7,6	0	9	4	5	4	0	9	5	0	8
7,7	0	9	5	7	9	0	9	6	3	3
7,8	0	9	7	0	3	0	9	7	5	8
7,9	0	9	8	2	8	0	9	8	8	3
8	0	9	9	5	2	1	0	0	0	8
8,1	1	0	0	7	6	1	0	1	3	3
8,2	1	0	2	0	1	1	0	2	5	8
8,3	1	0	3	2	5	1	0	3	8	3
8,4	1	0	4	5	0	1	0	5	0	8
8,5	1	0	5	7	4	1	0	6	3	4
8,6	1	0	6	9	8	1	0	7	5	9
8,7	1	0	8	2	3	1	0	8	8	4
8,8	1	0	9	4	7	1	1	0	0	9
8,9	1	1	0	7	2	1	1	1	3	4
9	1	1	1	9	6	1	1	2	5	9
9,1	1	1	3	2	0	1	1	3	8	4
9,2	1	1	4	4	5	1	1	5	0	9
9,3	1	1	5	6	9	1	1	6	3	4
9,4	1	1	6	9	4	1	1	7	5	9
9,5	1	1	8	1	8	1	1	8	8	5
9,6	1	1	9	4	2	1	2	0	1	0
9,7	1	2	0	6	7	1	2	1	3	5
9,8	1	2	1	9	1	1	2	2	6	0
9,9	1	2	3	1	6	1	2	3	8	5
10	1	2	4	4	0	1	2	5	1	0

0,01 bis **4,5**	0,1258	1,258	12,58	125,8	1258,0	0,1265	1,265	12,65	126,5	1265,0
0,01	0	0	0	1	3	0	0	0	1	3
0,02	0	0	0	2	5	0	0	0	2	5
0,03	0	0	0	3	8	0	0	0	3	8
0,04	0	0	0	5	0	0	0	0	5	1
0,05	0	0	0	6	3	0	0	0	6	3
0,06	0	0	0	7	5	0	0	0	7	6
0,07	0	0	0	8	8	0	0	0	8	9
0,08	0	0	1	0	1	0	0	1	0	1
0,09	0	0	1	1	3	0	0	1	1	4
0,1	0	0	1	2	6	0	0	1	2	7
0,2	0	0	2	5	2	0	0	2	5	3
0,3	0	0	3	7	7	0	0	3	8	0
0,4	0	0	5	0	3	0	0	5	0	6
0,5	0	0	6	2	9	0	0	6	3	3
0,6	0	0	7	5	5	0	0	7	5	9
0,7	0	0	8	8	1	0	0	8	8	6
0,8	0	1	0	0	6	0	1	0	1	2
0,9	0	1	1	3	2	0	1	1	3	9
1	0	1	2	5	8	0	1	2	6	5
1,1	0	1	3	8	4	0	1	3	9	2
1,2	0	1	5	1	0	0	1	5	1	8
1,3	0	1	6	3	5	0	1	6	4	5
1,4	0	1	7	6	1	0	1	7	7	1
1,5	0	1	8	8	7	0	1	8	9	8
1,6	0	2	0	1	3	0	2	0	2	4
1,7	0	2	1	3	9	0	2	1	5	1
1,8	0	2	2	6	4	0	2	2	7	7
1,9	0	2	3	9	0	0	2	4	0	4
2	0	2	5	1	6	0	2	5	3	0
2,1	0	2	6	4	2	0	2	6	5	7
2,2	0	2	7	6	8	0	2	7	8	3
2,3	0	2	8	9	3	0	2	9	1	0
2,4	0	3	0	1	9	0	3	0	3	6
2,5	0	3	1	4	5	0	3	1	6	3
2,6	0	3	2	7	1	0	3	2	8	9
2,7	0	3	3	9	7	0	3	4	1	6
2,8	0	3	5	2	2	0	3	5	4	2
2,9	0	3	6	4	8	0	3	6	6	9
3	0	3	7	7	4	0	3	7	9	5
3,1	0	3	9	0	0	0	3	9	2	2
3,2	0	4	0	2	6	0	4	0	4	8
3,3	0	4	1	5	1	0	4	1	7	5
3,4	0	4	2	7	7	0	4	3	0	1
3,5	0	4	4	0	3	0	4	4	2	8
3,6	0	4	5	2	9	0	4	5	5	4
3,7	0	4	6	5	5	0	4	6	8	1
3,8	0	4	7	8	0	0	4	8	0	7
3,9	0	4	9	0	6	0	4	9	3	4
4	0	5	0	3	2	0	5	0	6	0
4,1	0	5	1	5	8	0	5	1	8	7
4,2	0	5	2	8	4	0	5	3	1	3
4,3	0	5	4	0	9	0	5	4	4	0
4,4	0	5	5	3	5	0	5	5	6	6
4,5	0	5	6	6	1	0	5	6	9	3

4,6 bis **10**	0,1258	1,258	12,58	125,8	1258,0	0,1265	1,265	12,65	126,5	1265,0
4,6	0	5	7	8	7	0	5	8	1	9
4,7	0	5	9	1	3	0	5	9	4	6
4,8	0	6	0	3	8	0	6	0	7	2
4,9	0	6	1	6	4	0	6	1	9	9
5	0	6	2	9	0	0	6	3	2	5
5,1	0	6	4	1	6	0	6	4	5	2
5,2	0	6	5	4	2	0	6	5	7	8
5,3	0	6	6	6	7	0	6	7	0	5
5,4	0	6	7	9	3	0	6	8	3	1
5,5	0	6	9	1	9	0	6	9	5	8
5,6	0	7	0	4	5	0	7	0	8	4
5,7	0	7	1	7	1	0	7	2	1	1
5,8	0	7	2	9	6	0	7	3	3	7
5,9	0	7	4	2	2	0	7	4	6	4
6	0	7	5	4	8	0	7	5	9	0
6,1	0	7	6	7	4	0	7	7	1	7
6,2	0	7	8	0	0	0	7	8	4	3
6,3	0	7	9	2	5	0	7	9	7	0
6,4	0	8	0	5	1	0	8	0	9	6
6,5	0	8	1	7	7	0	8	2	2	3
6,6	0	8	3	0	3	0	8	3	4	9
6,7	0	8	4	2	9	0	8	4	7	6
6,8	0	8	5	5	4	0	8	6	0	2
6,9	0	8	6	8	0	0	8	7	2	9
7	0	8	8	0	6	0	8	8	5	5
7,1	0	8	9	3	2	0	8	9	8	2
7,2	0	9	0	5	8	0	9	1	0	8
7,3	0	9	1	8	3	0	9	2	3	5
7,4	0	9	3	0	9	0	9	3	6	1
7,5	0	9	4	3	5	0	9	4	8	8
7,6	0	9	5	6	1	0	9	6	1	4
7,7	0	9	6	8	7	0	9	7	4	1
7,8	0	9	8	1	2	0	9	8	6	7
7,9	0	9	9	3	8	0	9	9	9	4
8	1	0	0	6	4	1	0	1	2	0
8,1	1	0	1	9	0	1	0	2	4	7
8,2	1	0	3	1	6	1	0	3	7	3
8,3	1	0	4	4	1	1	0	5	0	0
8,4	1	0	5	6	7	1	0	6	2	6
8,5	1	0	6	9	3	1	0	7	5	3
8,6	1	0	8	1	9	1	0	8	7	9
8,7	1	0	9	4	5	1	1	0	0	6
8,8	1	1	0	7	0	1	1	1	3	2
8,9	1	1	1	9	6	1	1	2	5	9
9	1	1	3	2	2	1	1	3	8	5
9,1	1	1	4	4	8	1	1	5	1	2
9,2	1	1	5	7	4	1	1	6	3	8
9,3	1	1	6	9	9	1	1	7	6	5
9,4	1	1	8	2	5	1	1	8	9	1
9,5	1	1	9	5	1	1	2	0	1	8
9,6	1	2	0	7	7	1	2	1	4	4
9,7	1	2	2	0	3	1	2	2	7	1
9,8	1	2	3	2	8	1	2	3	9	7
9,9	1	2	4	5	4	1	2	5	2	4
10	1	2	5	8	0	1	2	6	5	0

0,01 bis 10	0,1272	1,272	12,72	127,2	1272,0	0,1279	1,279	12,79	127,9	1279,0
0,01	0	0	0	1	3	0	0	0	1	3
0,02	0	0	0	2	5	0	0	0	2	6
0,03	0	0	0	3	8	0	0	0	3	8
0,04	0	0	0	5	1	0	0	0	5	1
0,05	0	0	0	6	4	0	0	0	6	4
0,06	0	0	0	7	6	0	0	0	7	7
0,07	0	0	0	8	9	0	0	0	9	0
0,08	0	0	1	0	2	0	0	1	0	2
0,09	0	0	1	1	4	0	0	1	1	5
0,1	0	0	1	2	7	0	0	1	2	8
0,2	0	0	2	5	4	0	0	2	5	6
0,3	0	0	3	8	2	0	0	3	8	4
0,4	0	0	5	0	9	0	0	5	1	2
0,5	0	0	6	3	6	0	0	6	4	0
0,6	0	0	7	6	3	0	0	7	6	7
0,7	0	0	8	9	0	0	0	8	9	5
0,8	0	1	0	1	8	0	1	0	2	3
0,9	0	1	1	4	5	0	1	1	5	1
1	0	1	2	7	2	0	1	2	7	9
1,1	0	1	3	9	9	0	1	4	0	7
1,2	0	1	5	2	6	0	1	5	3	5
1,3	0	1	6	5	4	0	1	6	6	3
1,4	0	1	7	8	1	0	1	7	9	1
1,5	0	1	9	0	8	0	1	9	1	9
1,6	0	2	0	3	5	0	2	0	4	6
1,7	0	2	1	6	2	0	2	1	7	4
1,8	0	2	2	9	0	0	2	3	0	2
1,9	0	2	4	1	7	0	2	4	3	0
2	0	2	5	4	4	0	2	5	5	8
2,1	0	2	6	7	1	0	2	6	8	6
2,2	0	2	7	9	8	0	2	8	1	4
2,3	0	2	9	2	6	0	2	9	4	2
2,4	0	3	0	5	3	0	3	0	7	0
2,5	0	3	1	8	0	0	3	1	9	8
2,6	0	3	3	0	7	0	3	3	2	5
2,7	0	3	4	3	4	0	3	4	5	3
2,8	0	3	5	6	2	0	3	5	8	1
2,9	0	3	6	8	9	0	3	7	0	9
3	0	3	8	1	6	0	3	8	3	7
3,1	0	3	9	4	3	0	3	9	6	5
3,2	0	4	0	7	0	0	4	0	9	3
3,3	0	4	1	9	8	0	4	2	2	1
3,4	0	4	3	2	5	0	4	3	4	9
3,5	0	4	4	5	2	0	4	4	7	7
3,6	0	4	5	7	9	0	4	6	0	4
3,7	0	4	7	0	6	0	4	7	3	2
3,8	0	4	8	3	4	0	4	8	6	0
3,9	0	4	9	6	1	0	4	9	8	8
4	0	5	0	8	8	0	5	1	1	6
4,1	0	5	2	1	5	0	5	2	4	4
4,2	0	5	3	4	2	0	5	3	7	2
4,3	0	5	4	7	0	0	5	5	0	0
4,4	0	5	5	9	7	0	5	6	2	8
4,5	0	5	7	2	4	0	5	7	5	6
4,6	0	5	8	5	1	0	5	8	8	3
4,7	0	5	9	7	9	0	6	0	1	1
4,8	0	6	1	0	6	0	6	1	3	9
4,9	0	6	2	3	3	0	6	2	6	7
5	0	6	3	6	0	0	6	3	9	5
5,1	0	6	4	8	7	0	6	5	2	3
5,2	0	6	6	1	4	0	6	6	5	1
5,3	0	6	7	4	2	0	6	7	7	9
5,4	0	6	8	6	9	0	6	9	0	7
5,5	0	6	9	9	6	0	7	0	3	5
5,6	0	7	1	2	3	0	7	1	6	2
5,7	0	7	2	5	0	0	7	2	9	0
5,8	0	7	3	7	8	0	7	4	1	8
5,9	0	7	5	0	5	0	7	5	4	6
6	0	7	6	3	2	0	7	6	7	4
6,1	0	7	7	5	9	0	7	8	0	2
6,2	0	7	8	8	6	0	7	9	3	0
6,3	0	8	0	1	4	0	8	0	5	8
6,4	0	8	1	4	1	0	8	1	8	6
6,5	0	8	2	6	8	0	8	3	1	4
6,6	0	8	3	9	5	0	8	4	4	1
6,7	0	8	5	2	2	0	8	5	6	9
6,8	0	8	6	5	0	0	8	6	9	7
6,9	0	8	7	7	7	0	8	8	2	5
7	0	8	9	0	4	0	8	9	5	3
7,1	0	9	0	3	1	0	9	0	8	1
7,2	0	9	1	5	8	0	9	2	0	9
7,3	0	9	2	8	6	0	9	3	3	7
7,4	0	9	4	1	3	0	9	4	6	5
7,5	0	9	5	4	0	0	9	5	9	3
7,6	0	9	6	6	7	0	9	7	2	0
7,7	0	9	7	9	4	0	9	8	4	8
7,8	0	9	9	2	2	0	9	9	7	6
7,9	1	0	0	4	9	1	0	1	0	4
8	1	0	1	7	6	1	0	2	3	2
8,1	1	0	3	0	3	1	0	3	6	0
8,2	1	0	4	3	0	1	0	4	8	8
8,3	1	0	5	5	8	1	0	6	1	6
8,4	1	0	6	8	5	1	0	7	4	4
8,5	1	0	8	1	2	1	0	8	7	2
8,6	1	0	9	3	9	1	0	9	9	9
8,7	1	1	0	6	6	1	1	1	2	7
8,8	1	1	1	9	4	1	1	2	5	5
8,9	1	1	3	2	1	1	1	3	8	3
9	1	1	4	4	8	1	1	5	1	1
9,1	1	1	5	7	5	1	1	6	3	9
9,2	1	1	7	0	2	1	1	7	6	7
9,3	1	1	8	3	0	1	1	8	9	5
9,4	1	1	9	5	7	1	2	0	2	3
9,5	1	2	0	8	4	1	2	1	5	1
9,6	1	2	2	1	1	1	2	2	7	8
9,7	1	2	3	3	8	1	2	4	0	6
9,8	1	2	4	6	6	1	2	5	3	4
9,9	1	2	5	9	3	1	2	6	6	2
10	1	2	7	2	0	1	2	7	9	0

0,01 bis 4,5	0,1286	1,286	12,86	128,6	1286,0	0,1293	1,293	12,93	129,3	1293,0
0,01	0	0	0	1	3	0	0	0	1	3
0,02	0	0	0	2	6	0	0	0	2	6
0,03	0	0	0	3	9	0	0	0	3	9
0,04	0	0	0	5	1	0	0	0	5	2
0,05	0	0	0	6	4	0	0	0	6	5
0,06	0	0	0	7	7	0	0	0	7	8
0,07	0	0	0	9	0	0	0	0	9	1
0,08	0	0	1	0	3	0	0	1	0	3
0,09	0	0	1	1	6	0	0	1	1	6
0,1	0	0	1	2	9	0	0	1	2	9
0,2	0	0	2	5	7	0	0	2	5	9
0,3	0	0	3	8	6	0	0	3	8	8
0,4	0	0	5	1	4	0	0	5	1	7
0,5	0	0	6	4	3	0	0	6	4	7
0,6	0	0	7	7	2	0	0	7	7	6
0,7	0	0	9	0	0	0	0	9	0	5
0,8	0	1	0	2	9	0	1	0	3	4
0,9	0	1	1	5	7	0	1	1	6	4
1	0	1	2	8	6	0	1	2	9	3
1,1	0	1	4	1	5	0	1	4	2	2
1,2	0	1	5	4	3	0	1	5	5	2
1,3	0	1	6	7	2	0	1	6	8	1
1,4	0	1	8	0	0	0	1	8	1	0
1,5	0	1	9	2	9	0	1	9	4	0
1,6	0	2	0	5	8	0	2	0	6	9
1,7	0	2	1	8	6	0	2	1	9	8
1,8	0	2	3	1	5	0	2	3	2	7
1,9	0	2	4	4	3	0	2	4	5	7
2	0	2	5	7	2	0	2	5	8	6
2,1	0	2	7	0	1	0	2	7	1	5
2,2	0	2	8	2	9	0	2	8	4	5
2,3	0	2	9	5	8	0	2	9	7	4
2,4	0	3	0	8	6	0	3	1	0	3
2,5	0	3	2	1	5	0	3	2	3	3
2,6	0	3	3	4	4	0	3	3	6	2
2,7	0	3	4	7	2	0	3	4	9	1
2,8	0	3	6	0	1	0	3	6	2	0
2,9	0	3	7	2	9	0	3	7	5	0
3	0	3	8	5	8	0	3	8	7	9
3,1	0	3	9	8	7	0	4	0	0	8
3,2	0	4	1	1	5	0	4	1	3	8
3,3	0	4	2	4	4	0	4	2	6	7
3,4	0	4	3	7	2	0	4	3	9	6
3,5	0	4	5	0	1	0	4	5	2	6
3,6	0	4	6	3	0	0	4	6	5	5
3,7	0	4	7	5	8	0	4	7	8	4
3,8	0	4	8	8	7	0	4	9	1	3
3,9	0	5	0	1	5	0	5	0	4	3
4	0	5	1	4	4	0	5	1	7	2
4,1	0	5	2	7	3	0	5	3	0	1
4,2	0	5	4	0	1	0	5	4	3	1
4,3	0	5	5	3	0	0	5	5	6	0
4,4	0	5	6	5	8	0	5	6	8	9
4,5	0	5	7	8	7	0	5	8	1	9

4,6 bis 10	0,1286	1,286	12,86	128,6	1286,0	0,1293	1,293	12,93	129,3	1293,0
4,6	0	5	9	1	6	0	5	9	4	8
4,7	0	6	0	4	4	0	6	0	7	7
4,8	0	6	1	7	3	0	6	2	0	6
4,9	0	6	3	0	1	0	6	3	3	6
5	0	6	4	3	0	0	6	4	6	5
5,1	0	6	5	5	9	0	6	5	9	4
5,2	0	6	6	8	7	0	6	7	2	4
5,3	0	6	8	1	6	0	6	8	5	3
5,4	0	6	9	4	4	0	6	9	8	2
5,5	0	7	0	7	3	0	7	1	1	2
5,6	0	7	2	0	2	0	7	2	4	1
5,7	0	7	3	3	0	0	7	3	7	0
5,8	0	7	4	5	9	0	7	4	9	9
5,9	0	7	5	8	7	0	7	6	2	9
6	0	7	7	1	6	0	7	7	5	8
6,1	0	7	8	4	5	0	7	8	8	7
6,2	0	7	9	7	3	0	8	0	1	7
6,3	0	8	1	0	2	0	8	1	4	6
6,4	0	8	2	3	0	0	8	2	7	5
6,5	0	8	3	5	9	0	8	4	0	5
6,6	0	8	4	8	8	0	8	5	3	4
6,7	0	8	6	1	6	0	8	6	6	3
6,8	0	8	7	4	5	0	8	7	9	2
6,9	0	8	8	7	3	0	8	9	2	2
7	0	9	0	0	2	0	9	0	5	1
7,1	0	9	1	3	1	0	9	1	8	0
7,2	0	9	2	5	9	0	9	3	1	0
7,3	0	9	3	8	8	0	9	4	3	9
7,4	0	9	5	1	6	0	9	5	6	8
7,5	0	9	6	4	5	0	9	6	9	8
7,6	0	9	7	7	4	0	9	8	2	7
7,7	0	9	9	0	2	0	9	9	5	6
7,8	1	0	0	3	1	1	0	0	8	5
7,9	1	0	1	5	9	1	0	2	1	5
8	1	0	2	8	8	1	0	3	4	4
8,1	1	0	4	1	7	1	0	4	7	3
8,2	1	0	5	4	5	1	0	6	0	3
8,3	1	0	6	7	4	1	0	7	3	2
8,4	1	0	8	0	2	1	0	8	6	1
8,5	1	0	9	3	1	1	0	9	9	1
8,6	1	1	0	6	0	1	1	1	2	0
8,7	1	1	1	8	8	1	1	2	4	9
8,8	1	1	3	1	7	1	1	3	7	8
8,9	1	1	4	4	5	1	1	5	0	8
9	1	1	5	7	4	1	1	6	3	7
9,1	1	1	7	0	3	1	1	7	6	6
9,2	1	1	8	3	1	1	1	8	9	6
9,3	1	1	9	6	0	1	2	0	2	5
9,4	1	2	0	8	8	1	2	1	5	4
9,5	1	2	2	1	7	1	2	2	8	4
9,6	1	2	3	4	6	1	2	4	1	3
9,7	1	2	4	7	4	1	2	5	4	2
9,8	1	2	6	0	3	1	2	6	7	1
9,9	1	2	7	3	1	1	2	8	0	1
10	1	2	8	6	0	1	2	9	3	0

1300–1308

0,01 bis 4,5	0,13	1,3	13,0	130,0	1300,0	0,1308	1,308	13,08	130,8	1308,0
0,01	0	0	0	1	3	0	0	0	1	3
0,02	0	0	0	2	6	0	0	0	2	6
0,03	0	0	0	3	9	0	0	0	3	9
0,04	0	0	0	5	2	0	0	0	5	2
0,05	0	0	0	6	5	0	0	0	6	5
0,06	0	0	0	7	8	0	0	0	7	8
0,07	0	0	0	9	1	0	0	0	9	2
0,08	0	0	1	0	4	0	0	1	0	5
0,09	0	0	1	1	7	0	0	1	1	8
0,1	0	0	1	3	0	0	0	1	3	1
0,2	0	0	2	6	0	0	0	2	6	2
0,3	0	0	3	9	0	0	0	3	9	2
0,4	0	0	5	2	0	0	0	5	2	3
0,5	0	0	6	5	0	0	0	6	5	4
0,6	0	0	7	8	0	0	0	7	8	5
0,7	0	0	9	1	0	0	0	9	1	6
0,8	0	1	0	4	0	0	1	0	4	6
0,9	0	1	1	7	0	0	1	1	7	7
1	0	1	3	0	0	0	1	3	0	8
1,1	0	1	4	3	0	0	1	4	3	9
1,2	0	1	5	6	0	0	1	5	7	0
1,3	0	1	6	9	0	0	1	7	0	0
1,4	0	1	8	2	0	0	1	8	3	1
1,5	0	1	9	5	0	0	1	9	6	2
1,6	0	2	0	8	0	0	2	0	9	3
1,7	0	2	2	1	0	0	2	2	2	4
1,8	0	2	3	4	0	0	2	3	5	4
1,9	0	2	4	7	0	0	2	4	8	5
2	0	2	6	0	0	0	2	6	1	6
2,1	0	2	7	3	0	0	2	7	4	7
2,2	0	2	8	6	0	0	2	8	7	8
2,3	0	2	9	9	0	0	3	0	0	8
2,4	0	3	1	2	0	0	3	1	3	9
2,5	0	3	2	5	0	0	3	2	7	0
2,6	0	3	3	8	0	0	3	4	0	1
2,7	0	3	5	1	0	0	3	5	3	2
2,8	0	3	6	4	0	0	3	6	6	2
2,9	0	3	7	7	0	0	3	7	9	3
3	0	3	9	0	0	0	3	9	2	4
3,1	0	4	0	3	0	0	4	0	5	5
3,2	0	4	1	6	0	0	4	1	8	6
3,3	0	4	2	9	0	0	4	3	1	6
3,4	0	4	4	2	0	0	4	4	4	7
3,5	0	4	5	5	0	0	4	5	7	8
3,6	0	4	6	8	0	0	4	7	0	9
3,7	0	4	8	1	0	0	4	8	4	0
3,8	0	4	9	4	0	0	4	9	7	0
3,9	0	5	0	7	0	0	5	1	0	1
4	0	5	2	0	0	0	5	2	3	2
4,1	0	5	3	3	0	0	5	3	6	3
4,2	0	5	4	6	0	0	5	4	9	4
4,3	0	5	5	9	0	0	5	6	2	4
4,4	0	5	7	2	0	0	5	7	5	5
4,5	0	5	8	5	0	0	5	8	8	6

4,6 bis 10	0,13	1,3	13,0	130,0	1300,0	0,1308	1,308	13,08	130,8	1308,0
4,6	0	5	9	8	0	0	6	0	1	7
4,7	0	6	1	1	0	0	6	1	4	8
4,8	0	6	2	4	0	0	6	2	7	8
4,9	0	6	3	7	0	0	6	4	0	9
5	0	6	5	0	0	0	6	5	4	0
5,1	0	6	6	3	0	0	6	6	7	1
5,2	0	6	7	6	0	0	6	8	0	2
5,3	0	6	8	9	0	0	6	9	3	2
5,4	0	7	0	2	0	0	7	0	6	3
5,5	0	7	1	5	0	0	7	1	9	4
5,6	0	7	2	8	0	0	7	3	2	5
5,7	0	7	4	1	0	0	7	4	5	6
5,8	0	7	5	4	0	0	7	5	8	6
5,9	0	7	6	7	0	0	7	7	1	7
6	0	7	8	0	0	0	7	8	4	8
6,1	0	7	9	3	0	0	7	9	7	9
6,2	0	8	0	6	0	0	8	1	1	0
6,3	0	8	1	9	0	0	8	2	4	0
6,4	0	8	3	2	0	0	8	3	7	1
6,5	0	8	4	5	0	0	8	5	0	2
6,6	0	8	5	8	0	0	8	6	3	3
6,7	0	8	7	1	0	0	8	7	6	4
6,8	0	8	8	4	0	0	8	8	9	4
6,9	0	8	9	7	0	0	9	0	2	5
7	0	9	1	0	0	0	9	1	5	6
7,1	0	9	2	3	0	0	9	2	8	7
7,2	0	9	3	6	0	0	9	4	1	8
7,3	0	9	4	9	0	0	9	5	4	8
7,4	0	9	6	2	0	0	9	6	7	9
7,5	0	9	7	5	0	0	9	8	1	0
7,6	0	9	8	8	0	0	9	9	4	1
7,7	1	0	0	1	0	1	0	0	7	2
7,8	1	0	1	4	0	1	0	2	0	2
7,9	1	0	2	7	0	1	0	3	3	3
8	1	0	4	0	0	1	0	4	6	4
8,1	1	0	5	3	0	1	0	5	9	5
8,2	1	0	6	6	0	1	0	7	2	6
8,3	1	0	7	9	0	1	0	8	5	6
8,4	1	0	9	2	0	1	0	9	8	7
8,5	1	1	0	5	0	1	1	1	1	8
8,6	1	1	1	8	0	1	1	2	4	9
8,7	1	1	3	1	0	1	1	3	8	0
8,8	1	1	4	4	0	1	1	5	1	0
8,9	1	1	5	7	0	1	1	6	4	1
9	1	1	7	0	0	1	1	7	7	2
9,1	1	1	8	3	0	1	1	9	0	3
9,2	1	1	9	6	0	1	2	0	3	4
9,3	1	2	0	9	0	1	2	1	6	4
9,4	1	2	2	2	0	1	2	2	9	5
9,5	1	2	3	5	0	1	2	4	2	6
9,6	1	2	4	8	0	1	2	5	5	7
9,7	1	2	6	1	0	1	2	6	8	8
9,8	1	2	7	4	0	1	2	8	1	8
9,9	1	2	8	7	0	1	2	9	4	9
10	1	3	0	0	0	1	3	0	8	0

0,01 bis 4,5	0,1316	1,316	13,16	131,6	1316,0	0,1324	1,324	13,24	132,4	1324,0
0,01	0	0	0	1	3	0	0	0	1	3
0,02	0	0	0	2	6	0	0	0	2	6
0,03	0	0	0	3	9	0	0	0	4	0
0,04	0	0	0	5	3	0	0	0	5	3
0,05	0	0	0	6	6	0	0	0	6	6
0,06	0	0	0	7	9	0	0	0	7	9
0,07	0	0	0	9	2	0	0	0	9	3
0,08	0	0	1	0	5	0	0	1	0	6
0,09	0	0	1	1	8	0	0	1	1	9
0,1	0	0	1	3	2	0	0	1	3	2
0,2	0	0	2	6	3	0	0	2	6	5
0,3	0	0	3	9	5	0	0	3	9	7
0,4	0	0	5	2	6	0	0	5	3	0
0,5	0	0	6	5	8	0	0	6	6	2
0,6	0	0	7	9	0	0	0	7	9	4
0,7	0	0	9	2	1	0	0	9	2	7
0,8	0	1	0	5	3	0	1	0	5	9
0,9	0	1	1	8	4	0	1	1	9	2
1	0	1	3	1	6	0	1	3	2	4
1,1	0	1	4	4	8	0	1	4	5	6
1,2	0	1	5	7	9	0	1	5	8	9
1,3	0	1	7	1	1	0	1	7	2	1
1,4	0	1	8	4	2	0	1	8	5	4
1,5	0	1	9	7	4	0	1	9	8	6
1,6	0	2	1	0	6	0	2	1	1	8
1,7	0	2	2	3	7	0	2	2	5	1
1,8	0	2	3	6	9	0	2	3	8	3
1,9	0	2	5	0	0	0	2	5	1	6
2	0	2	6	3	2	0	2	6	4	8
2,1	0	2	7	6	4	0	2	7	8	0
2,2	0	2	8	9	5	0	2	9	1	3
2,3	0	3	0	2	7	0	3	0	4	5
2,4	0	3	1	5	8	0	3	1	7	8
2,5	0	3	2	9	0	0	3	3	1	0
2,6	0	3	4	2	2	0	3	4	4	2
2,7	0	3	5	5	3	0	3	5	7	5
2,8	0	3	6	8	5	0	3	7	0	7
2,9	0	3	8	1	6	0	3	8	4	0
3	0	3	9	4	8	0	3	9	7	2
3,1	0	4	0	8	0	0	4	1	0	4
3,2	0	4	2	1	1	0	4	2	3	7
3,3	0	4	3	4	3	0	4	3	6	9
3,4	0	4	4	7	4	0	4	5	0	2
3,5	0	4	6	0	6	0	4	6	3	4
3,6	0	4	7	3	8	0	4	7	6	6
3,7	0	4	8	6	9	0	4	8	9	9
3,8	0	5	0	0	1	0	5	0	3	1
3,9	0	5	1	3	2	0	5	1	6	4
4	0	5	2	6	4	0	5	2	9	6
4,1	0	5	3	9	6	0	5	4	2	8
4,2	0	5	5	2	7	0	5	5	6	1
4,3	0	5	6	5	9	0	5	6	9	3
4,4	0	5	7	9	0	0	5	8	2	6
4,5	0	5	9	2	2	0	5	9	5	8

4,6 bis 10	0,1316	1,316	13,16	131,6	1316,0	0,1324	1,324	13,24	132,4	1324,0
4,6	0	6	0	5	4	0	6	0	9	0
4,7	0	6	1	8	5	0	6	2	2	3
4,8	0	6	3	1	7	0	6	3	5	5
4,9	0	6	4	4	8	0	6	4	8	8
5	0	6	5	8	0	0	6	6	2	0
5,1	0	6	7	1	2	0	6	7	5	2
5,2	0	6	8	4	3	0	6	8	8	5
5,3	0	6	9	7	5	0	7	0	1	7
5,4	0	7	1	0	6	0	7	1	5	0
5,5	0	7	2	3	8	0	7	2	8	2
5,6	0	7	3	7	0	0	7	4	1	4
5,7	0	7	5	0	1	0	7	5	4	7
5,8	0	7	6	3	3	0	7	6	7	9
5,9	0	7	7	6	4	0	7	8	1	2
6	0	7	8	9	6	0	7	9	4	4
6,1	0	8	0	2	8	0	8	0	7	6
6,2	0	8	1	5	9	0	8	2	0	9
6,3	0	8	2	9	1	0	8	3	4	1
6,4	0	8	4	2	2	0	8	4	7	4
6,5	0	8	5	5	4	0	8	6	0	6
6,6	0	8	6	8	6	0	8	7	3	8
6,7	0	8	8	1	7	0	8	8	7	1
6,8	0	8	9	4	9	0	9	0	0	3
6,9	0	9	0	8	0	0	9	1	3	6
7	0	9	2	1	2	0	9	2	6	8
7,1	0	9	3	4	4	0	9	4	0	0
7,2	0	9	4	7	5	0	9	5	3	3
7,3	0	9	6	0	7	0	9	6	6	5
7,4	0	9	7	3	8	0	9	7	9	8
7,5	0	9	8	7	0	0	9	9	3	0
7,6	1	0	0	0	2	1	0	0	6	2
7,7	1	0	1	3	3	1	0	1	9	5
7,8	1	0	2	6	5	1	0	3	2	7
7,9	1	0	3	9	6	1	0	4	6	0
8	1	0	5	2	8	1	0	5	9	2
8,1	1	0	6	6	0	1	0	7	2	4
8,2	1	0	7	9	1	1	0	8	5	7
8,3	1	0	9	2	3	1	0	9	8	9
8,4	1	1	0	5	4	1	1	1	2	2
8,5	1	1	1	8	6	1	1	2	5	4
8,6	1	1	3	1	8	1	1	3	8	6
8,7	1	1	4	4	9	1	1	5	1	9
8,8	1	1	5	8	1	1	1	6	5	1
8,9	1	1	7	1	2	1	1	7	8	4
9	1	1	8	4	4	1	1	9	1	6
9,1	1	1	9	7	6	1	2	0	4	8
9,2	1	2	1	0	7	1	2	1	8	1
9,3	1	2	2	3	9	1	2	3	1	3
9,4	1	2	3	7	0	1	2	4	4	6
9,5	1	2	5	0	2	1	2	5	7	8
9,6	1	2	6	3	4	1	2	7	1	0
9,7	1	2	7	6	5	1	2	8	4	3
9,8	1	2	8	9	7	1	2	9	7	5
9,9	1	3	0	2	8	1	3	1	0	8
10	1	3	1	6	0	1	3	2	4	0

0,01 bis 4,5 — 1332,0 · 133,2 · 0,1332 · 1,332 · 13,32 — 1340,0 · 134,0 · 0,134 · 1,34 · 13,4

	1332					1340				
0,01	0	0	0	1	3	0	0	0	1	3
0,02	0	0	0	2	7	0	0	0	2	7
0,03	0	0	0	4	0	0	0	0	4	0
0,04	0	0	0	5	3	0	0	0	5	4
0,05	0	0	0	6	7	0	0	0	6	7
0,06	0	0	0	8	0	0	0	0	8	0
0,07	0	0	0	9	3	0	0	0	9	4
0,08	0	0	1	0	7	0	0	1	0	7
0,09	0	0	1	2	0	0	0	1	2	1
0,1	0	0	1	3	3	0	0	1	3	4
0,2	0	0	2	6	6	0	0	2	6	8
0,3	0	0	4	0	0	0	0	4	0	2
0,4	0	0	5	3	3	0	0	5	3	6
0,5	0	0	6	6	6	0	0	6	7	0
0,6	0	0	7	9	9	0	0	8	0	4
0,7	0	0	9	3	2	0	0	9	3	8
0,8	0	1	0	6	6	0	1	0	7	2
0,9	0	1	1	9	9	0	1	2	0	6
1	0	1	3	3	2	0	1	3	4	0
1,1	0	1	4	6	5	0	1	4	7	4
1,2	0	1	5	9	8	0	1	6	0	8
1,3	0	1	7	3	2	0	1	7	4	2
1,4	0	1	8	6	5	0	1	8	7	6
1,5	0	1	9	9	8	0	2	0	1	0
1,6	0	2	1	3	1	0	2	1	4	4
1,7	0	2	2	6	4	0	2	2	7	8
1,8	0	2	3	9	8	0	2	4	1	2
1,9	0	2	5	3	1	0	2	5	4	6
2	0	2	6	6	4	0	2	6	8	0
2,1	0	2	7	9	7	0	2	8	1	4
2,2	0	2	9	3	0	0	2	9	4	8
2,3	0	3	0	6	4	0	3	0	8	2
2,4	0	3	1	9	7	0	3	2	1	6
2,5	0	3	3	3	0	0	3	3	5	0
2,6	0	3	4	6	3	0	3	4	8	4
2,7	0	3	5	9	6	0	3	6	1	8
2,8	0	3	7	3	0	0	3	7	5	2
2,9	0	3	8	6	3	0	3	8	8	6
3	0	3	9	9	6	0	4	0	2	0
3,1	0	4	1	2	9	0	4	1	5	4
3,2	0	4	2	6	2	0	4	2	8	8
3,3	0	4	3	9	6	0	4	4	2	2
3,4	0	4	5	2	9	0	4	5	5	6
3,5	0	4	6	6	2	0	4	6	9	0
3,6	0	4	7	9	5	0	4	8	2	4
3,7	0	4	9	2	8	0	4	9	5	8
3,8	0	5	0	6	2	0	5	0	9	2
3,9	0	5	1	9	5	0	5	2	2	6
4	0	5	3	2	8	0	5	3	6	0
4,1	0	5	4	6	1	0	5	4	9	4
4,2	0	5	5	9	4	0	5	6	2	8
4,3	0	5	7	2	8	0	5	7	6	2
4,4	0	5	8	6	1	0	5	8	9	6
4,5	0	5	9	9	4	0	6	0	3	0

4,6 bis 10 — 1332,0 · 133,2 · 0,1332 · 1,332 · 13,32 — 1340,0 · 134,0 · 0,134 · 1,34 · 13,4

	1332					1340				
4,6	0	6	1	2	7	0	6	1	6	4
4,7	0	6	2	6	0	0	6	2	9	8
4,8	0	6	3	9	4	0	6	4	3	2
4,9	0	6	5	2	7	0	6	5	6	6
5	0	6	6	6	0	0	6	7	0	0
5,1	0	6	7	9	3	0	6	8	3	4
5,2	0	6	9	2	6	0	6	9	6	8
5,3	0	7	0	6	0	0	7	1	0	2
5,4	0	7	1	9	3	0	7	2	3	6
5,5	0	7	3	2	6	0	7	3	7	0
5,6	0	7	4	5	9	0	7	5	0	4
5,7	0	7	5	9	2	0	7	6	3	8
5,8	0	7	7	2	6	0	7	7	7	2
5,9	0	7	8	5	9	0	7	9	0	6
6	0	7	9	9	2	0	8	0	4	0
6,1	0	8	1	2	5	0	8	1	7	4
6,2	0	8	2	5	8	0	8	3	0	8
6,3	0	8	3	9	2	0	8	4	4	2
6,4	0	8	5	2	5	0	8	5	7	6
6,5	0	8	6	5	8	0	8	7	1	0
6,6	0	8	7	9	1	0	8	8	4	4
6,7	0	8	9	2	4	0	8	9	7	8
6,8	0	9	0	5	8	0	9	1	1	2
6,9	0	9	1	9	1	0	9	2	4	6
7	0	9	3	2	4	0	9	3	8	0
7,1	0	9	4	5	7	0	9	5	1	4
7,2	0	9	5	9	0	0	9	6	4	8
7,3	0	9	7	2	4	0	9	7	8	2
7,4	0	9	8	5	7	0	9	9	1	6
7,5	0	9	9	9	0	1	0	0	5	0
7,6	1	0	1	2	3	1	0	1	8	4
7,7	1	0	2	5	6	1	0	3	1	8
7,8	1	0	3	9	0	1	0	4	5	2
7,9	1	0	5	2	3	1	0	5	8	6
8	1	0	6	5	6	1	0	7	2	0
8,1	1	0	7	8	9	1	0	8	5	4
8,2	1	0	9	2	2	1	0	9	8	8
8,3	1	1	0	5	6	1	1	1	2	2
8,4	1	1	1	8	9	1	1	2	5	6
8,5	1	1	3	2	2	1	1	3	9	0
8,6	1	1	4	5	5	1	1	5	2	4
8,7	1	1	5	8	8	1	1	6	5	8
8,8	1	1	7	2	2	1	1	7	9	2
8,9	1	1	8	5	5	1	1	9	2	6
9	1	1	9	8	8	1	2	0	6	0
9,1	1	2	1	2	1	1	2	1	9	4
9,2	1	2	2	5	4	1	2	3	2	8
9,3	1	2	3	8	8	1	2	4	6	2
9,4	1	2	5	2	1	1	2	5	9	6
9,5	1	2	6	5	4	1	2	7	3	0
9,6	1	2	7	8	7	1	2	8	6	4
9,7	1	2	9	2	0	1	2	9	9	8
9,8	1	3	0	5	4	1	3	1	3	2
9,9	1	3	1	8	7	1	3	2	6	6
10	1	3	3	2	0	1	3	4	0	0

0,01 bis 4,5	0,1348	1,348	13,48	134,8	1348,0	0,1356	1,356	13,56	135,6	1356,0
0,01	0	0	0	1	3	0	0	0	1	4
0,02	0	0	0	2	7	0	0	0	2	7
0,03	0	0	0	4	0	0	0	0	4	1
0,04	0	0	0	5	4	0	0	0	5	4
0,05	0	0	0	6	7	0	0	0	6	8
0,06	0	0	0	8	1	0	0	0	8	1
0,07	0	0	0	9	4	0	0	0	9	5
0,08	0	0	1	0	8	0	0	1	0	8
0,09	0	0	1	2	1	0	0	1	2	2
0,1	0	0	1	3	5	0	0	1	3	6
0,2	0	0	2	7	0	0	0	2	7	1
0,3	0	0	4	0	4	0	0	4	0	7
0,4	0	0	5	3	9	0	0	5	4	2
0,5	0	0	6	7	4	0	0	6	7	8
0,6	0	0	8	0	9	0	0	8	1	4
0,7	0	0	9	4	4	0	0	9	4	9
0,8	0	1	0	7	8	0	1	0	8	5
0,9	0	1	2	1	3	0	1	2	2	0
1	0	1	3	4	8	0	1	3	5	6
1,1	0	1	4	8	3	0	1	4	9	2
1,2	0	1	6	1	8	0	1	6	2	7
1,3	0	1	7	5	2	0	1	7	6	3
1,4	0	1	8	8	7	0	1	8	9	8
1,5	0	2	0	2	2	0	2	0	3	4
1,6	0	2	1	5	7	0	2	1	7	0
1,7	0	2	2	9	2	0	2	3	0	5
1,8	0	2	4	2	6	0	2	4	4	1
1,9	0	2	5	6	1	0	2	5	7	6
2	0	2	6	9	6	0	2	7	1	2
2,1	0	2	8	3	1	0	2	8	4	8
2,2	0	2	9	6	6	0	2	9	8	3
2,3	0	3	1	0	0	0	3	1	1	9
2,4	0	3	2	3	5	0	3	2	5	4
2,5	0	3	3	7	0	0	3	3	9	0
2,6	0	3	5	0	5	0	3	5	2	6
2,7	0	3	6	4	0	0	3	6	6	1
2,8	0	3	7	7	4	0	3	7	9	7
2,9	0	3	9	0	9	0	3	9	3	2
3	0	4	0	4	4	0	4	0	6	8
3,1	0	4	1	7	9	0	4	2	0	4
3,2	0	4	3	1	4	0	4	3	3	9
3,3	0	4	4	4	8	0	4	4	7	5
3,4	0	4	5	8	3	0	4	6	1	0
3,5	0	4	7	1	8	0	4	7	4	6
3,6	0	4	8	5	3	0	4	8	8	2
3,7	0	4	9	8	8	0	5	0	1	7
3,8	0	5	1	2	2	0	5	1	5	3
3,9	0	5	2	5	7	0	5	2	8	8
4	0	5	3	9	2	0	5	4	2	4
4,1	0	5	5	2	7	0	5	5	6	0
4,2	0	5	6	6	2	0	5	6	9	5
4,3	0	5	7	9	6	0	5	8	3	1
4,4	0	5	9	3	1	0	5	9	6	6
4,5	0	6	0	6	6	0	6	1	0	2

4,6 bis 10	0,1348	1,348	13,48	134,8	1348,0	0,1356	1,356	13,56	135,6	1356,0
4,6	0	6	2	0	1	0	6	2	3	8
4,7	0	6	3	3	6	0	6	3	7	3
4,8	0	6	4	7	0	0	6	5	0	9
4,9	0	6	6	0	5	0	6	6	4	4
5	0	6	7	4	0	0	6	7	8	0
5,1	0	6	8	7	5	0	6	9	1	6
5,2	0	7	0	1	0	0	7	0	5	1
5,3	0	7	1	4	4	0	7	1	8	7
5,4	0	7	2	7	9	0	7	3	2	2
5,5	0	7	4	1	4	0	7	4	5	8
5,6	0	7	5	4	9	0	7	5	9	4
5,7	0	7	6	8	4	0	7	7	2	9
5,8	0	7	8	1	8	0	7	8	6	5
5,9	0	7	9	5	3	0	8	0	0	0
6	0	8	0	8	8	0	8	1	3	6
6,1	0	8	2	2	3	0	8	2	7	2
6,2	0	8	3	5	8	0	8	4	0	7
6,3	0	8	4	9	2	0	8	5	4	3
6,4	0	8	6	2	7	0	8	6	7	8
6,5	0	8	7	6	2	0	8	8	1	4
6,6	0	8	8	9	7	0	8	9	5	0
6,7	0	9	0	3	2	0	9	0	8	5
6,8	0	9	1	6	6	0	9	2	2	1
6,9	0	9	3	0	1	0	9	3	5	6
7	0	9	4	3	6	0	9	4	9	2
7,1	0	9	5	7	1	0	9	6	2	8
7,2	0	9	7	0	6	0	9	7	6	3
7,3	0	9	8	4	0	0	9	8	9	9
7,4	0	9	9	7	5	1	0	0	3	4
7,5	1	0	1	1	0	1	0	1	7	0
7,6	1	0	2	4	5	1	0	3	0	6
7,7	1	0	3	8	0	1	0	4	4	1
7,8	1	0	5	1	4	1	0	5	7	7
7,9	1	0	6	4	9	1	0	7	1	2
8	1	0	7	8	4	1	0	8	4	8
8,1	1	0	9	1	9	1	0	9	8	4
8,2	1	1	0	5	4	1	1	1	1	9
8,3	1	1	1	8	8	1	1	2	5	5
8,4	1	1	3	2	3	1	1	3	9	0
8,5	1	1	4	5	8	1	1	5	2	6
8,6	1	1	5	9	3	1	1	6	6	2
8,7	1	1	7	2	8	1	1	7	9	7
8,8	1	1	8	6	2	1	1	9	3	3
8,9	1	1	9	9	7	1	2	0	6	8
9	1	2	1	3	2	1	2	2	0	4
9,1	1	2	2	6	7	1	2	3	4	0
9,2	1	2	4	0	2	1	2	4	7	5
9,3	1	2	5	3	6	1	2	6	1	1
9,4	1	2	6	7	1	1	2	7	4	6
9,5	1	2	8	0	6	1	2	8	8	2
9,6	1	2	9	4	1	1	3	0	1	8
9,7	1	3	0	7	6	1	3	1	5	3
9,8	1	3	2	1	0	1	3	2	8	9
9,9	1	3	3	4	5	1	3	4	2	4
10	1	3	4	8	0	1	3	5	6	0

0,01 bis 4,5	0,1364	1,364	13,64	136,4	1364,0	0,1372	1,372	13,72	137,2	1372,0
0,01	0	0	0	1	4	0	0	0	1	4
0,02	0	0	0	2	7	0	0	0	2	7
0,03	0	0	0	4	1	0	0	0	4	1
0,04	0	0	0	5	5	0	0	0	5	5
0,05	0	0	0	6	8	0	0	0	6	9
0,06	0	0	0	8	2	0	0	0	8	2
0,07	0	0	0	9	5	0	0	0	9	6
0,08	0	0	1	0	9	0	0	1	1	0
0,09	0	0	1	2	3	0	0	1	2	3
0,1	0	0	1	3	6	0	0	1	3	7
0,2	0	0	2	7	3	0	0	2	7	4
0,3	0	0	4	0	9	0	0	4	1	2
0,4	0	0	5	4	6	0	0	5	4	9
0,5	0	0	6	8	2	0	0	6	8	6
0,6	0	0	8	1	8	0	0	8	2	3
0,7	0	0	9	5	5	0	0	9	6	0
0,8	0	1	0	9	1	0	1	0	9	8
0,9	0	1	2	2	8	0	1	2	3	5
1	0	1	3	6	4	0	1	3	7	2
1,1	0	1	5	0	0	0	1	5	0	9
1,2	0	1	6	3	7	0	1	6	4	6
1,3	0	1	7	7	3	0	1	7	8	4
1,4	0	1	9	1	0	0	1	9	2	1
1,5	0	2	0	4	6	0	2	0	5	8
1,6	0	2	1	8	2	0	2	1	9	5
1,7	0	2	3	1	9	0	2	3	3	2
1,8	0	2	4	5	5	0	2	4	7	0
1,9	0	2	5	9	2	0	2	6	0	7
2	0	2	7	2	8	0	2	7	4	4
2,1	0	2	8	6	4	0	2	8	8	1
2,2	0	3	0	0	1	0	3	0	1	8
2,3	0	3	1	3	7	0	3	1	5	6
2,4	0	3	2	7	4	0	3	2	9	3
2,5	0	3	4	1	0	0	3	4	3	0
2,6	0	3	5	4	6	0	3	5	6	7
2,7	0	3	6	8	3	0	3	7	0	4
2,8	0	3	8	1	9	0	3	8	4	2
2,9	0	3	9	5	6	0	3	9	7	9
3	0	4	0	9	2	0	4	1	1	6
3,1	0	4	2	2	8	0	4	2	5	3
3,2	0	4	3	6	5	0	4	3	9	0
3,3	0	4	5	0	1	0	4	5	2	8
3,4	0	4	6	3	8	0	4	6	6	5
3,5	0	4	7	7	4	0	4	8	0	2
3,6	0	4	9	1	0	0	4	9	3	9
3,7	0	5	0	4	7	0	5	0	7	6
3,8	0	5	1	8	3	0	5	2	1	4
3,9	0	5	3	2	0	0	5	3	5	1
4	0	5	4	5	6	0	5	4	8	8
4,1	0	5	5	9	2	0	5	6	2	5
4,2	0	5	7	2	9	0	5	7	6	2
4,3	0	5	8	6	5	0	5	9	0	0
4,4	0	6	0	0	2	0	6	0	3	7
4,5	0	6	1	3	8	0	6	1	7	4

4,6 bis 10	0,1364	1,364	13,64	136,4	1364,0	0,1372	1,372	13,72	137,2	1372,0
4,6	0	6	2	7	4	0	6	3	1	1
4,7	0	6	4	1	1	0	6	4	4	8
4,8	0	6	5	4	7	0	6	5	8	6
4,9	0	6	6	8	4	0	6	7	2	3
5	0	6	8	2	0	0	6	8	6	0
5,1	0	6	9	5	6	0	6	9	9	7
5,2	0	7	0	9	3	0	7	1	3	4
5,3	0	7	2	2	9	0	7	2	7	2
5,4	0	7	3	6	6	0	7	4	0	9
5,5	0	7	5	0	2	0	7	5	4	6
5,6	0	7	6	3	8	0	7	6	8	3
5,7	0	7	7	7	5	0	7	8	2	0
5,8	0	7	9	1	1	0	7	9	5	8
5,9	0	8	0	4	8	0	8	0	9	5
6	0	8	1	8	4	0	8	2	3	2
6,1	0	8	3	2	0	0	8	3	6	9
6,2	0	8	4	5	7	0	8	5	0	6
6,3	0	8	5	9	3	0	8	6	4	4
6,4	0	8	7	3	0	0	8	7	8	1
6,5	0	8	8	6	6	0	8	9	1	8
6,6	0	9	0	0	2	0	9	0	5	5
6,7	0	9	1	3	9	0	9	1	9	2
6,8	0	9	2	7	5	0	9	3	3	0
6,9	0	9	4	1	2	0	9	4	6	7
7	0	9	5	4	8	0	9	6	0	4
7,1	0	9	6	8	4	0	9	7	4	1
7,2	0	9	8	2	1	0	9	8	7	8
7,3	0	9	9	5	7	1	0	0	1	6
7,4	1	0	0	9	4	1	0	1	5	3
7,5	1	0	2	3	0	1	0	2	9	0
7,6	1	0	3	6	6	1	0	4	2	7
7,7	1	0	5	0	3	1	0	5	6	4
7,8	1	0	6	3	9	1	0	7	0	2
7,9	1	0	7	7	6	1	0	8	3	9
8	1	0	9	1	2	1	0	9	7	6
8,1	1	1	0	4	8	1	1	1	1	3
8,2	1	1	1	8	5	1	1	2	5	0
8,3	1	1	3	2	1	1	1	3	8	8
8,4	1	1	4	5	8	1	1	5	2	5
8,5	1	1	5	9	4	1	1	6	6	2
8,6	1	1	7	3	0	1	1	7	9	9
8,7	1	1	8	6	7	1	1	9	3	6
8,8	1	2	0	0	3	1	2	0	7	4
8,9	1	2	1	4	0	1	2	2	1	1
9	1	2	2	7	6	1	2	3	4	8
9,1	1	2	4	1	2	1	2	4	8	5
9,2	1	2	5	4	9	1	2	6	2	2
9,3	1	2	6	8	5	1	2	7	6	0
9,4	1	2	8	2	2	1	2	8	9	7
9,5	1	2	9	5	8	1	3	0	3	4
9,6	1	3	0	9	4	1	3	1	7	1
9,7	1	3	2	3	1	1	3	3	0	8
9,8	1	3	3	6	7	1	3	4	4	6
9,9	1	3	5	0	4	1	3	5	8	3
10	1	3	6	4	0	1	3	7	2	0

0,01 bis 4,5	0,138	1,38	13,8	138,0	1380,0	0,1388	1,388	13,88	138,8	1388,0
0,01	0	0	0	1	4	0	0	0	1	4
0,02	0	0	0	2	8	0	0	0	2	8
0,03	0	0	0	4	1	0	0	0	4	2
0,04	0	0	0	5	5	0	0	0	5	6
0,05	0	0	0	6	9	0	0	0	6	9
0,06	0	0	0	8	3	0	0	0	8	3
0,07	0	0	0	9	7	0	0	0	9	7
0,08	0	0	1	1	0	0	0	1	1	1
0,09	0	0	1	2	4	0	0	1	2	5
0,1	0	0	1	3	8	0	0	1	3	9
0,2	0	0	2	7	6	0	0	2	7	8
0,3	0	0	4	1	4	0	0	4	1	6
0,4	0	0	5	5	2	0	0	5	5	5
0,5	0	0	6	9	0	0	0	6	9	4
0,6	0	0	8	2	8	0	0	8	3	3
0,7	0	0	9	6	6	0	0	9	7	2
0,8	0	1	1	0	4	0	1	1	1	0
0,9	0	1	2	4	2	0	1	2	4	9
1	0	1	3	8	0	0	1	3	8	8
1,1	0	1	5	1	8	0	1	5	2	7
1,2	0	1	6	5	6	0	1	6	6	6
1,3	0	1	7	9	4	0	1	8	0	4
1,4	0	1	9	3	2	0	1	9	4	3
1,5	0	2	0	7	0	0	2	0	8	2
1,6	0	2	2	0	8	0	2	2	2	1
1,7	0	2	3	4	6	0	2	3	6	0
1,8	0	2	4	8	4	0	2	4	9	8
1,9	0	2	6	2	2	0	2	6	3	7
2	0	2	7	6	0	0	2	7	7	6
2,1	0	2	8	9	8	0	2	9	1	5
2,2	0	3	0	3	6	0	3	0	5	4
2,3	0	3	1	7	4	0	3	1	9	2
2,4	0	3	3	1	2	0	3	3	3	1
2,5	0	3	4	5	0	0	3	4	7	0
2,6	0	3	5	8	8	0	3	6	0	9
2,7	0	3	7	2	6	0	3	7	4	8
2,8	0	3	8	6	4	0	3	8	8	6
2,9	0	4	0	0	2	0	4	0	2	5
3	0	4	1	4	0	0	4	1	6	4
3,1	0	4	2	7	8	0	4	3	0	3
3,2	0	4	4	1	6	0	4	4	4	2
3,3	0	4	5	5	4	0	4	5	8	0
3,4	0	4	6	9	2	0	4	7	1	9
3,5	0	4	8	3	0	0	4	8	5	8
3,6	0	4	9	6	8	0	4	9	9	7
3,7	0	5	1	0	6	0	5	1	3	6
3,8	0	5	2	4	4	0	5	2	7	4
3,9	0	5	3	8	2	0	5	4	1	3
4	0	5	5	2	0	0	5	5	5	2
4,1	0	5	6	5	8	0	5	6	9	1
4,2	0	5	7	9	6	0	5	8	3	0
4,3	0	5	9	3	4	0	5	9	6	8
4,4	0	6	0	7	2	0	6	1	0	7
4,5	0	6	2	1	0	0	6	2	4	6

4,6 bis 10	0,138	1,38	13,8	138,0	1380,0	0,1388	1,388	13,88	138,8	1388,0
4,6	0	6	3	4	8	0	6	3	8	5
4,7	0	6	4	8	6	0	6	5	2	4
4,8	0	6	6	2	4	0	6	6	6	2
4,9	0	6	7	6	2	0	6	8	0	1
5	0	6	9	0	0	0	6	9	4	0
5,1	0	7	0	3	8	0	7	0	7	9
5,2	0	7	1	7	6	0	7	2	1	8
5,3	0	7	3	1	4	0	7	3	5	6
5,4	0	7	4	5	2	0	7	4	9	5
5,5	0	7	5	9	0	0	7	6	3	4
5,6	0	7	7	2	8	0	7	7	7	3
5,7	0	7	8	6	6	0	7	9	1	2
5,8	0	8	0	0	4	0	8	0	5	0
5,9	0	8	1	4	2	0	8	1	8	9
6	0	8	2	8	0	0	8	3	2	8
6,1	0	8	4	1	8	0	8	4	6	7
6,2	0	8	5	5	6	0	8	6	0	6
6,3	0	8	6	9	4	0	8	7	4	4
6,4	0	8	8	3	2	0	8	8	8	3
6,5	0	8	9	7	0	0	9	0	2	2
6,6	0	9	1	0	8	0	9	1	6	1
6,7	0	9	2	4	6	0	9	3	0	0
6,8	0	9	3	8	4	0	9	4	3	8
6,9	0	9	5	2	2	0	9	5	7	7
7	0	9	6	6	0	0	9	7	1	6
7,1	0	9	7	9	8	0	9	8	5	5
7,2	0	9	9	3	6	0	9	9	9	4
7,3	1	0	0	7	4	1	0	1	3	2
7,4	1	0	2	1	2	1	0	2	7	1
7,5	1	0	3	5	0	1	0	4	1	0
7,6	1	0	4	8	8	1	0	5	4	9
7,7	1	0	6	2	6	1	0	6	8	8
7,8	1	0	7	6	4	1	0	8	2	6
7,9	1	0	9	0	2	1	0	9	6	5
8	1	1	0	4	0	1	1	1	0	4
8,1	1	1	1	7	8	1	1	2	4	3
8,2	1	1	3	1	6	1	1	3	8	2
8,3	1	1	4	5	4	1	1	5	2	0
8,4	1	1	5	9	2	1	1	6	5	9
8,5	1	1	7	3	0	1	1	7	9	8
8,6	1	1	8	6	8	1	1	9	3	7
8,7	1	2	0	0	6	1	2	0	7	6
8,8	1	2	1	4	4	1	2	2	1	4
8,9	1	2	2	8	2	1	2	3	5	3
9	1	2	4	2	0	1	2	4	9	2
9,1	1	2	5	5	8	1	2	6	3	1
9,2	1	2	6	9	6	1	2	7	7	0
9,3	1	2	8	3	4	1	2	9	0	8
9,4	1	2	9	7	2	1	3	0	4	7
9,5	1	3	1	1	0	1	3	1	8	6
9,6	1	3	2	4	8	1	3	3	2	5
9,7	1	3	3	8	6	1	3	4	6	4
9,8	1	3	5	2	4	1	3	6	0	2
9,9	1	3	6	6	2	1	3	7	4	1
10	1	3	8	0	0	1	3	8	8	0

0,01 bis 4,5	0,1396	1,396	13,96	139,6	1396,0	0,1404	1,404	14,04	140,4	1404,0
0,01	0	0	0	1	4	0	0	0	1	4
0,02	0	0	0	2	8	0	0	0	2	8
0,03	0	0	0	4	2	0	0	0	4	2
0,04	0	0	0	5	6	0	0	0	5	6
0,05	0	0	0	7	0	0	0	0	7	0
0,06	0	0	0	8	4	0	0	0	8	4
0,07	0	0	0	9	8	0	0	0	9	8
0,08	0	0	1	1	2	0	0	1	1	2
0,09	0	0	1	2	6	0	0	1	2	6
0,1	0	0	1	4	0	0	0	1	4	0
0,2	0	0	2	7	9	0	0	2	8	1
0,3	0	0	4	1	9	0	0	4	2	1
0,4	0	0	5	5	8	0	0	5	6	2
0,5	0	0	6	9	8	0	0	7	0	2
0,6	0	0	8	3	8	0	0	8	4	2
0,7	0	0	9	7	7	0	0	9	8	3
0,8	0	1	1	1	7	0	1	1	2	3
0,9	0	1	2	5	6	0	1	2	6	4
1	0	1	3	9	6	0	1	4	0	4
1,1	0	1	5	3	6	0	1	5	4	4
1,2	0	1	6	7	5	0	1	6	8	5
1,3	0	1	8	1	5	0	1	8	2	5
1,4	0	1	9	5	4	0	1	9	6	6
1,5	0	2	0	9	4	0	2	1	0	6
1,6	0	2	2	3	4	0	2	2	4	6
1,7	0	2	3	7	3	0	2	3	8	7
1,8	0	2	5	1	3	0	2	5	2	7
1,9	0	2	6	5	2	0	2	6	6	8
2	0	2	7	9	2	0	2	8	0	8
2,1	0	2	9	3	2	0	2	9	4	8
2,2	0	3	0	7	1	0	3	0	8	9
2,3	0	3	2	1	1	0	3	2	2	9
2,4	0	3	3	5	0	0	3	3	7	0
2,5	0	3	4	9	0	0	3	5	1	0
2,6	0	3	6	3	0	0	3	6	5	0
2,7	0	3	7	6	9	0	3	7	9	1
2,8	0	3	9	0	9	0	3	9	3	1
2,9	0	4	0	4	8	0	4	0	7	2
3	0	4	1	8	8	0	4	2	1	2
3,1	0	4	3	2	8	0	4	3	5	2
3,2	0	4	4	6	7	0	4	4	9	3
3,3	0	4	6	0	7	0	4	6	3	3
3,4	0	4	7	4	6	0	4	7	7	4
3,5	0	4	8	8	6	0	4	9	1	4
3,6	0	5	0	2	6	0	5	0	5	4
3,7	0	5	1	6	5	0	5	1	9	5
3,8	0	5	3	0	5	0	5	3	3	5
3,9	0	5	4	4	4	0	5	4	7	6
4	0	5	5	8	4	0	5	6	1	6
4,1	0	5	7	2	4	0	5	7	5	6
4,2	0	5	8	6	3	0	5	8	9	7
4,3	0	6	0	0	3	0	6	0	3	7
4,4	0	6	1	4	2	0	6	1	7	8
4,5	0	6	2	8	2	0	6	3	1	8

4,6 bis 10	0,1396	1,396	13,96	139,6	1396,0	0,1404	1,404	14,04	140,4	1404,0
4,6	0	6	4	2	2	0	6	4	5	8
4,7	0	6	5	6	1	0	6	5	9	9
4,8	0	6	7	0	1	0	6	7	3	9
4,9	0	6	8	4	0	0	6	8	8	0
5	0	6	9	8	0	0	7	0	2	0
5,1	0	7	1	2	0	0	7	1	6	0
5,2	0	7	2	5	9	0	7	3	0	1
5,3	0	7	3	9	9	0	7	4	4	1
5,4	0	7	5	3	8	0	7	5	8	2
5,5	0	7	6	7	8	0	7	7	2	2
5,6	0	7	8	1	8	0	7	8	6	2
5,7	0	7	9	5	7	0	8	0	0	3
5,8	0	8	0	9	7	0	8	1	4	3
5,9	0	8	2	3	6	0	8	2	8	4
6	0	8	3	7	6	0	8	4	2	4
6,1	0	8	5	1	6	0	8	5	6	4
6,2	0	8	6	5	5	0	8	7	0	5
6,3	0	8	7	9	5	0	8	8	4	5
6,4	0	8	9	3	4	0	8	9	8	6
6,5	0	9	0	7	4	0	9	1	2	6
6,6	0	9	2	1	4	0	9	2	6	6
6,7	0	9	3	5	3	0	9	4	0	7
6,8	0	9	4	9	3	0	9	5	4	7
6,9	0	9	6	3	2	0	9	6	8	8
7	0	9	7	7	2	0	9	8	2	8
7,1	0	9	9	1	2	0	9	9	6	8
7,2	1	0	0	5	1	1	0	1	0	9
7,3	1	0	1	9	1	1	0	2	4	9
7,4	1	0	3	3	0	1	0	3	9	0
7,5	1	0	4	7	0	1	0	5	3	0
7,6	1	0	6	1	0	1	0	6	7	0
7,7	1	0	7	4	9	1	0	8	1	1
7,8	1	0	8	8	9	1	0	9	5	1
7,9	1	1	0	2	8	1	1	0	9	2
8	1	1	1	6	8	1	1	2	3	2
8,1	1	1	3	0	8	1	1	3	7	2
8,2	1	1	4	4	7	1	1	5	1	3
8,3	1	1	5	8	7	1	1	6	5	3
8,4	1	1	7	2	6	1	1	7	9	4
8,5	1	1	8	6	6	1	1	9	3	4
8,6	1	2	0	0	6	1	2	0	7	4
8,7	1	2	1	4	5	1	2	2	1	5
8,8	1	2	2	8	5	1	2	3	5	5
8,9	1	2	4	2	4	1	2	4	9	6
9	1	2	5	6	4	1	2	6	3	6
9,1	1	2	7	0	4	1	2	7	7	6
9,2	1	2	8	4	3	1	2	9	1	7
9,3	1	2	9	8	3	1	3	0	5	7
9,4	1	3	1	2	2	1	3	1	9	8
9,5	1	3	2	6	2	1	3	3	3	8
9,6	1	3	4	0	2	1	3	4	7	8
9,7	1	3	5	4	1	1	3	6	1	9
9,8	1	3	6	8	1	1	3	7	5	9
9,9	1	3	8	2	0	1	3	9	0	0
10	1	3	9	6	0	1	4	0	4	0

0,01 bis 4,5 — 1412,0 / 141,2 / 0,1412 / 1,412 / 14,12 — 1420,0 / 142,0 / 0,142 / 1,42 / 14,2

	1412					1420				
0,01	0	0	0	1	4	0	0	0	1	4
0,02	0	0	0	2	8	0	0	0	2	8
0,03	0	0	0	4	2	0	0	0	4	3
0,04	0	0	0	5	6	0	0	0	5	7
0,05	0	0	0	7	1	0	0	0	7	1
0,06	0	0	0	8	5	0	0	0	8	5
0,07	0	0	0	9	9	0	0	0	9	9
0,08	0	0	1	1	3	0	0	1	1	4
0,09	0	0	1	2	7	0	0	1	2	8
0,1	0	0	1	4	1	0	0	1	4	2
0,2	0	0	2	8	2	0	0	2	8	4
0,3	0	0	4	2	4	0	0	4	2	6
0,4	0	0	5	6	5	0	0	5	6	8
0,5	0	0	7	0	6	0	0	7	1	0
0,6	0	0	8	4	7	0	0	8	5	2
0,7	0	0	9	8	8	0	0	9	9	4
0,8	0	1	1	3	0	0	1	1	3	6
0,9	0	1	2	7	1	0	1	2	7	8
1	0	1	4	1	2	0	1	4	2	0
1,1	0	1	5	5	3	0	1	5	6	2
1,2	0	1	6	9	4	0	1	7	0	4
1,3	0	1	8	3	6	0	1	8	4	6
1,4	0	1	9	7	7	0	1	9	8	8
1,5	0	2	1	1	8	0	2	1	3	0
1,6	0	2	2	5	9	0	2	2	7	2
1,7	0	2	4	0	0	0	2	4	1	4
1,8	0	2	5	4	2	0	2	5	5	6
1,9	0	2	6	8	3	0	2	6	9	8
2	0	2	8	2	4	0	2	8	4	0
2,1	0	2	9	6	5	0	2	9	8	2
2,2	0	3	1	0	6	0	3	1	2	4
2,3	0	3	2	4	8	0	3	2	6	6
2,4	0	3	3	8	9	0	3	4	0	8
2,5	0	3	5	3	0	0	3	5	5	0
2,6	0	3	6	7	1	0	3	6	9	2
2,7	0	3	8	1	2	0	3	8	3	4
2,8	0	3	9	5	4	0	3	9	7	6
2,9	0	4	0	9	5	0	4	1	1	8
3	0	4	2	3	6	0	4	2	6	0
3,1	0	4	3	7	7	0	4	4	0	2
3,2	0	4	5	1	8	0	4	5	4	4
3,3	0	4	6	6	0	0	4	6	8	6
3,4	0	4	8	0	1	0	4	8	2	8
3,5	0	4	9	4	2	0	4	9	7	0
3,6	0	5	0	8	3	0	5	1	1	2
3,7	0	5	2	2	4	0	5	2	5	4
3,8	0	5	3	6	6	0	5	3	9	6
3,9	0	5	5	0	7	0	5	5	3	8
4	0	5	6	4	8	0	5	6	8	0
4,1	0	5	7	8	9	0	5	8	2	2
4,2	0	5	9	3	0	0	5	9	6	4
4,3	0	6	0	7	2	0	6	1	0	6
4,4	0	6	2	1	3	0	6	2	4	8
4,5	0	6	3	5	4	0	6	3	9	0

4,6 bis 10 — 1412,0 / 141,2 / 0,1412 / 1,412 / 14,12 — 1420,0 / 142,0 / 0,142 / 1,42 / 14,2

	1412					1420				
4,6	0	6	4	9	5	0	6	5	3	2
4,7	0	6	6	3	6	0	6	6	7	4
4,8	0	6	7	7	8	0	6	8	1	6
4,9	0	6	9	1	9	0	6	9	5	8
5	0	7	0	6	0	0	7	1	0	0
5,1	0	6	2	0	1	0	7	2	4	2
5,2	0	6	3	4	2	0	7	3	8	4
5,3	0	6	4	8	4	0	7	5	2	6
5,4	0	6	6	2	5	0	7	6	6	8
5,5	0	6	7	6	6	0	7	8	1	0
5,6	0	6	9	0	7	0	7	9	5	2
5,7	0	8	0	4	8	0	8	0	9	4
5,8	0	8	1	9	0	0	8	2	3	6
5,9	0	8	3	3	1	0	8	3	7	8
6	0	8	4	7	2	0	8	5	2	0
6,1	0	8	6	1	3	0	8	6	6	2
6,2	0	8	7	5	4	0	8	8	0	4
6,3	0	8	8	9	6	0	8	9	4	6
6,4	0	9	0	3	7	0	9	0	8	8
6,5	0	9	1	7	8	0	9	2	3	0
6,6	0	9	3	1	9	0	9	3	7	2
6,7	0	9	4	6	0	0	9	5	1	4
6,8	0	9	6	0	2	0	9	6	5	6
6,9	0	9	7	4	3	0	9	7	9	8
7	0	9	8	8	4	0	9	9	4	0
7,1	1	0	0	2	5	1	0	0	8	2
7,2	1	0	1	6	6	1	0	2	2	4
7,3	1	0	3	0	8	1	0	3	6	6
7,4	1	0	4	4	9	1	0	5	0	8
7,5	1	0	5	9	0	1	0	6	5	0
7,6	1	0	7	3	1	1	0	7	9	2
7,7	1	0	8	7	2	1	0	9	3	4
7,8	1	1	0	1	4	1	1	0	7	6
7,9	1	1	1	5	5	1	1	2	1	8
8	1	1	2	9	6	1	1	3	6	0
8,1	1	1	4	3	7	1	1	5	0	2
8,2	1	1	5	7	8	1	1	6	4	4
8,3	1	1	7	2	0	1	1	7	8	6
8,4	1	1	8	6	1	1	1	9	2	8
8,5	1	2	0	0	2	1	2	0	7	0
8,6	1	2	1	4	3	1	2	2	1	2
8,7	1	2	2	8	4	1	2	3	5	4
8,8	1	2	4	2	6	1	2	4	9	6
8,9	1	2	5	6	7	1	2	6	3	8
9	1	2	7	0	8	1	2	7	8	0
9,1	1	2	8	4	9	1	2	9	2	2
9,2	1	2	9	9	0	1	3	0	6	4
9,3	1	3	1	3	2	1	3	2	0	6
9,4	1	3	2	7	3	1	3	3	4	8
9,5	1	3	4	1	4	1	3	4	9	0
9,6	1	3	5	5	5	1	3	6	3	2
9,7	1	3	6	9	6	1	3	7	7	4
9,8	1	3	8	3	8	1	3	9	1	6
9,9	1	3	9	7	9	1	4	0	5	8
10	1	4	1	2	0	1	4	2	0	0

0,01 bis 4,5

	0,1428	1,428	14,28	142,8	1428,0	0,1436	1,436	14,36	143,6	1436,0
0,01	0	0	0	1	4	0	0	0	1	4
0,02	0	0	0	2	9	0	0	0	2	9
0,03	0	0	0	4	3	0	0	0	4	3
0,04	0	0	0	5	7	0	0	0	5	7
0,05	0	0	0	7	1	0	0	0	7	2
0,06	0	0	0	8	6	0	0	0	8	6
0,07	0	0	1	0	0	0	0	1	0	1
0,08	0	0	1	1	4	0	0	1	1	5
0,09	0	0	1	2	9	0	0	1	2	9
0,1	0	0	1	4	3	0	0	1	4	4
0,2	0	0	2	8	6	0	0	2	8	7
0,3	0	0	4	2	8	0	0	4	3	1
0,4	0	0	5	7	1	0	0	5	7	4
0,5	0	0	7	1	4	0	0	7	1	8
0,6	0	0	8	5	7	0	0	8	6	2
0,7	0	1	0	0	0	0	1	0	0	5
0,8	0	1	1	4	2	0	1	1	4	9
0,9	0	1	2	8	5	0	1	2	9	2
1	0	1	4	2	8	0	1	4	3	6
1,1	0	1	5	7	1	0	1	5	8	0
1,2	0	1	7	1	4	0	1	7	2	3
1,3	0	1	8	5	6	0	1	8	6	7
1,4	0	1	9	9	9	0	2	0	1	0
1,5	0	2	1	4	2	0	2	1	5	4
1,6	0	2	2	8	5	0	2	2	9	8
1,7	0	2	4	2	8	0	2	4	4	1
1,8	0	2	5	7	0	0	2	5	8	5
1,9	0	2	7	1	3	0	2	7	2	8
2	0	2	8	5	6	0	2	8	7	2
2,1	0	2	9	9	9	0	3	0	1	6
2,2	0	3	1	4	2	0	3	1	5	9
2,3	0	3	2	8	4	0	3	3	0	3
2,4	0	3	4	2	7	0	3	4	4	6
2,5	0	3	5	7	0	0	3	5	9	0
2,6	0	3	7	1	3	0	3	7	3	4
2,7	0	3	8	5	6	0	3	8	7	7
2,8	0	3	9	9	8	0	4	0	2	1
2,9	0	4	1	4	1	0	4	1	6	4
3	0	4	2	8	4	0	4	3	0	8
3,1	0	4	4	2	7	0	4	4	5	2
3,2	0	4	5	7	0	0	4	5	9	5
3,3	0	4	7	1	2	0	4	7	3	9
3,4	0	4	8	5	5	0	4	8	8	2
3,5	0	4	9	9	8	0	5	0	2	6
3,6	0	5	1	4	1	0	5	1	7	0
3,7	0	5	2	8	4	0	5	3	1	3
3,8	0	5	4	2	6	0	5	4	5	7
3,9	0	5	5	6	9	0	5	6	0	0
4	0	5	7	1	2	0	5	7	4	4
4,1	0	5	8	5	5	0	5	8	8	8
4,2	0	5	9	9	8	0	6	0	3	1
4,3	0	6	1	4	0	0	6	1	7	5
4,4	0	6	2	8	3	0	6	3	1	8
4,5	0	6	4	2	6	0	6	4	6	2

4,6 bis 10

	0,1428	1,428	14,28	142,8	1428,0	0,1436	1,436	14,36	143,6	1436,0
4,6	0	6	5	6	9	0	6	6	0	6
4,7	0	6	7	1	2	0	6	7	4	9
4,8	0	6	8	5	4	0	6	8	9	3
4,9	0	6	9	9	7	0	7	0	3	6
5	0	7	1	4	0	0	7	1	8	0
5,1	0	7	2	8	3	0	7	3	2	4
5,2	0	7	4	2	6	0	7	4	6	7
5,3	0	7	5	6	8	0	7	6	1	1
5,4	0	7	7	1	1	0	7	7	5	4
5,5	0	7	8	5	4	0	7	8	9	8
5,6	0	7	9	9	7	0	8	0	4	2
5,7	0	8	1	4	0	0	8	1	8	5
5,8	0	8	2	8	2	0	8	3	2	9
5,9	0	8	4	2	5	0	8	4	7	2
6	0	8	5	6	8	0	8	6	1	6
6,1	0	8	7	1	1	0	8	7	6	0
6,2	0	8	8	5	4	0	8	9	0	3
6,3	0	8	9	9	6	0	9	0	4	7
6,4	0	9	1	3	9	0	9	1	9	0
6,5	0	9	2	8	2	0	9	3	3	4
6,6	0	9	4	2	5	0	9	4	7	8
6,7	0	9	5	6	8	0	9	6	2	1
6,8	0	9	7	1	0	0	9	7	6	5
6,9	0	9	8	5	3	0	9	9	0	8
7	0	9	9	9	6	1	0	0	5	2
7,1	1	0	1	3	9	1	0	1	9	6
7,2	1	0	2	8	2	1	0	3	3	9
7,3	1	0	4	2	4	1	0	4	8	3
7,4	1	0	5	6	7	1	0	6	2	6
7,5	1	0	7	1	0	1	0	7	7	0
7,6	1	0	8	5	3	1	0	9	1	4
7,7	1	0	9	9	6	1	1	0	5	7
7,8	1	1	1	3	8	1	1	2	0	1
7,9	1	1	2	8	1	1	1	3	4	4
8	1	1	4	2	4	1	1	4	8	8
8,1	1	1	5	6	7	1	1	6	3	2
8,2	1	1	7	1	0	1	1	7	7	5
8,3	1	1	8	5	2	1	1	9	1	9
8,4	1	1	9	9	5	1	2	0	6	2
8,5	1	2	1	3	8	1	2	2	0	6
8,6	1	2	2	8	1	1	2	3	5	0
8,7	1	2	4	2	4	1	2	4	9	3
8,8	1	2	5	6	6	1	2	6	3	7
8,9	1	2	7	0	9	1	2	7	8	0
9	1	2	8	5	2	1	2	9	2	4
9,1	1	2	9	9	5	1	3	0	6	8
9,2	1	3	1	3	8	1	3	2	1	1
9,3	1	3	2	8	0	1	3	3	5	5
9,4	1	3	4	2	3	1	3	4	9	8
9,5	1	3	5	6	6	1	3	6	4	2
9,6	1	3	7	0	9	1	3	7	8	6
9,7	1	3	8	5	2	1	3	9	2	9
9,8	1	3	9	9	4	1	4	0	7	3
9,9	1	4	1	3	7	1	4	2	1	6
10	1	4	2	8	0	1	4	3	6	0

0,01 bis **4,5**	**1444,**0 / **144,**4 / **14,**44 / **1,**444 / **0,**1444					**1452,**0 / **145,**2 / **14,**52 / **1,**452 / **0,**1452				
0,01	0	0	0	1	4	0	0	0	1	5
0,02	0	0	0	2	9	0	0	0	2	9
0,03	0	0	0	4	3	0	0	0	4	4
0,04	0	0	0	5	8	0	0	0	5	8
0,05	0	0	0	7	2	0	0	0	7	3
0,06	0	0	0	8	7	0	0	0	8	7
0,07	0	0	1	0	1	0	0	1	0	2
0,08	0	0	1	1	6	0	0	1	1	6
0,09	0	0	1	3	0	0	0	1	3	1
0,1	0	0	1	4	4	0	0	1	4	5
0,2	0	0	2	8	9	0	0	2	9	0
0,3	0	0	4	3	3	0	0	4	3	6
0,4	0	0	5	7	8	0	0	5	8	1
0,5	0	0	7	2	2	0	0	7	2	6
0,6	0	0	8	6	6	0	0	8	7	1
0,7	0	1	0	1	1	0	1	0	1	6
0,8	0	1	1	5	5	0	1	1	6	2
0,9	0	1	3	0	0	0	1	3	0	7
1	0	1	4	4	4	0	1	4	5	2
1,1	0	1	5	8	8	0	1	5	9	7
1,2	0	1	7	3	3	0	1	7	4	2
1,3	0	1	8	7	7	0	1	8	8	8
1,4	0	2	0	2	2	0	2	0	3	3
1,5	0	2	1	6	6	0	2	1	7	8
1,6	0	2	3	1	0	0	2	3	2	3
1,7	0	2	4	5	5	0	2	4	6	8
1,8	0	2	5	9	9	0	2	6	1	4
1,9	0	2	7	4	4	0	2	7	5	9
2	0	2	8	8	8	0	2	9	0	4
2,1	0	3	0	3	2	0	3	0	4	9
2,2	0	3	1	7	7	0	3	1	9	4
2,3	0	3	3	2	1	0	3	3	4	0
2,4	0	3	4	6	6	0	3	4	8	5
2,5	0	3	6	1	0	0	3	6	3	0
2,6	0	3	7	5	4	0	3	7	7	5
2,7	0	3	8	9	9	0	3	9	2	0
2,8	0	4	0	4	3	0	4	0	6	6
2,9	0	4	1	8	8	0	4	2	1	1
3	0	4	3	3	2	0	4	3	5	6
3,1	0	4	4	7	6	0	4	5	0	1
3,2	0	4	6	2	1	0	4	6	4	6
3,3	0	4	7	6	5	0	4	7	9	2
3,4	0	4	9	1	0	0	4	9	3	7
3,5	0	5	0	5	4	0	5	0	8	2
3,6	0	5	1	9	8	0	5	2	2	7
3,7	0	5	3	4	3	0	5	3	7	2
3,8	0	5	4	8	7	0	5	5	1	8
3,9	0	5	6	3	2	0	5	6	6	3
4	0	5	7	7	6	0	5	8	0	8
4,1	0	5	9	2	0	0	5	9	5	3
4,2	0	6	0	6	5	0	6	0	9	8
4,3	0	6	2	0	9	0	6	2	4	4
4,4	0	6	3	5	4	0	6	3	8	9
4,5	0	6	4	9	8	0	6	5	3	4

4,6 bis **10**	**1444,**0 / **144,**4 / **14,**44 / **1,**444 / **0,**1444					**1452,**0 / **145,**2 / **14,**52 / **1,**452 / **0,**1452				
4,6	0	6	6	4	2	0	6	6	7	9
4,7	0	6	1	8	7	0	6	8	2	4
4,8	0	6	9	3	1	0	6	9	7	0
4,9	0	7	0	7	6	0	7	1	1	5
5	0	7	2	2	0	0	7	2	6	0
5,1	0	7	3	6	4	0	7	4	0	5
5,2	0	7	5	0	9	0	7	5	5	0
5,3	0	7	6	5	3	0	7	6	9	6
5,4	0	7	7	9	8	0	7	8	4	1
5,5	0	7	9	4	2	0	7	9	8	6
5,6	0	8	0	8	6	0	8	1	3	1
5,7	0	8	2	3	1	0	8	2	7	6
5,8	0	8	3	7	5	0	8	4	2	2
5,9	0	8	5	2	0	0	8	5	6	7
6	0	8	6	6	4	0	8	7	1	2
6,1	0	8	8	0	8	0	8	8	5	7
6,2	0	8	9	5	3	0	9	0	0	2
6,3	0	9	0	9	7	0	9	1	4	8
6,4	0	9	2	4	2	0	9	2	9	3
6,5	0	9	3	8	6	0	9	4	3	8
6,6	0	9	5	3	0	0	9	5	8	3
6,7	0	9	6	7	5	0	9	7	2	8
6,8	0	9	8	1	9	0	9	8	7	4
6,9	0	9	9	6	4	1	0	0	1	9
7	1	0	1	0	8	1	0	1	6	4
7,1	1	0	2	5	2	1	0	3	0	9
7,2	1	0	3	9	7	1	0	4	5	4
7,3	1	0	5	4	1	1	0	6	0	0
7,4	1	0	6	8	6	1	0	7	4	5
7,5	1	0	8	3	0	1	0	8	9	0
7,6	1	0	9	7	4	1	1	0	3	5
7,7	1	1	1	1	9	1	1	1	8	0
7,8	1	1	2	6	3	1	1	3	2	6
7,9	1	1	4	0	8	1	1	4	7	1
8	1	1	5	5	2	1	1	6	1	6
8,1	1	1	6	9	6	1	1	7	6	1
8,2	1	1	8	4	1	1	1	9	0	6
8,3	1	1	9	8	5	1	2	0	5	2
8,4	1	2	1	3	0	1	2	1	9	7
8,5	1	2	2	7	4	1	2	3	4	2
8,6	1	2	4	1	8	1	2	4	8	7
8,7	1	2	5	6	3	1	2	6	3	2
8,8	1	2	7	0	7	1	2	7	7	8
8,9	1	2	8	5	2	1	2	9	2	3
9	1	2	9	9	6	1	3	0	6	8
9,1	1	3	1	4	0	1	3	2	1	3
9,2	1	3	2	8	5	1	3	3	5	8
9,3	1	3	4	2	9	1	3	5	0	4
9,4	1	3	5	7	4	1	3	6	4	9
9,5	1	3	7	1	8	1	3	7	9	4
9,6	1	3	8	6	2	1	3	9	3	9
9,7	1	4	0	0	7	1	4	0	8	4
9,8	1	4	1	5	1	1	4	2	3	0
9,9	1	4	2	9	6	1	4	3	7	5
10	1	4	4	4	0	1	4	5	2	0

1460–1468

0,01 bis 4,5	0,146	1,46	14,6	146,0	1460,0	0,1468	1,468	14,68	146,8	1468,0
0,01	0	0	0	1	5	0	0	0	1	5
0,02	0	0	0	2	9	0	0	0	2	9
0,03	0	0	0	4	4	0	0	0	4	4
0,04	0	0	0	5	8	0	0	0	5	9
0,05	0	0	0	7	3	0	0	0	7	3
0,06	0	0	0	8	8	0	0	0	8	8
0,07	0	0	1	0	2	0	0	1	0	3
0,08	0	0	1	1	7	0	0	1	1	7
0,09	0	0	1	3	1	0	0	1	3	2
0,1	0	0	1	4	6	0	0	1	4	7
0,2	0	0	2	9	2	0	0	2	9	4
0,3	0	0	4	3	8	0	0	4	4	0
0,4	0	0	5	8	4	0	0	5	8	7
0,5	0	0	7	3	0	0	0	7	3	4
0,6	0	0	8	7	6	0	0	8	8	1
0,7	0	1	0	2	2	0	1	0	2	8
0,8	0	1	1	6	8	0	1	1	7	4
0,9	0	1	3	1	4	0	1	3	2	1
1	0	1	4	6	0	0	1	4	6	8
1,1	0	1	6	0	6	0	1	6	1	5
1,2	0	1	7	5	2	0	1	7	6	2
1,3	0	1	8	9	8	0	1	9	0	8
1,4	0	2	0	4	4	0	2	0	5	5
1,5	0	2	1	9	0	0	2	2	0	2
1,6	0	2	3	3	6	0	2	3	4	9
1,7	0	2	4	8	2	0	2	4	9	6
1,8	0	2	6	2	8	0	2	6	4	2
1,9	0	2	7	7	4	0	2	7	8	9
2	0	2	9	2	0	0	2	9	3	6
2,1	3	3	0	6	6	0	3	0	8	3
2,2	0	3	2	1	2	0	3	2	3	0
2,3	0	3	3	5	8	0	3	3	7	6
2,4	0	3	5	0	4	0	3	5	2	3
2,5	0	3	6	5	0	0	3	6	7	0
2,6	0	3	7	9	6	0	3	8	1	7
2,7	0	3	9	4	2	0	3	9	6	4
2,8	0	4	0	8	8	0	4	1	1	0
2,9	0	4	2	3	4	0	4	2	5	7
3	0	4	3	8	0	0	4	4	0	4
3,1	0	4	5	2	6	0	4	5	5	1
3,2	0	4	6	7	2	0	4	6	9	8
3,3	0	4	8	1	8	0	4	8	4	4
3,4	0	4	9	6	4	0	4	9	9	1
3,5	0	5	1	1	0	0	5	1	3	8
3,6	0	5	2	5	6	0	5	2	8	5
3,7	0	5	4	0	2	0	5	4	3	2
3,8	0	5	5	4	8	0	5	5	7	8
3,9	0	5	6	9	4	0	5	7	2	5
4	0	5	8	4	0	0	5	8	7	2
4,1	0	5	9	8	6	0	6	0	1	9
4,2	0	6	1	3	2	0	6	1	6	6
4,3	0	6	2	7	8	0	6	3	1	2
4,4	0	6	4	2	4	0	6	4	5	9
4,5	0	6	5	7	0	0	6	6	0	6

4,6 bis 10	0,146	1,46	14,6	146,0	1460,0	0,1468	1,468	14,68	146,8	1468,0
4,6	0	6	7	1	6	0	6	7	5	3
4,7	0	6	8	6	2	0	6	9	0	0
4,8	0	7	0	0	8	0	7	0	4	6
4,9	0	7	1	5	4	0	7	1	9	3
5	0	7	3	0	0	0	7	3	4	0
5,1	0	7	4	4	6	0	7	4	8	7
5,2	0	7	5	9	2	0	7	6	3	4
5,3	0	7	7	3	8	0	7	7	8	0
5,4	0	7	8	8	4	0	7	9	2	7
5,5	0	8	0	3	0	0	8	0	7	4
5,6	0	8	1	7	6	0	8	2	2	1
5,7	0	8	3	2	2	0	8	3	6	8
5,8	0	8	4	6	8	0	8	5	1	4
5,9	0	8	6	1	4	0	8	6	6	1
6	0	8	7	6	0	0	8	8	0	8
6,1	0	8	9	0	6	0	8	9	5	5
6,2	0	9	0	5	2	0	9	1	0	2
6,3	0	9	1	9	8	0	9	2	4	8
6,4	0	9	3	4	4	0	9	3	9	5
6,5	0	9	4	9	0	0	9	5	4	2
6,6	0	9	6	3	6	0	9	6	8	9
6,7	0	9	7	8	2	0	9	8	3	6
6,8	0	9	9	2	8	0	9	9	8	2
6,9	1	0	0	7	4	1	0	1	2	9
7	1	0	2	2	0	1	0	2	7	6
7,1	1	0	3	6	6	1	0	4	2	3
7,2	1	0	5	1	2	1	0	5	7	0
7,3	1	0	6	5	8	1	0	7	1	6
7,4	1	0	8	0	4	1	0	8	6	3
7,5	1	0	9	5	0	1	1	0	1	0
7,6	1	1	0	9	6	1	1	1	5	7
7,7	1	1	2	4	2	1	1	3	0	4
7,8	1	1	3	8	8	1	1	4	5	0
7,9	1	1	5	3	4	1	1	5	9	7
8	1	1	6	8	0	1	1	7	4	4
8,1	1	1	8	2	6	1	1	8	9	1
8,2	1	1	9	7	2	1	2	0	3	8
8,3	1	2	1	1	8	1	2	1	8	4
8,4	1	2	2	6	4	1	2	3	3	1
8,5	1	2	4	1	0	1	2	4	7	8
8,6	1	2	5	5	6	1	2	6	2	5
8,7	1	2	7	0	2	1	2	7	7	2
8,8	1	2	8	4	8	1	2	9	1	8
8,9	1	2	9	9	4	1	3	0	6	5
9	1	3	1	4	0	1	3	2	1	2
9,1	1	3	2	8	6	1	3	3	5	9
9,2	1	3	4	3	2	1	3	5	0	6
9,3	1	3	5	7	8	1	3	6	5	2
9,4	1	3	7	2	4	1	3	7	9	9
9,5	1	3	8	7	0	1	3	9	4	6
9,6	1	4	0	1	6	1	4	0	9	3
9,7	1	4	1	6	2	1	4	2	4	0
9,8	1	4	3	0	8	1	4	3	8	6
9,9	1	4	4	5	4	1	4	5	3	3
10	1	4	6	0	0	1	4	6	8	0

0,01 bis 4,5	1477,0 / 147,7 / 0,1477 / 1,477 / 14,77					1486,0 / 148,6 / 0,1486 / 1,486 / 14,86				
0,01	0	0	0	1	5	0	0	0	1	5
0,02	0	0	0	3	0	0	0	0	3	0
0,03	0	0	0	4	4	0	0	0	4	5
0,04	0	0	0	5	9	0	0	0	5	9
0,05	0	0	0	7	4	0	0	0	7	4
0,06	0	0	0	8	9	0	0	0	8	9
0,07	0	0	1	0	3	0	0	1	0	4
0,08	0	0	1	1	8	0	0	1	1	9
0,09	0	0	1	3	3	0	0	1	3	4
0,1	0	0	1	4	8	0	0	1	4	9
0,2	0	0	2	9	5	0	0	2	9	7
0,3	0	0	4	4	3	0	0	4	4	6
0,4	0	0	5	9	1	0	0	5	9	4
0,5	0	0	7	3	9	0	0	7	4	3
0,6	0	0	8	8	6	0	0	8	9	2
0,7	0	1	0	3	4	0	1	0	4	0
0,8	0	1	1	8	2	0	1	1	8	9
0,9	0	1	3	2	9	0	1	3	3	7
1	0	1	4	7	7	0	1	4	8	6
1,1	0	1	6	2	5	0	1	6	3	5
1,2	0	1	7	7	2	0	1	7	8	3
1,3	0	1	9	2	0	0	1	9	3	2
1,4	0	2	0	6	8	0	2	0	8	0
1,5	0	2	2	1	6	0	2	2	2	9
1,6	0	2	3	6	3	0	2	3	7	8
1,7	0	2	5	1	1	0	2	5	2	6
1,8	0	2	6	5	9	0	2	6	7	5
1,9	0	2	8	0	6	0	2	8	2	3
2	0	2	9	5	4	0	2	9	7	2
2,1	0	3	1	0	2	0	3	1	2	1
2,2	0	3	2	4	9	0	3	2	6	9
2,3	0	3	3	9	7	0	3	4	1	8
2,4	0	3	5	4	5	0	3	5	6	6
2,5	0	3	6	9	3	0	3	7	1	5
2,6	0	3	8	4	0	0	3	8	6	4
2,7	0	3	9	8	8	0	4	0	1	2
2,8	0	4	1	3	6	0	4	1	6	1
2,9	0	4	2	8	3	0	4	3	0	9
3	0	4	4	3	1	0	4	4	5	8
3,1	0	4	5	7	9	0	4	6	0	7
3,2	0	4	7	2	6	0	4	7	5	5
3,3	0	4	8	7	4	0	4	9	0	4
3,4	0	5	0	2	2	0	5	0	5	2
3,5	0	5	1	7	0	0	5	2	0	1
3,6	0	5	3	1	7	0	5	3	5	0
3,7	0	5	4	6	5	0	5	4	9	8
3,8	0	5	6	1	3	0	5	6	4	7
3,9	0	5	7	6	0	0	5	7	9	5
4	0	5	9	0	8	0	5	9	4	4
4,1	0	6	0	5	6	0	6	0	9	3
4,2	0	6	2	0	3	0	6	2	4	1
4,3	0	6	3	5	1	0	6	3	9	0
4,4	0	6	4	9	9	0	6	5	3	8
4,5	0	6	6	4	7	0	6	6	8	7

4,6 bis 10	1477,0 / 147,7 / 0,1477 / 1,477 / 14,77					1486,0 / 148,6 / 0,1486 / 1,486 / 14,86				
4,6	0	6	7	9	4	0	6	8	3	6
4,7	0	6	9	4	2	0	6	9	8	4
4,8	0	7	0	9	0	0	7	1	3	3
4,9	0	7	2	3	7	0	7	2	8	1
5	0	7	3	8	5	0	7	4	3	0
5,1	0	7	5	3	3	0	7	5	7	9
5,2	0	7	6	8	0	0	7	7	2	7
5,3	0	7	8	2	8	0	7	8	7	6
5,4	0	7	9	7	6	0	8	0	2	4
5,5	0	8	1	2	4	0	8	1	7	3
5,6	0	8	2	7	1	0	8	3	2	2
5,7	0	8	4	1	9	0	8	4	7	0
5,8	0	8	5	6	7	0	8	6	1	9
5,9	0	8	7	1	4	0	8	7	6	7
6	0	8	8	6	2	0	8	9	1	6
6,1	0	9	0	1	0	0	9	0	6	5
6,2	0	9	1	5	7	0	9	2	1	3
6,3	0	9	3	0	5	0	9	3	6	2
6,4	0	9	4	5	3	0	9	5	1	0
6,5	0	9	6	0	1	0	9	6	5	9
6,6	0	9	7	4	8	0	9	8	0	8
6,7	0	9	8	9	6	1	0	9	5	6
6,8	1	0	0	4	4	1	0	1	0	5
6,9	1	0	1	9	1	1	0	2	5	3
7	1	0	3	3	9	1	0	4	0	2
7,1	1	0	4	8	7	1	0	5	5	1
7,2	1	0	6	3	4	1	0	6	9	9
7,3	1	0	7	8	2	1	0	8	4	8
7,4	1	0	9	3	0	1	0	9	9	6
7,5	1	1	0	7	8	1	1	1	4	5
7,6	1	1	2	2	5	1	1	2	9	4
7,7	1	1	3	7	3	1	1	4	4	2
7,8	1	1	5	2	1	1	1	5	9	1
7,9	1	1	6	6	8	1	1	7	3	9
8	1	1	8	1	6	1	1	8	8	8
8,1	1	1	9	6	4	1	2	0	3	7
8,2	1	2	1	1	1	1	2	1	8	5
8,3	1	2	2	5	9	1	2	3	3	4
8,4	1	2	4	0	7	1	2	4	8	2
8,5	1	2	5	5	5	1	2	6	3	1
8,6	1	2	7	0	2	1	2	7	8	0
8,7	1	2	8	5	0	1	2	9	2	8
8,8	1	2	9	9	8	1	3	0	7	7
8,9	1	3	1	4	5	1	3	2	2	5
9	1	3	2	9	3	1	3	3	7	4
9,1	1	3	4	4	1	1	3	5	2	3
9,2	1	3	5	8	8	1	3	6	7	1
9,3	1	3	7	3	6	1	3	8	2	0
9,4	1	3	8	8	4	1	3	9	6	8
9,5	1	4	0	3	2	1	4	1	1	7
9,6	1	4	1	7	9	1	4	2	6	6
9,7	1	4	3	2	7	1	4	4	1	4
9,8	1	4	4	7	5	1	4	5	6	3
9,9	1	4	6	2	2	1	4	7	1	1
10	1	4	7	7	0	1	4	8	6	0

1495–1504

0,01 bis 10	0,1495	1,495	14,95	149,5	1495,0	0,1504	1,504	15,04	150,4	1504,0
0,01	0	0	0	1	5	0	0	0	1	5
0,02	0	0	0	3	0	0	0	0	3	0
0,03	0	0	0	4	5	0	0	0	4	5
0,04	0	0	0	6	0	0	0	0	6	0
0,05	0	0	0	7	5	0	0	0	7	5
0,06	0	0	0	9	0	0	0	0	9	0
0,07	0	0	1	0	5	0	0	1	0	5
0,08	0	0	1	2	0	0	0	1	2	0
0,09	0	0	1	3	5	0	0	1	3	5
0,1	0	0	1	5	0	0	0	1	5	0
0,2	0	0	2	9	9	0	0	3	0	1
0,3	0	0	4	4	9	0	0	4	5	1
0,4	0	0	5	9	8	0	0	6	0	2
0,5	0	0	7	4	8	0	0	7	5	2
0,6	0	0	8	9	7	0	0	9	0	2
0,7	0	1	0	4	7	0	1	0	5	3
0,8	0	1	1	9	6	0	1	2	0	3
0,9	0	1	3	4	6	0	1	3	5	4
1	0	1	4	9	5	0	1	5	0	4
1,1	0	1	6	4	5	0	1	6	5	4
1,2	0	1	7	9	4	0	1	8	0	5
1,3	0	1	9	4	4	0	1	9	5	5
1,4	0	2	0	9	3	0	2	1	0	6
1,5	0	2	2	4	3	0	2	2	5	6
1,6	0	2	3	9	2	0	2	4	0	6
1,7	0	2	5	4	2	0	2	5	5	7
1,8	0	2	6	9	1	0	2	7	0	7
1,9	0	2	8	4	1	0	2	8	5	8
2	0	2	9	9	0	0	3	0	0	8
2,1	0	3	1	4	0	0	3	1	5	8
2,2	0	3	2	8	9	0	3	3	0	9
2,3	0	3	4	3	9	0	3	4	5	9
2,4	0	3	5	8	8	0	3	6	1	0
2,5	0	3	7	3	8	0	3	7	6	0
2,6	0	3	8	8	7	0	3	9	1	0
2,7	0	4	0	3	7	0	4	0	6	1
2,8	0	4	1	8	6	0	4	2	1	1
2,9	0	4	3	3	6	0	4	3	6	2
3	0	4	4	8	5	0	4	5	1	2
3,1	0	4	6	3	5	0	4	6	6	2
3,2	0	4	7	8	4	0	4	8	1	3
3,3	0	4	9	3	4	0	4	9	6	3
3,4	0	5	0	8	3	0	5	1	1	4
3,5	0	5	2	3	3	0	5	2	6	4
3,6	0	5	3	8	2	0	5	4	1	4
3,7	0	5	5	3	2	0	5	5	6	5
3,8	0	5	6	8	1	0	5	7	1	5
3,9	0	5	8	3	1	0	5	8	6	6
4	0	5	9	8	0	0	6	0	1	6
4,1	0	6	1	3	0	0	6	1	6	6
4,2	0	6	2	7	9	0	6	3	1	7
4,3	0	6	4	2	9	0	6	4	6	7
4,4	0	6	5	7	8	0	6	6	1	8
4,5	0	6	7	2	8	0	6	7	6	8
4,6	0	6	8	7	7	0	6	9	1	8
4,7	0	7	0	2	7	0	7	0	6	9
4,8	0	7	1	7	6	0	7	2	1	9
4,9	0	7	3	2	6	0	7	3	7	0
5	0	7	4	7	5	0	7	5	2	0
5,1	0	7	6	2	5	0	7	6	7	0
5,2	0	7	7	7	4	0	7	8	2	1
5,3	0	7	9	2	4	0	7	9	7	1
5,4	0	8	0	7	3	0	8	1	2	2
5,5	0	8	2	2	3	0	8	2	7	2
5,6	0	8	3	7	2	0	8	4	2	2
5,7	0	8	5	2	2	0	8	5	7	3
5,8	0	8	6	7	1	0	8	7	2	3
5,9	0	8	8	2	1	0	8	8	7	4
6	0	8	9	7	0	0	9	0	2	4
6,1	0	9	1	2	0	0	9	1	7	4
6,2	0	9	2	6	9	0	9	3	2	5
6,3	0	9	4	1	9	0	9	4	7	5
6,4	0	9	5	6	8	0	9	6	2	6
6,5	0	9	7	1	8	0	9	7	7	6
6,6	0	9	8	6	7	0	9	9	2	6
6,7	1	0	0	1	7	1	0	0	7	7
6,8	1	0	1	6	6	1	0	2	2	7
6,9	1	0	3	1	6	1	0	3	7	8
7	1	0	4	6	5	1	0	5	2	8
7,1	1	0	6	1	5	1	0	6	7	8
7,2	1	0	7	6	4	1	0	8	2	9
7,3	1	0	9	1	4	1	0	9	7	9
7,4	1	1	0	6	3	1	1	1	3	0
7,5	1	1	2	1	3	1	1	2	8	0
7,6	1	1	3	6	2	1	1	4	3	0
7,7	1	1	5	1	2	1	1	5	8	1
7,8	1	1	6	6	1	1	1	7	3	1
7,9	1	1	8	1	1	1	1	8	8	2
8	1	1	9	6	0	1	2	0	3	2
8,1	1	2	1	1	0	1	2	1	8	2
8,2	1	2	2	5	9	1	2	3	3	3
8,3	1	2	4	0	9	1	2	4	8	3
8,4	1	2	5	5	8	1	2	6	3	4
8,5	1	2	7	0	8	1	2	7	8	4
8,6	1	2	8	5	7	1	2	9	3	4
8,7	1	3	0	0	7	1	3	0	8	5
8,8	1	3	1	5	6	1	3	2	3	5
8,9	1	3	3	0	6	1	3	3	8	6
9	1	3	4	5	5	1	3	5	3	6
9,1	1	3	6	0	5	1	3	6	8	6
9,2	1	3	7	5	4	1	3	8	3	7
9,3	1	3	9	0	4	1	3	9	8	7
9,4	1	4	0	5	3	1	4	1	3	8
9,5	1	4	2	0	3	1	4	2	8	8
9,6	1	4	3	5	2	1	4	4	3	8
9,7	1	4	5	0	2	1	4	5	8	9
9,8	1	4	6	5	1	1	4	7	3	9
9,9	1	4	8	0	1	1	4	8	9	0
10	1	4	9	5	0	1	5	0	4	0

0,01 bis 4,5	0,1513	1,513	15,13	151,3	1513,0	0,1522	1,522	15,22	152,2	1522,0
0,01	0	0	0	1	5	0	0	0	1	5
0,02	0	0	0	3	0	0	0	0	3	0
0,03	0	0	0	4	5	0	0	0	4	6
0,04	0	0	0	6	1	0	0	0	6	1
0,05	0	0	0	7	6	0	0	0	7	6
0,06	0	0	0	9	1	0	0	0	9	1
0,07	0	0	1	0	6	0	0	1	0	7
0,08	0	0	1	2	1	0	0	1	2	2
0,09	0	0	1	3	6	0	0	1	3	7
0,1	0	0	1	5	1	0	0	1	5	2
0,2	0	0	3	0	3	0	0	3	0	4
0,3	0	0	4	5	4	0	0	4	5	7
0,4	0	0	6	0	5	0	0	6	0	9
0,5	0	0	7	5	7	0	0	7	6	1
0,6	0	0	9	0	8	0	0	9	1	3
0,7	0	1	0	5	9	0	1	0	6	5
0,8	0	1	2	1	0	0	1	2	1	8
0,9	0	1	3	6	2	0	1	3	7	0
1	0	1	5	1	3	0	1	5	2	2
1,1	0	1	6	6	4	0	1	6	7	4
1,2	0	1	8	1	6	0	1	8	2	6
1,3	0	1	9	6	7	0	1	9	7	9
1,4	0	2	1	1	8	0	2	1	3	1
1,5	0	2	2	7	0	0	2	2	8	3
1,6	0	2	4	2	1	0	2	4	3	5
1,7	0	2	5	7	2	0	2	5	8	7
1,8	0	2	7	2	3	0	2	7	4	0
1,9	0	2	8	7	5	0	2	8	9	2
2	0	3	0	2	6	0	3	0	4	4
2,1	0	3	1	7	7	0	3	1	9	6
2,2	0	3	3	2	9	0	3	3	4	8
2,3	0	3	4	8	0	0	3	5	0	1
2,4	0	3	6	3	1	0	3	6	5	3
2,5	0	3	7	8	3	0	3	8	0	5
2,6	0	3	9	3	4	0	3	9	5	7
2,7	0	4	0	8	5	0	4	1	0	9
2,8	0	4	2	3	6	0	4	2	6	2
2,9	0	4	3	8	8	0	4	4	1	4
3	0	4	5	3	9	0	4	5	6	6
3,1	0	4	6	9	0	0	4	7	1	8
3,2	0	4	8	4	2	0	4	8	7	0
3,3	0	4	9	9	3	0	5	0	2	3
3,4	0	5	1	4	4	0	5	1	7	5
3,5	0	5	2	9	6	0	5	3	2	7
3,6	0	5	4	4	7	0	5	4	7	9
3,7	0	5	5	9	8	0	5	6	3	1
3,8	0	5	7	4	9	0	5	7	8	4
3,9	0	5	9	0	1	0	5	9	3	6
4	0	6	0	5	2	0	6	0	8	8
4,1	0	6	2	0	3	0	6	2	4	0
4,2	0	6	3	5	5	0	6	3	9	2
4,3	0	6	5	0	6	0	6	5	4	5
4,4	0	6	6	5	7	0	6	6	9	7
4,5	0	6	8	0	9	0	6	8	4	9

4,6 bis 10	0,1513	1,513	15,13	151,3	1513,0	0,1522	1,522	15,22	152,2	1522,0
4,6	0	6	9	6	0	0	7	0	0	1
4,7	0	7	1	1	1	0	7	1	5	3
4,8	0	7	2	6	2	0	7	3	0	6
4,9	0	7	4	1	4	0	7	4	5	8
5	0	7	5	6	5	0	7	6	1	0
5,1	0	7	7	1	6	0	7	7	6	2
5,2	0	7	8	6	8	0	7	9	1	4
5,3	0	8	0	1	9	0	8	0	6	7
5,4	0	8	1	7	0	0	8	2	1	9
5,5	0	8	3	2	2	0	8	3	7	1
5,6	0	8	4	7	3	0	8	5	2	3
5,7	0	8	6	2	4	0	8	6	7	5
5,8	0	8	7	7	5	0	8	8	2	8
5,9	0	8	9	2	7	0	8	9	8	0
6	0	9	0	7	8	0	9	1	3	2
6,1	0	9	2	2	9	0	9	2	8	4
6,2	0	9	3	8	1	0	9	4	3	6
6,3	0	9	5	3	2	0	9	5	8	9
6,4	0	9	6	8	3	0	9	7	4	1
6,5	0	9	8	3	5	0	9	8	9	3
6,6	0	9	9	8	6	1	0	0	4	5
6,7	1	0	1	3	7	1	0	1	9	7
6,8	1	0	2	8	8	1	0	3	5	0
6,9	1	0	4	4	0	1	0	5	0	2
7	1	0	5	9	1	1	0	6	5	4
7,1	1	0	7	4	2	1	0	8	0	6
7,2	1	0	8	9	4	1	0	9	5	8
7,3	1	1	0	4	5	1	1	1	1	1
7,4	1	1	1	9	6	1	1	2	6	3
7,5	1	1	3	4	8	1	1	4	1	5
7,6	1	1	4	9	9	1	1	5	6	7
7,7	1	1	6	5	0	1	1	7	1	9
7,8	1	1	8	0	1	1	1	8	7	2
7,9	1	1	9	5	3	1	2	0	2	4
8	1	2	1	0	4	1	2	1	4	6
8,1	1	2	2	5	5	1	2	3	2	8
8,2	1	2	4	0	7	1	2	4	8	0
8,3	1	2	5	5	8	1	2	6	3	3
8,4	1	2	7	0	9	1	2	7	8	5
8,5	1	2	8	6	1	1	2	9	3	7
8,6	1	3	0	1	2	1	3	0	8	9
8,7	1	3	1	6	3	1	3	2	4	1
8,8	1	3	3	1	4	1	3	3	9	4
8,9	1	3	4	6	6	1	3	5	4	6
9	1	3	6	1	7	1	3	6	9	8
9,1	1	3	7	6	8	1	3	8	5	0
9,2	1	3	9	2	0	1	4	0	0	2
9,3	1	4	0	7	1	1	4	1	5	5
9,4	1	4	2	2	2	1	4	3	0	7
9,5	1	4	3	7	4	1	4	4	5	9
9,6	1	4	5	2	5	1	4	6	1	1
9,7	1	4	6	7	6	1	4	7	6	3
9,8	1	4	8	2	7	1	4	9	1	6
9,9	1	4	9	7	9	1	5	0	6	8
10	1	5	1	3	0	1	5	2	2	0

1531–1540

0,01 bis 4,5	1531,0 / 153,1 / 0,1531 / 1,531 / 15,31	1540,0 / 154,0 / 0,154 / 1,54 / 15,4
0,01	00015	00015
0,02	00031	00031
0,03	00046	00046
0,04	00061	00062
0,05	00077	00077
0,06	00092	00092
0,07	00107	00108
0,08	00122	00123
0,09	00138	00139
0,1	00153	00154
0,2	00306	00308
0,3	00459	00462
0,4	00612	00616
0,5	00766	00770
0,6	00919	00924
0,7	01072	01078
0,8	01225	01232
0,9	01378	01386
1	01531	01540
1,1	01684	01694
1,2	01837	01848
1,3	01990	02002
1,4	02143	02156
1,5	02297	02310
1,6	02450	02464
1,7	02603	02618
1,8	02756	02772
1,9	02909	02926
2	03062	03080
2,1	03215	03234
2,2	03368	03388
2,3	03521	03542
2,4	03674	03696
2,5	03828	03850
2,6	03981	04004
2,7	04134	04158
2,8	04287	04312
2,9	04440	04466
3	04593	04620
3,1	04746	04774
3,2	04899	04928
3,3	05052	05082
3,4	05205	05236
3,5	05359	05390
3,6	05512	05544
3,7	05665	05698
3,8	05818	05852
3,9	05971	06006
4	06124	06160
4,1	06277	06314
4,2	06430	06468
4,3	06583	06622
4,4	06736	06776
4,5	06890	06930

4,6 bis 10	1531,0 / 153,1 / 0,1531 / 1,531 / 15,31	1540,0 / 154,0 / 0,154 / 1,54 / 15,4
4,6	07043	07084
4,7	07196	07238
4,8	07349	07392
4,9	07502	07546
5	07655	07700
5,1	07808	07854
5,2	07961	08008
5,3	08114	08162
5,4	08267	08316
5,5	08421	08470
5,6	08574	08624
5,7	08727	08778
5,8	08880	08932
5,9	09033	09086
6	09186	09240
6,1	09339	09394
6,2	09492	09548
6,3	09645	09702
6,4	09798	09856
6,5	09952	10010
6,6	10105	10164
6,7	10258	10318
6,8	10411	10472
6,9	10564	10626
7	10717	10780
7,1	10870	10934
7,2	11023	11088
7,3	11176	11242
7,4	11329	11396
7,5	11483	11550
7,6	11636	11704
7,7	11789	11858
7,8	11942	12012
7,9	12095	12166
8	12248	12320
8,1	12401	12474
8,2	12554	12628
8,3	12707	12782
8,4	12860	12936
8,5	13014	13090
8,6	13167	13244
8,7	13320	13398
8,8	13473	13552
8,9	13626	13706
9	13779	13860
9,1	13932	14014
9,2	14085	14168
9,3	14238	14322
9,4	14391	14476
9,5	14545	14630
9,6	14698	14784
9,7	14851	14938
9,8	15004	15092
9,9	15157	15246
10	15310	15400

0,01 bis 4,5	1549,0 / 154,9 / 0,1549 / 1,549 / 15,49					1558,0 / 155,8 / 0,1558 / 1,558 / 15,58				
0,01	0	0	0	1	5	0	0	0	1	6
0,02	0	0	0	3	1	0	0	0	3	1
0,03	0	0	0	4	7	0	0	0	4	7
0,04	0	0	0	6	2	0	0	0	6	2
0,05	0	0	0	7	8	0	0	0	7	8
0,06	0	0	0	9	3	0	0	0	9	3
0,07	0	0	1	0	8	0	0	1	0	9
0,08	0	0	1	2	4	0	0	1	2	5
0,09	0	0	1	3	9	0	0	1	4	0
0,1	0	0	1	5	5	0	0	1	5	6
0,2	0	0	3	1	0	0	0	3	1	2
0,3	0	0	4	6	5	0	0	4	6	7
0,4	0	0	6	2	0	0	0	6	2	3
0,5	0	0	7	7	5	0	0	7	7	9
0,6	0	0	9	2	9	0	0	9	3	5
0,7	0	1	0	8	4	0	1	0	9	1
0,8	0	1	2	3	9	0	1	2	4	6
0,9	0	1	3	9	4	0	1	4	0	2
1	0	1	5	4	9	0	1	5	5	8
1,1	0	1	7	0	4	0	1	7	1	4
1,2	0	1	8	5	9	0	1	8	7	0
1,3	0	2	0	1	4	0	2	0	2	5
1,4	0	2	1	6	9	0	2	1	8	1
1,5	0	2	3	2	4	0	2	3	3	7
1,6	0	2	4	7	8	0	2	4	9	3
1,7	0	2	6	3	3	0	2	6	4	9
1,8	0	2	7	8	8	0	2	8	0	4
1,9	0	2	9	4	3	0	2	9	6	0
2	0	3	0	9	8	0	3	1	1	6
2,1	0	3	2	5	3	0	3	2	7	2
2,2	0	3	4	0	8	0	3	4	2	8
2,3	0	3	5	6	3	0	3	5	8	3
2,4	0	3	7	1	8	0	3	7	3	9
2,5	0	3	8	7	3	0	3	8	9	5
2,6	0	4	0	2	7	0	4	0	5	1
2,7	0	4	1	8	2	0	4	2	0	7
2,8	0	4	3	3	7	0	4	3	6	2
2,9	0	4	4	9	2	0	4	5	1	8
3	0	4	6	4	7	0	4	6	7	4
3,1	0	4	8	0	2	0	4	8	3	0
3,2	0	4	9	5	7	0	4	9	8	6
3,3	0	5	1	1	2	0	5	1	4	1
3,4	0	5	2	6	7	0	5	2	9	7
3,5	0	5	4	2	2	0	5	4	5	3
3,6	0	5	5	7	6	0	5	6	0	9
3,7	0	5	7	3	1	0	5	7	6	5
3,8	0	5	8	8	6	0	5	9	2	0
3,9	0	6	0	4	1	0	6	0	7	6
4	0	6	1	9	6	0	6	2	3	2
4,1	0	6	3	5	1	0	6	3	8	8
4,2	0	6	5	0	6	0	6	5	4	4
4,3	0	6	6	6	1	0	6	6	9	9
4,4	0	6	8	1	6	0	6	8	5	5
4,5	0	6	9	7	1	0	7	0	1	1

4,6 bis 10	1549,0 / 154,9 / 0,1549 / 1,549 / 15,49					1558,0 / 155,8 / 0,1558 / 1,558 / 15,58				
4,6	0	7	1	2	5	0	7	1	6	7
4,7	0	7	2	8	0	0	7	3	2	3
4,8	0	7	4	3	5	0	7	4	7	8
4,9	0	7	5	9	0	0	7	6	3	4
5	0	7	7	4	5	0	7	7	9	0
5,1	0	7	9	0	0	0	7	9	4	6
5,2	0	8	0	5	5	0	8	1	0	2
5,3	0	8	2	1	0	0	8	2	5	7
5,4	0	8	3	6	5	0	8	4	1	3
5,5	0	8	5	2	0	0	8	5	6	9
5,6	0	8	6	7	4	0	8	7	2	5
5,7	0	8	8	2	9	0	8	8	8	1
5,8	0	8	9	8	4	0	9	0	3	6
5,9	0	9	1	3	9	0	9	1	9	2
6	0	9	2	9	4	0	9	3	4	8
6,1	0	9	4	4	9	0	9	5	0	4
6,2	0	9	6	0	4	0	9	6	6	0
6,3	0	9	7	5	9	0	9	8	1	5
6,4	0	9	9	1	4	0	9	9	7	1
6,5	1	0	0	6	9	1	0	1	2	7
6,6	0	0	2	2	3	1	0	2	8	3
6,7	0	0	3	7	8	1	0	4	3	9
6,8	0	0	5	3	3	1	0	5	9	4
6,9	0	0	6	8	8	1	0	7	5	0
7	1	0	8	4	3	1	0	9	0	6
7,1	0	0	9	9	8	1	1	0	6	2
7,2	0	1	1	5	3	1	1	2	1	8
7,3	0	1	3	0	8	1	1	3	7	3
7,4	0	1	4	6	3	1	1	5	2	9
7,5	0	1	6	1	8	1	1	6	8	5
7,6	0	1	7	7	2	1	1	8	4	1
7,7	0	1	9	2	7	1	1	9	9	7
7,8	0	2	0	8	2	1	2	1	5	2
7,9	0	2	2	3	7	1	2	3	0	8
8	1	2	3	9	2	1	2	4	6	4
8,1	1	2	5	4	7	1	2	6	2	0
8,2	1	2	7	0	2	1	2	7	7	6
8,3	1	2	8	5	7	1	2	9	3	1
8,4	1	3	0	1	2	1	3	0	8	7
8,5	1	3	1	6	7	1	3	2	4	3
8,6	1	3	3	2	1	1	3	3	9	9
8,7	1	3	4	7	6	1	3	5	5	5
8,8	1	3	6	3	1	1	3	7	1	0
8,9	1	3	7	8	6	1	3	8	6	6
9	1	3	9	4	1	1	4	0	2	2
9,1	1	4	0	9	6	1	4	1	7	8
9,2	1	4	2	5	1	1	4	3	3	4
9,3	1	4	4	0	6	1	4	4	8	9
9,4	1	4	5	6	1	1	4	6	4	5
9,5	1	4	7	1	6	1	4	8	0	1
9,6	1	4	8	7	0	1	4	9	5	7
9,7	1	5	0	2	5	1	5	1	1	3
9,8	1	5	1	8	0	1	5	2	6	8
9,9	1	5	3	3	5	1	5	4	2	4
10	1	5	4	9	0	1	5	5	8	0

0,01 bis 4,5	0,1567	1,567	15,67	156,7	1567,0	0,1576	1,576	15,76	157,6	1576,0
0,01	0	0	0	1	6	0	0	0	1	6
0,02	0	0	0	3	1	0	0	0	3	2
0,03	0	0	0	4	7	0	0	0	4	7
0,04	0	0	0	6	3	0	0	0	6	3
0,05	0	0	0	7	8	0	0	0	7	9
0,06	0	0	0	9	4	0	0	0	9	5
0,07	0	0	1	1	0	0	0	1	1	0
0,08	0	0	1	2	5	0	0	1	2	6
0,09	0	0	1	4	1	0	0	1	4	2
0,1	0	0	1	5	7	0	0	1	5	8
0,2	0	0	3	1	3	0	0	3	1	5
0,3	0	0	4	7	0	0	0	4	7	3
0,4	0	0	6	2	7	0	0	6	3	0
0,5	0	0	7	8	4	0	0	7	8	8
0,6	0	0	9	4	0	0	0	9	4	6
0,7	0	1	0	9	7	0	1	1	0	3
0,8	0	1	2	5	4	0	1	2	6	1
0,9	0	1	4	1	0	0	1	4	1	8
1	0	1	5	6	7	0	1	5	7	6
1,1	0	1	7	2	4	0	1	7	3	4
1,2	0	1	8	8	0	0	1	8	9	1
1,3	0	2	0	3	7	0	2	0	4	9
1,4	0	2	1	9	4	0	2	2	0	6
1,5	0	2	3	5	1	0	2	3	6	4
1,6	0	2	5	0	7	0	2	5	2	2
1,7	0	2	6	6	4	0	2	6	7	9
1,8	0	2	8	2	1	0	2	8	3	7
1,9	0	2	9	7	7	0	2	9	9	4
2	0	3	1	3	4	0	3	1	5	2
2,1	0	3	2	9	1	0	3	3	1	0
2,2	0	3	4	4	7	0	3	4	6	7
2,3	0	3	6	0	4	0	3	6	2	5
2,4	0	3	7	6	1	0	3	7	8	2
2,5	0	3	9	1	8	0	3	9	4	0
2,6	0	4	0	7	4	0	4	0	9	8
2,7	0	4	2	3	1	0	4	2	5	5
2,8	0	4	3	8	8	0	4	4	1	3
2,9	0	4	5	4	4	0	4	5	7	0
3	0	4	7	0	1	0	4	7	2	8
3,1	0	4	8	5	8	0	4	8	8	6
3,2	0	5	0	1	4	0	5	0	4	3
3,3	0	5	1	7	1	0	5	2	0	1
3,4	0	5	3	2	8	0	5	3	5	8
3,5	0	5	4	8	5	0	5	5	1	6
3,6	0	5	6	4	1	0	5	6	7	4
3,7	0	5	7	9	8	0	5	8	3	1
3,8	0	5	9	5	5	0	5	9	8	9
3,9	0	6	1	1	1	0	6	1	4	6
4	0	6	2	6	8	0	6	3	0	4
4,1	0	6	4	2	5	0	6	4	6	2
4,2	0	6	5	8	1	0	6	6	1	9
4,3	0	6	7	3	8	0	6	7	7	7
4,4	0	6	8	9	5	0	6	9	3	4
4,5	0	7	0	5	2	0	7	0	9	2

4,6 bis 10	0,1567	1,567	15,67	156,7	1567,0	0,1576	1,576	15,76	157,6	1576,0
4,6	0	7	2	0	8	0	7	2	5	0
4,7	0	7	3	6	5	0	7	4	0	7
4,8	0	7	5	2	2	0	7	5	6	5
4,9	0	7	6	7	8	0	7	7	2	2
5	0	7	8	3	5	0	7	8	8	0
5,1	0	7	9	9	2	0	8	0	3	8
5,2	0	8	1	4	8	0	8	1	9	5
5,3	0	8	3	0	5	0	8	3	5	3
5,4	0	8	4	6	2	0	8	5	1	0
5,5	0	8	6	1	9	0	8	6	6	8
5,6	0	8	7	7	5	0	8	8	2	6
5,7	0	8	9	3	2	0	8	9	8	3
5,8	0	9	0	8	9	0	9	1	4	1
5,9	0	9	2	4	5	0	9	2	9	8
6	0	9	4	0	2	0	9	4	5	6
6,1	0	9	5	5	9	0	9	6	1	4
6,2	0	9	7	1	5	0	9	7	7	1
6,3	0	9	8	7	2	0	9	9	2	9
6,4	1	0	0	2	9	1	0	0	8	6
6,5	1	0	1	8	6	1	0	2	4	4
6,6	1	0	3	4	2	1	0	4	0	2
6,7	1	0	4	9	9	1	0	5	5	9
6,8	1	0	6	5	6	1	0	7	1	7
6,9	1	0	8	1	2	1	0	8	7	4
7	1	0	9	6	9	1	1	0	3	2
7,1	1	1	1	2	6	1	1	1	9	0
7,2	1	1	2	8	2	1	1	3	4	7
7,3	1	1	4	3	9	1	1	5	0	5
7,4	1	1	5	9	6	1	1	6	6	2
7,5	1	1	7	5	3	1	1	8	2	0
7,6	1	1	9	0	9	1	1	9	7	8
7,7	1	2	0	6	6	1	2	1	3	5
7,8	1	2	2	2	3	1	2	2	9	3
7,9	1	2	3	7	9	1	2	4	5	0
8	1	2	5	3	6	1	2	6	0	8
8,1	1	2	6	9	3	1	2	7	6	6
8,2	1	2	8	4	9	1	2	9	2	3
8,3	1	3	0	0	6	1	3	0	8	1
8,4	1	3	1	6	3	1	3	2	3	8
8,5	1	3	3	2	0	1	3	3	9	6
8,6	1	3	4	7	6	1	3	5	5	4
8,7	1	3	6	3	3	1	3	7	1	1
8,8	1	3	7	9	0	1	3	8	6	9
8,9	1	3	9	4	6	1	4	0	2	6
9	1	4	1	0	3	1	4	1	8	4
9,1	1	4	2	6	0	1	4	3	4	2
9,2	1	4	4	1	6	1	4	4	9	9
9,3	1	4	5	7	3	1	4	6	5	7
9,4	1	4	7	3	0	1	4	8	1	4
9,5	1	4	8	8	7	1	4	9	7	2
9,6	1	5	0	4	3	1	5	1	3	0
9,7	1	5	2	0	0	1	5	2	8	7
9,8	1	5	3	5	7	1	5	4	4	5
9,9	1	5	5	1	3	1	5	6	0	2
10	1	5	6	7	0	1	5	7	6	0

0,01 bis **4,5**	**1585,0** / **158,5** / **0,1585** / **1,585** / **15,85**					**1594,0** / **159,4** / **0,1594** / **1,594** / **15,94**				
0,01	0	0	0	1	6	0	0	0	1	6
0,02	0	0	0	3	2	0	0	0	3	2
0,03	0	0	0	4	8	0	0	0	4	8
0,04	0	0	0	6	3	0	0	0	6	4
0,05	0	0	0	7	9	0	0	0	8	0
0,06	0	0	0	9	5	0	0	0	9	6
0,07	0	0	1	1	1	0	0	1	1	2
0,08	0	0	1	2	7	0	0	1	2	8
0,09	0	0	1	4	3	0	0	1	4	3
0,1	0	0	1	5	9	0	0	1	5	9
0,2	0	0	3	1	7	0	0	3	1	9
0,3	0	0	4	7	6	0	0	4	7	8
0,4	0	0	6	3	4	0	0	6	3	8
0,5	0	0	7	9	3	0	0	7	9	7
0,6	0	0	9	5	1	0	0	9	5	6
0,7	0	1	1	1	0	0	1	1	1	6
0,8	0	1	2	6	8	0	1	2	7	5
0,9	0	1	4	2	7	0	1	4	3	5
1	0	1	5	8	5	0	1	5	9	4
1,1	0	1	7	4	4	0	1	7	5	4
1,2	0	1	9	0	2	0	1	9	1	3
1,3	0	2	0	6	1	0	2	0	7	2
1,4	0	2	2	1	9	0	2	2	3	2
1,5	0	2	3	7	8	0	2	3	9	1
1,6	0	2	5	3	6	0	2	5	5	0
1,7	0	2	6	9	5	0	2	7	1	0
1,8	0	2	8	5	3	0	2	8	6	9
1,9	0	3	0	1	2	0	3	0	2	9
2	0	3	1	7	0	0	3	1	8	8
2,1	0	3	3	2	9	0	3	3	4	7
2,2	0	3	4	8	7	0	3	5	0	7
2,3	0	3	6	4	6	0	3	6	6	6
2,4	0	3	8	0	4	0	3	8	2	6
2,5	0	3	9	6	3	0	3	9	8	5
2,6	0	4	1	2	1	0	4	1	4	4
2,7	0	4	2	8	0	0	4	3	0	4
2,8	0	4	4	3	8	0	4	4	6	3
2,9	0	4	5	9	7	0	4	6	2	3
3	0	4	7	5	5	0	4	7	8	2
3,1	0	4	9	1	4	0	4	9	4	1
3,2	0	5	0	7	2	0	5	1	0	1
3,3	0	5	2	3	1	0	5	2	6	0
3,4	0	5	3	8	9	0	5	4	2	0
3,5	0	5	5	4	8	0	5	5	7	9
3,6	0	5	7	0	6	0	5	7	3	8
3,7	0	5	8	6	5	0	5	8	9	8
3,8	0	6	0	2	3	0	6	0	5	7
3,9	0	6	1	8	2	0	6	2	1	7
4	0	6	3	4	0	0	6	3	7	6
4,1	0	6	4	9	9	0	6	5	3	5
4,2	0	6	6	5	7	0	6	6	9	5
4,3	0	6	8	1	6	0	6	8	5	4
4,4	0	6	9	7	4	0	7	0	1	4
4,5	0	7	1	3	3	0	7	1	7	3

4,6 bis **10**	**1585,0** / **158,5** / **0,1585** / **1,585** / **15,85**					**1594,0** / **159,4** / **0,1594** / **1,594** / **15,94**				
4,6	0	7	2	9	1	0	7	3	3	2
4,7	0	7	4	5	0	0	7	4	9	2
4,8	0	7	6	0	8	0	7	6	5	1
4,9	0	7	7	6	7	0	7	8	1	1
5	0	7	9	2	5	0	7	9	7	0
5,1	0	8	0	8	4	0	8	1	2	9
5,2	0	8	2	4	2	0	8	2	8	9
5,3	0	8	4	0	1	0	8	4	4	8
5,4	0	8	5	5	9	0	8	6	0	8
5,5	0	8	7	1	8	0	8	7	6	7
5,6	0	8	8	7	6	0	8	9	2	6
5,7	0	9	0	3	5	0	9	0	8	6
5,8	0	9	1	9	3	0	9	2	4	5
5,9	0	9	3	5	2	0	9	4	0	5
6	0	9	5	1	0	0	9	5	6	4
6,1	0	9	6	6	9	0	9	7	2	3
6,2	0	9	8	2	7	0	9	8	8	3
6,3	0	9	9	8	6	1	0	0	4	2
6,4	1	0	1	4	4	1	0	2	0	2
6,5	1	0	3	0	3	1	0	3	6	1
6,6	1	0	4	6	1	1	0	5	2	0
6,7	1	0	6	2	0	1	0	6	8	0
6,8	1	0	7	7	8	1	0	8	3	9
6,9	1	0	9	3	7	1	0	9	9	9
7	1	1	0	9	5	1	1	1	5	8
7,1	1	1	2	5	4	1	1	3	1	7
7,2	1	1	4	1	2	1	1	4	7	7
7,3	1	1	5	7	1	1	1	6	3	6
7,4	1	1	7	2	9	1	1	7	9	6
7,5	1	1	8	8	8	1	1	9	5	5
7,6	1	2	0	4	6	1	2	1	1	4
7,7	1	2	2	0	5	1	2	2	7	4
7,8	1	2	3	6	3	1	2	4	3	3
7,9	1	2	5	2	2	1	2	5	9	3
8	1	2	6	8	0	1	2	7	5	2
8,1	1	2	8	3	9	1	2	9	1	1
8,2	1	2	9	9	7	1	3	0	7	1
8,3	1	3	1	5	6	1	3	2	3	0
8,4	1	3	3	1	4	1	3	3	9	0
8,5	1	3	4	7	3	1	3	5	4	9
8,6	1	3	6	3	1	1	3	7	0	8
8,7	1	3	7	9	0	1	3	8	6	8
8,8	1	3	9	4	8	1	4	0	2	7
8,9	1	4	1	0	7	1	4	1	8	7
9	1	4	2	6	5	1	4	3	4	6
9,1	1	4	4	2	4	1	4	5	0	5
9,2	1	4	5	8	2	1	4	6	6	5
9,3	1	4	7	4	1	1	4	8	2	4
9,4	1	4	8	9	9	1	4	9	8	4
9,5	1	5	0	5	8	1	5	1	4	3
9,6	1	5	2	1	6	1	5	3	0	2
9,7	1	5	3	7	5	1	5	4	6	2
9,8	1	5	5	3	3	1	5	6	2	1
9,9	1	5	6	9	2	1	5	7	8	1
10	1	5	8	5	0	1	5	9	4	0

0,01 bis 4,5	0,1603	1,603	16,03	160,3	1603,0	0,1612	1,612	16,12	161,2	1612,0
0,01	0	0	0	1	6	0	0	0	1	6
0,02	0	0	0	3	2	0	0	0	3	2
0,03	0	0	0	4	8	0	0	0	4	8
0,04	0	0	0	6	4	0	0	0	6	5
0,05	0	0	0	8	0	0	0	0	8	1
0,06	0	0	0	9	6	0	0	0	9	7
0,07	0	0	1	1	2	0	0	1	1	3
0,08	0	0	1	2	8	0	0	1	2	9
0,09	0	0	1	4	4	0	0	1	4	5
0,1	0	0	1	6	0	0	0	1	6	1
0,2	0	0	3	2	1	0	0	3	2	2
0,3	0	0	4	8	1	0	0	4	8	4
0,4	0	0	6	4	1	0	0	6	4	5
0,5	0	0	8	0	2	0	0	8	0	6
0,6	0	0	9	6	2	0	0	9	6	7
0,7	0	1	1	2	2	0	1	1	2	8
0,8	0	1	2	8	2	0	1	2	9	0
0,9	0	1	4	4	3	0	1	4	5	1
1	0	1	6	0	3	0	1	6	1	2
1,1	0	1	7	6	3	0	1	7	7	3
1,2	0	1	9	2	4	0	1	9	3	4
1,3	0	2	0	8	4	0	2	0	9	6
1,4	0	2	2	4	4	0	2	2	5	7
1,5	0	2	4	0	5	0	2	4	1	8
1,6	0	2	5	6	5	0	2	5	7	9
1,7	0	2	7	2	5	0	2	7	4	0
1,8	0	2	8	8	5	0	2	9	0	2
1,9	0	3	0	4	6	0	3	0	6	3
2	0	3	2	0	6	0	3	2	2	4
2,1	0	3	3	6	6	0	3	3	8	5
2,2	0	3	5	2	7	0	3	5	4	6
2,3	0	3	6	8	7	0	3	7	0	8
2,4	0	3	8	4	7	0	3	8	6	9
2,5	0	4	0	0	8	0	4	0	3	0
2,6	0	4	1	6	8	0	4	1	9	1
2,7	0	4	3	2	8	0	4	3	5	2
2,8	0	4	4	8	8	0	4	5	1	4
2,9	0	4	6	4	9	0	4	6	7	5
3	0	4	8	0	9	0	4	8	3	6
3,1	0	4	9	6	9	0	4	9	9	7
3,2	0	5	1	3	0	0	5	1	5	8
3,3	0	5	2	9	0	0	5	3	2	0
3,4	0	5	4	5	0	0	5	4	8	1
3,5	0	5	6	1	1	0	5	6	4	2
3,6	0	5	7	7	1	0	5	8	0	3
3,7	0	5	9	3	1	0	5	9	6	4
3,8	0	6	0	9	1	0	6	1	2	6
3,9	0	6	2	5	2	0	6	2	8	7
4	0	6	4	1	2	0	6	4	4	8
4,1	0	6	5	7	2	0	6	6	0	9
4,2	0	6	7	3	3	0	6	7	7	0
4,3	0	6	8	9	3	0	6	9	3	2
4,4	0	7	0	5	3	0	7	0	9	3
4,5	0	7	2	1	4	0	7	2	5	4

4,6 bis 10	0,1603	1,603	16,03	160,3	1603,0	0,1612	1,612	16,12	161,2	1612,0
4,6	0	7	3	7	4	0	7	4	1	5
4,7	0	7	5	3	4	0	7	5	7	6
4,8	0	7	6	9	4	0	7	7	3	8
4,9	0	7	8	5	5	0	7	8	9	9
5	0	8	0	1	5	0	8	0	6	0
5,1	0	8	1	7	5	0	8	2	2	1
5,2	0	8	3	3	6	0	8	3	8	2
5,3	0	8	4	9	6	0	8	5	4	4
5,4	0	8	6	5	6	0	8	7	0	5
5,5	0	8	8	1	7	0	8	8	6	6
5,6	0	8	9	7	7	0	9	0	2	7
5,7	0	9	1	3	7	0	9	1	8	8
5,8	0	9	2	9	7	0	9	3	5	0
5,9	0	9	4	5	8	0	9	5	1	1
6	0	9	6	1	8	0	9	6	7	2
6,1	0	9	7	7	8	0	9	8	3	3
6,2	0	9	9	3	9	0	9	9	9	4
6,3	1	0	0	9	9	1	0	1	5	6
6,4	1	0	2	5	9	1	0	3	1	7
6,5	1	0	4	2	0	1	0	4	7	8
6,6	1	0	5	8	0	1	0	6	3	9
6,7	1	0	7	4	0	1	0	8	0	0
6,8	1	0	9	0	0	1	0	9	6	2
6,9	1	1	0	6	1	1	1	1	2	3
7	1	1	2	2	1	1	1	2	8	4
7,1	1	1	3	8	1	1	1	4	4	5
7,2	1	1	5	4	2	1	1	6	0	6
7,3	1	1	7	0	2	1	1	7	6	8
7,4	1	1	8	6	2	1	1	9	2	9
7,5	1	2	0	2	3	1	2	0	9	0
7,6	1	2	1	8	3	1	2	2	5	1
7,7	1	2	3	4	3	1	2	4	1	2
7,8	1	2	5	0	3	1	2	5	7	4
7,9	1	2	6	6	4	1	2	7	3	5
8	1	2	8	2	4	1	2	8	9	6
8,1	1	2	9	8	4	1	3	0	5	7
8,2	1	3	1	4	5	1	3	2	1	8
8,3	1	3	3	0	5	1	3	3	8	0
8,4	1	3	4	6	5	1	3	5	4	1
8,5	1	3	6	2	6	1	3	7	0	2
8,6	1	3	7	8	6	1	3	8	6	3
8,7	1	3	9	4	6	1	4	0	2	4
8,8	1	4	1	0	6	1	4	1	8	6
8,9	1	4	2	6	7	1	4	3	4	7
9	1	4	4	2	7	1	4	5	0	8
9,1	1	4	5	8	7	1	4	6	6	9
9,2	1	4	7	4	8	1	4	8	3	0
9,3	1	4	9	0	8	1	4	9	9	2
9,4	1	5	0	6	8	1	5	1	5	3
9,5	1	5	2	2	9	1	5	3	1	4
9,6	1	5	3	8	9	1	5	4	7	5
9,7	1	5	5	4	9	1	5	6	3	6
9,8	1	5	7	0	9	1	5	7	9	8
9,9	1	5	8	7	0	1	5	9	5	9
10	1	6	0	3	0	1	6	1	2	0

0,01 bis 4,5	0,1621	1,621	16,21	162,1	1621,0	0,163	1,63	16,3	163,0	1630,0
0,01	0	0	0	1	6	0	0	0	1	6
0,02	0	0	0	3	2	0	0	0	3	3
0,03	0	0	0	4	9	0	0	0	4	9
0,04	0	0	0	6	5	0	0	0	6	5
0,05	0	0	0	8	1	0	0	0	8	2
0,06	0	0	0	9	7	0	0	0	9	8
0,07	0	0	1	1	3	0	0	1	1	4
0,08	0	0	1	3	0	0	0	1	3	0
0,09	0	0	1	4	6	0	0	1	4	7
0,1	0	0	1	6	2	0	0	1	6	3
0,2	0	0	3	2	4	0	0	3	2	6
0,3	0	0	4	8	6	0	0	4	8	9
0,4	0	0	6	4	8	0	0	6	5	2
0,5	0	0	8	1	1	0	0	8	1	5
0,6	0	0	9	7	3	0	0	9	7	8
0,7	0	1	1	3	5	0	1	1	4	1
0,8	0	1	2	9	7	0	1	3	0	4
0,9	0	1	4	5	9	0	1	4	6	7
1	0	1	6	2	1	0	1	6	3	0
1,1	0	1	7	8	3	0	1	7	9	3
1,2	0	1	9	4	5	0	1	9	5	6
1,3	0	2	1	0	7	0	2	1	1	9
1,4	0	2	2	6	9	0	2	2	8	2
1,5	0	2	4	3	2	0	2	4	4	5
1,6	0	2	5	9	4	0	2	6	0	8
1,7	0	2	7	5	6	0	2	7	7	1
1,8	0	2	9	1	8	0	2	9	3	4
1,9	0	3	0	8	0	0	3	0	9	7
2	0	3	2	4	2	0	3	2	6	0
2,1	0	3	4	0	4	0	3	4	2	3
2,2	0	3	5	6	6	0	3	5	8	6
2,3	0	3	7	2	8	0	3	7	4	9
2,4	0	3	8	9	0	0	3	9	1	2
2,5	0	4	0	5	3	0	4	0	7	5
2,6	0	4	2	1	5	0	4	2	3	8
2,7	0	4	3	7	7	0	4	4	0	1
2,8	0	4	5	3	9	0	4	5	6	4
2,9	0	4	7	0	1	0	4	7	2	7
3	0	4	8	6	3	0	4	8	9	0
3,1	0	5	0	2	5	0	5	0	5	3
3,2	0	5	1	8	7	0	5	2	1	6
3,3	0	5	3	4	9	0	5	3	7	9
3,4	0	5	5	1	1	0	5	5	4	2
3,5	0	5	6	7	4	0	5	7	0	5
3,6	0	5	8	3	6	0	5	8	6	8
3,7	0	5	9	9	8	0	6	0	3	1
3,8	0	6	1	6	0	0	6	1	9	4
3,9	0	6	3	2	2	0	6	3	5	7
4	0	6	4	8	4	0	6	5	2	0
4,1	0	6	6	4	6	0	6	6	8	3
4,2	0	6	8	0	8	0	6	8	4	6
4,3	0	6	9	7	0	0	7	0	0	9
4,4	0	7	1	3	2	0	7	1	7	2
4,5	0	7	2	9	5	0	7	3	3	5

4,6 bis 10	0,1621	1,621	16,21	162,1	1621,0	0,163	1,63	16,3	163,0	1630,0
4,6	0	7	4	5	7	0	7	4	9	8
4,7	0	7	6	1	9	0	7	6	6	1
4,8	0	7	7	8	1	0	7	8	2	4
4,9	0	7	9	4	3	0	7	9	8	7
5	0	8	1	0	5	0	8	1	5	0
5,1	0	8	2	6	7	0	8	3	1	3
5,2	0	8	4	2	9	0	8	4	7	6
5,3	0	8	5	9	1	0	8	6	3	9
5,4	0	8	7	5	3	0	8	8	0	2
5,5	0	8	9	1	6	0	8	9	6	5
5,6	0	9	0	7	8	0	9	1	2	8
5,7	0	9	2	4	0	0	9	2	9	1
5,8	0	9	4	0	2	0	9	4	5	4
5,9	0	9	5	6	4	0	9	6	1	7
6	0	9	7	2	6	0	9	7	8	0
6,1	0	9	8	8	8	0	9	9	4	3
6,2	1	0	0	5	0	1	0	1	0	6
6,3	1	0	2	1	2	1	0	2	6	9
6,4	1	0	3	7	4	1	0	4	3	2
6,5	1	0	5	3	7	1	0	5	9	5
6,6	1	0	6	9	9	1	0	7	5	8
6,7	1	0	8	6	1	1	0	9	2	1
6,8	1	1	0	2	3	1	1	0	8	4
6,9	1	1	1	8	5	1	1	2	4	7
7	1	1	3	4	7	1	1	4	1	0
7,1	1	1	5	0	9	1	1	5	7	3
7,2	1	1	6	7	1	1	1	7	3	6
7,3	1	1	8	3	3	1	1	8	9	9
7,4	1	1	9	9	5	1	2	0	6	2
7,5	1	2	1	5	8	1	2	2	2	5
7,6	1	2	3	2	0	1	2	3	8	8
7,7	1	2	4	8	2	1	2	5	5	1
7,8	1	2	6	4	4	1	2	7	1	4
7,9	1	2	8	0	6	1	2	8	7	7
8	1	2	9	6	8	1	3	0	4	0
8,1	1	3	1	3	0	1	3	2	0	3
8,2	1	3	2	9	2	1	3	3	6	6
8,3	1	3	4	5	4	1	3	5	2	9
8,4	1	3	6	1	6	1	3	6	9	2
8,5	1	3	7	7	9	1	3	8	5	5
8,6	1	3	9	4	1	1	4	0	1	8
8,7	1	4	1	0	3	1	4	1	8	1
8,8	1	4	2	6	5	1	4	3	4	4
8,9	1	4	4	2	7	1	4	5	0	7
9	1	4	5	8	9	1	4	6	7	0
9,1	1	4	7	5	1	1	4	8	3	3
9,2	1	4	9	1	3	1	4	9	9	6
9,3	1	5	0	7	5	1	5	1	5	9
9,4	1	5	2	3	7	1	5	3	2	2
9,5	1	5	4	0	0	1	5	4	8	5
9,6	1	5	5	6	2	1	5	6	4	8
9,7	1	5	7	2	4	1	5	8	1	1
9,8	1	5	8	8	6	1	5	9	7	4
9,9	1	6	0	4	8	1	6	1	3	7
10	1	6	2	1	0	1	6	3	0	0

1640–1650

0,01 bis 4,5	0,164	1,64	16,4	164,0	1640,0	0,165	1,65	16,5	165,0	1650,0
0,01	0	0	0	1	6	0	0	0	1	7
0,02	0	0	0	3	3	0	0	0	3	3
0,03	0	0	0	4	9	0	0	0	5	0
0,04	0	0	0	6	6	0	0	0	6	6
0,05	0	0	0	8	2	0	0	0	8	3
0,06	0	0	0	9	8	0	0	0	9	9
0,07	0	0	1	1	5	0	0	1	1	6
0,08	0	0	1	3	1	0	0	1	3	2
0,09	0	0	1	4	8	0	0	1	4	9
0,1	0	0	1	6	4	0	0	1	6	5
0,2	0	0	3	2	8	0	0	3	3	0
0,3	0	0	4	9	2	0	0	4	9	5
0,4	0	0	6	5	6	0	0	6	6	0
0,5	0	0	8	2	0	0	0	8	2	5
0,6	0	0	9	8	4	0	0	9	9	0
0,7	0	1	1	4	8	0	1	1	5	5
0,8	0	1	3	1	2	0	1	3	2	0
0,9	0	1	4	7	6	0	1	4	8	5
1	0	1	6	4	0	0	1	6	5	0
1,1	0	1	8	0	4	0	1	8	1	5
1,2	0	1	9	6	8	0	1	9	8	0
1,3	0	2	1	3	2	0	2	1	4	5
1,4	0	2	2	9	6	0	2	3	1	0
1,5	0	2	4	6	0	0	2	4	7	5
1,6	0	2	6	2	4	0	2	6	4	0
1,7	0	2	7	8	8	0	2	8	0	5
1,8	0	2	9	5	2	0	2	9	7	0
1,9	0	3	1	1	6	0	3	1	3	5
2	0	3	2	8	0	0	3	3	0	0
2,1	0	3	4	4	4	0	3	4	6	5
2,2	0	3	6	0	8	0	3	6	3	0
2,3	0	3	7	7	2	0	3	7	9	5
2,4	0	3	9	3	6	0	3	9	6	0
2,5	0	4	1	0	0	0	4	1	2	5
2,6	0	4	2	6	4	0	4	2	9	0
2,7	0	4	4	2	8	0	4	4	5	5
2,8	0	4	5	9	2	0	4	6	2	0
2,9	0	4	7	5	6	0	4	7	8	5
3	0	4	9	2	0	0	4	9	5	0
3,1	0	5	0	8	4	0	5	1	1	5
3,2	0	5	2	4	8	0	5	2	8	0
3,3	0	5	4	1	2	0	5	4	4	5
3,4	0	5	5	7	6	0	5	6	1	0
3,5	0	5	7	4	0	0	5	7	7	5
3,6	0	5	9	0	4	0	5	9	4	0
3,7	0	6	0	6	8	0	6	1	0	5
3,8	0	6	2	3	2	0	6	2	7	0
3,9	0	6	3	9	6	0	6	4	3	5
4	0	6	5	6	0	0	6	6	0	0
4,1	0	6	7	2	4	0	6	7	6	5
4,2	0	6	8	8	8	0	6	9	3	0
4,3	0	7	0	5	2	0	7	0	9	5
4,4	0	7	2	1	6	0	7	2	6	0
4,5	0	7	3	8	0	0	7	4	2	5

4,6 bis 10	0,164	1,64	16,4	164,0	1640,0	0,165	1,65	16,5	165,0	1650,0
4,6	0	7	5	4	4	0	7	5	9	0
4,7	0	7	7	0	8	0	7	7	5	5
4,8	0	7	8	7	2	0	7	9	2	0
4,9	0	8	0	3	6	0	8	0	8	5
5	0	8	2	0	0	0	8	2	5	0
5,1	0	8	3	6	4	0	8	4	1	5
5,2	0	8	5	2	8	0	8	5	8	0
5,3	0	8	6	9	2	0	8	7	4	5
5,4	0	8	8	5	6	0	8	9	1	0
5,5	0	9	0	2	0	0	9	0	7	5
5,6	0	9	1	8	4	0	9	2	4	0
5,7	0	9	3	4	8	0	9	4	0	5
5,8	0	9	5	1	2	0	9	5	7	0
5,9	0	9	6	7	6	0	9	7	3	5
6	0	9	8	4	0	0	9	9	0	0
6,1	1	0	0	0	4	1	0	0	6	5
6,2	1	0	1	6	8	1	0	2	3	0
6,3	1	0	3	3	2	1	0	3	9	5
6,4	1	0	4	9	6	1	0	5	6	0
6,5	1	0	6	6	0	1	0	7	2	5
6,6	1	0	8	2	4	1	0	8	9	0
6,7	1	0	9	8	8	1	1	0	5	5
6,8	1	1	1	5	2	1	1	2	2	0
6,9	1	1	3	1	6	1	1	3	8	5
7	1	1	4	8	0	1	1	5	5	0
7,1	1	1	6	4	4	1	1	7	1	5
7,2	1	1	8	0	8	1	1	8	8	0
7,3	1	1	9	7	2	1	2	0	4	5
7,4	1	2	1	3	6	1	2	2	1	0
7,5	1	2	3	0	0	1	2	3	7	5
7,6	1	2	4	6	4	1	2	5	4	0
7,7	1	2	6	2	8	1	2	7	0	5
7,8	1	2	7	9	2	1	2	8	7	0
7,9	1	2	9	5	6	1	3	0	3	5
8	1	3	1	2	0	1	3	2	0	0
8,1	1	3	2	8	4	1	3	3	6	5
8,2	1	3	4	4	8	1	3	5	3	0
8,3	1	3	6	1	2	1	3	6	9	5
8,4	1	3	7	7	6	1	3	8	6	0
8,5	1	3	9	4	0	1	4	0	2	5
8,6	1	4	1	0	4	1	4	1	9	0
8,7	1	4	2	6	8	1	4	3	5	5
8,8	1	4	4	3	2	1	4	5	2	0
8,9	1	4	5	9	6	1	4	6	8	5
9	1	4	7	6	0	1	4	8	5	0
9,1	1	4	9	2	4	1	5	0	1	5
9,2	1	5	0	8	8	1	5	1	8	0
9,3	1	5	2	5	2	1	5	3	4	5
9,4	1	5	4	1	6	1	5	5	1	0
9,5	1	5	5	8	0	1	5	6	7	5
9,6	1	5	7	4	4	1	5	8	4	0
9,7	1	5	9	0	8	1	6	0	0	5
9,8	1	6	0	7	2	1	6	1	7	0
9,9	1	6	2	3	6	1	6	3	3	5
10	1	6	4	0	0	1	6	5	0	0

0,01 bis 4,5	0,166	1,66	16,6	166,0	1660,0	0,167	1,67	16,7	167,0	1670,0
0,01	0	0	0	1	7	0	0	0	1	7
0,02	0	0	0	3	2	0	0	0	3	3
0,03	0	0	0	5	0	0	0	0	5	0
0,04	0	0	0	6	6	0	0	0	6	7
0,05	0	0	0	8	3	0	0	0	8	4
0,06	0	0	1	0	0	0	0	1	0	0
0,07	0	0	1	1	6	0	0	1	1	7
0,08	0	0	1	3	3	0	0	1	3	4
0,09	0	0	1	4	9	0	0	1	5	0
0,1	0	0	1	6	6	0	0	1	6	7
0,2	0	0	3	2	2	0	0	3	3	4
0,3	0	0	4	9	8	0	0	5	0	1
0,4	0	0	6	6	4	0	0	6	6	8
0,5	0	0	8	3	0	0	0	8	3	5
0,6	0	0	9	9	6	0	1	0	0	2
0,7	0	1	1	6	2	0	1	1	6	9
0,8	0	1	3	2	8	0	1	3	3	6
0,9	0	1	4	9	4	0	1	5	0	3
1	0	1	6	6	0	0	1	6	7	0
1,1	0	1	8	2	6	0	1	8	3	7
1,2	0	1	9	9	2	0	2	0	0	4
1,3	0	2	1	5	8	0	2	1	7	1
1,4	0	2	3	2	4	0	2	3	3	8
1,5	0	2	4	9	0	0	2	5	0	5
1,6	0	2	6	5	6	0	2	6	7	2
1,7	0	2	8	2	2	0	2	8	3	9
1,8	0	2	9	8	8	0	3	0	0	6
1,9	0	3	1	5	4	0	3	1	7	3
2	0	3	3	2	0	0	3	3	4	0
2,1	0	3	4	8	6	0	3	5	0	7
2,2	0	3	6	5	2	0	3	6	7	4
2,3	0	3	8	1	8	0	3	8	4	1
2,4	0	3	9	8	4	0	4	0	0	8
2,5	0	4	1	5	0	0	4	1	7	5
2,6	0	4	3	1	6	0	4	3	4	2
2,7	0	4	4	8	2	0	4	5	0	9
2,8	0	4	6	4	8	0	4	6	7	6
2,9	0	4	8	1	4	0	4	8	4	3
3	0	4	9	8	0	0	5	0	1	0
3,1	0	5	1	4	6	0	5	1	7	7
3,2	0	5	3	1	2	0	5	3	4	4
3,3	0	5	4	7	8	0	5	5	1	1
3,4	0	5	6	4	4	0	5	6	7	8
3,5	0	5	8	1	0	0	5	8	4	5
3,6	0	5	9	7	6	0	6	0	1	2
3,7	0	6	1	4	2	0	6	1	7	9
3,8	0	6	3	0	8	0	6	3	4	6
3,9	0	6	4	7	4	0	6	5	1	3
4	0	6	6	4	0	0	6	6	8	0
4,1	0	6	8	0	6	0	6	8	4	7
4,2	0	6	9	7	2	0	7	0	1	4
4,3	0	7	1	3	8	0	7	1	8	1
4,4	0	7	3	0	4	0	7	3	4	8
4,5	0	7	4	7	0	0	7	5	1	5

4,6 bis 10	0,166	1,66	16,6	166,0	1660,0	0,167	1,67	16,7	167,0	1670,0
4,6	0	7	6	3	6	0	7	6	8	2
4,7	0	7	8	0	2	0	7	8	4	9
4,8	0	7	9	6	8	0	8	0	1	6
4,9	0	8	1	3	4	0	8	1	8	3
5	0	8	3	0	0	0	8	3	5	0
5,1	0	8	4	6	6	0	8	5	1	7
5,2	0	8	6	3	2	0	8	6	8	4
5,3	0	8	7	9	8	0	8	8	5	1
5,4	0	8	9	6	4	0	9	0	1	8
5,5	0	9	1	3	0	0	9	1	8	5
5,6	0	9	2	9	6	0	9	3	5	2
5,7	0	9	4	6	2	0	9	5	1	9
5,8	0	9	6	2	8	0	9	6	8	6
5,9	0	9	7	9	4	0	9	8	5	3
6	0	9	9	6	0	1	0	0	2	0
6,1	1	0	1	2	6	1	0	1	8	7
6,2	1	0	2	9	2	1	0	3	5	4
6,3	1	0	4	5	8	1	0	5	2	1
6,4	1	0	6	2	4	1	0	6	8	8
6,5	1	0	7	9	0	1	0	8	5	5
6,6	1	0	9	5	6	1	1	0	2	2
6,7	1	1	1	2	2	1	1	1	8	9
6,8	1	1	2	8	8	1	1	3	5	6
6,9	1	1	4	5	4	1	1	5	2	3
7	1	1	6	2	0	1	1	6	9	0
7,1	1	1	7	8	6	1	1	8	5	7
7,2	1	1	9	5	2	1	2	0	2	4
7,3	1	2	1	1	8	1	2	1	9	1
7,4	1	2	2	8	4	1	2	3	5	8
7,5	1	2	4	5	0	1	2	5	2	5
7,6	1	2	6	1	6	1	2	6	9	2
7,7	1	2	7	8	2	1	2	8	5	9
7,8	1	2	9	4	8	1	3	0	2	6
7,9	1	3	1	1	4	1	3	1	9	3
8	1	3	2	8	0	1	3	3	6	0
8,1	1	3	4	4	6	1	3	5	2	7
8,2	1	3	6	1	2	1	3	6	9	4
8,3	1	3	7	7	8	1	3	8	6	1
8,4	1	3	9	4	4	1	4	0	2	8
8,5	1	4	1	1	0	1	4	1	9	5
8,6	1	4	2	7	6	1	4	3	6	2
8,7	1	4	4	4	2	1	4	5	2	9
8,8	1	4	6	0	8	1	4	6	9	6
8,9	1	4	7	7	4	1	4	8	6	3
9	1	4	9	4	0	1	5	0	3	0
9,1	1	5	1	0	6	1	5	1	9	7
9,2	1	5	2	7	2	1	5	3	6	4
9,3	1	5	4	3	8	1	5	5	3	1
9,4	1	5	6	0	4	1	5	6	9	8
9,5	1	5	7	7	0	1	5	8	6	5
9,6	1	5	9	3	6	1	6	0	3	2
9,7	1	6	1	0	2	1	6	1	9	9
9,8	1	6	2	6	8	1	6	3	6	6
9,9	1	6	4	3	4	1	6	5	3	3
10	1	6	6	0	0	1	6	7	0	0

1680–1690

0,01 bis 4,5	1680,0 / 168,0 / 0,168 / 1,68 / 16,8					1690,0 / 169,0 / 0,169 / 1,69 / 16,9				
0,01	0	0	0	1	7	0	0	0	1	7
0,02	0	0	0	3	4	0	0	0	3	4
0,03	0	0	0	5	0	0	0	0	5	1
0,04	0	0	0	6	7	0	0	0	6	8
0,05	0	0	0	8	4	0	0	0	8	5
0,06	0	0	1	0	1	0	0	1	0	1
0,07	0	0	1	1	8	0	0	1	1	8
0,08	0	0	1	3	4	0	0	1	3	5
0,09	0	0	1	5	1	0	0	1	5	2
0,1	0	0	1	6	8	0	0	1	6	9
0,2	0	0	3	3	6	0	0	3	3	8
0,3	0	0	5	0	4	0	0	5	0	7
0,4	0	0	6	7	2	0	0	6	7	6
0,5	0	0	8	4	0	0	0	8	4	5
0,6	0	1	0	0	8	0	1	0	1	4
0,7	0	1	1	7	6	0	1	1	8	3
0,8	0	1	3	4	4	0	1	3	5	2
0,9	0	1	5	1	2	0	1	5	2	1
1	0	1	6	8	0	0	1	6	9	0
1,1	0	1	8	4	8	0	1	8	5	9
1,2	0	2	0	1	6	0	2	0	2	8
1,3	0	2	1	8	4	0	2	1	9	7
1,4	0	2	3	5	2	0	2	3	6	6
1,5	0	2	5	2	0	0	2	5	3	5
1,6	0	2	6	8	8	0	2	7	0	4
1,7	0	2	8	5	6	0	2	8	7	3
1,8	0	3	0	2	4	0	3	0	4	2
1,9	0	3	1	9	2	0	3	2	1	1
2	0	3	3	6	0	0	3	3	8	0
2,1	0	3	5	2	8	0	3	5	4	9
2,2	0	3	6	9	6	0	3	7	1	8
2,3	0	3	8	6	4	0	3	8	8	7
2,4	0	4	0	3	2	0	4	0	5	6
2,5	0	4	2	0	0	0	4	2	2	5
2,6	0	4	3	6	8	0	4	3	9	4
2,7	0	4	5	3	6	0	4	5	6	3
2,8	0	4	7	0	4	0	4	7	3	2
2,9	0	4	8	7	2	0	4	9	0	1
3	0	5	0	4	0	0	5	0	7	0
3,1	0	5	2	0	8	0	5	2	3	3
3,2	0	5	3	7	6	0	5	4	0	8
3,3	0	5	5	4	4	0	5	5	7	7
3,4	0	5	7	1	2	0	5	7	4	6
3,5	0	5	8	8	0	0	5	9	1	5
3,6	0	6	0	4	8	0	6	0	8	4
3,7	0	6	2	1	6	0	6	2	5	3
3,8	0	6	3	8	4	0	6	4	2	2
3,9	0	6	5	5	2	0	6	5	9	1
4	0	6	7	2	0	0	6	7	6	0
4,1	0	6	8	8	8	0	6	9	2	9
4,2	0	7	0	5	6	0	7	0	9	8
4,3	0	7	2	2	4	0	7	2	6	7
4,4	0	7	3	9	2	0	7	4	3	6
4,5	0	7	5	6	0	0	7	6	0	5

4,6 bis 10	1680,0 / 168,0 / 0,168 / 1,68 / 16,8					1690,0 / 169,0 / 0,169 / 1,69 / 16,9				
4,6	0	7	7	2	8	0	7	7	7	4
4,7	0	7	8	9	6	0	7	9	4	3
4,8	0	8	0	6	4	0	8	1	1	2
4,9	0	8	2	3	2	0	8	2	8	1
5	0	8	4	0	0	0	8	4	5	0
5,1	0	8	5	6	8	0	8	6	1	9
5,2	0	8	7	3	6	0	8	7	8	8
5,3	0	8	9	0	4	0	8	9	5	7
5,4	0	9	0	7	2	0	9	1	2	6
5,5	0	9	2	4	0	0	9	2	9	5
5,6	0	9	4	0	8	0	9	4	6	4
5,7	0	9	5	7	6	0	9	6	3	3
5,8	0	9	7	4	4	0	9	8	0	2
5,9	0	9	9	1	2	0	9	9	7	1
6	1	0	0	8	0	1	0	1	4	0
6,1	1	0	2	4	8	1	0	3	0	9
6,2	1	0	4	1	6	1	0	4	7	8
6,3	1	0	5	8	4	1	0	6	4	7
6,4	1	0	7	5	2	1	0	8	1	6
6,5	1	0	9	2	0	1	0	9	8	5
6,6	1	1	0	8	8	1	1	1	5	4
6,7	1	1	2	5	6	1	1	3	2	3
6,8	1	1	4	2	4	1	1	4	9	2
6,9	1	1	5	9	2	1	1	6	6	1
7	1	1	7	6	0	1	1	8	3	0
7,1	1	1	9	2	8	1	1	9	9	9
7,2	1	2	0	9	6	1	2	1	6	8
7,3	1	2	2	6	4	1	2	3	3	7
7,4	1	2	4	3	2	1	2	5	0	6
7,5	1	2	6	0	0	1	2	6	7	5
7,6	1	2	7	6	8	1	2	8	4	4
7,7	1	2	9	3	6	1	3	0	1	3
7,8	1	3	1	0	4	1	3	1	8	2
7,9	1	3	2	7	2	1	3	3	5	1
8	1	3	4	4	0	1	3	5	2	0
8,1	1	3	6	0	8	1	3	6	8	9
8,2	1	3	7	7	6	1	3	8	5	8
8,3	1	3	9	4	4	1	4	0	2	7
8,4	1	4	1	1	2	1	4	1	9	6
8,5	1	4	2	8	0	1	4	3	6	5
8,6	1	4	4	4	8	1	4	5	3	4
8,7	1	4	6	1	6	1	4	7	0	3
8,8	1	4	7	8	4	1	4	8	7	2
8,9	1	4	9	5	2	1	5	0	4	1
9	1	5	1	2	0	1	5	2	1	0
9,1	1	5	2	8	8	1	5	3	7	9
9,2	1	5	4	5	6	1	5	5	4	8
9,3	1	5	6	2	4	1	5	7	1	7
9,4	1	5	7	9	2	1	5	8	8	6
9,5	1	5	9	6	0	1	6	0	5	5
9,6	1	6	1	2	8	1	6	2	2	4
9,7	1	6	2	9	6	1	6	3	9	3
9,8	1	6	4	6	4	1	6	5	6	2
9,9	1	6	6	3	2	1	6	7	3	1
10	1	6	8	0	0	1	6	9	0	0

0,01 bis 4,5	0,17	1,7	17,0	170,0	1700,0	0,171	1,71	17,1	171,0	1710,0
0,01	0	0	0	1	7	0	0	0	1	7
0,02	0	0	0	3	4	0	0	0	3	4
0,03	0	0	0	5	1	0	0	0	5	1
0,04	0	0	0	6	8	0	0	0	6	8
0,05	0	0	0	8	5	0	0	0	8	6
0,06	0	0	1	0	2	0	0	1	0	3
0,07	0	0	1	1	9	0	0	1	2	0
0,08	0	0	1	3	6	0	0	1	3	7
0,09	0	0	1	5	3	0	0	1	5	4
0,1	0	0	1	7	0	0	0	1	7	1
0,2	0	0	3	4	0	0	0	3	4	2
0,3	0	0	5	1	0	0	0	5	1	3
0,4	0	0	6	8	0	0	0	6	8	4
0,5	0	0	8	5	0	0	0	8	5	5
0,6	0	1	0	2	0	0	1	0	2	6
0,7	0	1	1	9	0	0	1	1	9	7
0,8	0	1	3	6	0	0	1	3	6	8
0,9	0	1	5	3	0	0	1	5	3	9
1	0	1	7	0	0	0	1	7	1	0
1,1	0	1	8	7	0	0	1	8	8	1
1,2	0	2	0	4	0	0	2	0	5	2
1,3	0	2	2	1	0	0	2	2	2	3
1,4	0	2	3	8	0	0	2	3	9	4
1,5	0	2	5	5	0	0	2	5	6	5
1,6	0	2	7	2	0	0	2	7	3	6
1,7	0	2	8	9	0	0	2	9	0	7
1,8	0	3	0	6	0	0	3	0	7	8
1,9	0	3	2	3	0	0	3	2	4	9
2	0	3	4	0	0	0	3	4	2	0
2,1	0	3	5	7	0	0	3	5	9	1
2,2	0	3	7	4	0	0	3	7	6	2
2,3	0	3	9	1	0	0	3	9	3	3
2,4	0	4	0	8	0	0	4	1	0	4
2,5	0	4	2	5	0	0	4	2	7	5
2,6	0	4	4	2	0	0	4	4	4	6
2,7	0	4	5	9	0	0	4	6	1	7
2,8	0	4	7	6	0	0	4	7	8	8
2,9	0	4	9	3	0	0	4	9	5	9
3	0	5	1	0	0	0	5	1	3	0
3,1	0	5	2	7	0	0	5	3	0	1
3,2	0	5	4	4	0	0	5	4	7	2
3,3	0	5	6	1	0	0	5	6	4	3
3,4	0	5	7	8	0	0	5	8	1	4
3,5	0	5	9	5	0	0	5	9	8	5
3,6	0	6	1	2	0	0	6	1	5	6
3,7	0	6	2	9	0	0	6	3	2	7
3,8	0	6	4	6	0	0	6	4	9	8
3,9	0	6	6	3	0	0	6	6	6	9
4	0	6	8	0	0	0	6	8	4	0
4,1	0	6	9	7	0	0	7	0	1	1
4,2	0	7	1	4	0	0	7	1	8	2
4,3	0	7	3	1	0	0	7	3	5	3
4,4	0	7	4	8	0	0	7	5	2	4
4,5	0	7	6	5	0	0	7	6	9	5

4,6 bis 10	0,17	1,7	17,0	170,0	1700,0	0,171	1,71	17,1	171,0	1710,0
4,6	0	7	8	2	0	0	7	8	6	6
4,7	0	7	9	9	0	0	8	0	3	7
4,8	0	8	1	6	0	0	8	2	0	8
4,9	0	8	3	3	0	0	8	3	7	9
5	0	8	5	0	0	0	8	5	5	0
5,1	0	8	6	7	0	0	8	7	2	1
5,2	0	8	8	4	0	0	8	8	9	2
5,3	0	9	0	1	0	0	9	0	6	3
5,4	0	9	1	8	0	0	9	2	3	4
5,5	0	9	3	5	0	0	9	4	0	5
5,6	0	9	5	2	0	0	9	5	7	6
5,7	0	9	6	9	0	0	9	7	4	7
5,8	0	9	8	6	0	0	9	9	1	8
5,9	1	0	0	3	0	1	0	0	8	9
6	1	0	2	0	0	1	0	2	6	0
6,1	1	0	3	7	0	1	0	4	3	1
6,2	1	0	5	4	0	1	0	6	0	2
6,3	1	0	7	1	0	1	0	7	7	3
6,4	1	0	8	8	0	1	0	9	4	4
6,5	1	1	0	5	0	1	1	1	1	5
6,6	1	1	2	2	0	1	1	2	8	6
6,7	1	1	3	9	0	1	1	4	5	7
6,8	1	1	5	6	0	1	1	6	2	8
6,9	1	1	7	3	0	1	1	7	9	9
7	1	1	9	0	0	1	1	9	7	0
7,1	1	2	0	7	0	1	2	1	4	1
7,2	1	2	2	4	0	1	2	3	1	2
7,3	1	2	4	1	0	1	2	4	8	3
7,4	1	2	5	8	0	1	2	6	5	4
7,5	1	2	7	5	0	1	2	8	2	5
7,6	1	2	9	2	0	1	2	9	9	6
7,7	1	3	0	9	0	1	3	1	6	7
7,8	1	3	2	6	0	1	3	3	3	8
7,9	1	3	4	3	1	1	3	5	0	9
8	1	3	6	0	0	1	3	6	8	0
8,1	1	3	7	7	0	1	3	8	5	1
8,2	1	3	9	4	0	1	4	0	2	2
8,3	1	4	1	1	0	1	4	1	9	3
8,4	1	4	2	8	0	1	4	3	6	4
8,5	1	4	4	5	0	1	4	5	3	5
8,6	1	4	6	2	0	1	4	7	0	6
8,7	1	4	7	9	0	1	4	8	7	7
8,8	1	4	9	6	0	1	5	0	4	8
8,9	1	5	1	3	0	1	5	2	1	9
9	1	5	3	0	0	1	5	3	9	0
9,1	1	5	4	7	0	1	5	5	6	1
9,2	1	5	6	4	0	1	5	7	3	2
9,3	1	5	8	1	0	1	5	9	0	3
9,4	1	5	9	8	0	1	6	0	7	4
9,5	1	6	1	5	0	1	6	2	4	5
9,6	1	6	3	2	0	1	6	4	1	6
9,7	1	6	4	9	0	1	6	5	8	7
9,8	1	6	6	6	0	1	6	7	5	8
9,9	1	6	8	3	0	1	6	9	2	9
10	1	7	0	0	0	1	7	1	0	0

0,01 bis 4,5	0,172	1,72	17,2	172,0	1720,0	0,173	1,73	17,3	173,0	1730,0
0,01	0	0	0	1	7	0	0	0	1	7
0,02	0	0	0	3	4	0	0	0	3	5
0,03	0	0	0	5	2	0	0	0	5	2
0,04	0	0	0	6	9	0	0	0	6	9
0,05	0	0	0	8	6	0	0	0	8	7
0,06	0	0	1	0	3	0	0	1	0	4
0,07	0	0	1	2	0	0	0	1	2	1
0,08	0	0	1	3	8	0	0	1	3	8
0,09	0	0	1	5	5	0	0	1	5	6
0,1	0	0	1	7	2	0	0	2	7	3
0,2	0	0	3	4	4	0	0	3	4	6
0,3	0	0	5	1	6	0	0	5	1	9
0,4	0	0	6	8	8	0	0	6	9	2
0,5	0	0	8	6	0	0	0	8	6	5
0,6	0	1	0	3	2	0	1	0	3	8
0,7	0	1	2	0	4	0	1	2	1	1
0,8	0	1	3	7	6	0	1	3	8	4
0,9	0	1	5	4	8	0	1	5	5	7
1	0	1	7	2	0	0	1	7	3	0
1,1	0	1	8	9	2	0	1	9	0	3
1,2	0	2	0	6	4	0	2	0	7	6
1,3	0	2	2	3	6	0	2	2	4	9
1,4	0	2	4	0	8	0	2	4	2	2
1,5	0	2	5	8	0	0	2	5	9	5
1,6	0	2	7	5	2	0	2	7	6	8
1,7	0	2	9	2	4	0	2	9	4	1
1,8	0	3	0	9	6	0	3	1	1	4
1,9	0	3	2	6	8	0	3	2	8	7
2	0	3	4	4	0	0	3	4	6	0
2,1	0	3	6	1	2	0	3	6	3	3
2,2	0	3	7	8	4	0	3	8	0	6
2,3	0	3	9	5	6	0	3	9	7	9
2,4	0	4	1	2	8	0	4	1	5	2
2,5	0	4	3	0	0	0	4	3	2	5
2,6	0	4	4	7	2	0	4	4	9	8
2,7	0	4	6	4	4	0	4	6	7	1
2,8	0	4	8	1	6	0	4	8	4	4
2,9	0	4	9	8	8	0	5	0	1	7
3	0	5	1	6	0	0	5	1	9	0
3,1	0	5	3	3	2	0	5	3	6	3
3,2	0	5	5	0	4	0	5	5	3	6
3,3	0	5	6	7	6	0	5	7	0	9
3,4	0	5	8	4	8	0	5	8	8	2
3,5	0	6	0	2	0	0	6	0	5	5
3,6	0	6	1	9	2	0	6	2	2	8
3,7	0	6	3	6	4	0	6	4	0	1
3,8	0	6	5	3	6	0	6	5	7	4
3,9	0	6	7	0	8	0	6	7	4	7
4	0	6	8	8	0	0	6	9	2	0
4,1	0	7	0	5	2	0	7	0	9	3
4,2	0	7	2	2	4	0	7	2	6	6
4,3	0	7	3	9	6	0	7	4	3	9
4,4	0	7	5	6	8	0	7	6	1	2
4,5	0	7	7	4	0	0	7	7	8	5

4,6 bis 10	0,172	1,72	17,2	172,0	1720,0	0,173	1,73	17,3	173,0	1730,0
4,6	0	7	9	1	2	0	7	9	5	8
4,7	0	8	0	8	4	0	8	1	3	1
4,8	0	8	2	5	6	0	8	3	0	4
4,9	0	8	4	2	8	0	8	4	7	7
5	0	8	6	0	0	0	8	6	5	0
5,1	0	8	7	7	2	0	8	8	2	3
5,2	0	8	9	4	4	0	8	9	9	6
5,3	0	9	1	1	6	0	9	1	6	9
5,4	0	9	2	8	8	0	9	3	4	2
5,5	0	9	4	6	0	0	9	5	1	5
5,6	0	9	6	3	2	0	9	6	8	8
5,7	0	9	8	0	4	0	9	8	6	1
5,8	0	9	9	7	6	1	0	0	3	4
5,9	1	0	1	4	8	1	0	2	0	7
6	1	0	3	2	0	1	0	3	8	0
6,1	1	0	4	9	2	1	0	5	5	3
6,2	1	0	6	6	4	1	0	7	2	6
6,3	1	0	8	3	6	1	0	8	9	9
6,4	1	1	0	0	8	1	1	0	7	2
6,5	1	1	1	8	0	1	1	2	4	5
6,6	1	1	3	5	2	1	1	4	1	8
6,7	1	1	5	2	4	1	1	5	9	1
6,8	1	1	6	9	6	1	1	7	6	4
6,9	1	1	8	6	8	1	1	9	3	7
7	1	2	0	4	0	1	2	1	1	0
7,1	1	2	2	1	2	1	2	2	8	3
7,2	1	2	3	8	4	1	2	4	5	6
7,3	1	2	5	5	6	1	2	6	2	9
7,4	1	2	7	2	8	1	2	8	0	2
7,5	1	2	9	0	0	1	2	9	7	5
7,6	1	3	0	7	2	1	3	1	4	8
7,7	1	3	2	4	4	1	3	3	2	1
7,8	1	3	4	1	6	1	3	4	9	4
7,9	1	3	5	8	8	1	3	6	6	7
8	1	3	7	6	0	1	3	8	4	0
8,1	1	3	9	3	2	1	4	0	1	3
8,2	1	4	1	0	4	1	4	1	8	6
8,3	1	4	2	7	6	1	4	3	5	9
8,4	1	4	4	4	8	1	4	5	3	2
8,5	1	4	6	2	0	1	4	7	0	5
8,6	1	4	7	9	2	1	4	8	7	8
8,7	1	4	9	6	4	1	5	0	5	1
8,8	1	5	1	3	6	1	5	2	2	4
8,9	1	5	3	0	8	1	5	3	9	7
9	1	5	4	8	0	1	5	5	7	0
9,1	1	5	6	5	2	1	5	7	4	3
9,2	1	5	8	2	4	1	5	9	1	6
9,3	1	5	9	9	6	1	6	0	8	9
9,4	1	6	1	6	8	1	6	2	6	2
9,5	1	6	3	4	0	1	6	4	3	5
9,6	1	6	5	1	2	1	6	6	0	8
9,7	1	6	6	8	4	1	6	7	8	1
9,8	1	6	8	5	6	1	6	9	5	4
9,9	1	7	0	2	8	1	7	1	2	7
10	1	7	2	0	0	1	7	3	0	0

0,01 bis 4,5	0,174	1,74	17,4	174,0	1740,0	0,175	1,75	17,5	175,0	1750,0
0,01	0	0	0	1	7	0	0	0	1	8
0,02	0	0	0	3	5	0	0	0	3	5
0,03	0	0	0	5	2	0	0	0	5	3
0,04	0	0	0	7	0	0	0	0	7	0
0,05	0	0	0	8	7	0	0	0	8	8
0,06	0	0	1	0	4	0	0	1	0	5
0,07	0	0	1	2	2	0	0	1	2	3
0,08	0	0	1	3	9	0	0	1	4	0
0,09	0	0	1	5	7	0	0	1	5	8
0,1	0	0	1	7	4	0	0	1	7	5
0,2	0	0	3	4	8	0	0	3	5	0
0,3	0	0	5	2	2	0	0	5	2	5
0,4	0	0	6	9	6	0	0	7	0	0
0,5	0	0	8	7	0	0	0	8	7	5
0,6	0	1	0	4	4	0	1	0	5	0
0,7	0	1	2	1	8	0	1	2	2	5
0,8	0	1	3	9	2	0	1	4	0	0
0,9	0	1	5	6	6	0	1	5	7	5
1	0	1	7	4	0	0	1	7	5	0
1,1	0	1	9	1	4	0	1	9	2	5
1,2	0	2	0	8	8	0	2	1	0	0
1,3	0	2	2	6	2	0	2	2	7	5
1,4	0	2	4	3	6	0	2	4	5	0
1,5	0	2	6	1	0	0	2	6	2	5
1,6	0	2	7	8	4	0	2	8	0	0
1,7	0	2	9	5	8	0	2	9	7	5
1,8	0	3	1	3	2	0	3	1	5	0
1,9	0	3	3	0	6	0	3	3	2	5
2	0	3	4	8	0	0	3	5	0	0
2,1	0	3	6	5	4	0	3	6	7	5
2,2	0	3	8	2	8	0	3	8	5	0
2,3	0	4	0	0	2	0	4	0	2	5
2,4	0	4	1	7	6	0	4	2	0	0
2,5	0	4	3	5	0	0	4	3	7	5
2,6	0	4	5	2	4	0	4	5	5	0
2,7	0	4	6	9	8	0	4	7	2	5
2,8	0	4	8	7	2	0	4	9	0	0
2,9	0	5	0	4	6	0	5	0	7	5
3	0	5	2	2	0	0	5	2	5	0
3,1	0	5	3	9	4	0	5	4	2	5
3,2	0	5	5	6	8	0	5	6	0	0
3,3	0	5	7	4	2	0	5	7	7	5
3,4	0	5	9	1	6	0	5	9	5	0
3,5	0	6	0	9	0	0	6	1	2	5
3,6	0	6	2	6	4	0	6	3	0	0
3,7	0	6	4	3	8	0	6	4	7	5
3,8	0	6	6	1	2	0	6	6	5	0
3,9	0	6	7	8	6	0	6	8	2	5
4	0	6	9	6	0	0	7	0	0	0
4,1	0	7	1	3	4	0	7	1	7	5
4,2	0	7	3	0	8	0	7	3	5	0
4,3	0	7	4	8	2	0	7	5	2	5
4,4	0	7	6	5	6	0	7	7	0	0
4,5	0	7	8	3	0	0	7	8	7	5

4,6 bis 10	0,174	1,74	17,4	174,0	1740,0	0,175	1,75	17,5	175,0	1750,0
4,6	0	8	0	0	4	0	8	0	5	0
4,7	0	8	1	7	8	0	8	2	2	5
4,8	0	8	3	5	2	0	8	4	0	0
4,9	0	8	5	2	6	0	8	5	7	5
5	0	8	7	0	0	0	8	7	5	0
5,1	0	8	8	7	4	0	8	9	2	5
5,2	0	9	0	4	8	0	9	1	0	0
5,3	0	9	2	2	2	0	9	2	7	5
5,4	0	9	3	9	6	0	9	4	5	0
5,5	0	9	5	7	0	0	9	6	2	5
5,6	0	9	7	4	4	0	9	8	0	0
5,7	1	9	9	1	8	0	9	9	7	5
5,8	1	0	0	9	2	1	0	1	5	0
5,9	1	0	2	6	6	1	0	3	2	5
6	1	0	4	4	0	0	0	5	0	0
6,1	1	0	6	1	4	1	0	6	7	5
6,2	1	0	7	8	8	1	0	8	5	0
6,3	1	0	9	6	2	1	1	0	2	5
6,4	1	1	1	3	6	1	1	2	0	0
6,5	1	1	3	1	0	1	1	3	7	5
6,6	1	1	4	8	4	1	1	5	5	0
6,7	1	1	6	5	8	1	1	7	2	5
6,8	1	1	8	3	2	1	1	9	0	0
6,9	1	2	0	0	6	1	2	0	7	5
7	1	2	1	8	0	1	2	2	5	0
7,1	1	2	3	5	4	1	2	4	2	5
7,2	1	2	5	2	8	1	2	6	0	0
7,3	1	2	7	0	2	1	2	7	7	5
7,4	1	2	8	7	6	1	2	9	5	0
7,5	1	3	0	5	0	1	3	1	2	5
7,6	1	3	2	2	4	1	3	3	0	0
7,7	1	3	3	9	8	1	3	4	7	5
7,8	1	3	5	7	2	1	3	6	5	0
7,9	1	3	7	4	6	1	3	8	2	5
8	1	3	9	2	0	1	4	0	0	0
8,1	1	4	0	9	4	1	4	1	7	5
8,2	1	4	2	6	8	1	4	3	5	0
8,3	1	4	4	4	2	1	4	5	2	5
8,4	1	4	6	1	6	1	9	7	0	0
8,5	1	4	7	9	0	1	4	8	7	5
8,6	1	4	9	6	4	1	5	0	5	0
8,7	1	5	1	3	8	1	5	2	2	5
8,8	1	5	3	1	2	1	5	4	0	0
8,9	1	5	4	8	6	1	5	5	7	5
9	1	5	6	6	0	1	5	7	5	0
9,1	1	5	8	3	4	1	5	9	2	5
9,2	1	6	0	0	8	1	6	1	0	0
9,3	1	6	1	8	2	1	6	2	7	5
9,4	1	6	3	5	6	1	6	4	5	0
9,5	1	6	5	3	0	1	6	6	2	5
9,6	1	6	7	0	4	1	6	8	0	0
9,7	1	6	8	7	8	1	6	9	7	5
9,8	1	7	0	5	2	1	7	1	5	0
9,9	1	7	2	2	6	1	7	3	2	5
10	1	7	4	0	0	1	7	5	0	0

0,01 bis **4,5**	0,176	1,76	17,6	176,0	1760,0	0,177	1,77	17,7	177,0	1770,0
0,01	0	0	0	1	8	0	0	0	1	8
0,02	0	0	0	3	5	0	0	0	3	5
0,03	0	0	0	5	3	0	0	0	5	3
0,04	0	0	0	7	0	0	0	0	7	1
0,05	0	0	0	8	8	0	0	0	8	9
0,06	0	0	1	0	6	0	0	1	0	6
0,07	0	0	1	2	3	0	0	1	2	4
0,08	0	0	1	4	1	0	0	1	4	2
0,09	0	0	1	5	8	0	0	1	5	9
0,1	0	0	1	7	6	0	0	1	7	7
0,2	0	0	3	5	2	0	0	3	5	4
0,3	0	0	5	2	8	0	0	5	3	1
0,4	0	0	7	0	4	0	0	7	0	8
0,5	0	0	8	8	0	0	0	8	8	5
0,6	0	1	0	5	6	0	1	0	6	2
0,7	0	1	2	3	2	0	1	2	3	9
0,8	0	1	4	0	8	0	1	4	1	6
0,9	0	1	5	8	4	0	1	5	9	3
1	0	1	7	6	0	0	1	7	7	0
1,1	0	1	9	3	6	0	1	9	4	7
1,2	0	2	1	1	2	0	2	1	2	4
1,3	0	2	2	8	8	0	2	3	0	1
1,4	0	2	4	6	4	0	2	4	7	8
1,5	0	2	6	4	0	0	2	6	5	5
1,6	0	2	8	1	6	0	2	8	3	2
1,7	0	2	9	9	2	0	3	0	0	9
1,8	0	3	1	6	8	0	3	1	8	6
1,9	0	3	3	4	4	0	3	3	6	3
2	0	3	5	2	0	0	3	5	4	0
2,1	0	3	6	9	6	0	3	7	1	7
2,2	0	3	8	7	2	0	3	8	9	4
2,3	0	4	0	4	8	0	4	0	7	1
2,4	0	4	2	2	4	0	4	2	4	8
2,5	0	4	4	0	0	0	4	4	2	5
2,6	0	4	5	7	6	0	4	6	0	2
2,7	0	4	7	5	2	0	4	7	7	9
2,8	0	4	9	2	8	0	4	9	5	6
2,9	0	5	1	0	4	0	5	1	3	3
3	0	5	2	8	0	0	5	3	1	0
3,1	0	5	4	5	6	0	5	4	8	7
3,2	0	5	6	3	2	0	5	6	6	4
3,3	0	5	8	0	8	0	5	8	4	1
3,4	1	5	9	8	4	0	6	0	1	8
3,5	1	6	1	6	0	0	6	1	9	5
3,6	1	6	3	3	6	0	6	3	7	2
3,7	0	6	5	1	2	0	6	5	4	9
3,8	0	6	6	8	8	0	6	7	2	6
3,9	0	6	8	6	4	0	6	9	0	3
4	0	7	0	4	0	0	7	0	8	0
4,1	0	7	2	1	6	0	7	2	5	7
4,2	0	7	3	9	2	0	7	4	3	4
4,3	0	7	5	6	8	0	7	6	1	1
4,4	0	7	7	4	4	0	7	7	8	8
4,5	0	7	9	2	0	0	7	9	6	5

4,6 bis **10**	0,176	1,76	17,6	176,0	1760,0	0,177	1,77	17,7	177,0	1770,0
4,6	0	8	0	9	6	0	8	1	4	2
4,7	0	8	2	7	2	0	8	3	1	9
4,8	0	8	4	4	8	0	8	4	9	6
4,9	0	8	6	2	4	0	8	6	7	3
5	0	8	8	0	0	0	8	8	5	0
5,1	0	8	9	7	6	0	9	0	2	7
5,2	0	9	1	5	2	0	9	2	0	4
5,3	0	9	3	2	8	0	9	3	8	1
5,4	0	9	5	0	4	0	9	5	5	8
5,5	0	9	6	8	0	0	9	7	3	5
5,6	0	9	8	5	6	0	9	9	1	2
5,7	1	0	0	3	2	1	0	0	8	9
5,8	1	0	2	0	8	1	0	2	6	6
5,9	1	0	3	8	4	1	0	4	4	3
6	1	0	5	6	0	1	0	6	2	0
6,1	1	0	7	3	6	1	0	7	9	7
6,2	1	0	9	1	2	1	0	9	7	4
6,3	1	1	0	8	8	1	1	1	5	1
6,4	1	1	2	6	4	1	1	3	2	8
6,5	1	1	4	4	0	1	1	5	0	5
6,6	1	1	6	1	6	1	1	6	8	2
6,7	1	1	7	9	2	1	1	8	5	9
6,8	1	1	9	6	8	1	2	0	3	6
6,9	1	2	1	4	4	1	2	2	1	3
7	1	2	3	2	0	1	2	3	9	0
7,1	1	2	4	9	6	1	2	5	6	7
7,2	1	2	6	7	2	1	2	7	4	4
7,3	1	2	8	4	8	1	2	9	2	1
7,4	1	3	0	2	4	1	3	0	9	8
7,5	1	3	2	0	0	1	3	2	7	5
7,6	1	3	3	7	6	1	3	4	5	2
7,7	1	3	5	5	2	1	3	6	2	9
7,8	1	3	7	2	8	1	3	8	0	6
7,9	1	3	9	0	4	1	3	9	8	3
8	1	4	0	8	0	1	4	1	6	0
8,1	1	4	2	5	6	1	4	3	3	7
8,2	1	4	4	3	2	1	4	5	1	4
8,3	1	4	6	0	8	1	4	6	9	1
8,4	1	4	7	8	4	1	4	8	6	8
8,5	1	4	9	6	0	1	5	0	4	5
8,6	1	5	1	3	6	1	5	2	2	2
8,7	1	5	3	1	2	1	5	3	9	9
8,8	1	5	4	8	8	1	5	5	7	6
8,9	1	5	6	6	4	1	5	7	5	3
9	1	5	8	4	0	1	5	9	3	0
9,1	1	6	0	1	6	1	6	1	0	7
9,2	1	6	1	9	2	1	6	2	8	4
9,3	1	6	3	6	8	1	6	4	6	1
9,4	1	6	5	4	4	1	6	6	3	8
9,5	1	6	7	2	0	1	6	8	1	5
9,6	1	6	8	9	6	1	6	9	9	2
9,7	1	7	0	7	2	1	7	1	6	9
9,8	1	7	2	4	8	1	7	3	4	6
9,9	1	7	4	2	4	1	7	5	2	3
10	1	7	6	0	0	1	7	7	0	0

0,01 bis 4,5	0,178	1,78	17,8	178,0	1780,0	0,179	1,79	17,9	179,0	1790,0
0,01	0	0	0	1	8	0	0	0	1	8
0,02	0	0	0	3	6	0	0	0	3	6
0,03	0	0	0	5	3	0	0	0	5	4
0,04	0	0	0	7	1	0	0	0	7	2
0,05	0	0	0	8	9	0	0	0	9	0
0,06	0	0	1	0	7	0	0	1	0	7
0,07	0	0	1	2	5	0	0	1	2	5
0,08	0	0	1	4	2	0	0	1	4	3
0,09	0	0	1	6	0	0	0	1	6	1
0,1	0	0	1	7	8	0	0	1	7	9
0,2	0	0	3	5	6	0	0	3	5	8
0,3	0	0	5	3	4	0	0	5	3	7
0,4	0	0	7	1	2	0	0	7	1	6
0,5	0	0	8	9	0	0	0	8	9	5
0,6	0	1	0	6	8	0	1	0	7	4
0,7	0	1	2	4	6	0	1	2	5	3
0,8	0	1	4	2	4	0	1	4	3	2
0,9	0	1	6	0	2	0	1	6	1	1
1	0	1	7	8	0	0	1	7	9	0
1,1	0	1	9	5	8	0	1	9	6	9
1,2	0	2	1	3	6	0	2	1	4	8
1,3	0	2	3	1	4	0	2	3	2	7
1,4	0	2	4	9	2	0	2	5	0	6
1,5	0	2	6	7	0	0	2	6	8	5
1,6	0	2	8	4	8	0	2	8	6	4
1,7	0	3	0	2	6	0	3	0	4	3
1,8	0	3	2	0	4	0	3	2	2	2
1,9	0	3	3	8	2	0	3	4	0	1
2	0	3	5	6	0	0	3	5	8	0
2,1	0	3	7	3	8	0	3	7	5	9
2,2	0	3	9	1	6	0	3	9	3	8
2,3	0	4	0	9	4	0	4	1	1	7
2,4	0	4	2	7	2	0	4	2	9	6
2,5	0	4	4	5	0	0	4	4	7	5
2,6	0	4	6	2	8	0	4	6	5	4
2,7	0	4	8	0	6	0	4	8	3	3
2,8	0	4	9	8	4	0	5	0	1	2
2,9	0	5	1	6	2	0	5	1	9	1
3	0	5	3	4	0	0	5	3	7	0
3,1	0	5	5	1	8	0	5	5	4	9
3,2	0	5	6	9	6	0	5	7	2	8
3,3	0	5	8	7	4	0	5	9	0	7
3,4	0	6	0	5	2	0	6	0	8	6
3,5	0	6	2	3	0	0	6	2	6	5
3,6	0	6	4	0	8	0	6	4	4	4
3,7	0	6	5	8	6	0	6	6	2	3
3,8	0	6	7	6	4	0	6	8	0	2
3,9	0	6	9	4	2	0	6	9	8	1
4	0	7	1	2	0	0	7	1	6	0
4,1	0	7	2	9	8	0	7	3	3	9
4,2	0	7	4	7	6	0	7	5	1	8
4,3	0	7	6	5	4	0	7	6	9	7
4,4	0	7	8	3	2	0	7	8	7	6
4,5	0	8	0	1	0	0	8	0	5	5

4,6 bis 10	0,178	1,78	17,8	178,0	1780,0	0,179	1,79	17,9	179,0	1790,0
4,6	0	8	1	8	8	0	8	2	3	4
4,7	0	8	3	6	6	0	8	4	1	3
4,8	0	8	5	4	4	0	8	5	9	2
4,9	0	8	7	2	2	0	8	7	7	1
5	0	8	9	0	0	0	8	9	5	0
5,1	0	9	0	7	8	0	9	1	2	9
5,2	0	9	2	5	6	0	9	3	0	8
5,3	0	9	4	3	4	0	9	4	8	7
5,4	0	9	6	1	2	0	9	6	6	6
5,5	0	9	7	9	0	0	9	8	4	5
5,6	1	9	9	6	8	1	0	0	2	4
5,7	1	0	1	4	6	1	0	2	0	3
5,8	1	0	3	2	4	1	0	3	8	2
5,9	1	0	5	0	2	1	0	5	6	1
6	1	0	6	8	0	1	0	7	4	0
6,1	1	0	8	5	8	1	0	9	1	9
6,2	1	1	0	3	6	1	1	0	9	8
6,3	1	1	2	1	4	1	1	2	7	7
6,4	1	1	3	9	2	1	1	4	5	6
6,5	1	1	5	7	0	1	1	6	3	5
6,6	1	1	7	4	8	1	1	8	1	4
6,7	1	1	9	2	6	1	1	9	9	3
6,8	1	2	1	0	4	1	2	1	7	2
6,9	1	2	2	8	2	1	2	3	5	1
7	1	2	4	6	0	1	2	5	3	0
7,1	1	2	6	3	8	1	2	7	0	9
7,2	1	2	8	1	6	1	2	8	8	8
7,3	1	2	9	9	4	1	3	0	6	7
7,4	1	3	1	7	2	1	3	2	4	6
7,5	1	3	3	5	0	1	3	4	2	5
7,6	1	3	5	2	8	1	3	6	0	4
7,7	1	3	7	0	6	1	3	7	8	3
7,8	1	3	8	8	4	1	3	9	6	2
7,9	1	4	0	6	2	1	4	1	4	1
8	1	4	2	4	0	1	4	3	2	0
8,1	1	4	4	1	8	1	4	4	9	9
8,2	1	4	5	9	6	1	4	6	7	8
8,3	1	4	7	7	4	1	4	8	5	7
8,4	1	4	9	5	2	1	5	0	3	6
8,5	1	5	1	3	0	1	5	2	1	5
8,6	1	5	3	0	8	1	5	3	9	4
8,7	1	5	4	8	6	1	5	5	7	3
8,8	1	5	6	6	4	1	5	7	5	2
8,9	1	5	8	4	2	1	5	9	3	1
9	1	6	0	2	0	1	6	1	1	0
9,1	1	6	1	9	8	1	6	2	8	9
9,2	1	6	3	7	6	1	6	4	6	8
9,3	1	6	5	5	4	1	6	6	4	7
9,4	1	6	7	3	2	1	6	8	2	6
9,5	1	6	9	1	0	1	7	0	0	5
9,6	1	7	0	8	8	1	7	1	8	4
9,7	1	7	2	6	6	1	7	3	6	3
9,8	1	7	4	4	4	1	7	5	4	2
9,9	1	7	6	2	2	1	7	7	2	1
10	1	7	8	0	0	1	7	9	0	0

1800–1810

0,01 bis 4,5	0,18	1,8	18,0	180,0	1800,0	0,181	1,81	18,1	181,0	1810,0
0,01	0	0	0	1	8	0	0	0	1	8
0,02	0	0	0	3	6	0	0	0	3	6
0,03	0	0	0	5	4	0	0	0	5	4
0,04	0	0	0	7	2	0	0	0	7	2
0,05	0	0	0	9	0	0	0	0	9	1
0,06	0	0	1	0	8	0	0	1	0	9
0,07	0	0	1	2	6	0	0	1	2	7
0,08	0	0	1	4	4	0	0	1	4	5
0,09	0	0	1	6	2	0	0	1	6	3
0,1	0	0	1	8	0	0	0	1	8	1
0,2	0	0	3	6	0	0	0	3	6	2
0,3	0	0	5	4	0	0	0	5	4	3
0,4	0	0	7	2	0	0	0	7	2	4
0,5	0	0	9	0	0	0	0	9	0	5
0,6	0	1	0	8	0	0	1	0	8	6
0,7	0	1	2	6	0	0	1	2	6	7
0,8	0	1	4	4	0	0	1	4	4	8
0,9	0	1	6	2	0	0	1	6	2	9
1	0	1	8	0	0	0	1	8	1	0
1,1	0	1	9	8	0	0	1	9	9	1
1,2	0	2	1	6	0	0	2	1	7	2
1,3	0	2	3	4	0	0	2	3	5	3
1,4	0	2	5	2	0	0	2	5	3	4
1,5	0	2	7	0	0	0	2	7	1	5
1,6	0	2	8	8	0	0	2	8	9	6
1,7	0	3	0	6	0	0	3	0	7	7
1,8	0	3	2	4	0	0	3	2	5	8
1,9	0	3	4	2	0	0	3	4	3	9
2	0	3	6	0	0	0	3	6	2	0
2,1	0	3	7	8	0	0	3	8	0	1
2,2	0	3	9	6	0	0	3	9	8	2
2,3	0	4	1	4	0	0	4	1	6	3
2,4	0	4	3	2	0	0	4	3	4	4
2,5	0	4	5	0	0	0	4	5	2	5
2,6	0	4	6	8	0	0	4	7	0	6
2,7	0	4	8	6	0	0	4	8	8	7
2,8	0	5	0	4	0	0	5	0	6	8
2,9	0	5	2	2	0	0	5	2	4	9
3	0	5	4	0	0	0	5	4	3	0
3,1	0	5	5	8	0	0	5	6	1	1
3,2	0	5	7	6	0	0	5	7	9	2
3,3	0	5	9	4	0	0	5	9	7	3
3,4	0	6	1	2	0	0	6	1	5	4
3,5	0	6	3	0	0	0	6	3	3	5
3,6	0	6	4	8	0	0	6	5	1	6
3,7	0	6	6	6	0	0	6	6	9	7
3,8	0	6	8	4	0	0	6	8	7	8
3,9	0	7	0	2	0	0	7	0	5	9
4	0	7	2	0	0	0	7	2	4	0
4,1	0	7	3	8	0	0	7	4	2	1
4,2	0	7	5	6	0	0	7	6	0	2
4,3	0	7	7	4	0	0	7	7	8	3
4,4	0	7	9	2	0	0	7	9	6	4
4,5	0	8	1	0	0	0	8	1	4	5

4,6 bis 10	0,18	1,8	18,0	180,0	1800,0	0,181	1,81	18,1	181,0	1810,0
4,6	0	8	2	8	0	0	8	3	2	6
4,7	0	8	4	6	0	0	8	5	0	7
4,8	0	8	6	4	0	0	8	6	8	8
4,9	0	8	8	2	0	0	8	8	6	9
5	0	9	0	0	0	0	9	0	5	0
5,1	0	9	1	8	0	0	9	2	3	1
5,2	0	9	3	6	0	0	9	4	1	2
5,3	0	9	5	4	0	0	9	5	9	3
5,4	0	9	7	2	0	0	9	7	7	4
5,5	0	9	9	0	0	0	9	9	5	5
5,6	1	0	0	8	0	1	0	1	3	6
5,7	1	0	2	6	0	1	0	3	1	7
5,8	1	0	4	4	0	1	0	4	9	8
5,9	1	0	6	2	0	1	0	6	7	9
6	1	0	8	0	0	1	0	8	6	0
6,1	1	0	9	8	0	1	1	0	4	1
6,2	1	1	1	6	0	1	1	2	2	2
6,3	1	1	3	4	0	1	1	4	0	3
6,4	1	1	5	2	0	1	1	5	8	4
6,5	1	1	7	0	0	1	1	7	6	5
6,6	1	1	8	8	0	1	1	9	4	6
6,7	1	2	0	6	0	1	2	1	2	7
6,8	1	2	2	4	0	1	2	3	0	8
6,9	1	2	4	2	0	1	2	4	8	9
7	1	2	6	0	0	1	2	6	7	0
7,1	1	2	7	8	0	1	2	8	5	1
7,2	1	2	9	6	0	1	3	0	3	2
7,3	1	3	1	4	0	1	3	2	1	3
7,4	1	3	3	2	0	1	3	3	9	4
7,5	1	3	5	0	0	1	3	5	7	5
7,6	1	3	6	8	0	1	3	7	5	6
7,7	1	3	8	6	0	1	3	9	3	7
7,8	1	4	0	4	0	1	4	1	1	8
7,9	1	4	2	2	0	1	4	2	9	9
8	1	4	4	0	0	1	4	4	8	0
8,1	1	4	5	8	0	1	4	6	6	1
8,2	1	4	7	6	0	1	4	8	4	2
8,3	1	4	9	4	0	1	5	0	2	3
8,4	1	5	1	2	0	1	5	2	0	4
8,5	1	5	3	0	0	1	5	3	8	5
8,6	1	5	4	8	0	1	5	5	6	6
8,7	1	5	6	6	0	1	5	7	4	7
8,8	1	5	8	4	0	1	5	9	2	8
8,9	1	6	0	2	0	1	6	1	0	9
9	1	6	2	0	0	1	6	2	9	0
9,1	1	6	3	8	0	1	6	4	7	1
9,2	1	6	5	6	0	1	6	6	5	2
9,3	1	6	7	4	0	1	6	8	3	3
9,4	1	6	9	2	0	1	7	0	1	4
9,5	1	7	1	0	0	1	7	1	9	5
9,6	1	7	2	8	0	1	7	3	7	6
9,7	1	7	4	6	0	1	7	5	5	7
9,8	1	7	6	4	0	1	7	7	3	8
9,9	1	7	8	2	0	1	7	9	1	9
10	1	8	0	0	0	1	8	1	0	0

0,01 bis **4,5**	0,182	1,82	18,2	182,0	1820,0	0,183	1,83	18,3	183,0	1830,0
0,01	0	0	0	1	8	0	0	0	1	8
0,02	0	0	0	3	6	0	0	0	3	7
0,03	0	0	0	5	5	0	0	0	5	5
0,04	0	0	0	7	3	0	0	0	7	3
0,05	0	0	0	9	1	0	0	0	9	2
0,06	0	0	1	0	9	0	0	1	1	0
0,07	0	0	1	2	7	0	0	1	2	8
0,08	0	0	1	4	6	0	0	1	4	6
0,09	0	0	1	6	4	0	0	1	6	5
0,1	0	0	1	8	2	0	0	1	8	3
0,2	0	0	3	6	4	0	0	3	6	6
0,3	0	0	5	4	6	0	0	5	4	9
0,4	0	0	7	2	8	0	0	7	3	2
0,5	0	0	9	1	0	0	0	9	1	5
0,6	0	1	0	9	2	0	1	0	9	8
0,7	0	1	2	7	4	0	1	2	8	1
0,8	0	1	4	5	6	0	1	4	6	4
0,9	0	1	6	3	8	0	1	6	4	7
1	0	1	8	2	0	0	1	8	3	0
1,1	0	2	0	0	2	0	2	0	1	3
1,2	0	2	1	8	4	0	2	1	9	6
1,3	0	2	3	6	6	0	2	3	7	9
1,4	0	2	5	4	8	0	2	5	6	2
1,5	0	2	7	3	0	0	2	7	4	5
1,6	0	2	9	1	2	0	2	9	2	8
1,7	0	3	0	9	4	0	3	1	1	1
1,8	0	3	2	7	6	0	3	2	9	4
1,9	0	3	4	5	8	0	3	4	7	7
2	0	3	6	4	0	0	3	6	6	0
2,1	0	3	8	2	2	0	3	8	4	3
2,2	0	4	0	0	4	0	4	0	2	6
2,3	0	4	1	8	6	0	4	2	0	9
2,4	0	4	3	6	8	0	4	3	9	2
2,5	0	4	5	5	0	0	4	5	7	5
2,6	0	4	7	3	2	0	4	7	5	8
2,7	0	4	9	1	4	0	4	9	4	1
2,8	0	5	0	9	6	0	5	1	2	4
2,9	0	5	2	7	8	0	5	3	0	7
3	0	5	4	6	0	0	5	4	9	0
3,1	0	5	6	4	2	0	5	6	7	3
3,2	0	5	8	2	4	0	5	8	5	6
3,3	0	6	0	0	6	0	6	0	3	9
3,4	0	6	1	8	8	0	6	2	2	2
3,5	0	6	3	7	0	0	6	4	0	5
3,6	0	6	5	5	2	0	6	5	8	8
3,7	0	6	7	3	4	0	6	7	7	1
3,8	0	6	9	1	6	0	6	9	5	4
3,9	0	7	0	9	8	0	7	1	3	7
4	0	7	2	8	0	0	7	3	2	0
4,1	0	7	4	6	2	0	7	5	0	3
4,2	0	7	6	4	4	0	7	6	8	6
4,3	0	7	8	2	6	0	7	8	6	9
4,4	0	8	0	0	8	0	8	0	5	2
4,5	0	8	1	9	0	0	8	2	3	5

4,6 bis **10**	0,182	1,82	18,2	182,0	1820,0	0,183	1,83	18,3	183,0	1830,0
4,6	0	8	3	7	2	0	8	4	1	8
4,7	0	8	5	5	4	0	8	6	0	1
4,8	0	8	7	3	6	0	8	7	8	4
4,9	0	8	9	1	8	0	8	9	6	7
5	0	9	1	0	0	0	9	1	5	0
5,1	0	9	2	8	2	0	9	3	3	3
5,2	0	9	4	6	4	0	9	5	1	6
5,3	0	9	6	4	6	0	9	6	9	9
5,4	0	9	8	2	8	0	9	8	8	2
5,5	1	0	0	1	0	1	0	0	6	5
5,6	1	0	1	9	2	1	0	2	4	8
5,7	1	0	3	7	4	1	0	4	3	1
5,8	1	0	5	5	6	1	0	6	1	4
5,9	1	0	7	3	8	1	0	7	9	7
6	1	0	9	2	0	1	0	9	8	0
6,1	1	1	1	0	2	1	1	1	6	3
6,2	1	1	2	8	4	1	1	3	4	6
6,3	1	1	4	6	6	1	1	5	2	9
6,4	1	1	6	4	8	1	1	7	1	2
6,5	1	1	8	3	0	1	1	8	9	5
6,6	1	2	0	1	2	1	2	0	7	8
6,7	1	2	1	9	4	1	2	2	6	1
6,8	1	2	3	7	6	1	2	4	4	4
6,9	1	2	5	5	8	1	2	6	2	7
7	1	2	7	4	0	1	2	8	1	0
7,1	1	2	9	2	2	1	2	9	9	3
7,2	1	2	1	0	4	1	3	1	7	6
7,3	1	3	2	8	6	1	3	3	5	9
7,4	1	3	4	6	8	1	3	5	4	2
7,5	1	3	6	5	0	1	3	7	2	5
7,6	1	3	8	3	2	1	3	9	0	8
7,7	1	4	0	1	4	1	4	0	9	1
7,8	1	4	1	9	6	1	4	2	7	4
7,9	1	4	3	7	8	1	4	4	5	7
8	1	4	5	6	0	1	4	6	4	0
8,1	1	4	7	4	2	1	4	8	2	3
8,2	1	4	9	2	4	1	5	0	0	6
8,3	1	5	1	0	6	1	5	1	8	9
8,4	1	5	2	8	8	1	5	3	7	2
8,5	1	5	4	7	0	1	5	5	5	5
8,6	1	5	6	5	2	1	5	7	3	8
8,7	1	5	8	3	4	1	5	9	2	1
8,8	1	6	0	1	6	1	6	1	0	4
8,9	1	6	1	9	8	1	6	2	8	7
9	1	6	3	8	0	1	6	4	7	0
9,1	1	6	5	6	2	1	6	6	5	3
9,2	1	6	7	4	4	1	6	8	3	6
9,3	1	6	9	2	6	1	7	0	1	9
9,4	1	7	1	0	8	1	7	2	0	2
9,5	1	7	2	9	0	1	7	3	8	5
9,6	1	7	4	7	2	1	7	5	6	8
9,7	1	7	6	5	4	1	7	7	5	1
9,8	1	7	8	3	6	1	7	9	3	4
9,9	1	8	0	1	8	1	8	1	1	7
10	1	8	2	0	0	1	8	3	0	0

1840–1850

0,01 bis 4,5	0,184	1,84	18,4	184,0	1840,0	0,185	1,85	18,5	185,0	1850,0
0,01	0	0	0	1	8	0	0	0	1	9
0,02	0	0	0	3	7	0	0	0	3	7
0,03	0	0	0	5	5	0	0	0	5	6
0,04	0	0	0	7	4	0	0	0	7	4
0,05	0	0	0	9	2	0	0	0	9	3
0,06	0	0	1	1	0	0	0	1	1	1
0,07	0	0	1	2	9	0	0	1	3	0
0,08	0	0	1	4	7	0	0	1	4	8
0,09	0	0	1	6	6	0	0	1	6	7
0,1	0	0	1	8	4	0	0	1	8	5
0,2	0	0	3	6	8	0	0	3	7	0
0,3	0	0	5	5	2	0	0	5	5	5
0,4	0	0	7	3	6	0	0	7	4	0
0,5	0	0	9	2	0	0	0	9	2	5
0,6	0	1	1	0	4	0	1	1	1	0
0,7	0	1	2	8	8	0	1	2	9	5
0,8	0	1	4	7	2	0	1	4	8	0
0,9	0	1	6	5	6	0	1	6	6	5
1	0	1	8	4	0	0	1	8	5	0
1,1	0	2	0	2	4	0	2	0	3	5
1,2	0	2	2	0	8	0	2	2	2	0
1,3	0	2	3	9	2	0	2	4	0	5
1,4	0	2	5	7	6	0	2	5	9	0
1,5	0	2	7	6	0	0	2	7	7	5
1,6	0	2	9	4	4	0	2	9	6	0
1,7	0	3	1	2	8	0	3	1	4	5
1,8	0	3	3	1	2	0	3	3	3	0
1,9	0	3	4	9	6	0	3	5	1	5
2	0	3	6	8	0	0	3	7	0	0
2,1	0	3	8	6	4	0	3	8	8	5
2,2	0	4	0	4	8	0	4	0	7	0
2,3	0	4	2	3	2	0	4	2	5	5
2,4	0	4	4	1	6	0	4	4	4	0
2,5	0	4	6	0	0	0	4	6	2	5
2,6	0	4	7	8	4	0	4	8	1	0
2,7	0	4	9	6	8	0	4	9	9	5
2,8	0	5	1	5	2	0	5	1	8	0
2,9	0	5	3	3	6	0	5	3	6	5
3	0	5	5	2	0	0	5	5	5	0
3,1	0	5	7	0	4	0	5	7	3	5
3,2	0	5	8	8	8	0	5	9	2	0
3,3	0	6	0	7	2	0	6	1	0	5
3,4	0	6	2	5	6	0	6	2	9	0
3,5	0	6	4	4	0	0	6	4	7	5
3,6	0	6	6	2	4	0	6	6	6	0
3,7	0	6	8	0	8	0	6	8	4	5
3,8	0	6	9	9	2	0	7	0	3	0
3,9	0	7	1	7	6	0	7	2	1	5
4	0	7	3	6	0	0	7	4	0	0
4,1	0	7	5	4	4	0	7	5	8	5
4,2	0	7	7	2	8	0	7	7	7	0
4,3	0	7	9	1	2	0	7	9	5	5
4,4	0	8	0	9	6	0	8	1	4	0
4,5	0	8	2	8	0	0	8	3	2	5

4,6 bis 10	0,184	1,84	18,4	184,0	1840,0	0,185	1,85	18,5	185,0	1850,0
4,6	0	8	4	6	4	0	8	5	1	0
4,7	0	8	6	4	8	0	8	6	9	5
4,8	0	8	8	3	2	0	8	8	8	0
4,9	0	9	0	1	6	0	9	0	6	5
5	0	9	2	0	0	0	9	2	5	0
5,1	0	9	3	8	4	0	9	4	3	5
5,2	0	9	5	6	8	0	9	6	2	0
5,3	0	9	7	5	2	0	9	8	0	5
5,4	0	9	9	3	6	0	9	9	9	0
5,5	1	0	1	2	0	1	0	1	7	5
5,6	1	0	3	0	4	1	0	3	6	0
5,7	1	0	4	8	8	1	0	5	4	5
5,8	1	0	6	7	2	1	0	7	3	0
5,9	1	0	8	5	6	1	0	9	1	5
6	1	1	0	4	0	1	1	1	0	0
6,1	1	1	2	2	4	1	1	2	8	5
6,2	1	1	4	0	8	1	1	4	7	0
6,3	1	1	5	9	2	1	1	6	5	5
6,4	1	1	7	7	6	1	1	8	4	0
6,5	1	1	9	6	0	1	2	0	2	5
6,6	1	2	1	4	4	1	2	2	1	0
6,7	1	2	3	2	8	1	2	3	9	5
6,8	1	2	5	1	2	1	2	5	8	0
6,9	1	2	6	9	6	1	2	7	6	5
7	1	2	8	8	0	1	2	9	5	0
7,1	1	3	0	6	4	1	3	1	3	5
7,2	1	3	2	4	8	1	3	3	2	0
7,3	1	3	4	3	2	1	3	5	0	5
7,4	1	3	6	1	6	1	3	6	9	0
7,5	1	3	8	0	0	1	3	8	7	5
7,6	1	3	9	8	4	1	4	0	6	0
7,7	1	4	1	6	8	1	4	2	4	5
7,8	1	4	3	5	2	1	4	4	3	0
7,9	1	4	5	3	6	1	4	6	1	5
8	1	4	7	2	0	1	4	8	0	0
8,1	1	4	9	0	4	1	4	9	8	5
8,2	1	5	0	8	8	1	5	1	7	0
8,3	1	5	2	7	2	1	5	3	5	5
8,4	1	5	4	5	6	1	5	5	4	0
8,5	1	5	6	4	0	1	5	7	2	5
8,6	1	5	8	2	4	1	5	9	1	0
8,7	1	6	0	0	8	1	6	0	9	5
8,8	1	6	1	9	2	1	6	2	8	0
8,9	1	6	3	7	6	1	6	4	6	5
9	1	6	5	6	0	1	6	6	5	0
9,1	1	6	7	4	4	1	6	8	3	5
9,2	1	6	9	2	8	1	7	0	2	0
9,3	1	7	1	1	2	1	7	2	0	5
9,4	1	7	2	9	6	1	7	3	9	0
9,5	1	7	4	8	0	1	7	5	7	5
9,6	1	7	6	6	4	1	7	7	6	0
9,7	1	7	8	4	8	1	7	9	4	5
9,8	1	8	0	3	2	1	8	1	3	0
9,9	1	8	2	1	6	1	8	3	1	5
10	1	8	4	0	0	1	8	5	0	0

0,01 bis 4,5	1860,0: 0,186	1,86	18,6	186,0	1860,0	1870,0: 0,187	1,87	18,7	187,0	1870,0
0,01	0	0	0	1	9	0	0	0	1	9
0,02	0	0	0	3	7	0	0	0	3	7
0,03	0	0	0	5	6	0	0	0	5	6
0,04	0	0	0	7	4	0	0	0	7	5
0,05	0	0	0	9	3	0	0	0	9	4
0,06	0	0	1	1	2	0	0	1	1	2
0,07	0	0	1	3	0	0	0	1	3	1
0,08	0	0	1	4	9	0	0	1	5	0
0,09	0	0	1	6	7	0	0	1	6	8
0,1	0	0	1	8	6	0	0	1	8	7
0,2	0	0	3	7	2	0	0	3	7	4
0,3	0	0	5	5	8	0	0	5	6	1
0,4	0	0	7	4	4	0	0	7	4	8
0,5	0	0	9	3	0	0	0	9	3	5
0,6	0	1	1	1	6	0	1	1	2	2
0,7	0	1	3	0	2	0	1	3	0	9
0,8	0	1	4	8	8	0	1	4	9	6
0,9	0	1	9	7	4	0	1	6	8	3
1	0	1	8	6	0	0	1	8	7	0
1,1	0	2	0	4	0	0	2	0	5	7
1,2	0	2	2	3	2	0	2	2	4	4
1,3	0	2	4	1	8	0	2	4	3	1
1,4	0	2	6	0	4	0	2	6	1	8
1,5	0	2	7	9	0	0	2	8	0	5
1,6	0	2	9	7	6	0	2	9	9	2
1,7	0	3	1	6	2	0	3	1	7	9
1,8	0	3	3	4	8	0	3	3	6	6
1,9	0	3	5	3	4	0	3	5	5	3
2	0	3	7	2	0	0	3	7	4	0
2,1	0	3	9	0	6	0	3	9	2	7
2,2	0	4	0	9	2	0	4	1	1	4
2,3	0	4	2	7	8	0	4	3	0	1
2,4	0	4	4	6	4	0	4	4	8	8
2,5	0	4	6	5	0	0	4	6	7	5
2,6	0	4	8	3	6	0	4	8	6	2
2,7	0	5	0	2	2	0	5	0	4	9
2,8	0	5	2	0	8	0	5	2	3	6
2,9	0	5	3	9	4	0	5	4	2	3
3	0	5	5	8	0	0	5	6	1	0
3,1	0	5	7	6	6	0	5	7	9	7
3,2	0	5	9	5	2	0	5	9	8	4
3,3	0	6	1	3	8	0	6	1	7	1
3,4	0	6	3	2	4	0	6	3	5	8
3,5	0	6	5	1	0	0	6	5	4	5
3,6	0	6	6	9	6	0	6	7	3	2
3,7	0	6	8	8	2	0	6	9	1	9
3,8	0	7	0	6	8	0	7	1	0	6
3,9	0	7	2	5	4	0	7	2	9	3
4	0	7	4	4	0	0	7	4	8	0
4,1	0	7	6	2	6	0	7	6	6	7
4,2	0	7	8	1	2	0	7	8	5	4
4,3	0	7	9	9	8	0	8	0	4	1
4,4	0	8	1	8	4	0	8	2	2	8
4,5	0	8	3	7	0	0	8	4	1	5

4,6 bis 10	1860,0: 0,186	1,86	18,6	186,0	1860,0	1870,0: 0,187	1,87	18,7	187,0	1870,0
4,6	0	8	5	5	6	0	8	6	0	2
4,7	0	8	7	4	2	0	8	7	8	9
4,8	0	8	9	2	8	0	8	9	7	6
4,9	0	9	1	1	4	0	9	1	6	3
5	0	9	3	0	0	0	9	3	5	0
5,1	0	9	4	8	6	0	9	5	3	7
5,2	0	9	6	7	2	0	9	7	2	4
5,3	0	9	8	5	8	0	9	9	1	1
5,4	1	0	0	4	4	1	0	0	9	8
5,5	1	0	2	3	0	1	0	2	8	5
5,6	1	0	4	1	6	1	0	4	7	2
5,7	1	0	6	0	2	1	0	6	5	9
5,8	1	0	7	8	8	1	0	8	4	6
5,9	1	0	9	7	4	1	1	0	3	3
6	1	1	1	6	0	1	1	2	2	0
6,1	1	1	3	4	6	1	1	4	0	7
6,2	1	1	5	3	2	1	1	5	9	4
6,3	1	1	7	1	8	1	1	7	8	1
6,4	1	1	9	0	4	1	1	9	6	8
6,5	1	2	0	9	0	1	2	1	5	5
6,6	1	2	2	7	6	1	2	3	4	2
6,7	1	2	4	6	2	1	2	5	2	9
6,8	1	2	6	4	8	1	2	7	1	6
6,9	1	2	8	3	4	1	2	9	0	3
7	1	3	0	2	0	1	3	0	9	0
7,1	1	3	2	0	6	1	3	2	7	7
7,2	1	3	3	9	2	1	3	4	6	4
7,3	1	3	5	7	8	1	3	6	5	1
7,4	1	3	7	6	4	1	3	8	3	8
7,5	1	3	9	5	0	1	4	0	2	5
7,6	1	4	1	3	6	1	4	2	1	2
7,7	1	4	3	2	2	1	4	3	9	9
7,8	1	4	5	0	8	1	4	5	8	6
7,9	1	4	6	9	4	1	4	7	7	3
8	1	4	8	8	0	1	4	9	6	0
8,1	1	5	0	6	6	1	5	1	4	7
8,2	1	5	2	5	2	1	5	3	3	4
8,3	1	5	4	3	8	1	5	5	2	1
8,4	1	5	6	2	4	1	5	7	0	8
8,5	1	5	8	1	0	1	5	8	9	5
8,6	1	5	9	9	6	1	6	0	8	2
8,7	1	6	1	8	2	1	6	2	6	9
8,8	1	6	3	6	8	1	6	4	5	6
8,9	1	6	5	5	4	1	6	6	4	3
9	1	6	7	4	0	1	6	8	3	0
9,1	1	6	9	2	6	1	7	0	1	7
9,2	1	7	1	1	2	1	7	2	0	4
9,3	1	7	2	9	8	1	7	3	9	1
9,4	1	7	4	8	4	1	7	5	7	8
9,5	1	7	6	7	0	1	7	7	6	5
9,6	1	7	8	5	6	1	7	9	5	2
9,7	1	8	0	4	2	1	8	1	3	9
9,8	1	8	2	2	8	1	8	3	2	6
9,9	1	8	4	1	4	1	8	5	1	3
10	1	8	6	0	0	1	8	7	0	0

1880–1890

0,01 bis 4,5	0,188	1,88	18,8	188,0	1880,0	0,189	1,89	18,9	189,0	1890,0
0,01	0	0	0	1	9	0	0	0	1	9
0,02	0	0	0	3	8	0	0	0	3	8
0,03	0	0	0	5	6	0	0	0	5	7
0,04	0	0	0	7	5	0	0	0	7	6
0,05	0	0	0	9	4	0	0	0	9	5
0,06	0	0	1	1	3	0	0	1	1	3
0,07	0	0	1	3	2	0	0	1	3	2
0,08	0	0	1	5	0	0	0	1	5	1
0,09	0	0	1	6	9	0	0	1	7	0
0,1	0	0	1	8	8	0	0	1	8	9
0,2	0	0	3	7	6	0	0	3	7	8
0,3	0	0	5	6	4	0	0	5	6	7
0,4	0	0	7	5	2	0	0	7	5	6
0,5	0	0	9	4	0	0	0	9	4	5
0,6	0	1	1	2	8	0	1	1	3	4
0,7	0	1	3	1	6	0	1	3	2	3
0,8	0	1	5	0	4	0	1	5	1	2
0,9	0	1	6	9	2	0	1	7	0	1
1	0	1	8	8	0	0	1	8	9	0
1,1	0	2	0	6	8	0	2	0	7	9
1,2	0	2	2	5	6	0	2	2	6	8
1,3	0	2	4	4	4	0	2	4	5	7
1,4	0	2	6	3	2	0	2	6	4	6
1,5	0	2	8	2	0	0	2	8	3	5
1,6	0	3	0	0	8	0	3	0	2	4
1,7	0	3	1	9	6	0	3	2	1	3
1,8	0	3	3	8	4	0	3	4	0	2
1,9	0	3	5	7	2	0	3	5	9	1
2	0	3	7	6	0	0	3	7	8	0
2,1	0	3	9	4	8	0	3	9	6	9
2,2	0	4	1	3	6	0	4	1	5	8
2,3	0	4	3	2	4	0	4	3	4	7
2,4	0	4	5	1	2	0	4	5	3	6
2,5	0	4	7	0	0	0	4	7	2	5
2,6	0	4	8	8	8	0	4	9	1	4
2,7	0	5	0	7	6	0	5	1	0	3
2,8	0	5	2	6	4	0	5	2	9	2
2,9	0	5	4	5	2	0	5	4	8	1
3	0	5	6	4	0	0	5	6	7	0
3,1	0	5	8	2	8	0	5	8	5	9
3,2	0	6	0	1	6	0	6	0	4	8
3,3	0	6	2	0	4	0	6	2	3	7
3,4	0	6	3	9	2	0	6	4	2	6
3,5	0	6	5	8	0	0	6	6	1	5
3,6	0	6	7	6	8	0	6	8	0	4
3,7	0	6	9	5	6	0	6	9	9	3
3,8	0	7	1	4	4	0	7	1	8	2
3,9	0	7	3	3	2	0	7	3	7	1
4	0	7	5	2	0	0	7	5	6	0
4,1	0	7	7	0	8	0	7	7	4	9
4,2	0	7	8	9	6	0	7	9	3	8
4,3	0	8	0	8	4	0	8	1	2	7
4,4	0	8	2	7	2	0	8	3	1	6
4,5	0	8	4	6	0	0	8	5	0	5

4,6 bis 10	0,188	1,88	18,8	188,0	1880,0	0,189	1,89	18,9	189,0	1890,0
4,6	0	8	6	4	8	0	8	6	9	4
4,7	0	8	8	3	6	0	8	8	8	3
4,8	0	9	0	2	4	0	9	0	7	2
4,9	0	9	2	1	2	0	9	2	6	1
5	0	9	4	0	0	0	9	4	5	0
5,1	0	9	5	8	8	0	9	6	3	9
5,2	0	9	7	7	6	0	9	8	2	8
5,3	0	9	9	6	4	1	0	0	1	7
5,4	1	0	1	5	2	1	0	2	0	6
5,5	1	0	3	4	0	1	0	3	9	5
5,6	1	0	5	2	8	1	0	5	8	4
5,7	1	0	7	1	6	1	0	7	7	3
5,8	1	0	9	0	4	1	0	9	6	2
5,9	1	1	0	9	2	1	1	1	5	1
6	1	1	2	8	0	1	1	3	4	0
6,1	1	1	4	6	8	1	1	5	2	9
6,2	1	1	6	5	6	1	1	7	1	8
6,3	1	1	8	4	4	1	1	9	0	7
6,4	1	2	0	3	2	1	2	0	9	6
6,5	1	2	2	2	0	1	2	2	8	5
6,6	1	2	4	0	8	1	2	4	7	4
6,7	1	2	5	9	6	1	2	6	6	3
6,8	1	2	7	8	4	1	2	8	5	2
6,9	1	2	9	7	2	1	3	0	4	1
7	1	3	1	6	0	1	3	2	3	0
7,1	1	3	3	4	8	1	3	4	1	9
7,2	1	3	5	3	6	1	3	6	0	8
7,3	1	3	7	2	4	1	3	7	9	7
7,4	1	3	9	1	2	1	3	9	8	6
7,5	1	4	1	0	0	1	4	1	7	5
7,6	1	4	2	8	8	1	4	3	6	4
7,7	1	4	4	7	6	1	4	5	5	3
7,8	1	4	6	6	4	1	4	7	4	2
7,9	1	4	8	5	2	1	4	9	3	1
8	1	5	0	4	0	1	5	1	2	0
8,1	1	5	2	2	8	1	5	3	0	9
8,2	1	5	4	1	6	1	5	4	9	8
8,3	1	5	6	0	4	1	5	6	8	7
8,4	1	5	7	9	2	1	5	8	7	6
8,5	1	5	9	8	0	1	6	0	6	5
8,6	1	6	1	6	8	1	6	2	5	4
8,7	1	6	3	5	6	1	6	4	4	3
8,8	1	6	5	4	4	1	6	6	3	2
8,9	1	6	7	3	2	1	6	8	2	1
9	1	6	9	2	0	1	7	0	1	0
9,1	1	7	1	0	8	1	7	1	9	9
9,2	1	7	2	9	6	1	7	3	8	8
9,3	1	7	4	8	4	1	7	5	7	7
9,4	1	7	6	7	2	1	7	7	6	6
9,5	1	7	8	6	0	1	7	9	5	5
9,6	1	8	0	4	8	1	8	1	4	4
9,7	1	8	2	3	6	1	8	3	3	3
9,8	1	8	4	2	4	1	8	5	2	2
9,9	1	8	6	1	2	1	8	7	1	1
10	1	8	8	0	0	1	8	9	0	0

0,01 bis 4,5	0,19	1,9	19,0	190,0	1900,0	0,191	1,91	19,1	191,0	1910,0
0,01	0	0	0	1	9	0	0	0	1	9
0,02	0	0	0	3	8	0	0	0	3	8
0,03	0	0	0	5	7	0	0	0	5	7
0,04	0	0	0	7	6	0	0	0	7	6
0,05	0	0	0	9	5	0	0	0	9	6
0,06	0	0	1	1	4	0	0	1	1	5
0,07	0	0	1	3	3	0	0	1	3	4
0,08	0	0	1	5	2	0	0	1	5	3
0,09	0	0	1	7	1	0	0	1	7	2
0,1	0	0	1	9	0	0	0	1	9	1
0,2	0	0	3	8	0	0	0	3	8	2
0,3	0	0	5	7	0	0	0	5	7	3
0,4	0	0	7	6	0	0	0	7	6	4
0,5	0	0	9	5	0	0	0	9	5	5
0,6	0	1	1	4	0	0	1	1	4	6
0,7	0	1	3	3	0	0	1	3	3	7
0,8	0	1	5	2	0	0	1	5	2	8
0,9	0	1	7	1	0	0	1	7	1	9
1	0	1	9	0	0	0	1	9	1	0
1,1	0	2	0	9	0	0	2	1	0	1
1,2	0	2	2	8	0	0	2	2	9	2
1,3	0	2	4	7	0	0	2	4	8	3
1,4	0	2	6	6	0	0	2	6	7	4
1,5	0	2	8	5	0	0	2	8	6	5
1,6	0	3	0	4	0	0	3	0	5	6
1,7	0	3	2	3	0	0	3	2	4	7
1,8	0	3	4	2	0	0	3	4	3	8
1,9	0	3	6	1	0	0	3	6	2	9
2	0	3	8	0	0	0	3	8	2	0
2,1	0	3	9	9	0	0	4	0	1	1
2,2	0	4	1	8	0	0	4	2	0	2
2,3	0	4	3	7	0	0	4	3	9	3
2,4	0	4	5	6	0	0	4	5	8	4
2,5	0	4	7	5	0	0	4	7	7	5
2,6	0	4	9	4	0	0	4	9	6	6
2,7	0	5	1	3	0	0	5	1	5	7
2,8	0	5	3	2	0	0	5	3	4	8
2,9	0	5	5	1	0	0	5	5	3	9
3	0	5	7	0	0	0	5	7	3	0
3,1	0	5	8	9	0	0	5	9	2	1
3,2	0	6	0	8	0	0	6	1	1	2
3,3	0	6	2	7	0	0	6	3	0	3
3,4	0	6	4	6	0	0	6	4	9	4
3,5	0	6	6	5	0	0	6	6	8	5
3,6	0	6	8	4	0	0	6	8	7	6
3,7	0	7	0	3	0	0	7	0	6	7
3,8	0	7	2	2	0	0	7	2	5	8
3,9	0	7	4	1	0	0	7	4	4	9
4	0	7	6	0	0	0	7	6	4	0
4,1	0	7	7	9	0	0	7	8	3	1
4,2	0	7	9	8	0	0	8	0	2	2
4,3	0	8	1	7	0	0	8	2	1	3
4,4	0	8	3	6	0	0	8	4	0	4
4,5	0	8	5	5	0	0	8	5	9	5

4,6 bis 10	0,19	1,9	19,0	190,0	1900,0	0,191	1,91	19,1	191,0	1910,0
4,6	0	8	7	4	0	0	8	7	8	6
4,7	0	8	9	3	0	0	8	9	7	7
4,8	0	9	1	2	0	0	9	1	6	8
4,9	0	9	3	1	0	0	9	3	5	9
5	0	9	5	0	0	0	9	5	5	0
5,1	0	9	6	9	0	0	9	7	4	1
5,2	0	9	8	8	0	0	9	9	3	2
5,3	1	0	0	7	0	1	0	1	2	3
5,4	1	0	2	6	0	1	0	3	1	4
5,5	1	0	4	5	0	1	0	5	0	5
5,6	1	0	6	4	0	1	0	6	9	6
5,7	1	0	8	3	0	1	0	8	8	7
5,8	1	1	0	2	0	1	1	0	7	8
5,9	1	1	2	1	0	1	1	2	6	9
6	1	1	4	0	0	1	1	4	6	0
6,1	1	1	5	9	0	1	1	6	5	1
6,2	1	1	7	8	0	1	1	8	4	2
6,3	1	1	9	7	0	1	2	0	3	3
6,4	1	2	1	6	0	1	2	2	2	4
6,5	1	2	3	5	0	1	2	4	1	5
6,6	1	2	5	4	0	1	2	6	0	6
6,7	1	2	7	3	0	1	2	7	9	7
6,8	1	2	9	2	0	1	2	9	8	8
6,9	1	3	1	1	0	1	3	1	7	9
7	1	3	3	0	0	1	3	3	7	0
7,1	1	3	4	9	0	1	3	5	6	1
7,2	1	3	6	8	0	1	3	7	5	2
7,3	1	3	8	7	0	1	3	9	4	3
7,4	1	4	0	6	0	1	4	1	3	4
7,5	1	4	2	5	0	1	4	3	2	5
7,6	1	4	4	4	0	1	4	5	1	6
7,7	1	4	6	3	0	1	4	7	0	7
7,8	1	4	8	2	0	1	4	8	9	8
7,9	1	5	0	1	0	1	5	0	8	9
8	1	5	2	0	0	1	5	2	8	0
8,1	1	5	3	9	0	1	5	4	7	1
8,2	1	5	5	8	0	1	5	6	6	2
8,3	1	5	7	7	0	1	5	8	5	3
8,4	1	5	9	6	0	1	6	0	4	4
8,5	1	6	1	5	0	1	6	2	3	5
8,6	1	6	3	4	0	1	6	4	2	6
8,7	1	6	5	3	0	1	6	6	1	7
8,8	1	6	7	2	0	1	6	8	0	8
8,9	1	6	9	1	0	1	6	9	9	9
9	1	7	1	0	0	1	7	1	9	0
9,1	1	7	2	9	0	1	7	3	8	1
9,2	1	7	4	8	0	1	7	5	7	2
9,3	1	7	6	7	0	1	7	7	6	3
9,4	1	7	8	6	0	1	7	9	5	4
9,5	1	8	0	5	0	1	8	1	4	5
9,6	1	8	2	4	0	1	8	3	3	6
9,7	1	8	4	3	0	1	8	5	2	7
9,8	1	8	6	2	0	1	8	7	1	8
9,9	1	8	8	1	0	1	8	9	0	9
10	1	9	0	0	0	1	9	1	0	0

0,01 bis 4,5	1920,0					1930,0				
	0,192	1,92	19,2	192,0	1920,0	0,193	1,93	19,3	193,0	1930,0
0,01	0	0	0	1	9	0	0	0	1	9
0,02	0	0	0	3	8	0	0	0	3	9
0,03	0	0	0	5	8	0	0	0	5	8
0,04	0	0	0	7	7	0	0	0	7	7
0,05	0	0	0	9	6	0	0	0	9	7
0,06	0	0	1	1	5	0	0	1	1	6
0,07	0	0	1	3	4	0	0	1	3	5
0,08	0	0	1	5	4	0	0	1	5	4
0,09	0	0	1	7	3	0	0	1	7	4
0,1	0	0	1	9	2	0	0	1	9	3
0,2	0	0	1	8	4	0	0	3	8	6
0,3	0	0	5	7	6	0	0	5	7	9
0,4	0	0	7	6	8	0	0	7	7	2
0,5	0	0	9	6	0	0	0	9	6	5
0,6	0	1	1	5	2	0	1	1	5	8
0,7	0	1	3	4	4	0	1	3	5	1
0,8	0	1	5	3	6	0	1	5	4	4
0,9	0	1	7	2	8	0	1	7	3	7
1	0	1	9	2	0	0	1	9	3	0
1,1	0	2	1	1	2	0	2	1	2	3
1,2	0	2	3	0	4	0	2	3	1	6
1,3	0	2	4	9	6	0	2	5	0	9
1,4	0	2	6	8	8	0	2	7	0	2
1,5	0	2	8	8	0	0	2	8	9	5
1,6	0	3	0	7	2	0	3	0	8	8
1,7	0	3	2	6	4	0	3	2	8	1
1,8	0	3	4	5	6	0	3	4	7	4
1,9	0	3	6	4	8	0	3	6	6	7
2	0	3	8	4	0	0	3	8	6	0
2,1	0	4	0	3	2	0	4	0	5	3
2,2	0	4	2	2	4	0	4	2	4	6
2,3	0	4	4	1	6	0	4	4	3	9
2,4	0	4	6	0	8	0	4	6	3	2
2,5	0	4	8	0	0	0	4	8	2	5
2,6	0	4	9	9	2	0	5	0	1	8
2,7	0	5	1	8	4	0	5	2	1	1
2,8	0	5	3	7	6	0	5	4	0	4
2,9	0	5	5	6	8	0	5	5	9	7
3	0	5	7	6	0	0	5	7	9	0
3,1	0	5	9	5	2	0	5	9	8	3
3,2	0	6	1	4	4	0	6	1	7	6
3,3	0	6	3	3	6	0	6	3	6	9
3,4	0	6	5	2	8	0	6	5	6	2
3,5	0	6	7	2	0	0	6	7	5	5
3,6	0	6	9	1	2	0	6	9	4	8
3,7	0	7	1	0	4	0	7	1	4	1
3,8	0	7	2	9	6	0	7	3	3	4
3,9	0	7	4	8	8	0	7	5	2	7
4	0	7	6	8	0	0	7	7	2	0
4,1	0	7	8	7	2	0	7	9	1	3
4,2	0	8	0	6	4	0	8	1	0	6
4,3	0	8	2	5	6	0	8	2	9	9
4,4	0	8	4	4	8	0	8	4	9	2
4,5	8	8	6	4	0	0	8	6	8	5

4,6 bis 10	1920,0					1930,0				
	0,192	1,92	19,2	192,0	1920,0	0,193	1,93	19,3	193,0	1930,0
4,6	0	8	8	3	2	0	8	8	7	8
4,7	0	9	0	2	4	0	9	0	7	1
4,8	0	9	2	1	6	0	9	2	6	4
4,9	0	9	4	0	8	0	9	4	5	7
5	0	9	6	0	0	0	9	6	5	0
5,1	0	9	7	9	2	0	9	8	4	3
5,2	0	9	9	8	4	1	0	0	3	6
5,3	1	0	1	7	6	1	0	2	2	9
5,4	1	0	3	6	8	1	0	4	2	2
5,5	1	0	5	6	0	1	0	6	1	5
5,6	1	0	7	5	2	1	0	8	0	8
5,7	1	0	9	4	4	1	1	0	0	1
5,8	1	1	1	3	6	1	1	1	9	4
5,9	1	1	3	2	8	1	1	3	8	7
6	1	1	5	2	0	1	1	5	8	0
6,1	1	1	7	1	2	1	1	7	7	3
6,2	1	1	9	0	4	1	1	9	6	6
6,3	1	2	0	9	6	1	2	1	5	9
6,4	1	2	2	8	8	1	2	3	5	2
6,5	1	2	4	8	0	1	2	5	4	5
6,6	1	2	6	7	2	1	2	7	3	8
6,7	1	2	8	6	4	1	2	9	3	1
6,8	1	3	0	5	6	1	3	1	2	4
6,9	1	3	2	4	8	1	3	3	1	7
7	1	3	4	4	0	1	3	5	1	0
7,1	1	3	6	3	2	1	3	7	0	3
7,2	1	3	8	2	4	1	3	8	9	6
7,3	1	4	0	1	6	1	4	0	8	9
7,4	1	4	2	0	8	1	4	2	8	2
7,5	1	4	4	0	0	1	4	4	7	5
7,6	1	4	5	9	2	1	4	6	6	8
7,7	1	4	7	8	4	1	4	8	6	1
7,8	1	4	9	7	6	1	5	0	5	4
7,9	1	5	1	6	8	1	5	2	4	7
8	1	5	3	6	0	1	5	4	4	0
8,1	1	5	5	5	2	1	5	6	3	3
8,2	1	5	7	4	4	1	5	8	2	6
8,3	1	5	9	3	6	1	6	0	1	9
8,4	1	6	1	2	8	1	6	2	1	2
8,5	1	6	3	2	0	1	6	4	0	5
8,6	1	6	5	1	2	1	6	5	9	8
8,7	1	6	7	0	4	1	6	7	9	1
8,8	1	6	8	9	6	1	6	9	8	4
8,9	1	7	0	8	8	1	7	1	7	7
9	1	7	2	8	0	1	7	3	7	0
9,1	1	7	4	7	2	1	7	5	6	3
9,2	1	7	6	6	4	1	7	7	5	6
9,3	1	7	8	5	6	1	7	9	4	9
9,4	1	8	0	4	8	1	8	1	4	2
9,5	1	8	2	4	0	1	8	3	3	5
9,6	1	8	4	3	2	1	8	5	2	8
9,7	1	8	6	2	4	1	8	7	2	1
9,8	1	8	8	1	6	1	8	9	1	4
9,9	1	9	0	0	8	1	9	1	0	7
10	1	9	2	0	0	1	9	3	0	0

0,01 bis 4,5	0,194	1,94	19,4	194,0	1940,0	0,195	1,95	19,5	195,0	1950,0
0,01	0	0	0	1	9	0	0	0	2	0
0,02	0	0	0	3	9	0	0	0	3	9
0,03	0	0	0	5	8	0	0	0	5	9
0,04	0	0	0	7	8	0	0	0	7	8
0,05	0	0	0	9	7	0	0	0	9	8
0,06	0	0	1	1	6	0	0	1	1	7
0,07	0	0	1	3	6	0	0	1	3	7
0,08	0	0	1	5	5	0	0	1	5	6
0,09	0	0	1	7	5	0	0	1	7	6
0,1	0	0	1	9	4	0	0	1	9	5
0,2	0	0	3	8	8	0	0	3	9	0
0,3	0	0	5	8	2	0	0	5	8	5
0,4	0	0	7	7	6	0	0	7	8	0
0,5	0	0	9	7	0	0	0	9	7	5
0,6	0	1	1	6	4	0	1	1	7	0
0,7	0	1	3	5	8	0	1	3	6	5
0,8	0	1	5	5	2	0	1	5	6	0
0,9	0	1	7	4	6	0	1	7	5	5
1	0	1	9	4	0	0	1	9	5	0
1,1	0	2	1	3	4	0	2	1	4	5
1,2	0	2	3	2	8	0	2	3	4	0
1,3	0	2	5	2	2	0	2	5	3	5
1,4	0	2	7	1	6	0	2	7	3	0
1,5	0	2	9	1	0	0	2	9	2	5
1,6	0	3	1	0	4	0	3	1	2	0
1,7	0	3	2	9	8	0	3	3	1	5
1,8	0	3	4	9	2	0	3	5	1	0
1,9	0	3	6	8	6	0	3	7	0	5
2	0	3	8	8	0	0	3	9	0	0
2,1	0	4	0	7	4	0	4	0	9	5
2,2	0	4	2	6	8	0	4	2	9	0
2,3	0	4	4	6	2	0	4	4	8	5
2,4	0	4	6	5	6	0	4	6	8	0
2,5	0	4	8	5	0	0	4	8	7	5
2,6	0	5	0	4	4	0	5	0	7	0
2,7	0	5	2	3	8	0	5	2	6	5
2,8	0	5	4	3	2	0	5	4	6	0
2,9	0	5	6	2	6	0	5	6	5	5
3	0	5	8	2	0	0	5	8	5	0
3,1	0	6	0	1	4	0	6	0	4	5
3,2	0	6	2	0	8	0	6	2	4	0
3,3	0	6	4	0	2	0	6	4	3	5
3,4	0	6	5	9	6	0	6	6	3	0
3,5	0	6	7	9	0	0	6	8	2	5
3,6	0	6	9	8	4	0	7	0	2	0
3,7	0	7	1	7	8	0	7	2	1	5
3,8	0	7	3	7	2	0	7	4	1	0
3,9	0	7	5	6	6	0	7	6	0	5
4	0	7	7	6	0	0	7	8	0	0
4,1	0	7	9	5	4	0	7	9	9	5
4,2	0	8	1	4	8	0	8	1	9	0
4,3	0	8	3	4	2	0	8	3	8	5
4,4	0	8	5	3	6	0	8	5	8	0
4,5	0	8	7	3	0	0	8	7	7	5

4,6 bis 10	0,194	1,94	19,4	194,0	1940,0	0,195	1,95	19,5	195,0	1950,0
4,6	0	8	9	2	4	0	8	9	7	0
4,7	0	9	1	1	8	0	9	1	6	5
4,8	0	9	3	1	2	0	9	3	6	0
4,9	0	9	5	0	6	0	9	5	5	5
5	0	9	7	0	0	0	9	7	5	0
5,1	0	9	8	9	4	0	9	9	4	5
5,2	1	0	0	8	8	1	0	1	4	0
5,3	1	0	2	2	8	1	0	3	3	5
5,4	1	0	4	7	6	1	0	5	3	0
5,5	1	0	6	7	0	1	0	7	2	5
5,6	1	0	8	6	4	1	0	9	2	0
5,7	1	1	0	5	8	1	1	1	1	5
5,8	1	1	2	5	2	1	1	3	1	0
5,9	1	1	4	4	6	1	1	5	0	5
6	1	1	6	4	0	1	1	7	0	0
6,1	1	1	8	3	4	1	1	8	9	5
6,2	1	2	0	2	8	1	2	0	9	0
6,3	1	2	2	2	2	1	2	2	8	5
6,4	1	2	4	1	6	1	2	4	8	0
6,5	1	2	6	1	0	1	2	6	7	5
6,6	1	2	8	0	4	1	2	8	7	0
6,7	1	2	9	9	8	1	3	0	6	5
6,8	1	3	1	9	2	1	3	2	6	0
6,9	1	3	3	8	6	1	3	4	5	5
7	1	3	5	8	0	1	3	6	5	0
7,1	1	3	7	7	4	1	3	8	4	5
7,2	1	3	9	6	8	1	4	0	4	0
7,3	1	4	1	6	2	1	4	2	3	5
7,4	1	4	3	5	6	1	4	4	3	0
7,5	1	4	5	5	0	1	4	6	2	5
7,6	1	4	7	4	4	1	4	8	2	0
7,7	1	4	9	3	8	1	5	0	1	5
7,8	1	5	1	3	2	1	5	2	1	0
7,9	1	5	3	2	6	1	5	4	0	5
8	1	5	5	2	0	1	5	6	0	0
8,1	1	5	7	1	4	1	5	7	9	5
8,2	1	5	9	0	8	1	5	9	9	0
8,3	1	6	1	0	2	1	6	1	8	5
8,4	1	6	2	9	6	1	6	3	8	0
8,5	1	6	4	9	0	1	6	5	7	5
8,6	1	6	6	8	4	1	6	7	7	0
8,7	1	6	8	7	8	1	6	9	6	5
8,8	1	7	0	7	2	1	7	1	6	0
8,9	1	7	2	6	6	1	7	3	5	5
9	1	7	4	6	0	1	7	5	5	0
9,1	1	7	6	5	4	1	7	7	4	5
9,2	1	7	8	4	8	1	7	9	4	0
9,3	1	8	0	4	2	1	8	1	3	5
9,4	1	8	2	3	6	1	8	3	3	0
9,5	1	8	4	3	0	1	8	5	2	5
9,6	1	8	6	2	4	1	8	7	2	0
9,7	1	8	8	1	8	1	8	9	1	5
9,8	1	9	0	1	2	1	9	1	1	0
9,9	1	9	2	0	6	1	9	3	0	5
10	1	9	4	0	0	1	9	5	0	0

1960–1970

0,01 bis 4,5	0,196	1,96	19,6	196,0	1960,0	0,197	1,97	19,7	197,0	1970,0
0,01	0	0	0	2	0	0	0	0	2	0
0,02	0	0	0	3	9	0	0	0	3	9
0,03	0	0	0	5	9	0	0	0	5	9
0,04	0	0	0	7	8	0	0	0	7	9
0,05	0	0	0	9	8	0	0	0	9	9
0,06	0	0	1	1	8	0	0	1	1	8
0,07	0	0	1	3	7	0	0	1	3	8
0,08	0	0	1	5	7	0	0	1	5	8
0,09	0	0	1	7	6	0	0	1	7	7
0,1	0	0	1	9	6	0	0	1	9	7
0,2	0	0	3	9	2	0	0	3	9	4
0,3	0	0	5	8	8	0	0	5	9	1
0,4	0	0	7	8	4	0	0	7	8	8
0,5	0	0	9	8	0	0	0	9	8	5
0,6	0	1	1	7	6	0	1	1	8	2
0,7	0	1	3	7	2	0	1	3	7	9
0,8	0	1	5	6	8	0	1	5	7	6
0,9	0	1	7	6	4	0	1	7	7	3
1	0	1	9	6	0	0	1	9	7	0
1,1	0	2	1	5	6	0	2	1	6	7
1,2	0	2	3	5	2	0	2	3	6	4
1,3	0	2	5	4	8	0	2	5	6	1
1,4	0	2	7	4	4	0	2	7	5	8
1,5	0	2	9	4	0	0	2	9	5	5
1,6	0	3	1	3	6	0	3	1	5	2
1,7	0	3	3	3	2	0	3	3	4	9
1,8	0	3	5	2	8	0	3	5	4	6
1,9	0	3	7	2	4	0	3	7	4	3
2	0	3	9	2	0	0	3	9	4	0
2,1	0	4	1	1	6	0	4	1	3	7
2,2	0	4	3	1	2	0	4	3	3	4
2,3	0	4	5	0	8	0	4	5	3	1
2,4	0	4	7	0	4	0	4	7	2	8
2,5	0	4	9	0	0	0	4	9	2	5
2,6	0	5	0	9	6	0	5	1	2	2
2,7	0	5	2	9	2	0	5	3	1	9
2,8	0	5	4	8	8	0	5	5	1	6
2,9	0	5	6	8	4	0	5	7	1	3
3	0	5	8	8	0	0	5	9	1	0
3,1	0	6	0	7	6	0	6	1	0	7
3,2	0	6	2	7	2	0	6	3	0	4
3,3	0	6	4	6	8	0	6	5	0	1
3,4	0	6	6	6	4	0	6	6	9	8
3,5	0	6	8	6	0	0	6	8	9	5
3,6	0	7	0	5	6	0	7	0	9	2
3,7	0	7	2	5	2	0	7	2	8	9
3,8	0	7	4	4	8	0	7	4	8	6
3,9	0	7	6	4	4	0	7	6	8	3
4	0	7	8	4	0	0	7	8	8	0
4,1	0	8	0	3	6	0	8	0	7	7
4,2	0	8	2	3	2	0	8	2	7	4
4,3	0	8	4	2	8	0	8	4	7	1
4,4	0	8	6	2	4	0	8	6	6	8
4,5	0	8	8	2	0	0	8	8	6	5

4,6 bis 10	0,196	1,96	19,6	196,0	1960,0	0,197	1,97	19,7	197,0	1970,0
4,6	0	9	0	1	6	0	9	0	6	2
4,7	0	9	2	1	2	0	9	2	5	9
4,8	0	9	4	0	8	0	9	4	5	6
4,9	0	9	6	0	4	0	9	6	5	3
5	0	9	8	0	0	0	9	8	5	0
5,1	0	9	9	9	6	1	0	0	4	7
5,2	1	0	1	9	2	1	0	2	4	4
5,3	1	0	3	8	8	1	0	4	4	1
5,4	1	0	5	8	4	1	0	6	3	8
5,5	1	0	7	8	0	1	0	8	3	5
5,6	1	0	9	7	6	1	1	0	3	2
5,7	1	1	1	7	2	1	1	2	2	9
5,8	1	1	3	6	8	1	1	4	2	6
5,9	1	1	5	6	4	1	1	6	2	3
6	1	1	7	6	0	1	1	8	2	0
6,1	1	1	9	5	6	1	2	0	1	7
6,2	1	2	1	5	2	1	2	2	1	4
6,3	1	2	3	4	8	1	2	4	1	1
6,4	1	2	5	4	4	1	2	6	0	8
6,5	1	2	7	4	0	1	2	8	0	5
6,6	1	2	9	3	6	1	3	0	0	2
6,7	1	3	1	3	2	1	3	1	9	9
6,8	1	3	3	2	8	1	3	3	9	6
6,9	1	3	5	2	4	1	3	5	9	3
7	1	3	7	2	0	1	3	7	9	0
7,1	1	3	9	1	6	1	3	9	8	7
7,2	1	4	1	1	2	1	4	1	8	4
7,3	1	4	3	0	8	1	4	3	8	1
7,4	1	4	5	0	4	1	4	5	7	8
7,5	1	4	7	0	0	1	4	7	7	5
7,6	1	4	8	9	6	1	4	9	7	2
7,7	1	5	0	9	2	1	5	1	6	9
7,8	1	5	2	8	8	1	5	3	6	6
7,9	1	5	4	8	4	1	5	5	6	3
8	1	5	6	8	0	1	5	7	6	0
8,1	1	5	8	7	6	1	5	9	5	7
8,2	1	6	0	7	2	1	6	1	5	4
8,3	1	6	2	6	8	1	6	3	5	1
8,4	1	6	4	6	4	1	6	5	4	8
8,5	1	6	6	6	0	1	6	7	4	5
8,6	1	6	8	5	6	1	6	9	4	2
8,7	1	7	0	5	2	1	7	1	3	9
8,8	1	7	2	4	8	1	7	3	3	6
8,9	1	7	4	4	4	1	7	5	3	3
9	1	7	6	4	0	1	7	7	3	0
9,1	1	7	8	3	6	1	7	9	2	7
9,2	1	8	0	3	2	1	8	1	2	4
9,3	1	8	2	2	8	1	8	3	2	1
9,4	1	8	4	2	4	1	8	5	1	8
9,5	1	8	6	2	0	1	8	7	1	5
9,6	1	8	8	1	6	1	8	9	1	2
9,7	1	9	0	1	2	1	9	1	0	9
9,8	1	9	2	0	8	1	9	3	0	6
9,9	1	9	4	0	4	1	9	5	0	3
10	1	9	6	0	0	1	9	7	0	0

0,01 bis 4,5	0,198	1,98	19,8	198,0	1980,0	0,199	1,99	19,9	199,0	1990,0
0,01	0	0	0	2	0	0	0	0	2	0
0,02	0	0	0	4	0	0	0	0	4	0
0,03	0	0	0	5	9	0	0	0	6	0
0,04	0	0	0	7	9	0	0	0	8	0
0,05	0	0	0	9	9	0	0	1	0	0
0,06	0	0	1	1	9	0	0	1	1	9
0,07	0	0	1	3	9	0	0	1	3	9
0,08	0	0	1	5	8	0	0	1	5	9
0,09	0	0	1	7	8	0	0	1	7	9
0,1	0	0	1	9	8	0	0	1	9	9
0,2	0	0	3	9	6	0	0	3	9	8
0,3	0	0	5	9	4	0	0	5	9	7
0,4	0	0	7	9	2	0	0	7	9	6
0,5	0	0	9	9	0	0	0	9	9	5
0,6	0	1	1	8	8	0	1	1	9	4
0,7	0	1	3	8	6	0	1	2	9	3
0,8	0	1	5	8	4	0	1	5	9	2
0,9	0	1	7	8	2	0	1	7	9	1
1	0	1	9	8	0	0	1	9	9	0
1,1	0	2	1	7	8	0	2	1	8	9
1,2	0	2	3	7	6	0	2	3	8	8
1,3	0	2	5	7	4	0	2	5	8	7
1,4	0	2	7	7	2	0	2	7	8	6
1,5	0	2	9	7	0	0	2	9	8	5
1,6	0	3	1	6	8	0	3	1	8	4
1,7	0	3	3	6	6	0	3	3	8	3
1,8	0	3	5	6	4	0	3	5	8	2
1,9	0	3	7	6	2	0	3	7	8	1
2	0	3	9	6	0	0	3	9	8	0
2,1	0	4	1	5	8	0	4	1	7	9
2,2	0	4	3	5	6	0	4	3	7	8
2,3	0	4	5	5	4	0	4	5	7	7
2,4	0	4	7	5	2	0	4	7	7	6
2,5	0	4	9	5	0	0	4	9	7	5
2,6	0	5	1	4	8	0	5	1	7	4
2,7	0	5	3	4	6	0	5	3	7	3
2,8	0	5	5	4	4	0	5	5	7	2
2,9	0	5	7	4	2	0	5	7	7	1
3	0	5	9	4	0	0	5	9	7	0
3,1	0	6	1	3	8	0	6	1	6	9
3,2	0	6	3	3	6	0	6	3	6	8
3,3	0	6	5	3	4	0	6	5	6	7
3,4	0	6	7	3	2	0	6	7	6	6
3,5	0	6	9	3	0	0	6	9	6	5
3,6	0	7	1	2	8	0	7	1	6	4
3,7	0	7	3	2	6	0	7	3	6	3
3,8	0	7	5	2	4	0	7	5	6	2
3,9	0	7	7	2	2	0	7	7	6	1
4	0	7	9	2	0	0	7	9	6	0
4,1	0	8	1	1	8	0	8	1	5	9
4,2	0	8	3	1	6	0	8	3	5	8
4,3	0	8	5	1	4	0	8	5	5	7
4,4	0	8	7	1	2	0	8	7	5	6
4,5	0	8	9	1	0	0	8	9	5	5

4,6 bis 10	0,198	1,98	19,8	198,0	1980,0	0,199	1,99	19,9	199,0	1990,0
4,6	0	9	1	0	8	0	9	1	5	4
4,7	0	9	3	0	6	0	9	3	5	3
4,8	0	9	5	0	4	0	9	5	5	2
4,9	0	9	7	0	2	0	9	7	5	1
5	0	9	9	0	0	0	9	9	5	0
5,1	1	0	0	9	8	1	0	1	4	9
5,2	1	0	2	9	6	1	0	3	4	8
5,3	1	0	4	9	4	1	0	5	4	7
5,4	1	0	6	9	2	1	0	7	4	6
5,5	1	0	8	9	0	1	0	9	4	5
5,6	1	1	0	8	8	1	1	1	4	4
5,7	1	1	2	8	6	1	1	3	4	3
5,8	1	1	4	8	4	1	1	5	4	2
5,9	1	1	6	8	2	1	1	7	4	1
6	1	1	8	8	0	1	1	9	4	0
6,1	1	2	0	7	8	1	2	1	3	9
6,2	1	2	2	7	6	1	2	3	3	8
6,3	1	2	4	7	4	1	2	5	3	7
6,4	1	2	6	7	2	1	2	7	3	6
6,5	1	2	8	7	0	1	2	9	3	5
6,6	1	3	0	6	8	1	3	1	3	4
6,7	1	3	2	6	6	1	3	3	3	3
6,8	1	3	4	6	4	1	3	5	3	2
6,9	1	3	6	6	2	1	3	7	3	1
7	1	3	8	6	0	1	3	9	3	0
7,1	1	4	0	5	8	1	4	1	2	9
7,2	1	4	2	5	6	1	4	3	2	8
7,3	1	4	4	5	4	1	4	5	2	7
7,4	1	4	6	5	2	1	4	7	2	6
7,5	1	4	8	5	0	1	4	9	2	5
7,6	1	5	0	4	8	1	5	1	2	4
7,7	1	5	2	4	6	1	5	3	2	3
7,8	1	5	4	4	4	1	5	5	2	2
7,9	1	5	6	4	2	1	5	7	2	1
8	1	5	8	4	0	1	5	9	2	0
8,1	1	6	0	3	8	1	6	1	1	9
8,2	1	6	2	3	6	1	6	3	1	8
8,3	1	6	4	3	4	1	6	5	1	7
8,4	1	6	6	3	2	1	6	7	1	6
8,5	1	6	8	3	0	1	6	9	1	5
8,6	1	7	0	2	8	1	7	1	1	4
8,7	1	7	2	2	6	1	7	3	1	3
8,8	1	7	4	2	4	1	7	5	1	2
8,9	1	7	6	2	2	1	7	7	1	1
9	1	7	8	2	0	1	7	9	1	0
9,1	1	8	0	1	8	1	8	1	0	9
9,2	1	8	2	1	6	1	8	3	0	8
9,3	1	8	4	1	4	1	8	5	0	7
9,4	1	8	6	1	2	1	8	7	0	6
9,5	1	8	8	1	0	1	8	9	0	5
9,6	1	9	0	0	8	1	9	1	0	4
9,7	1	9	2	0	6	1	9	3	0	3
9,8	1	9	4	0	4	1	9	5	0	2
9,9	1	9	6	0	2	1	9	7	0	1
10	1	9	8	0	0	1	9	9	0	0

0,01 bis 4,5	0,2	2,0	20,0	200,0	2000,0	0,2012	2,012	20,12	201,2	2012,0
0,01	0	0	0	2	0	0	0	0	2	0
0,02	0	0	0	4	0	0	0	0	4	0
0,03	0	0	0	6	0	0	0	0	6	0
0,04	0	0	0	8	0	0	0	0	8	0
0,05	0	0	1	0	0	0	0	1	0	1
0,06	0	0	1	2	0	0	0	1	2	1
0,07	0	0	1	4	0	0	0	1	4	1
0,08	0	0	1	6	0	0	0	1	6	1
0,09	0	0	1	8	0	0	0	1	8	1
0,1	0	0	2	0	0	0	0	2	0	1
0,2	0	0	4	0	0	0	0	4	0	2
0,3	0	0	6	0	0	0	0	6	0	4
0,4	0	0	8	0	0	0	0	8	0	5
0,5	0	1	0	0	0	0	1	0	0	6
0,6	0	1	2	0	0	0	1	2	0	7
0,7	0	1	4	0	0	0	1	4	0	8
0,8	0	1	6	0	0	0	1	6	1	0
0,9	0	1	8	0	0	0	1	8	1	1
1	0	2	0	0	0	0	2	0	1	2
1,1	0	2	2	0	0	0	2	2	1	3
1,2	0	2	4	0	0	0	2	4	1	4
1,3	0	2	6	0	0	0	2	6	1	6
1,4	0	2	8	0	0	0	2	8	1	7
1,5	0	3	0	0	0	0	3	0	1	8
1,6	0	3	2	0	0	0	3	2	1	9
1,7	0	3	4	0	0	0	3	4	2	0
1,8	0	3	6	0	0	0	3	6	2	2
1,9	0	3	8	0	0	0	3	8	2	3
2	0	4	0	0	0	0	4	0	2	4
2,1	0	4	2	0	0	0	4	2	2	5
2,2	0	4	4	0	0	0	4	4	2	6
2,3	0	4	6	0	0	0	4	6	2	8
2,4	0	4	8	0	0	0	4	8	2	9
2,5	0	5	0	0	0	0	5	0	3	0
2,6	0	5	2	0	0	0	5	2	3	1
2,7	0	5	4	0	0	0	5	4	3	2
2,8	0	5	6	0	0	0	5	6	3	4
2,9	0	5	8	0	0	0	5	8	3	5
3	0	6	0	0	0	0	6	0	3	6
3,1	0	6	2	0	0	0	6	2	3	7
3,2	0	6	4	0	0	0	6	4	3	8
3,3	0	6	6	0	0	0	6	6	4	0
3,4	0	6	8	0	0	0	6	8	4	1
3,5	0	7	0	0	0	0	7	0	4	2
3,6	0	7	2	0	0	0	7	2	4	3
3,7	0	7	4	0	0	0	7	4	4	4
3,8	0	7	6	0	0	0	7	6	4	6
3,9	0	7	8	0	0	0	7	8	4	7
4	0	8	0	0	0	0	8	0	4	8
4,1	0	8	2	0	0	0	8	2	4	9
4,2	0	8	4	0	0	0	8	4	5	0
4,3	0	8	6	0	0	0	8	6	5	2
4,4	0	8	8	0	0	0	8	8	5	3
4,5	0	9	0	0	0	0	9	0	5	4

4,6 bis 10	0,2	2,0	20,0	200,0	2000,0	0,2012	2,012	20,12	201,2	2012,0
4,6	0	9	2	0	0	0	9	2	5	5
4,7	0	9	4	0	0	0	9	4	5	6
4,8	0	9	6	0	0	0	9	6	5	8
4,9	0	9	8	0	0	0	9	8	5	9
5	1	0	0	0	0	1	0	0	6	0
5,1	1	0	2	0	0	1	0	2	6	1
5,2	1	0	4	0	0	1	0	4	6	2
5,3	1	0	6	0	0	1	0	6	6	4
5,4	1	0	8	0	0	1	0	8	6	5
5,5	1	1	0	0	0	1	1	0	6	6
5,6	1	1	2	0	0	1	1	2	6	7
5,7	1	1	4	0	0	1	1	4	6	8
5,8	1	1	6	0	0	1	1	6	7	0
5,9	1	1	8	0	0	1	1	8	7	1
6	1	2	0	0	0	1	2	0	7	2
6,1	1	2	2	0	0	1	2	2	7	3
6,2	1	2	4	0	0	1	2	4	7	4
6,3	1	2	6	0	0	1	2	6	7	6
6,4	1	2	8	0	0	1	2	8	7	7
6,5	1	3	0	0	0	1	3	0	7	8
6,6	1	3	2	0	0	1	3	2	7	9
6,7	1	3	4	0	0	1	3	4	8	0
6,8	1	3	6	0	0	1	3	6	8	2
6,9	1	3	8	0	0	1	3	8	8	3
7	1	4	0	0	0	1	4	0	8	4
7,1	1	4	2	0	0	1	4	2	8	5
7,2	1	4	4	0	0	1	4	4	8	6
7,3	1	4	6	0	0	1	4	6	8	8
7,4	1	4	8	0	0	1	4	8	8	9
7,5	1	5	0	0	0	1	5	0	9	0
7,6	1	5	2	0	0	1	5	2	9	1
7,7	1	5	4	0	0	1	5	4	9	2
7,8	1	5	6	0	0	1	5	6	9	4
7,9	1	5	8	0	0	1	5	8	9	5
8	1	6	0	0	0	1	6	0	9	6
8,1	1	6	2	0	0	1	6	2	9	7
8,2	1	6	4	0	0	1	6	4	9	8
8,3	1	6	6	0	0	1	6	7	0	0
8,4	1	6	8	0	0	1	6	9	0	1
8,5	1	7	0	0	0	1	7	1	0	2
8,6	1	7	2	0	0	1	7	3	0	3
8,7	1	7	4	0	0	1	7	5	0	4
8,8	1	7	6	0	0	1	7	7	0	6
8,9	1	7	8	0	0	1	7	9	0	7
9	1	8	0	0	0	1	8	1	0	8
9,1	1	8	2	0	0	1	8	3	0	9
9,2	1	8	4	0	0	1	8	5	1	0
9,3	1	8	6	0	0	1	8	7	1	2
9,4	1	8	8	0	0	1	8	9	1	3
9,5	1	9	0	0	0	1	9	1	1	4
9,6	1	9	2	0	0	1	9	3	1	5
9,7	1	9	4	0	0	1	9	5	1	6
9,8	1	9	6	0	0	1	9	7	1	8
9,9	1	9	8	0	0	1	9	9	1	9
10	2	0	0	0	0	2	0	1	2	0

0,01 bis 4,5	0,2025	2,025	20,25	202,5	2025,0	0,2037	2,037	20,37	203,7	2037,0
0,01	0	0	0	2	0	0	0	0	2	0
0,02	0	0	0	4	1	0	0	0	4	1
0,03	0	0	0	6	1	0	0	0	6	1
0,04	0	0	0	8	1	0	0	0	8	1
0,05	0	0	1	0	1	0	0	1	0	2
0,06	0	0	1	2	2	0	0	1	2	2
0,07	0	0	1	4	2	0	0	1	4	3
0,08	0	0	1	6	2	0	0	1	6	3
0,09	0	0	1	8	2	0	0	1	8	3
0,1	0	0	2	0	3	0	0	2	0	4
0,2	0	0	4	0	5	0	0	4	0	7
0,3	0	0	6	0	8	6	0	6	1	1
0,4	0	0	8	1	0	4	0	8	1	5
0,5	0	1	0	1	3	0	1	0	1	9
0,6	0	1	2	1	5	0	1	2	2	2
0,7	0	1	4	1	8	0	1	4	2	6
0,8	0	1	6	2	0	0	1	6	3	0
0,9	0	1	8	2	3	0	1	8	3	3
1	0	2	0	2	5	0	2	0	3	7
1,1	0	2	2	2	8	0	2	2	4	1
1,2	0	2	4	3	0	0	2	4	4	4
1,3	0	2	6	3	3	0	2	6	4	8
1,4	0	2	8	3	5	0	2	8	5	2
1,5	0	3	0	3	8	0	3	0	5	6
1,6	0	3	2	4	0	0	3	2	5	9
1,7	0	3	4	4	3	0	3	4	6	3
1,8	0	3	6	4	5	0	3	6	6	7
1,9	0	3	8	4	8	0	3	8	7	0
2	0	4	0	5	0	0	4	0	7	4
2,1	0	4	2	5	3	0	4	2	7	8
2,2	0	4	4	5	5	0	4	4	8	1
2,3	0	4	6	5	8	0	4	6	8	5
2,4	0	4	8	6	0	0	4	8	8	9
2,5	0	5	0	6	3	0	5	0	9	3
2,6	0	5	2	6	5	0	5	2	9	6
2,7	0	5	4	6	8	0	5	5	0	0
2,8	0	5	6	7	0	0	5	7	0	4
2,9	0	5	8	7	3	0	5	9	0	7
3	0	6	0	7	5	0	6	1	1	1
3,1	0	6	2	7	8	0	6	3	1	5
3,2	0	6	4	8	0	0	6	5	1	8
3,3	0	6	6	8	3	0	6	7	2	2
3,4	0	6	8	8	5	0	6	9	2	6
3,5	0	7	0	8	8	0	7	1	3	0
3,6	0	7	2	9	0	0	7	3	3	3
3,7	0	7	4	9	3	0	7	5	3	7
3,8	0	7	6	9	5	0	7	7	4	1
3,9	0	7	8	9	8	0	7	9	4	4
4	0	8	1	0	0	0	8	1	4	8
4,1	0	8	3	0	3	0	8	3	5	2
4,2	0	8	5	0	5	0	8	5	5	5
4,3	0	8	7	0	8	0	8	7	5	9
4,4	0	8	9	1	0	0	8	9	6	3
4,5	0	9	1	1	3	0	9	1	6	7

4,6 bis 10	0,2025	2,025	20,25	202,5	2025,0	0,2037	2,037	20,37	203,7	2037,0
4,6	0	9	3	1	5	0	9	3	7	0
4,7	0	9	5	1	8	0	9	5	7	4
4,8	0	9	7	2	0	0	9	7	7	8
4,9	0	9	9	2	3	0	9	9	8	1
5	1	0	1	2	5	1	0	1	8	5
5,1	1	0	3	2	8	1	0	3	8	9
5,2	1	0	5	3	0	1	0	5	9	2
5,3	1	0	7	3	3	1	0	7	9	6
5,4	1	0	9	3	5	1	1	0	0	0
5,5	1	1	1	3	8	1	1	2	0	4
5,6	1	1	3	4	0	1	1	4	0	7
5,7	1	1	5	4	3	1	1	6	1	1
5,8	1	1	7	4	5	1	1	8	1	5
5,9	1	1	9	4	8	1	1	0	1	8
6	1	2	1	5	0	1	2	2	2	2
6,1	1	2	3	5	3	1	2	4	2	6
6,2	1	2	5	5	6	1	2	6	2	9
6,3	1	2	7	5	8	1	2	8	3	3
6,4	1	2	9	6	0	1	3	0	3	7
6,5	1	3	1	6	3	1	3	2	4	1
6,6	1	3	3	6	5	1	3	4	4	4
6,7	1	3	5	6	8	1	3	6	4	8
6,8	1	3	7	7	0	1	3	8	5	2
6,9	1	3	9	7	3	1	4	0	5	5
7	1	4	1	7	5	1	4	2	5	9
7,1	1	4	3	7	8	1	4	4	6	3
7,2	1	4	5	8	0	1	4	6	6	6
7,3	1	4	7	8	3	1	4	8	7	0
7,4	1	4	9	8	5	1	5	0	7	4
7,5	1	5	1	8	8	1	5	2	7	8
7,6	1	5	3	9	0	1	5	4	8	1
7,7	1	5	5	9	3	1	5	6	8	5
7,8	1	5	7	9	5	1	5	8	8	9
7,9	1	5	9	9	8	1	6	0	9	2
8	1	6	2	0	0	1	6	2	9	6
8,1	1	6	4	0	3	1	6	5	0	0
8,2	1	6	6	0	5	1	6	7	0	4
8,3	1	6	8	0	8	1	6	9	0	7
8,4	1	7	0	1	0	1	7	1	1	1
8,5	1	7	2	1	3	1	7	3	1	5
8,6	1	7	4	1	5	1	7	5	1	8
8,7	1	7	6	1	8	1	7	7	2	2
8,8	1	7	8	2	0	1	7	9	2	6
8,9	1	8	0	2	3	1	8	1	2	9
9	1	8	2	2	5	1	8	3	3	3
9,1	1	8	4	2	8	1	8	5	3	7
9,2	1	8	6	3	0	1	8	7	4	0
9,3	1	8	8	3	3	1	8	9	4	4
9,4	1	9	0	3	5	1	9	1	4	8
9,5	1	9	2	3	8	1	9	3	5	2
9,6	1	9	4	4	0	1	9	5	5	5
9,7	1	9	6	4	3	1	9	7	5	9
9,8	1	9	8	4	5	1	9	9	6	3
9,9	2	0	0	4	8	2	0	1	6	6
10	2	0	2	5	0	2	0	3	7	0

2050–2062

0,01 bis 4,5	0,205	2,05	20,5	205,0	2050,0	0,2062	2,062	20,62	206,2	2062,0
0,01	0	0	0	2	1	0	0	0	2	1
0,02	0	0	0	4	1	0	0	0	4	1
0,03	0	0	0	6	2	0	0	0	6	2
0,04	0	0	0	8	2	0	0	0	8	2
0,05	0	0	1	0	3	0	0	1	0	3
0,06	0	0	1	2	3	0	0	1	2	4
0,07	0	0	1	4	4	0	0	1	4	4
0,08	0	0	1	6	4	0	0	1	6	5
0,09	0	0	1	8	5	0	0	1	8	6
0,1	0	0	2	0	5	0	0	2	0	6
0,2	0	0	4	1	0	0	0	4	1	2
0,3	0	0	6	1	5	0	0	6	1	9
0,4	0	0	8	2	0	0	0	8	2	5
0,5	0	1	0	2	5	0	1	0	3	1
0,6	0	1	2	3	0	0	1	2	3	7
0,7	0	1	4	3	5	0	1	4	4	3
0,8	0	1	6	4	0	0	1	6	5	0
0,9	0	1	8	4	5	0	1	8	5	6
1	0	2	0	5	0	0	2	0	6	2
1,1	0	2	2	5	5	0	2	2	6	8
1,2	0	2	4	6	0	0	2	4	7	4
1,3	0	2	6	6	5	0	2	6	8	1
1,4	0	2	8	7	0	0	2	8	8	7
1,5	0	3	0	7	5	0	3	0	9	3
1,6	0	3	2	8	0	0	3	2	9	9
1,7	0	3	4	8	5	0	3	5	0	5
1,8	0	3	6	9	0	0	3	7	1	2
1,9	0	3	8	9	5	0	3	9	1	8
2	0	4	1	0	0	0	4	1	2	4
2,1	0	4	3	0	5	0	4	3	3	0
2,2	0	4	5	1	0	0	4	5	3	6
2,3	0	4	7	1	5	0	4	7	4	3
2,4	0	4	9	2	0	0	4	9	4	9
2,5	0	5	1	2	5	0	5	1	5	5
2,6	0	5	3	3	0	0	5	3	6	1
2,7	0	5	5	3	5	0	5	5	6	7
2,8	0	5	7	4	0	0	5	7	7	4
2,9	0	5	9	4	5	0	5	9	8	0
3	0	6	1	5	0	0	6	1	8	6
3,1	0	6	3	5	5	0	6	3	9	2
3,2	0	6	5	6	0	0	6	5	9	8
3,3	0	6	7	6	5	0	6	8	0	5
3,4	0	6	9	7	0	0	7	0	1	1
3,5	0	7	1	7	5	0	7	2	1	7
3,6	0	7	3	8	0	0	7	4	2	3
3,7	0	7	7	8	5	0	7	6	2	9
3,8	0	7	5	9	0	0	7	8	3	6
3,9	0	7	9	9	5	0	8	0	4	2
4	0	8	2	0	0	0	8	2	4	8
4,1	0	8	4	0	5	0	8	4	5	4
4,2	0	8	6	1	0	0	8	6	6	0
4,3	0	8	8	1	5	0	8	8	6	7
4,4	0	9	0	2	0	0	9	0	7	3
4,5	0	9	2	2	5	0	9	2	7	9

4,6 bis 10	0,205	2,05	20,5	205,0	2050,0	0,2062	2,062	20,62	206,2	2062,0
4,6	0	9	4	3	0	0	9	4	8	5
4,7	0	9	6	3	5	0	9	6	9	1
4,8	0	9	8	4	0	0	9	8	9	8
4,9	1	0	0	4	5	1	0	1	0	4
5	1	0	2	5	0	1	0	3	1	0
5,1	1	0	4	5	5	1	0	5	1	6
5,2	1	0	6	6	0	1	0	7	2	2
5,3	1	0	8	6	5	1	0	9	2	9
5,4	1	1	0	7	0	1	1	1	3	5
5,5	1	1	2	7	5	1	1	3	4	1
5,6	1	1	4	8	0	1	1	5	4	7
5,7	1	1	6	8	5	1	1	7	5	3
5,8	1	1	8	9	0	1	1	9	6	0
5,9	1	2	0	9	5	1	2	1	6	6
6	1	2	3	0	0	1	2	3	7	2
6,1	1	2	5	0	5	1	2	5	7	8
6,2	1	2	7	1	0	1	2	7	8	4
6,3	1	2	9	1	5	1	2	9	9	1
6,4	1	3	1	2	0	1	3	1	9	7
6,5	1	3	3	2	5	1	3	4	0	3
6,6	1	3	5	3	0	1	3	6	0	9
6,7	1	3	7	3	5	1	3	8	1	5
6,8	1	3	9	4	0	1	4	0	2	2
6,9	1	4	1	4	5	1	4	2	2	8
7	1	4	3	5	0	1	4	4	3	4
7,1	1	4	5	5	5	1	4	6	4	0
7,2	1	4	7	6	0	1	4	8	4	6
7,3	1	4	9	6	5	1	5	0	5	3
7,4	1	5	1	7	0	1	5	2	5	9
7,5	1	5	3	7	5	1	5	4	6	5
7,6	1	5	5	8	0	1	5	6	7	1
7,7	1	5	7	8	5	1	5	8	7	7
7,8	1	5	9	9	0	1	6	0	8	4
7,9	1	6	1	9	5	1	6	2	9	0
8	1	6	4	0	0	1	6	4	9	6
8,1	1	6	6	0	5	1	6	7	0	2
8,2	1	6	8	1	0	1	6	9	0	8
8,3	1	7	0	1	5	1	7	1	1	5
8,4	1	7	2	2	0	1	7	3	2	1
8,5	1	7	4	2	5	1	7	5	2	7
8,6	1	7	6	3	0	1	7	7	3	3
8,7	1	7	8	3	5	1	7	9	3	9
8,8	1	8	0	4	0	1	8	1	4	6
8,9	1	8	2	4	5	1	8	3	5	2
9	1	8	4	5	0	1	8	5	5	8
9,1	1	8	6	5	5	1	8	7	6	4
9,2	1	8	8	6	0	1	8	9	7	0
9,3	1	9	0	6	5	1	9	1	7	7
9,4	1	9	2	7	0	1	9	3	8	3
9,5	1	9	4	7	5	1	9	5	8	9
9,6	1	9	6	8	0	1	9	7	9	5
9,7	1	9	8	8	5	2	0	0	0	1
9,8	2	0	0	9	0	2	0	2	0	8
9,9	2	0	2	9	5	2	0	4	1	4
10	2	0	5	0	0	2	0	6	2	0

0,01 bis 4,5	0,2075	2,075	20,75	207,5	2075,0	0,2087	2,087	20,87	208,7	2087,0
0,01	0	0	0	2	1	0	0	0	2	1
0,02	0	0	0	4	2	0	0	0	4	2
0,03	0	0	0	6	2	0	0	0	6	3
0,04	0	0	0	8	3	0	0	0	8	3
0,05	0	0	1	0	4	0	0	1	0	4
0,06	0	0	1	2	5	0	0	1	2	5
0,07	0	0	1	4	5	0	0	1	4	6
0,08	0	0	1	6	6	0	0	1	6	7
0,09	0	0	1	8	7	0	0	1	8	8
0,1	0	0	2	0	8	0	0	2	0	9
0,2	0	0	4	1	5	0	0	4	1	7
0,3	0	0	6	2	3	0	0	6	2	6
0,4	0	0	8	3	0	0	0	8	3	5
0,5	0	1	0	3	8	0	1	0	4	4
0,6	0	1	2	4	5	0	1	2	5	2
0,7	0	1	4	5	3	0	1	4	6	1
0,8	0	1	6	6	0	0	1	6	7	0
0,9	0	1	8	6	8	0	1	8	7	8
1	0	2	0	7	5	0	2	0	8	7
1,1	0	2	2	8	3	0	2	2	9	6
1,2	0	2	4	9	0	0	2	5	0	4
1,3	0	2	6	9	8	0	2	7	1	3
1,4	0	2	9	0	5	0	2	9	2	2
1,5	0	3	1	1	3	0	3	1	3	1
1,6	0	3	3	2	0	0	3	3	3	9
1,7	0	3	5	2	8	0	3	5	4	8
1,8	0	3	7	3	5	0	3	7	5	7
1,9	0	3	9	4	3	0	3	9	6	5
2	0	4	1	5	0	0	4	1	7	4
2,1	0	4	3	5	8	0	4	3	8	3
2,2	0	4	5	6	5	0	4	5	9	1
2,3	0	4	7	7	3	0	4	8	0	0
2,4	0	4	9	8	0	0	5	0	0	9
2,5	0	5	1	8	8	0	5	2	1	8
2,6	0	5	3	9	5	0	5	4	2	6
2,7	0	5	6	0	3	0	5	6	3	5
2,8	0	5	8	1	0	0	5	8	4	4
2,9	0	6	0	1	8	0	6	0	5	2
3	0	6	2	2	5	0	6	2	6	1
3,1	0	6	4	3	3	0	6	4	7	0
3,2	0	6	6	4	0	0	6	6	7	8
3,3	0	6	8	4	8	0	6	8	8	7
3,4	0	7	0	5	5	0	7	0	9	6
3,5	0	7	2	6	3	0	7	3	0	5
3,6	0	7	4	7	0	0	7	5	1	3
3,7	0	7	6	7	8	0	7	7	2	2
3,8	0	7	8	8	5	0	7	9	3	1
3,9	0	8	0	9	3	0	8	1	3	9
4	0	8	3	0	0	0	8	3	4	8
4,1	0	8	5	0	8	0	8	5	5	7
4,2	0	8	7	1	5	0	8	7	6	5
4,3	0	8	9	2	3	0	8	9	7	4
4,4	0	9	1	3	0	0	9	1	8	3
4,5	0	9	3	3	8	0	9	3	9	2

4,6 bis 10	0,2075	2,075	20,75	207,5	2075,0	0,2087	2,087	20,87	208,7	2087,0
4,6	0	9	5	4	5	0	9	6	0	0
4,7	0	9	7	5	3	0	9	8	0	9
4,8	0	9	9	6	0	1	0	0	1	8
4,9	1	0	1	6	8	1	0	2	2	6
5	1	0	3	7	5	1	0	4	3	5
5,1	1	0	5	8	3	1	0	6	4	4
5,2	1	0	7	9	0	1	0	8	5	2
5,3	1	0	9	9	8	1	1	0	6	1
5,4	1	1	2	0	5	1	1	2	7	0
5,5	1	1	4	1	3	1	1	4	7	9
5,6	1	1	6	2	0	1	1	6	8	7
5,7	1	1	8	2	8	1	1	8	9	6
5,8	1	2	0	3	5	1	2	1	0	5
5,9	1	2	2	4	3	1	2	3	1	3
6	1	2	4	5	0	1	2	5	2	2
6,1	1	2	6	5	8	1	2	7	3	1
6,2	1	2	8	6	5	1	2	9	3	9
6,3	1	3	0	7	3	1	3	1	4	8
6,4	1	3	2	8	0	1	3	3	5	7
6,5	1	3	4	8	8	1	3	5	6	6
6,6	1	3	6	9	5	1	3	7	7	4
6,7	1	3	9	0	3	1	3	9	8	3
6,8	1	4	1	1	0	1	4	1	9	2
6,9	1	4	3	1	8	1	4	4	0	0
7	1	4	5	2	5	1	4	6	0	9
7,1	1	4	7	3	3	1	4	8	1	8
7,2	1	4	9	4	0	1	5	0	2	6
7,3	1	5	1	4	8	1	5	2	3	5
7,4	1	5	3	5	5	1	5	4	4	4
7,5	1	5	5	6	3	1	5	6	5	3
7,6	1	5	7	7	0	1	5	8	6	1
7,7	1	5	9	7	8	1	6	0	7	0
7,8	1	6	1	8	5	1	6	2	7	9
7,9	1	6	3	9	3	1	6	4	8	7
8	1	6	6	0	0	1	6	6	9	6
8,1	1	6	8	0	8	1	6	9	0	5
8,2	1	7	0	1	5	1	7	1	1	3
8,3	1	7	2	2	3	1	7	3	2	2
8,4	1	7	4	3	0	1	7	5	3	1
8,5	1	7	6	3	8	1	7	7	4	0
8,6	1	7	8	4	5	1	7	9	4	8
8,7	1	8	0	5	3	1	8	1	5	7
8,8	1	8	2	6	0	1	8	3	6	6
8,9	1	8	4	6	8	1	8	5	7	4
9	1	8	6	7	5	1	8	7	8	3
9,1	1	8	8	8	3	1	8	9	9	2
9,2	1	9	0	9	0	1	9	2	0	0
9,3	1	9	2	9	8	1	9	4	0	9
9,4	1	9	5	0	5	1	9	6	1	8
9,5	1	9	7	1	3	1	9	8	2	7
9,6	1	9	9	2	0	2	0	0	3	5
9,7	2	0	1	2	8	2	0	2	4	4
9,8	2	0	3	3	5	2	0	4	5	3
9,9	2	0	5	4	3	2	0	6	6	1
10	2	0	7	5	0	2	0	8	7	0

0,01 bis 4,5	0,21	2,1	21,0	210,0	2100,0	0,2112	2,112	21,12	211,2	2112,0
0,01	0	0	0	2	1	0	0	0	2	1
0,02	0	0	0	4	2	0	0	0	4	2
0,03	0	0	0	6	3	0	0	0	6	3
0,04	0	0	0	8	4	0	0	0	8	4
0,05	0	0	1	0	5	0	0	1	0	6
0,06	0	0	1	2	6	0	0	1	2	7
0,07	0	0	1	4	7	0	0	1	4	8
0,08	0	0	1	6	8	0	0	1	6	9
0,09	0	0	1	8	9	0	0	1	9	0
0,1	0	0	2	1	0	0	0	2	1	1
0,2	0	0	4	2	0	0	0	4	2	2
0,3	0	0	6	3	0	0	0	6	3	4
0,4	0	0	8	4	0	0	0	8	4	5
0,5	0	1	0	5	0	0	1	0	5	6
0,6	0	1	2	6	0	0	1	2	6	7
0,7	0	1	4	7	0	0	1	4	7	8
0,8	0	1	6	8	0	0	1	6	9	0
0,9	0	1	8	9	0	0	1	9	0	1
1	0	2	1	0	0	0	2	1	1	2
1,1	0	2	3	1	0	0	2	3	2	3
1,2	0	2	5	2	0	0	2	5	3	4
1,3	0	2	7	3	0	0	2	7	4	6
1,4	0	2	9	4	0	0	2	9	5	7
1,5	0	3	1	5	0	0	3	1	6	8
1,6	0	3	3	6	0	0	3	3	7	9
1,7	0	3	5	7	0	0	3	5	9	0
1,8	0	3	7	8	0	0	3	8	0	2
1,9	0	3	9	9	0	0	4	0	1	3
2	0	4	2	0	0	0	4	2	2	4
2,1	0	4	4	1	0	0	4	4	3	5
2,2	0	4	6	2	0	0	4	6	4	6
2,3	0	4	8	3	0	0	4	8	5	8
2,4	0	5	0	4	0	0	5	0	6	9
2,5	0	5	2	5	0	0	5	2	8	0
2,6	0	5	4	6	0	0	5	4	9	1
2,7	0	5	6	7	0	0	5	7	0	2
2,8	0	5	8	8	0	0	5	9	1	4
2,9	0	6	0	9	0	0	6	1	2	5
3	0	6	3	0	0	0	6	3	3	6
3,1	0	6	5	1	0	0	6	5	4	7
3,2	0	6	7	2	0	0	6	7	5	8
3,3	0	6	9	3	0	0	6	9	7	0
3,4	0	7	1	4	0	0	7	1	8	1
3,5	0	7	3	5	0	0	7	3	9	2
3,6	0	7	5	6	0	0	7	6	0	3
3,7	0	7	7	7	0	0	7	8	1	4
3,8	0	7	9	8	0	0	8	0	2	6
3,9	0	8	1	9	0	0	8	2	3	7
4	0	8	4	0	0	0	8	4	4	8
4,1	0	8	6	1	0	0	8	6	5	9
4,2	0	8	8	2	0	0	8	8	7	0
4,3	0	9	0	3	0	0	9	0	8	2
4,4	0	9	2	4	0	0	9	2	9	3
4,5	0	9	4	5	0	0	9	5	0	4

4,6 bis 10	0,21	2,1	21,0	210,0	2100,0	0,2112	2,112	21,12	211,2	2112,0
4,6	0	9	6	6	0	0	9	7	1	5
4,7	0	9	8	7	0	0	9	9	2	6
4,8	1	0	0	8	0	1	0	1	3	8
4,9	1	0	2	9	0	1	0	3	4	9
5	1	0	5	0	0	1	0	5	6	0
5,1	1	0	7	1	0	1	0	7	7	1
5,2	1	0	9	2	0	1	0	9	8	2
5,3	1	1	1	3	0	1	1	1	9	4
5,4	1	1	3	4	0	1	1	4	0	5
5,5	1	1	5	5	0	1	1	6	1	6
5,6	1	1	7	6	0	1	1	8	2	7
5,7	1	1	9	7	0	1	2	0	3	8
5,8	1	2	1	8	0	1	2	2	5	0
5,9	1	2	3	9	0	1	2	4	6	1
6	1	2	6	0	0	1	2	6	7	2
6,1	1	2	8	1	0	1	2	8	8	3
6,2	1	3	0	2	0	1	3	0	9	4
6,3	1	3	2	3	0	1	3	3	0	6
6,4	1	3	4	4	0	1	3	5	1	7
6,5	1	3	6	5	0	1	3	7	2	8
6,6	1	3	8	6	0	1	3	9	3	9
6,7	1	4	0	7	0	1	4	1	5	0
6,8	1	4	2	8	0	1	4	3	6	2
6,9	1	4	4	9	0	1	4	5	7	3
7	1	4	7	0	0	1	4	7	8	4
7,1	1	5	8	1	0	1	4	9	9	5
7,2	1	5	1	2	0	1	5	2	0	6
7,3	1	5	3	3	0	1	5	4	1	8
7,4	1	5	5	4	0	1	5	6	2	9
7,5	1	5	7	5	0	1	5	8	4	0
7,6	1	5	9	6	0	1	6	0	5	1
7,7	1	6	1	7	0	1	6	2	6	2
7,8	1	6	3	8	0	1	6	4	7	4
7,9	1	6	5	9	0	1	6	6	8	5
8	1	6	8	0	0	1	6	8	9	6
8,1	1	7	0	1	0	1	7	1	0	7
8,2	1	7	2	2	0	1	7	3	1	8
8,3	1	7	4	3	0	1	7	5	3	0
8,4	1	7	6	4	0	1	7	7	4	1
8,5	1	7	8	5	0	1	7	9	5	2
8,6	1	8	0	6	0	1	8	1	6	3
8,7	1	8	2	7	0	1	8	3	7	4
8,8	1	8	4	8	0	1	8	5	8	6
8,9	1	8	6	9	0	1	8	7	9	7
9	1	8	9	0	0	1	9	0	0	8
9,1	1	9	1	1	0	1	9	2	1	9
9,2	1	9	3	2	0	1	9	4	3	0
9,3	1	9	5	3	0	1	9	6	4	2
9,4	1	9	7	4	0	1	9	8	5	3
9,5	1	9	9	5	0	2	0	0	6	4
9,6	2	0	1	6	0	2	0	2	7	5
9,7	2	0	3	7	0	2	0	4	8	6
9,8	2	0	5	8	0	2	0	6	9	8
9,9	2	0	7	9	0	2	0	9	0	9
10	2	1	0	0	0	2	1	1	2	0

0,01 bis 4,5	0,2125	2,125	21,25	212,5	2125,0	0,2137	2,137	21,37	213,7	2137,0
0,01	0	0	0	2	1	0	0	0	2	1
0,02	0	0	0	4	3	0	0	0	4	3
0,03	0	0	0	6	4	0	0	0	6	4
0,04	0	0	0	8	5	0	0	0	8	5
0,05	0	0	1	0	6	0	0	1	0	7
0,06	0	0	1	2	8	0	0	1	2	8
0,07	0	0	1	4	9	0	0	1	5	0
0,08	0	0	1	7	0	0	0	1	7	1
0,09	0	0	1	9	1	0	0	1	9	2
0,1	0	0	2	1	3	0	0	2	1	4
0,2	0	0	4	2	5	0	0	4	2	7
0,3	0	0	6	3	8	0	0	6	4	1
0,4	0	0	8	5	0	0	0	8	5	5
0,5	0	1	0	6	3	0	1	0	6	9
0,6	0	1	2	7	5	0	1	2	8	2
0,7	0	1	4	8	8	0	1	4	9	6
0,8	0	1	7	0	0	0	1	7	1	0
0,9	0	1	9	1	3	0	1	9	2	3
1	0	2	1	2	5	0	2	1	3	7
1,1	0	2	3	3	8	0	2	3	5	1
1,2	0	2	5	5	0	0	2	5	6	4
1,3	0	2	7	6	3	0	2	7	7	8
1,4	0	2	9	7	5	0	2	9	9	2
1,5	0	3	1	8	8	0	3	2	0	6
1,6	0	3	4	0	0	0	3	4	1	9
1,7	0	3	6	1	3	0	3	6	3	3
1,8	0	3	8	2	5	0	3	8	4	7
1,9	0	4	0	3	8	0	4	0	6	0
2	0	4	2	5	0	0	4	2	7	4
2,1	0	4	4	6	3	0	4	4	8	8
2,2	0	4	6	7	5	0	4	7	0	1
2,3	0	4	8	8	8	0	4	9	1	5
2,4	0	5	1	0	0	0	5	1	2	9
2,5	0	5	3	1	3	0	5	3	4	3
2,6	0	5	5	2	5	0	5	5	5	6
2,7	0	5	7	3	8	0	5	7	7	0
2,8	0	5	9	5	0	0	5	9	8	4
2,9	0	6	1	6	3	0	6	1	9	7
3	0	6	3	7	5	0	6	4	1	1
3,1	0	6	5	8	8	0	6	6	2	5
3,2	0	6	8	0	0	0	6	8	3	8
3,3	0	7	0	1	3	0	7	0	5	2
3,4	0	7	2	2	5	0	7	2	6	6
3,5	0	7	4	3	8	0	7	4	8	0
3,6	0	7	6	5	0	0	7	6	9	3
3,7	0	7	8	6	3	0	7	9	0	7
3,8	0	8	0	7	5	0	8	1	2	1
3,9	0	8	2	8	8	0	8	3	3	4
4	0	8	5	0	0	0	8	5	4	8
4,1	0	8	7	1	3	0	8	7	6	2
4,2	0	8	9	2	5	0	8	9	7	5
4,3	0	9	1	3	8	0	9	1	8	9
4,4	0	9	3	5	0	0	9	4	0	3
4,5	0	9	5	6	3	0	9	6	1	7

4,6 bis 10	0,2125	2,125	21,25	212,5	2125,0	0,2137	2,137	21,37	213,7	2137,0
4,6	0	9	7	7	5	0	9	8	3	0
4,7	0	9	9	8	8	1	0	0	4	4
4,8	1	0	2	0	0	1	0	2	5	8
4,9	1	0	4	1	3	1	0	4	7	1
5	1	0	6	2	5	1	0	6	8	5
5,1	1	0	8	3	8	1	0	8	9	9
5,2	1	1	0	5	0	1	1	1	1	2
5,3	1	1	2	6	3	1	1	3	2	6
5,4	1	1	4	7	5	1	1	5	4	0
5,5	1	1	6	8	8	1	1	7	5	4
5,6	1	1	9	0	0	1	1	9	6	7
5,7	1	2	1	1	3	1	2	1	8	1
5,8	1	2	3	2	5	1	2	3	9	5
5,9	1	2	5	3	8	1	2	6	0	8
6	1	2	7	5	0	1	2	8	2	2
6,1	1	2	9	6	3	1	3	0	3	6
6,2	1	3	1	7	5	1	3	2	4	9
6,3	1	3	3	8	8	1	3	4	6	3
6,4	1	3	6	0	0	1	3	6	7	7
6,5	1	3	8	1	3	1	3	8	9	1
6,6	1	4	0	2	5	1	4	1	0	4
6,7	1	4	2	3	8	1	4	3	1	8
6,8	1	4	4	5	0	1	4	5	3	2
6,9	1	4	6	6	3	1	4	7	4	5
7	1	4	8	7	5	1	4	9	5	9
7,1	1	5	0	8	8	1	5	1	7	3
7,2	1	5	3	0	0	1	5	3	8	6
7,3	1	5	5	1	3	1	5	6	0	0
7,4	1	5	7	2	5	1	5	8	1	4
7,5	1	5	9	3	8	1	6	0	2	8
7,6	1	6	1	5	0	1	6	2	4	1
7,7	1	6	3	6	3	1	6	4	5	5
7,8	1	6	5	7	5	1	6	6	6	9
7,9	1	6	7	8	8	1	6	8	8	2
8	1	7	0	0	0	1	7	0	9	6
8,1	1	7	2	1	3	1	7	3	1	0
8,2	1	7	4	2	5	1	7	5	2	3
8,3	1	7	6	3	8	1	7	7	3	7
8,4	1	7	8	5	0	1	7	9	5	1
8,5	1	8	0	6	3	1	8	1	6	5
8,6	1	8	2	7	5	1	8	3	7	8
8,7	1	8	4	8	8	1	8	5	9	2
8,8	1	8	7	0	0	1	8	8	0	6
8,9	1	8	9	1	3	1	9	0	1	9
9	1	9	1	2	5	1	9	2	3	3
9,1	1	9	3	3	8	1	9	4	4	7
9,2	1	9	5	5	0	1	9	6	6	0
9,3	1	9	7	6	3	1	9	8	7	4
9,4	1	9	9	7	5	2	0	0	8	8
9,5	2	0	1	8	8	2	0	3	0	2
9,6	2	0	4	0	0	2	0	5	1	5
9,7	2	0	6	1	3	2	0	7	2	9
9,8	2	0	8	2	5	2	0	9	4	3
9,9	2	1	0	3	8	2	1	1	5	6
10	2	1	2	5	0	2	1	3	7	0

0,01 bis 4,5	0,215	2,15	21,5	215,0	2150,0	0,2162	2,162	21,62	216,2	2162,0
0,01	0	0	0	2	2	0	0	0	2	2
0,02	0	0	0	4	3	0	0	0	4	3
0,03	0	0	0	6	5	0	0	0	6	5
0,04	0	0	0	8	6	0	0	0	8	6
0,05	0	0	1	0	8	0	0	1	0	8
0,06	0	0	1	2	9	0	0	1	3	0
0,07	0	0	1	5	1	0	0	1	5	1
0,08	0	0	1	7	2	0	0	1	7	3
0,09	0	0	1	9	4	0	0	1	9	5
0,1	0	0	2	1	5	0	0	2	1	6
0,2	0	0	4	3	0	0	0	4	3	2
0,3	0	0	6	4	5	0	0	6	4	9
0,4	0	0	8	6	0	0	0	8	6	5
0,5	0	1	0	7	5	0	1	0	8	1
0,6	0	1	2	9	0	0	1	2	9	7
0,7	1	1	5	0	5	0	1	5	1	3
0,8	0	1	7	2	0	0	1	7	3	0
0,9	0	1	9	3	5	0	1	9	4	6
1	0	2	1	5	0	0	2	1	6	2
1,1	0	2	3	6	5	0	2	3	7	8
1,2	0	2	5	8	0	0	2	5	9	4
1,3	0	2	7	9	5	0	2	8	1	1
1,4	0	3	0	1	0	0	3	0	2	7
1,5	0	3	2	2	5	0	3	2	4	3
1,6	0	3	4	4	0	0	3	4	5	9
1,7	0	3	6	5	5	0	3	6	7	5
1,8	0	3	8	7	0	0	3	8	9	2
1,9	0	4	0	8	5	0	4	1	0	8
2	0	4	3	0	0	0	4	3	2	4
2,1	0	4	5	1	5	0	4	5	4	0
2,2	0	4	7	3	0	0	4	7	5	6
2,3	0	4	9	4	5	0	4	9	7	3
2,4	0	5	1	6	0	0	5	1	9	8
2,5	0	5	3	7	5	0	5	4	0	5
2,6	0	5	5	9	0	0	5	6	2	1
2,7	0	5	8	0	5	0	5	8	3	7
2,8	0	6	0	2	0	0	6	0	5	4
2,9	0	6	2	3	5	0	6	2	7	0
3	0	6	4	5	0	0	6	4	8	6
3,1	0	6	6	6	5	0	6	7	0	2
3,2	0	6	8	8	0	0	6	9	1	8
3,3	0	7	0	9	5	0	7	1	3	5
3,4	0	7	3	1	0	0	7	3	5	1
3,5	0	7	5	2	5	0	7	5	6	7
3,6	0	7	7	4	0	0	7	7	8	3
3,7	0	7	9	5	5	0	7	9	9	9
3,8	0	8	1	7	0	0	8	2	1	6
3,9	0	8	3	8	5	0	8	4	3	2
4	0	8	6	0	0	0	8	6	4	8
4,1	0	8	8	1	5	0	8	8	6	4
4,2	0	9	0	3	0	0	9	0	8	0
4,3	0	9	2	4	5	0	9	2	9	7
4,4	0	9	4	6	0	0	9	5	1	3
4,5	0	9	6	7	5	0	9	7	2	9

4,6 bis 10	0,215	2,15	21,5	215,0	2150,0	0,2162	2,162	21,62	216,2	2162,0
4,6	0	9	8	9	0	0	9	9	4	5
4,7	1	0	1	0	5	1	0	1	6	1
4,8	1	0	3	2	0	1	0	3	7	8
4,9	1	0	5	3	5	1	0	5	9	4
5	1	0	7	5	0	1	0	8	1	0
5,1	1	0	9	6	5	1	1	0	2	6
5,2	1	1	1	8	0	1	1	2	4	2
5,3	1	1	3	9	5	1	1	4	5	9
5,4	1	1	6	1	0	1	1	6	7	5
5,5	1	1	8	2	5	1	1	8	9	1
5,6	1	2	0	4	0	1	2	1	0	7
5,7	1	2	2	5	5	1	2	3	2	3
5,8	1	2	4	7	0	1	2	5	4	0
5,9	1	2	6	8	5	1	2	7	5	6
6	1	2	9	0	0	1	2	9	7	2
6,1	1	3	1	1	5	1	3	1	8	8
6,2	1	3	3	3	0	1	3	4	0	4
6,3	1	3	5	4	5	1	3	6	2	1
6,4	1	3	7	6	0	1	3	8	3	7
6,5	1	3	9	7	5	1	4	0	5	3
6,6	1	4	1	9	0	1	4	2	6	9
6,7	1	4	4	0	5	1	4	4	8	5
6,8	1	4	6	2	0	1	4	7	0	2
6,9	1	4	8	3	5	1	4	9	1	8
7	1	5	0	5	0	1	5	1	3	4
7,1	1	5	2	6	5	1	5	3	5	0
7,2	1	5	4	8	0	1	5	5	6	6
7,3	1	5	6	9	5	1	5	7	8	3
7,4	1	5	9	1	0	1	5	9	9	9
7,5	1	6	1	2	5	1	6	2	1	5
7,6	1	6	3	4	0	1	6	4	3	1
7,7	1	6	5	5	5	1	6	6	4	7
7,8	1	6	7	7	0	1	6	8	6	4
7,9	1	6	9	8	5	1	7	0	8	0
8	1	7	2	0	0	1	7	2	9	6
8,1	1	7	4	1	5	1	7	5	1	2
8,2	1	7	6	3	0	1	7	7	2	8
8,3	1	7	8	4	5	1	7	9	4	5
8,4	1	8	0	6	0	1	8	1	6	1
8,5	1	8	2	7	5	1	8	3	7	7
8,6	1	8	4	9	0	1	8	5	9	3
8,7	1	8	7	0	5	1	8	8	0	9
8,8	1	8	9	2	0	1	9	0	2	6
8,9	1	9	1	3	5	1	9	2	4	2
9	1	9	3	5	0	1	9	4	5	8
9,1	1	9	5	6	5	1	9	6	7	4
9,2	1	9	7	8	0	1	9	8	9	0
9,3	1	9	9	9	5	2	0	1	0	7
9,4	2	0	2	1	0	2	0	3	2	3
9,5	2	0	4	2	5	2	0	5	3	9
9,6	2	0	6	4	0	2	0	7	5	5
9,7	2	0	8	5	5	2	0	9	7	1
9,8	2	1	0	7	0	2	1	1	8	8
9,9	2	1	2	8	5	2	1	4	0	4
10	2	1	5	0	0	2	1	6	2	0

0,01 bis 4,5	0,2175	2,175	21,75	217,5	2175,0	0,2187	2,187	21,87	218,7	2187,0
0,01	0	0	0	2	2	0	0	0	2	2
0,02	0	0	0	4	4	0	0	0	4	4
0,03	0	0	0	6	5	0	0	0	6	6
0,04	0	0	0	8	7	0	0	0	8	7
0,05	0	0	1	0	9	0	0	1	0	9
0,06	0	0	1	3	1	0	0	1	3	1
0,07	0	0	1	5	2	0	0	1	5	3
0,08	0	0	1	7	4	0	0	1	7	5
0,09	0	0	1	9	6	0	0	1	9	7
0,1	0	0	2	1	8	0	0	2	1	9
0,2	0	0	4	3	5	0	0	4	3	7
0,3	0	0	6	5	3	0	0	6	5	6
0,4	0	0	8	7	0	0	0	8	7	5
0,5	0	1	0	8	8	0	1	0	9	4
0,6	0	1	3	0	5	0	1	3	1	2
0,7	0	1	5	2	3	0	1	5	3	1
0,8	0	1	7	4	0	0	1	7	5	0
0,9	0	1	9	5	8	0	1	9	6	8
1	0	2	1	7	5	0	2	1	8	7
1,1	0	2	3	9	3	0	2	4	0	6
1,2	0	2	6	1	0	0	2	6	2	4
1,3	0	2	8	2	8	0	2	8	4	3
1,4	0	3	0	4	5	0	3	0	6	2
1,5	0	3	2	6	3	0	3	2	8	1
1,6	0	3	4	8	0	0	3	4	9	9
1,7	0	3	6	9	8	0	3	7	1	8
1,8	0	3	9	1	5	0	3	9	3	7
1,9	0	4	1	3	3	0	4	1	5	5
2	0	4	3	5	0	0	4	3	7	4
2,1	0	4	5	6	8	0	4	5	9	3
2,2	0	4	7	8	5	0	4	8	1	1
2,3	0	5	0	0	3	0	5	0	3	0
2,4	0	5	2	2	0	0	5	2	4	9
2,5	0	5	4	3	8	0	5	4	6	8
2,6	0	5	6	5	5	0	5	6	8	6
2,7	0	5	8	7	3	0	5	9	0	5
2,8	0	6	0	9	0	0	6	1	2	4
2,9	0	6	3	0	8	0	6	3	4	2
3	0	6	5	2	5	0	6	5	6	1
3,1	0	6	7	4	3	0	6	7	8	0
3,2	0	6	9	6	0	0	6	9	9	8
3,3	0	7	1	7	8	0	7	2	1	7
3,4	0	7	3	9	5	0	7	4	3	6
3,5	0	7	6	1	3	0	7	6	5	5
3,6	0	7	8	3	0	0	7	8	7	3
3,7	0	8	0	4	8	0	8	0	9	2
3,8	0	8	2	6	5	0	8	3	1	1
3,9	0	8	4	8	3	0	8	5	2	9
4	0	8	7	0	0	0	8	7	4	8
4,1	0	8	9	1	8	0	8	9	6	7
4,2	0	9	1	3	5	0	9	1	8	5
4,3	0	9	3	5	3	0	9	4	0	4
4,4	0	9	5	7	0	0	9	6	2	3
4,5	0	9	7	8	8	0	9	8	4	2

4,6 bis 10	0,2175	2,175	21,75	217,5	2175,0	0,2187	2,187	21,87	218,7	2187,0
4,6	1	0	0	0	5	1	0	0	6	0
4,7	1	0	2	2	3	1	0	2	7	9
4,8	1	0	4	4	0	1	0	4	9	8
4,9	1	0	6	5	8	1	0	7	1	6
5	1	0	8	7	5	1	0	9	3	5
5,1	1	1	0	9	3	1	1	1	5	4
5,2	1	1	3	1	0	1	1	3	7	2
5,3	1	1	5	2	8	1	1	5	9	1
5,4	1	1	7	4	5	1	1	8	1	0
5,5	1	1	9	6	3	1	2	0	2	9
5,6	1	2	1	8	0	1	2	2	4	7
5,7	1	2	3	9	8	1	2	4	6	6
5,8	1	2	6	1	5	1	2	6	8	5
5,9	1	2	8	3	3	1	2	9	0	3
6	1	3	0	5	0	1	3	1	2	2
6,1	1	3	2	6	8	1	3	3	4	1
6,2	1	3	4	8	5	1	3	5	5	9
6,3	1	3	7	0	3	1	3	7	7	8
6,4	1	3	9	2	0	1	3	9	9	7
6,5	1	4	1	3	8	1	4	2	1	6
6,6	1	4	3	5	5	1	4	4	3	4
6,7	1	4	5	7	3	1	4	6	5	3
6,8	1	4	7	9	0	1	4	8	7	2
6,9	1	5	0	0	8	1	5	0	9	0
7	1	5	2	2	5	1	5	3	0	9
7,1	1	5	4	4	3	1	5	5	2	8
7,2	1	5	6	6	0	1	5	7	4	6
7,3	1	5	8	7	8	1	5	9	6	5
7,4	1	6	0	9	5	1	6	1	8	4
7,5	1	6	3	1	3	1	6	4	0	3
7,6	1	6	5	3	0	1	6	6	2	1
7,7	1	6	7	4	8	1	6	8	4	0
7,8	1	6	9	6	5	1	7	0	5	9
7,9	1	7	1	8	3	1	7	2	7	7
8	1	7	4	0	0	1	7	4	9	6
8,1	1	7	6	1	8	1	7	7	1	5
8,2	1	7	8	3	5	1	7	9	3	3
8,3	1	8	0	5	3	1	8	1	5	2
8,4	1	8	2	7	0	1	8	3	7	1
8,5	1	8	4	8	8	1	8	5	9	0
8,6	1	8	7	0	5	1	8	8	0	8
8,7	1	8	9	2	3	1	9	0	2	7
8,8	1	9	1	4	0	1	9	2	4	6
8,9	1	9	3	5	8	1	9	4	6	4
9	1	9	5	7	5	1	9	6	8	3
9,1	1	9	7	9	3	1	9	9	0	2
9,2	2	0	0	1	0	2	0	1	2	0
9,3	2	0	2	2	8	2	0	3	3	9
9,4	2	0	4	4	5	2	0	5	5	8
9,5	2	0	6	6	3	2	0	7	7	7
9,6	2	0	8	8	0	2	0	9	9	5
9,7	2	1	0	9	8	2	1	2	1	4
9,8	2	1	3	1	5	2	1	4	3	3
9,9	2	1	5	3	3	2	1	6	5	1
10	2	1	7	5	0	2	1	8	7	0

2200–2212

0,01 bis 4,5	0,22	2,2	22,0	220,0	2200,0	0,2212	2,212	22,12	221,2	2212,0
0,01	0	0	0	2	2	0	0	0	2	2
0,02	0	0	0	4	4	0	0	0	4	4
0,03	0	0	0	6	6	0	0	0	6	6
0,04	0	0	0	8	8	0	0	0	8	8
0,05	0	0	1	1	0	0	0	1	1	1
0,06	0	0	1	3	2	0	0	1	3	3
0,07	0	0	1	5	4	0	0	1	5	5
0,08	0	0	1	7	6	0	0	1	7	7
0,09	0	0	1	9	8	0	1	1	9	9
0,1	0	0	2	2	0	0	0	2	2	1
0,2	0	0	4	4	0	0	0	4	4	2
0,3	0	0	6	6	0	0	0	6	6	4
0,4	0	0	8	8	0	0	0	8	8	5
0,5	0	1	1	0	0	0	1	1	0	6
0,6	0	1	3	2	0	0	1	3	2	7
0,7	0	1	5	4	0	0	1	5	4	8
0,8	0	1	7	6	0	0	1	7	7	0
0,9	0	1	9	8	0	0	1	9	9	1
1	0	2	2	0	0	0	2	2	1	2
1,1	0	2	4	2	0	0	2	4	3	3
1,2	0	2	6	4	0	0	2	6	5	4
1,3	0	2	8	6	0	0	2	8	7	6
1,4	0	3	0	8	0	0	3	0	9	7
1,5	0	3	3	0	0	0	3	3	1	8
1,6	0	3	5	2	0	0	3	5	3	9
1,7	0	3	7	4	0	0	3	7	6	0
1,8	0	3	9	6	0	0	3	9	8	2
1,9	0	4	1	8	0	0	4	2	0	3
2	0	4	4	0	0	0	4	4	2	4
2,1	0	4	6	2	0	0	4	6	4	5
2,2	0	4	8	4	0	0	4	8	6	6
2,3	0	5	0	6	0	0	5	0	8	8
2,4	0	5	2	8	0	0	5	3	0	9
2,5	0	5	5	0	0	0	5	5	3	0
2,6	0	5	7	2	0	0	5	7	5	1
2,7	0	5	9	4	0	0	5	9	7	2
2,8	0	6	1	6	0	0	6	1	9	4
2,9	0	6	3	8	0	0	6	4	1	5
3	0	6	6	0	0	0	6	6	3	6
3,1	0	6	8	2	0	0	6	8	5	7
3,2	0	7	0	4	0	0	7	0	7	8
3,3	0	7	2	6	0	0	7	3	0	0
3,4	0	7	4	8	0	0	7	5	2	1
3,5	0	7	7	0	0	0	7	7	4	2
3,6	0	7	9	2	0	0	7	9	6	3
3,7	0	8	1	4	0	0	8	1	8	4
3,8	0	8	3	6	0	0	8	4	0	6
3,9	0	8	5	8	0	0	8	6	2	7
4	0	8	8	0	0	0	8	8	4	8
4,1	0	9	0	2	0	0	9	0	6	9
4,2	0	9	2	4	0	0	9	2	9	0
4,3	0	9	4	6	0	0	9	5	1	2
4,4	0	9	6	8	0	0	9	7	3	3
4,5	0	9	9	0	0	0	9	9	5	4

4,6 bis 10	0,22	2,2	22,0	220,0	2200,0	0,2212	2,212	22,12	221,2	2212,0
4,6	1	0	1	2	0	1	0	1	7	5
4,7	1	0	3	4	0	1	0	3	9	6
4,8	1	0	5	6	0	1	0	6	1	8
4,9	1	0	7	8	0	1	0	8	3	9
5	1	1	0	0	0	1	1	0	6	0
5,1	1	1	2	2	0	1	1	2	8	1
5,2	1	1	4	4	0	1	1	5	0	2
5,3	1	1	6	6	0	1	1	7	2	4
5,4	1	1	8	8	0	1	1	9	4	5
5,5	1	2	1	0	0	1	2	1	6	6
5,6	1	2	3	2	0	1	2	3	8	7
5,7	1	2	5	4	0	1	2	6	0	8
5,8	1	2	7	6	0	1	2	8	3	0
5,9	1	2	9	8	0	1	3	0	5	1
6	1	3	2	0	0	1	3	2	7	2
6,1	1	3	4	2	0	1	3	4	9	3
6,2	1	3	6	4	0	1	3	7	1	4
6,3	1	3	8	6	0	1	3	9	3	6
6,4	1	4	0	8	0	1	4	1	5	7
6,5	1	4	3	0	0	1	4	3	7	8
6,6	1	4	5	2	0	1	4	5	9	9
6,7	1	4	7	4	0	1	4	8	2	0
6,8	1	4	9	6	0	1	5	0	4	2
6,9	1	5	1	8	0	1	5	2	6	3
7	1	5	4	0	0	1	5	4	8	4
7,1	1	5	6	2	0	1	5	7	0	5
7,2	1	5	8	4	0	1	5	9	2	6
7,3	1	6	0	6	0	1	6	1	4	8
7,4	1	6	2	8	0	1	6	3	6	9
7,5	1	6	5	0	0	1	6	5	9	0
7,6	1	6	7	2	0	1	6	8	1	1
7,7	1	6	9	4	0	1	7	0	3	2
7,8	1	7	1	6	0	1	7	2	5	4
7,9	1	7	3	8	0	1	7	4	7	5
8	1	7	6	0	0	1	7	6	9	6
8,1	1	7	8	2	0	1	7	9	1	7
8,2	1	8	0	4	0	1	8	1	3	8
8,3	1	8	2	6	0	1	8	3	6	0
8,4	1	8	4	8	0	1	8	5	8	1
8,5	1	8	7	0	0	1	8	8	0	2
8,6	1	8	9	2	0	1	9	0	2	3
8,7	1	9	1	4	0	1	9	2	4	4
8,8	1	9	3	6	0	1	9	4	6	6
8,9	1	9	5	8	0	1	9	6	8	7
9	1	9	8	0	0	1	9	9	0	8
9,1	2	0	0	2	0	2	0	1	2	9
9,2	2	0	2	4	0	2	0	3	5	0
9,3	2	0	4	6	0	2	0	5	7	2
9,4	2	0	6	8	0	2	0	7	9	3
9,5	2	0	9	0	0	2	1	0	1	4
9,6	2	1	1	2	0	2	1	2	3	5
9,7	2	1	3	4	0	2	1	4	5	6
9,8	2	1	5	6	0	2	1	6	7	8
9,9	2	1	7	8	0	2	1	8	9	9
10	2	2	0	0	0	2	2	1	2	0

0,01 bis 4,5	0,2225	2,225	22,25	222,5	2225,0	0,2237	2,237	22,37	223,7	2237,0
0,01	0	0	0	2	2	0	0	0	2	2
0,02	0	0	0	4	5	0	0	0	4	5
0,03	0	0	0	6	7	0	0	0	6	7
0,04	0	0	0	8	9	0	0	0	8	9
0,05	0	0	1	1	1	0	0	1	1	2
0,06	0	0	1	3	4	0	0	1	3	4
0,07	0	0	1	5	6	0	0	1	5	7
0,08	0	0	1	7	8	0	0	1	7	9
0,09	0	0	2	0	0	0	0	2	0	1
0,1	0	0	2	2	3	0	0	2	2	4
0,2	0	0	4	4	5	0	0	4	4	7
0,3	0	0	6	6	8	0	0	6	7	1
0,4	0	0	8	9	0	0	0	8	9	5
0,5	0	1	1	1	3	0	1	1	1	9
0,6	0	1	3	3	5	0	1	3	4	2
0,7	0	1	5	5	8	0	1	5	6	6
0,8	0	1	7	8	0	0	1	7	9	0
0,9	0	2	0	0	3	0	2	0	1	3
1	0	2	2	2	5	0	2	2	3	7
1,1	0	2	4	4	8	0	2	4	6	1
1,2	0	2	6	7	0	0	2	6	8	4
1,3	0	2	8	9	3	0	2	9	0	8
1,4	0	3	1	1	5	0	3	1	3	2
1,5	0	3	3	3	8	0	3	3	5	6
1,6	0	3	5	6	0	0	3	5	7	9
1,7	0	3	7	8	3	0	3	8	0	3
1,8	0	4	0	0	5	0	4	0	2	7
1,9	0	4	2	2	8	0	4	2	5	0
2	0	4	4	5	0	0	4	4	7	4
2,1	0	4	6	7	3	0	4	6	9	8
2,2	0	4	8	9	5	0	4	9	2	1
2,3	0	5	1	1	8	0	5	1	4	5
2,4	0	5	3	4	0	0	5	3	6	9
2,5	0	5	5	6	3	0	5	5	9	3
2,6	0	5	7	8	5	0	5	8	1	6
2,7	0	6	0	0	8	0	6	0	4	0
2,8	0	6	2	3	0	0	6	2	6	4
2,9	0	6	4	5	3	0	6	4	8	7
3	0	6	6	7	5	0	6	7	1	1
3,1	0	6	8	9	8	0	6	9	3	5
3,2	0	7	1	2	0	0	7	1	5	8
3,3	0	7	3	4	3	0	7	3	8	2
3,4	0	7	5	6	5	0	7	6	0	6
3,5	0	7	7	8	8	0	7	8	3	0
3,6	0	8	0	1	0	0	8	0	5	3
3,7	0	8	2	3	3	0	8	2	7	7
3,8	0	8	4	5	5	0	8	5	0	1
3,9	0	8	6	7	8	0	8	7	2	4
4	0	8	9	0	0	0	8	9	4	8
4,1	0	9	1	2	3	0	9	1	7	2
4,2	0	9	3	4	5	0	9	3	9	5
4,3	0	9	5	6	8	0	9	6	1	9
4,4	0	9	7	9	0	0	9	8	4	3
4,5	1	0	0	1	3	1	0	0	6	7

4,6 bis 10	0,2225	2,225	22,25	222,5	2225,0	0,2337	2,237	23,37	223,7	2237,0
4,6	1	0	2	3	5	1	0	2	9	0
4,7	1	0	4	5	8	1	0	5	1	4
4,8	1	0	6	8	0	1	0	7	3	8
4,9	1	0	9	0	3	1	0	9	6	1
5	1	1	1	2	5	1	1	1	8	5
5,1	1	1	3	4	8	1	1	4	0	9
5,2	1	1	5	7	0	1	1	6	3	2
5,3	1	1	7	9	3	1	1	8	5	6
5,4	1	2	0	1	5	1	2	0	8	0
5,5	1	2	2	3	8	1	2	3	0	4
5,6	1	2	4	6	0	1	2	5	2	7
5,7	1	2	6	8	3	1	2	7	5	1
5,8	1	2	9	0	5	1	2	9	7	5
5,9	1	3	1	2	8	1	3	1	9	8
6	1	3	3	5	0	1	3	4	2	2
6,1	1	3	5	7	3	1	3	6	4	6
6,2	1	3	7	9	5	1	3	8	6	9
6,3	1	4	0	1	8	1	4	0	9	3
6,4	1	4	2	4	0	1	4	3	1	7
6,5	1	4	4	6	3	1	4	5	4	1
6,6	1	4	6	8	5	1	4	7	6	4
6,7	1	4	9	0	8	1	4	9	8	8
6,8	1	5	1	3	0	1	5	2	1	2
6,9	1	5	3	5	3	1	5	4	3	5
7	1	5	5	7	5	1	5	6	5	9
7,1	1	5	7	9	8	1	5	8	8	3
7,2	1	6	0	2	0	1	6	1	0	6
7,3	1	6	2	4	3	1	6	3	3	0
7,4	1	6	4	6	5	1	6	5	5	4
7,5	1	6	6	8	8	1	6	7	7	8
7,6	1	6	9	1	0	1	7	0	0	1
7,7	1	7	1	3	3	1	7	2	2	5
7,8	1	7	3	5	5	1	7	4	4	9
7,9	1	7	5	7	8	1	7	6	7	2
8	1	7	8	0	0	1	7	8	9	6
8,1	1	8	0	2	3	1	8	1	2	0
8,2	1	8	2	4	5	1	8	3	4	3
8,3	1	8	4	6	8	1	8	5	6	7
8,4	1	8	6	9	0	1	8	7	9	1
8,5	1	8	9	1	3	1	9	0	1	5
8,6	1	9	1	3	5	1	9	2	3	8
8,7	1	9	3	5	8	1	9	4	6	2
8,8	1	9	5	8	0	1	9	6	8	6
8,9	1	0	8	0	3	1	9	9	0	9
9	2	0	0	2	5	2	0	1	3	3
9,1	2	0	2	4	8	2	0	3	5	7
9,2	2	0	4	7	0	2	0	5	8	0
9,3	2	0	6	9	3	2	0	8	0	4
9,4	2	0	9	1	5	2	1	0	2	8
9,5	2	1	1	3	8	2	1	2	5	2
9,6	2	1	3	6	0	2	1	4	7	5
9,7	2	1	5	8	3	2	1	6	9	9
9,8	2	1	8	0	5	2	1	9	2	3
9,9	2	2	0	2	8	2	2	1	4	6
10	2	2	2	5	0	2	2	3	7	0

0,01 bis 4,5	0,225 ↓	2,25 ↓	22,5 ↓	225,0 ↓	2250,0 ↓	0,2262 ↓	2,262 ↓	22,62 ↓	226,2 ↓	2262,0 ↓
0,01	0	0	0	2	3	0	0	0	2	3
0,02	0	0	0	4	5	0	0	0	4	5
0,03	0	0	0	6	8	0	0	0	6	8
0,04	0	0	0	9	0	0	0	0	9	0
0,05	0	0	1	1	3	0	0	1	1	3
0,06	0	0	1	3	5	0	0	1	3	6
0,07	0	0	1	5	8	0	0	1	5	8
0,08	0	0	1	8	0	0	0	1	8	1
0,09	0	0	2	0	3	0	0	2	0	4
0,1	0	0	2	2	5	0	0	2	2	6
0,2	0	0	4	5	0	0	0	4	5	2
0,3	0	0	6	7	5	0	0	6	7	9
0,4	0	0	9	0	0	0	0	9	0	5
0,5	0	1	1	2	5	0	1	1	3	1
0,6	0	1	3	5	0	0	1	3	5	7
0,7	0	1	5	7	5	0	1	5	8	3
0,8	0	1	8	0	0	0	1	8	1	0
0,9	0	2	0	2	5	0	2	0	3	6
1	0	2	2	5	0	0	2	2	6	2
1,1	0	2	4	7	5	0	2	4	8	8
1,2	0	2	7	0	0	0	2	7	1	4
1,3	0	2	9	2	5	0	2	9	4	1
1,4	0	3	1	5	0	0	3	1	6	7
1,5	0	3	3	7	5	0	3	3	9	3
1,6	0	3	6	0	0	0	3	6	1	9
1,7	0	3	8	2	5	0	3	8	4	5
1,8	0	4	0	5	0	0	4	0	7	2
1,9	0	4	2	7	5	0	4	2	9	8
2	0	4	5	0	0	0	4	5	2	4
2,1	0	4	7	2	5	0	4	7	5	0
2,2	0	4	9	5	0	0	4	9	7	6
2,3	0	5	1	7	5	0	5	2	0	3
2,4	0	5	4	0	0	0	5	4	2	9
2,5	0	5	6	2	5	0	5	6	5	5
2,6	0	5	8	5	0	0	5	8	8	1
2,7	0	6	0	7	5	0	6	1	0	7
2,8	0	6	3	0	0	0	6	3	3	4
2,9	0	6	5	2	5	0	6	5	6	0
3	0	6	7	5	0	0	6	7	8	6
3,1	0	6	9	7	5	0	7	0	1	2
3,2	0	7	2	0	0	0	7	2	3	8
3,3	0	7	4	2	5	0	7	4	6	5
3,4	0	7	6	5	0	0	7	6	9	1
3,5	0	7	8	7	5	0	7	9	1	7
3,6	0	8	1	0	0	0	8	1	4	3
3,7	0	8	3	2	5	0	8	3	6	9
3,8	0	8	5	5	0	0	8	5	9	6
3,9	0	8	7	7	5	0	8	8	2	2
4	0	9	0	0	0	0	9	0	4	8
4,1	0	9	2	2	5	0	9	2	7	4
4,2	0	9	4	5	0	0	9	5	0	0
4,3	0	9	6	7	5	0	9	7	2	7
4,4	0	9	9	0	0	0	9	9	5	3
4,5	1	0	1	2	5	1	0	1	7	9

4,6 bis 10	0,225 ↓	2,25 ↓	22,5 ↓	225,0 ↓	2250,0 ↓	0,2262 ↓	2,262 ↓	22,62 ↓	226,2 ↓	2262,0 ↓
4,6	1	0	3	5	0	1	0	4	0	5
4,7	1	0	5	7	5	1	0	6	3	1
4,8	1	0	8	0	0	1	0	8	5	8
4,9	1	1	0	2	5	1	1	0	8	4
5	1	1	2	5	0	1	1	3	1	0
5,1	1	1	4	7	5	1	1	5	3	6
5,2	1	1	7	0	0	1	1	7	6	2
5,3	1	1	9	2	5	1	1	9	8	7
5,4	1	2	1	5	0	1	2	2	1	5
5,5	1	2	3	7	5	1	2	4	4	1
5,6	1	2	6	0	0	1	2	6	6	7
5,7	1	2	8	2	5	1	2	8	9	3
5,8	1	3	0	5	0	1	3	1	2	0
5,9	1	3	2	7	5	1	3	3	4	6
6	1	3	5	0	0	1	3	5	7	2
6,1	1	3	7	2	5	1	3	7	9	8
6,2	1	3	9	5	0	1	4	0	2	4
6,3	1	4	1	7	5	1	4	2	5	1
6,4	1	4	4	0	0	1	4	4	7	7
6,5	1	4	6	2	5	1	4	7	0	3
6,6	1	4	8	5	0	1	4	9	2	9
6,7	1	5	0	7	5	1	5	1	5	5
6,8	1	5	3	0	0	1	5	3	8	2
6,9	1	5	5	2	5	1	5	6	0	8
7	1	5	7	5	0	1	5	8	3	4
7,1	1	5	9	7	5	1	6	0	6	0
7,2	1	6	2	0	0	1	6	2	8	6
7,3	1	6	4	2	5	1	6	5	1	3
7,4	1	6	6	5	0	1	6	7	3	9
7,5	1	6	8	7	5	1	6	9	6	5
7,6	1	7	1	0	0	1	7	1	9	1
7,7	1	7	3	2	5	1	7	4	1	7
7,8	1	7	5	5	0	1	7	6	4	4
7,9	1	7	7	7	5	1	7	8	7	0
8	1	8	0	0	0	1	8	0	9	6
8,1	1	8	2	2	5	1	8	3	2	2
8,2	1	8	4	5	0	1	8	5	4	8
8,3	1	8	6	7	5	1	8	7	7	5
8,4	1	8	9	0	0	1	9	0	0	1
8,5	1	9	1	2	5	1	9	2	2	7
8,6	1	9	3	5	0	1	9	4	5	3
8,7	1	9	5	7	5	1	9	6	7	9
8,8	1	9	8	0	0	1	9	9	0	6
8,9	2	0	0	2	5	2	0	1	3	2
9	2	0	2	5	0	2	0	3	5	8
9,1	2	0	4	7	5	2	0	5	8	4
9,2	2	0	7	0	0	2	0	8	1	0
9,3	2	0	9	2	5	2	1	0	3	7
9,4	2	1	1	5	0	2	1	2	6	3
9,5	2	1	3	7	5	2	1	4	8	9
9,6	2	1	6	0	0	2	1	7	1	5
9,7	2	1	8	2	5	2	1	9	4	1
9,8	2	2	0	5	0	2	2	1	6	8
9,9	2	2	2	7	5	2	2	3	9	4
10	2	2	5	0	0	2	2	6	2	0

0,01 bis 4,5	0,2275	2,275	22,75	227,5	2275,0	0,2287	2,287	22,87	228,7	2287,0
0,01	0	0	0	2	3	0	0	0	2	3
0,02	0	0	0	4	6	0	0	0	4	6
0,03	0	0	0	6	8	0	0	0	6	9
0,04	0	0	0	9	1	0	0	0	9	1
0,05	0	0	1	1	4	0	0	1	1	4
0,06	0	0	1	3	7	0	0	1	3	7
0,07	0	0	1	5	9	0	0	1	6	0
0,08	0	0	1	8	2	0	0	1	8	3
0,09	0	0	2	0	5	0	0	2	0	6
0,1	0	0	2	2	8	0	0	2	2	9
0,2	0	0	4	5	5	0	0	4	5	7
0,3	0	0	6	8	3	0	0	6	8	6
0,4	0	0	9	1	0	0	0	9	1	5
0,5	0	1	1	3	8	0	1	1	4	4
0,6	0	1	3	6	5	0	1	3	7	2
0,7	0	1	5	9	3	0	1	6	0	1
0,8	0	1	8	2	0	0	1	8	3	0
0,9	0	2	0	4	8	0	2	0	5	8
1	0	2	2	7	5	0	2	2	8	7
1,1	0	2	5	0	3	0	2	5	1	6
1,2	0	2	7	3	0	0	2	7	4	4
1,3	0	2	9	5	8	0	2	9	7	3
1,4	0	3	1	8	5	0	3	2	0	2
1,5	0	3	4	1	3	0	3	4	3	1
1,6	0	3	6	4	0	0	3	6	5	9
1,7	0	3	8	6	8	0	3	8	8	8
1,8	0	4	0	9	5	0	4	1	1	7
1,9	0	4	3	2	3	0	4	3	4	5
2	0	4	5	5	0	0	4	5	7	4
2,1	0	4	7	7	8	0	4	8	0	3
2,2	0	5	0	0	5	0	5	0	3	1
2,3	0	5	2	3	3	0	5	2	6	0
2,4	0	5	4	6	0	0	5	4	8	9
2,5	0	5	6	8	8	0	5	7	1	8
2,6	0	5	9	1	5	0	5	9	4	6
2,7	0	6	1	4	3	0	6	1	7	5
2,8	0	6	3	7	0	0	6	4	0	4
2,9	0	6	5	9	8	0	6	6	3	2
3	0	6	8	2	5	0	6	8	6	1
3,1	0	7	0	5	3	0	7	0	9	0
3,2	0	7	2	8	0	0	7	3	1	8
3,3	0	7	5	0	8	0	7	5	4	7
3,4	0	7	7	3	5	0	7	7	7	6
3,5	0	7	9	6	3	0	8	0	0	5
3,6	0	8	1	9	0	0	8	2	3	3
3,7	0	8	4	1	8	0	8	4	6	2
3,8	0	8	6	4	5	0	8	6	9	1
3,9	0	8	8	7	3	0	8	9	1	9
4	0	9	1	0	0	0	9	1	4	8
4,1	0	9	3	2	8	0	9	3	7	7
4,2	0	9	5	5	5	0	9	6	0	5
4,3	0	9	7	8	3	0	9	8	3	4
4,4	1	0	0	1	0	1	0	0	6	3
4,5	1	0	2	3	8	1	0	2	9	2

4,6 bis 10	0,2275	2,275	22,75	227,5	2275,0	0,2287	2,287	22,87	228,7	2287,0
4,6	1	0	4	6	5	1	0	5	2	0
4,7	1	0	6	9	3	1	0	7	4	9
4,8	1	0	9	2	0	1	0	9	7	8
4,9	1	1	1	4	8	1	1	2	0	6
5	1	1	3	7	5	1	1	4	3	5
5,1	1	1	6	0	3	1	1	6	6	4
5,2	1	1	8	3	0	1	1	8	9	2
5,3	1	2	0	5	8	1	2	1	2	1
5,4	1	2	2	8	5	1	2	3	5	0
5,5	1	2	5	1	3	1	2	5	7	9
5,6	1	2	7	4	0	1	2	8	0	7
5,7	1	2	9	6	8	1	3	0	3	6
5,8	1	3	1	9	5	1	3	2	6	5
5,9	1	3	4	2	3	1	3	4	9	3
6	1	3	6	5	0	1	3	7	2	2
6,1	1	3	8	7	8	1	3	9	5	1
6,2	1	4	1	0	5	1	4	1	7	9
6,3	1	4	3	3	3	1	4	4	0	8
6,4	1	4	5	6	0	1	4	6	3	7
6,5	1	4	7	8	8	1	4	8	6	6
6,6	1	5	0	1	5	1	5	0	9	4
6,7	1	5	2	4	3	1	5	3	2	3
6,8	1	5	4	7	0	1	5	5	5	2
6,9	1	5	6	9	8	1	5	7	8	0
7	1	5	9	2	5	1	6	0	0	9
7,1	1	6	1	5	3	1	6	2	3	8
7,2	1	6	3	8	0	1	6	4	6	6
7,3	1	6	6	0	8	1	6	6	9	5
7,4	1	6	8	3	5	1	6	9	2	4
7,5	1	7	0	6	3	1	7	1	5	3
7,6	1	7	2	9	0	1	7	3	8	1
7,7	1	7	5	1	8	1	7	6	1	0
7,8	1	7	7	4	5	1	7	8	3	8
7,9	1	7	9	7	3	1	8	0	6	7
8	1	8	2	0	0	1	8	2	9	6
8,1	1	8	4	2	8	1	8	5	2	5
8,2	1	8	6	5	5	1	8	7	5	3
8,3	1	8	8	8	3	1	8	9	8	2
8,4	1	9	1	1	0	1	9	2	1	1
8,5	1	9	3	3	8	1	9	4	4	0
8,6	1	9	5	6	5	1	9	6	6	8
8,7	1	9	7	9	3	1	9	8	9	7
8,8	2	0	0	2	0	2	0	1	2	6
8,9	2	0	2	4	8	2	0	3	5	4
9	2	0	4	7	5	2	0	5	8	3
9,1	2	0	7	0	3	2	0	8	1	2
9,2	2	0	9	3	0	2	1	0	4	0
9,3	2	1	1	5	8	2	1	2	6	9
9,4	2	1	3	8	5	2	1	4	9	8
9,5	2	1	6	1	3	2	1	7	2	7
9,6	2	1	8	4	0	2	1	9	5	5
9,7	2	2	0	6	8	2	2	1	8	4
9,8	2	2	2	9	5	2	2	4	1	3
9,9	2	2	5	2	3	2	2	6	4	1
10	2	2	7	5	0	2	2	8	7	0

0,01 bis 4,5	0,23	2,3	23,0	230,0	2300,0	0,2312	2,312	23,12	231,2	2312,0
0,01	0	0	0	2	3	0	0	0	2	3
0,02	0	0	0	4	6	0	0	0	4	6
0,03	0	0	0	6	9	0	0	0	6	9
0,04	0	0	0	9	2	0	0	0	9	2
0,05	0	0	1	1	5	0	0	1	1	6
0,06	0	0	1	3	8	0	0	1	3	9
0,07	0	0	1	6	1	0	0	1	6	2
0,08	0	0	1	8	4	0	0	1	8	5
0,09	0	0	2	0	7	0	0	2	0	8
0,1	0	0	2	3	0	0	0	2	3	1
0,2	0	0	4	6	0	0	0	4	6	2
0,3	0	0	6	9	0	0	0	6	9	4
0,4	0	0	9	2	0	0	0	9	2	5
0,5	0	1	1	5	0	0	1	1	5	6
0,6	0	1	3	8	0	1	0	3	8	7
0,7	0	1	6	1	0	0	1	6	1	8
0,8	0	1	8	4	0	0	1	8	5	0
0,9	0	2	0	7	0	0	2	0	8	1
1	0	2	3	0	0	0	2	3	1	2
1,1	0	2	5	3	0	0	2	5	4	3
1,2	0	2	7	6	0	0	2	7	7	4
1,3	0	2	9	9	0	0	3	0	0	6
1,4	0	3	2	2	0	0	3	2	3	7
1,5	0	3	4	5	0	0	3	4	6	8
1,6	0	3	6	8	0	0	3	6	9	9
1,7	0	3	9	1	0	0	3	9	3	0
1,8	0	4	1	4	0	0	4	1	6	2
1,9	0	4	3	7	0	0	4	3	9	3
2	0	4	6	0	0	0	4	6	2	4
2,1	0	4	8	3	0	0	4	8	5	5
2,2	0	5	0	6	0	0	5	0	8	6
2,3	0	5	2	9	0	0	5	3	1	8
2,4	0	5	5	2	0	0	5	5	4	9
2,5	0	5	7	5	0	0	5	7	8	0
2,6	0	5	9	8	0	0	6	0	1	1
2,7	0	6	2	1	0	0	6	2	4	2
2,8	0	6	4	4	0	0	6	4	7	4
2,9	0	6	6	7	0	0	6	7	0	5
3	0	6	9	0	0	0	6	9	3	6
3,1	0	7	1	3	0	0	7	1	6	7
3,2	0	7	3	6	0	0	7	3	9	8
3,3	0	7	5	9	0	0	7	6	3	0
3,4	0	7	8	2	0	0	7	8	6	1
3,5	0	8	0	5	0	0	8	0	9	2
3,6	0	8	2	8	0	0	8	3	2	3
3,7	0	8	5	1	0	0	8	5	5	4
3,8	0	8	7	4	0	0	8	7	8	6
3,9	0	8	9	7	0	0	9	0	1	7
4	0	9	2	0	0	0	9	2	4	8
4,1	0	9	4	3	0	0	9	4	7	9
4,2	0	9	6	6	0	0	9	7	1	0
4,3	0	9	8	9	0	0	9	9	4	2
4,4	1	0	1	2	0	1	0	1	7	3
4,5	1	0	3	5	0	1	0	4	0	4

4,6 bis 10	0,23	2,3	23,0	230,0	2300,0	0,2312	2,312	23,12	231,2	2312,0
4,6	1	0	5	8	0	1	0	6	3	5
4,7	1	0	8	1	0	1	0	8	6	6
4,8	1	1	0	4	0	1	1	0	9	8
4,9	1	1	2	7	0	1	1	3	2	9
5	1	1	5	0	0	1	1	5	6	0
5,1	1	1	7	3	0	1	1	7	9	1
5,2	1	1	9	6	0	1	2	0	2	2
5,3	1	2	1	9	0	1	2	2	5	4
5,4	1	2	4	2	0	1	2	4	8	5
5,5	1	2	6	5	0	1	2	7	1	6
5,6	1	2	8	8	0	1	2	9	4	7
5,7	1	3	1	1	0	1	3	1	7	8
5,8	1	3	3	4	0	1	3	4	1	0
5,9	1	3	5	7	0	1	3	6	4	1
6	1	3	8	0	0	1	3	8	7	2
6,1	1	4	0	3	0	1	4	1	0	3
6,2	1	4	2	6	0	1	4	3	3	4
6,3	1	4	4	9	0	1	4	5	6	6
6,4	1	4	7	2	0	1	4	7	9	7
6,5	1	4	9	5	0	1	5	0	2	8
6,6	1	5	1	8	0	1	5	2	5	9
6,7	1	5	4	1	0	1	5	4	9	0
6,8	1	5	6	4	0	1	5	7	2	2
6,9	1	5	8	7	0	1	5	9	5	3
7	1	6	1	0	0	1	6	1	8	4
7,1	1	6	3	3	0	1	6	4	1	5
7,2	1	6	5	6	0	1	6	6	4	6
7,3	1	6	7	9	0	1	6	8	7	8
7,4	1	7	0	2	0	1	7	1	0	9
7,5	1	7	2	5	0	1	7	3	4	0
7,6	1	7	4	8	0	1	7	5	7	1
7,7	1	7	7	1	0	1	7	8	0	2
7,8	1	7	9	4	0	1	8	0	3	4
7,9	1	8	1	7	0	1	8	2	6	5
8	1	8	4	0	0	1	8	4	9	6
8,1	1	8	6	3	0	1	8	7	2	7
8,2	1	8	8	6	0	1	8	9	5	8
8,3	1	9	0	9	0	1	9	1	9	0
8,4	1	9	3	2	0	1	9	4	2	1
8,5	1	9	5	5	0	1	9	6	5	2
8,6	1	9	7	8	0	1	9	8	8	3
8,7	2	0	0	1	0	2	0	1	1	4
8,8	2	0	2	4	0	2	0	3	4	6
8,9	2	0	4	7	0	2	0	5	7	7
9	2	0	7	0	0	2	0	8	0	8
9,1	2	0	9	3	0	2	1	0	3	9
9,2	2	1	1	6	0	2	1	2	7	0
9,3	2	1	3	9	0	2	1	5	0	2
9,4	2	1	6	2	0	2	1	7	3	3
9,5	2	1	8	5	0	2	1	9	6	4
9,6	2	2	0	8	0	2	2	1	9	5
9,7	2	2	3	1	0	2	2	4	2	6
9,8	2	2	5	4	0	2	2	6	5	8
9,9	2	2	7	7	0	2	2	8	8	9
10	2	3	0	0	0	2	3	1	2	0

0,01 bis 4,5	2325,0					2337,0				
	0,2325	2,325	23,25	232,5	2325,0	0,2337	2,337	23,37	233,7	2337,0
0,01	0	0	0	2	3	0	0	0	2	3
0,02	0	0	0	4	7	0	0	0	4	7
0,03	0	0	0	7	0	0	0	0	7	0
0,04	0	0	0	9	3	0	0	0	9	3
0,05	0	0	1	1	6	0	0	1	1	7
0,06	0	0	1	4	0	0	0	1	4	0
0,07	0	0	1	6	3	0	0	1	6	4
0,08	0	0	1	8	6	0	0	1	8	7
0,09	0	0	2	0	9	0	0	2	1	0
0,1	0	0	2	3	3	0	0	2	3	4
0,2	0	0	4	6	5	0	0	4	6	7
0,3	0	0	6	9	8	0	0	7	0	1
0,4	0	0	9	3	0	0	0	9	3	5
0,5	0	1	1	6	3	0	1	1	6	9
0,6	0	1	3	9	5	0	1	4	0	2
0,7	0	1	6	2	8	0	1	6	3	6
0,8	0	1	8	6	0	0	1	8	7	0
0,9	0	2	0	9	3	0	2	1	0	3
1	0	2	3	2	5	0	2	3	3	7
1,1	0	2	5	5	8	0	2	5	7	1
1,2	0	2	7	9	0	0	2	8	0	4
1,3	0	3	0	2	3	0	3	0	3	8
1,4	0	3	2	5	5	0	3	2	7	2
1,5	0	3	4	8	8	0	3	5	0	6
1,6	0	3	7	2	0	0	3	7	3	9
1,7	0	3	9	5	3	0	3	9	7	3
1,8	0	4	1	8	5	0	4	2	0	7
1,9	0	4	4	1	8	0	4	4	4	0
2	0	4	6	5	0	0	4	6	7	4
2,1	0	4	8	8	3	0	4	9	0	8
2,2	0	5	1	1	5	0	5	1	4	1
2,3	0	5	3	4	8	0	5	3	7	5
2,4	0	5	5	8	0	0	5	6	0	9
2,5	0	5	8	1	3	0	5	8	4	3
2,6	0	6	0	4	5	0	6	0	7	6
2,7	0	6	2	7	8	0	6	3	1	0
2,8	0	6	5	1	0	0	6	5	4	4
2,9	0	6	7	4	3	0	6	7	7	7
3	0	6	9	7	5	0	7	0	1	1
3,1	0	7	2	0	8	0	7	2	4	5
3,2	0	7	4	4	0	0	7	4	7	8
3,3	0	7	6	7	3	0	7	7	1	2
3,4	0	7	9	0	5	0	7	9	4	6
3,5	0	8	1	3	8	0	8	1	8	0
3,6	0	8	3	7	0	0	8	4	1	3
3,7	0	8	6	0	3	0	8	6	4	7
3,8	0	8	8	3	5	0	8	8	8	1
3,9	0	9	0	6	8	0	9	1	1	4
4	0	9	3	0	0	0	9	3	4	8
4,1	0	9	5	3	3	0	9	5	8	2
4,2	0	9	7	6	5	0	9	8	1	5
4,3	0	9	9	9	8	1	0	0	4	9
4,4	1	0	2	3	0	1	0	2	8	3
4,5	1	0	4	6	3	1	0	5	1	7

4,6 bis 10	2325,0					2337,0				
	0,2325	2,325	23,25	232,5	2325,0	0,2337	2,337	23,37	233,7	2337,0
4,6	1	0	6	9	5	1	0	7	5	0
4,7	1	0	9	2	8	1	0	9	8	4
4,8	1	1	1	6	0	1	1	2	1	8
4,9	1	1	3	9	3	1	1	4	5	1
5	1	1	6	2	5	1	1	6	8	5
5,1	1	1	8	5	8	1	1	9	1	9
5,2	1	2	0	9	0	1	2	1	5	2
5,3	1	2	3	2	3	1	2	3	8	6
5,4	1	2	5	5	5	1	2	6	2	0
5,5	1	2	7	8	8	1	2	8	5	4
5,6	1	3	0	2	0	1	3	0	8	7
5,7	1	3	2	5	3	1	3	3	2	1
5,8	1	3	4	8	5	1	3	5	5	5
5,9	1	3	7	1	8	1	3	7	8	8
6	1	3	9	5	0	1	4	0	2	2
6,1	1	4	1	8	3	1	4	2	5	6
6,2	1	4	4	1	5	1	4	4	8	9
6,3	1	4	6	4	8	1	4	7	2	3
6,4	1	4	8	8	1	1	4	9	5	7
6,5	1	5	1	1	3	1	5	1	9	1
6,6	1	5	3	4	5	1	5	4	2	4
6,7	1	5	5	7	8	1	5	6	5	8
6,8	1	5	8	1	0	1	5	8	9	2
6,9	1	6	0	4	3	1	6	1	2	5
7	1	6	2	7	5	1	6	3	5	9
7,1	1	6	5	0	8	1	6	5	9	3
7,2	1	6	7	4	0	1	6	8	2	6
7,3	1	6	9	7	3	1	7	0	6	0
7,4	1	7	2	0	5	1	7	2	9	4
7,5	1	7	4	3	8	1	7	5	2	8
7,6	1	7	6	7	0	1	7	7	6	1
7,7	1	7	9	0	3	1	7	9	9	5
7,8	1	8	1	3	5	1	8	2	2	9
7,9	1	8	3	6	8	1	8	4	6	2
8	1	8	6	0	0	1	8	6	9	6
8,1	1	8	8	3	3	1	8	9	3	0
8,2	1	9	0	6	5	1	9	1	6	3
8,3	1	9	2	9	8	1	9	3	9	7
8,4	1	9	5	3	0	1	9	6	3	1
8,5	1	9	7	6	3	1	9	8	6	5
8,6	1	9	9	9	5	2	0	0	9	8
8,7	2	0	2	2	8	2	0	3	3	2
8,8	2	0	4	6	0	2	0	5	6	6
8,9	2	0	6	9	3	2	0	7	9	9
9	2	0	9	2	5	2	1	0	3	3
9,1	2	1	1	5	8	2	1	2	6	7
9,2	2	1	3	9	0	2	1	5	0	0
9,3	2	1	6	2	3	2	1	7	3	4
9,4	2	1	8	5	5	2	1	9	6	8
9,5	2	2	0	8	8	2	2	2	0	2
9,6	2	2	3	2	0	2	2	4	3	5
9,7	2	2	5	5	3	2	2	6	6	9
9,8	2	2	7	8	5	2	2	9	0	3
9,9	2	3	0	1	8	2	3	1	3	6
10	2	3	2	5	0	2	3	3	7	0

0,01 bis 4,5	0,235	2,35	23,5	235,0	2350,0	0,2362	2,362	23,62	236,2	2362,0
0,01	0	0	0	2	4	0	0	0	2	4
0,02	0	0	0	4	7	0	0	0	4	7
0,03	0	0	0	7	1	0	0	0	7	1
0,04	0	0	0	9	4	0	0	0	9	4
0,05	0	0	1	1	8	0	0	1	1	8
0,06	0	0	1	4	1	0	0	1	4	2
0,07	0	0	1	6	5	0	0	1	6	5
0,08	0	0	1	8	8	0	0	1	8	9
0,09	0	0	2	1	2	0	0	2	1	3
0,1	0	0	2	3	5	0	0	2	3	6
0,2	0	0	4	7	0	0	0	4	7	2
0,3	0	0	7	0	5	0	0	7	0	9
0,4	0	0	9	4	0	0	0	9	4	5
0,5	0	1	1	7	5	0	1	1	8	1
0,6	0	1	4	1	0	0	1	4	1	7
0,7	0	1	6	4	5	0	1	6	5	3
0,8	0	1	8	8	0	0	1	8	9	0
0,9	0	2	1	1	5	0	2	1	2	6
1	0	2	3	5	0	0	2	3	6	2
1,1	0	2	5	8	5	0	2	5	9	8
1,2	0	2	8	2	0	0	2	8	3	4
1,3	0	3	0	5	5	0	3	0	7	1
1,4	0	3	2	9	0	0	3	3	0	7
1,5	0	3	5	2	5	0	3	5	4	3
1,6	0	3	7	6	0	0	3	7	7	9
1,7	0	3	9	9	5	0	4	0	1	5
1,8	0	4	2	3	0	0	4	2	5	2
1,9	0	4	4	6	5	0	4	4	8	8
2	0	4	7	0	0	0	4	7	2	4
2,1	0	4	9	3	5	0	4	9	6	0
2,2	0	5	1	7	0	0	5	1	9	6
2,3	0	5	4	0	5	0	5	4	3	3
2,4	0	5	6	4	0	0	5	6	6	9
2,5	0	5	8	7	5	0	5	9	0	5
2,6	0	6	1	1	0	0	6	1	4	1
2,7	0	6	3	4	5	0	6	3	7	7
2,8	0	6	5	8	0	0	6	6	1	4
2,9	0	6	8	1	5	0	6	8	5	0
3	0	7	0	5	0	0	7	0	8	6
3,1	0	7	2	8	5	0	7	3	2	2
3,2	0	7	5	2	0	0	7	5	5	8
3,3	0	7	7	5	5	0	7	7	9	5
3,4	0	7	9	9	0	0	8	0	3	1
3,5	0	8	2	2	5	0	8	2	6	7
3,6	0	8	4	6	0	0	8	5	0	3
3,7	0	8	6	9	5	0	8	7	3	9
3,8	0	8	9	3	0	0	8	9	7	6
3,9	0	9	1	6	5	0	9	2	1	2
4	0	9	4	0	0	0	9	4	4	8
4,1	0	9	6	3	5	0	9	6	8	4
4,2	0	9	8	7	0	0	9	9	2	0
4,3	1	0	1	0	5	1	0	1	5	7
4,4	1	0	3	4	0	1	0	3	9	3
4,5	1	0	5	7	5	1	0	6	2	9

4,6 bis 10	0,235	2,35	23,5	235,0	2350,0	0,2362	2,362	23,62	236,2	2362,0
4,6	1	0	8	1	0	1	0	8	6	5
4,7	1	1	0	4	5	1	1	1	0	1
4,8	1	1	2	8	0	1	1	3	3	8
4,9	1	1	5	1	5	1	1	5	7	4
5	1	1	7	5	0	1	1	8	1	0
5,1	1	1	9	8	5	1	2	0	4	6
5,2	1	2	2	2	0	1	2	2	8	2
5,3	1	2	4	5	5	1	2	5	1	9
5,4	1	2	6	9	0	1	2	7	5	5
5,5	1	2	9	2	5	1	2	9	9	1
5,6	1	3	1	6	0	1	3	2	2	7
5,7	1	3	3	9	5	1	3	4	6	3
5,8	1	3	6	3	0	1	3	7	0	0
5,9	1	3	8	6	5	1	3	9	3	6
6	1	4	1	0	0	1	4	1	7	2
6,1	1	4	3	3	5	1	4	4	0	8
6,2	1	4	5	7	0	1	4	6	4	4
6,3	1	4	8	0	5	1	4	8	8	1
6,4	1	5	0	4	0	1	5	1	1	7
6,5	1	5	2	7	5	1	5	3	5	3
6,6	1	5	5	1	0	1	5	5	8	9
6,7	1	5	7	4	5	1	5	8	2	5
6,8	1	5	9	8	0	1	6	0	6	2
6,9	1	6	2	1	5	1	6	2	9	8
7	1	6	4	5	0	1	6	5	3	4
7,1	1	6	6	8	5	1	6	7	7	0
7,2	1	6	9	2	0	1	7	0	0	6
7,3	1	7	1	5	5	1	7	2	4	3
7,4	1	7	3	9	0	1	7	4	7	9
7,5	1	7	6	2	5	1	7	7	1	5
7,6	1	7	8	6	0	1	7	9	5	1
7,7	1	8	0	9	5	1	8	1	8	7
7,8	1	8	3	3	0	1	8	4	2	4
7,9	1	8	5	6	5	1	8	6	6	0
8	1	8	8	0	0	1	8	8	9	6
8,1	1	9	0	3	5	1	9	1	3	2
8,2	1	9	2	7	0	1	9	3	6	8
8,3	1	9	5	0	5	1	9	6	0	5
8,4	1	9	7	4	0	1	9	8	4	1
8,5	1	9	9	7	5	2	0	0	7	7
8,6	2	0	2	1	0	2	0	3	1	3
8,7	2	0	4	4	5	2	0	5	4	9
8,8	2	0	6	8	0	2	0	7	8	6
8,9	2	0	9	1	5	2	1	0	2	2
9	2	1	1	5	0	2	1	2	5	8
9,1	2	1	3	8	5	2	1	4	9	4
9,2	2	1	6	2	0	2	1	7	3	0
9,3	2	1	8	5	5	2	1	9	6	7
9,4	2	2	0	9	0	2	2	2	0	3
9,5	2	2	3	2	5	2	2	4	3	9
9,6	2	2	5	6	0	2	2	6	7	5
9,7	2	2	7	9	5	2	2	9	1	1
9,8	2	3	0	3	0	2	3	1	4	8
9,9	2	3	2	6	5	2	3	3	8	4
10	2	3	5	0	0	2	3	6	2	0

0,01 bis 4,5	2375,0 / 237,5 / 0,2375 / 2,375 / 23,75					2390,0 / 239,0 / 0,239 / 2,39 / 23,9				
0,01	0	0	0	2	4	0	0	0	2	4
0,02	0	0	0	4	8	0	0	0	4	8
0,03	0	0	0	7	1	0	0	0	7	2
0,04	0	0	0	9	5	0	0	0	9	6
0,05	0	0	1	1	9	0	0	1	2	0
0,06	0	0	1	4	3	0	0	1	4	3
0,07	0	0	1	6	6	0	0	1	6	7
0,08	0	0	1	9	0	0	0	1	9	1
0,09	0	0	2	1	4	0	0	2	1	5
0,1	0	0	3	3	8	0	0	2	3	9
0,2	0	0	4	7	5	0	0	4	7	8
0,3	0	0	7	1	3	0	0	7	1	7
0,4	0	0	9	5	0	0	0	9	5	6
0,5	0	1	1	8	8	0	1	1	9	5
0,6	0	1	4	2	5	0	1	4	3	4
0,7	0	1	6	6	3	0	1	6	7	3
0,8	0	1	9	0	0	0	1	9	1	2
0,9	0	2	1	3	8	0	2	1	5	1
1	0	2	3	7	5	0	2	3	9	0
1,1	0	2	6	1	3	0	2	6	2	9
1,2	0	2	8	5	0	0	2	8	6	8
1,3	0	3	0	8	8	0	3	1	0	7
1,4	0	3	3	2	5	0	3	3	4	6
1,5	0	3	5	6	3	0	3	5	8	5
1,6	0	3	8	0	0	0	3	8	2	4
1,7	0	4	0	3	8	0	4	0	6	3
1,8	0	4	2	7	5	0	4	3	0	2
1,9	0	4	5	1	3	0	4	5	4	1
2	0	4	7	5	0	0	4	7	8	0
2,1	0	4	9	8	8	0	5	0	1	9
2,2	0	5	2	2	5	0	5	2	5	8
2,3	0	5	4	6	3	0	5	4	9	7
2,4	0	5	7	0	0	0	5	7	3	6
2,5	0	5	9	3	8	0	5	9	7	5
2,6	0	6	1	7	5	0	6	2	1	4
2,7	0	6	4	1	3	0	6	4	5	3
2,8	0	6	6	5	0	0	6	6	9	2
2,9	0	6	8	8	8	0	6	9	3	1
3	0	7	1	2	5	0	7	1	7	0
3,1	0	7	3	6	3	0	7	4	0	9
3,2	0	7	6	0	0	0	7	6	4	8
3,3	0	7	8	3	8	0	7	8	8	7
3,4	0	8	0	7	5	0	8	1	2	6
3,5	0	8	3	1	3	0	8	3	6	5
3,6	0	8	5	5	0	0	8	6	0	4
3,7	0	8	7	8	8	0	8	8	4	3
3,8	0	9	0	2	5	0	9	0	8	2
3,9	0	9	2	6	3	0	9	3	2	1
4	0	9	5	0	0	0	9	5	6	0
4,1	0	9	7	3	8	0	9	7	9	9
4,2	0	9	9	7	5	1	0	0	3	8
4,3	1	0	2	1	3	1	0	2	7	7
4,4	1	0	4	5	0	1	0	5	1	6
4,5	1	0	6	8	8	1	0	7	5	5

4,6 bis 10	2375,0 / 237,5 / 0,2375 / 2,375 / 23,75					2390,0 / 239,0 / 0,239 / 2,39 / 23,9				
4,6	1	0	9	2	5	1	0	9	9	4
4,7	1	1	1	6	3	1	1	2	3	3
4,8	1	1	4	0	0	1	1	4	7	2
4,9	1	1	6	3	8	1	1	7	1	1
5	1	1	8	7	5	1	1	9	5	0
5,1	1	2	1	1	3	1	2	1	8	9
5,2	1	2	3	5	0	1	2	4	2	8
5,3	1	2	5	8	8	1	2	6	6	7
5,4	1	2	8	2	5	1	2	9	0	6
5,5	1	3	0	6	3	1	3	1	4	5
5,6	1	3	3	0	0	1	3	3	8	4
5,7	1	3	5	3	8	1	3	6	2	3
5,8	1	3	7	7	5	1	3	8	6	2
5,9	1	4	0	1	3	1	4	1	0	1
6	1	4	2	5	0	1	4	3	4	0
6,1	1	4	4	8	8	1	4	5	7	9
6,2	1	4	7	2	5	1	4	8	1	8
6,3	1	4	9	6	3	1	5	0	5	7
6,4	1	5	2	0	0	1	5	2	9	6
6,5	1	5	4	3	8	1	5	5	3	5
6,6	1	5	6	7	5	1	5	7	7	4
6,7	1	5	9	1	3	1	6	0	1	3
6,8	1	6	1	5	0	1	6	2	5	2
6,9	1	6	3	8	8	1	6	4	9	1
7	1	6	6	2	5	1	6	7	3	0
7,1	1	6	8	6	3	1	6	9	6	9
7,2	1	7	1	0	0	1	7	2	0	8
7,3	1	7	3	3	8	1	7	4	4	7
7,4	1	7	5	7	5	1	7	6	8	6
7,5	1	7	8	7	3	1	7	9	2	5
7,6	1	8	0	5	0	1	8	1	6	4
7,7	1	8	2	8	8	1	8	4	0	3
7,8	1	8	5	2	5	1	8	6	4	2
7,9	1	8	7	6	3	1	8	8	8	1
8	1	9	0	0	0	1	9	1	2	0
8,1	1	9	2	3	8	1	9	3	5	9
8,2	1	9	4	7	5	1	9	5	9	8
8,3	1	9	7	1	3	1	9	8	3	7
8,4	1	9	9	5	0	2	0	0	7	6
8,5	2	0	1	8	8	2	0	3	1	5
8,6	2	0	4	2	5	2	0	5	5	4
8,7	2	0	6	6	3	2	0	7	9	3
8,8	2	0	9	0	0	2	1	0	3	2
8,9	2	1	1	3	8	2	1	2	7	1
9	2	1	3	7	5	2	1	5	1	0
9,1	2	1	6	1	3	2	1	7	4	9
9,2	2	1	8	5	0	2	1	9	8	8
9,3	2	2	0	8	8	2	2	2	2	7
9,4	2	2	3	2	5	2	2	4	6	6
9,5	2	2	5	6	3	2	2	7	0	5
9,6	2	2	8	0	0	2	2	9	4	4
9,7	2	3	0	3	8	2	3	1	8	3
9,8	2	3	2	7	5	2	3	4	2	2
9,9	2	3	5	1	3	2	3	6	6	1
10	2	3	7	5	0	2	3	9	0	0

0,01 bis 4,5	0,2405	2,405	24,05	240,5	2405,0	0,242	2,42	24,2	242,0	2420,0
0,01	0	0	0	2	4	0	0	0	2	4
0,02	0	0	0	4	8	0	0	0	4	8
0,03	0	0	0	7	2	0	0	0	7	3
0,04	0	0	0	9	6	0	0	0	9	7
0,05	0	0	1	2	0	0	0	1	2	1
0,06	0	0	1	4	4	0	0	1	4	5
0,07	0	0	1	6	8	0	0	1	6	9
0,08	0	0	1	9	2	0	0	1	9	4
0,09	0	0	2	1	6	0	0	2	1	8
0,1	0	0	2	4	1	0	0	2	4	2
0,2	0	0	4	8	1	0	0	4	8	4
0,3	0	0	7	2	2	0	0	7	2	6
0,4	0	0	9	6	2	0	0	9	6	8
0,5	0	1	2	0	3	0	1	2	1	0
0,6	0	1	4	4	3	0	1	4	5	2
0,7	0	1	6	8	4	0	1	6	9	4
0,8	0	1	9	2	4	0	1	9	3	6
0,9	0	2	1	6	5	0	2	1	7	8
1	0	2	4	0	5	0	2	4	2	0
1,1	0	2	6	4	6	0	2	6	6	2
1,2	0	2	8	8	6	0	2	9	0	4
1,3	0	3	1	2	7	0	3	1	4	6
1,4	0	3	3	6	7	0	3	3	8	8
1,5	0	3	6	0	8	0	3	6	3	0
1,6	0	3	8	4	8	0	3	8	7	2
1,7	0	4	0	8	9	0	4	1	1	4
1,8	0	4	3	2	9	0	4	3	5	6
1,9	0	4	5	7	0	0	4	5	9	8
2	0	4	8	1	0	0	4	8	4	0
2,1	0	5	0	5	1	0	5	0	8	2
2,2	0	5	2	9	1	0	5	3	2	4
2,3	0	5	5	3	2	0	5	5	6	6
2,4	0	5	7	7	2	0	5	8	0	8
2,5	0	6	0	1	3	0	6	0	5	0
2,6	0	6	2	5	3	0	6	2	9	2
2,7	0	6	4	9	4	0	6	5	3	4
2,8	0	6	7	3	4	0	6	7	7	6
2,9	0	6	9	7	5	0	7	0	1	8
3	0	7	2	1	5	0	7	2	6	0
3,1	0	7	4	5	6	0	7	5	0	2
3,2	0	7	6	9	6	0	7	7	4	4
3,3	0	7	9	3	7	0	7	9	8	6
3,4	0	8	1	7	7	0	8	2	2	8
3,5	0	8	4	1	8	0	8	4	7	0
3,6	0	8	6	5	8	0	8	7	1	2
3,7	0	8	8	9	9	0	8	9	5	4
3,8	0	9	1	3	9	0	9	1	9	6
3,9	0	9	3	8	0	0	9	4	3	8
4	0	9	6	2	0	0	9	6	8	0
4,1	0	9	8	6	1	0	9	9	2	2
4,2	1	0	1	0	1	1	0	1	6	7
4,3	1	0	3	4	2	1	0	4	0	6
4,4	1	0	5	8	2	1	0	6	4	8
4,5	1	0	8	2	3	1	0	8	9	0

4,6 bis 10	0,2405	2,405	24,05	240,5	2405,0	0,242	2,42	24,2	242,0	2420,0
4,6	1	1	0	6	3	1	1	1	3	2
4,7	1	1	3	0	4	1	1	3	7	4
4,8	1	1	5	4	4	1	1	6	1	6
4,9	1	1	7	8	5	1	1	8	5	8
5	1	2	0	2	5	1	2	1	0	0
5,1	1	2	2	6	6	1	2	3	4	2
5,2	1	2	5	0	6	1	2	5	8	4
5,3	1	2	7	4	7	1	2	8	2	6
5,4	1	2	9	8	7	1	3	0	6	8
5,5	1	3	2	2	8	1	3	3	1	0
5,6	1	3	4	6	8	1	3	5	5	2
5,7	1	3	7	0	9	1	3	7	9	4
5,8	1	3	9	4	9	1	4	0	3	6
5,9	1	4	1	9	0	1	4	2	7	8
6	1	4	4	3	0	1	4	5	2	0
6,1	1	4	6	7	1	1	4	7	6	2
6,2	1	4	9	1	1	1	5	0	0	4
6,3	1	5	1	5	2	1	5	2	4	6
6,4	1	5	3	9	2	1	5	4	8	8
6,5	1	5	6	3	3	1	5	7	3	0
6,6	1	5	8	7	3	1	5	9	7	2
6,7	1	6	1	1	4	1	6	2	1	4
6,8	1	6	3	5	4	1	6	4	5	6
6,9	1	6	5	9	5	1	6	6	9	8
7	1	6	8	3	5	1	6	9	4	0
7,1	1	7	0	7	6	1	7	1	8	2
7,2	1	7	3	1	6	1	7	4	2	4
7,3	1	7	5	5	7	1	7	6	6	6
7,4	1	7	7	9	7	1	7	9	0	8
7,5	1	8	0	3	8	1	8	1	5	0
7,6	1	8	2	7	8	1	8	3	9	2
7,7	1	8	5	1	9	1	8	6	3	4
7,8	1	8	7	5	9	1	8	8	7	6
7,9	1	9	0	0	0	1	9	1	1	8
8	1	9	2	4	0	1	9	3	6	0
8,1	1	9	4	8	1	1	9	6	0	2
8,2	1	9	7	2	1	1	9	8	4	4
8,3	1	9	9	6	2	2	0	0	8	6
8,4	2	0	2	0	2	2	0	3	2	8
8,5	2	0	4	4	3	2	0	5	7	0
8,6	2	0	6	8	3	2	0	8	1	2
8,7	2	0	9	2	4	2	1	0	5	4
8,8	2	1	1	6	4	2	1	2	9	6
8,9	2	1	4	0	5	2	1	5	3	8
9	2	1	6	4	5	2	1	7	8	0
9,1	2	1	8	8	6	2	2	0	2	2
9,2	2	1	1	2	6	2	2	2	6	4
9,3	2	2	3	6	7	2	2	5	0	6
9,4	2	2	6	0	7	2	2	7	4	8
9,5	2	2	8	4	8	2	2	9	9	0
9,6	2	3	0	8	8	2	3	2	3	2
9,7	2	3	3	2	9	2	3	4	7	4
9,8	2	3	5	6	9	2	3	7	1	6
9,9	2	3	8	1	0	2	3	9	5	8
10	2	4	0	5	0	2	4	2	0	0

0,01 bis 4,5	2435,0 / 243,5 / 0,2435 / 2,435 / 24,35					2450,0 / 245,0 / 0,245 / 2,45 / 24,5				
0,01	0	0	0	2	4	0	0	0	2	5
0,02	0	0	0	4	9	0	0	0	4	9
0,03	0	0	0	7	3	0	0	0	7	4
0,04	0	0	0	9	7	0	0	0	9	8
0,05	0	0	1	2	2	0	0	1	2	3
0,06	0	0	1	4	6	0	0	1	4	7
0,07	0	0	1	7	0	0	0	1	7	2
0,08	0	0	1	9	5	0	0	1	9	6
0,09	0	0	2	1	9	0	0	2	2	1
0,1	0	0	2	4	4	0	0	2	4	5
0,2	0	0	4	8	7	0	0	4	9	0
0,3	0	0	7	3	1	0	0	7	3	5
0,4	0	0	9	7	4	0	0	9	8	0
0,5	0	1	2	1	8	0	1	2	2	5
0,6	0	1	4	6	1	0	1	4	7	0
0,7	0	1	7	0	5	0	1	7	1	5
0,8	0	1	9	4	8	0	1	9	6	0
0,9	0	2	1	9	2	0	2	2	0	5
1	0	2	4	3	5	0	2	4	5	0
1,1	0	2	6	7	9	0	2	6	9	5
1,2	0	2	9	2	2	0	2	9	4	0
1,3	0	3	1	6	6	0	3	1	8	5
1,4	0	3	4	0	9	0	3	4	3	0
1,5	0	3	6	5	3	0	3	6	7	5
1,6	0	3	8	9	6	0	3	9	2	0
1,7	0	4	1	4	0	0	4	1	6	5
1,8	0	4	3	8	3	0	4	4	1	0
1,9	0	4	6	2	7	0	4	6	5	5
2	0	4	8	7	0	0	4	9	0	0
2,1	0	5	1	1	4	0	5	1	4	5
2,2	0	5	3	5	7	0	5	3	9	0
2,3	0	5	6	0	1	0	5	6	3	5
2,4	0	5	8	4	4	0	5	8	8	0
2,5	0	6	0	8	8	0	6	1	2	5
2,6	0	6	3	3	1	0	6	3	7	0
2,7	0	6	5	7	5	0	6	6	1	5
2,8	0	6	8	1	8	0	6	8	6	0
2,9	0	7	0	6	2	0	7	1	0	5
3	0	7	3	0	5	0	7	3	5	0
3,1	0	7	5	4	2	0	7	5	9	5
3,2	0	7	7	9	2	0	7	8	4	0
3,3	0	8	0	3	6	0	8	0	8	5
3,4	0	8	2	7	9	0	8	3	3	0
3,5	0	8	5	2	3	0	8	5	7	5
3,6	0	8	7	6	6	0	8	8	2	0
3,7	0	9	0	1	0	0	9	0	6	5
3,8	0	9	2	5	3	0	9	3	1	0
3,9	0	9	4	9	7	0	9	5	5	5
4	0	9	7	4	0	0	9	8	0	0
4,1	0	9	9	8	4	1	0	0	4	5
4,2	1	0	2	2	7	1	0	2	9	0
4,3	1	0	4	7	1	1	0	5	3	5
4,4	1	0	7	1	4	1	0	7	8	0
4,5	1	0	9	5	8	1	1	0	2	5

4,6 bis 10	2435,0 / 243,5 / 0,2435 / 2,435 / 24,35					2450,0 / 245,0 / 0,245 / 2,45 / 24,5				
4,6	1	1	2	0	1	1	1	2	7	0
4,7	1	1	4	4	5	1	1	5	1	5
4,8	1	1	6	8	8	1	1	7	6	0
4,9	1	1	9	3	2	1	2	0	0	5
5	1	2	1	7	5	1	2	2	5	0
5,1	1	2	4	1	9	1	2	4	9	5
5,2	1	2	6	6	2	1	2	7	4	0
5,3	1	2	9	0	6	1	2	9	8	5
5,4	1	3	1	4	9	1	3	2	3	0
5,5	1	3	3	9	3	1	3	4	7	5
5,6	1	3	6	3	6	1	3	7	2	0
5,7	1	3	8	8	0	1	3	9	6	5
5,8	1	4	1	2	3	1	4	2	1	0
5,9	1	4	3	6	7	1	4	4	5	5
6	1	4	6	1	0	1	4	7	0	0
6,1	1	4	8	5	4	1	4	9	4	5
6,2	1	5	0	9	7	1	5	1	9	0
6,3	1	5	3	4	1	1	5	4	3	5
6,4	1	5	5	8	4	1	5	6	8	0
6,5	1	5	8	2	8	1	5	9	2	5
6,6	1	6	0	7	1	1	6	1	7	0
6,7	1	6	3	1	5	1	6	4	1	5
6,8	1	6	5	5	8	1	6	6	6	0
6,9	1	6	8	0	2	1	6	9	0	5
7	1	7	0	4	5	1	7	1	5	0
7,1	1	7	2	8	9	1	7	3	9	5
7,2	1	7	5	3	2	1	7	6	4	0
7,3	1	7	7	7	6	1	7	8	8	5
7,4	1	8	0	1	9	1	8	1	3	0
7,5	1	8	2	6	3	1	8	3	7	5
7,6	1	8	5	0	6	1	8	6	2	0
7,7	1	8	7	5	0	1	8	8	6	5
7,8	1	8	9	9	3	1	9	1	1	0
7,9	1	9	2	3	7	1	9	3	5	5
8	1	9	4	8	0	1	9	6	0	0
8,1	1	9	7	2	4	1	9	8	4	5
8,2	1	9	9	6	7	2	0	0	9	0
8,3	2	0	2	1	1	2	0	3	3	5
8,4	2	0	4	5	4	2	0	5	8	0
8,5	2	0	6	9	8	2	0	8	2	5
8,6	2	0	9	4	1	2	1	0	7	0
8,7	2	1	1	8	5	2	1	3	1	5
8,8	2	1	4	2	8	2	1	5	6	0
8,9	2	1	6	7	2	2	1	8	0	5
9	2	1	9	1	5	2	2	0	5	0
9,1	2	2	1	5	9	2	2	2	9	5
9,2	2	2	4	0	2	2	2	5	4	0
9,3	2	2	6	4	6	2	2	7	8	5
9,4	2	2	8	8	9	2	3	0	3	0
9,5	2	3	1	3	3	2	3	2	7	5
9,6	2	3	3	7	6	2	3	5	2	0
9,7	2	3	6	2	0	2	3	7	6	5
9,8	2	3	8	6	3	2	4	0	1	0
9,9	2	4	1	0	7	2	4	2	5	5
10	2	4	3	5	0	2	4	5	0	0

2465–2480

0,01 bis 4,5	0,2465	2,465	24,65	246,5	2465,0	0,248	2,48	24,8	248,0	2480,0
0,01	0	0	0	2	5	0	0	0	2	5
0,02	0	0	0	4	9	0	0	0	5	0
0,03	0	0	0	7	4	0	0	0	7	4
0,04	0	0	0	9	9	0	0	0	9	9
0,05	0	0	1	2	3	0	0	1	2	4
0,06	0	0	1	4	8	0	0	1	4	9
0,07	0	0	1	7	3	0	0	1	7	4
0,08	0	0	1	9	7	0	0	1	9	8
0,09	0	0	2	2	2	0	0	2	2	3
0,1	0	0	2	4	7	0	0	2	4	8
0,2	0	0	4	9	3	0	0	4	9	6
0,3	0	0	7	4	0	0	0	7	4	4
0,4	0	0	9	8	6	0	0	9	9	2
0,5	0	1	2	3	3	0	1	2	4	0
0,6	0	1	4	7	9	0	1	4	8	8
0,7	0	1	7	2	6	0	1	7	3	6
0,8	0	1	9	7	2	0	1	9	8	4
0,9	0	2	2	1	9	0	2	2	3	2
1	0	2	4	6	5	0	2	4	8	0
1,1	0	2	7	1	2	0	2	7	2	8
1,2	0	2	9	5	8	0	2	9	7	6
1,3	0	3	2	0	5	0	3	2	2	4
1,4	0	3	4	5	1	0	3	4	7	2
1,5	0	3	6	9	8	0	3	7	2	0
1,6	0	3	9	4	4	0	3	9	6	8
1,7	0	4	1	9	1	0	4	2	1	6
1,8	0	4	4	3	7	0	4	4	6	4
1,9	0	4	6	8	4	0	4	7	1	2
2	0	4	9	3	0	0	4	9	6	0
2,1	0	5	1	7	7	0	5	2	0	8
2,2	0	5	4	2	3	0	5	4	5	6
2,3	0	5	6	7	0	0	5	7	0	4
2,4	0	5	9	1	6	0	5	9	5	2
2,5	0	6	1	6	3	0	6	2	0	0
2,6	0	6	4	0	9	0	6	4	4	8
2,7	0	6	6	5	6	0	6	6	9	6
2,8	0	6	9	0	2	0	6	9	4	4
2,9	0	7	1	4	9	0	7	1	9	2
3	0	7	3	9	5	0	7	4	4	0
3,1	0	7	6	4	2	0	7	6	8	8
3,2	0	7	8	8	8	0	7	9	3	6
3,3	0	8	1	3	5	0	8	1	8	4
3,4	0	8	3	8	1	0	8	4	3	2
3,5	0	8	6	2	8	0	8	6	8	0
3,6	0	8	8	7	4	0	8	9	2	8
3,7	0	9	1	2	1	0	9	1	7	6
3,8	0	9	3	6	7	0	9	4	2	4
3,9	0	9	6	1	4	0	9	6	7	2
4	0	9	8	6	0	0	9	9	2	0
4,1	1	0	1	0	7	1	0	1	6	8
4,2	1	0	3	5	3	1	0	4	1	6
4,3	1	0	6	0	0	1	0	6	6	4
4,4	1	0	8	4	6	1	0	9	1	2
4,5	1	1	0	9	3	1	1	1	6	0

4,6 bis 10	0,2465	2,465	24,65	246,5	2465,0	0,248	2,48	24,8	248,0	2480,0
4,6	1	1	3	3	9	1	1	4	0	8
4,7	1	1	5	8	6	1	1	6	5	6
4,8	1	1	8	3	2	1	1	9	0	4
4,9	1	2	0	7	9	1	2	1	5	2
5	1	2	3	2	5	1	2	4	0	0
5,1	1	2	5	7	2	1	2	6	4	8
5,2	1	2	8	1	8	1	2	8	9	6
5,3	1	3	0	6	5	1	3	1	4	4
5,4	1	3	3	1	1	1	3	3	9	2
5,5	1	3	5	5	8	1	3	6	4	0
5,6	1	3	8	0	4	1	3	8	8	8
5,7	1	4	0	5	1	1	4	1	3	6
5,8	1	4	2	9	7	1	4	3	8	4
5,9	1	4	5	4	4	1	4	6	3	2
6	1	4	7	9	0	1	4	8	8	0
6,1	1	5	0	3	7	1	5	1	2	8
6,2	1	5	2	8	3	1	5	3	7	6
6,3	1	5	5	3	0	1	5	6	2	4
6,4	1	5	7	7	6	1	5	8	7	2
6,5	1	6	0	2	3	1	6	1	2	0
6,6	1	6	2	6	9	1	6	3	6	8
6,7	1	6	5	1	6	1	6	6	1	6
6,8	1	6	7	6	2	1	6	8	6	4
6,9	1	7	0	0	9	1	7	1	1	2
7	1	7	2	5	5	1	7	3	6	0
7,1	1	7	5	0	2	1	7	6	0	8
7,2	1	7	7	4	8	1	7	8	5	6
7,3	1	7	9	9	5	1	8	1	0	4
7,4	1	8	2	4	1	1	8	3	5	2
7,5	1	8	4	8	8	1	8	6	0	0
7,6	1	8	7	3	4	1	8	8	4	8
7,7	1	8	9	8	1	1	9	0	9	6
7,8	1	9	2	2	7	1	9	3	4	4
7,9	1	9	4	7	4	1	9	5	9	2
8	1	9	7	2	0	1	9	8	4	0
8,1	1	9	9	0	7	2	0	0	8	8
8,2	2	0	2	1	3	2	0	3	3	6
8,3	2	0	4	6	0	2	0	5	8	4
8,4	2	0	7	0	6	2	0	8	3	2
8,5	2	0	9	5	3	2	1	0	8	0
8,6	2	1	1	9	9	2	1	3	2	8
8,7	2	1	4	4	6	2	1	5	7	6
8,8	2	1	6	9	2	2	1	8	2	4
8,9	2	1	9	3	9	2	2	0	7	2
9	2	2	1	8	5	2	2	3	2	0
9,1	2	2	4	3	2	2	2	5	6	8
9,2	2	2	6	7	8	2	2	8	1	6
9,3	2	2	9	2	5	2	3	0	6	4
9,4	2	3	1	7	1	2	3	3	1	2
9,5	2	3	4	1	8	2	3	5	6	0
9,6	2	3	6	6	4	2	3	8	0	8
9,7	2	3	9	1	1	2	4	0	5	6
9,8	2	4	1	5	7	2	4	3	0	4
9,9	2	4	4	0	4	2	4	5	5	2
10	2	4	6	5	0	2	4	8	0	0

0,01 bis 4,5	0,2495	2,495	24,95	249,5	2495,0	0,251	2,51	25,1	251,0	2510,0
0,01	0	0	0	2	5	0	0	0	2	5
0,02	0	0	0	5	0	0	0	0	5	0
0,03	0	0	0	7	5	0	0	0	7	5
0,04	0	0	1	0	0	0	0	1	0	0
0,05	0	0	1	2	5	0	0	1	2	6
0,06	0	0	1	5	0	0	0	1	5	1
0,07	0	0	1	7	5	0	0	1	7	6
0,08	0	0	2	0	0	0	0	2	0	1
0,09	0	0	2	2	5	0	0	2	2	6
0,1	0	0	2	5	0	0	0	2	5	1
0,2	0	0	4	9	9	0	0	5	0	2
0,3	0	0	7	4	9	0	0	7	5	3
0,4	0	0	9	9	8	0	1	0	0	4
0,5	0	1	2	4	8	0	1	2	5	5
0,6	0	1	4	9	7	0	1	5	0	6
0,7	0	1	7	4	7	0	1	7	5	7
0,8	0	1	9	9	6	0	2	0	0	8
0,9	0	2	2	4	6	0	2	2	5	9
1	0	2	4	9	5	0	2	5	1	0
1,1	0	2	7	4	5	0	2	7	6	1
1,2	0	2	9	9	4	0	3	0	1	2
1,3	0	3	2	4	4	0	3	2	6	3
1,4	0	3	4	9	3	0	3	5	1	4
1,5	0	3	7	4	3	0	3	7	6	5
1,6	0	3	9	9	2	0	4	0	1	6
1,7	0	4	2	4	2	0	4	2	6	7
1,8	0	4	4	9	1	0	4	5	1	8
1,9	0	4	7	4	1	0	5	7	6	9
2	0	4	9	9	0	0	5	0	2	0
2,1	0	5	2	4	0	0	5	2	7	1
2,2	0	5	4	8	9	0	5	5	2	2
2,3	0	5	7	3	9	0	5	7	7	3
2,4	0	5	9	8	8	0	6	0	2	4
2,5	0	6	2	3	8	0	6	2	7	5
2,6	0	6	4	8	7	0	6	5	2	6
2,7	0	6	7	3	7	0	6	7	7	7
2,8	0	6	9	8	6	0	7	0	2	8
2,9	0	7	2	3	6	0	7	2	7	9
3	0	7	4	8	5	0	7	5	3	0
3,1	0	7	7	3	5	0	7	7	8	1
3,2	0	7	9	8	4	0	8	0	3	2
3,3	0	8	2	3	4	0	8	2	8	3
3,4	0	8	4	8	3	0	8	5	3	4
3,5	0	8	7	3	3	0	8	7	8	5
3,6	0	8	9	8	2	0	9	0	3	6
3,7	0	9	2	3	2	0	9	2	8	7
3,8	0	9	4	8	1	0	9	5	3	8
3,9	0	9	7	3	1	0	9	7	8	9
4	0	9	9	8	0	1	0	0	4	0
4,1	1	0	2	3	0	1	0	2	9	1
4,2	1	0	4	7	9	1	0	5	4	2
4,3	1	0	7	2	9	1	0	7	9	3
4,4	1	0	9	7	8	1	1	0	4	4
4,5	1	1	2	2	8	1	1	2	9	5

4,6 bis 10	0,2495	2,495	24,95	249,5	2495,0	0,251	2,51	25,1	251,0	2510,0
4,6	1	1	4	7	7	1	1	5	4	6
4,7	1	1	7	2	7	1	1	7	9	7
4,8	1	1	9	7	6	1	2	0	5	8
4,9	1	2	2	2	6	1	2	2	9	9
5	1	2	4	7	5	1	2	5	5	0
5,1	1	2	7	2	5	1	2	8	0	1
5,2	1	2	9	7	4	1	3	0	5	2
5,3	1	3	2	2	4	1	3	3	0	3
5,4	1	3	4	7	3	1	3	5	5	4
5,5	1	3	7	2	3	1	3	8	0	5
5,6	1	3	9	7	2	1	4	0	5	6
5,7	1	4	2	2	2	1	4	3	0	7
5,8	1	4	4	7	1	1	4	5	5	8
5,9	1	4	7	2	1	1	4	8	0	9
6	1	4	9	7	0	1	5	0	6	0
6,1	1	5	2	2	0	1	5	3	1	1
6,2	1	5	4	6	9	1	5	5	6	2
6,3	1	5	7	1	9	1	5	8	1	3
6,4	1	5	9	6	8	1	6	0	6	4
6,5	1	6	2	1	8	1	6	3	1	5
6,6	1	6	4	6	7	1	6	5	6	6
6,7	1	6	7	1	7	1	6	8	1	7
6,8	1	6	9	6	6	1	7	0	6	8
6,9	1	7	2	1	6	1	7	3	1	9
7	1	7	4	6	5	1	7	5	7	0
7,1	1	7	7	1	5	1	7	8	2	1
7,2	1	7	9	6	4	1	8	0	7	2
7,3	1	8	2	1	4	1	8	3	2	3
7,4	1	8	4	6	3	1	8	5	7	4
7,5	1	8	7	1	3	1	8	8	2	5
7,6	1	8	9	6	2	1	9	0	7	6
7,7	1	9	2	1	2	1	9	3	2	7
7,8	1	9	4	6	1	1	9	5	7	8
7,9	1	9	7	1	1	1	9	8	2	9
8	1	9	9	6	0	2	0	0	8	0
8,1	2	0	2	1	0	2	0	3	3	1
8,2	2	0	4	5	9	2	0	5	8	2
8,3	2	0	7	0	9	2	0	8	3	3
8,4	2	0	9	5	8	2	1	0	8	4
8,5	2	1	2	0	8	2	1	3	3	5
8,6	2	1	4	5	7	2	1	5	8	6
8,7	2	1	7	0	7	2	1	8	3	7
8,8	2	1	9	5	6	2	2	0	8	8
8,9	2	2	2	0	6	2	2	3	3	9
9	2	2	4	5	5	2	2	5	9	0
9,1	2	2	7	0	5	2	2	8	4	1
9,2	2	2	9	5	4	2	3	0	9	2
9,3	2	3	2	0	4	2	3	3	4	3
9,4	2	3	4	5	3	2	3	5	9	4
9,5	2	3	7	0	3	2	3	8	4	5
9,6	2	3	9	5	2	2	4	0	9	6
9,7	2	4	2	0	2	2	4	3	4	7
9,8	2	4	4	5	1	2	4	5	9	8
9,9	2	4	7	0	1	2	4	8	4	9
10	2	4	9	5	0	2	5	1	0	0

0,01 bis 4,5	0,2525	2,525	25,25	252,5	2525,0	0,254	2,54	25,4	254,0	2540,0
0,01	0	0	0	2	5	0	0	0	2	5
0,02	0	0	0	5	1	0	0	0	5	1
0,03	0	0	0	7	6	0	0	0	7	6
0,04	0	0	1	0	1	0	0	1	0	2
0,05	0	0	1	2	6	0	0	1	2	7
0,06	0	0	1	5	2	0	0	1	5	2
0,07	0	0	1	7	7	0	0	1	7	8
0.08	0	0	2	0	2	0	0	2	0	3
0,09	0	0	2	2	7	0	0	2	2	9
0,1	0	0	2	5	3	0	0	2	5	4
0,2	0	0	5	0	5	0	0	5	0	8
0,3	0	0	7	5	8	0	0	7	6	2
0,4	0	1	0	1	0	0	1	0	1	6
0,5	0	1	2	6	3	0	1	2	7	0
0,6	0	1	5	1	5	0	1	5	2	4
0,7	0	1	7	6	8	0	1	7	7	8
0,8	0	2	0	2	0	0	2	0	3	2
0,9	0	2	2	7	3	0	2	2	8	6
1	0	2	5	2	5	0	2	5	4	0
1,1	0	2	7	7	8	0	2	7	9	4
1,2	0	3	0	3	0	0	3	0	4	8
1,3	0	3	2	8	3	0	3	3	0	2
1,4	0	3	5	3	5	0	3	5	5	6
1,5	0	3	7	8	8	0	3	8	1	0
1,6	0	4	0	4	0	0	4	0	6	4
1,7	0	4	2	9	3	0	4	3	1	8
1,8	0	4	5	4	5	0	4	5	7	2
1,9	0	4	7	9	8	0	4	8	2	6
2	0	5	0	5	0	0	5	0	8	0
2,1	0	5	3	0	3	0	5	3	3	4
2,2	0	5	5	5	5	0	5	5	8	8
2,3	0	5	8	0	8	0	5	8	4	2
2,4	0	6	0	6	0	0	6	0	9	6
2,5	0	6	3	1	3	0	6	3	5	0
2,6	0	6	5	6	5	0	6	6	0	4
2,7	0	6	8	1	8	0	6	8	5	8
2,8	0	7	0	7	0	0	7	1	1	2
2,9	0	7	3	2	3	0	7	3	6	6
3	0	7	5	7	5	0	7	6	2	0
3,1	0	7	8	2	8	0	7	8	7	4
3,2	0	8	0	8	0	0	8	1	2	8
3,3	0	8	3	3	3	0	8	3	8	2
3,4	0	8	5	8	5	0	8	6	3	6
3,5	0	8	8	3	8	0	8	8	9	0
3,6	0	9	0	9	0	0	9	1	4	4
3,7	0	9	3	4	3	0	9	3	9	8
3,8	0	9	5	9	5	0	9	6	5	2
3,9	0	9	8	4	8	0	9	9	0	6
4	1	0	1	0	0	1	0	1	6	0
4,1	1	0	3	5	3	1	0	4	1	4
4,2	1	0	6	0	5	1	0	6	6	8
4,3	1	0	8	5	8	1	0	9	2	2
4,4	1	1	1	1	0	1	1	1	7	6
4,5	1	1	3	6	3	1	1	4	3	0

4,6 bis 10	0,2525	2,525	25,25	252,5	2525,0	0,254	2,54	25,4	254,0	2540,0
4,6	1	1	6	1	5	1	1	6	8	4
4,7	1	1	8	6	8	1	1	9	3	8
4,8	1	2	1	2	0	1	2	1	9	2
4,9	1	2	3	7	3	1	2	4	4	6
5	1	2	6	2	5	1	2	7	0	0
5,1	1	2	8	7	8	1	2	9	5	4
5,2	1	3	1	3	0	1	3	2	0	8
5,3	1	3	3	8	3	1	3	4	6	2
5,4	1	3	6	3	5	1	3	7	1	6
5,5	1	3	8	8	8	1	3	9	7	0
5,6	1	4	1	4	0	1	4	2	2	4
5,7	1	4	3	9	3	1	4	4	7	8
5,8	1	4	6	4	5	1	4	7	3	2
5,9	1	4	8	9	8	1	4	9	8	6
6	1	5	1	5	0	1	5	2	4	0
6,1	1	5	4	0	3	1	5	4	9	4
6,2	1	5	6	5	5	1	5	7	4	8
6,3	1	5	9	0	8	1	6	0	0	2
6,4	1	6	1	6	0	1	6	2	5	6
6,5	1	6	4	1	3	1	6	5	1	0
6,6	1	6	6	6	5	1	6	7	6	4
6,7	1	6	9	1	8	1	7	0	1	8
6,8	1	7	1	7	0	1	7	2	7	2
6,9	1	7	4	2	3	1	7	5	2	6
7	1	7	6	7	5	1	7	7	8	0
7,1	1	7	9	2	8	1	8	0	3	4
7,2	1	8	1	8	0	1	8	2	8	8
7,3	1	8	4	3	3	1	8	5	4	2
7,4	1	8	6	8	5	1	8	7	9	6
7,5	1	8	9	3	8	1	9	0	5	0
7,6	1	9	1	9	0	1	9	3	0	4
7,7	1	9	4	4	3	1	9	5	5	8
7,8	1	9	6	9	5	1	9	8	1	2
7,9	1	9	9	4	8	2	0	0	6	6
8	2	0	2	0	0	2	0	3	2	0
8,1	2	0	4	5	3	2	0	5	7	4
8,2	2	0	7	0	5	2	0	8	2	8
8,3	2	0	9	5	8	2	1	0	8	2
8,4	2	1	2	1	0	2	1	3	3	6
8,5	2	1	4	6	3	2	1	5	9	0
8,6	2	1	7	1	5	2	1	8	4	4
8,7	2	1	9	6	8	2	2	0	9	8
8,8	2	2	2	2	0	2	2	3	5	2
8,9	2	2	4	7	3	2	2	6	0	6
9	2	2	7	2	5	2	2	8	6	0
9,1	2	2	9	7	8	2	3	1	1	4
9,2	2	3	2	3	0	2	3	3	6	8
9,3	2	3	4	8	3	2	3	6	2	2
9,4	2	3	7	3	5	2	3	8	7	6
9,5	2	3	9	8	8	2	4	1	3	0
9,6	2	4	2	4	0	2	4	3	8	4
9,7	2	4	4	9	3	2	4	6	3	8
9,8	2	4	7	4	5	2	4	8	9	2
9,9	2	4	9	9	8	2	5	1	4	6
10	2	5	2	5	0	2	5	4	0	0

0,01 bis 4,5	0,2555	2,555	25,55	255,5	2555,0	0,257	2,57	25,7	257,0	2570,0
0,01	0	0	0	2	6	0	0	0	2	6
0,02	0	0	0	5	1	0	0	0	5	1
0,03	0	0	0	7	7	0	0	0	7	7
0,04	0	0	1	0	2	0	0	1	0	3
0,05	0	0	1	2	8	0	0	1	2	9
0,06	0	0	1	5	3	0	0	1	5	4
0,07	0	0	1	7	9	0	0	1	8	0
0,08	0	0	2	0	4	0	0	2	0	6
0,09	0	0	2	3	0	0	0	2	3	1
0,1	0	0	2	5	6	0	0	2	5	7
0,2	0	0	5	1	1	0	0	5	1	4
0,3	0	0	7	6	7	0	0	7	7	1
0,4	0	1	0	2	2	0	1	0	2	8
0,5	0	1	2	7	8	0	1	2	8	5
0,6	0	1	5	3	3	0	1	5	4	2
0,7	0	1	7	8	9	0	1	7	9	9
0,8	0	2	0	4	4	0	2	0	5	6
0,9	0	2	3	0	0	0	2	3	1	3
1	0	2	5	5	5	0	2	5	7	0
1,1	0	2	8	1	1	0	2	8	2	7
1,2	0	3	0	6	6	0	3	0	8	4
1,3	0	3	3	2	2	0	3	3	4	1
1,4	0	3	5	7	7	0	3	5	9	8
1,5	0	3	8	3	3	0	3	8	5	5
1,6	0	4	0	8	8	0	4	1	1	2
1,7	0	4	3	4	4	0	4	3	6	9
1,8	0	4	5	9	9	0	4	6	2	6
1,9	0	4	8	5	5	0	4	8	8	3
2	0	5	1	1	0	0	5	1	4	0
2,1	0	5	3	6	6	0	5	3	9	7
2,2	0	5	6	2	1	0	5	6	5	4
2,3	0	5	8	7	7	0	5	9	1	1
2,4	0	6	1	3	2	0	6	1	6	8
2,5	0	6	3	8	8	0	6	4	2	5
2,6	0	6	6	4	3	0	6	6	8	2
2,7	0	6	8	9	9	0	6	9	3	9
2,8	0	7	1	5	4	0	7	1	9	6
2,9	0	7	4	1	0	0	7	4	5	3
3	0	7	6	6	5	0	7	7	1	0
3,1	0	7	9	2	1	0	7	9	6	7
3,2	0	8	1	7	6	0	8	2	2	4
3,3	0	8	4	3	2	0	8	4	8	1
3,4	0	8	6	8	7	0	8	7	3	8
3,5	0	8	9	4	5	0	8	9	9	5
3,6	0	9	1	9	8	0	9	2	5	2
3,7	0	9	4	5	4	0	9	5	0	9
3,8	0	9	7	0	9	0	9	7	6	6
3,9	0	9	9	6	5	1	0	0	2	3
4	1	0	2	2	0	1	0	2	8	0
4,1	1	0	4	7	6	1	0	5	3	7
4,2	1	0	7	3	1	1	0	7	9	4
4,3	1	0	9	8	7	1	1	0	5	1
4,4	1	1	2	4	2	1	1	3	0	8
4,5	1	1	4	9	8	1	1	5	6	5

4,6 bis 10	0,2555	2,555	25,55	255,5	2555,0	0,257	2,57	25,7	257,0	2570,0
4,6	1	1	7	5	3	1	1	8	2	2
4,7	1	2	0	0	9	1	2	0	7	9
4,8	1	2	2	6	4	1	2	3	3	6
4,9	1	2	5	2	0	1	2	5	9	3
5	1	2	7	7	5	1	2	8	5	0
5,1	1	3	0	3	1	1	3	1	0	7
5,2	1	3	2	8	6	1	3	3	6	4
5,3	1	3	5	4	2	1	3	6	2	1
5,4	1	3	7	9	7	1	3	8	7	8
5,5	1	4	0	5	3	1	4	1	3	5
5,6	1	4	3	0	8	1	4	3	9	2
5,7	1	4	5	6	4	1	4	6	4	9
5,8	1	4	8	1	9	1	4	9	0	6
5,9	1	5	0	7	5	1	5	1	6	3
6	1	5	3	3	0	1	5	4	2	0
6,1	1	5	5	8	6	1	5	6	7	7
6,2	1	5	8	4	1	1	5	9	3	4
6,3	1	6	0	9	7	1	6	1	9	1
6,4	1	6	3	5	2	1	6	4	4	8
6,5	1	6	6	0	8	1	6	7	0	5
6,6	1	6	8	6	3	1	6	9	6	2
6,7	1	7	1	1	9	1	7	2	1	9
6,8	1	7	3	7	4	1	7	4	7	6
6,9	1	7	6	3	0	1	7	7	3	3
7	1	7	8	8	5	1	7	9	9	0
7,1	1	8	1	4	1	1	8	2	4	7
7,2	1	8	3	9	6	1	8	5	0	4
7,3	1	8	6	5	2	1	8	7	6	1
7,4	1	8	9	0	7	1	9	0	1	8
7,5	1	9	1	6	3	1	9	2	7	5
7,6	1	9	4	1	8	1	9	5	3	2
7,7	1	9	6	7	4	1	9	7	8	9
7,8	1	9	9	2	9	2	0	0	4	6
7,9	2	0	1	8	5	2	0	3	0	3
8	2	0	4	4	0	2	0	5	6	0
8,1	2	0	6	9	6	2	0	8	1	7
8,2	2	0	9	5	1	2	1	0	7	4
8,3	2	1	2	0	7	2	1	3	3	1
8,4	2	1	4	6	2	2	1	5	8	8
8,5	2	1	7	1	8	2	1	8	4	5
8,6	2	1	9	7	3	2	2	1	0	2
8,7	2	2	2	2	9	2	2	3	5	9
8,8	2	2	4	8	4	2	2	6	1	6
8,9	2	2	7	4	0	2	2	8	7	3
9	2	2	9	9	5	2	3	1	3	0
9,1	2	3	2	5	1	2	3	3	8	7
9,2	2	3	5	0	6	2	3	6	4	4
9,3	2	3	7	6	2	2	3	9	0	1
9,4	2	4	0	1	7	2	4	1	5	8
9,5	2	4	2	7	3	2	4	4	1	5
9,6	2	4	5	2	8	2	4	6	7	2
9,7	2	4	7	8	4	2	4	9	2	9
9,8	2	5	0	3	9	2	5	1	8	6
9,9	2	5	2	9	5	2	5	4	4	3
10	2	5	5	5	0	2	5	7	0	0

2585–2600

0,01 bis 4,5	0,2585	2,585	25,85	258,5	2585,0	0,26	2,6	26,0	260,0	2600,0
0,01	0	0	0	2	6	0	0	0	2	6
0,02	0	0	0	5	2	0	0	0	5	2
0,03	0	0	0	7	8	0	0	0	7	8
0,04	0	0	1	0	3	0	0	1	0	4
0,05	0	0	1	2	9	0	0	1	3	0
0,06	0	0	1	5	5	0	0	1	5	6
0,07	0	0	1	8	1	0	0	1	8	2
0,08	0	0	2	0	7	0	0	2	0	8
0,09	0	0	2	3	3	0	0	2	3	4
0,1	0	0	2	5	9	0	0	2	6	0
0,2	0	0	5	1	7	0	0	5	2	0
0,3	0	0	7	7	6	0	0	7	8	0
0,4	0	1	0	3	4	0	1	0	4	0
0,5	0	1	2	9	3	0	1	3	0	0
0,6	0	1	5	5	1	0	1	5	6	0
0,7	0	1	8	1	0	0	1	8	2	0
0,8	0	2	0	6	8	0	2	0	8	0
0,9	0	2	3	2	7	0	2	3	4	0
1	0	2	5	8	5	0	2	6	0	0
1,1	0	2	8	4	4	0	2	8	6	0
1,2	0	3	1	0	2	0	3	1	2	0
1,3	0	3	3	6	1	0	3	3	8	0
1,4	0	3	6	1	9	0	3	6	4	0
1,5	0	3	8	7	8	0	3	9	0	0
1,6	0	4	1	3	6	0	4	1	6	0
1,7	0	4	3	9	5	0	4	4	2	0
1,8	0	4	6	5	3	0	4	6	8	0
1,9	0	4	9	1	2	0	4	9	4	0
2	0	5	1	7	0	0	5	2	0	0
2,1	0	5	4	2	9	0	5	4	6	0
2,2	0	5	6	8	7	0	5	7	2	0
2,3	0	5	9	4	6	0	5	9	8	0
2,4	0	6	2	0	4	0	6	2	4	0
2,5	0	6	4	6	3	0	6	5	0	0
2,6	0	6	7	2	1	0	6	7	6	0
2,7	0	6	9	8	0	0	7	0	2	0
2,8	0	7	2	3	8	0	7	2	8	0
2,9	0	7	4	9	7	0	7	5	4	0
3	0	7	7	5	5	0	7	8	0	0
3,1	0	8	0	1	4	0	8	0	6	0
3,2	0	8	2	7	2	0	8	3	2	0
3,3	0	8	5	3	1	0	8	5	8	0
3,4	0	8	7	8	9	0	8	8	4	0
3,5	0	9	0	4	8	0	9	1	0	0
3,6	0	9	3	0	6	0	9	3	6	0
3,7	0	9	5	6	5	0	9	6	2	0
3,8	0	9	8	2	3	0	9	8	8	0
3,9	1	0	0	8	2	1	0	1	4	0
4	1	0	3	4	0	1	0	4	0	0
4,1	1	0	5	9	9	1	0	6	6	0
4,2	1	0	8	5	7	1	0	9	2	0
4,3	1	1	1	1	6	1	1	1	8	0
4,4	1	1	3	7	4	1	1	4	4	0
4,5	1	1	6	3	3	1	1	7	0	0

4,6 bis 10	0,2585	2,585	25,85	258,5	2585,0	0,26	2,6	26,0	260,0	2600,0
4,6	1	1	8	9	1	1	1	9	6	0
4,7	1	2	1	5	0	1	2	2	2	0
4,8	1	2	4	0	8	1	2	4	8	0
4,9	1	2	6	6	7	1	2	7	4	0
5	1	2	9	2	5	1	3	0	0	0
5,1	1	3	1	8	4	1	3	2	6	0
5,2	1	3	4	4	2	1	3	5	2	0
5,3	1	3	7	0	1	1	3	7	8	0
5,4	1	3	9	5	9	1	4	0	4	0
5,5	1	4	2	1	8	1	4	3	0	0
5,6	1	4	4	7	6	1	4	5	6	0
5,7	1	4	7	3	5	1	4	8	2	0
5,8	1	4	9	9	3	1	5	0	8	0
5,9	1	5	2	5	2	1	5	3	4	0
6	1	5	5	1	0	1	5	6	0	0
6,1	1	5	7	6	9	1	5	8	6	0
6,2	1	6	0	2	7	1	6	1	2	0
6,3	1	6	2	8	6	1	6	3	8	0
6,4	1	6	5	4	4	1	6	6	4	0
6,5	1	6	8	0	3	1	6	9	0	0
6,6	1	7	0	6	1	1	7	1	6	0
6,7	1	7	3	2	0	1	7	4	2	0
6,8	1	7	5	7	8	1	7	6	8	0
6,9	1	7	8	3	7	1	7	9	4	0
7	1	8	0	9	5	1	8	2	0	0
7,1	1	8	3	5	4	1	8	4	6	0
7,2	1	8	6	1	2	1	8	7	2	0
7,3	1	8	8	7	1	1	8	9	8	0
7,4	1	9	1	2	9	1	9	2	4	0
7,5	1	9	3	8	8	1	9	5	0	0
7,6	1	9	6	4	6	1	9	7	6	0
7,7	1	9	9	0	5	2	0	0	2	0
7,8	2	0	1	6	3	2	0	2	8	0
7,9	2	0	4	2	2	2	0	5	4	0
8	2	0	6	8	0	2	0	8	0	0
8,1	2	0	9	3	9	2	1	0	6	0
8,2	2	1	1	9	7	2	1	3	2	0
8,3	2	1	4	5	6	2	1	5	8	0
8,4	2	1	7	1	4	2	1	8	4	0
8,5	2	1	9	7	3	2	2	1	0	0
8,6	2	2	2	3	1	2	2	3	6	0
8,7	2	2	4	9	0	2	2	6	2	0
8,8	2	2	7	4	0	2	2	8	8	0
8,9	2	3	0	0	7	2	3	1	4	0
9	2	3	2	6	5	2	3	4	0	0
9,1	2	3	5	2	4	2	3	6	6	0
9,2	2	3	7	8	2	2	3	9	2	0
9,3	2	4	0	4	1	2	4	1	8	0
9,4	2	4	2	9	9	2	4	4	4	0
9,5	2	4	5	5	8	2	4	7	0	0
9,6	2	4	8	1	6	2	4	9	6	0
9,7	2	5	0	7	5	2	5	2	2	0
9,8	2	5	3	3	3	2	5	4	8	0
9,9	2	5	5	9	2	2	5	7	4	0
10	2	5	8	5	0	2	6	0	0	0

0,01 bis 4,5	2615,0 / 261,5 / 0,2615 / 2,615 / 26,15					2630,0 / 263,0 / 0,263 / 2,63 / 26,3				
0,01	0	0	0	2	6	0	0	0	2	6
0,02	0	0	0	5	2	0	0	0	5	3
0,03	0	0	0	7	8	0	0	0	7	9
0,04	0	0	1	0	5	0	0	1	0	5
0,05	0	0	1	3	1	0	0	1	3	2
0,06	0	0	1	5	7	0	0	1	5	8
0,07	0	0	1	8	3	0	0	1	8	4
0,08	0	0	2	0	9	0	0	2	1	0
0,09	0	0	2	3	5	0	0	2	3	7
0,1	0	0	2	6	2	0	0	2	6	3
0,2	0	0	5	2	3	0	0	5	2	6
0,3	0	0	7	8	5	0	0	7	8	9
0,4	0	1	0	4	6	0	1	0	5	2
0,5	0	1	3	0	8	0	1	3	1	5
0,6	0	1	5	6	9	0	1	5	7	8
0,7	0	1	8	3	1	0	1	8	4	1
0,8	0	2	0	9	2	0	2	1	0	4
0,9	0	2	3	5	4	0	2	3	6	7
1	0	2	6	1	5	0	2	6	3	0
1,1	0	2	8	7	7	0	2	8	9	3
1,2	0	3	1	3	8	0	3	1	5	6
1,3	0	3	4	0	0	0	3	4	1	9
1,4	0	3	6	6	1	0	3	6	8	2
1,5	0	3	9	2	3	0	3	9	4	5
1,6	0	4	1	8	4	0	4	2	0	8
1,7	0	4	4	4	6	0	4	4	7	1
1,8	0	4	7	0	7	0	4	7	3	4
1,9	0	4	9	6	9	0	4	9	9	7
2	0	5	2	3	0	0	5	2	6	0
2,1	0	5	4	9	2	0	5	5	2	3
2,2	0	5	7	5	3	0	5	7	8	6
2,3	0	6	0	1	5	0	6	0	4	9
2,4	0	6	2	7	6	0	6	3	1	2
2,5	0	6	5	3	8	0	6	5	7	5
2,6	0	6	7	9	9	0	6	8	3	8
2,7	0	7	0	6	1	0	7	1	0	1
2,8	0	7	3	2	2	0	7	3	6	4
2,9	0	7	5	8	4	0	7	6	2	7
3	0	7	8	4	5	0	7	8	9	0
3,1	0	8	1	0	7	0	8	1	5	3
3,2	0	8	3	6	8	0	8	4	1	6
3,3	0	8	6	3	0	0	8	6	7	9
3,4	0	8	8	9	1	0	8	9	4	2
3,5	0	9	1	5	3	0	9	2	0	5
3,6	0	9	4	1	4	0	9	4	6	8
3,7	0	9	6	7	6	0	9	7	3	1
3,8	0	9	9	3	7	0	9	9	9	4
3,9	1	0	1	9	9	1	0	2	5	7
4	1	0	4	6	0	1	0	5	2	0
4,1	1	0	7	2	2	1	0	7	8	3
4,2	1	0	9	8	3	1	1	0	4	6
4,3	1	1	2	4	5	1	1	3	0	9
4,4	1	1	5	0	6	1	1	5	7	2
4,5	1	1	7	6	8	1	1	8	3	5

4,6 bis 10	2615,0 / 261,5 / 0,2615 / 2,615 / 26,15					2630,0 / 263,0 / 0,263 / 2,63 / 26,3				
4,6	1	2	0	2	9	1	2	0	9	8
4,7	1	2	2	9	1	1	2	3	6	1
4,8	1	2	5	5	2	1	2	6	2	4
4,9	1	2	8	1	4	1	2	8	8	7
5	1	3	0	7	5	1	3	1	5	0
5,1	1	3	3	3	7	1	3	4	1	3
5,2	1	3	5	9	8	1	3	6	7	6
5,3	1	3	8	6	0	1	3	9	3	9
5,4	1	4	1	2	1	1	4	2	0	2
5,5	1	4	3	8	3	1	4	4	6	5
5,6	1	4	6	4	4	1	4	7	2	8
5,7	1	4	9	0	6	1	4	9	9	1
5,8	1	5	1	6	7	1	5	2	5	4
5,9	1	5	4	2	9	1	5	5	1	7
6	1	5	6	9	0	1	5	7	8	0
6,1	1	5	9	5	2	1	6	0	4	3
6,2	1	6	2	1	3	1	6	3	0	6
6,3	1	6	4	7	5	1	6	5	6	9
6,4	1	6	7	3	6	1	6	8	3	2
6,5	1	6	9	9	8	1	7	0	9	5
6,6	1	7	2	5	9	1	7	3	5	8
6,7	1	7	5	2	1	1	7	6	2	1
6,8	1	7	7	8	2	1	7	8	8	4
6,9	1	8	0	4	4	1	8	1	4	7
7	1	8	3	0	5	1	8	4	1	0
7,1	1	8	5	6	7	1	8	6	7	3
7,2	1	8	8	2	8	1	8	9	3	6
7,3	1	9	0	9	0	1	9	1	9	9
7,4	1	9	3	5	1	1	9	4	6	2
7,5	1	9	6	1	3	1	9	7	2	5
7,6	1	9	8	7	4	1	9	9	8	8
7,7	2	0	1	3	6	2	0	2	5	1
7,8	2	0	3	9	7	2	0	5	1	4
7,9	2	0	6	5	9	2	0	7	7	7
8	2	0	9	2	0	2	1	0	4	0
8,1	2	1	1	8	2	2	1	3	0	3
8,2	2	1	4	4	3	2	1	5	6	6
8,3	2	1	7	0	5	2	1	8	2	9
8,4	2	1	9	6	6	2	2	0	9	2
8,5	2	2	2	2	8	2	2	3	5	5
8,6	2	2	4	8	9	2	2	6	1	8
8,7	2	2	7	5	1	2	2	8	8	1
8,8	2	3	0	1	2	2	3	1	4	4
8,9	2	3	2	7	4	2	3	4	0	7
9	2	3	5	3	5	2	3	6	7	0
9,1	2	3	7	9	7	2	3	9	3	3
9,2	2	4	0	5	8	2	4	1	9	6
9,3	2	4	3	2	0	2	4	4	5	9
9,4	2	4	5	8	1	2	4	7	2	2
9,5	2	4	8	4	3	2	4	9	8	5
9,6	2	5	1	0	4	2	5	2	4	8
9,7	2	5	3	6	6	2	5	5	1	1
9,8	2	5	6	2	7	2	5	7	7	4
9,9	2	5	8	8	9	2	6	0	3	7
10	2	6	1	5	0	2	6	3	0	0

0,01 bis 4,5	2645,0 / 264,5 / 0,2645 / 2,645 / 26,45					2660,0 / 266,0 / 0,266 / 2,66 / 26,6				
0,01	0	0	0	2	6	0	0	0	2	7
0,02	0	0	0	5	3	0	0	0	5	3
0,03	0	0	0	7	9	0	0	0	8	0
0,04	0	0	1	0	6	0	0	1	0	6
0,05	0	0	1	3	2	0	0	1	3	3
0,06	0	0	1	5	9	0	0	1	6	0
0,07	0	0	1	8	5	0	0	1	8	6
0,08	0	0	2	1	2	0	0	2	1	3
0,09	0	0	2	3	8	0	0	2	3	9
0,1	0	0	2	6	5	0	0	2	6	6
0,2	0	0	5	2	9	0	0	5	3	2
0,3	0	0	7	9	4	0	0	7	9	8
0,4	0	1	0	5	8	0	1	0	6	4
0,5	0	1	3	2	3	0	1	3	3	0
0,6	0	1	5	8	7	0	1	5	9	6
0,7	0	1	8	5	2	0	1	8	6	2
0,8	0	2	1	1	6	0	2	1	2	8
0,9	0	2	3	8	1	0	2	3	9	4
1	0	2	6	4	5	0	2	6	6	0
1,1	0	2	9	1	0	0	2	9	2	6
1,2	0	3	1	7	4	0	3	1	9	2
1,3	0	3	4	3	9	0	3	4	5	8
1,4	0	3	7	0	3	0	3	7	2	4
1,5	0	3	9	6	8	0	3	9	9	0
1,6	0	4	2	3	2	0	4	2	5	6
1,7	0	4	4	9	7	0	4	5	2	2
1,8	0	4	7	6	1	0	4	7	8	8
1,9	0	5	0	2	6	0	5	0	5	4
2	0	5	2	9	0	0	5	3	2	0
2,1	0	5	5	5	5	0	5	5	8	6
2,2	0	5	8	1	9	0	5	8	5	2
2,3	0	6	0	8	4	0	6	1	1	8
2,4	0	6	3	4	8	0	6	3	8	4
2,5	0	6	6	1	3	0	6	6	5	0
2,6	0	6	8	7	7	0	6	9	1	6
2,7	0	7	1	4	2	0	7	1	8	2
2,8	0	7	4	0	6	0	7	4	4	8
2,9	0	7	6	7	1	0	7	7	1	4
3	0	7	9	3	5	0	7	9	8	0
3,1	0	8	2	0	0	0	8	2	4	6
3,2	0	8	4	6	4	0	8	5	1	2
3,3	0	8	7	2	9	0	8	7	7	8
3,4	0	8	9	9	3	0	9	0	4	4
3,5	0	9	2	5	8	0	9	3	1	0
3,6	0	9	5	2	2	0	9	5	7	6
3,7	0	9	7	8	7	0	9	8	4	2
3,8	1	0	0	5	1	1	0	1	0	8
3,9	1	0	3	1	6	1	0	3	7	4
4	1	0	5	8	0	1	0	6	4	0
4,1	1	0	8	4	5	1	0	9	0	6
4,2	1	1	1	0	9	1	1	1	7	2
4,3	1	1	3	7	4	1	1	4	3	8
4.4	1	1	6	3	8	1	1	7	0	4
4,5	1	1	9	0	3	1	1	9	7	0

4,6 bis 10	2645,0 / 264,5 / 0,2645 / 2,645 / 26,45					2660,0 / 266,0 / 0,266 / 2,66 / 26,6				
4,6	1	2	1	6	7	1	2	2	3	6
4,7	1	2	4	3	2	1	2	5	0	2
4,8	1	2	6	9	6	1	2	7	6	8
4,9	1	2	9	6	1	1	3	0	3	4
5	1	3	2	2	5	1	3	3	0	0
5,1	1	3	4	9	0	1	3	5	6	6
5,2	1	3	7	5	4	1	3	8	3	2
5,3	1	4	0	1	9	1	4	0	9	8
5,4	1	4	2	8	3	1	4	3	6	4
5,5	1	4	5	4	8	1	4	6	3	0
5,6	1	4	8	1	2	1	4	8	9	6
5,7	1	5	0	7	7	1	5	1	6	2
5,8	1	5	3	4	1	1	5	4	2	8
5,9	1	5	6	0	6	1	5	6	9	4
6	1	5	8	7	0	1	5	9	6	0
6,1	1	6	1	3	5	1	6	2	2	6
6,2	1	6	3	9	9	1	6	4	9	2
6,3	1	6	6	6	4	1	6	7	5	8
6,4	1	6	9	2	8	1	7	0	2	4
6,5	1	7	1	9	3	1	7	2	9	0
6,6	1	7	4	5	7	1	7	5	5	6
6,7	1	7	7	2	2	1	7	8	2	2
6,8	1	7	9	8	6	1	8	0	8	8
6,9	1	8	2	5	1	1	8	3	5	4
7	1	8	5	1	5	1	8	6	2	0
7,1	1	8	7	8	0	1	8	8	8	6
7,2	1	9	0	4	4	1	9	1	5	2
7,3	1	9	3	0	9	1	9	4	1	8
7,4	1	9	5	7	3	1	9	6	8	4
7,5	1	9	8	3	8	1	9	9	5	0
7,6	2	0	1	0	2	2	0	2	1	6
7,7	2	0	3	6	7	2	0	4	8	2
7,8	2	0	6	3	1	2	0	7	4	8
7,9	2	0	8	9	6	2	1	0	1	4
8	2	1	1	6	0	2	1	2	8	0
8,1	2	1	4	2	5	2	1	5	4	6
8,2	2	1	6	8	9	2	1	8	1	2
8,3	2	1	9	5	4	2	2	0	7	8
8,4	2	2	2	1	8	2	2	3	4	4
8,5	2	2	4	8	3	2	2	6	1	0
8,6	2	2	7	4	7	2	2	8	7	6
8,7	2	3	0	1	2	2	3	1	4	2
8,8	2	3	2	7	6	2	3	4	0	8
8,9	2	3	5	4	1	2	3	6	7	4
9	2	3	8	0	5	2	3	9	4	0
9,1	2	4	0	7	0	2	4	2	0	6
9,2	2	4	3	3	4	2	4	4	7	2
9,3	2	4	5	9	9	2	4	7	3	8
9,4	2	4	8	6	3	2	5	0	0	4
9,5	2	5	1	2	8	2	5	2	7	0
9,6	2	5	3	9	2	2	5	5	3	6
9,7	2	5	6	5	7	2	5	8	0	2
9,8	2	5	9	2	1	2	6	0	6	8
9,9	2	6	1	8	6	2	6	3	3	4
10	2	6	4	5	0	2	6	6	0	0

0,01 bis 4,5	0,2675	2,675	26,75	267,5	2675,0	0,269	2,69	26,9	269,0	2690,0
0,01	0	0	0	2	7	0	0	0	2	7
0,02	0	0	0	5	4	0	0	0	5	4
0,03	0	0	0	8	0	0	0	0	8	1
0,04	0	0	1	0	7	0	0	1	0	8
0,05	0	0	1	3	4	0	0	1	3	5
0,06	0	0	1	6	1	0	0	1	6	1
0,07	0	0	1	8	7	0	0	1	8	8
0,08	0	0	2	1	4	0	0	2	1	5
0,09	0	0	2	4	1	0	0	2	4	2
0,1	0	0	2	6	8	0	0	2	6	9
0,2	0	0	5	3	5	0	0	5	3	8
0,3	0	0	8	0	3	0	0	8	0	7
0,4	0	1	0	7	0	0	1	0	7	6
0,5	0	1	3	3	8	0	1	3	4	5
0,6	0	1	6	0	5	0	1	6	1	4
0,7	0	1	8	7	3	0	1	8	8	3
0,8	0	2	1	4	0	0	2	1	5	2
0,9	0	2	4	0	8	0	2	4	2	1
1	0	2	6	7	5	0	2	6	9	0
1,1	0	2	9	4	3	0	2	9	5	9
1,2	0	3	2	1	0	0	3	2	2	8
1,3	0	3	4	7	8	0	3	4	9	7
1,4	0	3	7	4	5	0	3	7	6	6
1,5	0	4	0	1	3	0	4	0	3	5
1,6	0	4	2	8	0	0	4	3	0	4
1,7	0	4	5	4	8	0	4	5	7	3
1,8	0	4	8	1	5	0	4	8	4	2
1,9	0	5	0	8	3	0	5	1	1	1
2	0	5	3	5	0	0	5	3	8	0
2,1	0	5	6	1	8	0	5	6	4	9
2,2	0	5	8	8	5	0	5	9	1	8
2,3	0	6	1	5	3	0	6	1	8	7
2,4	0	6	4	2	0	0	6	4	5	6
2,5	0	6	6	8	8	0	6	7	2	5
2,6	0	6	9	5	5	0	6	9	9	4
2,7	0	7	2	2	3	0	7	2	6	3
2,8	0	7	4	9	0	0	7	5	3	2
2,9	0	7	7	5	8	0	7	8	0	1
3	0	8	0	2	5	0	8	0	7	0
3,1	0	8	2	9	3	0	8	3	3	9
3,2	0	8	5	6	0	0	8	6	0	8
3,3	0	8	8	2	8	0	8	8	7	7
3,4	0	9	0	9	5	0	9	1	4	6
3,5	0	9	3	6	3	0	9	4	1	5
3,6	0	9	6	3	0	0	9	6	8	4
3,7	0	9	8	9	8	0	9	9	5	3
3,8	1	0	1	6	5	1	0	2	2	2
3,9	1	0	4	3	3	1	0	4	9	1
4	1	0	7	0	0	1	0	7	6	0
4,1	1	0	9	6	8	1	1	0	2	9
4,2	1	1	2	3	5	1	1	2	9	8
4,3	1	1	5	0	3	1	1	5	6	7
4,4	1	1	7	7	0	1	1	8	3	6
4,5	1	2	0	3	8	1	2	1	0	5

4,6 bis 10	0,2675	2,675	26,75	267,5	2675,0	0,269	2,69	26,9	269,0	2690,0
4,6	1	2	3	0	5	1	2	3	7	4
4,7	1	2	5	7	3	1	2	6	4	3
4,8	1	2	8	4	0	1	2	9	1	2
4,9	1	3	1	0	8	1	3	1	8	1
5	1	3	3	7	5	1	3	4	5	0
5,1	1	3	6	4	3	1	3	7	1	9
5,2	1	3	9	1	0	1	3	9	8	8
5,3	1	4	1	7	8	1	4	2	5	7
5,4	1	4	4	4	5	1	4	5	2	6
5,5	1	4	7	1	3	1	4	7	9	5
5,6	1	4	9	8	0	1	5	0	6	4
5,7	1	5	2	4	8	1	5	3	3	3
5,8	1	5	5	1	5	1	5	6	0	2
5,9	1	5	7	8	3	1	5	8	7	1
6	1	6	0	5	0	1	6	1	4	0
6,1	1	6	3	1	8	1	6	4	0	9
6,2	1	6	5	8	5	1	6	6	7	8
6,3	1	6	8	5	3	1	6	9	4	7
6,4	1	7	1	2	0	1	7	2	1	6
6,5	1	7	3	8	8	1	7	4	8	5
6,6	1	7	6	5	5	1	7	7	5	4
6,7	1	7	9	2	3	1	8	0	2	3
6,8	1	8	1	9	0	1	8	2	9	2
6,9	1	8	4	5	8	1	8	5	6	1
7	1	8	7	2	5	[illegible]	8	8	3	0
7,1	1	8	9	9	3	1	9	0	9	9
7,2	1	9	2	6	0	1	9	3	6	8
7,3	1	9	5	2	8	1	9	6	3	7
7,4	1	9	7	9	5	1	9	9	0	6
7,5	2	0	0	6	3	2	0	1	7	5
7,6	2	0	3	3	0	2	0	4	4	4
7,7	2	0	5	9	8	2	0	7	1	3
7,8	2	0	8	6	5	2	0	9	8	2
7,9	2	1	1	3	3	2	1	2	5	1
8	2	1	4	0	0	2	1	5	2	0
8,1	2	1	6	6	8	2	1	7	8	9
8,2	2	1	9	3	5	2	2	0	5	8
8,3	2	2	2	0	3	2	2	3	2	7
8,4	2	2	4	7	0	2	2	5	9	6
8,5	2	2	7	3	8	2	2	8	6	5
8,6	2	3	0	0	5	2	3	1	3	4
8,7	2	3	2	7	3	2	3	4	0	3
8,8	2	3	5	4	0	2	3	6	7	2
8,9	2	3	8	0	8	2	3	9	4	1
9	2	4	0	7	5	2	4	2	1	0
9,1	2	4	3	4	3	2	4	4	7	9
9,2	2	4	6	1	0	2	4	7	4	8
9,3	2	4	8	7	8	2	5	0	1	7
9,4	2	5	1	4	5	2	5	2	8	6
9,5	2	5	4	1	3	2	5	5	5	5
9,6	2	5	6	8	0	2	5	8	2	4
9,7	2	5	9	4	8	2	6	0	9	3
9,8	2	6	2	1	5	2	6	3	6	2
9,9	2	6	4	8	3	2	6	6	3	1
10	2	6	7	5	0	2	6	9	0	0

2705–2720

0,01 bis **4,5**	**0,**2705	**2,**705	**27,**05	**270,**5	**2705,**0	**0,**272	**2,**72	**27,**2	**272,**0	**2720,**0
0,01	0	0	0	2	7	0	0	0	2	7
0,02	0	0	0	5	4	0	0	0	5	4
0,03	0	0	0	8	1	0	0	0	8	2
0,04	0	0	1	0	8	0	0	1	0	9
0,05	0	0	1	3	5	0	0	1	3	6
0,06	0	0	1	6	2	0	0	1	6	3
0,07	0	0	1	8	9	0	0	1	9	0
0,08	0	0	2	1	6	0	0	2	1	8
0,09	0	0	2	4	3	0	0	2	4	5
0,1	0	0	2	7	1	0	0	2	7	2
0,2	0	0	5	4	1	0	0	5	4	4
0,3	0	0	8	1	2	0	0	8	1	6
0,4	0	1	0	8	2	0	1	0	8	8
0,5	0	1	3	5	3	0	1	3	6	0
0,6	0	1	6	2	3	0	1	6	3	2
0,7	0	1	8	9	4	0	1	9	0	4
0,8	0	2	1	6	4	0	2	1	7	6
0,9	0	2	4	3	5	0	2	4	4	8
1	0	2	7	0	5	0	2	7	2	0
1,1	0	2	9	7	6	0	2	9	9	2
1,2	0	3	2	4	6	0	3	2	6	4
1,3	0	3	5	1	7	0	3	5	3	6
1,4	0	3	7	8	7	0	3	8	0	8
1,5	0	4	0	5	8	0	4	0	8	0
1,6	0	4	3	2	8	0	4	3	5	2
1,7	0	4	5	9	9	0	4	6	2	4
1,8	0	4	8	6	9	0	4	8	9	6
1,9	0	5	1	4	0	0	5	1	6	8
2	0	5	4	1	0	0	5	4	4	0
2,1	0	5	6	8	1	0	5	7	1	2
2,2	0	5	9	5	1	0	5	9	8	4
2,3	0	6	2	2	2	0	6	2	5	6
2,4	0	6	4	9	2	0	6	5	2	8
2,5	0	6	7	6	3	0	6	8	0	0
2,6	0	7	0	3	3	0	7	0	7	2
2,7	0	7	3	0	4	0	7	3	4	4
2,8	0	7	5	7	4	0	7	6	1	6
2,9	0	7	8	4	5	0	7	8	8	8
3	0	8	1	1	5	0	8	1	6	0
3,1	0	8	3	8	6	0	8	4	3	2
3,2	0	8	6	5	6	0	8	7	0	4
3,3	0	8	9	2	7	0	8	9	7	6
3,4	0	9	1	9	7	0	9	2	4	8
3,5	0	9	4	6	8	0	9	5	2	0
3,6	0	9	7	3	8	0	9	7	9	2
3,7	1	0	0	0	9	1	0	0	6	4
3,8	1	0	2	7	9	1	0	3	3	6
3,9	1	0	5	5	0	1	0	6	0	8
4	1	0	8	2	0	1	0	8	8	0
4,1	1	1	0	9	1	1	1	1	5	2
4,2	1	1	3	6	1	1	1	4	2	4
4,3	1	1	6	3	2	1	1	6	9	6
4,4	1	1	9	0	2	1	1	9	6	8
4,5	1	2	1	7	3	1	2	2	4	0

4,6 bis **10**	**0,**2705	**2,**705	**27,**05	**270,**5	**2705,**0	**0,**272	**2,**72	**27,**2	**272,**0	**2720,**0
4,6	1	2	4	4	3	1	2	5	1	2
4,7	1	2	7	1	4	1	2	7	8	4
4,8	1	2	9	8	4	1	3	0	5	6
4,9	1	3	2	5	5	1	3	3	2	8
5	1	3	5	2	5	1	3	6	0	0
5,1	1	3	7	9	6	1	3	8	7	2
5,2	1	4	0	6	6	1	4	1	4	4
5,3	1	4	3	3	7	1	4	4	1	6
5,4	1	4	6	0	7	1	4	6	8	8
5,5	1	4	8	7	8	1	4	9	6	0
5,6	1	5	1	4	8	1	5	2	3	2
5,7	1	5	4	1	9	1	5	5	0	4
5,8	1	5	6	8	9	1	5	7	7	6
5,9	1	5	9	6	0	1	6	0	4	8
6	1	6	2	3	0	1	6	3	2	0
6,1	1	6	5	0	1	1	6	5	9	2
6,2	1	6	7	7	1	1	6	8	6	4
6,3	1	7	0	4	2	1	7	1	3	6
6,4	1	7	3	1	2	1	7	4	0	8
6,5	1	7	5	8	3	1	7	6	8	0
6,6	1	7	8	5	3	1	7	9	5	2
6,7	1	8	1	2	4	1	8	2	2	4
6,8	1	8	3	9	4	1	8	4	9	6
6,9	1	8	6	6	5	1	8	7	6	8
7	1	8	9	3	5	1	9	0	4	0
7,1	1	9	2	0	6	1	9	3	1	2
7,2	1	9	4	7	6	1	9	5	8	4
7,3	1	9	7	4	7	1	9	8	5	6
7,4	2	0	0	1	7	2	0	1	2	8
7,5	2	0	2	8	8	2	0	4	0	0
7,6	2	0	5	5	8	2	0	6	7	2
7,7	2	0	8	2	9	2	0	9	4	4
7,8	2	1	0	9	9	2	1	2	1	6
7,9	2	1	3	7	0	2	1	4	8	8
8	2	1	6	4	0	2	1	7	6	0
8,1	2	1	9	1	1	2	2	0	3	2
8,2	2	2	1	8	1	2	2	3	0	4
8,3	2	2	4	5	2	2	2	5	7	6
8,4	2	2	7	2	2	2	2	8	4	8
8,5	2	2	9	9	3	2	3	1	2	0
8,6	2	3	2	6	3	2	3	3	9	2
8,7	2	3	5	3	4	2	3	6	6	4
8,8	2	3	8	0	4	2	3	9	3	6
8,9	2	4	0	7	5	2	4	2	0	8
9	2	4	3	4	5	2	4	4	8	0
9,1	2	4	6	1	6	2	4	7	5	2
9,2	2	4	8	8	6	2	5	0	2	4
9,3	2	5	1	5	7	2	5	2	9	6
9,4	2	5	4	2	7	2	5	5	6	8
9,5	2	5	6	9	8	2	5	8	4	0
9,6	2	5	9	6	8	2	6	1	1	2
9,7	2	6	2	3	9	2	6	3	8	4
9,8	2	6	5	0	9	2	6	6	5	6
9,9	2	6	7	8	0	2	6	9	2	8
10	2	7	0	5	0	2	7	2	0	0

0,01 bis **4,5**	**0,**2735	**2,**735	**27,**35	**273,**5	**2735,**0	**0,**275	**2,**75	**27,**5	**275,**0	**2750,**0
0,01	0	0	0	2	7	0	0	0	2	8
0,02	0	0	0	5	5	0	0	0	5	5
0,03	0	0	0	8	2	0	0	0	8	3
0,04	0	0	1	0	9	0	0	1	1	0
0,05	0	0	1	3	7	0	0	1	3	8
0,06	0	0	1	6	4	0	0	1	6	5
0,07	0	0	1	9	1	0	0	1	9	3
0,08	0	0	2	1	9	0	0	2	2	0
0,09	0	0	2	4	6	0	0	2	4	8
0,1	0	0	2	7	4	0	0	2	7	5
0,2	0	0	5	4	7	0	0	5	5	0
0,3	0	0	8	2	1	0	0	8	2	5
0,4	0	1	0	9	4	0	1	1	0	0
0,5	0	1	3	6	8	0	1	3	7	5
0,6	0	1	6	4	1	0	1	6	5	0
0,7	0	1	9	1	5	0	1	9	2	5
0,8	0	2	1	8	8	0	2	2	0	0
0,9	0	2	4	6	2	0	2	4	7	5
1	0	2	7	3	5	0	2	7	5	0
1,1	0	3	0	0	9	0	3	0	2	5
1,2	0	3	2	8	2	0	3	3	0	0
1,3	0	3	5	5	6	0	3	5	7	5
1,4	0	3	8	2	9	0	3	8	5	0
1,5	0	4	1	0	3	0	4	1	2	5
1,6	0	4	3	7	6	0	4	4	0	0
1,7	0	4	6	5	0	0	4	6	7	5
1,8	0	4	9	2	3	0	4	9	5	0
1,9	0	5	1	9	7	0	5	2	2	5
2	0	5	4	7	0	0	5	5	0	0
2,1	0	5	7	4	4	0	5	7	7	5
2,2	0	6	0	1	7	0	6	0	5	0
2,3	0	6	2	9	1	0	6	3	2	5
2,4	0	6	5	6	4	0	6	6	0	0
2,5	0	6	8	3	8	0	6	8	7	5
2,6	0	7	1	1	1	0	7	1	5	0
2,7	0	7	3	8	5	0	7	4	2	5
2,8	0	7	6	5	8	0	7	7	0	0
2,9	0	7	9	3	2	0	7	9	7	5
3	0	8	2	0	5	0	8	2	5	0
3,1	0	8	4	7	9	0	8	5	2	5
3,2	0	8	7	5	2	0	8	8	0	0
3,3	0	9	0	2	6	0	9	0	7	5
3,4	0	9	2	9	9	0	9	3	5	0
3,5	0	9	5	7	3	0	9	6	2	5
3,6	0	9	8	4	6	0	9	9	0	0
3,7	1	0	1	2	0	1	0	1	7	5
3,8	1	0	3	9	3	1	0	4	5	0
3,9	1	0	6	6	7	1	0	7	2	5
4	1	0	9	4	0	1	1	0	0	0
4,1	1	1	2	1	4	1	1	2	7	5
4,2	1	1	4	8	7	1	1	5	5	0
4,3	1	1	7	6	1	1	1	8	2	5
4,4	1	2	0	3	4	1	2	1	0	0
4,5	1	2	3	0	8	1	2	3	7	5

4,6 bis **10**	**0,**2735	**2,**735	**27,**35	**273,**5	**2735,**0	**0,**275	**2,**75	**27,**5	**275,**0	**2750,**0
4,6	1	2	5	8	1	1	2	6	5	0
4,7	1	2	8	5	5	1	2	9	2	5
4,8	1	3	1	2	8	1	3	2	0	0
4,9	1	3	4	0	2	1	3	4	7	5
5	1	3	6	7	5	1	3	7	5	0
5,1	1	3	9	4	9	1	4	0	2	5
5,2	1	4	2	2	2	1	4	3	0	0
5,3	1	4	4	9	6	1	4	5	7	5
5,4	1	4	7	6	9	1	4	8	5	0
5,5	1	5	0	4	3	1	5	1	2	5
5,6	1	5	3	1	6	1	5	4	0	0
5,7	1	5	5	9	0	1	5	6	7	5
5,8	1	5	8	6	3	1	5	9	5	0
5,9	1	6	1	3	7	1	6	2	2	5
6	1	6	4	1	0	1	6	5	0	0
6,1	1	6	6	8	4	1	6	7	7	5
6,2	1	6	9	5	7	1	7	0	5	0
6,3	1	7	2	3	1	1	7	3	2	5
6,4	1	7	5	0	4	1	7	6	0	0
6,5	1	7	7	7	8	1	7	8	7	5
6,6	1	8	0	5	1	1	8	1	5	0
6,7	1	8	3	2	5	1	8	4	2	5
6,8	1	8	5	9	8	1	8	7	0	0
6,9	1	8	8	7	2	1	8	9	7	5
7	1	9	1	4	5	1	9	2	5	0
7,1	1	9	4	1	9	1	9	5	2	5
7,2	1	9	6	9	2	1	9	8	0	0
7,3	1	9	9	6	6	2	0	0	7	5
7,4	2	0	2	3	9	2	0	3	5	0
7,5	2	0	5	1	3	2	0	6	2	5
7,6	2	0	7	8	6	2	0	9	0	0
7,7	2	1	0	6	0	2	1	1	7	5
7,8	2	1	3	3	3	2	1	4	5	0
7,9	2	1	6	0	7	2	1	7	2	5
8	2	1	8	8	0	2	2	0	0	0
8,1	2	2	1	5	4	2	2	2	7	5
8,2	2	2	4	2	7	2	2	5	5	0
8,3	2	2	7	0	1	2	2	8	2	5
8,4	2	2	9	7	4	2	3	1	0	0
8,5	2	3	2	4	8	2	3	3	7	5
8,6	2	3	5	2	1	2	3	6	5	0
8,7	2	3	7	9	5	2	3	9	2	5
8,8	2	4	0	6	8	2	4	2	0	0
8,9	2	4	3	4	2	2	4	4	7	5
9	2	4	6	1	5	2	4	7	5	0
9,1	2	4	8	8	9	2	5	0	2	5
9,2	2	5	1	6	2	2	5	3	0	0
9,3	2	5	4	3	6	2	5	5	7	5
9,4	2	5	7	0	9	2	5	8	5	0
9,5	2	5	9	8	3	2	6	1	2	5
9,6	2	6	2	5	6	2	6	4	0	0
9,7	2	6	5	3	0	2	6	6	7	5
9,8	2	6	8	0	3	2	6	9	5	0
9,9	2	7	0	7	7	2	7	2	2	5
10	2	7	3	5	0	2	7	5	0	0

2765–2780

0,01 bis 4,5	0,2765	2,765	27,65	276,5	2765,0	0,278	2,78	27,8	278,0	2780,0
0,01	0	0	0	2	8	0	0	0	2	8
0,02	0	0	0	5	5	0	0	0	5	6
0,03	0	0	0	8	3	0	0	0	8	3
0,04	0	0	1	1	1	0	0	1	1	1
0,05	0	0	1	3	8	0	0	1	3	9
0,06	0	0	1	6	6	0	0	1	6	7
0,07	0	0	1	9	4	0	0	1	9	5
0,08	0	0	2	2	1	0	0	2	2	2
0,09	0	0	2	4	9	0	0	2	5	0
0,1	0	0	2	7	7	0	0	2	7	8
0,2	0	0	5	5	3	0	0	5	5	6
0,3	0	0	8	3	0	0	0	8	3	4
0,4	0	1	1	0	6	0	1	1	1	2
0,5	0	1	3	8	3	0	1	3	9	0
0,6	0	1	6	5	9	0	1	6	6	8
0,7	0	1	9	3	6	0	1	9	4	6
0,8	0	2	2	1	2	0	2	2	2	4
0,9	0	2	4	8	9	0	2	5	0	2
1	0	2	7	6	5	0	2	7	8	0
1,1	0	3	0	4	2	0	3	0	5	8
1,2	0	3	3	1	8	0	3	3	3	6
1,3	0	3	5	9	5	0	3	6	1	4
1,4	0	3	8	7	1	0	3	8	9	2
1,5	0	4	1	4	8	0	4	1	7	0
1,6	0	4	4	2	4	0	4	4	4	8
1,7	0	4	7	0	1	0	4	7	2	6
1,8	0	4	9	7	7	0	5	0	0	4
1,9	0	5	2	5	4	0	5	2	8	2
2	0	5	5	3	0	0	5	5	6	0
2,1	0	5	8	0	7	0	5	8	3	8
2,2	0	6	0	8	3	0	6	1	1	6
2,3	0	6	3	6	0	0	6	3	9	4
2,4	0	6	6	3	6	0	6	6	7	2
2,5	0	6	9	1	3	0	6	9	5	0
2,6	0	7	1	8	9	0	7	2	2	8
2,7	0	7	4	6	6	0	7	5	0	6
2,8	0	7	7	4	2	0	7	7	8	4
2,9	0	8	0	1	9	0	8	0	6	2
3	0	8	2	9	5	0	8	3	4	0
3,1	0	8	5	7	2	0	8	6	1	8
3,2	0	8	8	4	8	0	8	8	9	6
3,3	0	9	1	2	5	0	9	1	7	4
3,4	0	9	4	0	1	0	9	4	5	2
3,5	0	9	6	7	8	0	9	7	3	0
3,6	0	9	9	5	4	1	0	0	0	8
3,7	1	0	2	3	1	1	0	2	8	6
3,8	1	0	5	0	7	1	0	5	6	4
3,9	1	0	7	8	4	1	0	8	4	2
4	1	1	0	6	0	1	1	1	2	0
4,1	1	1	3	3	7	1	1	3	9	8
4,2	1	1	6	1	3	1	1	6	7	6
4,3	1	1	8	9	0	1	1	9	5	4
4,4	1	2	1	6	6	1	2	2	3	2
4,5	1	2	4	4	3	1	2	5	1	0

4,6 bis 10	0,2765	2,765	27,65	276,5	2765,0	0,278	2,78	27,8	278,0	2780,0
4,6	1	2	7	1	9	1	2	7	8	8
4,7	1	2	9	9	6	1	3	0	6	6
4,8	1	3	2	7	2	1	3	3	4	4
4,9	1	3	5	4	9	1	3	6	2	2
5	1	3	8	2	5	1	3	9	0	0
5,1	1	4	1	0	2	1	4	1	7	8
5,2	1	4	3	7	8	1	4	4	5	6
5,3	1	4	6	5	5	1	4	7	3	4
5,4	1	4	9	3	1	1	5	0	1	2
5,5	1	5	2	0	8	1	5	2	9	0
5,6	1	5	4	8	4	1	5	5	6	8
5,7	1	5	7	6	1	1	5	8	4	6
5,8	1	6	0	3	7	1	6	1	2	4
5,9	1	6	3	1	4	1	6	4	0	2
6	1	6	5	9	0	1	6	6	8	0
6,1	1	6	8	6	7	1	6	9	5	8
6,2	1	7	1	4	3	1	7	2	3	6
6,3	1	7	4	2	0	1	7	5	1	4
6,4	1	7	6	9	6	1	7	7	9	2
6,5	1	7	9	7	3	1	8	0	7	0
6,6	1	8	2	4	9	1	8	3	4	8
6,7	1	8	5	2	6	1	8	6	2	6
6,8	1	8	8	0	2	1	8	9	0	4
6,9	1	9	0	7	9	1	9	1	8	2
7	1	9	3	5	5	1	9	4	6	0
7,1	1	9	6	3	2	1	9	7	3	8
7,2	1	9	9	0	8	2	0	0	1	6
7,3	2	0	1	8	5	2	0	2	9	4
7,4	2	0	4	6	1	2	0	5	7	2
7,5	2	0	7	3	8	2	0	8	5	0
7,6	2	1	0	1	4	2	1	1	2	8
7,7	2	1	2	9	1	2	1	4	0	6
7,8	2	1	5	6	7	2	1	6	8	4
7,9	2	1	8	4	4	2	1	9	6	2
8	2	2	1	2	0	2	2	2	4	0
8,1	2	2	3	9	7	2	2	5	1	8
8,2	2	2	6	7	3	2	2	7	9	6
8,3	2	2	9	5	0	2	3	0	7	4
8,4	2	3	2	2	6	2	3	3	5	2
8,5	2	3	5	0	3	2	3	6	3	0
8,6	2	3	7	7	9	2	3	9	0	8
8,7	2	4	0	5	6	2	4	1	8	6
8,8	2	4	3	3	2	2	4	4	6	4
8,9	2	4	6	0	9	2	4	7	4	2
9	2	4	8	8	5	2	5	0	2	0
9,1	2	5	1	6	2	2	5	2	9	8
9,2	2	5	4	3	8	2	5	5	7	6
9,3	2	5	7	1	5	2	5	8	5	4
9,4	2	5	9	9	1	2	6	1	3	2
9,5	2	6	2	6	8	2	6	4	1	0
9,6	2	6	5	4	4	2	6	6	8	8
9,7	2	6	8	2	1	2	6	9	6	6
9,8	2	7	0	9	7	2	7	2	4	4
9,9	2	7	3	7	4	2	7	5	2	2
10	2	7	6	5	0	2	7	8	0	0

0,01 bis 4,5	0,2795	2,795	27,95	279,5	2795,0	0,281	2,81	28,1	281,0	2810,0
0,01	0	0	0	2	8	0	0	0	2	8
0,02	0	0	0	5	6	0	0	0	5	6
0,03	0	0	0	8	4	0	0	0	8	4
0,04	0	0	1	1	2	0	0	1	1	2
0,05	0	0	1	4	0	0	0	1	4	1
0,06	0	0	1	6	8	0	0	1	6	9
0,07	0	0	1	9	6	0	0	1	9	7
0,08	0	0	2	2	4	0	0	2	2	5
0,09	0	0	2	5	2	0	0	2	5	3
0,1	0	0	2	8	0	0	0	2	8	1
0,2	0	0	5	5	9	0	0	5	6	2
0,3	0	0	8	3	9	0	0	8	4	3
0,4	0	1	1	1	8	0	1	1	2	4
0,5	0	1	3	9	8	0	1	4	0	5
0,6	0	1	6	7	7	0	1	6	8	6
0,7	0	1	9	5	7	0	1	9	6	7
0,8	0	2	2	3	6	0	2	2	4	8
0,9	0	2	5	1	6	0	2	5	2	9
1	0	2	7	9	5	0	2	8	1	0
1,1	0	3	0	7	5	0	3	0	9	1
1,2	0	3	3	5	4	0	3	3	7	2
1,3	0	3	6	3	4	0	3	6	5	3
1,4	0	3	9	1	3	0	3	9	3	4
1,5	0	4	1	9	3	0	4	2	1	5
1,6	0	4	4	7	2	0	4	4	9	6
1,7	0	4	7	5	2	0	4	7	7	7
1,8	0	5	0	3	1	0	5	0	5	8
1,9	0	5	3	1	1	0	5	3	3	9
2	0	5	5	9	0	0	5	6	2	0
2,1	0	5	8	7	0	0	5	9	0	1
2,2	0	6	1	4	9	0	6	1	8	2
2,3	0	6	4	2	9	0	6	4	6	3
2,4	0	6	7	0	8	0	6	7	4	4
2,5	0	6	9	8	8	0	7	0	2	5
2,6	0	7	2	6	7	0	7	3	0	6
2,7	0	7	5	4	7	0	7	5	8	7
2,8	0	7	8	2	6	0	7	8	6	8
2,9	0	8	1	0	6	0	8	1	4	9
3	0	8	3	8	5	0	8	4	3	0
3,1	0	8	6	6	5	0	8	7	1	1
3,2	0	8	9	4	4	0	8	9	9	2
3,3	0	9	2	2	4	0	9	2	7	3
3,4	0	9	5	0	3	0	9	5	5	4
3,5	0	9	7	8	3	0	9	8	3	5
3,6	1	0	0	6	2	1	0	1	1	6
3,7	1	0	3	4	2	1	0	3	9	7
3,8	1	0	6	2	1	1	0	6	7	8
3,9	1	0	9	0	1	1	0	9	5	9
4	1	1	1	8	0	1	1	2	4	0
4,1	1	1	4	6	0	1	1	5	2	1
4,2	1	1	7	3	9	1	1	8	0	2
4,3	1	2	0	1	9	1	2	0	8	3
4,4	1	2	2	9	8	1	2	3	6	4
4,5	1	2	5	7	8	1	2	6	4	5

4,6 bis 10	0,2795	2,795	27,95	279,5	2795,0	0,281	2,81	28,1	281,0	2810,0
4,6	1	2	8	5	7	1	2	9	2	6
4,7	1	3	1	3	7	1	3	2	0	7
4,8	1	3	4	1	6	1	3	4	8	8
4,9	1	3	6	9	6	1	3	7	6	9
5	1	3	9	7	5	1	4	0	5	0
5,1	1	4	2	5	5	1	4	3	3	1
5,2	1	4	5	3	4	1	4	6	1	2
5,3	1	4	8	1	4	1	4	8	9	3
5,4	1	5	0	9	3	1	5	1	7	4
5,5	1	5	3	7	3	1	5	4	5	5
5,6	1	5	6	5	2	1	5	7	3	6
5,7	1	5	9	3	2	1	6	0	1	7
5,8	1	6	2	1	1	1	6	2	9	8
5,9	1	6	4	9	1	1	6	5	7	9
6	1	6	7	7	0	1	6	8	6	0
6,1	1	7	0	5	0	1	7	1	4	1
6,2	1	7	3	2	9	1	7	4	2	2
6,3	1	7	6	0	9	1	7	7	0	3
6,4	1	7	8	8	8	1	7	9	8	4
6,5	1	8	1	6	8	1	8	2	6	5
6,6	1	8	4	4	7	1	8	5	4	6
6,7	1	8	7	2	7	1	8	8	2	7
6,8	1	9	0	0	6	1	9	1	0	8
6,9	1	9	2	8	6	1	9	3	8	9
7	1	9	5	6	5	1	9	6	7	0
7,1	1	9	8	4	5	1	9	9	5	1
7,2	2	0	1	2	4	2	0	2	3	2
7,3	2	0	4	0	4	2	0	5	1	3
7,4	2	0	6	8	3	2	0	7	9	4
7,5	2	0	9	6	3	2	1	0	7	5
7,6	2	1	2	4	2	2	1	3	5	6
7,7	2	1	5	2	2	2	1	6	3	7
7,8	2	1	8	0	1	2	1	9	1	8
7,9	2	2	0	8	1	2	2	1	9	9
8	2	2	3	6	0	2	2	4	8	0
8,1	2	2	6	4	0	2	2	7	6	1
8,2	2	2	9	1	9	2	3	0	4	2
8,3	2	3	1	9	9	2	3	3	2	3
8,4	2	3	4	7	8	2	3	6	0	4
8,5	2	3	7	5	8	2	3	8	8	5
8,6	2	4	0	3	7	2	4	1	6	6
8,7	2	4	3	1	7	2	4	4	4	7
8,8	2	4	5	9	6	2	4	7	2	8
8,9	2	4	8	7	6	2	5	0	0	9
9	2	5	1	5	5	2	5	2	9	0
9,1	2	5	4	3	5	2	5	5	7	1
9,2	2	5	7	1	4	2	5	8	5	2
9,3	2	5	9	9	4	2	6	1	3	3
9,4	2	6	2	7	3	2	6	4	1	4
9,5	2	6	5	5	3	2	6	6	9	5
9,6	2	6	8	3	2	2	6	9	7	6
9,7	2	7	1	1	2	2	7	2	5	7
9,8	2	7	3	9	1	2	7	5	3	8
9,9	2	7	6	7	1	2	7	8	1	9
10	2	7	9	5	0	2	8	1	0	0

0,01 bis 4,5	0,2825	2,825	28,25	282,5	2825,0	0,284	2,84	28,4	284,0	2840,0
0,01	0	0	0	2	8	0	0	0	2	8
0,02	0	0	0	5	7	0	0	0	5	7
0,03	0	0	0	8	5	0	0	0	8	5
0,04	0	0	1	1	3	0	0	1	1	4
0,05	0	0	1	4	1	0	0	1	4	2
0,06	0	0	1	7	0	0	0	1	7	0
0,07	0	0	1	9	8	0	0	1	9	9
0,08	0	0	2	2	6	0	0	2	2	7
0,09	0	0	2	5	4	0	0	2	5	6
0,1	0	0	2	8	3	0	0	2	8	4
0,2	0	0	5	6	5	0	0	5	6	8
0,3	0	0	8	4	8	0	0	8	5	2
0,4	0	1	1	3	0	0	1	1	3	6
0,5	0	1	4	1	3	0	1	4	2	0
0,6	0	1	6	9	5	0	1	7	0	4
0,7	0	1	9	7	8	0	1	9	8	8
0,8	0	2	2	6	0	0	2	2	7	2
0,9	0	2	5	4	3	0	2	5	5	6
1	0	2	8	2	5	0	2	8	4	0
1,1	0	3	1	0	8	0	3	1	2	4
1,2	0	3	3	9	0	0	3	4	0	8
1,3	0	3	6	7	3	0	3	6	9	2
1,4	0	3	9	5	5	0	3	9	7	6
1,5	0	4	2	3	8	0	4	2	6	0
1,6	0	4	5	2	0	0	4	5	4	4
1,7	0	4	8	0	3	0	4	8	2	8
1,8	0	5	0	8	5	0	5	1	1	2
1,9	0	5	3	6	8	0	5	3	9	6
2	0	5	6	5	0	0	5	6	8	0
2,1	0	5	9	3	3	0	5	9	6	4
2,2	0	6	2	1	5	0	6	2	4	8
2,3	0	6	4	9	8	0	6	5	3	2
2,4	0	6	7	8	0	0	6	8	1	6
2,5	0	7	0	6	3	0	7	1	0	0
2,6	0	7	3	4	5	0	7	3	8	4
2,7	0	7	6	2	8	0	7	6	6	8
2,8	0	7	9	1	0	0	7	9	5	2
2,9	0	8	1	9	3	0	8	2	3	6
3	0	8	4	7	5	0	8	5	2	0
3,1	0	8	7	5	8	0	8	8	0	4
3,2	0	9	0	4	0	0	9	0	8	8
3,3	0	9	3	2	3	0	9	3	7	2
3,4	0	9	6	0	5	0	9	6	5	6
3,5	0	9	8	8	8	0	9	9	4	0
3,6	1	0	1	7	0	1	0	2	2	4
3,7	1	0	4	5	3	1	0	5	0	8
3,8	1	0	7	3	5	1	0	7	9	2
3,9	1	1	0	1	8	1	1	0	7	6
4	1	1	3	0	0	1	1	3	6	0
4,1	1	1	5	8	3	1	1	6	4	4
4,2	1	1	8	6	5	1	1	9	2	8
4,3	1	2	1	4	8	1	2	2	1	2
4,4	1	2	4	3	0	1	2	4	9	6
4,5	1	2	7	1	3	1	2	7	8	0

4,6 bis 10	0,2825	2,825	28,25	282,5	2825,0	0,284	2,84	28,4	284,0	2840,0
4,6	1	2	9	9	5	1	3	0	6	4
4,7	1	3	2	7	8	1	3	3	4	8
4,8	1	3	5	6	0	1	3	6	3	2
4,9	1	3	8	4	3	1	3	9	1	6
5	1	4	1	2	5	1	4	2	0	0
5,1	1	4	4	0	8	1	4	4	8	4
5,2	1	4	6	9	0	1	4	7	6	8
5,3	1	4	9	7	3	1	5	0	5	2
5,4	1	5	2	5	5	1	5	3	3	6
5,5	1	5	5	3	8	1	5	6	2	0
5,6	1	5	8	2	0	1	5	9	0	4
5,7	1	6	1	0	3	1	6	1	8	8
5,8	1	6	3	8	5	1	6	4	7	2
5,9	1	6	6	6	8	1	6	7	5	6
6	1	6	9	5	0	1	7	0	4	0
6,1	1	7	2	3	3	1	7	3	2	4
6,2	1	7	5	1	5	1	7	6	0	8
6,3	1	7	7	9	8	1	7	8	9	2
6,4	1	8	0	8	0	1	8	1	7	6
6,5	1	8	3	6	3	1	8	4	6	0
6,6	1	8	6	4	5	1	8	7	4	4
6,7	1	8	9	2	8	1	9	0	2	8
6,8	1	9	2	1	0	1	9	3	1	2
6,9	1	9	4	9	3	1	9	5	9	6
7	1	9	7	7	5	1	9	8	8	0
7,1	2	0	0	5	8	2	0	1	6	4
7,2	2	0	3	4	0	2	0	4	4	8
7,3	2	0	6	2	3	2	0	7	3	2
7,4	2	0	9	0	5	2	1	0	1	6
7,5	2	1	1	8	8	2	1	3	0	0
7,6	2	1	4	7	0	2	1	5	8	4
7,7	2	1	7	5	3	2	1	8	6	8
7,8	2	2	0	3	5	2	2	1	5	2
7,9	2	2	3	1	8	2	2	4	3	6
8	2	2	6	0	0	2	2	7	2	0
8,1	2	2	8	8	3	2	3	0	0	4
8,2	2	3	1	6	5	2	3	2	8	8
8,3	2	3	4	4	8	2	3	5	7	2
8,4	2	3	7	3	0	2	3	8	5	6
8,5	2	4	0	1	3	2	4	1	4	0
8,6	2	4	2	9	5	2	4	4	2	4
8,7	2	4	5	7	8	2	4	7	0	8
8,8	2	4	8	6	0	2	4	9	9	2
8,9	2	5	1	4	3	2	5	2	7	6
9	2	5	4	2	5	2	5	5	6	0
9,1	2	5	7	0	8	2	5	8	4	4
9,2	2	5	9	9	0	2	6	1	2	8
9,3	2	6	2	7	3	2	6	4	1	2
9,4	2	6	5	5	5	2	6	6	9	6
9,5	2	6	8	3	8	2	6	9	8	0
9,6	2	7	1	2	0	2	7	2	6	4
9,7	2	7	4	0	3	2	7	5	4	8
9,8	2	7	6	8	5	2	7	8	3	2
9,9	2	7	9	6	8	2	8	1	1	6
10	2	8	2	5	0	2	8	4	0	0

0,01 bis 4,5	0,2855	2,855	28,55	285,5	2855,0	0,287	2,87	28,7	287,0	2870,0
0,01	0	0	0	2	9	0	0	0	2	9
0,02	0	0	0	5	7	0	0	0	5	7
0,03	0	0	0	8	6	0	0	0	8	6
0,04	0	0	1	1	4	0	0	1	1	5
0,05	0	0	1	4	3	0	0	1	4	4
0,06	0	0	1	7	1	0	0	1	7	2
0,07	0	0	2	0	0	0	0	2	0	1
0,08	0	0	2	2	8	0	0	2	3	0
0,09	0	0	2	5	7	0	0	2	5	8
0,1	0	0	2	8	6	0	0	2	8	7
0,2	0	0	5	7	1	0	0	5	7	4
0,3	0	0	8	5	7	0	0	8	6	1
0,4	0	1	1	4	2	0	1	1	4	8
0,5	0	1	4	2	8	0	1	4	3	5
0,6	0	1	7	1	3	0	1	7	2	2
0,7	0	1	9	9	9	0	2	0	0	9
0,8	0	2	2	8	4	0	2	2	9	6
0,9	0	2	5	7	0	0	2	5	8	3
1	0	2	8	5	5	0	2	8	7	0
1,1	0	3	1	4	1	0	3	1	5	7
1,2	0	3	4	2	6	0	3	4	4	4
1,3	0	3	7	1	2	0	3	7	3	1
1,4	0	3	9	9	7	0	4	0	1	8
1,5	0	4	2	8	3	0	4	3	0	5
1,6	0	4	5	6	8	0	4	5	9	2
1,7	0	4	8	5	4	0	4	8	7	9
1,8	0	5	1	3	9	0	5	1	6	6
1,9	0	5	4	2	5	0	5	4	5	3
2	0	5	7	1	0	0	5	7	4	0
2,1	0	5	9	9	6	0	6	0	2	7
2,2	0	6	2	8	1	0	6	3	1	4
2,3	0	6	5	6	7	0	6	6	0	1
2,4	0	6	8	5	2	0	6	8	8	8
2,5	0	7	1	3	8	0	7	1	7	5
2,6	0	7	4	2	3	0	7	4	6	2
2,7	0	7	7	0	9	0	7	7	4	9
2,8	0	7	9	9	4	0	8	0	3	6
2,9	0	8	2	8	0	0	8	3	2	3
3	0	8	5	6	5	0	8	6	1	0
3,1	0	8	8	5	1	0	8	8	9	7
3,2	0	9	1	3	6	0	9	1	8	4
3,3	0	9	4	2	2	0	9	4	7	1
3,4	0	9	7	0	7	0	9	7	5	8
3,5	0	9	9	9	3	1	0	0	4	5
3,6	1	0	2	7	8	1	0	3	3	2
3,7	1	0	5	6	4	1	0	6	1	9
3,8	1	1	8	4	9	1	0	9	0	6
3,9	1	1	1	3	5	1	1	1	9	3
4	1	1	4	2	0	1	1	4	8	0
4,1	1	1	7	0	6	1	1	7	6	7
4,2	1	1	9	9	1	1	2	0	5	4
4,3	1	2	2	7	7	1	2	3	4	1
4,4	1	2	5	6	2	1	2	6	2	8
4,5	1	2	8	4	8	1	2	9	1	5

4,6 bis 10	0,2855	2,855	28,55	285,5	2855,0	0,287	2,87	28,7	287,0	2870,0
4,6	1	3	1	3	3	1	3	2	0	2
4,7	1	3	4	1	9	1	3	4	8	9
4,8	1	3	7	0	4	1	3	7	7	6
4,9	1	3	9	9	0	1	4	0	6	3
5	1	4	2	7	5	1	4	3	5	0
5,1	1	4	5	6	1	1	4	6	3	7
5,2	1	4	8	4	6	1	4	9	2	4
5,3	1	5	1	3	2	1	5	2	1	1
5,4	1	5	4	1	7	1	5	4	9	8
5,5	1	5	7	0	3	1	5	7	8	5
5,6	1	5	9	8	8	1	6	0	7	2
5,7	1	6	2	7	4	1	6	3	5	9
5,8	1	6	5	5	9	1	6	6	4	6
5,9	1	6	8	4	5	1	6	9	3	3
6	1	7	1	3	0	1	7	2	2	0
6,1	1	7	4	1	6	1	7	5	0	7
6,2	1	7	7	0	1	1	7	7	9	4
6,3	1	7	9	8	7	1	8	0	8	1
6,4	1	8	2	7	2	1	8	3	6	8
6,5	1	8	5	5	8	1	8	6	5	5
6,6	1	8	8	4	3	1	8	9	4	2
6,7	1	9	1	2	9	1	9	2	2	9
6,8	1	9	4	1	4	1	9	5	1	6
6,9	1	9	7	0	0	1	9	8	0	3
7	1	9	9	8	5	2	0	0	9	0
7,1	2	0	2	7	1	2	0	3	7	7
7,2	2	0	5	5	6	2	0	6	6	4
7,3	2	0	8	4	2	2	0	9	5	1
7,4	2	1	1	2	7	2	1	2	3	8
7,5	2	1	4	1	3	2	1	5	2	5
7,6	2	1	6	9	8	2	1	8	1	2
7,7	2	1	9	8	4	2	2	0	9	9
7,8	2	2	2	6	9	2	2	3	8	6
7,9	2	2	5	5	5	2	2	6	7	3
8	2	2	8	4	0	2	2	9	6	0
8,1	2	3	1	2	6	2	3	2	4	7
8,2	2	3	4	1	1	2	3	5	3	4
8,3	2	3	6	9	7	2	3	8	2	1
8,4	2	3	9	8	2	2	4	1	0	8
8,5	2	4	2	6	8	2	4	3	9	5
8,6	2	4	5	5	3	2	4	6	8	2
8,7	2	4	8	3	9	2	4	9	6	9
8,8	2	5	1	2	4	2	5	2	5	6
8,9	2	5	4	1	0	2	5	5	4	3
9	2	5	6	9	5	2	5	8	3	0
9,1	2	5	9	8	1	2	6	1	1	7
9,2	2	6	2	6	6	2	6	4	0	4
9,3	2	6	5	5	2	2	6	6	9	1
9,4	2	6	8	3	7	2	6	9	7	8
9,5	2	7	1	2	3	2	7	2	6	5
9,6	2	7	4	0	8	2	7	5	5	2
9,7	2	7	6	9	4	2	7	8	3	9
9,8	2	7	9	7	9	2	8	1	2	6
9,9	2	8	2	6	5	2	8	4	1	3
10	2	8	5	5	0	2	8	7	0	0

2885–2900

0,01 bis 4,5	0,2885	2,885	28,85	288,5	2885,0	0,29	2,9	29,0	290,0	2900,0
0,01	0	0	0	2	9	0	0	0	2	9
0,02	0	0	0	5	8	0	0	0	5	8
0,03	0	0	0	8	7	0	0	0	8	7
0,04	0	0	1	1	5	0	0	1	1	6
0,05	0	0	1	4	4	0	0	1	4	5
0,06	0	0	1	7	3	0	0	1	7	4
0,07	0	0	2	0	2	0	0	2	0	3
0,08	0	0	2	3	1	0	0	2	3	2
0,09	0	0	2	6	0	0	0	2	6	1
0,1	0	0	2	8	9	0	0	2	9	0
0,2	0	0	5	7	7	0	0	5	8	0
0,3	0	0	8	6	6	0	0	8	7	0
0,4	0	1	1	5	4	0	1	1	6	0
0,5	0	1	4	4	3	0	1	4	5	0
0,6	0	1	7	3	1	0	1	7	4	0
0,7	0	2	0	2	0	0	2	0	3	0
0,8	0	2	3	0	8	0	2	3	2	0
0,9	0	2	5	9	7	0	2	6	1	0
1	0	2	8	8	5	0	2	9	0	0
1,1	0	3	1	7	4	0	3	1	9	0
1,2	0	3	4	6	2	0	3	4	8	0
1,3	0	3	7	5	1	0	3	7	7	0
1,4	0	4	0	3	9	0	4	0	6	0
1,5	0	4	3	2	8	0	4	3	5	0
1,6	0	4	6	1	6	0	4	6	4	0
1,7	0	4	9	0	5	0	4	9	3	0
1,8	0	5	1	9	3	0	5	2	2	0
1,9	0	5	4	8	2	0	5	5	1	0
2	0	5	7	7	0	0	5	8	0	0
2,1	0	6	0	5	9	0	6	0	9	0
2,2	0	6	3	4	7	0	6	3	8	0
2,3	0	6	6	3	6	0	6	6	7	0
2,4	0	6	9	2	4	0	6	9	6	0
2,5	0	7	2	1	3	0	7	2	5	0
2,6	0	7	5	0	1	0	7	5	4	0
2,7	0	7	7	9	0	0	7	8	3	0
2,8	0	8	0	7	8	0	8	1	2	0
2,9	0	8	3	6	7	0	8	4	1	0
3	0	8	6	5	5	0	8	7	0	0
3,1	0	8	9	4	4	0	8	9	9	0
3,2	0	9	2	3	2	0	9	2	8	0
3,3	0	9	5	2	1	0	9	5	7	0
3,4	0	9	8	0	9	0	9	8	6	0
3,5	1	0	0	9	8	1	0	1	5	0
3,6	1	0	3	8	6	1	0	4	4	0
3,7	1	0	6	7	5	1	0	7	3	0
3,8	1	0	9	6	3	1	1	0	2	0
3,9	1	1	2	5	2	1	1	3	1	0
4	1	1	5	4	0	1	1	6	0	0
4,1	1	1	8	2	9	1	1	8	9	0
4,2	1	2	1	1	7	1	2	1	8	0
4,3	1	2	4	0	6	1	2	4	7	0
4,4	1	2	6	9	4	1	2	7	6	0
4,5	1	2	9	8	3	1	3	0	5	0

4,6 bis 10	0,2885	2,885	28,85	288,5	2885,0	0,29	2,9	29,0	290,0	2900,0
4,6	1	3	2	7	1	1	3	3	4	0
4,7	1	3	5	6	0	1	3	6	3	0
4,8	1	3	8	4	8	1	3	9	2	0
4,9	1	4	1	3	7	1	4	2	1	0
5	1	4	4	2	5	1	4	5	0	0
5,1	1	4	7	1	4	1	4	7	9	0
5,2	1	5	0	0	2	1	5	0	8	0
5,3	1	5	2	9	1	1	5	3	7	0
5,4	1	5	5	7	9	1	5	6	6	0
5,5	1	5	8	6	8	1	5	9	5	0
5,6	1	6	1	5	6	1	6	2	4	0
5,7	1	6	4	4	5	1	6	5	3	0
5,8	1	6	7	3	3	1	6	8	2	0
5,9	1	7	0	2	2	1	7	1	1	0
6	1	7	3	1	0	1	7	4	0	0
6,1	1	7	5	9	9	1	7	6	9	0
6,2	1	7	8	8	7	1	7	9	8	0
6,3	1	8	1	7	6	1	8	2	7	0
6,4	1	8	4	6	4	1	8	5	6	0
6,5	1	8	7	5	3	1	8	8	5	0
6,6	1	9	0	4	1	1	9	1	4	0
6,7	1	9	3	3	0	1	9	4	3	0
6,8	1	9	6	1	8	1	9	7	2	0
6,9	1	9	9	0	7	2	0	0	1	0
7	2	0	1	9	5	2	0	3	0	0
7,1	2	0	4	8	4	2	0	5	9	0
7,2	2	0	7	7	2	2	0	8	8	0
7,3	2	1	0	6	1	2	1	1	7	0
7,4	2	1	3	4	9	2	1	4	6	0
7,5	2	1	6	3	8	2	1	7	5	0
7,6	2	1	9	2	6	2	2	0	4	0
7,7	2	2	2	1	5	2	2	3	3	0
7,8	2	2	5	0	3	2	2	6	2	0
7,9	2	2	7	9	2	2	2	9	1	0
8	2	3	0	8	0	2	3	2	0	0
8,1	2	3	3	6	9	2	3	4	9	0
8,2	2	3	6	5	7	2	3	7	8	0
8,3	2	3	9	4	6	2	4	0	7	0
8,4	2	4	2	3	4	2	4	3	6	0
8,5	2	4	5	2	3	2	4	6	5	0
8,6	2	4	8	1	1	2	4	9	4	0
8,7	2	5	1	0	0	2	5	2	3	0
8,8	2	5	3	8	8	2	5	5	2	0
8,9	2	5	6	7	7	2	5	8	1	0
9	2	5	9	6	5	2	6	1	0	0
9,1	2	6	2	5	4	2	6	3	9	0
9,2	2	6	5	4	2	2	6	6	8	0
9,3	2	6	8	3	1	2	6	9	7	0
9,4	2	7	1	1	9	2	7	2	6	0
9,5	2	7	4	0	8	2	7	5	5	0
9,6	2	7	6	9	6	2	7	8	4	0
9,7	2	7	9	8	5	2	8	1	3	0
9,8	2	8	2	7	3	2	8	4	2	0
9,9	2	8	5	6	2	2	8	7	1	0
10	2	8	8	5	0	2	9	0	0	0

0,01 bis 4,5	0,2917	2,917	29,17	291,7	2917,0	0,2934	2,934	29,34	293,4	2934,0
0,01	0	0	0	2	9	0	0	0	2	9
0,02	0	0	0	5	8	0	0	0	5	9
0,03	0	0	0	8	8	0	0	0	8	8
0,04	0	0	1	1	7	0	0	1	1	7
0,05	0	0	1	4	6	0	0	1	4	7
0,06	0	0	1	7	5	0	0	1	7	6
0,07	0	0	2	0	4	0	0	2	0	5
0,08	0	0	2	3	3	0	0	2	3	5
0,09	0	0	2	6	3	0	0	2	6	4
0,1	0	0	2	9	2	0	0	2	9	3
0,2	0	0	5	8	3	0	0	5	8	7
0,3	0	0	8	7	5	0	0	8	8	0
0,4	0	1	1	6	7	0	1	1	7	4
0,5	0	1	4	5	9	0	1	4	6	7
0,6	0	1	7	5	0	0	1	7	6	0
0,7	0	2	0	4	2	0	2	0	5	4
0,8	0	2	3	3	4	0	2	3	4	7
0,9	0	2	6	2	5	0	2	6	4	1
1	0	2	9	1	7	0	2	9	3	4
1,1	0	3	2	0	9	0	3	2	2	7
1,2	0	3	5	0	0	0	3	5	2	1
1,3	0	3	7	9	2	0	3	8	1	4
1,4	0	4	0	8	4	0	4	1	0	8
1,5	0	4	3	7	6	0	4	4	0	1
1,6	0	4	6	6	7	0	4	6	9	4
1,7	0	4	9	5	9	0	4	9	8	8
1,8	0	5	2	5	1	0	5	2	8	1
1,9	0	5	5	4	2	0	5	5	7	5
2	0	5	8	3	4	0	5	8	6	8
2,1	0	6	1	2	6	0	6	1	6	1
2,2	0	6	4	1	7	0	6	4	5	5
2,3	0	6	7	0	9	0	6	7	4	8
2,4	0	7	0	0	1	0	7	0	4	2
2,5	0	7	2	9	3	0	7	3	3	5
2,6	0	7	5	8	4	0	7	6	2	8
2,7	0	7	8	7	6	0	7	9	2	2
2,8	0	8	1	6	8	0	8	2	1	5
2,9	0	8	4	5	9	0	8	5	0	9
3	0	8	7	5	1	0	8	8	0	2
3,1	0	9	0	4	3	0	9	0	9	5
3,2	0	9	3	3	4	0	9	3	8	9
3,3	0	9	6	2	6	0	9	6	8	2
3,4	0	9	9	1	8	0	9	9	7	6
3,5	1	0	2	1	0	1	0	2	6	9
3,6	1	0	5	0	1	1	0	5	6	2
3,7	1	0	7	9	3	1	0	8	5	6
3,8	1	1	0	8	5	1	1	1	4	9
3,9	1	1	3	7	6	1	1	4	4	3
4	1	1	6	6	8	1	1	7	3	6
4,1	1	1	9	6	0	1	2	0	2	9
4,2	1	2	2	5	1	1	2	3	2	3
4,3	1	2	5	4	3	1	2	6	1	6
4,4	1	2	8	3	5	1	2	9	1	0
4,5	1	3	1	2	7	1	3	2	0	3

4,6 bis 10	0,2917	2,917	29,17	291,7	2917,0	0,2934	2,934	29,34	293,4	2934,0
4,6	1	3	4	1	8	1	3	4	9	6
4,7	1	3	7	1	0	1	3	7	9	0
4,8	1	4	0	0	2	1	4	0	8	3
4,9	1	4	2	9	3	1	4	3	7	7
5	1	4	5	8	5	1	4	6	7	0
5,1	1	4	8	7	7	1	4	9	6	3
5,2	1	5	1	6	8	1	5	2	5	7
5,3	1	5	4	6	0	1	5	5	5	0
5,4	1	5	7	5	2	1	5	8	4	4
5,5	1	6	0	4	4	1	6	1	3	7
5,6	1	6	3	3	5	1	6	4	3	0
5,7	1	6	6	2	7	1	6	7	2	4
5,8	1	6	9	1	9	1	7	0	1	7
5,9	1	7	2	1	0	1	7	3	1	1
6	1	7	5	0	2	1	7	6	0	4
6,1	1	7	7	9	4	1	7	8	9	7
6,2	1	8	0	8	5	1	8	1	9	1
6,3	1	8	3	7	7	1	8	4	8	4
6,4	1	8	6	6	9	1	8	7	7	8
6,5	1	8	9	6	1	1	9	0	7	1
6,6	1	9	2	5	2	1	9	3	6	4
6,7	1	9	5	4	4	1	9	6	5	8
6,8	1	9	8	3	6	1	9	9	5	1
6,9	2	0	1	2	7	2	0	2	4	5
7	2	0	4	1	9	2	0	5	3	8
7,1	2	0	7	1	1	2	0	8	3	1
7,2	2	1	0	0	2	2	1	1	2	5
7,3	2	1	2	9	4	2	1	4	1	8
7,4	2	1	5	8	6	2	1	7	1	2
7,5	2	1	8	7	8	2	2	0	0	5
7,6	2	2	1	6	9	2	2	2	9	8
7,7	2	2	4	6	1	2	2	5	9	2
7,8	2	2	7	5	3	2	2	8	8	5
7,9	2	3	0	4	4	2	3	1	7	9
8	2	3	3	3	6	2	3	4	7	2
8,1	2	3	6	2	8	2	3	7	6	5
8,2	2	3	9	1	9	2	4	0	5	9
8,3	2	4	2	1	1	2	4	3	5	2
8,4	2	4	5	0	3	2	4	6	4	6
8,5	2	4	7	9	5	2	4	9	3	9
8,6	2	5	0	8	6	2	5	2	3	2
8,7	2	5	3	7	8	2	5	5	2	6
8,8	2	5	6	7	0	2	5	8	1	9
8,9	2	5	9	6	1	2	6	1	1	3
9	2	6	2	5	3	2	6	4	0	6
9,1	2	6	5	4	5	2	6	6	9	9
9,2	2	6	8	3	6	2	6	9	9	3
9,3	2	7	1	2	8	2	7	2	8	6
9,4	2	7	4	2	0	2	7	5	8	0
9,5	2	7	7	1	2	2	7	8	7	3
9,6	2	8	0	0	3	2	8	1	6	6
9,7	2	8	2	9	5	2	8	4	6	0
9,8	2	8	5	8	7	2	8	7	5	3
9,9	2	8	8	7	8	2	9	0	4	7
10	2	9	1	7	0	2	9	3	4	0

0,01 bis 4,5	2951,0 / 295,1 / 0,2951 / 2,951 / 29,51					2968,0 / 296,8 / 0,2968 / 2,968 / 29,68				
0,01	0	0	0	3	0	0	0	0	3	0
0,02	0	0	0	5	9	0	0	0	5	9
0,03	0	0	0	8	9	0	0	0	8	9
0,04	0	0	1	1	8	0	0	1	1	9
0,05	0	0	1	4	8	0	0	1	4	8
0,06	0	0	1	7	7	0	0	1	7	8
0,07	0	0	2	0	7	0	0	2	0	8
0,08	0	0	2	3	6	0	0	2	3	7
0,09	0	0	2	6	6	0	0	2	6	7
0,1	0	0	2	9	5	0	0	2	9	7
0,2	0	0	5	9	0	0	0	5	9	4
0,3	0	0	8	8	5	0	0	8	9	0
0,4	0	1	1	8	0	0	1	1	8	7
0,5	0	1	4	7	6	0	1	4	8	4
0,6	0	1	7	7	1	0	1	7	8	1
0,7	0	2	0	6	6	0	2	0	7	8
0,8	0	2	6	6	1	0	2	3	7	4
0,9	0	2	6	5	6	0	2	6	7	1
1	0	2	9	5	1	0	2	9	6	8
1,1	0	3	2	4	6	0	3	2	6	5
1,2	0	3	5	4	1	0	3	5	6	2
1,3	0	3	8	3	6	0	3	8	5	8
1,4	0	4	1	3	1	0	4	1	5	5
1,5	0	4	4	2	7	0	4	4	5	2
1,6	0	4	7	2	2	0	4	7	4	9
1,7	0	5	0	1	7	0	5	0	4	6
1,8	0	5	3	1	2	0	5	3	4	2
1,9	0	5	6	0	7	0	5	6	3	9
2	0	5	9	0	2	0	5	9	3	6
2,1	0	6	1	9	7	0	6	2	3	3
2,2	0	6	4	9	2	0	6	5	3	0
2,3	0	6	7	8	7	0	6	8	2	6
2,4	0	7	0	8	2	0	7	1	2	3
2,5	0	7	3	7	8	0	7	4	2	0
2,6	0	7	6	7	3	0	7	7	1	7
2,7	0	7	9	6	8	0	8	0	1	4
2,8	0	8	2	6	3	0	8	3	1	0
2,9	0	8	5	5	8	0	8	6	0	7
3	0	8	8	5	3	0	8	9	0	4
3,1	0	9	1	4	8	0	9	2	0	1
3,2	0	9	4	4	3	0	9	4	9	8
3,3	0	9	7	3	8	0	9	7	9	4
3,4	1	0	0	3	3	1	0	0	9	1
3,5	1	0	3	2	9	1	0	3	8	8
3,6	1	0	6	2	4	1	0	6	8	5
3,7	1	0	9	1	9	1	0	9	8	2
3,8	1	1	2	1	4	1	1	2	7	8
3,9	1	1	5	0	9	1	1	5	7	5
4	1	1	8	0	4	1	1	8	7	2
4,1	1	2	0	9	9	1	2	1	6	9
4,2	1	2	3	9	4	1	2	4	6	6
4,3	1	2	6	8	9	1	2	7	6	2
4,4	1	2	9	8	4	1	3	0	5	9
4,5	1	3	2	8	0	1	3	3	5	6

4,6 bis 10	2951,0 / 295,1 / 0,2951 / 2,951 / 29,51					2968,0 / 296,8 / 0,2968 / 2,968 / 29,68				
4,6	1	3	5	7	5	1	3	6	5	3
4,7	1	3	8	7	0	1	3	9	5	0
4,8	1	4	1	6	5	1	4	2	4	6
4,9	1	4	4	6	0	1	4	5	4	3
5	1	4	7	5	5	1	4	8	4	0
5,1	1	5	0	5	0	1	5	1	3	7
5,2	1	5	3	4	5	1	5	4	3	4
5,3	1	5	6	4	0	1	5	7	3	0
5,4	1	5	9	3	5	1	6	0	2	7
5,5	1	6	2	3	1	1	6	3	2	4
5,6	1	6	5	2	6	1	6	6	2	1
5,7	1	6	8	2	1	1	6	9	1	8
5,8	1	7	1	1	6	1	7	2	1	4
5,9	1	7	4	1	1	1	7	5	1	1
6	1	7	7	0	6	1	7	8	0	8
6,1	1	8	0	0	1	1	8	1	0	5
6,2	1	8	2	9	6	1	8	4	0	2
6,3	1	8	5	9	1	1	8	6	9	8
6,4	1	8	8	8	6	1	8	9	9	5
6,5	1	9	1	8	2	1	9	2	9	2
6,6	1	9	4	7	7	1	9	5	8	9
6,7	1	9	7	7	2	1	9	8	8	6
6,8	2	0	0	6	7	2	0	1	8	2
6,9	2	0	3	6	2	2	0	4	7	9
7	2	0	6	5	7	2	0	7	7	6
7,1	2	0	9	5	2	2	1	0	7	3
7,2	2	1	2	4	7	2	1	3	7	0
7,3	2	1	5	4	2	2	1	6	6	6
7,4	2	1	8	3	7	2	1	9	6	3
7,5	2	2	1	3	3	2	2	2	6	0
7,6	2	2	4	2	8	2	2	5	5	7
7,7	2	2	7	2	3	2	2	8	5	4
7,8	2	3	0	1	8	2	3	1	5	0
7,9	2	3	3	1	3	2	3	4	4	7
8	2	3	6	0	8	2	3	7	4	4
8,1	2	3	9	0	3	2	4	0	4	1
8,2	2	4	1	9	8	2	4	3	3	8
8,3	2	4	4	9	3	2	4	6	3	4
8,4	2	4	7	8	8	2	4	9	3	1
8,5	2	5	0	8	4	2	5	2	2	8
8,6	2	5	3	7	9	2	5	5	2	5
8,7	2	5	6	7	4	2	5	8	2	2
8,8	2	5	9	6	9	2	6	1	1	8
8,9	2	6	2	6	4	2	6	4	1	5
9	2	6	5	5	9	2	6	7	1	2
9,1	2	6	8	5	4	2	7	0	0	9
9,2	2	7	1	4	9	2	7	3	0	6
9,3	2	7	4	4	4	2	7	6	0	2
9,4	2	7	7	3	9	2	7	8	9	9
9,5	2	8	0	3	5	2	8	1	9	6
9,6	2	8	3	3	0	2	8	4	9	3
9,7	2	8	6	2	5	2	8	7	9	0
9,8	2	8	9	2	0	2	9	0	8	6
9,9	2	9	2	1	5	2	9	3	8	3
10	2	9	5	1	0	2	9	6	8	0

0,01 bis 4,5	0,2985	2,985	29,85	298,5	2985,0	0,3002	3,002	30,02	300,2	3002,0
0,01	0	0	0	3	0	0	0	0	3	0
0,02	0	0	0	6	0	0	0	0	6	0
0,03	0	0	0	9	0	0	0	0	9	0
0,04	0	0	1	1	9	0	0	1	2	0
0,05	0	0	1	4	9	0	0	1	5	0
0,06	0	0	1	7	9	0	0	1	8	0
0,07	0	0	2	0	9	0	0	2	1	0
0,08	0	0	2	3	9	0	0	2	4	0
0,09	0	0	2	6	9	0	0	2	7	0
0,1	0	0	2	9	9	0	0	3	0	0
0,2	0	0	5	9	7	0	0	6	0	0
0,3	0	0	8	9	6	0	0	9	0	1
0,4	0	1	1	9	4	0	1	2	0	1
0,5	0	1	4	9	3	0	1	5	0	1
0,6	0	1	7	9	1	0	1	8	0	1
0,7	0	2	0	9	0	0	2	1	0	1
0,8	0	2	3	8	8	0	2	4	0	2
0,9	0	2	6	8	7	0	2	7	0	2
1	0	2	9	8	5	0	3	0	0	2
1,1	0	3	2	8	4	0	3	3	0	2
1,2	0	3	5	8	2	0	3	6	0	2
1,3	0	3	8	8	1	0	3	9	0	3
1,4	0	4	1	7	9	0	4	2	0	3
1,5	0	4	4	7	8	0	4	5	0	3
1,6	0	4	7	7	6	0	4	8	0	3
1,7	0	5	0	7	5	0	5	1	0	3
1,8	0	5	3	7	3	0	5	4	0	4
1,9	0	5	6	7	2	0	5	7	0	4
2	0	5	9	7	0	0	6	0	0	4
2,1	0	6	2	6	9	0	6	3	0	4
2,2	0	6	5	6	7	0	6	6	0	4
2,3	0	6	8	6	6	0	6	9	0	5
2,4	0	7	1	6	4	0	7	2	0	5
2,5	0	7	4	6	3	0	7	5	0	5
2,6	0	7	7	6	1	0	7	8	0	5
2,7	0	8	0	6	0	0	8	1	0	5
2,8	0	8	3	5	8	0	8	4	0	6
2,9	0	8	6	5	7	0	8	7	0	6
3	0	8	9	5	5	0	9	0	0	6
3,1	0	9	2	5	4	0	9	3	0	6
3,2	0	9	5	5	2	0	9	6	0	6
3,3	0	9	8	5	1	0	9	9	0	7
3,4	1	0	1	4	9	1	0	2	0	7
3,5	1	0	4	4	8	1	0	5	0	7
3,6	1	0	7	4	6	1	0	8	0	7
3,7	1	1	0	4	5	1	1	1	0	7
3,8	1	1	3	4	3	1	1	4	0	8
3,9	1	1	6	4	2	1	1	7	0	8
4	1	1	9	4	0	1	2	0	0	8
4,1	1	2	2	3	9	1	2	3	0	8
4,2	1	2	5	3	7	1	2	6	0	8
4,3	1	2	8	3	6	1	2	9	0	9
4,4	1	3	1	3	4	1	3	2	0	9
4,5	1	3	4	3	3	1	3	5	0	9

4,6 bis 10	0,2985	2,985	29,85	298,5	2985,0	0,3002	3,002	30,02	300,2	3002,0
4,6	1	3	7	3	1	1	3	8	0	9
4,7	1	4	0	3	0	1	4	1	0	9
4,8	1	4	3	2	8	1	4	4	1	0
4,9	1	4	6	2	7	1	4	7	1	0
5	1	4	9	2	5	1	5	0	1	0
5,1	1	5	2	2	4	1	5	3	1	0
5,2	1	5	5	2	2	1	5	6	1	0
5,3	1	5	8	2	1	1	5	9	1	1
5,4	1	6	1	1	9	1	6	2	1	1
5,5	1	6	4	1	8	1	6	5	1	1
5,6	1	6	7	1	6	1	6	8	1	1
5,7	1	7	0	1	5	1	7	1	1	1
5,8	1	7	3	1	3	1	7	4	1	2
5,9	1	7	6	1	2	1	7	7	1	2
6	1	7	9	1	0	1	8	0	1	2
6,1	1	8	2	0	9	1	8	3	1	2
6,2	1	8	5	0	7	1	8	6	1	2
6,3	1	8	8	0	6	1	8	9	1	3
6,4	1	9	1	0	4	1	9	2	1	3
6,5	1	9	4	0	3	1	9	5	1	3
6,6	1	9	7	0	1	1	9	8	1	3
6,7	2	0	0	0	0	2	0	1	1	3
6,8	2	0	2	9	8	2	0	4	1	4
6,9	2	0	5	9	7	2	0	7	1	4
7	2	0	8	9	5	2	1	0	1	4
7,1	2	1	1	9	4	2	1	3	1	4
7,2	2	1	4	9	2	2	1	6	1	4
7,3	2	1	7	9	1	2	1	9	1	5
7,4	2	2	0	8	9	2	2	2	1	5
7,5	2	2	3	8	8	2	2	5	1	5
7,6	2	2	6	8	6	2	2	8	1	5
7,7	2	2	9	8	5	2	3	1	1	5
7,8	2	3	2	8	3	2	3	4	1	6
7,9	2	3	5	8	2	2	3	7	1	6
8	2	3	8	8	0	2	4	0	1	6
8,1	2	4	1	7	9	2	4	3	1	6
8,2	2	4	4	7	7	2	4	6	1	6
8,3	2	4	7	7	6	2	4	9	1	7
8,4	2	5	0	7	4	2	5	2	1	7
8,5	2	5	3	7	3	2	5	5	1	7
8,6	2	5	6	7	1	2	5	8	1	7
8,7	2	5	9	7	0	2	6	1	1	7
8,8	2	6	2	6	8	2	6	4	1	8
8,9	2	6	5	6	7	2	6	7	1	8
9	2	6	8	6	5	2	7	0	1	8
9,1	2	7	1	6	4	2	7	3	1	8
9,2	2	7	4	6	2	2	7	6	1	8
9,3	2	7	7	6	1	2	7	9	1	9
9,4	2	8	0	5	9	2	8	2	1	9
9,5	2	8	3	5	8	2	8	5	1	9
9,6	2	8	6	5	6	2	8	8	1	9
9,7	2	8	9	5	5	2	9	1	1	9
9,8	2	9	2	5	3	2	9	4	2	0
9,9	2	9	5	5	2	2	9	7	2	0
10	2	9	8	5	0	3	0	0	2	0

0,01 bis 4,5	0,3019	3,019	30,19	301,9	3019,0	0,3036	3,036	30,36	303,6	3036,0
0,01	0	0	0	3	0	0	0	0	3	0
0,02	0	0	0	6	0	0	0	0	6	1
0,03	0	0	0	9	1	0	0	0	9	1
0,04	0	0	1	2	1	0	0	1	2	1
0,05	0	0	1	5	1	0	0	1	5	2
0,06	0	0	1	8	1	0	0	1	8	2
0,07	0	0	2	1	1	0	0	2	1	3
0,08	0	0	2	4	2	0	0	2	4	3
0,09	0	0	2	7	2	0	0	2	7	3
0,1	0	0	3	0	2	0	0	3	0	4
0,2	0	0	6	0	4	0	0	6	0	7
0,3	0	0	9	0	6	0	0	9	1	1
0,4	0	1	2	0	8	0	1	2	1	4
0,5	0	1	5	1	0	0	1	5	1	8
0,6	0	1	8	1	1	0	1	8	2	2
0,7	0	2	1	1	3	0	2	1	2	5
0,8	0	2	4	1	5	0	2	4	2	9
0,9	0	2	7	1	7	0	2	7	3	2
1	0	3	0	1	9	0	3	0	3	6
1,1	0	3	3	2	1	0	3	3	4	0
1,2	0	3	6	2	3	0	3	6	4	3
1,3	0	3	9	2	5	0	3	9	4	7
1,4	0	4	2	2	7	0	4	2	5	0
1,5	0	4	5	2	9	0	4	5	5	4
1,6	0	4	8	3	0	0	4	8	5	8
1,7	0	5	1	3	2	0	5	1	6	1
1,8	0	5	4	3	4	0	5	4	6	5
1,9	0	5	7	3	6	0	5	7	6	8
2	0	6	0	3	8	0	6	0	7	2
2,1	0	6	3	4	0	0	6	3	7	6
2,2	0	6	6	4	2	0	6	6	7	9
2,3	0	6	9	4	4	0	6	9	8	3
2,4	0	7	2	4	6	0	7	2	8	6
2,5	0	7	5	4	8	0	7	5	9	0
2,6	0	7	8	4	9	0	7	8	9	4
2,7	0	8	1	5	1	0	8	1	9	7
2,8	0	8	4	5	3	0	8	5	0	1
2,9	0	8	7	5	5	0	8	8	0	4
3	0	9	0	5	7	0	9	1	0	8
3,1	0	9	3	5	9	0	9	4	1	2
3,2	0	9	6	6	1	0	9	7	1	5
3,3	0	9	9	6	3	1	0	0	1	9
3,4	1	0	2	6	5	1	0	3	2	2
3,5	1	0	5	6	7	1	0	6	2	6
3,6	1	0	8	6	8	1	0	9	3	0
3,7	1	1	1	7	0	1	1	2	3	3
3,8	1	1	4	7	2	1	1	5	3	7
3,9	1	1	7	7	4	1	1	8	4	0
4	1	2	0	7	6	1	2	1	4	4
4,1	1	2	3	7	8	1	2	4	4	8
4,2	1	2	6	8	0	1	2	7	5	1
4,3	1	2	9	8	2	1	3	0	5	5
4,4	1	3	2	8	4	1	3	3	5	8
4,5	1	3	5	8	6	1	3	6	6	2

4,6 bis 10	0,3019	3,019	30,19	301,9	3019,0	0,3036	3,036	30,36	303,6	3036,0
4,6	1	3	8	8	7	1	3	9	6	6
4,7	1	4	1	8	9	1	4	2	6	9
4,8	1	4	4	9	1	1	4	5	7	3
4,9	1	4	7	9	3	1	4	8	7	6
5	1	5	0	9	5	1	5	1	8	0
5,1	1	5	3	9	7	1	5	4	8	4
5,2	1	5	6	9	9	1	5	7	8	7
5,3	1	6	0	0	1	1	6	0	9	1
5,4	1	6	3	0	3	1	6	3	9	4
5,5	1	6	6	0	5	1	6	6	9	8
5,6	1	6	9	0	6	1	7	0	0	2
5,7	1	7	2	0	8	1	7	3	0	5
5,8	1	7	9	1	0	1	7	6	0	9
5,9	1	7	8	1	2	1	7	9	1	2
6	1	8	1	1	4	1	8	2	1	6
6,1	1	8	4	1	6	1	8	5	2	0
6,2	1	8	7	1	8	1	8	8	2	3
6,3	1	9	0	2	0	1	9	1	2	7
6,4	1	9	3	2	2	1	9	4	3	0
6,5	1	9	6	2	4	1	9	7	3	4
6,6	1	9	9	2	5	2	0	0	3	8
6,7	2	0	2	2	7	2	0	3	4	1
6,8	2	0	5	2	9	2	0	6	4	5
6,9	2	0	8	3	1	2	0	9	4	8
7	2	1	1	3	3	2	1	2	5	2
7,1	2	1	4	3	5	2	1	5	5	6
7,2	2	1	7	3	7	2	1	8	5	9
7,3	2	2	0	3	9	2	2	1	6	3
7,4	2	2	3	4	1	2	2	4	6	6
7,5	2	2	6	4	3	2	2	7	7	0
7,6	2	2	9	4	4	2	3	0	7	4
7,7	2	3	2	4	6	2	3	3	7	7
7,8	2	3	5	4	8	2	3	6	8	1
7,9	2	3	8	5	0	2	3	9	8	4
8	2	4	1	5	2	2	4	2	8	8
8,1	2	4	4	5	4	2	4	5	9	2
8,2	2	4	7	5	6	2	4	8	9	5
8,3	2	5	0	5	8	2	5	1	9	9
8,4	2	5	3	6	0	2	5	5	0	2
8,5	2	5	6	6	2	2	5	8	0	6
8,6	2	5	9	6	4	2	6	1	1	0
8,7	2	6	2	6	5	2	6	4	1	3
8,8	2	6	5	6	7	2	6	7	1	7
8,9	2	6	8	6	9	2	7	0	2	0
9	2	7	1	7	1	2	7	3	2	4
9,1	2	7	4	7	3	2	7	6	2	8
9,2	2	7	7	7	5	2	7	9	3	1
9,3	2	8	0	7	7	2	8	2	3	5
9,4	2	8	3	7	9	2	8	5	3	8
9,5	2	8	6	8	1	2	8	8	4	2
9,6	2	8	9	8	2	2	9	1	4	6
9,7	2	9	2	8	4	2	9	4	4	9
9,8	2	9	5	8	6	2	9	7	5	3
9,9	2	9	8	8	8	3	0	0	5	6
10	3	0	1	9	0	3	0	3	6	0

0,01 bis 4,5	0,3054	3,054	30,54	305,4	3054,0	0,3072	3,072	30,72	307,2	3072,0
0,01	0	0	0	3	1	0	0	0	3	1
0,02	0	0	0	6	1	0	0	0	6	1
0,03	0	0	0	9	2	0	0	0	9	2
0,04	0	0	1	2	2	0	0	1	2	3
0,05	0	0	1	5	3	0	0	1	5	4
0,06	0	0	1	8	3	0	0	1	8	4
0,07	0	0	2	1	4	0	0	2	1	5
0,08	0	0	2	4	4	0	0	2	4	6
0,09	0	0	2	7	5	0	0	2	7	6
0,1	0	0	3	0	5	0	0	3	0	7
0,2	0	0	6	1	1	0	0	6	1	4
0,3	0	0	9	1	6	0	0	9	2	2
0,4	0	1	2	2	2	0	1	2	2	9
0,5	0	1	5	2	7	0	1	5	3	6
0,6	0	1	8	3	2	0	1	8	4	3
0,7	0	2	1	3	8	0	2	1	5	0
0,8	0	2	4	4	3	0	2	4	5	8
0,9	0	2	7	4	9	0	2	7	6	5
1	0	3	0	5	4	0	3	0	7	2
1,1	0	3	3	5	9	0	3	3	7	9
1,2	0	3	6	6	5	0	3	6	8	6
1,3	0	3	9	7	0	0	3	9	9	4
1,4	0	4	2	7	6	0	4	3	0	1
1,5	0	4	5	8	1	0	4	6	0	8
1,6	0	4	8	8	6	0	4	9	1	5
1,7	0	5	1	9	2	0	5	2	2	2
1,8	0	5	4	9	7	0	5	5	3	0
1,9	0	5	8	0	3	0	5	8	3	7
2	0	6	1	0	8	0	6	1	4	4
2,1	0	6	4	1	3	0	6	4	5	1
2,2	0	6	7	1	9	0	6	7	5	8
2,3	0	7	0	2	4	0	7	0	6	6
2,4	0	7	3	3	0	0	7	3	7	3
2,5	0	7	6	3	5	0	7	6	8	0
2,6	0	7	9	4	0	0	7	9	8	7
2,7	0	8	2	4	6	0	8	2	9	4
2,8	0	8	5	5	1	0	8	6	0	2
2,9	0	8	8	5	7	0	8	9	0	9
3	0	9	1	6	2	0	9	2	1	6
3,1	0	9	4	6	7	0	9	5	2	3
3,2	0	9	7	7	3	0	9	8	3	0
3,3	1	0	0	7	8	1	0	1	3	8
3,4	1	0	3	8	4	1	0	4	4	5
3,5	1	0	6	8	9	1	0	7	5	2
3,6	1	0	9	9	4	1	1	0	5	9
3,7	1	1	3	0	0	1	1	3	6	6
3,8	1	1	6	0	5	1	1	6	7	4
3,9	1	1	9	1	1	1	1	9	8	1
4	1	2	2	1	6	1	2	2	8	8
4,1	1	2	5	2	1	1	2	5	9	5
4,2	1	2	8	2	7	1	2	9	0	2
4,3	1	3	1	3	2	1	3	2	1	0
4,4	1	3	4	3	8	1	3	5	1	7
4,5	1	3	7	4	3	1	3	8	2	4

4,6 bis 10	0,3054	3,054	30,54	305,4	3054,0	0,3072	3,072	30,72	307,2	3072,0
4,6	1	4	0	4	8	1	4	1	3	1
4,7	1	4	3	5	4	1	4	4	3	8
4,8	1	4	6	5	9	1	4	7	4	6
4,9	1	4	9	6	5	1	5	0	5	3
5	1	5	2	7	0	1	5	3	6	0
5,1	1	5	5	7	5	1	5	6	6	7
5,2	1	5	8	8	1	1	5	9	7	4
5,3	1	6	1	8	6	1	6	2	8	2
5,4	1	6	4	9	2	1	6	5	8	9
5,5	1	6	7	9	7	1	6	8	9	6
5,6	1	7	1	0	2	1	7	2	0	3
5,7	1	7	4	0	8	1	7	5	1	0
5,8	1	7	7	1	3	1	7	8	1	8
5,9	1	8	0	1	9	1	8	1	2	5
6	1	8	3	2	4	1	8	4	3	2
6,1	1	8	6	2	9	1	8	7	3	9
6,2	1	8	9	3	5	1	9	0	4	6
6,3	1	9	2	4	0	1	9	3	5	4
6,4	1	9	5	4	6	1	9	6	6	1
6,5	1	9	8	5	1	1	9	9	6	8
6,6	2	0	1	5	6	2	0	2	7	5
6,7	2	0	4	6	2	2	0	5	8	2
6,8	2	0	7	6	7	2	0	8	9	0
6,9	2	1	0	7	3	2	1	1	9	7
7	2	1	3	7	8	2	1	5	0	4
7,1	2	1	6	8	3	2	1	8	1	1
7,2	2	1	9	8	9	2	2	1	1	8
7,3	2	2	2	9	4	2	2	4	2	6
7,4	2	2	6	0	0	2	2	7	3	3
7,5	2	2	9	0	5	2	3	0	4	0
7,6	2	3	2	1	0	2	3	3	4	7
7,7	2	3	5	1	6	2	3	6	5	4
7,8	2	3	8	2	1	2	3	9	6	2
7,9	2	4	1	2	7	2	4	2	6	9
8	2	4	4	3	2	2	4	5	7	6
8,1	2	4	7	3	7	2	4	8	8	3
8,2	2	5	0	4	3	2	5	1	9	0
8,3	2	5	3	4	8	2	5	4	9	8
8,4	2	5	6	5	4	2	5	8	0	5
8,5	2	5	9	5	9	2	6	1	1	2
8,6	2	6	2	6	4	2	6	4	1	9
8,7	2	6	5	7	0	2	6	7	2	6
8,8	2	6	8	7	5	2	7	0	3	4
8,9	2	7	1	8	1	2	7	3	4	1
9	2	7	4	8	6	2	7	6	4	8
9,1	2	7	7	9	1	2	7	9	5	5
9,2	2	8	0	9	7	2	8	2	6	2
9,3	2	8	4	0	2	2	8	5	7	0
9,4	2	8	7	0	8	2	8	8	7	7
9,5	2	9	0	1	3	2	9	1	8	4
9,6	2	9	3	1	8	2	9	4	9	1
9,7	2	9	6	2	4	2	9	7	9	8
9,8	2	9	9	2	9	3	0	1	0	6
9,9	3	0	2	3	5	3	0	4	1	3
10	3	0	5	4	0	3	0	7	2	0

0,01 bis 4,5	0,309	3,09	30,9	309,0	3090,0	0,3108	3,108	31,08	310,8	3108,0
0.01	0	0	0	3	1	0	0	0	3	1
0.02	0	0	0	6	2	0	0	0	6	2
0,03	0	0	0	9	3	0	0	0	9	3
0.04	0	0	1	2	4	0	0	1	2	4
0,05	0	0	1	5	4	0	0	1	5	5
0,06	0	0	1	8	5	0	0	1	8	6
0.07	0	0	2	1	6	0	0	2	1	8
0.08	0	0	2	4	7	0	0	2	4	9
0.09	0	0	2	7	8	0	0	2	8	0
0,1	0	0	3	0	9	0	0	3	1	1
0.2	0	0	6	1	8	0	0	6	2	2
0,3	0	0	9	2	7	0	0	9	3	2
0,4	0	1	2	3	6	0	1	2	4	3
0.5	0	1	5	4	5	0	1	5	5	4
0,6	0	1	8	5	4	0	1	8	6	5
0,7	0	2	1	6	3	0	2	1	7	6
0.8	0	2	4	7	2	0	2	4	8	6
0,9	0	2	7	8	1	0	2	7	9	7
1	0	3	0	9	0	0	3	1	0	8
1,1	1	3	3	9	9	0	3	4	1	9
1,2	0	3	7	0	8	0	3	7	3	0
1,3	0	4	0	1	7	0	4	0	4	0
1,4	0	4	3	2	6	0	4	3	5	1
1,5	0	4	6	3	5	0	4	6	6	2
1,6	0	4	9	4	4	0	4	9	7	3
1.7	0	5	2	5	3	0	5	2	8	4
1,8	0	5	5	6	2	0	5	5	9	4
1,9	0	5	8	7	1	0	5	9	0	5
2	0	6	1	8	0	0	6	2	1	6
2,1	0	6	4	8	9	6	6	5	2	7
2,2	0	6	7	9	8	6	6	8	3	8
2,3	0	7	1	0	7	6	7	1	4	8
2,4	0	7	4	1	6	0	7	4	5	9
2,5	0	7	7	2	5	0	7	7	7	0
2,6	0	8	0	3	4	0	8	0	8	1
2,7	0	8	3	4	3	0	8	3	9	2
2,8	0	8	6	5	2	0	8	7	0	2
2,9	0	8	9	6	1	0	9	0	1	3
3	0	9	2	7	0	0	9	3	2	4
3,1	0	9	5	7	9	0	9	6	3	5
3,2	0	9	8	8	8	0	9	9	4	6
3,3	1	0	1	9	7	1	0	2	5	6
3,4	1	0	5	0	6	1	0	5	6	7
3,5	1	0	8	1	5	1	0	8	7	8
3,6	1	1	1	2	4	1	1	1	8	9
3,7	1	1	4	3	3	1	1	5	0	0
3,8	1	1	7	4	2	1	1	8	1	0
3,9	1	2	0	5	1	1	2	1	2	1
4	1	2	3	6	0	1	2	4	3	2
4,1	1	2	6	6	9	1	2	7	4	3
4,2	1	2	9	7	8	1	3	0	5	4
4,3	1	3	2	8	7	1	3	3	6	4
4,4	1	3	5	9	6	1	3	6	7	5
4,5	1	3	9	0	5	1	3	9	8	6

4,6 bis 10	0,309	3,09	30,9	309,0	3090,0	0,3108	3,108	31,08	310,8	3108,0
4,6	1	4	2	1	4	1	4	2	9	7
4,7	1	4	5	2	3	1	4	6	0	8
4,8	1	4	8	3	2	1	4	9	1	8
4,9	1	5	1	4	1	1	5	2	2	9
5	1	5	4	5	0	1	5	5	4	0
5,1	1	5	7	5	9	1	5	8	5	1
5,2	1	6	0	6	8	1	6	1	6	2
5,3	1	6	3	7	7	1	6	4	7	2
5,4	1	6	6	8	6	1	6	7	8	3
5,5	1	6	9	9	5	1	7	0	9	4
5,6	1	7	3	0	4	1	7	4	0	5
5,7	1	7	6	1	3	1	7	7	1	6
5,8	1	7	9	2	2	1	8	0	2	6
5,9	1	8	2	3	1	1	8	3	3	7
6	1	8	5	4	0	1	8	6	4	8
6,1	1	8	8	4	9	1	8	9	5	9
6,2	1	9	1	5	8	1	9	2	7	0
6,3	1	9	4	6	7	1	9	5	8	0
6,4	1	9	7	7	6	1	9	8	9	1
6,5	2	0	0	8	5	2	0	2	0	2
6,6	2	0	3	9	4	2	0	5	1	3
6,7	2	0	7	0	3	2	0	8	2	4
6,8	2	1	0	1	2	2	1	1	3	4
6,9	2	1	3	2	1	2	1	4	4	5
7	2	1	6	3	0	2	1	7	5	6
7,1	2	1	9	3	9	2	2	0	6	7
7,2	2	2	2	4	8	2	2	3	7	8
7,3	2	2	5	5	7	2	2	6	8	8
7,4	2	2	8	6	6	2	2	9	9	9
7,5	2	3	1	7	5	2	3	3	1	0
7,6	2	3	4	8	4	2	3	6	2	1
7,7	2	3	7	9	3	2	3	9	3	2
7,8	2	4	1	0	2	2	4	2	4	2
7,9	2	4	4	1	1	2	4	5	5	3
8	2	4	7	2	0	2	4	8	6	4
8,1	2	5	0	2	9	2	5	1	7	5
8,2	2	5	3	3	8	2	5	4	8	6
8,3	2	5	6	4	7	2	5	7	9	6
8,4	2	5	9	5	6	2	6	1	0	7
8,5	2	6	2	6	5	2	6	4	1	8
8,6	2	6	5	7	4	2	6	7	2	9
8,7	2	6	8	8	3	2	7	0	4	0
8,8	2	7	1	9	2	2	7	3	5	0
8,9	2	7	5	0	1	2	7	6	6	1
9	2	7	8	1	0	2	7	9	7	2
9,1	2	8	1	1	9	2	8	2	8	3
9,2	2	8	4	2	8	2	8	5	9	4
9,3	2	8	7	3	7	2	8	9	0	4
9,4	2	9	0	4	6	2	9	2	1	5
9,5	2	9	3	5	5	2	9	5	2	6
9,6	2	9	6	6	4	2	9	8	3	7
9,7	2	9	9	7	3	3	0	1	4	8
9,8	3	0	2	8	2	3	0	4	5	8
9,9	3	0	5	9	1	3	0	7	6	9
10	3	0	9	0	0	3	1	0	8	0

0,01 bis 4,5	3126,0 / 312,6 / 0,3126 / 3,126 / 31,26					3144,0 / 314,4 / 0,3144 / 3,144 / 31,44				
0,01	0	0	0	3	1	0	0	0	3	1
0,02	0	0	0	6	3	0	0	0	6	3
0,03	0	0	0	9	4	0	0	0	9	4
0,04	0	0	1	2	5	0	0	1	2	6
0,05	0	0	1	5	6	0	0	1	5	7
0,06	0	0	1	8	8	0	0	1	8	9
0,07	0	0	2	1	9	0	0	2	2	0
0,08	0	0	2	5	0	0	0	2	5	2
0,09	0	0	2	8	1	0	0	2	8	3
0,1	0	0	3	1	3	0	0	3	1	4
0,2	0	0	6	2	5	0	0	6	2	9
0,3	0	0	9	3	8	0	0	9	4	3
0,4	0	1	2	5	0	0	1	2	5	8
0,5	0	1	5	6	3	0	1	5	7	2
0,6	0	1	8	7	6	0	1	8	8	6
0,7	0	2	1	8	8	0	2	2	0	1
0,8	0	2	5	0	1	0	2	5	1	5
0,9	0	2	8	1	3	0	2	8	3	0
1	0	3	1	2	6	0	3	1	4	4
1,1	0	3	4	3	9	0	3	4	5	8
1,2	0	3	7	5	1	0	3	7	7	3
1,3	0	4	0	6	4	0	4	0	8	7
1,4	0	4	3	7	6	0	4	4	0	2
1,5	0	4	6	8	9	0	4	7	1	6
1,6	0	5	0	0	2	0	5	0	3	0
1,7	0	5	3	1	4	0	5	3	4	5
1,8	0	5	6	2	7	0	5	6	5	9
1.9	0	5	9	3	9	0	5	9	7	4
2	0	6	2	5	2	0	6	2	8	8
2,1	0	6	5	6	5	0	6	6	0	2
2,2	0	6	8	7	7	0	6	9	1	7
2,3	0	7	1	9	0	0	7	2	3	1
2.4	0	7	5	0	2	0	7	5	4	6
2,5	0	7	8	1	5	0	7	8	6	0
2,6	0	8	1	2	8	0	8	1	7	4
2,7	0	8	4	4	0	0	8	4	8	9
2.8	0	8	7	5	3	0	8	8	0	3
2,9	0	9	0	6	5	0	9	1	1	8
3	0	9	3	7	8	0	9	4	3	2
3.1	0	9	6	9	1	0	9	7	4	6
3,2	1	0	0	0	3	1	0	0	6	1
3.3	1	0	3	1	6	1	0	3	7	5
3.4	1	0	6	2	8	1	0	6	9	0
3,5	1	0	9	4	1	1	1	0	0	4
3.6	1	1	2	5	4	1	1	3	1	8
3.7	1	1	5	6	6	1	1	6	3	3
3,8	1	1	8	7	9	1	1	9	4	7
3,9	1	2	1	9	1	1	2	2	6	2
4	1	2	5	0	4	1	2	5	7	6
4,1	1	2	8	1	7	1	2	8	9	0
4,2	1	3	1	2	9	1	3	2	0	5
4,3	1	3	4	4	2	1	3	5	1	9
4,4	1	3	7	5	4	1	3	8	3	4
4.5	1	4	0	6	7	1	4	1	4	8

4,6 bis 10	3126,0 / 312,6 / 0,3126 / 3,126 / 31,26					3144,0 / 314,4 / 0,3144 / 3,144 / 31,44				
4,6	1	4	3	8	0	1	4	4	6	2
4,7	1	4	6	9	2	1	4	7	7	7
4,8	1	5	0	0	5	1	5	0	9	1
4,9	1	5	3	1	7	1	5	4	0	6
5	1	5	6	3	0	1	5	7	2	0
5,1	1	5	9	4	3	1	6	0	3	4
5,2	1	6	2	5	5	1	6	3	4	9
5,3	1	6	5	6	8	1	6	6	6	3
5,4	1	6	8	8	0	1	6	9	7	8
5,5	1	7	1	9	3	1	7	2	9	2
5,6	1	7	5	0	6	1	7	6	0	6
5,7	1	7	8	1	8	1	7	9	2	1
5,8	1	8	1	3	1	1	8	2	3	5
5,9	1	8	4	4	3	1	8	5	5	0
6	1	8	7	5	6	1	8	8	6	4
6.1	1	9	0	6	9	1	9	1	7	8
6,2	1	9	3	8	1	1	9	4	9	3
6,3	1	9	6	9	4	1	9	8	0	7
6,4	2	0	0	0	6	2	0	1	2	2
6,5	2	0	3	1	9	2	0	4	3	6
6,6	2	0	6	3	2	2	0	7	5	0
6,7	2	0	9	4	4	2	1	0	6	5
6,8	2	1	2	5	7	2	1	3	8	0
6,9	2	1	5	6	9	2	1	6	9	4
7	2	1	8	8	2	2	2	0	0	8
7,1	2	2	1	9	5	2	2	3	2	2
7,2	2	2	5	0	7	2	2	6	3	7
7,3	2	2	8	2	0	2	2	9	5	1
7,4	2	3	1	3	2	2	3	2	6	6
7,5	2	3	4	4	5	2	3	5	8	0
7,6	2	3	7	5	8	2	3	8	9	4
7,7	2	4	0	7	0	2	4	2	0	9
7,8	2	4	3	8	3	2	4	5	2	3
7,9	2	4	6	9	5	2	4	8	3	8
8	2	5	0	0	8	2	5	1	5	2
8,1	2	5	3	2	1	2	5	4	6	6
8,2	2	5	6	3	3	2	5	7	8	1
8,3	2	5	9	4	6	2	6	0	9	5
8,4	2	6	2	5	8	2	6	4	1	0
8,5	2	6	5	7	1	2	6	7	2	4
8,6	2	6	8	8	4	2	7	0	3	8
8,7	2	7	1	9	6	2	7	3	5	3
8,8	2	7	5	0	9	2	7	6	6	7
8,9	2	7	8	2	1	2	7	9	8	2
9	2	8	1	3	4	2	8	2	9	6
9,1	2	8	4	4	7	2	8	6	1	0
9,2	2	8	7	5	9	2	8	9	2	5
9,3	2	9	0	7	2	2	9	2	3	9
9,4	2	9	3	8	4	2	9	5	5	4
9,5	2	9	6	9	7	2	9	8	6	8
9,6	3	0	0	1	0	3	0	1	8	2
9,7	3	0	3	2	2	3	0	4	9	7
9,8	3	0	6	3	5	3	0	8	1	1
9,9	3	0	9	4	7	3	1	1	2	6
10	3	1	2	6	0	3	1	4	4	0

0,01 bis 4,5

	0,3162	3,162	31,62	316,2	3162,0	0,318	3,18	31,8	318,0	3180,0
0,01	0	0	0	3	2	0	0	0	3	2
0,02	0	0	0	6	3	0	0	0	6	4
0,03	0	0	0	9	5	0	0	0	9	5
0,04	0	0	1	2	6	0	0	1	2	7
0,05	0	0	1	5	8	0	0	1	5	9
0,06	0	0	1	9	0	0	0	1	9	1
0.07	0	0	2	2	1	0	0	2	2	3
0,08	0	0	2	5	3	0	0	2	5	4
0,09	0	0	2	8	5	0	0	2	8	6
0,1	0	0	3	1	6	0	0	3	1	8
0,2	0	0	6	3	2	0	0	6	3	6
0.3	0	0	9	4	9	0	0	9	5	4
0.4	0	1	2	6	5	0	1	2	7	2
0,5	0	1	5	8	1	0	1	5	9	0
0,6	0	1	8	9	7	0	1	9	0	8
0,7	0	2	2	1	3	0	2	2	2	6
0,8	0	2	5	3	0	0	2	5	4	4
0,9	0	2	8	4	6	0	2	8	6	2
1	0	3	1	6	2	0	3	1	8	0
1,1	0	3	4	7	8	0	3	4	9	8
1,2	0	3	7	9	4	0	3	8	1	6
1,3	0	4	1	1	1	0	4	1	3	4
1,4	0	4	4	2	7	0	4	4	5	2
1,5	0	4	7	4	3	0	4	7	7	0
1,6	0	5	0	5	9	0	5	0	8	8
1,7	0	5	3	7	5	0	5	4	0	6
1.8	0	5	6	9	2	0	5	7	2	4
1,9	0	6	0	0	8	0	6	0	4	2
2	0	6	3	2	4	0	6	3	6	0
2,1	0	6	6	4	0	0	6	6	7	8
2,2	0	6	9	5	6	0	6	9	9	6
2,3	0	7	2	7	3	0	7	3	1	4
2,4	0	7	5	8	9	0	7	6	3	2
2,5	0	7	9	0	5	0	7	9	5	0
2,6	0	8	2	2	1	0	8	2	6	8
2,7	0	8	5	3	7	0	8	5	8	6
2,8	0	8	8	5	4	0	8	9	0	4
2,9	0	9	1	7	0	0	9	2	2	2
3	0	9	4	8	6	0	9	5	4	0
3,1	0	9	8	0	2	0	9	8	5	8
3,2	1	0	1	1	8	1	0	1	7	6
3,3	1	0	4	3	5	1	0	4	9	4
3,4	1	0	7	5	1	1	0	8	1	2
3.5	1	1	0	6	7	1	1	1	3	0
3,6	1	1	3	8	3	1	1	4	4	8
3,7	1	1	6	9	9	1	1	7	6	6
3,8	1	2	0	1	6	1	2	0	8	4
3,9	1	2	3	3	2	1	2	4	0	2
4	1	2	6	4	8	1	2	7	2	0
4,1	1	2	9	6	4	1	3	0	3	8
4,2	1	3	2	8	0	1	3	3	5	6
4,3	1	3	5	9	7	1	3	6	7	4
4,4	1	3	9	1	3	1	3	9	9	2
4,5	1	4	2	2	9	1	4	3	1	0

4,6 bis 10

	0,3162	3,162	31,62	316,2	3162,0	0,318	3,18	31,8	318,0	3180,0
4,6	1	4	5	4	5	1	4	6	2	8
4,7	1	4	8	6	1	1	4	9	4	6
4,8	1	5	1	7	8	1	5	2	6	4
4,9	1	5	4	9	4	1	5	5	8	2
5	1	5	8	1	0	1	5	9	0	0
5,1	1	6	1	2	6	1	6	2	1	8
5,2	1	6	4	4	2	1	6	5	3	6
5,3	1	6	7	5	9	1	6	8	5	4
5,4	1	7	0	7	5	1	7	1	7	2
5,5	1	7	3	9	1	1	7	4	9	0
5,6	1	7	7	0	7	1	7	8	0	8
5,7	1	8	0	2	3	1	8	1	2	6
5,8	1	8	3	4	0	1	8	4	4	4
5,9	1	8	6	5	6	1	8	7	6	2
6	1	8	9	7	2	1	9	0	8	0
6,1	1	9	2	8	8	1	9	3	9	8
6,2	1	9	6	0	4	1	9	7	1	6
6,3	1	9	9	2	1	2	0	0	3	4
6,4	2	0	2	3	7	2	0	3	5	2
6,5	2	0	5	5	3	2	0	6	7	0
6,6	2	0	8	6	9	2	0	9	8	8
6,7	2	1	1	8	5	2	1	3	0	6
6,8	2	1	5	0	2	2	1	6	2	4
6,9	2	1	8	1	8	2	1	9	4	2
7	2	2	1	3	4	2	2	2	6	0
7,1	2	2	4	5	0	2	2	5	7	8
7,2	2	2	7	6	6	2	2	8	9	6
7,3	2	3	0	8	3	2	3	2	1	4
7,4	2	3	3	9	9	2	3	5	3	2
7,5	2	3	7	1	5	2	3	8	5	0
7,6	2	4	0	3	1	2	4	1	6	8
7,7	2	4	3	4	7	2	4	4	8	6
7,8	2	4	6	6	4	2	4	8	0	4
7,9	2	4	9	8	0	2	5	1	2	2
8	2	5	2	9	6	2	5	4	4	0
8,1	2	5	6	1	2	2	5	7	5	8
8,2	2	5	9	2	8	2	6	0	7	6
8,3	2	6	2	4	5	2	6	3	9	4
8,4	2	6	5	6	1	2	6	7	1	2
8,5	2	6	8	7	7	2	7	0	3	0
8,6	2	7	1	9	3	2	7	3	4	8
8,7	2	7	5	0	9	2	7	6	6	6
8,8	2	7	8	2	6	2	7	9	8	4
8,9	2	8	1	4	2	2	8	3	0	2
9	2	8	4	5	8	2	8	6	2	0
9,1	2	8	7	7	4	2	8	9	3	8
9,2	2	9	0	9	0	2	9	2	5	6
9,3	2	9	4	0	7	2	9	5	7	4
9,4	2	9	7	2	3	2	9	8	9	2
9,5	3	0	0	3	9	3	0	2	1	0
9,6	3	0	3	5	5	3	0	5	2	8
9,7	3	0	6	7	1	3	0	8	4	6
9,8	3	0	9	8	8	3	1	1	6	4
9,9	3	1	3	0	4	3	1	4	8	2
10	3	1	6	2	0	3	1	8	0	0

0,01 bis 4,5	0,32	3,2	32,0	320,0	3200,0	0,322	3,22	32,2	322,0	3220,0
0,01	0	0	0	3	2	0	0	0	3	2
0,02	0	0	0	6	4	0	0	0	6	4
0,03	0	0	0	9	6	0	0	0	9	7
0,04	0	0	1	2	8	0	0	1	2	9
0,05	0	0	1	6	0	0	0	1	6	1
0,06	0	0	1	9	2	0	0	1	9	3
0,07	0	0	2	2	4	0	0	2	2	5
0,08	0	0	2	5	6	0	0	2	5	8
0,09	0	0	2	8	8	0	0	2	9	0
0,1	0	0	3	2	0	0	0	3	2	2
0,2	0	0	6	4	0	0	0	6	4	4
0,3	0	0	9	6	0	0	0	9	6	6
0,4	0	1	2	8	0	0	1	2	8	8
0,5	0	1	6	0	0	0	1	6	1	0
0,6	0	1	9	2	0	0	1	9	3	2
0,7	0	2	2	4	0	0	2	2	5	4
0,8	0	2	5	6	0	0	2	5	7	6
0,9	0	2	8	8	0	0	2	8	9	8
1	0	3	2	0	0	0	3	2	2	0
1,1	0	3	5	2	0	0	3	5	4	2
1,2	0	3	8	4	0	0	3	8	6	4
1,3	0	4	1	6	0	0	4	1	8	6
1,4	0	4	4	8	0	0	4	5	0	8
1,5	0	4	8	0	0	0	4	8	3	0
1,6	0	5	1	2	0	0	5	1	5	2
1,7	0	5	4	4	0	0	5	4	7	4
1,8	0	5	7	6	0	0	5	7	9	6
1,9	0	6	0	8	0	0	6	1	1	8
2	0	6	4	0	0	0	6	4	4	0
2,1	0	6	7	2	0	0	6	7	6	2
2,2	0	7	0	4	0	0	7	0	8	4
2,3	0	7	3	6	0	0	7	4	0	6
2,4	0	7	6	8	0	0	7	7	2	8
2,5	0	8	0	0	0	0	8	0	5	0
2,6	0	8	3	2	0	0	8	3	7	2
2,7	0	8	6	4	0	0	8	6	9	4
2,8	0	8	9	6	0	0	9	0	1	6
2,9	0	9	2	8	0	0	9	3	3	8
3	0	9	6	0	0	0	9	6	6	0
3,1	0	9	9	2	0	0	9	9	8	2
3,2	1	0	2	4	0	1	0	3	0	4
3,3	1	0	5	6	0	1	0	6	2	6
3,4	1	0	8	8	0	1	0	9	4	8
3,5	1	1	2	0	0	1	1	2	7	0
3,6	1	1	5	2	0	1	1	5	9	2
3,7	1	1	8	4	0	1	1	9	1	4
3,8	1	2	1	6	0	1	2	2	3	6
3,9	1	2	4	8	0	1	2	5	5	8
4	1	2	8	0	0	1	2	8	8	0
4,1	1	3	1	2	0	1	3	2	0	2
4,2	1	3	4	4	0	1	3	5	2	4
4,3	1	3	7	6	0	1	3	8	4	6
4,4	1	4	0	8	0	1	4	1	6	8
4,5	1	4	4	0	0	1	4	4	9	0

4,6 bis 10	0,32	3,2	32,0	320,0	3200,0	0,322	3,22	32,2	322,0	3220,0
4,6	1	4	7	2	0	1	4	8	1	2
4,7	1	5	0	4	0	1	5	1	3	4
4,8	1	5	3	6	0	1	5	4	5	6
4,9	1	5	6	8	0	1	5	7	7	8
5	1	6	0	0	0	1	6	1	0	0
5,1	1	6	3	2	0	1	6	4	2	2
5,2	1	6	6	4	0	1	6	7	4	4
5,3	1	6	9	6	0	1	7	0	6	6
5,4	1	7	2	8	0	1	7	3	8	8
5,5	1	7	6	0	0	1	7	7	1	0
5,6	1	7	9	2	0	1	8	0	3	2
5,7	1	8	2	4	0	1	8	3	5	4
5,8	1	8	5	6	0	1	8	6	7	6
5,9	1	8	8	8	0	1	8	9	9	8
6	1	9	2	0	0	1	9	3	2	0
6,1	1	9	5	2	0	1	9	6	4	2
6,2	1	9	8	4	0	1	9	9	6	4
6,3	2	0	1	6	0	2	0	2	8	6
6,4	2	0	4	8	0	2	0	6	0	8
6,5	2	0	8	0	0	2	0	9	3	0
6,6	2	1	1	2	0	2	1	2	5	2
6,7	2	1	4	4	0	2	1	5	7	4
6,8	2	1	7	6	0	2	1	8	9	6
6,9	2	2	0	8	0	2	2	2	1	8
7	2	2	4	0	0	2	2	5	4	0
7,1	2	2	7	2	0	2	2	8	6	2
7,2	2	3	0	4	0	2	3	1	8	4
7,3	2	3	3	6	0	2	3	5	0	6
7,4	2	3	6	8	0	2	3	8	2	8
7,5	2	4	0	0	0	2	4	1	5	0
7,6	2	4	3	2	0	2	4	4	7	2
7,7	2	4	6	4	0	2	4	7	9	4
7,8	2	4	9	6	0	2	5	1	1	6
7,9	2	5	2	8	0	2	5	4	3	8
8	2	5	6	0	0	2	5	7	6	0
8,1	2	5	9	2	0	2	6	0	8	2
8,2	2	6	2	4	0	2	6	4	0	4
8,3	2	6	5	6	0	2	6	7	2	6
8,4	2	6	8	8	0	2	7	0	4	8
8,5	2	7	2	0	0	2	7	3	7	0
8,6	2	7	5	2	0	2	7	6	9	2
8,7	2	7	8	4	0	2	8	0	1	4
8,8	2	8	1	6	0	2	8	3	3	6
8,9	2	8	4	8	0	2	8	6	5	8
9	2	8	8	0	0	2	8	9	8	0
9,1	2	9	1	2	0	2	9	3	0	2
9,2	2	9	4	4	0	2	9	6	2	4
9,3	2	9	7	6	0	2	9	9	4	6
9,4	3	0	0	8	0	3	0	2	6	8
9,5	3	0	4	0	0	3	0	5	9	0
9,6	3	0	7	2	0	3	0	9	1	2
9,7	3	1	0	4	0	3	1	2	3	4
9,8	3	1	3	6	0	3	1	5	5	6
9,9	3	1	6	8	0	3	1	8	7	8
10	3	2	0	0	0	3	2	2	0	0

0,01 bis 4,5	0,324	3,24	32,4	324,0	3240,0	0,326	3,26	32,6	326,0	3260,0
0,01	0	0	0	3	2	0	0	0	3	3
0,02	0	0	0	6	5	0	0	0	6	5
0,03	0	0	0	9	7	0	0	0	9	8
0,04	0	0	1	3	0	0	0	1	3	0
0,05	0	0	1	6	2	0	0	1	6	3
0,06	0	0	1	9	4	0	0	1	9	6
0,07	0	0	2	2	7	0	0	2	2	8
0,08	0	0	2	5	9	0	0	2	6	1
0,09	0	0	2	9	2	0	0	2	9	3
0,1	0	0	3	2	4	0	0	3	2	6
0,2	0	0	6	4	8	0	0	6	5	2
0,3	0	0	9	7	2	0	0	9	7	8
0,4	0	1	2	9	6	0	1	3	0	4
0,5	0	1	6	2	0	0	1	6	3	0
0,6	0	1	9	4	4	0	1	9	5	6
0,7	0	2	2	6	8	0	2	2	8	2
0,8	0	2	5	9	2	0	2	6	0	8
0,9	0	2	9	1	6	0	2	9	3	4
1	0	3	2	4	0	0	3	2	6	0
1,1	0	3	5	6	4	0	3	5	8	6
1,2	0	3	8	8	8	0	3	9	1	2
1,3	0	4	2	1	2	0	4	2	3	8
1,4	0	4	5	3	6	0	4	5	6	4
1,5	0	4	8	6	0	0	4	8	9	0
1,6	0	5	1	8	4	0	5	2	1	6
1,7	0	5	5	0	8	0	5	5	4	2
1,8	0	5	8	3	2	0	5	8	6	8
1,9	0	6	1	5	6	0	6	1	9	4
2	0	6	4	8	0	0	6	5	2	0
2,1	0	6	8	0	4	0	6	8	4	6
2,2	0	7	1	2	8	0	7	1	7	2
2,3	0	7	4	5	2	0	7	4	9	8
2,4	0	7	7	7	6	0	7	8	2	4
2,5	0	8	1	0	0	0	8	1	5	0
2,6	0	8	4	2	4	0	8	4	7	6
2,7	0	8	7	4	8	0	8	8	0	2
2,8	0	9	0	7	2	0	9	1	2	8
2,9	0	9	3	9	6	0	9	4	5	4
3	0	9	7	2	0	0	9	7	8	0
3,1	1	0	0	4	4	1	0	1	0	6
3,2	1	0	3	6	8	1	0	4	3	2
3,3	1	0	6	9	2	1	0	7	5	8
3,4	1	1	0	1	6	1	1	0	8	4
3,5	1	1	3	4	0	1	1	4	1	0
3,6	1	1	6	6	4	1	1	7	3	6
3,7	1	1	9	8	8	1	2	0	6	2
3,8	1	2	3	1	2	1	2	3	8	8
3,9	1	2	6	3	6	1	2	7	1	4
4	1	2	9	6	0	1	3	0	4	0
4,1	1	3	2	8	4	1	3	3	6	6
4,2	1	3	6	0	8	1	3	6	9	2
4,3	1	3	9	3	2	1	4	0	1	8
4,4	1	4	2	5	6	1	4	3	4	4
4,5	1	4	5	8	0	1	4	6	7	0

4,6 bis 10	0,324	3,24	32,4	324,0	3240,0	0,326	3,26	32,6	326,0	3260,0
4,6	1	4	9	0	4	1	4	9	9	6
4,7	1	5	2	2	8	1	5	3	2	2
4,8	1	5	5	5	2	1	5	6	4	8
4,9	1	5	8	7	6	1	5	9	7	4
5	1	6	2	0	0	1	6	3	0	0
5,1	1	6	5	2	4	1	6	6	2	6
5,2	1	6	8	4	8	1	6	9	5	2
5,3	1	7	1	7	2	1	7	2	7	8
5,4	1	7	4	9	6	1	7	6	0	4
5,5	1	7	8	2	0	1	7	9	3	0
5,6	1	8	1	4	4	1	8	2	5	6
5,7	1	8	4	6	8	1	8	5	8	2
5,8	1	8	7	9	2	1	8	9	0	8
5,9	1	9	1	1	6	1	9	2	3	4
6	1	9	4	4	0	1	9	5	6	0
6,1	1	9	7	6	4	1	9	8	8	6
6,2	2	0	0	8	8	2	0	2	1	2
6,3	2	0	4	1	2	2	0	5	3	8
6,4	2	0	7	3	6	2	0	8	6	4
6,5	2	1	0	6	0	2	1	1	9	0
6,6	2	1	3	8	4	2	1	5	1	6
6,7	2	1	7	0	8	2	1	8	4	2
6,8	2	2	0	3	2	2	2	1	6	8
6,9	2	2	3	5	6	2	2	4	9	4
7	2	2	6	8	0	2	2	8	2	0
7,1	2	3	0	0	4	2	3	1	4	6
7,2	2	3	3	2	8	2	3	4	7	2
7,3	2	3	6	5	2	2	3	7	9	8
7,4	2	3	9	7	6	2	4	1	2	4
7,5	2	4	3	0	0	2	4	4	5	0
7,6	2	4	6	2	4	2	4	7	7	6
7,7	2	4	9	4	8	2	5	1	0	2
7,8	2	5	2	7	2	2	5	4	2	8
7,9	2	5	5	9	6	2	5	7	5	4
8	2	5	9	2	0	2	6	0	8	0
8,1	2	6	2	4	4	2	6	4	0	6
8,2	2	6	5	6	8	2	6	7	3	2
8,3	2	6	8	9	2	2	7	0	5	8
8,4	2	7	2	1	6	2	7	3	8	4
8,5	2	7	5	4	0	2	7	7	1	0
8,6	2	7	8	6	4	2	8	0	3	6
8,7	2	8	1	8	8	2	8	3	6	2
8,8	2	8	5	1	2	2	8	6	8	8
8,9	2	8	8	3	6	2	9	0	1	4
9	2	9	1	6	0	2	9	3	4	0
9,1	2	9	4	8	4	2	9	6	6	6
9,2	2	9	8	0	8	2	9	9	9	2
9,3	3	0	1	3	2	3	0	3	1	8
9,4	3	0	4	5	6	3	0	6	4	4
9,5	3	0	7	8	0	3	0	9	7	0
9,6	3	1	1	0	4	3	1	2	9	6
9,7	3	1	4	2	8	3	1	6	2	2
9,8	3	1	7	5	2	3	1	9	4	8
9,9	3	2	0	7	6	3	2	2	7	4
10	3	2	4	0	0	3	2	6	0	0

0,01 bis 4,5	0,328	3,28	32,8	328,0	3280,0	0,33	3,3	33,0	330,0	3300,0
0,01	0	0	0	3	3	0	0	0	3	3
0,02	0	0	0	6	6	0	0	0	6	6
0,03	0	0	0	9	8	0	0	0	9	9
0,04	0	0	1	3	1	0	0	1	3	2
0,05	0	0	1	6	4	0	0	1	6	5
0,06	0	0	1	9	7	0	0	1	9	8
0,07	0	0	2	3	0	0	0	2	3	1
0,08	0	0	2	6	2	0	0	2	6	4
0,09	0	0	2	9	5	0	0	2	9	7
0,1	0	0	3	2	8	0	0	3	3	0
0,2	0	0	6	5	6	0	0	6	6	0
0,3	0	0	9	8	4	0	0	9	9	0
0,4	0	1	3	1	2	0	1	3	2	0
0,5	0	1	6	4	0	0	1	6	5	0
0,6	0	1	9	6	8	0	1	9	8	0
0,7	0	2	2	9	6	0	2	3	1	0
0,8	0	2	6	2	4	0	2	6	4	0
0,9	0	2	9	5	2	0	2	9	7	0
1	0	3	2	8	0	0	3	3	0	0
1,1	0	3	6	0	8	0	3	6	3	0
1,2	0	3	9	3	6	0	3	9	6	0
1,3	0	4	2	6	4	0	4	2	9	0
1,4	0	4	5	9	2	0	4	6	2	0
1,5	0	4	9	2	0	0	4	9	5	0
1,6	0	5	2	4	8	0	5	2	8	0
1,7	0	5	5	7	6	0	5	6	1	0
1,8	0	5	9	0	4	0	5	9	4	0
1,9	0	6	2	3	2	0	6	2	7	0
2	0	6	5	6	0	0	6	6	0	0
2,1	0	6	8	8	8	0	6	9	3	0
2,2	0	7	2	1	6	0	7	2	6	0
2,3	0	7	5	4	4	0	7	5	9	0
2,4	0	7	8	7	2	0	7	9	2	0
2,5	0	8	2	0	0	0	8	2	5	0
2,6	0	8	5	2	8	0	8	5	8	0
2,7	0	8	8	5	6	0	8	9	1	0
2,8	0	9	1	8	4	0	9	2	4	0
2,9	0	9	5	1	2	0	9	5	7	0
3	0	9	8	4	0	0	9	9	0	0
3,1	1	0	1	6	8	1	0	2	3	0
3,2	1	0	4	9	6	1	0	5	6	0
3,3	1	0	8	2	4	1	0	8	9	0
3,4	1	1	1	5	2	1	1	2	2	0
3,5	1	1	4	8	0	1	1	5	5	0
3,6	1	1	8	0	8	1	1	8	8	0
3,7	1	2	1	3	6	1	2	2	1	0
3,8	1	2	4	6	4	1	2	5	4	0
3,9	1	2	7	9	2	1	2	8	7	0
4	1	3	1	2	0	1	3	2	0	0
4,1	1	3	4	4	8	1	3	5	3	0
4,2	1	3	7	7	6	1	3	8	6	0
4,3	1	4	1	0	4	1	4	1	9	0
4,4	1	4	4	3	2	1	4	5	2	0
4,5	1	4	7	6	0	1	4	8	5	0

4,6 bis 10	0,328	3,28	32,8	328,0	3280,0	0,33	3.3	33,0	330,0	3300,0
4,6	1	5	0	8	8	1	5	1	8	0
4,7	1	5	4	1	6	1	5	5	1	0
4,8	1	5	7	4	4	1	5	8	4	0
4,9	1	6	0	7	2	1	6	1	7	0
5	1	6	4	0	0	1	6	5	0	0
5,1	1	6	7	2	8	1	6	8	3	0
5,2	1	7	0	5	6	1	7	1	6	0
5,3	1	7	3	8	4	1	7	4	9	0
5,4	1	7	7	1	2	1	7	8	2	0
5,5	1	8	0	4	0	1	8	1	5	0
5,6	1	8	3	6	8	1	8	4	8	0
5,7	1	8	6	9	6	1	8	8	1	0
5,8	1	9	0	2	4	1	9	1	4	0
5,9	1	9	3	5	2	1	9	4	7	0
6	1	9	6	8	0	1	9	8	0	0
6,1	2	0	0	0	8	2	0	1	3	0
6,2	2	0	3	3	6	2	0	4	6	0
6,3	2	0	6	6	4	2	0	7	9	0
6,4	2	0	9	9	2	2	1	1	2	0
6,5	2	1	3	2	0	2	1	4	5	0
6,6	2	1	6	4	8	2	1	7	8	0
6,7	2	1	9	7	6	2	2	1	1	0
6,8	2	2	3	0	4	2	2	4	4	0
6,9	2	2	6	3	2	2	2	7	7	0
7	2	2	9	6	0	2	3	1	0	0
7,1	2	3	2	8	8	2	3	4	3	0
7,2	2	3	6	1	6	2	3	7	6	0
7,3	2	3	9	4	4	2	4	0	9	0
7,4	2	4	2	7	2	2	4	4	2	0
7,5	2	4	6	0	0	2	4	7	5	0
7,6	2	4	9	2	8	2	5	0	8	0
7,7	2	5	2	5	6	2	5	4	1	0
7,8	2	5	5	8	4	2	5	7	4	0
7,9	2	5	9	1	2	2	6	0	7	0
8	2	6	2	4	0	2	6	4	0	0
8,1	2	6	5	6	8	2	6	7	3	0
8,2	2	6	8	9	6	2	7	0	6	0
8,3	2	7	2	2	4	2	7	3	9	0
8,4	2	7	5	5	2	2	7	7	2	0
8,5	2	7	8	8	0	2	8	0	5	0
8,6	2	8	2	0	8	2	8	3	8	0
8,7	2	8	5	3	6	2	8	7	1	0
8,8	2	8	8	6	4	2	9	0	4	0
8,9	2	9	1	9	2	2	9	3	7	0
9	2	9	5	2	0	2	9	7	0	0
9,1	2	9	8	4	8	3	0	0	3	0
9,2	3	0	1	7	6	3	0	3	6	0
9,3	3	0	5	0	4	3	0	6	9	0
9,4	3	0	8	3	2	3	1	0	2	0
9,5	3	1	1	6	0	3	1	3	5	0
9,6	3	1	4	8	8	3	1	6	8	0
9,7	3	1	8	1	6	3	2	0	1	0
9,8	3	2	1	4	4	3	2	3	4	0
9,9	3	2	4	7	2	3	2	6	7	0
10	3	2	8	0	0	3	3	0	0	0

0,01 bis 4,5 / 4,6 bis 10	0,332	3,32	33,2	332,0	3320,0	0,334	3,34	33,4	334,0	3340,0
0,01	0	0	0	3	3	0	0	0	3	3
0,02	0	0	0	6	6	0	0	0	6	7
0,03	0	0	1	0	0	0	0	1	0	0
0,04	0	0	1	3	3	0	0	1	3	4
0,05	0	0	1	6	6	0	0	1	6	7
0,06	0	0	1	9	9	0	0	2	0	0
0,07	0	0	2	3	2	0	0	2	3	4
0,08	0	0	2	6	6	0	0	2	6	7
0,09	0	0	2	9	9	0	0	3	0	1
0,1	0	0	3	3	2	0	0	3	3	4
0,2	0	0	6	6	4	0	0	6	6	8
0,3	0	0	9	9	6	0	1	0	0	2
0,4	0	1	3	2	8	0	1	3	3	6
0,5	0	1	6	6	0	0	1	6	7	0
0,6	0	1	9	9	2	0	2	0	0	4
0,7	0	2	3	2	4	0	2	3	3	8
0,8	0	2	6	5	6	0	2	6	7	2
0,9	0	2	9	8	8	0	3	0	0	6
1	0	3	3	2	0	0	3	3	4	0
1,1	0	3	6	5	2	0	3	6	7	4
1,2	0	3	9	8	4	0	4	0	0	8
1,3	0	4	3	1	6	0	4	3	4	2
1,4	0	4	6	4	8	0	4	6	7	6
1,5	0	4	9	8	0	0	5	0	1	0
1,6	0	5	3	1	2	0	5	3	4	4
1,7	0	5	6	4	4	0	5	6	7	8
1,8	0	5	9	7	6	0	6	0	1	2
1,9	0	6	3	0	8	0	6	3	4	6
2	0	6	6	4	0	0	6	6	8	0
2,1	0	6	9	7	2	0	7	0	1	4
2,2	0	7	3	0	4	0	7	3	4	8
2,3	0	7	6	3	6	0	7	6	8	2
2,4	0	7	9	6	8	0	8	0	1	6
2,5	0	8	3	0	0	0	8	3	5	0
2,6	0	8	6	3	2	0	8	6	8	4
2,7	0	8	9	6	4	0	9	0	1	8
2,8	0	9	2	9	6	0	9	3	5	2
2,9	0	9	6	2	8	0	9	6	8	6
3	0	9	9	6	0	1	0	0	2	0
3,1	1	0	2	9	2	1	0	3	5	4
3,2	1	0	6	2	4	1	0	6	8	8
3,3	1	0	9	5	6	1	1	0	2	2
3,4	1	1	2	8	8	1	1	3	5	6
3,5	1	1	6	2	0	1	1	6	9	0
3,6	1	1	9	5	2	1	2	0	2	4
3,7	1	2	2	8	4	1	2	3	5	8
3,8	1	2	6	1	6	1	2	6	9	2
3,9	1	2	9	4	8	1	3	0	2	6
4	1	3	2	8	0	1	3	3	6	0
4,1	1	3	6	1	2	1	3	6	9	4
4,2	1	3	9	4	4	1	4	0	2	8
4,3	1	4	2	7	6	1	4	3	6	2
4,4	1	4	6	0	8	1	4	6	9	6
4,5	1	4	9	4	0	1	5	0	3	0
4,6	1	5	2	7	2	1	5	3	6	4
4,7	1	5	6	0	4	1	5	6	9	8
4,8	1	5	9	3	6	1	6	0	3	2
4,9	1	6	2	6	8	1	6	3	6	6
5	1	6	6	0	0	1	6	7	0	0
5,1	1	6	9	3	2	1	7	0	3	4
5,2	1	7	2	6	4	1	7	3	6	8
5,3	1	7	5	9	6	1	7	7	0	2
5,4	1	7	9	2	8	1	8	0	3	6
5,5	1	8	2	6	0	1	8	3	7	0
5,6	1	8	5	9	2	1	8	7	0	4
5,7	1	8	9	2	4	1	9	0	3	8
5,8	1	9	2	5	6	1	9	3	7	2
5,9	1	9	5	8	8	1	9	7	0	6
6	1	9	9	2	0	2	0	0	4	0
6,1	2	0	2	5	2	2	0	3	7	4
6,2	2	0	5	8	4	2	0	7	0	8
6,3	2	0	9	1	6	2	1	0	4	2
6,4	2	1	2	4	8	2	1	3	7	6
6,5	2	1	5	8	0	2	1	7	1	0
6,6	2	1	9	1	2	2	2	0	4	4
6,7	2	2	2	4	4	2	2	3	7	8
6,8	2	2	5	7	6	2	2	7	1	2
6,9	2	2	9	0	8	2	3	0	4	6
7	2	3	2	4	0	2	3	3	8	0
7,1	2	3	5	7	2	2	3	7	1	4
7,2	2	3	9	0	4	2	4	0	4	8
7,3	2	4	2	3	6	2	4	3	8	2
7,4	2	4	5	6	8	2	4	7	1	6
7,5	2	4	9	0	0	2	5	0	5	0
7,6	2	5	2	3	2	2	5	3	8	4
7,7	2	5	5	6	4	2	5	7	1	8
7,8	2	5	8	9	6	2	6	0	5	2
7,9	2	6	2	2	8	2	6	3	8	6
8	2	6	5	6	0	2	6	7	2	0
8,1	2	6	8	9	2	2	7	0	5	4
8,2	2	7	2	2	4	2	7	3	8	8
8,3	2	7	5	5	6	2	7	7	2	2
8,4	2	7	8	8	8	2	8	0	5	6
8,5	2	8	2	2	0	2	8	3	9	0
8,6	2	8	5	5	2	2	8	7	2	4
8,7	2	8	8	8	4	2	9	0	5	8
8,8	2	9	2	1	6	2	9	3	9	2
8,9	2	9	5	4	8	2	9	7	2	6
9	2	9	8	8	0	3	0	0	6	0
9,1	3	0	2	1	2	3	0	3	9	4
9,2	3	0	5	4	4	3	0	7	2	8
9,3	3	0	8	7	6	3	1	0	6	2
9,4	3	1	2	0	8	3	1	3	9	6
9,5	3	1	5	4	0	3	1	7	3	0
9,6	3	1	8	7	2	3	2	0	6	4
9,7	3	2	2	0	4	3	2	3	9	8
9,8	3	2	5	3	6	3	2	7	3	2
9,9	3	2	8	6	8	3	3	0	6	6
10	3	3	2	0	0	3	3	4	0	0

0,01 bis 4,5	0,336	3,36	33,6	336,0	3360,0	0,338	3,38	33,8	338,0	3380,0
0,01	0	0	0	3	4	0	0	0	3	4
0,02	0	0	0	6	7	0	0	0	6	8
0,03	0	0	1	0	1	0	0	1	0	1
0,04	0	0	1	3	4	0	0	1	3	5
0,05	0	0	1	6	8	0	0	1	6	9
0,06	0	0	2	0	2	0	0	2	0	3
0,07	0	0	2	3	5	0	0	2	3	7
0,08	0	0	2	6	9	0	0	2	7	0
0,09	0	0	3	0	2	0	0	3	0	4
0,1	0	0	3	3	6	0	0	3	3	8
0,2	0	0	6	7	2	0	0	6	7	6
0,3	0	1	0	0	8	0	1	0	1	4
0,4	0	1	3	4	4	0	1	3	5	2
0,5	0	1	6	8	0	0	1	6	9	0
0,6	0	2	0	1	6	0	2	0	2	8
0,7	0	2	3	5	2	0	2	3	6	6
0,8	0	2	6	8	8	0	2	7	0	4
0,9	0	3	0	2	4	0	3	0	4	2
1	0	3	3	6	0	0	3	3	8	0
1,1	0	3	6	9	6	0	3	7	1	8
1,2	0	4	0	3	2	0	4	0	5	6
1,3	0	4	3	6	8	0	4	3	9	4
1,4	0	4	7	0	4	0	4	7	3	2
1,5	0	5	0	4	0	0	5	0	7	0
1,6	0	5	3	7	6	0	5	4	0	8
1,7	0	5	7	1	2	0	5	7	4	6
1,8	0	6	0	4	8	0	6	0	8	4
1,9	0	6	3	8	4	0	6	4	2	2
2	0	6	7	2	0	0	6	7	6	0
2,1	0	7	0	5	6	0	7	0	9	8
2,2	0	7	3	9	2	0	7	4	3	6
2,3	0	7	7	2	8	0	7	7	7	4
2,4	0	8	0	6	4	0	8	1	1	2
2,5	0	8	4	0	0	0	8	4	5	0
2,6	0	8	7	3	6	0	8	7	8	8
2,7	0	9	0	7	2	0	9	1	2	6
2,8	0	9	4	0	8	0	9	4	6	4
2,9	0	9	7	4	4	1	9	8	0	2
3	1	0	0	8	0	1	0	1	4	0
3,1	1	0	4	1	6	1	0	4	7	8
3,2	1	0	7	5	2	1	0	8	1	6
3,3	1	1	0	8	8	1	1	1	5	4
3,4	1	1	4	2	4	1	1	4	9	2
3,5	1	1	7	6	0	1	1	8	3	0
3,6	1	2	0	9	6	1	2	1	6	8
3,7	1	2	4	3	2	1	2	5	0	6
3,8	1	2	7	6	8	1	2	8	4	4
3,9	1	3	1	0	4	1	3	1	8	2
4	1	3	4	4	0	1	3	5	2	0
4,1	1	3	7	7	6	1	3	8	5	8
4,2	1	4	1	1	2	1	4	1	9	6
4,3	1	4	4	4	8	1	4	5	3	4
4,4	1	4	7	8	4	1	4	8	7	2
4,5	1	5	1	2	0	1	5	2	1	0

4,6 bis 10	0,336	3,36	33,6	336,0	3360,0	0,338	3,38	33,8	338,0	3380,0
4,6	1	5	4	5	6	1	5	5	4	8
4,7	1	5	7	9	2	1	5	8	8	6
4,8	1	6	1	2	8	1	6	2	2	4
4,9	1	6	4	6	4	1	6	5	6	2
5	1	6	8	0	0	1	6	9	0	0
5,1	1	7	1	3	6	1	7	2	3	8
5,2	1	7	4	7	2	1	7	5	7	6
5,3	1	7	8	0	8	1	7	9	1	4
5,4	1	8	1	4	4	1	8	2	5	2
5,5	1	8	4	8	0	1	8	5	9	0
5,6	1	8	8	1	6	1	8	9	2	8
5,7	1	9	1	5	2	1	9	2	6	6
5,8	1	9	4	8	8	1	9	6	0	4
5,9	1	9	8	2	4	1	9	9	4	2
6	2	0	1	6	0	2	0	2	8	0
6,1	2	0	4	9	6	2	0	6	1	8
6,2	2	0	8	3	2	2	0	9	5	6
6,3	2	1	1	6	8	2	1	2	9	4
6,4	2	1	5	0	4	2	1	6	3	2
6,5	2	1	8	4	0	2	1	9	7	0
6,6	2	2	1	7	6	2	2	3	0	8
6,7	2	2	5	1	2	2	2	6	4	6
6,8	2	2	8	4	8	2	2	9	8	4
6,9	2	3	1	8	4	2	3	3	2	2
7	2	3	5	2	0	2	3	6	6	0
7,1	2	3	8	5	6	2	3	9	9	8
7,2	2	4	1	9	2	2	4	3	3	6
7,3	2	4	5	2	8	2	4	6	7	4
7,4	2	4	8	6	4	2	5	0	1	2
7,5	2	5	2	0	0	2	5	3	5	0
7,6	2	5	5	3	6	2	5	6	8	8
7,7	2	5	8	7	2	2	6	0	2	6
7,8	2	6	2	0	8	2	6	3	6	4
7,9	2	6	5	4	4	2	6	7	0	2
8	2	6	8	8	0	2	7	0	4	0
8,1	2	7	2	1	6	2	7	3	7	8
8,2	2	7	5	5	2	2	7	7	1	6
8,3	2	7	8	8	8	2	8	0	5	4
8,4	2	8	2	2	4	2	8	3	9	2
8,5	2	8	5	6	0	2	8	7	3	0
8,6	2	8	8	9	6	2	9	0	6	8
8,7	2	9	2	3	2	2	9	4	0	6
8,8	2	9	5	6	8	2	9	7	4	4
8,9	2	9	9	0	4	3	0	0	8	2
9	3	0	2	4	0	3	0	4	2	0
9,1	3	0	5	7	6	3	0	7	5	8
9,2	3	0	9	1	2	3	1	0	9	6
9,3	3	1	2	4	8	3	1	4	3	4
9,4	3	1	5	8	4	3	1	7	7	2
9,5	3	1	9	2	0	3	2	1	1	0
9,6	3	2	2	5	6	3	2	4	4	8
9,7	3	2	5	9	2	3	2	7	8	6
9,8	3	2	9	2	8	3	3	1	2	4
9,9	3	3	2	6	4	3	3	4	6	2
10	3	3	6	0	0	3	3	8	0	0

0,01 bis 4,5	0,34	3,4	34,0	340,0	3400,0	0,342	3,42	34,2	342,0	3420,0
0,01	0	0	0	3	4	0	0	0	3	4
0,02	0	0	0	6	8	0	0	0	6	8
0,03	0	0	1	0	2	0	0	1	0	3
0,04	0	0	1	3	6	0	0	1	3	7
0,05	0	0	1	7	0	0	0	1	7	1
0,06	0	0	2	0	4	0	0	2	0	5
0,07	0	0	2	3	8	0	0	2	3	9
0,08	0	0	2	7	2	0	0	2	7	4
0,09	0	0	3	0	6	0	0	3	0	8
0,1	0	0	3	4	0	0	0	3	4	2
0,2	0	0	6	8	0	0	0	6	8	4
0,3	0	1	0	2	0	0	1	0	2	6
0,4	0	1	3	6	0	0	1	3	6	8
0,5	0	1	7	0	0	0	1	7	1	0
0,6	0	2	0	4	0	0	2	0	5	2
0,7	0	2	3	8	0	0	2	3	9	4
0,8	0	2	7	2	0	0	2	7	3	6
0,9	0	3	0	6	0	0	3	0	7	8
1	0	3	4	0	0	0	3	4	2	0
1,1	0	3	7	4	0	0	3	7	6	2
1,2	0	4	0	8	0	0	4	1	0	4
1,3	0	4	4	2	0	0	4	4	4	6
1,4	0	4	7	6	0	0	4	7	8	8
1,5	0	5	1	0	0	0	5	1	3	0
1,6	0	5	4	4	0	0	5	4	7	2
1,7	0	5	7	8	0	0	5	8	1	4
1,8	0	6	1	2	0	0	6	1	5	6
1,9	0	6	4	6	0	0	6	4	9	8
2	0	6	8	0	0	0	6	8	4	0
2,1	0	7	1	4	0	0	7	1	8	2
2,2	0	7	4	8	0	0	7	5	2	4
2,3	0	7	8	2	0	0	7	8	6	6
2,4	0	8	1	6	0	0	8	2	0	8
2,5	0	8	5	0	0	0	8	5	5	0
2,6	0	8	8	4	0	0	8	8	9	2
2,7	0	9	1	8	0	0	9	2	3	4
2,8	0	9	5	2	0	0	9	5	7	6
2,9	0	9	8	6	0	0	9	9	1	8
3	1	0	2	0	0	1	0	2	6	0
3,1	1	0	5	4	0	1	0	6	0	2
3,2	1	0	8	8	0	1	0	9	4	4
3,3	1	1	2	2	0	1	1	2	8	6
3,4	1	1	5	6	0	1	1	6	2	8
3,5	1	1	9	0	0	1	1	9	7	0
3,6	1	2	2	4	0	1	2	3	1	2
3,7	1	2	5	8	0	1	2	6	5	4
3,8	1	2	9	2	0	1	2	9	9	6
3,9	1	3	2	6	0	1	3	3	3	8
4	1	3	6	0	0	1	3	6	8	0
4,1	1	3	9	4	0	1	4	0	2	2
4,2	1	4	2	8	0	1	4	3	6	4
4,3	1	4	6	2	0	1	4	7	0	6
4,4	1	4	9	6	0	1	5	0	4	8
4,5	1	5	3	0	0	1	5	3	9	0

4,6 bis 10	0,34	3,4	34,0	340,0	3400,0	0,342	3,42	34,2	342,0	3420,0
4,6	1	5	6	4	0	1	5	7	3	2
4,7	1	5	9	8	0	1	6	0	7	4
4,8	1	6	3	2	0	1	6	4	1	6
4,9	1	6	6	6	0	1	6	7	5	8
5	1	7	0	0	0	1	7	1	0	0
5,1	1	7	3	4	0	1	7	4	4	2
5,2	1	7	6	8	0	1	7	7	8	4
5,3	1	8	0	2	0	1	8	1	2	6
5,4	1	8	3	6	0	1	8	4	6	8
5,5	1	8	7	0	0	1	8	8	1	0
5,6	1	9	0	4	0	1	9	1	5	2
5,7	1	9	3	8	0	1	9	4	9	4
5,8	1	9	7	2	0	1	9	8	3	6
5,9	2	0	0	6	0	2	0	1	7	8
6	2	0	4	0	0	2	0	5	2	0
6,1	2	0	7	4	0	2	0	8	6	2
6,2	2	1	0	8	0	2	1	2	0	4
6,3	2	1	4	2	0	2	1	5	4	6
6,4	2	1	7	6	0	2	1	8	8	8
6,5	2	2	1	0	0	2	2	2	3	0
6,6	2	2	4	4	0	2	2	5	7	2
6,7	2	2	7	8	0	2	2	9	1	4
6,8	2	3	1	2	0	2	3	2	5	6
6,9	2	3	4	6	0	2	3	5	9	8
7	2	3	8	0	0	2	3	9	4	0
7,1	2	4	1	4	0	2	4	2	8	2
7,2	2	4	4	8	0	2	4	6	2	4
7,3	2	4	8	2	0	2	4	9	6	6
7,4	2	5	1	6	0	2	5	3	0	8
7,5	2	5	5	0	0	2	5	6	5	0
7,6	2	5	8	4	0	2	5	9	9	2
7,7	2	6	1	8	0	2	6	3	3	4
7,8	2	6	5	2	0	2	6	6	7	6
7,9	2	6	8	6	0	2	7	0	1	8
8	2	7	2	0	0	2	7	3	6	0
8,1	2	7	5	4	0	2	7	7	0	2
8,2	2	7	8	8	0	2	8	0	4	4
8,3	2	8	2	2	0	2	8	3	8	6
8,4	2	8	5	6	0	2	8	7	2	8
8,5	2	8	9	0	0	2	9	0	7	0
8,6	2	9	2	4	0	2	9	4	1	2
8,7	2	9	5	8	0	2	9	7	5	4
8,8	2	9	9	2	0	3	0	0	9	6
8,9	3	0	2	6	0	3	0	4	3	8
9	3	0	6	0	0	3	0	7	8	0
9,1	3	0	9	4	0	3	1	1	2	2
9,2	3	1	2	8	0	3	1	4	6	4
9,3	3	1	6	2	0	3	1	8	0	6
9,4	3	1	9	6	0	3	2	1	4	8
9,5	3	2	3	0	0	3	2	4	9	0
9,6	3	2	6	4	0	3	2	8	3	2
9,7	3	2	9	8	0	3	3	1	7	4
9,8	3	3	3	2	0	3	3	5	1	6
9,9	3	3	6	6	0	3	3	8	5	8
10	3	4	0	0	0	3	4	2	0	0

0,01 bis 4,5	0,344	3,44	34,4	344,0	3440,0	0,346	3,46	34,6	346,0	3460,0
0,01	0	0	0	3	4	0	0	0	3	5
0,02	0	0	0	6	9	0	0	0	6	9
0,03	0	0	1	0	3	0	0	1	0	4
0,04	0	0	1	3	8	0	0	1	3	8
0,05	0	0	1	7	2	0	0	1	7	3
0,06	0	0	2	0	6	0	0	2	0	8
0,07	0	0	2	4	0	0	0	2	4	2
0,08	0	0	2	7	5	0	0	2	7	7
0,09	0	0	3	1	0	0	0	3	1	1
0,1	0	0	3	4	4	0	0	3	4	6
0,2	0	0	6	8	8	0	9	6	9	2
0,3	0	1	0	3	2	0	1	0	3	8
0,4	0	1	3	7	6	0	1	3	8	4
0,5	0	1	7	2	0	0	1	7	3	0
0,6	0	2	0	6	4	0	2	0	7	6
0,7	0	2	4	0	8	0	2	4	2	2
0,8	0	2	7	5	2	0	2	7	6	8
0,9	0	3	0	9	6	0	3	1	1	4
1	0	3	4	4	0	0	3	4	6	0
1,1	0	3	7	8	4	0	3	8	0	6
1,2	0	4	1	2	8	0	4	1	5	2
1,3	0	4	4	7	2	0	4	4	9	8
1,4	0	4	8	1	6	0	4	8	4	4
1,5	0	5	1	6	0	0	5	1	9	0
1,6	0	5	5	0	4	0	5	5	3	6
1,7	0	5	8	4	8	0	5	8	8	2
1,8	0	6	1	9	2	0	6	2	2	8
1,9	0	6	5	3	6	0	6	5	7	4
2	0	6	8	8	0	0	6	9	2	0
2,1	0	7	2	2	4	0	7	2	6	6
2,2	0	7	5	6	8	0	7	6	1	2
2,3	0	7	9	1	2	0	7	9	5	8
2,4	0	8	2	5	6	0	8	3	0	4
2,5	0	8	6	0	0	0	8	6	5	0
2,6	0	8	9	4	4	0	8	9	9	6
2,7	0	9	2	8	8	0	9	3	4	2
2,8	0	9	6	3	2	0	9	6	8	8
2,9	0	9	9	7	6	1	0	0	3	4
3	1	0	3	2	0	1	0	3	8	0
3,1	1	0	6	6	4	1	0	7	2	6
3,2	1	1	0	3	6	1	1	0	7	2
3,3	1	1	3	5	2	1	1	4	1	8
3,4	1	1	6	9	6	1	1	7	6	4
3,5	1	2	0	4	0	1	2	1	1	0
3,6	1	2	3	8	4	1	2	4	5	6
3,7	1	2	7	2	8	1	2	8	0	2
3,8	1	3	0	7	2	1	3	1	4	8
3,9	1	3	4	1	6	1	3	4	9	4
4	1	3	7	6	0	1	3	8	4	0
4,1	1	4	1	0	4	1	4	1	8	6
4,2	1	4	4	4	8	1	4	5	3	2
4,3	1	4	7	9	2	1	4	8	7	8
4,4	1	5	1	3	6	1	5	2	2	4
4,5	1	5	4	8	0	1	5	5	7	0

4,6 bis 10	0,344	3,44	34,4	344,0	3440,0	0,346	3,46	34,6	346,0	3460,0
4,6	1	5	8	2	4	1	5	9	1	6
4,7	1	6	1	6	8	1	6	2	6	2
4,8	1	6	5	1	2	1	6	6	0	8
4,9	1	6	8	5	6	1	6	9	5	4
5	1	7	2	0	0	1	7	3	0	0
5,1	1	7	5	4	4	1	7	6	4	6
5,2	1	7	8	8	8	1	7	9	9	2
5,3	1	8	2	3	2	1	8	3	3	8
5,4	1	8	5	7	6	1	8	6	8	4
5,5	1	8	9	2	0	1	9	0	3	0
5,6	1	9	2	6	4	1	9	3	7	6
5,7	1	9	6	0	8	1	9	7	2	2
5,8	1	9	9	5	2	2	0	0	6	8
5,9	2	0	2	9	6	2	0	4	1	4
6	2	0	6	4	0	2	0	7	6	0
6,1	2	0	9	8	4	2	1	1	0	6
6,2	2	1	3	2	8	2	1	4	5	2
6,3	2	1	6	7	2	2	1	7	9	8
6,4	2	2	0	1	6	2	2	1	4	4
6,5	2	2	3	6	0	2	2	4	9	0
6,6	2	2	7	0	4	2	2	8	3	6
6,7	2	3	0	4	8	2	3	1	8	2
6,8	2	3	3	9	2	2	3	5	2	8
6,9	2	3	7	3	6	2	3	8	7	4
7	2	4	0	8	0	2	4	2	2	0
7,1	2	4	4	2	4	2	4	5	6	6
7,2	2	4	7	6	8	2	4	9	1	2
7,3	2	5	1	1	2	2	5	2	5	8
7,4	2	5	4	5	6	2	5	6	0	4
7,5	2	5	8	0	0	2	5	9	5	0
7,6	2	6	1	4	4	2	6	2	9	6
7,7	2	6	4	8	8	2	6	6	4	2
7,8	2	6	8	3	2	2	6	9	8	8
7,9	2	7	1	7	6	2	7	3	3	4
8	2	7	5	2	0	2	7	6	8	0
8,1	2	7	8	6	4	2	8	0	2	6
8,2	2	8	2	0	8	2	8	3	7	2
8,3	2	8	5	5	2	2	8	7	1	8
8,4	2	8	8	9	6	2	9	0	6	4
8,5	2	9	2	4	0	2	9	4	1	0
8,6	2	9	5	8	4	2	9	7	5	6
8,7	2	9	9	2	8	3	0	1	0	2
8,8	3	0	2	7	2	3	0	4	4	8
8,9	3	0	6	1	6	3	0	7	9	4
9	3	0	9	6	0	3	1	1	4	0
9,1	3	1	3	0	4	3	1	4	8	6
9,2	3	1	6	4	8	3	1	8	3	2
9,3	3	1	9	9	2	3	2	1	7	8
9,4	3	2	3	3	6	3	2	5	2	4
9,5	3	2	6	8	0	3	2	8	7	0
9,6	3	3	0	2	4	3	3	2	1	6
9,7	3	3	3	6	8	3	3	5	6	2
9,8	3	3	7	1	2	3	3	9	0	8
9,9	3	4	0	5	6	3	4	2	5	4
10	3	4	4	0	0	3	4	6	0	0

0,01 bis 4,5	0,348 3,48 34,8 348,0 3480,0					0,35 3,5 35,0 350,0 3500,0				
0,01	0	0	0	3	5	0	0	0	3	5
0,02	0	0	0	7	0	0	0	0	7	0
0,03	0	0	1	0	4	0	0	1	0	5
0,04	0	0	1	3	9	0	0	1	4	0
0,05	0	0	1	7	4	0	0	1	7	5
0,06	0	0	2	0	9	0	0	2	1	0
0,07	0	0	2	4	4	0	0	2	4	5
0,08	0	0	2	7	8	0	0	2	8	0
0,09	0	0	3	1	3	0	0	3	1	5
0,1	0	0	3	4	8	0	0	3	5	0
0,2	0	0	6	9	6	0	0	7	0	0
0,3	0	1	0	4	4	0	1	0	5	0
0,4	0	1	3	9	2	0	1	4	0	0
0,5	0	1	7	4	0	0	1	7	5	0
0,6	0	2	0	8	8	0	2	1	0	0
0,7	0	2	4	3	6	0	2	4	5	0
0,8	0	2	7	8	4	0	2	8	0	0
0,9	0	3	1	3	2	0	3	1	5	0
1	0	3	4	8	0	0	3	5	0	0
1,1	0	3	8	2	8	0	3	8	5	0
1,2	0	4	1	7	6	0	4	2	0	0
1,3	0	4	5	2	4	0	4	5	5	0
1,4	0	4	8	7	2	0	4	9	0	0
1,5	0	5	2	2	0	0	5	2	5	0
1,6	0	5	5	6	8	0	5	6	0	0
1,7	0	5	9	1	6	0	5	9	5	0
1,8	0	6	2	6	4	0	6	3	0	0
1,9	0	5	6	1	2	0	6	6	5	0
2	0	6	9	6	0	0	7	0	0	0
2,1	0	7	3	0	8	0	7	3	5	0
2,2	0	7	6	5	6	0	7	7	0	0
2,3	0	8	0	0	4	0	8	0	5	0
2,4	0	8	3	5	2	0	8	4	0	0
2,5	0	8	7	0	0	0	8	7	5	0
2,6	0	9	0	4	8	0	9	1	0	0
2,7	0	9	3	9	6	0	9	4	5	0
2,8	0	9	7	4	4	0	9	8	0	0
2,9	1	0	0	9	2	1	0	1	5	0
3	1	0	4	4	0	1	0	5	0	0
3,1	1	0	7	8	8	1	0	8	5	0
3,2	1	1	1	6	1	1	1	2	0	0
3,3	1	1	4	8	4	1	1	5	5	0
3,4	1	1	8	3	2	1	1	9	0	0
3,5	1	2	1	8	0	1	2	2	5	0
3,6	1	2	5	2	8	1	2	6	0	0
3,7	1	2	8	7	6	1	2	9	5	0
3,8	1	3	2	2	4	1	3	3	0	0
3,9	1	3	5	7	2	1	3	6	5	0
4	1	3	9	2	0	1	4	0	0	0
4,1	1	4	2	6	8	1	4	3	5	0
4,2	1	4	6	1	6	1	4	7	0	0
4,3	1	4	9	6	4	1	5	0	5	0
4,4	1	5	3	1	2	1	5	4	0	0
4,5	1	5	6	6	0	1	5	7	5	0

4,6 bis 10	0,348 3,48 34,8 348,0 3480,0					0,35 3,5 35,0 350,0 3500,0				
4,6	1	6	0	0	8	1	6	1	0	0
4,7	1	6	3	5	6	1	6	4	5	0
4,8	1	6	7	0	4	1	6	8	0	0
4,9	1	7	0	5	2	1	7	1	5	0
5	1	7	4	0	0	1	7	5	0	0
5,1	1	7	7	4	8	1	7	8	5	0
5,2	1	8	0	9	6	1	8	2	0	0
5,3	1	8	4	4	4	1	8	5	5	0
5,4	1	8	7	9	2	1	8	9	0	0
5,5	1	9	1	4	0	1	9	2	5	0
5,6	1	9	4	8	8	1	9	6	0	0
5,7	1	9	8	3	6	1	9	9	5	0
5,8	2	0	1	8	4	2	0	3	0	0
5,9	2	0	5	3	2	2	0	6	5	0
6	2	0	8	8	0	2	1	0	0	0
6,1	2	1	2	2	8	2	1	3	5	0
6,2	2	1	5	7	6	2	1	7	0	0
6,3	2	1	9	2	4	2	2	0	5	0
6,4	2	2	2	7	2	2	2	4	0	0
6,5	2	2	6	2	0	2	2	7	5	0
6,6	2	2	9	6	8	2	3	1	0	0
6,7	2	3	3	1	6	2	3	4	5	0
6,8	2	3	6	6	4	2	3	8	0	0
6,9	2	4	0	1	2	2	4	1	5	0
7	2	4	3	6	0	2	4	5	0	0
7,1	2	4	7	0	8	2	4	8	5	0
7,2	2	5	0	5	6	2	5	2	0	0
7,3	2	5	4	0	4	2	5	5	5	0
7,4	2	5	7	5	2	2	5	9	0	0
7,5	2	6	1	0	0	2	6	2	5	0
7,6	2	6	4	4	8	2	6	6	0	0
7,7	2	6	7	9	6	2	6	9	5	0
7,8	2	7	1	4	4	2	7	3	0	0
7,9	2	7	4	9	2	2	7	6	5	0
8	2	7	8	4	0	2	8	0	0	0
8,1	2	8	1	8	8	2	8	3	5	0
8,2	2	8	5	3	6	2	8	7	0	0
8,3	2	8	8	8	4	2	9	0	5	0
8,4	2	9	2	3	2	2	9	4	0	0
8,5	2	9	5	8	0	2	9	7	5	0
8,6	2	9	9	2	8	3	0	1	0	0
8,7	3	0	2	7	6	3	0	4	5	0
8,8	3	0	6	2	4	3	0	8	0	0
8,9	3	0	9	7	2	3	1	1	5	0
9	3	1	3	2	0	3	1	5	0	0
9,1	3	1	6	6	8	3	1	8	5	0
9,2	3	2	0	1	6	3	2	2	0	0
9,3	3	2	3	6	4	3	2	5	5	0
9,4	3	2	7	1	2	3	2	9	0	0
9,5	3	3	0	6	0	3	3	2	5	0
9,6	3	3	4	0	8	3	3	6	0	0
9,7	3	3	7	5	6	3	3	9	5	0
9,8	3	4	1	0	4	3	4	3	0	0
9,9	3	4	4	5	2	3	4	6	5	0
10	3	4	8	0	0	3	5	0	0	0

0,01 bis 4,5	0,352	3,52	35,2	352,0	3520,0	0,354	3,54	35,4	354,0	3540,0
0,01	0	0	0	3	5	0	0	0	3	5
0,02	0	0	0	7	0	0	0	0	7	1
0,03	0	0	1	0	6	0	0	1	0	6
0,04	0	0	1	4	1	0	0	1	4	2
0,05	0	0	1	7	6	0	0	1	7	7
0,06	0	0	2	1	1	0	0	2	1	2
0,07	0	0	2	4	6	0	0	2	4	8
0,08	0	0	2	8	2	0	0	2	8	3
0,09	0	0	3	1	7	0	0	3	1	9
0,1	0	0	3	5	2	0	0	3	5	4
0,2	0	0	7	0	4	0	0	7	0	8
0,3	0	1	0	5	6	0	1	0	6	2
0,4	0	1	4	0	8	0	1	4	1	6
0,5	0	1	7	6	0	0	1	7	7	0
0,6	0	2	1	1	2	0	2	1	2	4
0,7	0	2	4	6	4	0	2	4	7	8
0,8	0	2	8	1	6	0	2	8	3	2
0,9	0	3	1	6	8	0	3	1	8	6
1	0	3	5	2	0	0	3	5	4	0
1,1	0	3	8	7	2	0	3	8	9	4
1,2	0	4	2	2	4	0	4	2	4	8
1,3	0	4	5	7	6	0	4	6	0	2
1,4	0	4	9	2	8	0	4	9	5	6
1,5	0	5	2	8	0	0	5	3	1	0
1,6	0	5	6	3	2	0	5	6	6	4
1,7	0	5	9	8	4	0	6	0	1	8
1,8	0	6	3	3	6	0	5	3	7	2
1,9	0	6	6	8	8	0	5	7	2	6
2	0	7	0	4	0	0	7	0	8	0
2,1	0	7	3	9	2	0	7	4	3	4
2,2	0	7	7	4	4	0	7	7	8	8
2,3	0	8	0	9	6	0	8	1	4	2
2,4	0	8	4	4	8	0	8	4	9	6
2,5	0	8	8	0	0	0	8	8	5	0
2,6	0	9	1	5	2	0	9	2	0	4
2,7	0	9	5	0	4	0	9	5	5	8
2,8	0	9	8	5	6	0	9	9	1	2
2,9	1	0	2	0	8	1	0	2	6	6
3	1	0	5	6	0	1	0	6	2	0
3,1	1	0	9	1	2	1	0	9	7	4
3,2	1	1	2	6	4	1	1	3	2	8
3,3	1	1	6	1	6	1	1	6	8	2
3,4	1	1	9	6	8	1	2	0	3	6
3,5	1	2	3	2	0	1	2	3	9	0
3,6	1	2	6	7	2	1	2	7	4	4
3,7	1	3	0	2	4	1	3	0	9	8
3,8	1	3	3	7	6	1	3	4	5	2
3,9	1	3	7	2	8	1	3	8	0	6
4	1	4	0	8	0	1	4	1	6	0
4,1	1	4	4	3	2	1	4	5	1	4
4,2	1	4	7	8	4	1	4	8	6	8
4,3	1	5	1	3	6	1	5	2	2	2
4,4	1	5	4	8	8	1	5	5	7	6
4,5	1	5	8	4	0	1	5	9	3	0

4,6 bis 10	0,352	3,52	35,2	352,0	3520,0	0,354	3,54	35,4	354,0	3540,0
4,6	1	6	1	9	2	1	6	2	8	4
4,7	1	6	5	4	4	1	6	6	3	8
4,8	1	6	8	9	6	1	6	9	9	2
4,9	1	7	2	4	8	1	7	3	4	6
5	1	7	6	0	0	1	7	7	0	0
5,1	1	7	9	5	2	1	8	0	5	4
5,2	1	8	3	0	4	1	8	4	0	8
5,3	1	8	6	5	6	1	8	7	6	2
5,4	1	9	0	0	8	1	9	1	1	6
5,5	1	9	3	6	0	1	9	4	7	0
5,6	1	9	7	1	2	1	9	8	2	4
5,7	2	0	0	6	4	2	0	1	7	8
5,8	2	0	4	1	6	2	0	5	3	2
5,9	2	0	7	6	8	2	0	8	8	6
6	2	1	1	2	0	2	1	2	4	0
6,1	2	1	4	7	2	2	1	5	9	4
6,2	2	1	8	2	4	2	1	9	4	8
6,3	2	2	1	7	6	2	2	3	0	2
6,4	2	2	5	2	8	2	2	6	5	6
6,5	2	2	8	8	0	2	3	0	1	0
6,6	2	3	2	3	2	2	3	3	6	4
6,7	2	3	5	8	4	2	3	7	1	8
6,8	2	3	9	3	6	2	4	0	7	2
6,9	2	4	2	8	8	2	4	4	2	6
7	2	4	6	4	0	2	4	7	8	0
7,1	2	4	9	9	2	2	5	1	3	4
7,2	2	5	3	4	4	2	5	4	8	8
7,3	2	5	6	9	6	2	5	8	4	2
7,4	2	6	0	4	8	2	6	1	9	6
7,5	2	6	4	0	0	2	6	5	5	0
7,6	2	6	7	5	2	2	6	9	0	4
7,7	2	7	1	0	4	2	7	2	5	8
7,8	2	7	4	5	6	2	7	6	1	2
7,9	2	7	8	0	8	2	7	9	6	6
8	2	8	1	6	0	2	8	3	2	0
8,1	2	8	5	1	2	2	8	6	7	4
8,2	2	8	8	6	4	2	9	0	2	8
8,3	2	9	2	1	6	2	9	3	8	2
8,4	2	9	5	6	8	2	9	7	3	6
8,5	2	9	9	2	0	3	0	0	9	0
8,6	3	0	2	7	2	3	0	4	4	4
8,7	3	0	6	2	4	3	0	7	9	8
8,8	3	0	9	7	6	3	1	1	5	2
8,9	3	1	3	2	8	3	1	5	0	6
9	3	1	6	8	0	3	1	8	6	0
9,1	3	2	0	3	2	3	2	2	1	4
9,2	3	2	3	8	4	3	2	5	6	8
9,3	3	2	7	3	6	3	2	9	2	2
9,4	3	3	0	8	8	3	3	2	7	6
9,5	3	3	4	4	0	3	3	6	3	0
9,6	3	3	7	9	2	3	3	9	8	4
9,7	3	4	1	4	4	3	4	3	3	8
9,8	3	4	4	9	6	3	4	6	9	2
9,9	3	4	8	4	8	3	5	0	4	6
10	3	5	2	0	0	3	5	4	0	0

0,01 bis 4,5	0,356	3,56	35,6	356,0	3560,0	0,358	3,58	35,8	358,0	3580,0
0,01	0	0	0	3	6	0	0	0	3	6
0,02	0	0	0	7	1	0	0	0	7	2
0,03	0	0	1	0	7	0	0	1	0	7
0,04	0	0	1	4	2	0	0	1	4	3
0,05	0	0	1	7	8	0	0	1	7	9
0,06	0	0	2	1	4	0	0	2	1	5
0,07	0	0	2	4	9	0	0	2	5	1
0,08	0	0	2	8	5	0	0	2	8	6
0,09	0	0	3	2	0	0	0	3	2	2
0,1	0	0	3	5	6	0	0	3	5	8
0,2	0	0	7	1	2	0	0	7	1	6
0,3	0	1	0	6	8	0	1	0	7	4
0,4	0	1	4	2	4	0	1	4	3	2
0,5	0	1	7	8	0	0	1	7	9	0
0,6	0	2	1	3	6	0	2	1	4	8
0,7	0	2	4	9	2	0	2	5	0	6
0,8	0	2	8	4	8	0	2	8	6	4
0,9	0	3	2	0	4	0	3	2	2	2
1	0	3	5	6	0	0	3	5	8	0
1,1	0	3	9	1	6	0	3	9	3	8
1,2	0	4	2	7	2	0	4	2	9	6
1,3	0	4	6	2	8	0	4	6	5	4
1,4	0	4	9	8	4	0	5	0	1	2
1,5	0	5	3	4	0	0	5	3	7	0
1,6	0	5	6	9	6	0	5	7	2	8
1,7	0	6	0	5	2	0	6	0	8	6
1,8	0	6	4	0	8	0	6	4	4	4
1,9	0	6	7	6	4	0	6	8	0	2
2	0	7	1	2	0	0	7	1	6	0
2,1	0	7	4	7	6	0	7	5	1	8
2,2	0	7	8	3	2	0	7	8	7	6
2,3	0	8	1	8	8	0	8	2	3	4
2,4	0	8	5	4	4	0	8	5	9	2
2,5	0	8	9	0	0	0	8	9	5	0
2,6	0	9	2	5	6	0	9	3	0	8
2,7	0	9	6	1	2	0	9	6	6	6
2,8	0	9	9	6	8	1	0	0	2	4
2,9	1	0	3	2	4	1	0	3	8	2
3	1	0	6	8	0	1	0	7	4	0
3,1	1	1	0	3	6	1	1	0	9	8
3,2	1	1	3	9	2	1	1	4	5	6
3,3	1	1	7	4	8	1	1	8	1	4
3,4	1	2	1	0	4	1	2	1	7	2
3,5	1	2	4	6	0	1	2	5	3	0
3,6	1	2	8	1	6	1	2	8	8	8
3,7	1	3	1	7	2	1	3	2	4	6
3,8	1	3	5	2	8	1	3	6	0	4
3,9	1	3	8	8	4	1	3	9	6	2
4	1	4	2	4	0	1	4	3	2	0
4,1	1	4	5	9	6	1	4	6	7	8
4,2	1	4	9	5	2	1	5	0	3	6
4,3	1	5	3	0	8	1	5	3	9	4
4,4	1	5	6	6	4	1	5	7	5	2
4,5	1	6	0	2	0	1	6	1	1	0

4,6 bis 10	0,356	3,56	35,6	356,0	3560,0	0,358	3,58	35,8	358,0	3580,0
4,6	1	6	3	7	6	1	6	4	6	8
4,7	1	6	7	3	2	1	6	8	2	6
4,8	1	7	0	8	8	1	7	1	8	4
4,9	1	7	4	4	4	1	7	5	4	2
5	1	7	8	0	0	1	7	9	0	0
5,1	1	8	1	5	6	1	8	2	5	8
5,2	1	8	5	1	2	1	8	6	1	6
5,3	1	8	8	6	8	1	8	9	7	4
5,4	1	9	2	2	4	1	9	3	3	2
5,5	1	9	5	8	0	1	9	6	9	0
5,6	1	9	9	3	6	2	0	0	4	8
5,7	2	0	2	9	2	2	0	4	0	6
5,8	2	0	6	4	8	2	0	7	6	4
5,9	2	1	0	0	4	2	1	1	2	2
6	2	1	3	6	0	2	1	4	8	0
6,1	2	1	7	1	6	2	1	8	3	8
6,2	2	2	0	7	2	2	2	1	9	6
6,3	2	2	4	2	8	2	2	5	5	4
6,4	2	2	7	8	4	2	2	9	1	2
6,5	2	3	1	4	0	2	3	2	7	0
6,6	2	3	4	9	6	2	3	6	2	8
6,7	2	3	8	5	2	2	3	9	8	6
6,8	2	4	2	0	8	2	4	3	4	4
6,9	2	4	5	6	4	2	4	7	0	2
7	2	4	9	2	0	2	5	0	6	0
7,1	2	5	2	7	6	2	5	4	1	8
7,2	2	5	6	3	2	2	5	7	7	6
7,3	2	5	9	8	8	2	6	1	3	4
7,4	2	6	3	4	4	2	6	4	9	2
7,5	2	6	7	0	0	2	6	8	5	0
7,6	2	7	0	5	6	2	7	2	0	8
7,7	2	7	4	1	2	2	7	5	6	6
7,8	2	7	7	6	8	2	7	9	2	4
7,9	2	8	1	2	4	2	8	2	8	2
8	2	8	4	8	0	2	8	6	4	0
8,1	2	8	8	3	6	2	8	9	9	8
8,2	2	9	1	9	2	2	9	3	5	6
8,3	2	9	5	4	8	2	9	7	1	4
8,4	2	9	9	0	4	3	0	0	7	2
8,5	3	0	2	6	0	3	0	4	3	0
8,6	3	0	6	1	6	3	0	7	8	8
8,7	3	0	9	7	2	3	1	1	4	6
8,8	3	1	3	2	8	3	1	5	0	4
8,9	3	1	6	8	4	3	1	8	6	2
9	3	2	0	4	0	3	2	2	2	0
9,1	3	2	3	9	6	3	2	5	7	8
9,2	3	2	7	5	2	3	2	9	3	6
9,3	3	3	1	0	8	3	3	2	9	4
9,4	3	3	4	6	4	3	3	6	5	2
9,5	3	3	8	2	0	3	4	0	1	0
9,6	3	4	1	7	6	3	4	3	6	8
9,7	3	4	5	3	2	3	4	7	2	6
9,8	3	4	8	8	8	3	5	0	8	4
9,9	3	5	2	4	4	3	5	4	4	2
10	3	5	6	0	0	3	5	8	0	0

0,01 bis 4,5	0,36	3,6	36,0	360,0	3600,0	0,362	3,62	36,2	362,0	3620,0
0,01	0	0	0	3	6	0	0	0	3	6
0,02	0	0	0	7	2	0	0	0	7	2
0,03	0	0	1	0	8	0	0	1	0	9
0,04	0	0	1	4	4	0	0	1	4	5
0,05	0	0	1	8	0	0	0	1	8	1
0,06	0	0	2	1	6	0	0	2	1	7
0,07	0	0	2	5	2	0	0	2	5	3
0,08	0	0	2	8	8	0	0	2	9	0
0,09	0	0	3	2	4	0	0	3	2	6
0,1	0	0	3	6	0	0	0	3	6	2
0,2	0	0	7	2	0	0	0	7	2	4
0,3	0	1	0	8	0	0	1	0	8	6
0,4	0	1	4	4	0	0	1	4	4	8
0,5	0	1	8	0	0	0	1	8	1	0
0,6	0	2	1	6	0	0	2	1	7	2
0,7	0	2	5	2	0	0	2	5	3	4
0,8	0	2	8	8	0	0	2	8	9	6
0,9	0	3	2	4	0	0	3	2	5	8
1	0	3	6	0	0	0	3	6	2	0
1,1	0	3	9	6	0	0	3	9	8	2
1,2	0	4	3	2	0	0	4	3	4	4
1,3	0	4	6	8	0	0	4	7	0	6
1,4	0	5	0	4	0	0	5	0	6	8
1,5	0	5	4	0	0	0	5	4	3	0
1,6	0	5	7	6	0	0	5	7	9	2
1,7	0	6	1	2	0	0	6	1	5	4
1,8	0	6	4	8	0	0	6	5	1	6
1,9	0	6	8	4	0	0	6	8	7	8
2	0	7	2	0	0	0	7	2	4	0
2,1	0	7	5	6	0	0	7	6	0	2
2,2	0	7	9	2	0	0	7	9	6	4
2,3	0	8	2	8	0	0	8	3	2	6
2,4	0	8	6	4	0	0	8	6	8	8
2,5	0	9	0	0	0	0	9	0	5	0
2,6	0	9	3	6	0	0	9	4	1	2
2,7	0	9	7	2	0	0	9	7	7	4
2,8	1	0	0	8	0	1	0	1	3	6
2,9	1	0	4	4	0	1	0	4	9	8
3	1	0	8	0	0	1	0	8	6	0
3,1	1	1	1	6	0	1	1	2	2	2
3,2	1	1	5	2	0	1	1	5	8	4
3,3	1	1	8	8	0	1	1	9	4	6
3,4	1	2	2	4	0	1	2	3	0	8
3,5	1	2	6	0	0	1	2	6	7	0
3,6	1	2	9	6	0	1	3	0	3	2
3,7	1	3	3	2	0	1	3	3	9	4
3,8	1	3	6	8	0	1	3	7	5	6
3,9	1	4	0	4	0	1	4	1	1	8
4	1	4	4	0	0	1	4	4	8	0
4,1	1	4	7	6	0	1	4	8	4	2
4,2	1	5	1	2	0	1	5	2	0	4
4,3	1	5	4	8	0	1	5	5	6	6
4,4	1	5	8	4	0	1	5	9	2	8
4,5	1	6	2	0	0	1	6	2	9	0

4,6 bis 10	0,36	3,6	36,0	360,0	3600,0	0,362	3,62	36,2	362,0	3620,0
4,6	1	6	5	6	0	1	6	6	5	2
4,7	1	6	9	2	0	1	7	0	1	4
4,8	1	7	2	8	0	1	7	3	7	6
4,9	1	7	6	4	0	1	7	7	3	8
5	1	8	0	0	0	1	8	1	0	0
5,1	1	8	3	6	0	1	8	4	6	2
5,2	1	8	7	2	0	1	8	8	2	4
5,3	1	9	0	8	0	1	9	1	8	6
5,4	1	9	4	4	0	1	9	5	4	8
5,5	1	9	8	0	0	1	9	9	1	0
5,6	2	0	1	6	0	2	0	2	7	2
5,7	2	0	5	2	0	2	0	6	3	4
5,8	2	0	8	8	0	2	0	9	9	6
5,9	2	1	2	4	0	2	1	3	5	8
6	2	1	6	0	0	2	1	7	2	0
6,1	2	1	9	6	0	2	2	0	8	2
6,2	2	2	3	2	0	2	2	4	4	4
6,3	2	2	6	8	0	2	2	8	0	6
6,4	2	3	0	4	0	2	3	1	6	8
6,5	2	3	4	0	0	2	3	5	3	0
6,6	2	3	7	6	0	2	3	8	9	2
6,7	2	4	1	2	0	2	4	2	5	4
6,8	2	4	4	8	0	2	4	6	1	6
6,9	2	4	8	4	0	2	4	9	7	8
7	2	5	2	0	0	2	5	3	4	0
7,1	2	5	5	6	0	2	5	7	0	2
7,2	2	5	9	2	0	2	6	0	6	4
7,3	2	6	2	8	0	2	6	4	2	6
7,4	2	6	6	4	0	2	6	7	8	8
7,5	2	7	0	0	0	2	7	1	5	0
7,6	2	7	3	6	0	2	7	5	1	2
7,7	2	7	7	2	0	2	7	8	7	4
7,8	2	8	0	8	0	2	8	2	3	6
7,9	2	8	4	4	0	2	8	5	9	8
8	2	8	8	0	0	2	8	9	6	0
8,1	2	9	1	6	0	2	9	3	2	2
8,2	2	9	5	2	0	2	9	6	8	4
8,3	2	9	8	8	0	3	0	0	4	6
8,4	3	0	2	4	0	3	0	4	0	8
8,5	3	0	6	0	0	3	0	7	7	0
8,6	3	0	9	6	0	3	1	1	3	2
8,7	3	1	3	2	0	3	1	4	9	4
8,8	3	1	6	8	0	3	1	8	5	6
8,9	3	2	0	4	0	3	2	2	1	8
9	3	2	4	0	0	3	2	5	8	0
9,1	3	2	7	6	0	3	2	9	4	2
9,2	3	3	1	2	0	3	3	3	0	4
9,3	3	3	4	8	0	3	3	6	6	6
9,4	3	3	8	4	0	3	4	0	2	8
9,5	3	4	2	0	0	3	4	3	9	0
9,6	3	4	5	6	0	3	4	7	5	2
9,7	3	4	9	2	0	3	5	1	1	4
9,8	3	5	2	8	0	3	5	4	7	6
9,9	3	5	6	4	0	3	5	8	3	8
10	3	6	0	0	0	3	6	2	0	0

3640–3660

0,01 bis 4,5	0,364	3,64	36,4	364,0	3640,0	0,366	3,66	36,6	366,0	3660,0
0,01	0	0	0	3	6	0	0	0	3	7
0,02	0	0	0	7	3	0	0	0	7	3
0,03	0	0	1	0	9	0	0	1	1	0
0,04	0	0	1	4	6	0	0	1	4	6
0,05	0	0	1	8	2	0	0	1	8	3
0,06	0	0	2	1	8	0	0	2	2	0
0,07	0	0	2	5	5	0	0	2	5	6
0,08	0	0	2	9	1	0	0	2	9	3
0,09	0	0	3	2	8	0	0	3	2	9
0,1	0	0	3	6	4	0	0	3	6	6
0,2	0	0	7	2	8	0	0	7	3	2
0,3	0	1	0	9	2	0	1	0	9	8
0,4	0	1	4	5	6	0	1	4	6	4
0,5	0	1	8	2	0	0	1	8	3	0
0,6	0	2	1	8	4	0	2	1	9	6
0,7	0	2	5	4	8	0	2	5	6	2
0,8	0	2	9	1	2	0	2	9	2	8
0,9	0	3	2	7	6	0	3	2	9	4
1	0	3	6	4	0	0	3	6	6	0
1,1	0	4	0	0	4	0	4	0	2	6
1,2	0	4	3	6	8	0	4	3	9	2
1,3	0	4	7	3	2	0	4	7	5	8
1,4	0	5	0	9	6	0	5	1	2	4
1,5	0	5	4	6	0	0	5	4	9	0
1,6	0	5	8	2	4	0	5	8	5	6
1,7	0	6	1	8	8	0	6	2	2	2
1,8	0	6	5	5	2	0	6	5	8	8
1,9	0	6	9	1	6	0	6	9	5	4
2	0	7	2	8	0	0	7	3	2	0
2,1	0	7	6	4	4	0	7	6	8	6
2,2	0	8	0	0	8	0	8	0	5	2
2,3	0	8	3	7	2	0	8	4	1	8
2,4	0	8	7	3	6	0	8	7	8	4
2,5	0	9	1	0	0	0	9	1	5	0
2,6	0	9	4	6	4	0	9	5	1	6
2,7	0	9	8	2	8	0	9	8	8	2
2,8	1	0	1	9	2	1	0	2	4	8
2,9	1	0	5	5	6	1	0	6	1	4
3	1	0	9	2	0	1	0	9	8	0
3,1	1	1	2	8	4	1	1	3	4	6
3,2	1	1	6	4	8	1	1	7	1	2
3,3	1	2	0	1	2	1	2	0	7	8
3,4	1	2	3	7	6	1	2	4	4	4
3,5	1	2	7	4	0	1	2	8	1	0
3.6	1	3	1	0	4	1	3	1	7	6
3,7	1	3	4	6	8	1	3	5	4	2
3,8	1	3	8	3	2	1	3	9	0	8
3,9	1	4	1	9	6	1	4	2	7	4
4	1	4	5	6	0	1	4	6	4	0
4,1	1	4	9	2	4	1	5	0	0	6
4,2	1	5	2	8	8	1	5	3	7	2
4,3	1	5	6	5	2	1	5	7	3	8
4,4	1	6	0	1	6	1	6	1	0	4
4,5	1	6	3	8	0	1	6	4	7	0

4,6 bis 10	0,364	3,64	36,4	364,0	3640,0	0,366	3,66	36,6	366,0	3660,0
4,6	1	6	7	4	4	1	6	8	3	6
4,7	1	7	1	0	8	1	7	2	0	2
4,8	1	7	4	7	2	1	7	5	6	8
4,9	1	7	8	3	6	1	7	9	3	4
5	1	8	2	0	0	1	8	3	0	0
5,1	1	8	5	6	4	1	8	6	6	6
5,2	1	8	9	2	8	1	9	0	3	2
5,3	1	9	2	9	2	1	9	3	9	8
5,4	1	9	6	5	6	1	9	7	6	4
5,5	2	0	0	2	0	2	0	1	3	0
5,6	2	0	3	8	4	2	0	4	9	6
5,7	2	0	7	4	8	2	0	8	6	2
5,8	2	1	1	1	2	2	1	2	2	8
5,9	2	1	4	7	6	2	1	5	9	4
6	2	1	8	4	0	2	1	9	6	0
6,1	2	2	2	0	4	2	2	3	2	6
6,2	2	2	5	6	8	2	2	6	9	2
6,3	2	2	9	3	2	2	3	0	5	8
6,4	2	3	2	9	6	2	3	4	2	4
6,5	2	3	6	6	0	2	3	7	9	0
6,6	2	4	0	2	4	2	4	1	5	6
6,7	2	4	3	8	8	2	4	5	2	2
6,8	2	4	7	5	2	2	4	8	8	8
6,9	2	5	1	1	6	2	5	2	5	4
7	2	5	4	8	0	2	5	6	2	0
7,1	2	5	8	4	4	2	5	9	8	6
7,2	2	6	2	0	8	2	6	3	5	2
7,3	2	6	5	7	2	2	6	7	1	8
7,4	2	6	9	3	6	2	7	0	8	4
7,5	2	7	3	0	0	2	7	4	5	0
7,6	2	7	6	6	4	2	7	8	1	6
7,7	2	8	0	2	8	2	8	1	8	2
7,8	2	8	3	9	2	2	8	5	4	8
7,9	2	8	7	5	6	2	8	9	1	4
8	2	9	1	2	0	2	9	2	8	0
8,1	2	9	4	8	4	2	9	6	4	6
8,2	2	9	8	4	8	3	0	0	1	2
8,3	3	0	2	1	2	3	0	3	7	8
8,4	3	0	5	7	6	3	0	7	4	4
8,5	3	0	9	4	0	3	1	1	1	0
8,6	3	1	3	0	4	3	1	4	7	6
8,7	3	1	6	6	8	3	1	8	4	2
8,8	3	2	0	3	2	3	2	2	0	8
8,9	3	2	3	9	6	3	2	5	7	4
9	3	2	7	6	0	3	2	9	4	0
9,1	3	3	1	2	4	3	3	3	0	6
9,2	3	3	4	8	8	3	3	6	7	2
9,3	3	3	8	5	2	3	4	0	3	8
9,4	3	4	2	1	6	3	4	4	0	4
9,5	3	4	5	8	0	3	4	7	7	0
9,6	3	4	9	4	4	3	5	1	3	6
9,7	2	5	3	0	8	3	3	5	0	2
9,8	3	5	6	7	2	3	5	8	6	8
9,9	3	6	0	3	6	3	6	2	3	4
10	3	6	4	0	0	3	6	6	0	0

0,01 bis 4,5	0,368	3,68	36,8	368,0	3680,0	0,37	3,7	37,0	370,0	3700,0
0,01	0	0	0	3	7	0	0	0	3	7
0,02	0	0	0	7	4	0	0	0	7	4
0,03	0	0	1	1	0	0	0	1	1	1
0,04	0	0	1	4	7	0	0	1	4	8
0,05	0	0	1	8	4	0	0	1	8	5
0,06	0	0	2	2	1	0	0	2	2	2
0,07	0	0	2	5	8	0	0	2	5	9
0,08	0	0	2	9	4	0	0	2	9	6
0,09	0	0	3	3	1	0	0	3	3	3
0,1	0	0	3	6	8	0	0	3	7	0
0,2	0	0	7	3	6	0	0	7	4	0
0,3	0	1	1	0	4	0	1	1	1	0
0,4	0	1	4	7	2	0	1	4	8	0
0,5	0	1	8	4	0	0	1	8	5	0
0,6	0	2	2	0	8	0	2	2	2	0
0,7	0	2	5	7	6	0	2	5	9	0
0,8	0	2	9	4	4	0	2	9	6	0
0,9	0	3	3	1	2	0	3	3	3	0
1	0	3	6	8	0	0	3	7	0	0
1,1	0	4	0	4	8	0	4	0	7	0
1,2	0	4	4	1	6	0	4	4	4	0
1,3	0	4	7	8	4	0	4	8	1	0
1,4	0	5	1	5	2	0	5	1	8	0
1,5	0	5	5	2	0	0	5	5	5	0
1,6	0	5	8	8	8	0	5	9	2	0
1,7	0	6	2	5	6	0	6	2	9	0
1,8	0	6	6	2	4	0	6	6	6	0
1,9	0	6	9	9	2	0	7	0	3	0
2	0	7	3	6	0	0	7	4	0	0
2,1	0	7	7	2	8	0	7	7	7	0
2,2	0	8	0	9	6	0	8	1	4	0
2,3	0	8	4	6	4	0	8	5	1	0
2,4	0	8	8	3	2	0	8	8	8	0
2,5	0	9	2	0	0	0	9	2	5	0
2,6	0	9	5	6	8	0	9	6	2	0
2,7	0	9	9	3	6	0	9	9	9	0
2,8	1	0	3	0	4	1	0	3	6	0
2,9	1	0	6	7	2	1	0	7	3	0
3	1	1	0	4	0	1	1	1	0	0
3,1	1	1	4	0	8	1	1	4	7	0
3,2	1	1	7	7	6	1	1	8	4	0
3,3	1	2	1	4	4	1	2	2	1	0
3,4	1	2	5	1	2	1	2	5	8	0
3,5	1	2	8	8	0	1	2	9	5	0
3,6	1	3	2	4	8	1	3	3	2	0
3,7	1	3	6	1	6	1	3	6	9	0
3,8	1	3	9	8	4	1	4	0	6	0
3,9	1	4	3	5	2	1	4	4	3	0
4	1	4	7	2	0	1	4	8	0	0
4,1	1	5	0	8	8	1	5	1	7	0
4,2	1	5	4	5	6	1	5	5	4	0
4,3	1	5	6	2	4	1	5	9	1	0
4,4	1	6	1	9	2	1	6	2	8	0
4,5	1	6	5	6	0	1	6	6	5	0

4,6 bis 10	0,368	3,68	36,8	368,0	3680,0	0,37	3,7	37,0	370,0	3700,0
4,6	1	6	9	2	8	1	7	0	2	0
4,7	1	7	2	9	6	1	7	3	9	0
4,8	1	7	6	6	4	1	7	7	6	0
4,9	1	8	0	3	2	1	8	1	3	0
5	1	8	4	0	0	1	8	5	0	0
5,1	1	8	7	6	8	1	8	8	7	0
5,2	1	9	1	3	6	1	9	2	4	0
5,3	1	9	5	0	4	1	9	6	1	0
5,4	1	9	8	7	2	1	9	9	8	0
5,5	2	0	2	4	0	2	0	3	5	0
5,6	2	0	6	0	8	2	0	7	2	0
5,7	2	0	9	7	6	2	1	0	9	0
5,8	2	1	3	4	4	2	1	4	6	0
5,9	2	1	7	1	2	2	1	8	3	0
6	2	2	0	8	0	2	2	2	0	0
6,1	2	2	4	4	8	2	2	5	7	0
6,2	2	2	8	1	6	2	2	9	4	0
6,3	2	3	1	8	4	2	3	3	1	0
6,4	2	3	5	5	2	2	3	6	8	0
6,5	2	3	9	2	0	2	4	0	5	0
6,6	2	4	2	8	8	2	4	4	2	0
6,7	2	4	6	5	6	2	4	7	9	0
6,8	2	5	0	2	4	2	5	1	6	0
6,9	2	5	3	9	2	2	5	5	3	0
7	2	5	7	6	0	2	5	9	0	0
7,1	2	6	1	2	8	2	6	2	7	0
7,2	2	6	4	9	6	2	6	6	4	0
7,3	2	6	8	6	4	2	7	0	1	0
7,4	2	7	2	3	2	2	7	3	8	0
7,5	2	7	6	0	0	2	7	7	5	0
7,6	2	7	9	6	8	2	8	1	2	0
7,7	2	8	3	3	6	2	8	4	9	0
7,8	2	8	7	0	4	2	8	8	6	0
7,9	2	9	0	7	2	2	9	2	3	0
8	2	9	4	4	0	2	9	6	0	0
8,1	2	9	8	0	8	2	9	9	7	0
8,2	3	0	1	7	6	3	0	3	4	0
8,3	3	0	5	4	4	3	0	7	1	0
8,4	3	0	9	1	2	3	1	0	8	0
8,5	3	1	2	8	0	3	1	4	5	0
8,6	3	1	6	4	8	3	1	8	2	0
8,7	3	2	0	1	6	3	2	1	9	0
8,8	3	2	3	8	4	3	2	5	6	0
8,9	3	2	7	5	2	3	2	9	3	0
9	3	3	1	2	0	3	3	3	0	0
9,1	3	3	4	8	8	3	3	6	7	0
9,2	3	3	8	5	6	3	4	0	4	0
9,3	3	4	2	2	4	3	4	4	1	0
9,4	3	4	5	9	2	3	4	7	8	0
9,5	3	4	9	6	0	3	5	1	5	0
9,6	3	5	3	2	8	3	5	5	2	0
9,7	3	5	6	9	6	3	5	8	9	0
9,8	3	6	0	6	4	3	6	2	6	0
9,9	3	6	4	3	2	3	6	6	3	0
10	3	6	8	0	0	3	7	0	0	0

3720–3740

0,01 bis 4,5	0,372	3,72	37,2	372,0	3720,0	0,374	3,74	37,4	374,0	3740,0
0,01	0	0	0	3	7	0	0	0	3	7
0,02	0	0	0	7	4	0	0	0	7	5
0,03	0	0	1	1	2	0	0	1	1	2
0,04	0	0	1	4	9	0	0	1	5	0
0,05	0	0	1	8	6	0	0	1	8	7
0,06	0	0	2	2	3	0	0	2	2	4
0,07	0	0	2	6	0	0	0	2	6	2
0,08	0	0	2	9	8	0	0	2	9	9
0,09	0	0	3	3	5	0	0	3	3	7
0,1	0	0	3	7	2	0	0	3	7	4
0,2	0	0	7	4	4	0	0	7	4	8
0,3	0	1	1	1	6	0	1	1	2	2
0,4	0	1	4	8	8	0	1	4	9	6
0,5	0	1	8	6	0	0	1	8	7	0
0,6	0	2	2	3	2	0	2	2	4	4
0,7	0	2	6	0	4	0	2	6	1	8
0,8	0	2	9	7	6	0	2	9	9	2
0,9	0	3	3	4	8	0	3	3	6	6
1	0	3	7	2	0	0	3	7	4	0
1,1	0	4	0	9	2	0	4	1	1	4
1,2	0	4	4	6	4	0	4	4	8	8
1,3	0	4	8	3	6	0	4	8	6	2
1,4	0	5	2	0	8	0	5	2	3	6
1,5	0	5	5	8	0	0	5	6	1	0
1,6	0	5	9	5	2	0	5	9	8	4
1,7	0	6	3	2	4	0	6	3	5	8
1,8	0	6	6	9	6	0	6	7	3	2
1,9	0	7	0	6	8	0	7	1	0	6
2	0	7	4	4	0	0	7	4	8	0
2,1	0	7	8	1	2	0	7	8	5	4
2,2	0	8	1	8	4	0	8	2	2	8
2,3	0	8	5	5	6	0	8	6	0	2
2,4	0	8	9	2	8	0	8	9	7	6
2,5	0	9	3	0	0	0	9	3	5	0
2,6	0	9	6	7	2	0	9	7	2	4
2,7	1	0	0	4	4	1	0	0	9	8
2,8	1	0	4	1	6	1	0	4	7	2
2,9	1	0	7	8	8	1	0	8	4	6
3	1	1	1	6	0	1	1	2	2	0
3,1	1	1	5	3	2	1	1	5	9	4
3,2	1	1	9	0	4	1	1	9	6	8
3,3	1	2	2	7	6	1	2	3	4	2
3,4	1	2	6	4	8	1	2	7	1	6
3,5	1	3	0	2	0	1	3	0	9	0
3,6	1	3	3	9	2	1	3	4	6	4
3,7	1	3	7	6	4	1	3	8	3	8
3,8	1	4	1	3	6	1	4	2	1	2
3,9	1	4	5	0	8	1	4	5	8	6
4	1	4	8	8	0	1	4	9	6	0
4,1	1	5	2	5	2	1	5	3	3	4
4,2	1	5	6	2	4	1	5	7	0	8
4,3	1	5	9	9	6	1	6	0	8	2
4,4	1	6	3	6	8	1	6	4	5	6
4,5	1	6	7	4	0	1	6	8	3	0

4,6 bis 10	0,372	3,72	37,2	372,0	3720,0	0,374	3,74	37,4	374,0	3740,0
4,6	1	7	1	1	2	1	7	2	0	4
4,7	1	7	4	8	4	1	7	5	7	8
4,8	1	7	8	5	6	1	7	9	5	2
4,9	1	8	2	2	8	1	8	3	2	6
5	1	8	6	0	0	1	8	7	0	0
5,1	1	8	9	7	2	1	9	0	7	4
5,2	1	9	3	4	4	1	9	4	4	8
5,3	1	9	7	1	6	1	9	8	2	2
5,4	2	0	0	8	8	2	0	1	9	6
5,5	2	0	4	6	0	2	0	5	7	0
5,6	2	0	8	3	2	2	0	9	4	4
5,7	2	1	2	0	4	2	1	3	1	8
5,8	2	1	5	7	6	2	1	6	9	2
5,9	2	1	9	4	8	2	2	0	6	6
6	2	2	3	2	0	2	2	4	4	0
6,1	2	2	6	9	2	2	2	8	1	4
6,2	2	3	0	6	4	2	3	1	8	8
6,3	2	3	4	3	6	2	3	5	6	2
6,4	2	3	8	0	8	2	3	9	3	6
6,5	2	4	1	8	0	2	4	3	1	0
6,6	2	4	5	5	2	2	4	6	8	4
6,7	2	4	9	2	4	2	5	0	5	8
6,8	2	5	2	9	6	2	5	4	3	2
6,9	2	5	6	6	8	2	5	8	0	6
7	2	6	0	4	0	2	6	1	8	0
7,1	2	6	4	1	2	2	6	5	5	4
7,2	2	6	7	8	4	2	6	9	2	8
7,3	2	7	1	5	6	2	7	3	0	2
7,4	2	7	5	2	8	2	7	6	7	6
7,5	2	7	9	0	0	2	8	0	5	0
7,6	2	8	2	7	2	2	8	4	2	4
7,7	2	8	6	4	4	2	8	7	9	8
7,8	2	9	0	1	6	2	9	1	7	2
7,9	2	9	3	8	8	2	9	5	4	6
8	2	9	7	6	0	2	9	9	2	0
8,1	3	0	1	3	2	3	0	2	9	4
8,2	3	0	5	0	4	3	0	6	6	8
8,3	3	0	8	7	6	3	1	0	4	2
8,4	3	1	2	4	8	3	1	4	1	6
8,5	3	1	6	2	0	3	1	7	9	0
8,6	3	1	9	9	2	3	2	1	6	4
8,7	3	2	3	6	4	3	2	5	3	8
8,8	3	2	7	3	6	3	2	9	1	2
8,9	3	3	1	0	8	3	3	2	8	6
9	3	3	4	8	0	3	3	6	6	0
9,1	3	3	8	5	2	3	4	0	3	4
9,2	3	4	2	2	4	3	4	4	0	8
9,3	3	4	5	9	6	3	4	7	8	2
9,4	3	4	9	6	8	3	5	1	5	6
9,5	3	5	3	4	0	3	5	5	3	0
9,6	3	5	7	1	2	3	5	9	0	4
9,7	3	6	0	8	4	3	6	2	7	8
9,8	3	6	4	5	6	3	6	6	5	2
9,9	3	6	8	2	8	3	7	0	2	6
10	3	7	2	0	0	3	7	4	0	0

0,01 bis 4,5	0,376	3,76	37,6	376,0	3760,0	0,378	3,78	37,8	378,0	3780,0
0,01	0	0	0	3	8	0	0	0	3	8
0,02	0	0	0	7	5	0	0	0	7	6
0,03	0	0	1	1	3	0	0	1	1	3
0,04	0	0	1	5	0	0	0	1	5	1
0,05	0	0	1	8	8	0	0	1	8	9
0,06	0	0	2	2	6	0	0	2	2	7
0,07	0	0	2	6	3	0	0	2	6	5
0,08	0	0	3	0	1	0	0	3	0	2
0,09	0	0	3	3	8	0	0	3	4	0
0,1	0	0	3	7	6	0	0	3	7	8
0,2	0	0	7	5	2	0	0	7	5	6
0,3	0	1	1	2	8	0	1	1	3	4
0,4	0	1	5	0	4	0	1	5	1	2
0,5	0	1	8	8	0	0	1	8	9	0
0,6	0	2	2	5	6	0	2	2	6	8
0,7	0	2	6	3	2	0	2	6	4	6
0,8	0	3	0	0	8	0	3	0	2	4
0,9	0	3	3	8	4	0	3	4	0	2
1	0	3	7	6	0	0	3	7	8	0
1,1	0	4	1	3	6	0	4	1	5	8
1,2	0	4	5	1	2	0	4	5	3	6
1,3	0	4	8	8	8	0	4	9	1	4
1,4	0	5	2	6	4	0	5	2	9	2
1,5	0	5	6	4	0	0	5	6	7	0
1,6	0	6	0	1	6	0	6	0	4	8
1,7	0	6	3	9	2	0	6	4	2	6
1,8	0	6	7	6	8	0	6	8	0	4
1,9	0	7	1	4	4	0	7	0	8	2
2	0	7	5	2	0	0	7	5	6	0
2,1	0	7	8	9	6	0	7	9	3	8
2,2	0	8	2	7	2	0	8	3	1	6
2,3	0	8	6	4	8	0	8	6	9	4
2,4	0	9	0	2	4	0	9	0	7	2
2,5	0	9	4	0	0	0	9	4	5	0
2,6	0	9	7	7	6	0	9	8	2	8
2,7	1	0	1	5	2	1	0	2	0	6
2,8	1	0	5	2	8	1	0	5	8	4
2,9	1	0	9	0	4	1	0	9	6	2
3	1	1	2	8	0	1	1	3	4	0
3,1	1	1	6	5	6	1	1	7	1	8
3,2	1	2	0	3	2	1	2	0	9	6
3,3	1	2	4	0	8	1	2	4	7	4
3,4	1	2	7	8	4	1	2	8	5	2
3,5	1	3	1	6	0	1	3	2	3	0
3,6	1	3	5	3	6	1	3	6	0	8
3,7	1	3	9	1	2	1	3	9	8	6
3,8	1	4	2	8	8	1	4	3	6	4
3,9	1	4	6	6	4	1	4	7	4	2
4	1	5	0	4	0	1	5	1	2	0
4,1	1	5	4	1	6	1	5	4	9	8
4,2	1	5	7	9	2	1	5	8	7	6
4,3	1	6	1	6	8	1	6	2	5	4
4,4	1	6	5	4	4	1	6	6	3	2
4,5	1	6	9	2	0	1	7	0	1	0

4,6 bis 10	0,376	3,76	37,6	376,0	3760,0	0,378	3,78	37,8	378,0	3780,0
4,6	1	7	2	9	6	1	7	3	8	8
4,7	1	7	6	7	2	1	7	7	6	6
4,8	1	8	0	4	8	1	8	1	4	4
4,9	1	8	4	2	4	1	8	5	2	2
5	1	8	8	0	0	1	8	9	0	0
5,1	1	9	1	7	6	1	9	2	7	8
5,2	1	9	5	5	2	1	9	6	5	6
5,3	1	9	9	2	8	2	0	0	3	4
5,4	2	0	3	0	4	2	0	4	1	2
5,5	2	0	6	8	0	2	0	7	9	0
5,6	2	1	0	5	6	2	1	1	6	8
5,7	2	1	4	3	2	2	1	5	4	6
5,8	2	1	8	0	8	2	1	9	2	4
5,9	2	2	1	8	4	2	2	3	0	2
6	2	2	5	6	0	2	2	6	8	0
6,1	2	2	9	3	6	2	3	0	5	8
6,2	2	3	3	1	2	2	3	4	3	6
6,3	2	3	6	8	8	2	3	8	1	4
6,4	2	4	0	6	4	2	4	1	9	2
6,5	2	4	4	4	0	2	4	5	7	0
6,6	2	4	8	1	6	2	4	9	4	8
6,7	2	5	1	9	2	2	5	3	2	6
6,8	2	5	5	6	8	2	5	7	0	4
6,9	2	5	9	4	4	2	6	0	8	2
7	2	6	3	2	0	2	6	4	6	0
7,1	2	6	6	9	6	2	6	8	3	8
7,2	2	7	0	7	2	2	7	2	1	6
7,3	2	7	4	4	8	2	7	5	9	4
7,4	2	7	8	2	4	2	7	9	7	2
7,5	2	8	2	0	0	2	8	3	5	0
7,6	2	8	5	7	6	2	8	7	2	8
7,7	2	8	9	5	2	2	9	1	0	6
7,8	2	9	3	2	8	2	9	4	8	4
7,9	2	9	7	0	4	2	9	8	6	2
8	3	0	0	8	0	3	0	2	4	0
8,1	3	0	4	5	6	3	0	6	1	8
8,2	3	0	8	3	2	3	0	9	9	6
8,3	3	1	2	0	8	3	1	3	7	4
8,4	3	1	5	8	4	3	1	7	5	2
8,5	3	1	9	6	0	3	2	1	3	0
8,6	3	2	3	3	6	3	2	5	0	8
8,7	3	2	7	1	2	3	2	8	8	6
8,8	3	3	0	8	8	3	3	2	6	4
8,9	3	3	4	6	4	3	3	6	4	2
9	3	3	8	4	0	3	4	0	2	0
9,1	3	4	2	1	6	3	4	3	9	8
9,2	3	4	5	9	2	3	4	7	7	6
9,3	3	4	9	6	8	3	5	1	5	4
9,4	3	5	3	4	4	3	5	5	3	2
9,5	3	5	7	2	0	3	5	9	1	0
9,6	3	6	0	9	6	3	6	2	8	8
9,7	3	6	4	7	2	3	6	6	6	6
9,8	3	6	8	4	8	3	7	0	4	4
9,9	3	7	2	2	4	3	7	4	2	2
10	3	7	6	0	0	3	7	8	0	0

0,01 bis 4,5	0,38	3,8	38,0	380,0	3800,0	0,3822	3,822	38,22	382,2	3822,0
0,01	0	0	0	3	8	0	0	0	3	8
0,02	0	0	0	7	6	0	0	0	7	6
0,03	0	0	1	1	4	0	0	1	1	5
0,04	0	0	1	5	2	0	0	1	5	3
0,05	0	0	1	9	0	0	0	1	9	1
0,06	0	0	2	2	8	0	0	2	2	9
0,07	0	0	2	6	6	0	0	2	6	8
0,08	0	0	3	0	4	0	0	3	0	6
0,09	0	0	3	4	2	0	0	3	4	4
0,1	0	0	3	8	0	0	0	3	8	2
0,2	0	0	7	6	0	0	0	7	6	4
0,3	0	1	1	4	0	0	1	1	4	7
0,4	0	1	5	2	0	0	1	5	2	9
0,5	0	1	9	0	0	0	1	9	1	1
0,6	0	2	2	8	0	0	2	2	9	3
0,7	0	2	6	6	0	0	2	6	7	5
0,8	0	3	0	4	0	0	3	0	5	8
0,9	0	3	4	2	0	0	3	4	4	0
1	0	3	8	0	0	0	3	8	2	2
1,1	0	4	1	8	0	0	4	2	0	4
1,2	0	4	5	6	0	0	4	5	8	6
1,3	0	4	9	4	0	0	4	9	6	9
1,4	0	5	3	2	0	0	5	3	5	1
1,5	0	5	7	0	0	0	5	7	3	3
1,6	0	6	0	8	0	0	6	1	1	5
1,7	0	6	4	6	0	0	6	4	9	7
1,8	0	6	8	4	0	0	6	8	8	0
1,9	0	7	2	2	0	0	7	2	6	2
2	0	7	6	0	0	0	7	6	4	4
2,1	0	7	9	8	0	0	8	0	2	6
2,2	0	8	3	6	0	0	8	4	0	8
2,3	0	8	7	4	0	0	8	7	9	1
2,4	0	9	1	2	0	0	9	1	7	3
2,5	0	9	5	0	0	0	9	5	5	5
2,6	0	9	8	8	0	0	9	9	3	7
2,7	1	0	2	6	0	1	0	3	1	9
2,8	1	0	6	4	0	1	0	7	0	2
2,9	1	1	0	2	0	1	1	0	8	4
3	1	1	4	0	0	1	1	4	6	6
3,1	1	1	7	8	0	1	1	8	4	8
3,2	1	2	1	6	0	1	2	2	3	0
3,3	1	2	5	4	0	1	2	6	1	3
3,4	1	2	9	2	0	1	2	9	9	5
3,5	1	3	3	0	0	1	3	3	7	7
3,6	1	3	6	8	0	1	3	7	5	9
3,7	1	4	0	6	0	1	4	1	4	1
3,8	1	4	4	4	0	1	4	5	2	4
3,9	1	4	8	2	0	1	4	9	0	6
4	1	5	2	0	0	1	5	2	8	8
4,1	1	5	5	8	0	1	5	6	7	0
4,2	1	5	9	6	0	1	6	0	5	2
4,3	1	6	3	4	0	1	6	4	3	5
4,4	1	6	7	2	0	1	6	8	1	7
4,5	1	7	1	0	0	1	7	1	9	9

4,6 bis 10	0,38	3,8	38,0	380,0	3800,0	0,3822	3,822	38,22	382,2	3822,0
4,6	1	7	4	8	0	1	7	5	8	1
4,7	1	7	8	6	0	1	7	9	6	3
4,8	1	8	2	4	0	1	8	3	4	6
4,9	1	8	6	2	0	1	8	7	2	8
5	1	9	0	0	0	1	9	1	1	0
5,1	1	9	3	8	0	1	9	4	9	2
5,2	1	9	7	6	0	1	9	8	7	4
5,3	2	0	1	4	0	2	0	2	5	7
5,4	2	0	5	2	0	2	0	6	3	9
5,5	2	0	9	0	0	2	1	0	2	1
5,6	2	1	2	8	0	2	1	4	0	3
5,7	2	1	6	6	0	2	1	7	8	5
5,8	2	2	0	4	0	2	2	1	6	8
5,9	2	2	4	2	0	2	2	5	5	0
6	2	2	8	0	0	2	2	9	3	2
6,1	2	3	1	8	0	2	3	3	1	4
6,2	2	3	5	6	0	2	3	6	9	6
6,3	2	3	9	4	0	2	4	0	7	9
6,4	2	4	3	2	0	2	4	4	6	1
6,5	2	4	7	0	0	2	4	8	4	3
6,6	2	5	0	8	0	2	5	2	2	5
6,7	2	5	4	6	0	2	5	6	0	7
6,8	2	5	8	4	0	2	5	9	9	0
6,9	2	6	2	2	0	2	6	3	7	2
7	2	6	6	0	0	2	6	7	5	4
7,1	2	6	9	8	0	2	7	1	3	6
7,2	2	7	3	6	0	2	7	5	1	8
7,3	2	7	7	4	0	2	7	9	0	1
7,4	2	8	1	2	0	2	8	2	8	3
7,5	2	8	5	0	0	2	8	6	6	5
7,6	2	8	8	8	0	2	9	0	4	7
7,7	2	9	2	6	0	2	9	4	2	9
7,8	2	9	6	4	0	2	9	8	1	2
7,9	3	0	0	2	0	3	0	1	9	4
8	3	0	4	0	0	3	0	5	7	6
8,1	3	0	7	8	0	3	0	9	5	8
8,2	3	1	1	6	0	3	1	3	4	0
8,3	3	1	5	4	0	3	1	7	2	3
8,4	3	1	9	2	0	3	2	1	0	5
8,5	3	2	3	0	0	3	2	4	8	7
8,6	3	2	6	8	0	3	2	8	6	9
8,7	3	3	0	6	0	3	3	2	5	1
8,8	3	3	4	4	0	3	3	6	3	4
8,9	3	3	8	2	0	3	4	0	1	6
9	3	4	2	0	0	3	4	3	9	8
9,1	3	4	5	8	0	3	4	7	8	0
9,2	3	4	9	6	0	3	5	1	6	2
9,3	3	5	3	4	0	3	5	5	4	5
9,4	3	5	7	2	0	3	5	9	2	7
9,5	3	6	1	0	0	3	6	3	0	9
9,6	3	6	4	8	0	3	6	6	9	1
9,7	3	6	8	6	0	3	7	0	7	3
9,8	3	7	2	4	0	3	7	4	5	6
9,9	3	7	6	2	0	3	7	8	3	8
10	3	8	0	0	0	3	8	2	2	0

0,01 bis 4,5	0,3844	3,844	38,44	384,4	3844,0	0,3866	3,866	38,66	386,6	3866,0
0,01	0	0	0	3	8	0	0	0	3	9
0,02	0	0	0	7	7	0	0	0	7	7
0,03	0	0	1	1	5	0	0	1	1	6
0,04	0	0	1	5	4	0	0	1	5	5
0,05	0	0	1	9	2	0	0	1	9	3
0,06	0	0	2	3	1	0	0	2	3	2
0,07	0	0	2	6	9	0	0	2	7	1
0,08	0	0	3	0	8	0	0	3	0	9
0,09	0	0	3	4	6	0	0	3	4	8
0,1	0	0	3	8	4	0	0	3	8	7
0,2	0	0	7	6	9	0	0	7	7	3
0,3	0	1	1	5	3	0	1	1	6	0
0,4	0	1	5	3	8	0	1	5	4	6
0,5	0	1	9	2	2	0	1	9	3	3
0,6	0	2	3	0	6	0	2	3	2	0
0,7	0	2	6	9	1	0	2	7	0	6
0,8	0	3	0	7	5	0	3	0	9	3
0,9	0	3	4	6	0	0	3	4	7	9
1	0	3	8	4	4	0	3	8	6	6
1,1	0	4	2	2	8	0	4	2	5	3
1,2	0	4	6	1	3	0	4	6	3	9
1,3	0	4	9	9	7	0	5	0	2	6
1,4	0	5	3	8	2	0	5	4	1	2
1,5	0	5	7	6	6	0	5	7	9	9
1,6	0	6	1	5	0	0	6	1	8	6
1,7	0	6	5	3	5	0	6	5	7	2
1,8	0	6	9	1	9	0	6	9	5	9
1,9	0	7	3	0	4	0	7	3	4	5
2	0	7	6	8	8	0	7	7	3	2
2,1	0	8	0	7	2	0	8	1	1	9
2,2	0	8	4	5	7	0	8	5	0	5
2,3	0	8	8	4	1	0	8	8	9	2
2,4	0	9	2	2	6	0	9	2	7	8
2,5	0	9	6	1	0	0	9	6	6	5
2,6	0	9	9	9	4	1	0	0	5	2
2,7	1	0	3	7	9	1	0	4	3	8
2,8	1	0	7	6	3	1	0	8	2	5
2,9	1	1	1	4	8	1	1	2	1	1
3	1	1	5	3	2	1	1	5	9	8
3,1	1	1	9	1	6	1	1	9	8	5
3,2	1	2	3	0	1	1	2	3	7	1
3,3	1	2	6	8	5	1	2	7	5	8
3,4	1	3	0	7	0	1	3	1	4	4
3,5	1	3	4	5	4	1	3	5	3	1
3,6	1	3	8	3	8	1	3	9	1	8
3,7	1	4	2	2	3	1	4	3	0	4
3,8	1	4	6	0	7	1	4	6	9	1
3,9	1	4	9	9	2	1	5	0	7	7
4	1	5	3	7	6	1	5	4	6	4
4,1	1	5	7	6	0	1	5	8	5	1
4,2	1	6	1	4	5	1	6	2	3	7
4,3	1	6	5	2	9	1	6	6	2	4
4,4	1	6	9	1	4	1	7	0	1	0
4,5	1	7	2	9	8	1	7	3	9	7

4,6 bis 10	0,3844	3,844	38,44	384,4	3844,0	0,3866	3,866	38,66	386,6	3866,0
4,6	1	7	6	8	2	1	7	7	8	4
4,7	1	8	0	6	7	1	8	1	7	0
4,8	1	8	4	5	1	1	8	5	5	7
4,9	1	8	8	3	6	1	8	9	4	3
5	1	9	2	2	0	1	9	3	3	0
5,1	1	9	6	0	4	1	9	7	1	7
5,2	1	9	9	8	9	2	0	1	0	3
5,3	2	0	3	7	3	2	0	4	9	0
5,4	2	0	7	5	8	2	0	8	7	6
5,5	2	1	1	4	2	2	1	2	6	3
5,6	2	1	5	2	6	2	1	6	5	0
5,7	2	1	9	1	1	2	2	0	3	6
5,8	2	2	2	9	5	2	2	4	2	3
5,9	2	2	6	8	0	2	2	8	0	9
6	2	3	0	6	4	2	3	1	9	6
6,1	2	3	4	4	8	2	3	5	8	3
6,2	2	3	8	3	3	2	3	9	6	9
6,3	2	4	2	1	7	2	4	3	5	6
6,4	2	4	6	0	2	2	4	7	4	2
6,5	2	4	9	8	6	2	5	1	2	9
6,6	2	5	3	7	0	2	5	5	1	6
6,7	2	5	7	5	5	2	5	9	0	2
6,8	2	6	1	3	9	2	6	2	8	9
6,9	2	6	5	2	4	2	6	6	7	5
7	2	6	9	0	8	2	7	0	6	2
7,1	2	7	2	9	2	2	7	4	4	9
7,2	2	7	6	7	7	2	7	8	3	5
7,3	2	8	0	6	1	2	8	2	2	2
7,4	2	8	4	4	6	2	8	6	0	8
7,5	2	8	8	3	0	2	8	9	9	5
7,6	2	9	2	1	4	2	9	3	8	2
7,7	2	9	5	9	9	2	9	7	6	8
7,8	2	9	9	8	3	3	0	1	5	5
7,9	3	0	3	6	8	3	0	5	4	1
8	3	0	7	5	2	3	0	9	2	8
8,1	3	1	1	3	6	3	1	3	1	5
8,2	3	1	5	2	1	3	1	7	0	1
8,3	3	1	9	0	5	3	2	0	8	8
8,4	3	2	2	9	0	3	2	4	7	4
8,5	3	2	6	7	4	3	2	8	6	1
8,6	3	3	0	5	8	3	3	2	4	8
8,7	3	3	4	4	3	3	3	6	3	4
8,8	3	3	8	2	7	3	4	0	2	1
8,9	3	4	2	1	2	3	4	4	0	7
9	3	4	5	9	6	3	7	7	9	4
9,1	3	4	9	8	0	3	5	1	8	1
9,2	3	5	3	6	5	3	5	5	6	7
9,3	3	5	7	4	9	3	5	9	5	4
9,4	3	6	1	3	4	3	6	3	4	0
9,5	3	6	5	1	8	3	6	7	2	7
9,6	3	6	9	0	2	3	7	1	1	4
9,7	3	7	2	8	7	3	7	5	0	0
9,8	3	7	6	7	1	3	7	8	8	7
9,9	3	8	0	5	6	3	8	2	7	3
10	3	8	4	4	0	3	8	6	6	0

0,01 bis 4,5	0,3888	3,888	38,88	388,8	3888,0	0,391	3,91	39,1	391,0	3910,0
0,01	0	0	0	3	9	0	0	0	3	9
0,02	0	0	0	7	8	0	0	0	7	8
0,03	0	0	1	1	7	0	0	1	1	7
0,04	0	0	1	5	6	0	0	1	5	6
0,05	0	0	1	9	4	0	0	1	9	6
0,06	0	0	2	3	3	0	0	2	3	5
0,07	0	0	2	7	2	0	0	2	7	4
0,08	0	0	3	1	1	0	0	3	1	3
0,09	0	0	3	5	0	0	0	3	5	2
0,1	0	0	3	8	9	0	0	3	9	1
0,2	0	0	7	7	8	0	0	7	8	2
0,3	0	1	1	6	6	0	1	1	7	3
0,4	0	1	5	5	5	0	1	5	6	4
0,5	0	1	9	4	4	0	1	9	5	5
0,6	0	2	3	3	3	0	2	3	4	6
0,7	0	2	7	2	2	0	2	7	3	7
0,8	0	3	1	1	0	0	3	1	2	8
0,9	0	3	4	9	9	0	3	5	1	9
1	0	3	8	8	8	0	3	9	1	0
1,1	0	4	2	7	7	0	4	3	0	1
1,2	0	4	6	6	6	0	4	6	9	2
1,3	0	5	0	5	4	0	5	0	8	3
1,4	0	5	4	4	3	0	5	4	7	4
1,5	0	5	8	3	2	0	5	8	6	5
1,6	0	6	2	2	1	0	6	2	5	6
1,7	0	6	6	1	0	0	6	6	4	7
1,8	0	6	9	9	8	0	7	0	3	8
1,9	0	7	3	8	7	0	7	4	2	9
2	0	7	7	7	6	0	7	8	2	0
2,1	0	8	1	6	5	0	8	2	1	1
2,2	0	8	5	5	4	0	8	6	0	2
2,3	0	8	9	4	2	0	8	9	9	3
2,4	0	9	3	3	1	0	9	3	8	4
2,5	0	9	7	2	0	0	9	7	7	5
2,6	1	0	1	0	9	1	0	1	6	6
2,7	1	0	4	9	8	1	0	5	5	7
2,8	1	0	8	8	6	1	0	9	4	8
2,9	1	1	2	7	5	1	1	3	3	9
3	1	1	6	6	4	1	1	7	3	0
3,1	1	2	0	5	3	1	2	1	2	1
3,2	1	2	4	4	2	1	2	5	1	2
3,3	1	2	8	3	0	1	2	9	0	3
3,4	1	3	2	1	9	1	3	2	9	4
3,5	1	3	6	0	8	1	3	6	8	5
3,6	1	3	9	9	7	1	4	0	7	6
3,7	1	4	3	8	6	1	4	4	6	7
3,8	1	4	7	7	4	1	4	8	5	8
3,9	1	5	1	6	3	1	5	2	4	9
4	1	5	5	5	2	1	5	6	4	0
4,1	1	5	9	4	1	1	6	0	3	1
4,2	1	6	3	3	0	1	6	4	2	2
4,3	1	6	7	1	8	1	6	8	1	3
4,4	1	7	1	0	7	1	7	2	0	4
4,5	1	7	4	9	6	1	7	5	9	5

4,6 bis 10	0,3888	3,888	38,88	388,8	3888,0	0,391	3,91	39,1	391,0	3910,0
4,6	1	7	8	8	5	1	7	9	8	6
4,7	1	8	2	7	4	1	8	3	7	7
4,8	1	8	6	6	2	1	8	7	6	8
4,9	1	9	0	5	1	1	9	1	5	9
5	1	9	4	4	0	1	9	5	5	0
5,1	1	9	8	2	9	1	9	9	4	1
5,2	2	0	2	1	8	2	0	3	3	2
5,3	2	0	6	0	6	2	0	7	2	3
5,4	2	0	9	9	5	2	1	1	1	4
5,5	2	1	3	8	4	2	1	5	0	5
5,6	2	1	7	7	3	2	1	8	9	6
5,7	2	2	1	6	2	2	2	2	8	7
5,8	2	2	5	5	0	2	2	6	7	8
5,9	2	2	9	3	9	2	3	0	6	9
6	2	3	3	2	8	2	3	4	6	0
6,1	2	3	7	1	7	2	3	8	5	1
6,2	2	4	1	0	6	2	4	2	4	2
6,3	2	4	4	9	4	2	4	6	3	3
6,4	2	4	8	8	3	2	5	0	2	4
6,5	2	5	2	7	2	2	5	4	1	5
6,6	2	5	6	6	1	2	5	8	0	6
6,7	2	6	0	5	0	2	6	1	9	7
6,8	2	6	4	3	8	2	6	5	8	8
6,9	2	6	8	2	7	2	6	9	7	9
7	2	7	2	1	6	2	7	3	7	0
7,1	2	7	6	0	5	2	7	7	6	1
7,2	2	7	9	9	4	2	8	1	5	2
7,3	2	8	3	8	2	2	8	5	4	3
7,4	2	8	7	7	1	2	8	9	3	4
7,5	2	9	1	6	0	2	9	3	2	5
7,6	2	9	5	4	9	2	9	7	1	6
7,7	2	9	9	3	8	3	0	1	0	7
7,8	3	0	3	2	6	3	0	4	9	8
7,9	3	0	7	1	5	3	0	8	9	8
8	3	1	1	0	4	3	1	2	8	0
8,1	3	1	4	9	3	3	1	6	7	1
8,2	3	1	8	8	2	3	2	0	6	2
8,3	3	2	2	7	0	3	2	4	5	3
8,4	3	2	6	5	9	3	2	8	4	4
8,5	3	3	0	4	8	3	3	2	3	5
8,6	3	3	4	3	7	3	3	6	2	6
8,7	3	3	8	2	6	3	4	0	1	7
8,8	3	4	2	1	4	3	4	4	0	8
8,9	3	4	6	0	3	3	4	7	9	9
9	3	4	9	9	2	3	5	1	9	0
9,1	3	5	3	8	1	3	5	5	8	1
9,2	3	5	7	7	0	3	5	9	7	2
9,3	1	6	1	5	8	3	6	3	6	3
9,4	3	6	5	4	7	3	6	7	5	4
9,5	3	6	9	3	6	3	7	1	4	5
9,6	3	7	3	2	5	3	7	5	3	6
9,7	3	7	7	1	4	3	7	9	2	7
9,8	3	8	1	0	2	3	8	3	1	8
9,9	3	8	4	9	1	3	8	7	0	9
10	3	8	8	8	0	3	9	1	0	0

0,01 bis 4,5	0,3932	3,932	39,32	393,2	3932,0	0,3955	3,955	39,55	395,5	3955,0
0,01	0	0	0	3	9	0	0	0	4	0
0,02	0	0	0	7	9	0	0	0	7	9
0,03	0	0	1	1	8	0	0	1	1	9
0,04	0	0	1	5	7	0	0	1	5	8
0,05	0	0	1	9	7	0	0	1	9	8
0,06	0	0	2	3	6	0	0	2	3	7
0,07	0	0	2	7	5	0	0	2	7	7
0,08	0	0	3	1	5	0	0	3	1	6
0,09	0	0	3	5	4	0	0	3	5	6
0,1	0	0	3	9	3	0	0	3	9	6
0,2	0	0	7	8	6	0	0	7	9	1
0,3	0	1	1	8	0	0	1	1	8	7
0,4	0	1	5	7	3	0	1	5	8	2
0,5	0	1	9	6	6	0	1	9	7	8
0,6	0	2	3	5	9	0	2	3	7	3
0,7	0	2	7	5	2	0	2	7	6	9
0,8	0	3	1	4	6	0	3	1	6	4
0,9	0	3	5	3	9	0	3	5	6	0
1	0	3	9	3	2	0	3	9	5	5
1,1	0	4	3	2	5	0	4	3	5	1
1,2	0	4	7	1	8	0	4	7	4	6
1,3	0	5	1	1	2	0	5	1	4	2
1,4	0	5	5	0	5	0	5	5	3	7
1,5	0	5	8	9	8	0	5	9	3	3
1,6	0	6	2	9	1	0	6	3	2	8
1,7	0	6	6	8	4	0	6	7	2	4
1,8	0	7	0	7	8	0	7	1	1	9
1,9	0	7	4	7	1	0	7	5	1	5
2	0	7	8	6	4	0	7	9	1	0
2,1	0	8	2	5	7	0	8	3	0	6
2,2	0	8	6	5	0	0	8	7	0	1
2,3	0	9	0	4	4	0	9	0	9	7
2,4	0	9	4	3	7	0	9	4	9	2
2,5	0	9	8	3	0	0	9	8	8	8
2,6	1	0	2	2	3	1	0	2	8	3
2,7	1	0	6	1	6	1	0	6	7	9
2,8	1	1	0	1	0	1	1	0	7	4
2,9	1	1	4	0	3	1	1	4	7	0
3	1	1	7	9	6	1	1	8	6	5
3,1	1	2	1	8	9	1	2	2	6	1
3,2	1	2	5	8	2	1	2	6	5	6
3,3	1	2	9	7	6	1	3	0	5	2
3,4	1	3	3	6	9	1	3	4	4	7
3,5	1	3	7	6	2	1	3	8	4	3
3,6	1	4	1	5	5	1	4	2	3	8
3,7	1	4	5	4	8	1	4	6	3	4
3,8	1	4	9	4	2	1	5	0	2	9
3,9	1	5	3	3	5	1	5	4	2	5
4	1	5	7	2	8	1	5	8	2	0
4,1	1	6	1	2	1	1	6	2	1	6
4,2	1	6	5	1	4	1	6	6	1	1
4,3	1	6	9	0	8	1	7	0	0	7
4,4	1	7	3	0	1	1	7	4	0	2
4,5	1	7	6	9	4	1	7	7	9	8

4,6 bis 10	0,3932	3,932	39,32	393,2	3932,0	0,3955	3,955	39,55	395,5	3955,0
4,6	1	8	0	8	7	1	8	1	9	3
4,7	1	8	4	8	0	1	8	5	8	9
4,8	1	8	8	7	4	1	8	9	8	4
4,9	1	9	2	6	7	1	9	3	8	0
5	1	9	6	6	0	1	9	7	7	5
5,1	2	0	0	5	3	2	0	1	7	1
5,2	2	0	4	4	6	2	0	5	6	6
5,3	2	0	8	4	0	2	0	9	6	2
5,4	2	1	2	3	3	2	1	3	5	7
5,5	2	1	6	2	6	2	1	7	5	3
5,6	2	2	0	1	9	2	2	1	4	8
5,7	2	2	4	1	2	2	2	5	4	4
5,8	2	2	8	0	6	2	2	9	3	9
5,9	2	3	1	9	9	2	3	3	3	5
6	2	3	5	9	2	2	3	7	3	0
6,1	2	3	9	8	5	2	4	1	2	6
6,2	2	4	3	7	8	2	4	5	2	1
6,3	2	4	7	7	2	2	4	9	1	7
6,4	2	5	1	6	5	2	5	3	1	2
6,5	2	5	5	5	8	2	5	7	0	8
6,6	2	5	9	5	1	2	6	1	0	3
6,7	2	6	3	4	4	2	6	4	9	9
6,8	2	6	7	3	8	2	6	8	9	4
6,9	2	7	1	3	1	2	7	2	9	0
7	2	7	5	2	4	2	7	6	8	5
7,1	2	7	9	1	7	2	8	0	8	1
7,2	2	8	3	1	0	2	8	4	7	6
7,3	2	8	7	0	4	2	8	8	7	2
7,4	2	9	0	9	7	2	9	2	6	7
7,5	2	9	4	9	0	2	9	6	6	3
7,6	2	9	8	8	3	3	0	0	5	8
7,7	3	0	2	7	6	3	0	4	5	4
7,8	3	0	6	7	0	3	0	8	4	9
7,9	3	1	0	6	3	3	1	2	4	5
8	3	1	4	5	6	3	1	6	4	0
8,1	3	1	8	4	9	3	2	0	3	6
8,2	3	2	2	4	2	3	2	4	3	1
8,3	3	2	6	3	6	3	2	8	2	7
8,4	3	3	0	2	9	3	3	2	2	2
8,5	3	3	4	2	2	3	3	6	1	8
8,6	3	3	8	1	5	3	4	0	1	3
8,7	3	4	2	0	8	3	4	4	0	9
8,8	3	4	6	0	2	3	4	8	0	4
8,9	3	4	9	9	5	3	5	2	0	0
9	3	5	3	8	8	3	5	5	9	5
9,1	3	5	7	8	1	3	5	9	9	1
9,2	3	6	1	7	4	3	6	3	8	6
9,3	3	6	5	6	8	3	6	7	8	2
9,4	3	6	9	6	1	3	7	1	7	7
9,5	3	7	3	5	4	3	7	5	7	3
9,6	3	7	7	4	7	3	7	9	6	8
9,7	3	8	1	4	0	3	8	3	6	4
9,8	3	8	5	3	4	3	8	7	5	9
9,9	3	8	9	2	7	3	9	1	5	5
10	3	9	3	2	0	3	9	5	5	0

0,01 bis 4,5

3978,0 / 397,8 / 0,3978 / 3,978 / 39,78 — 4001,0 / 400,1 / 0,4001 / 4,001 / 40,01

	3978					4001				
0,01	0	0	0	4	0	0	0	0	4	0
0,02	0	0	0	8	0	0	0	0	8	0
0,03	0	0	1	1	9	0	0	1	2	0
0,04	0	0	1	5	9	0	0	1	6	0
0,05	0	0	1	9	9	0	0	2	0	0
0,06	0	0	2	3	9	0	0	2	4	0
0,07	0	0	2	7	8	0	0	2	8	0
0,08	0	0	3	1	8	0	0	3	2	0
0,09	0	0	3	5	8	0	0	3	6	0
0,1	0	0	3	9	8	0	0	4	0	0
0,2	0	0	7	9	6	0	0	8	0	0
0,3	0	1	1	9	3	0	1	2	0	0
0,4	0	1	5	9	1	0	1	6	0	0
0,5	0	1	9	8	9	0	2	0	0	1
0,6	0	2	3	8	7	0	2	4	0	1
0,7	0	2	7	8	5	0	2	8	0	1
0,8	0	3	1	8	2	0	3	2	0	1
0,9	0	3	5	8	0	0	3	6	0	1
1	0	3	9	7	8	0	4	0	0	1
1,1	0	4	3	7	6	0	4	4	0	1
1,2	0	4	7	7	4	0	4	8	0	1
1,3	0	5	1	7	1	0	5	2	0	1
1,4	0	5	5	6	9	0	5	6	0	1
1,5	0	5	9	6	7	0	6	0	0	2
1,6	0	6	3	6	5	0	6	4	0	2
1,7	0	6	7	6	3	0	6	8	0	2
1,8	0	7	1	6	0	0	7	2	0	2
1,9	0	7	5	5	8	0	7	6	0	2
2	0	7	9	5	6	0	8	0	0	2
2,1	0	8	3	5	4	0	8	4	0	2
2,2	0	8	7	5	2	0	8	8	0	2
2,3	0	9	1	4	9	0	9	2	0	2
2,4	0	9	5	4	7	0	9	6	0	2
2,5	0	9	9	4	5	1	0	0	0	3
2,6	1	0	3	4	3	1	0	4	0	3
2,7	1	0	7	4	1	1	0	8	0	3
2,8	1	1	1	3	8	1	1	2	0	3
2,9	1	1	5	3	6	1	1	6	0	3
3	1	1	9	3	4	1	2	0	0	3
3,1	1	2	3	3	2	1	2	4	0	3
3,2	1	2	7	3	0	1	2	8	0	3
3,3	1	3	1	2	7	1	3	2	0	3
3,4	1	3	5	2	5	1	3	6	0	3
3,5	1	3	9	2	3	1	4	0	0	4
3,6	1	4	3	2	1	1	4	4	0	4
3,7	1	4	7	1	9	1	4	8	0	4
3,8	1	5	1	1	6	1	5	2	0	4
3,9	1	5	5	1	4	1	5	6	0	4
4	1	5	9	1	2	1	6	0	0	4
4,1	1	6	3	1	0	1	6	4	0	4
4,2	1	6	7	0	8	1	6	8	0	4
4,3	1	7	1	0	5	1	7	2	0	4
4,4	1	7	5	0	3	1	7	6	0	4
4,5	1	7	9	0	1	1	8	0	0	5

4,6 bis 10

3978,0 / 397,8 / 0,3978 / 3,978 / 39,78 — 4001,0 / 400,1 / 0,4001 / 4,001 / 40,01

	3978					4001				
4,6	1	8	2	9	9	1	8	4	0	5
4,7	1	8	6	9	7	1	8	8	0	5
4,8	1	9	0	9	4	1	9	2	0	5
4,9	1	9	4	9	2	1	9	6	0	5
5	1	9	8	9	0	2	0	0	0	5
5,1	2	0	2	8	8	2	0	4	0	5
5,2	2	0	6	8	6	2	0	8	0	5
5,3	2	1	0	8	3	2	1	2	0	5
5,4	2	1	4	8	1	2	1	6	0	5
5,5	2	1	8	7	9	2	2	0	0	6
5,6	2	2	2	7	7	2	2	4	0	6
5,7	2	2	6	7	5	2	2	8	0	6
5,8	2	3	0	7	2	2	3	2	0	6
5,9	2	3	4	7	0	2	3	6	0	6
6	2	3	8	6	8	2	4	0	0	6
6,1	2	4	2	6	6	2	4	4	0	6
6,2	2	4	6	6	4	2	4	8	0	6
6,3	2	5	0	6	1	2	5	2	0	6
6,4	2	5	4	5	9	2	5	6	0	6
6,5	2	5	8	5	7	2	6	0	0	7
6,6	2	6	2	5	5	2	6	4	0	7
6,7	2	6	6	5	3	2	6	8	0	7
6,8	2	7	0	5	0	2	7	2	0	7
6,9	2	7	4	4	8	2	7	6	0	7
7	2	7	8	4	6	2	8	0	0	7
7,1	2	8	2	4	4	2	8	4	0	7
7,2	2	8	6	4	2	2	8	8	0	7
7,3	2	9	0	3	9	2	9	2	0	7
7,4	2	9	4	3	7	2	9	6	0	7
7,5	2	9	8	3	5	3	0	0	0	8
7,6	3	0	2	3	3	3	0	4	0	8
7,7	3	0	6	3	1	3	0	8	0	8
7,8	3	1	0	2	8	3	1	2	0	8
7,9	3	1	4	2	6	3	1	6	0	8
8	3	1	8	2	4	3	2	0	0	8
8,1	3	2	2	2	2	3	2	4	0	8
8,2	3	2	6	2	0	3	2	8	0	8
8,3	3	3	0	1	7	3	3	2	0	8
8,4	3	3	4	1	5	3	3	6	0	8
8,5	3	3	8	1	3	3	4	0	0	9
8,6	3	4	2	1	1	3	4	4	0	9
8,7	3	4	6	0	9	3	4	8	0	9
8,8	3	5	0	0	6	3	5	2	0	9
8,9	3	5	4	0	4	3	5	6	0	9
9	3	5	8	0	2	3	6	0	0	9
9,1	3	6	2	0	0	3	6	4	0	9
9,2	3	6	5	9	8	3	6	8	0	9
9,3	3	6	9	9	5	3	7	2	0	9
9,4	3	7	3	9	3	3	7	6	0	9
9,5	3	7	7	9	1	3	8	0	1	0
9,6	3	8	1	8	9	3	8	4	1	0
9,7	3	8	5	8	7	3	8	8	1	0
9,8	3	8	9	8	4	3	9	2	1	0
9,9	3	9	3	8	2	3	9	6	1	0
10	3	9	7	8	0	4	0	0	1	0

0,01 bis 4,5	0,4024	4,024	40,24	402,4	4024,0	0,4047	4,047	40,47	404,7	4047,0
0,01	0	0	0	4	0	0	0	0	4	0
0,02	0	0	0	8	0	0	0	0	8	1
0,03	0	0	1	2	1	0	0	1	2	1
0,04	0	0	1	6	1	0	0	1	6	2
0,05	0	0	2	0	1	0	0	2	0	2
0,06	0	0	2	4	1	0	0	2	4	3
0,07	0	0	2	8	2	0	0	2	8	3
0,08	0	0	3	2	2	0	0	3	2	4
0,09	0	0	3	6	2	0	0	3	6	4
0,1	0	0	4	0	2	0	0	4	0	5
0,2	0	0	8	0	5	0	0	8	0	9
0,3	0	1	2	0	7	0	1	2	1	4
0,4	0	1	6	1	0	0	1	6	1	9
0,5	0	2	0	1	2	0	2	0	2	4
0,6	0	2	4	1	4	0	2	4	2	8
0,7	0	2	8	1	7	0	2	8	3	3
0,8	0	3	2	1	9	0	3	2	3	8
0,9	0	3	6	2	2	0	3	6	4	2
1	0	4	0	2	4	0	4	0	4	7
1,1	0	4	4	2	6	0	4	4	5	2
1,2	0	4	8	2	9	0	4	8	5	6
1,3	0	5	2	3	1	0	5	2	6	1
1,4	0	5	6	3	4	0	5	6	6	6
1,5	0	6	0	3	6	0	6	0	7	1
1,6	0	6	4	3	8	0	6	4	7	5
1,7	0	6	8	4	1	0	6	8	8	0
1,8	0	7	2	4	3	0	7	2	8	5
1,9	0	7	6	4	6	0	7	6	8	9
2	0	8	0	4	8	0	8	0	9	4
2,1	0	8	4	5	0	0	8	4	9	9
2,2	0	8	8	5	3	0	8	9	0	3
2,3	0	9	2	5	5	0	9	3	0	8
2,4	0	9	6	5	8	0	9	7	1	3
2,5	1	0	0	6	0	1	0	1	1	8
2,6	1	0	4	6	2	1	0	5	2	2
2,7	1	0	8	6	5	1	0	9	2	7
2,8	1	1	2	6	7	1	1	3	3	2
2,9	1	1	6	7	0	1	1	7	3	6
3	1	2	0	7	2	1	2	1	4	1
3,1	1	2	4	7	4	1	2	5	4	6
3,2	1	2	8	7	7	1	2	9	5	0
3,3	1	3	2	7	9	1	3	3	5	5
3,4	1	3	6	8	2	1	3	7	6	0
3,5	1	4	0	8	4	1	4	1	6	5
3,6	1	4	4	8	6	1	4	5	6	9
3,7	1	4	8	8	9	1	4	9	7	4
3,8	1	5	2	9	1	1	5	3	7	9
3,9	1	5	6	9	4	1	5	7	8	3
4	1	6	0	9	6	1	6	1	8	8
4,1	1	6	4	9	8	1	6	5	9	3
4,2	1	6	9	0	1	1	6	9	9	7
4,3	1	7	3	0	3	1	7	4	0	2
4,4	1	7	7	0	6	1	7	8	0	7
4,5	1	8	1	0	8	1	8	2	1	2

4,6 bis 10	0,4024	4,024	40,24	402,4	4024,0	0,4047	4,047	40,47	40,47	4047,0
4,6	1	8	5	1	0	1	8	6	1	6
4,7	1	8	9	1	3	1	9	0	2	1
4,8	1	9	3	1	5	1	9	4	2	6
4,9	1	9	7	1	8	1	9	8	3	0
5	2	0	1	2	0	2	0	2	3	5
5,1	2	0	5	2	2	2	0	6	4	0
5,2	2	0	9	2	5	2	1	0	4	4
5,3	2	1	3	2	7	2	1	4	4	9
5,4	2	1	7	3	0	2	1	8	5	4
5,5	2	2	1	3	2	2	2	2	5	9
5,6	2	2	5	3	4	2	2	6	6	3
5,7	2	2	9	3	7	2	3	0	6	8
5,8	2	3	3	3	9	2	3	4	7	3
5,9	2	3	7	4	2	2	3	8	7	7
6	2	4	1	4	4	2	4	2	8	2
6,1	2	4	5	4	6	2	4	6	8	7
6,2	2	4	9	4	9	2	5	0	9	1
6,3	2	5	3	5	1	2	5	4	9	6
6,4	2	5	7	5	4	2	5	9	0	1
6,5	2	6	1	5	6	2	6	3	0	6
6,6	2	6	5	5	8	2	6	7	1	0
6,7	2	6	9	6	1	2	7	1	1	5
6,8	2	7	3	6	3	2	7	5	2	0
6,9	2	7	7	6	6	2	7	9	2	4
7	2	8	1	6	8	2	8	3	2	9
7,1	2	8	5	7	0	2	8	7	3	4
7,2	2	8	9	7	3	2	9	1	3	8
7,3	2	9	3	7	5	2	9	5	4	3
7,4	2	9	7	7	8	2	9	9	4	8
7,5	3	0	1	8	0	3	0	3	5	3
7,6	3	0	5	8	2	3	0	7	5	7
7,7	3	0	9	8	5	3	1	1	6	2
7,8	3	1	3	8	7	3	1	5	6	7
7,9	3	1	7	9	0	3	1	9	7	1
8	3	2	1	9	2	3	2	3	7	6
8,1	3	2	5	9	4	3	2	7	8	1
8,2	3	2	9	9	7	3	3	1	8	5
8,3	3	3	3	9	9	3	3	5	9	0
8,4	3	3	8	0	2	3	3	9	9	5
8,5	3	4	2	0	4	3	4	4	0	0
8,6	3	4	6	0	6	3	4	8	0	4
8,7	3	5	0	0	9	3	5	2	0	9
8,8	3	5	4	1	1	3	5	6	1	4
8,9	3	5	8	1	4	3	6	0	1	8
9	3	6	2	1	6	3	6	4	2	3
9,1	3	6	6	1	8	3	6	8	2	8
9,2	3	7	0	2	1	3	7	2	3	2
9,3	3	7	4	2	3	3	7	6	3	7
9,4	3	7	8	2	6	3	8	0	4	2
9,5	3	8	2	2	8	3	8	4	4	7
9,6	3	8	6	3	0	3	8	8	5	1
9,7	3	9	0	3	3	3	9	2	5	6
9,8	3	9	4	3	5	3	9	6	6	1
9,9	3	9	8	3	8	4	0	0	6	5
10	4	0	2	4	0	4	0	4	7	0

4070–4095

0,01 bis 4,5	0,407	4,07	40,7	407,0	4070,0	0,4095	4,095	40,95	409,5	4095,0
0,01	0	0	0	4	1	0	0	0	4	1
0,02	0	0	0	8	1	0	0	0	8	2
0,03	0	0	1	2	2	0	0	1	2	3
0,04	0	0	1	6	3	0	0	1	6	4
0,05	0	0	2	0	4	0	0	2	0	5
0,06	0	0	2	4	4	0	0	2	4	6
0,07	0	0	2	8	5	0	0	2	8	7
0,08	0	0	3	2	6	0	0	3	2	8
0,09	0	0	3	6	6	0	0	3	6	9
0,1	0	0	4	0	7	0	0	4	1	0
0,2	0	0	8	1	4	0	0	8	1	9
0,3	0	1	2	2	1	0	1	2	2	9
0,4	0	1	6	2	8	0	1	6	3	8
0,5	0	2	0	3	5	0	2	0	4	8
0,6	0	2	4	4	2	0	2	4	5	7
0,7	0	2	8	4	9	0	2	8	6	7
0,8	0	3	2	5	6	0	3	2	7	6
0,9	0	3	6	6	3	0	3	6	8	6
1	0	4	0	7	0	0	4	0	9	5
1,1	0	4	4	7	7	0	4	5	0	5
1,2	0	4	8	8	4	0	4	9	1	4
1,3	0	5	2	9	1	0	5	3	2	4
1,4	0	5	6	9	8	0	5	7	3	3
1,5	0	6	1	0	5	0	6	1	4	3
1,6	0	6	5	1	2	0	6	5	5	2
1,7	0	6	9	1	9	0	6	9	6	2
1,8	0	7	3	2	6	0	7	3	7	1
1,9	0	7	7	3	3	0	7	7	8	1
2	0	8	1	4	0	0	8	1	9	0
2,1	0	8	5	4	7	0	8	6	0	0
2,2	0	8	9	5	4	0	9	0	0	9
2,3	0	9	3	6	1	0	9	4	1	9
2,4	0	9	7	6	8	0	9	8	2	8
2,5	1	0	1	7	5	1	0	2	3	8
2,6	1	0	5	8	2	1	0	6	4	7
2,7	1	0	9	8	9	1	1	0	5	7
2,8	1	1	3	9	6	1	1	4	6	6
2,9	1	1	8	0	3	1	1	8	7	6
3	1	2	2	1	0	1	2	2	8	5
3,1	1	2	6	1	7	1	2	6	9	5
3,2	1	3	0	2	4	1	3	1	0	4
3,3	1	3	4	3	1	1	3	5	1	4
3,4	1	3	8	3	8	1	3	9	2	3
3,5	1	4	2	4	5	1	4	3	3	3
3,6	1	4	6	5	2	1	4	7	4	2
3,7	1	5	0	5	9	1	5	1	5	2
3,8	1	5	4	6	6	1	5	5	6	1
3,9	1	5	8	7	3	1	5	9	7	1
4	1	6	2	8	0	1	6	3	8	0
4,1	1	6	6	8	7	1	6	7	9	0
4,2	1	7	0	9	4	1	7	1	9	9
4,3	1	7	5	0	1	1	7	6	0	9
4,4	1	8	9	0	8	1	8	0	1	8
4,5	1	8	3	1	5	1	8	4	2	8

4,6 bis 10	0,407	4,07	40,7	407,0	4070,0	0,4095	4,095	40,95	409,5	4095,0
4,6	1	8	7	2	2	1	8	8	3	7
4,7	1	9	1	2	9	1	9	2	4	7
4,8	1	9	5	3	6	1	9	6	5	6
4,9	1	9	9	4	3	2	0	0	6	6
5	2	0	3	5	0	2	0	4	7	5
5,1	2	0	7	5	7	2	0	8	8	5
5,2	2	1	1	6	4	2	1	2	9	4
5,3	2	1	5	7	1	2	1	7	0	4
5,4	2	1	9	7	8	2	2	1	1	3
5,5	2	2	3	8	5	2	2	5	2	3
5,6	2	2	7	9	2	2	2	9	3	2
5,7	2	3	1	9	9	2	3	3	4	2
5,8	2	3	6	0	6	2	3	7	5	1
5,9	2	4	0	1	3	2	4	1	6	1
6	2	4	4	2	0	2	4	5	7	0
6,1	2	4	8	2	7	2	4	9	8	0
6,2	2	5	2	3	4	2	5	3	8	9
6,3	2	5	6	4	1	2	5	7	9	9
6,4	2	6	0	4	8	2	6	2	0	8
6,5	2	6	4	5	5	2	6	6	1	8
6,6	2	6	8	6	2	2	7	0	2	7
6,7	2	7	2	6	9	2	7	4	3	7
6,8	2	7	6	7	6	2	7	8	4	6
6,9	2	8	0	8	3	2	8	2	5	6
7	2	8	4	9	0	2	8	6	6	5
7,1	2	8	8	9	7	2	9	0	7	5
7,2	2	9	3	0	4	2	9	4	8	4
7,3	2	9	7	1	1	2	9	8	9	4
7,4	3	0	1	1	8	3	0	3	0	3
7,5	3	0	5	2	5	3	0	7	1	3
7,6	3	0	9	3	2	3	1	1	2	2
7,7	3	1	3	3	9	3	1	5	3	2
7,8	3	1	7	4	6	3	1	9	4	1
7,9	3	2	1	5	3	3	2	3	5	1
8	3	2	5	6	0	3	2	7	6	0
8,1	3	2	9	6	7	3	3	1	7	0
8,2	3	3	3	7	4	3	3	5	7	9
8,3	3	3	7	8	1	3	3	9	8	9
8,4	3	4	1	8	8	3	4	3	9	8
8,5	3	4	5	9	5	3	4	8	0	8
8,6	3	5	0	0	2	3	5	2	1	7
8,7	3	5	4	0	9	3	5	6	2	7
8,8	3	5	8	1	6	3	6	0	3	6
8,9	3	6	2	2	3	3	6	4	4	6
9	3	6	6	3	0	3	6	8	5	5
9,1	3	7	0	3	7	3	7	2	6	5
9,2	3	7	4	4	4	3	7	6	7	4
9,3	3	7	8	5	1	3	8	0	8	4
9,4	3	8	2	5	8	3	8	4	9	3
9,5	3	8	6	6	5	3	8	9	0	3
9,6	3	9	0	7	2	3	9	3	1	2
9,7	3	9	4	7	9	3	9	7	2	2
9,8	3	9	8	8	6	4	0	1	3	1
9,9	4	0	2	9	3	4	0	5	4	1
10	4	0	7	0	0	4	0	9	5	0

0,01 bis 4,5	0,412	4,12	41,2	412,0	4120,0	0,4145	4,145	41,45	414,5	4145,0
0,01	0	0	0	4	1	0	0	0	4	1
0,02	0	0	0	8	2	0	0	0	8	3
0,03	0	0	1	2	4	0	0	1	2	4
0,04	0	0	1	6	5	0	0	1	6	6
0,05	0	0	2	0	6	0	0	2	0	7
0,06	0	0	2	4	7	0	0	2	4	9
0,07	0	0	2	8	8	0	0	2	9	0
0,08	0	0	3	3	0	0	0	3	3	2
0,09	0	0	3	7	1	0	0	3	7	3
0,1	0	0	4	1	2	0	0	4	1	5
0,2	0	0	8	2	4	0	0	8	2	9
0,3	0	1	2	3	6	0	1	2	4	4
0,4	0	1	6	4	8	0	1	6	5	8
0,5	0	2	0	6	0	0	2	0	7	3
0,6	0	2	4	7	2	0	2	4	8	7
0,7	0	2	8	8	4	0	2	9	0	2
0,8	0	3	2	9	6	0	3	3	1	6
0,9	0	3	7	0	8	0	3	7	3	1
1	0	4	1	2	0	0	4	1	4	5
1,1	0	4	5	3	2	0	4	5	6	0
1,2	0	4	9	4	4	0	4	9	7	4
1,3	0	5	3	5	6	0	5	3	8	9
1,4	0	5	7	6	8	0	5	8	0	3
1,5	0	6	1	8	0	0	6	2	1	8
1,6	0	6	5	9	2	0	6	6	3	2
1,7	0	7	0	0	4	0	7	0	4	7
1,8	0	7	4	1	6	0	7	4	6	1
1,9	0	7	8	2	8	0	7	8	7	6
2	0	8	2	4	0	0	8	2	9	0
2,1	0	8	6	5	2	0	8	7	0	5
2,2	0	9	0	6	4	0	9	1	1	9
2,3	0	9	4	7	6	0	9	5	3	4
2,4	0	9	8	8	8	0	9	9	4	8
2,5	1	0	3	0	0	1	0	3	6	3
2,6	1	0	7	1	2	1	0	7	7	7
2,7	1	1	1	2	4	1	1	1	9	2
2,8	1	1	5	3	6	1	1	6	0	6
2,9	1	1	9	4	8	1	2	0	2	1
3	1	2	3	6	0	1	2	4	3	5
3,1	1	2	7	7	2	1	2	8	5	0
3,2	1	3	1	8	4	1	3	2	6	4
3,3	1	3	5	9	6	1	3	6	7	9
3,4	1	4	0	0	8	1	4	0	9	3
3,5	1	4	4	2	0	1	4	5	0	8
3,6	1	4	8	3	2	1	4	9	2	2
3,7	1	5	2	4	4	1	5	3	3	7
3,8	1	5	6	5	6	1	5	7	5	1
3,9	1	6	0	6	8	1	6	1	6	6
4	1	6	4	8	0	1	6	5	8	0
4,1	1	6	8	9	2	1	6	9	9	5
4,2	1	7	3	0	4	1	7	4	0	9
4,3	1	7	7	1	6	1	7	8	2	4
4,4	1	8	1	2	8	1	8	2	3	8
4,5	1	8	5	4	0	1	8	6	5	3

4,6 bis 10	0,412	4,12	41,2	412,0	4120,0	0,4145	4,145	41,45	414,5	4145,0
4,6	1	8	9	5	2	1	9	0	6	7
4,7	1	9	3	6	4	1	9	4	8	2
4,8	1	9	7	7	6	1	9	8	9	6
4,9	2	0	1	8	8	2	0	3	1	1
5	2	0	6	0	0	2	0	7	2	5
5,1	2	1	0	1	2	2	1	1	4	0
5,2	2	1	4	2	4	2	1	5	5	4
5,3	2	1	8	3	6	2	1	9	6	9
5,4	2	2	2	4	8	2	2	3	8	3
5,5	2	2	6	6	0	2	2	7	9	8
5,6	2	3	0	7	2	2	3	2	1	2
5,7	2	3	4	8	4	2	3	6	2	7
5,8	2	3	8	9	6	2	4	0	4	1
5,9	2	4	3	0	8	2	4	4	5	6
6	2	4	7	2	0	2	4	8	7	0
6,1	2	5	1	3	2	2	5	2	8	5
6,2	2	5	5	4	4	2	5	6	9	9
6,3	2	5	9	5	6	2	6	1	1	4
6,4	2	6	3	6	8	2	6	5	2	8
6,5	2	6	7	8	0	2	6	9	4	3
6,6	2	7	1	9	2	2	7	3	5	7
6,7	2	7	6	0	4	2	7	7	7	2
6,8	2	8	0	1	6	2	8	1	8	6
6,9	2	8	4	2	8	2	8	6	0	1
7	2	8	8	4	0	2	9	0	1	5
7,1	2	9	2	5	2	2	9	4	3	0
7,2	2	9	6	6	4	2	9	8	4	4
7,3	3	0	0	7	6	3	0	2	5	9
7,4	3	0	4	8	8	3	0	6	7	3
7,5	3	0	9	0	0	3	1	0	8	8
7,6	3	1	3	1	2	3	1	5	0	2
7,7	3	1	7	2	4	3	1	9	1	7
7,8	3	2	1	3	6	3	2	3	3	1
7,9	3	2	5	4	8	3	2	7	4	6
8	3	2	9	6	0	3	3	1	6	0
8,1	3	3	3	7	2	3	3	5	7	5
8,2	3	3	7	8	4	3	3	9	8	9
8,3	3	4	1	9	6	3	4	4	0	4
8,4	3	4	6	0	8	3	4	8	1	8
8,5	3	5	0	2	0	3	5	2	3	3
8,6	3	5	4	3	2	3	5	6	4	7
8,7	3	5	8	4	4	3	6	0	6	2
8,8	3	6	2	5	6	3	6	4	7	6
8,9	3	6	6	6	8	3	6	8	9	1
9	3	7	0	8	0	3	7	3	0	5
9,1	3	7	4	9	2	3	7	7	2	0
9,2	3	7	9	0	4	3	8	1	3	4
9,3	3	8	3	1	6	3	8	5	4	9
9,4	3	8	7	2	8	3	8	9	6	3
9,5	3	9	1	4	0	3	9	3	7	8
9,6	3	9	5	5	2	3	9	7	9	2
9,7	3	9	9	6	4	4	0	2	0	7
9,8	4	0	3	7	6	4	0	6	2	1
9,9	4	0	7	8	8	4	1	0	3	6
10	4	1	2	0	0	4	1	4	5	0

0,01 bis 4,5	0,417	4,17	41,7	417,0	4170,0	0,4195	4,195	41,95	419,5	4195,0
0,01	0	0	0	4	2	0	0	0	4	2
0,02	0	0	0	8	3	0	0	0	8	4
0,03	0	0	1	2	5	0	0	1	2	6
0,04	0	0	1	6	7	0	0	1	6	8
0,05	0	0	2	0	9	0	0	2	1	0
0,06	0	0	2	5	0	0	0	2	5	2
0,07	0	0	2	9	2	0	0	2	9	4
0,08	0	0	3	3	4	0	0	3	3	6
0,09	0	0	3	7	5	0	0	3	7	8
0,1	0	0	4	1	7	0	0	4	2	0
0,2	0	0	8	3	4	0	0	8	3	9
0,3	0	1	2	5	1	0	1	2	5	9
0,4	0	1	6	6	8	0	1	6	7	8
0,5	0	2	0	8	5	0	2	0	9	8
0,6	0	2	5	0	2	0	2	5	1	7
0,7	0	2	9	1	9	0	2	9	3	7
0,8	0	3	3	3	6	0	3	3	5	6
0,9	0	3	7	5	3	0	3	7	7	6
1	0	4	1	7	0	0	4	1	9	5
1,1	0	4	5	8	7	0	4	6	1	5
1,2	0	5	0	0	4	0	5	0	3	4
1,3	0	5	4	2	1	0	5	4	5	4
1,4	0	5	8	3	8	0	5	8	7	3
1,5	0	6	2	5	5	0	6	2	9	3
1,6	0	6	6	7	2	0	6	7	1	2
1,7	0	7	0	8	9	0	7	1	3	2
1,8	0	7	5	0	6	0	7	5	5	1
1,9	0	7	9	2	3	0	7	9	7	1
2	0	8	3	4	0	0	8	3	9	0
2,1	0	8	7	5	7	0	8	8	1	0
2,2	0	9	1	7	4	0	9	2	2	9
2,3	0	9	5	9	1	0	9	6	4	9
2,4	1	0	0	0	8	1	0	0	6	8
2,5	1	0	4	2	5	1	0	4	8	8
2,6	1	0	8	4	2	1	0	9	0	7
2,7	1	1	2	5	9	1	1	3	2	7
2,8	1	1	6	7	6	1	1	7	4	6
2,9	1	2	0	9	3	1	2	1	6	6
3	1	2	5	1	0	1	2	5	8	5
3,1	1	2	9	2	7	1	3	0	0	5
3,2	1	3	3	4	4	1	3	4	2	4
3,3	1	3	7	6	1	1	3	8	4	4
3,4	1	4	1	7	8	1	4	2	6	3
3,5	1	4	5	9	5	1	4	6	8	3
3,6	1	5	0	1	2	1	5	1	0	2
3,7	1	5	4	2	9	1	5	5	2	2
3,8	1	5	8	4	6	1	5	9	4	1
3,9	1	6	2	6	3	1	6	3	6	1
4	1	6	6	8	0	1	6	7	8	0
4,1	1	7	0	9	7	1	7	2	0	0
4,2	1	7	5	1	4	1	7	6	1	9
4,3	1	7	9	3	1	1	8	0	3	9
4,4	1	8	3	4	8	1	8	4	5	8
4,5	1	8	7	6	5	1	8	8	7	8

4,6 bis 10	0,417	4,17	41,7	417,0	4170,0	0,4195	4,195	41,95	419,5	4195,0
4,6	1	9	1	8	2	1	9	2	9	7
4,7	1	9	5	9	9	1	9	7	1	7
4,8	2	0	0	1	6	2	0	1	3	6
4,9	2	0	4	3	3	2	0	5	5	6
5	2	0	8	5	0	2	0	9	7	5
5,1	2	1	2	6	7	2	1	3	9	5
5,2	2	1	6	8	4	2	1	8	1	4
5,3	2	2	1	0	1	2	2	2	3	4
5,4	2	2	5	1	8	2	2	6	5	3
5,5	2	2	9	3	5	2	3	0	7	3
5,6	2	3	3	5	2	2	3	4	9	2
5,7	2	3	7	6	9	2	3	9	1	2
5,8	2	4	1	8	6	2	4	3	3	1
5,9	2	4	6	0	3	2	4	7	5	1
6	2	5	0	2	0	2	5	1	7	0
6,1	2	5	4	3	7	2	5	5	9	0
6,2	2	5	8	5	4	2	6	0	0	9
6,3	2	6	2	7	1	2	6	4	2	9
6,4	2	6	6	8	8	2	6	8	4	8
6,5	2	7	1	0	5	2	7	2	6	8
6,6	2	7	5	2	2	2	7	6	8	7
6,7	2	7	9	3	9	2	8	1	0	7
6,8	2	8	3	5	6	2	8	5	2	6
6,9	2	8	7	7	3	2	8	9	4	6
7	2	9	1	9	0	2	9	3	6	5
7,1	2	9	6	0	7	2	9	7	8	5
7,2	3	0	0	2	4	3	0	2	0	4
7,3	3	0	4	4	1	3	0	6	2	4
7,4	3	0	8	5	8	3	1	0	4	3
7,5	3	1	2	7	5	3	1	4	6	3
7,6	3	1	6	9	2	3	1	8	8	2
7,7	3	2	1	0	9	3	2	3	0	2
7,8	3	2	5	2	6	3	2	7	2	1
7,9	3	2	9	4	3	3	3	1	4	1
8	3	3	3	6	0	3	3	5	6	0
8,1	3	3	7	7	7	3	3	9	8	0
8,2	3	4	1	9	4	3	4	3	9	9
8,3	3	4	6	1	1	3	4	8	1	9
8,4	3	5	0	2	8	3	5	2	3	8
8,5	3	5	4	4	5	3	5	6	5	8
8,6	3	5	8	6	2	3	6	0	7	7
8,7	3	6	2	7	9	3	6	4	9	7
8,8	3	6	6	9	6	3	6	9	1	6
8,9	3	7	1	1	3	3	7	3	3	6
9	3	7	5	3	0	3	7	7	5	5
9,1	3	7	9	4	7	3	8	1	7	5
9,2	3	8	3	6	4	3	8	5	9	4
9,3	3	8	7	8	1	3	9	0	1	4
9,4	3	9	1	9	8	3	9	4	3	3
9,5	3	9	6	1	5	3	9	8	5	3
9,6	4	0	0	3	2	4	0	2	7	2
9,7	4	0	4	4	9	4	0	6	9	2
9,8	4	0	8	6	6	4	1	1	1	1
9,9	4	1	2	8	3	4	1	5	3	1
10	4	1	7	0	0	4	1	9	5	0

0,01 bis **4,5**	**0,**422	**4,**22	**42,**2	**422,**0	**4220,**0	**0,**4245	**4,**245	**42,**45	**424,**5	**4245,**0
0,01	0	0	0	4	2	0	0	0	4	2
0,02	0	0	0	8	4	0	0	0	8	5
0,03	0	0	1	2	7	0	0	1	2	7
0,04	0	0	1	6	9	0	0	1	7	0
0,05	0	0	2	1	1	0	0	2	1	2
0,06	0	0	2	5	3	0	0	2	5	5
0,07	0	0	2	9	5	0	0	2	9	7
0,08	0	0	3	3	8	0	0	3	4	0
0,09	0	0	3	8	0	0	0	3	8	2
0,1	0	0	4	2	2	0	0	4	2	5
0,2	0	0	8	4	4	0	0	8	4	9
0,3	0	1	2	6	6	0	1	2	7	4
0,4	0	1	6	8	8	0	1	6	9	8
0,5	0	2	1	1	0	0	2	1	2	3
0,6	0	2	5	3	2	0	2	5	4	7
0,7	0	2	9	5	4	0	2	9	7	2
0,8	0	3	3	7	6	0	3	3	9	6
0,9	0	3	7	9	8	0	3	8	2	1
1	0	4	2	2	0	0	4	2	4	5
1,1	0	4	6	4	2	0	4	6	7	0
1,2	0	5	0	6	4	0	5	0	9	4
1,3	0	5	4	8	6	0	5	5	1	9
1,4	0	5	9	0	8	0	5	9	4	3
1,5	0	6	3	3	0	0	6	3	6	8
1,6	0	6	7	5	2	0	6	7	9	2
1,7	0	7	1	7	4	0	7	2	1	7
1,8	0	7	5	9	6	0	7	6	4	1
1,9	0	8	0	1	8	0	8	0	6	6
2	0	8	4	4	0	0	8	4	9	0
2,1	0	8	8	6	2	0	8	9	1	5
2,2	0	9	2	8	4	0	9	3	3	9
2,3	0	9	7	0	6	0	9	7	6	4
2,4	1	0	1	2	8	1	0	1	8	8
2,5	1	0	5	5	0	1	0	6	1	3
2,6	1	0	9	7	2	1	1	0	3	7
2,7	1	1	3	9	4	1	1	4	6	2
2,8	1	1	8	1	6	1	1	8	8	6
2,9	1	2	2	3	8	1	2	3	1	1
3	1	2	6	6	0	1	2	7	3	5
3,1	1	3	0	8	2	1	3	1	6	0
3,2	1	3	5	0	4	1	3	5	8	4
3,3	1	3	9	2	6	1	4	0	0	9
3,4	1	4	3	4	8	1	4	4	3	3
3,5	1	4	7	7	0	1	4	8	5	8
3,6	1	5	1	9	2	1	5	2	8	2
3,7	1	5	6	1	4	1	5	7	0	7
3,8	1	6	0	3	6	1	6	1	3	1
3,9	1	6	4	5	8	1	6	5	5	6
4	1	6	8	8	0	1	6	9	8	0
4,1	1	7	3	0	2	1	7	4	0	5
4,2	1	7	7	2	4	1	7	8	2	9
4,3	1	8	1	4	6	1	8	2	5	4
4,4	1	8	5	6	8	1	8	6	7	8
4,5	1	8	9	9	0	1	9	1	0	3

4,6 bis **10**	**0,**422	**4,**22	**42,**2	**422,**0	**4220,**0	**0,**4245	**4,**245	**42,**45	**424,**5	**4245,**0
4,6	1	9	4	1	2	1	9	5	2	7
4,7	1	9	8	3	4	1	9	9	5	2
4,8	2	0	2	5	6	2	0	3	7	6
4,9	2	0	6	7	8	2	0	8	0	1
5	2	1	1	0	0	2	1	2	2	5
5,1	2	1	5	2	2	2	1	6	5	0
5,2	2	1	9	4	4	2	2	0	7	4
5,3	2	2	3	6	6	2	2	4	9	9
5,4	2	2	7	8	8	2	2	9	2	3
5,5	2	3	2	1	0	2	3	3	4	8
5,6	2	3	6	3	2	2	3	7	7	2
5,7	2	4	0	5	4	2	4	1	9	7
5,8	2	4	4	7	6	2	4	6	2	1
5,9	2	4	8	9	8	2	5	0	4	6
6	2	5	3	2	0	2	5	4	7	0
6,1	2	5	7	4	2	2	5	8	9	5
6,2	2	6	1	6	4	2	6	3	1	9
6,3	2	6	5	8	6	2	6	7	4	4
6,4	1	7	0	0	8	2	7	1	6	8
6,5	2	7	4	3	0	2	7	5	9	3
6,6	2	7	8	5	2	2	8	0	1	7
6,7	2	8	2	7	4	2	8	4	4	2
6,8	2	8	6	9	6	2	8	8	6	6
6,9	2	9	1	1	8	2	9	2	9	1
7	2	9	5	4	0	2	9	7	1	5
7,1	2	9	9	6	2	3	0	1	4	0
7,2	3	0	3	8	4	3	0	5	6	4
7,3	3	0	8	0	6	3	0	9	8	9
7,4	3	1	2	2	8	3	1	4	1	3
7,5	3	1	6	5	0	3	1	8	3	8
7,6	3	2	0	7	2	3	2	2	6	2
7,7	3	2	4	9	4	3	2	6	8	7
7,8	3	2	9	1	6	3	3	1	1	1
7,9	3	3	3	3	8	3	3	5	3	6
8	3	3	7	6	0	3	3	9	6	0
8,1	3	4	1	8	2	3	4	3	8	5
8,2	3	4	6	0	4	3	4	8	0	9
8,3	3	5	0	2	6	3	5	2	3	4
8,4	3	5	4	4	8	3	5	6	5	8
8,5	3	5	8	7	0	3	6	0	8	3
8,6	3	6	2	9	2	3	6	5	0	7
8,7	3	6	7	1	4	3	6	9	3	2
8,8	3	7	1	3	6	3	7	3	5	6
8,9	3	7	5	5	8	3	7	7	8	1
9	3	7	9	8	0	3	8	2	0	5
9,1	3	8	4	0	2	3	8	6	3	0
9,2	3	8	8	2	4	3	9	0	5	4
9,3	3	9	2	4	6	3	9	4	7	9
9,4	3	9	6	6	8	3	9	9	0	3
9,5	4	0	0	9	0	4	0	3	2	8
9,6	4	0	5	1	2	4	0	7	5	2
9,7	4	0	9	3	4	4	1	1	7	7
9,8	4	1	3	5	6	4	1	6	0	1
9,9	4	1	7	7	8	4	2	0	2	6
10	4	2	2	0	0	4	2	4	5	0

4270–4295

0,01 bis 4,5	0,427	4,27	42,7	427,0	4270,0	0,4295	4,295	42,95	429,5	4295,0
0,01	0	0	0	4	3	0	0	0	4	3
0,02	0	0	0	8	5	0	0	0	8	6
0,03	0	0	1	2	8	0	0	1	2	9
0,04	0	0	1	7	1	0	0	1	7	2
0,05	0	0	2	1	4	0	0	2	1	5
0,06	0	0	2	5	6	0	0	2	5	8
0,07	0	0	2	9	9	0	0	3	0	1
0,08	0	0	3	4	2	0	0	3	4	4
0,09	0	0	3	8	4	0	0	3	8	7
0,1	0	0	4	2	7	0	0	4	3	0
0,2	0	0	8	5	4	0	0	7	5	9
0,3	0	1	2	8	1	0	1	2	8	9
0,4	0	1	7	0	8	0	1	7	1	8
0,5	0	2	1	3	5	0	2	1	4	8
0,6	0	2	5	6	2	0	2	5	7	7
0,7	0	2	9	8	9	0	3	0	0	7
0,8	0	3	4	1	6	0	3	4	3	6
0,9	0	3	8	4	3	0	3	8	6	6
1	0	4	2	7	0	0	4	2	9	5
1,1	0	4	6	9	7	0	4	7	2	5
1,2	0	5	1	2	4	0	5	1	5	4
1,3	0	5	5	5	1	0	5	5	8	4
1,4	0	5	9	7	8	0	6	0	1	3
1,5	0	6	4	0	5	0	6	4	4	3
1,6	0	6	8	3	2	0	6	8	7	2
1,7	0	7	2	5	9	0	7	3	0	2
1,8	0	7	6	8	6	0	7	7	3	1
1,9	0	8	1	1	3	0	8	1	6	1
2	0	8	5	4	0	0	8	5	9	0
2,1	0	8	9	6	7	0	9	0	2	0
2,2	0	9	3	9	4	0	9	4	4	9
2,3	0	9	8	2	1	0	9	8	7	9
2,4	1	0	2	4	8	1	0	3	0	8
2,5	1	0	6	7	5	1	0	7	3	8
2,6	1	1	1	0	2	1	1	1	6	7
2,7	1	1	5	2	9	1	1	5	9	7
2,8	1	1	9	5	6	1	2	0	2	6
2,9	1	2	3	8	3	1	2	4	5	6
3	1	2	8	1	0	1	2	8	8	5
3,1	1	3	2	3	7	1	3	3	1	5
3,2	1	3	6	6	4	1	3	7	4	4
3,3	1	4	0	9	1	1	4	1	7	4
3,4	1	4	5	1	8	1	4	6	0	3
3,5	1	4	9	4	5	1	5	0	3	3
3,6	1	5	3	7	2	1	5	4	6	2
3,7	1	5	7	9	9	1	5	8	9	2
3,8	1	6	2	2	6	1	6	3	2	1
3,9	1	6	6	5	3	1	6	7	5	1
4	1	7	0	8	0	1	7	1	8	0
4,1	1	7	5	0	7	1	7	6	1	0
4,2	1	7	9	3	4	1	8	0	3	9
4,3	1	8	3	6	1	1	8	4	6	9
4,4	1	8	7	8	8	1	8	8	9	8
4,5	1	9	2	1	5	1	9	3	2	8

4,6 bis 10	0,427	4,27	42,7	427,0	4270,0	0,4295	4,295	42,95	429,5	4295,0
4,6	1	9	6	4	2	1	9	7	5	7
4,7	2	0	0	6	9	2	0	1	8	7
4,8	2	0	4	9	6	2	0	6	1	6
4,9	2	0	9	2	3	2	1	0	4	6
5	2	1	3	5	0	2	1	4	7	5
5,1	2	1	7	7	7	2	1	9	0	5
5,2	2	2	2	0	4	2	2	3	3	4
5,3	2	2	6	3	1	2	2	7	6	4
5,4	2	3	0	5	8	2	3	1	9	3
5,5	2	3	4	8	5	2	3	6	2	3
5,6	2	3	9	1	2	2	4	0	5	2
5,7	2	4	3	3	9	2	4	4	8	2
5,8	2	4	7	6	6	2	4	9	1	1
5,9	2	5	1	9	3	2	5	3	4	1
6	2	5	6	2	0	2	5	7	7	0
6,1	2	6	0	4	7	2	6	2	0	0
6,2	2	6	4	7	4	2	6	6	2	9
6,3	2	6	9	0	1	2	7	0	5	9
6,4	2	7	3	2	8	2	7	4	8	8
6,5	2	7	7	5	5	2	7	9	1	8
6,6	2	8	1	8	2	2	8	3	4	7
6,7	2	8	6	0	9	2	8	7	7	7
6,8	2	9	0	3	6	2	9	2	0	6
6,9	2	9	4	6	3	2	9	6	3	6
7	2	9	8	9	0	3	0	0	6	5
7,1	3	0	3	1	7	3	0	4	9	5
7,2	3	0	7	4	4	3	0	9	2	4
7,3	3	1	1	7	1	3	1	3	5	4
7,4	3	1	5	9	8	3	1	7	8	3
7,5	3	2	0	2	5	3	2	2	1	3
7,6	3	2	4	5	2	3	2	6	4	2
7,7	3	2	8	7	9	3	3	0	7	2
7,8	3	3	3	0	6	3	3	5	0	1
7,9	3	3	7	3	3	3	3	9	3	1
8	3	4	1	6	0	3	4	3	6	0
8,1	3	4	5	8	7	3	4	7	9	0
8,2	3	5	0	1	4	3	5	2	1	9
8,3	3	5	4	4	1	3	5	6	4	9
8,4	3	5	8	6	8	3	6	0	7	8
8,5	3	6	2	9	5	3	6	5	0	8
8,6	3	6	7	2	2	3	6	9	3	7
8,7	3	7	1	4	9	3	7	3	6	7
8,8	3	7	5	7	6	3	7	7	9	6
8,9	3	8	0	0	3	3	8	2	2	6
9	3	8	4	3	0	3	8	6	5	5
9,1	3	8	8	5	7	3	9	0	8	5
9,2	3	9	2	8	4	3	9	5	1	4
9,3	3	9	7	1	1	3	9	9	4	4
9,4	4	0	1	3	8	4	0	3	7	3
9,5	4	0	5	6	5	4	0	8	0	3
9,6	4	0	9	9	2	4	1	2	3	2
9,7	4	1	4	1	9	4	1	6	6	2
9,8	4	1	8	4	6	4	2	0	9	1
9,9	4	2	2	7	3	4	2	5	2	1
10	4	2	7	0	0	4	2	9	5	0

001 bis 4,5	0,432	4,32	43,2	432,0	4320,0	0,4345	4,345	43,45	434,5	4345,0
0,01	0	0	0	4	3	0	0	0	4	3
0,02	0	0	0	8	6	0	0	0	8	7
0,03	0	0	1	3	0	0	0	1	3	0
0,04	0	0	1	7	3	0	0	1	7	4
0,05	0	0	2	1	6	0	0	2	1	7
0,06	0	0	2	5	9	0	0	2	6	1
0,07	0	0	3	0	2	0	0	3	0	4
0,08	0	0	3	4	6	0	0	3	4	8
0,09	0	0	3	8	9	0	0	3	9	1
0,1	0	0	4	3	2	0	0	4	3	5
0,2	0	0	8	6	4	0	0	8	6	9
0,3	0	1	2	9	6	0	1	3	0	4
0,4	0	1	7	2	8	0	1	7	3	8
0,5	0	2	1	6	0	0	2	1	7	3
0,6	0	2	5	9	2	0	2	6	0	7
0,7	0	3	0	2	4	0	3	0	4	2
0,8	0	3	4	5	6	0	3	4	7	6
0,9	0	3	8	8	8	0	3	9	1	1
1	0	4	3	2	0	0	4	3	4	5
1,1	0	4	7	5	2	0	4	7	8	0
1,2	0	5	1	8	4	0	5	2	1	4
1,3	0	5	6	1	6	0	5	6	4	9
1,4	0	6	0	4	8	0	6	0	8	3
1,5	0	6	4	8	0	0	6	5	1	8
1,6	0	6	9	1	2	0	6	9	5	2
1,7	0	7	3	4	4	0	7	3	8	7
1,8	0	7	7	7	6	0	7	8	2	1
1,9	0	8	2	0	8	0	8	2	5	6
2	0	8	6	4	0	0	8	6	9	0
2,1	0	9	0	7	2	0	9	1	2	5
2,2	0	9	5	0	4	0	9	5	5	9
2,3	0	9	9	3	6	0	9	9	9	4
2,4	1	0	3	6	8	1	0	4	2	8
2,5	1	0	8	0	0	1	0	8	6	3
2,6	1	1	2	3	2	1	1	2	9	7
2,7	1	1	6	6	4	1	1	7	3	2
2,8	1	2	0	9	6	1	2	1	6	6
2,9	1	2	5	2	8	1	2	6	0	1
3	1	2	9	6	0	1	3	0	3	5
3,1	1	3	3	9	2	1	3	4	7	0
3,2	1	3	8	2	4	1	3	9	0	4
3,3	1	4	2	5	6	1	4	3	3	9
3,4	1	4	6	8	8	1	4	7	7	3
3,5	1	5	1	2	0	1	5	2	0	8
3,6	1	5	5	5	2	1	5	6	4	2
3,7	1	5	9	8	4	1	6	0	7	7
3,8	1	6	4	1	6	1	6	5	1	1
3,9	1	6	8	4	8	1	6	9	4	6
4	1	7	2	8	0	1	7	3	8	0
4,1	1	7	7	1	2	1	7	8	1	5
4,2	1	8	1	4	4	1	8	2	4	9
4,3	1	8	5	7	6	1	8	6	8	4
4,4	1	9	0	0	8	1	9	1	1	8
4,5	1	9	4	4	0	1	9	5	5	3

4,6 bis 10	0,432	4,32	43,2	432,0	4320,0	0,4345	4,345	43,45	434,5	4345,0
4,6	1	9	8	7	2	1	9	9	8	7
4,7	2	0	3	0	4	2	0	4	2	2
4,8	2	0	7	3	6	2	0	8	5	6
4,9	2	1	1	6	8	2	1	2	9	1
5	2	1	6	0	0	2	1	7	2	5
5,1	2	2	0	3	2	2	2	1	6	0
5,2	2	2	4	6	4	2	2	5	9	4
5,3	2	2	8	9	6	2	3	0	2	9
5,4	2	3	3	2	8	2	3	4	6	3
5,5	2	3	7	6	0	2	3	8	9	8
5,6	2	4	1	9	2	2	4	3	3	2
5,7	2	4	6	2	4	2	4	7	6	7
5,8	2	5	0	5	6	2	5	2	0	1
5,9	2	5	4	8	8	2	5	6	3	6
6	2	5	9	2	0	2	6	0	7	0
6,1	2	6	3	5	2	2	6	5	0	5
6,2	2	6	7	8	4	2	6	9	3	9
6,3	2	7	2	1	6	2	7	3	7	4
6,4	2	7	6	4	8	2	7	8	0	8
6,5	2	8	0	8	0	2	8	2	4	3
6,6	2	8	5	1	2	2	8	6	7	7
6,7	2	8	9	4	4	2	9	1	1	2
6,8	2	9	3	7	6	2	9	5	4	6
6,9	2	9	8	0	8	2	9	9	8	1
7	3	0	2	4	0	3	0	4	1	5
7,1	3	0	6	7	2	3	0	8	5	0
7,2	3	1	1	0	4	3	1	2	8	4
7,3	3	1	5	3	6	3	1	7	1	9
7,4	3	1	9	6	8	3	2	1	5	3
7,5	3	2	4	0	0	3	3	5	8	8
7,6	3	2	8	3	2	3	3	0	2	2
7,7	3	3	2	6	4	3	3	4	5	7
7,8	3	3	6	9	6	3	3	8	9	1
7,9	3	4	1	2	8	3	4	3	2	6
8	3	4	5	6	0	3	4	7	6	0
8,1	3	4	9	9	2	3	5	1	9	5
8,2	3	5	4	2	4	3	5	6	2	9
8,3	3	5	8	5	6	3	6	0	6	4
8,4	3	6	2	8	8	3	6	4	9	8
8,5	3	6	7	2	0	3	6	9	3	3
8,6	3	7	1	5	2	3	7	3	6	7
8,7	3	7	5	8	4	3	7	8	0	2
8,8	3	8	0	1	6	3	8	2	3	6
8,9	3	8	4	4	8	3	8	6	7	1
9	3	8	8	8	0	3	9	1	0	5
9,1	3	9	3	1	2	3	9	5	4	0
9,2	3	9	7	4	4	3	9	9	7	4
9,3	4	0	1	7	6	4	0	4	0	9
9,4	4	0	6	0	8	4	0	8	4	3
9,5	4	1	0	4	0	4	1	2	7	8
9,6	4	1	4	7	2	4	1	7	1	2
9,7	4	1	9	0	4	4	2	1	4	7
9,8	4	2	3	3	6	4	2	5	8	1
9,9	4	2	7	6	8	4	3	0	1	6
10	4	3	2	0	0	4	3	4	5	0

0,01 bis 4,5	0,437	4,37	43,7	437,0	4370,0	0,4395	4,395	43,95	439,5	4395,0
0,01	0	0	0	4	4	0	0	0	4	4
0,02	0	0	0	8	7	0	0	0	8	8
0,03	0	0	1	3	1	0	0	1	3	2
0,04	0	0	1	7	5	0	0	1	7	6
0,05	0	0	2	1	9	0	0	2	2	0
0,06	0	0	2	6	2	0	0	2	6	4
0,07	0	0	3	0	6	0	0	3	0	8
0,08	0	0	3	5	0	0	0	3	5	2
0,09	0	0	3	9	3	0	0	3	9	6
0,1	0	0	4	3	7	0	0	4	4	0
0,2	0	0	8	7	4	0	0	8	7	9
0,3	0	1	3	1	1	0	1	3	1	9
0,4	0	1	7	4	8	0	1	7	5	8
0,5	0	2	1	8	5	0	2	1	9	8
0,6	0	2	6	2	2	0	2	6	3	7
0,7	0	3	0	5	9	0	3	0	7	7
0,8	0	3	4	9	6	0	3	5	1	6
0,9	0	3	9	3	3	0	3	9	5	6
1	0	4	3	7	0	0	4	3	9	5
1,1	0	4	8	0	7	0	4	8	3	5
1,2	0	5	2	4	4	0	5	2	7	4
1,3	0	5	6	8	1	0	5	7	1	4
1,4	0	6	1	1	8	0	6	1	5	3
1,5	0	6	5	5	5	0	6	5	9	3
1,6	0	6	9	9	2	0	7	0	3	2
1,7	0	7	4	2	9	0	7	4	7	2
1,8	0	7	8	6	6	0	7	9	1	1
1,9	0	8	3	0	3	0	8	3	5	1
2	0	8	7	4	0	0	8	7	9	0
2,1	0	9	1	7	7	0	9	2	3	0
2,2	0	9	6	1	4	0	9	6	6	9
2,3	1	0	0	5	1	1	0	1	0	9
2,4	1	0	4	8	8	1	0	5	4	8
2,5	1	0	9	2	5	1	0	9	8	8
2,6	1	1	3	6	2	1	1	4	2	7
2,7	1	1	7	9	9	1	1	8	6	7
2,8	1	2	2	3	6	1	2	3	0	6
2,9	1	2	6	7	3	1	2	7	4	6
3	1	3	1	1	0	1	3	1	8	5
3,1	1	3	5	4	7	1	3	6	2	5
3,2	1	3	9	8	4	1	4	0	6	4
3,3	1	4	4	2	1	1	4	5	0	4
3,4	1	4	8	5	8	1	4	9	4	3
3,5	1	5	2	9	5	1	5	3	8	3
3,6	1	5	7	3	2	1	5	8	2	2
3,7	1	6	1	6	9	1	6	2	6	2
3,8	1	6	6	0	6	1	6	7	0	1
3,9	1	7	0	4	3	1	7	1	4	1
4	1	7	4	8	0	1	7	5	8	0
4,1	1	7	9	1	7	1	8	0	2	0
4,2	1	8	3	5	4	1	8	4	5	9
4,3	1	8	7	9	1	1	8	8	9	9
4,4	1	9	2	2	8	1	9	3	3	8
4,5	1	9	6	6	5	1	9	7	7	8

4,6 bis 10	0,437	4,37	43,7	437,0	4370,0	0,4395	4,395	43,95	439,5	4395,0
4,6	2	0	1	0	2	2	0	2	1	7
4,7	2	0	5	3	9	2	0	6	5	7
4,8	2	0	9	7	6	2	1	0	9	6
4,9	2	1	4	1	3	2	1	5	3	6
5	2	1	8	5	0	2	1	9	7	5
5,1	2	2	2	8	7	2	2	4	1	5
5,2	2	2	7	2	4	2	2	8	5	4
5,3	2	3	1	6	1	2	3	2	9	4
5,4	2	3	5	9	8	2	3	7	3	3
5,5	2	4	0	3	5	2	4	1	7	3
5,6	2	4	4	7	2	2	4	6	1	2
5,7	2	4	9	0	9	2	5	0	5	2
5,8	2	5	3	4	6	2	5	4	9	1
5,9	2	5	7	8	3	2	5	9	3	1
6	2	6	2	2	0	2	6	3	7	0
6,1	2	6	6	5	7	2	6	8	1	0
6,2	2	7	0	9	4	2	7	2	4	9
6,3	2	7	5	3	1	2	7	6	8	9
6,4	2	7	9	6	8	2	8	1	2	8
6,5	2	8	4	0	5	2	8	5	6	8
6,6	2	8	8	4	2	2	9	0	0	7
6,7	2	9	2	7	9	2	9	4	4	7
6,8	2	9	7	1	6	2	9	8	8	6
6,9	3	0	1	5	3	3	0	3	2	6
7	3	0	5	9	0	3	0	7	6	5
7,1	3	1	0	2	7	3	1	2	0	5
7,2	3	1	4	6	4	3	1	6	4	4
7,3	3	1	9	0	1	3	2	0	8	4
7,4	3	2	3	3	8	3	2	5	2	3
7,5	3	2	7	7	5	3	2	9	6	3
7,6	3	3	2	1	2	3	3	4	0	2
7,7	3	3	6	4	9	3	3	8	4	2
7,8	3	4	0	8	6	3	4	2	8	1
7,9	3	4	5	2	3	3	4	7	2	1
8	3	4	9	6	0	3	5	1	6	0
8,1	3	5	3	9	7	3	5	6	0	0
8,2	3	5	8	3	4	3	6	0	3	9
8,3	3	6	2	7	1	3	6	4	7	9
8,4	3	6	7	0	8	3	6	9	1	8
8,5	3	7	1	4	5	3	7	3	5	8
8,6	3	7	5	8	2	3	7	7	9	7
8,7	3	8	0	1	9	3	8	2	3	7
8,8	3	8	4	5	6	3	8	6	7	6
8,9	3	8	8	9	3	3	9	1	1	6
9	3	9	3	3	0	3	9	5	5	5
9,1	3	9	7	6	7	3	9	9	9	5
9,2	4	0	2	0	4	4	0	4	3	4
9,3	4	0	6	4	1	4	0	8	7	4
9,4	4	1	0	7	8	4	1	3	1	3
9,5	4	1	5	1	5	4	1	7	5	3
9,6	4	1	9	5	2	4	2	1	9	2
9,7	4	2	3	8	9	4	2	6	3	2
9,8	4	2	8	2	6	4	3	0	7	1
9,9	4	3	2	6	3	4	3	5	1	1
10	4	3	7	0	0	4	3	9	5	0

0,01 bis 4,5	0,442	4,42	44,2	442,0	4420,0	0,4445	4,445	44,45	444,5	4445,0
0,01	0	0	0	4	4	0	0	0	4	4
0,02	0	0	0	8	8	0	0	0	8	9
0,03	0	0	1	3	3	0	0	1	3	3
0,04	0	0	1	7	7	0	0	1	7	8
0,05	0	0	2	2	1	0	0	2	2	2
0,06	0	0	2	6	5	0	0	2	6	7
0,07	2	3	3	0	9	0	0	3	1	1
0,08	0	0	3	5	4	0	0	3	5	6
0,09	0	0	3	9	8	0	0	4	0	0
0,1	0	0	4	4	2	0	0	4	4	5
0,2	0	0	8	8	4	0	0	8	8	9
0,3	0	1	3	2	6	0	1	3	3	4
0,4	0	1	7	6	8	0	1	7	7	8
0,5	0	2	2	1	0	0	2	2	2	3
0,6	0	2	6	5	2	0	2	6	6	7
0,7	0	3	0	9	4	0	3	1	1	2
0,8	0	3	5	3	6	0	3	5	5	6
0,9	0	3	9	7	8	0	4	0	0	1
1	0	4	4	2	0	0	4	4	4	5
1,1	0	4	8	6	2	0	4	8	9	0
1,2	0	5	3	0	4	0	5	3	3	4
1,3	0	5	7	4	6	0	5	7	7	9
1,4	0	6	1	8	8	0	6	2	2	3
1,5	0	6	6	3	0	0	6	6	6	8
1,6	0	7	0	7	2	0	7	1	1	2
1,7	0	7	5	1	4	0	7	5	5	7
1,8	0	7	9	5	6	0	8	0	0	1
1,9	0	8	3	9	8	0	8	4	4	6
2	0	8	8	4	0	0	8	8	9	0
2,1	0	9	2	8	2	0	9	3	3	5
2,2	0	9	7	2	4	0	9	7	7	9
2,3	1	0	1	6	6	1	0	2	2	4
2,4	1	0	6	0	8	1	0	6	6	8
2,5	1	1	0	5	0	1	1	1	1	3
2,6	1	1	4	9	2	1	1	5	5	7
2,7	1	1	9	3	4	1	2	0	0	2
2,8	1	2	3	7	6	1	2	4	4	6
2,9	1	2	8	1	8	1	2	8	9	1
3	1	3	2	6	0	1	3	3	3	5
3,1	1	3	7	0	2	1	3	7	8	0
3,2	1	4	1	4	4	1	4	2	2	4
3,3	1	4	5	8	6	1	4	6	6	9
3,4	1	5	0	2	8	1	5	1	1	3
3,5	1	5	4	7	0	1	5	5	5	8
3,6	1	5	9	1	2	1	6	0	0	2
3,7	1	6	3	5	4	1	6	4	4	7
3,8	1	6	7	9	6	1	6	8	9	1
3,9	1	7	2	3	8	1	7	3	3	6
4	1	7	6	8	0	1	7	7	8	0
4,1	1	8	1	2	2	1	8	2	2	5
4,2	1	8	5	6	4	1	8	6	6	9
4,3	1	9	0	0	6	1	9	1	1	4
4,4	1	9	4	4	8	1	9	5	5	8
4,5	1	9	8	9	0	2	0	0	0	3

4,6 bis 10	0,442	4,42	44,2	442,0	4420,0	0,4445	4,445	44,45	444,5	4445,0
4,6	2	0	3	3	2	2	0	4	4	7
4,7	2	0	7	7	4	2	0	8	9	2
4,8	2	1	2	1	6	2	1	3	3	6
4,9	2	1	6	5	8	2	1	7	8	1
5	2	2	1	0	0	2	2	2	2	5
5,1	2	2	5	4	2	2	2	6	7	0
5,2	2	2	9	8	4	2	3	1	1	4
5,3	2	3	4	2	6	2	3	5	5	9
5,4	2	3	8	6	8	2	4	0	0	3
5,5	2	4	3	1	0	2	4	4	4	8
5,6	2	4	7	5	2	2	4	8	9	2
5,7	2	5	1	9	4	2	5	3	3	7
5,8	2	5	6	3	6	2	5	7	8	1
5,9	2	6	0	7	8	2	6	2	2	6
6	2	6	5	2	0	2	6	6	7	0
6,1	2	6	9	6	2	2	7	1	1	5
6,2	2	7	4	0	4	2	7	5	5	9
6,3	2	7	8	4	6	2	8	0	0	4
6,4	2	8	2	8	8	2	8	4	4	8
6,5	2	8	7	3	0	2	8	8	9	3
6,6	2	9	1	7	2	2	9	3	3	7
6,7	2	9	6	1	4	2	9	7	8	2
6,8	3	0	0	5	6	3	0	2	2	6
6,9	3	0	4	9	8	3	0	6	7	1
7	3	0	9	4	0	3	1	1	1	5
7,1	3	1	3	8	2	3	1	5	6	0
7,2	3	1	8	2	4	3	2	0	0	4
7,3	3	2	2	6	6	3	2	4	4	9
7,4	3	2	7	0	8	3	2	8	9	3
7,5	3	3	1	5	0	3	3	3	3	8
7,6	3	3	5	9	2	3	3	7	8	2
7,7	3	4	0	3	4	3	4	2	2	7
7,8	3	4	4	7	6	3	4	6	7	1
7,9	3	4	9	1	8	3	5	1	1	6
8	3	5	3	6	0	3	5	5	6	0
8,1	3	5	8	0	2	3	6	0	0	5
8,2	3	6	2	4	4	3	6	4	4	9
8,3	3	6	6	8	6	3	6	8	9	4
8,4	3	7	1	2	8	3	7	3	3	8
8,5	3	7	5	7	0	3	7	7	8	3
8,6	3	8	0	1	2	3	8	2	2	7
8,7	3	8	4	5	4	3	8	6	7	2
8,8	3	8	8	9	6	3	9	1	1	6
8,9	3	9	3	3	8	3	9	5	6	1
9	3	9	7	8	0	4	0	0	0	5
9,1	4	0	2	2	2	4	0	4	5	0
9,2	4	0	6	6	4	4	0	8	9	4
9,3	4	1	1	0	6	4	1	3	3	9
9,4	4	1	5	4	8	4	1	7	8	3
9,5	4	1	9	9	0	4	2	2	2	8
9,6	4	2	4	3	2	4	2	6	7	2
9,7	4	2	8	7	4	4	3	1	1	7
9,8	4	3	3	1	6	4	3	5	6	1
9,9	4	3	7	5	8	4	4	0	0	6
10	4	4	2	0	0	4	4	4	5	0

0,01 bis 4,5	0,447	4,47	44,7	447,0	4470,0	0,4495	4,495	44,95	449,5	4495,0
0,01	0	0	0	4	5	0	0	0	4	5
0,02	0	0	0	8	9	0	0	0	9	0
0,03	0	0	1	3	4	0	0	1	3	5
0,04	0	0	1	7	9	0	0	1	8	0
0,05	0	0	2	2	4	0	0	2	2	5
0,06	0	0	2	6	8	0	0	2	7	0
0,07	0	0	3	1	3	0	0	3	1	5
0,08	0	0	3	5	8	0	0	3	6	0
0,09	0	0	4	0	2	0	0	4	0	5
0,1	0	0	4	4	7	0	0	4	5	0
0,2	0	0	8	9	4	0	0	8	9	9
0,3	0	1	3	4	1	0	1	3	4	9
0,4	0	1	7	8	8	0	1	7	9	8
0,5	0	2	2	3	5	0	2	2	4	8
0,6	0	2	6	8	2	0	2	6	9	7
0,7	0	3	1	2	9	0	3	1	4	7
0,8	0	3	5	7	6	0	3	5	9	6
0,9	0	4	0	2	3	0	4	0	4	6
1	0	4	4	7	0	0	4	4	9	5
1,1	0	4	9	1	7	0	4	9	4	5
1,2	0	5	3	6	4	0	5	3	9	4
1,3	0	5	8	1	1	0	5	8	4	4
1,4	0	6	2	5	8	0	6	2	9	3
1,5	0	6	7	0	5	0	6	7	4	3
1,6	0	7	1	5	2	0	7	1	9	2
1,7	0	7	5	9	9	0	7	6	4	2
1,8	0	8	0	4	6	0	8	0	9	1
1,9	0	8	4	9	3	0	8	5	4	1
2	0	8	9	4	0	0	8	9	9	0
2,1	0	9	3	8	7	0	9	4	4	0
2,2	0	9	8	3	4	0	9	8	8	9
2,3	1	0	2	8	1	1	0	3	3	9
2,4	1	0	7	2	8	1	0	7	8	8
2,5	1	1	1	7	5	1	1	2	3	8
2,6	1	1	6	2	2	1	1	6	8	7
2,7	1	2	0	6	9	1	2	1	3	7
2,8	1	2	5	1	6	1	2	5	8	6
2,9	1	2	9	6	3	1	3	0	3	6
3	1	3	4	1	0	1	3	4	8	5
3,1	1	3	8	5	7	1	3	9	3	5
3,2	1	4	3	0	4	1	4	3	8	4
3,3	1	4	7	5	1	1	4	8	3	4
3,4	1	5	1	9	8	1	5	2	8	3
3,5	1	5	6	4	5	1	5	7	3	3
3,6	1	6	0	9	2	1	6	1	8	2
3,7	1	6	5	3	9	1	6	6	3	2
3,8	1	6	9	8	6	1	7	0	8	1
3,9	1	7	4	3	3	1	7	5	3	1
4	1	7	8	8	0	1	7	9	8	0
4,1	1	8	3	2	7	1	8	4	3	0
4,2	1	8	7	7	4	1	8	8	7	9
4,3	1	9	2	2	1	1	9	3	2	9
4,4	1	9	6	6	8	1	9	7	7	8
4,5	2	0	1	1	5	2	0	2	2	8

4,6 bis 10	0,447	4,47	44,7	447,0	4470,0	0,4495	4,495	44,95	449,5	4495,0
4,6	2	0	5	6	2	2	0	6	7	7
4,7	2	1	0	0	9	2	1	1	2	7
4,8	2	1	4	5	6	2	1	5	7	6
4,9	2	1	9	0	3	2	2	0	2	6
5	2	2	3	5	0	2	2	4	7	5
5,1	2	2	7	9	7	2	2	9	2	5
5,2	2	3	2	4	4	2	3	3	7	4
5,3	2	3	6	9	1	2	3	8	2	4
5,4	2	4	1	3	8	2	4	2	7	3
5,5	2	4	5	8	5	2	4	7	2	3
5,6	2	5	0	3	2	2	5	1	7	2
5,7	2	5	4	7	9	2	5	6	2	2
5,8	2	5	9	2	6	2	6	0	7	1
5,9	2	6	3	7	3	2	6	5	2	1
6	2	6	8	2	0	2	6	9	7	0
6,1	2	7	2	6	7	2	7	4	2	0
6,2	2	7	7	1	4	2	7	8	6	9
6,3	2	8	1	6	1	2	8	3	1	9
6,4	2	8	6	0	8	2	8	7	6	8
6,5	2	9	0	5	5	2	9	2	1	8
6,6	2	9	5	0	2	2	9	6	6	7
6,7	2	9	9	4	9	3	0	1	1	7
6,8	3	0	3	9	6	3	0	5	6	6
6,9	3	0	8	4	3	3	1	0	1	6
7	3	1	2	9	0	3	1	4	6	5
7,1	3	1	7	3	7	3	1	9	1	5
7,2	3	2	1	8	4	3	2	3	6	4
7,3	3	2	6	3	1	3	2	8	1	4
7,4	3	3	0	7	8	3	3	2	6	3
7,5	3	3	5	2	5	3	3	7	1	3
7,6	3	3	9	7	2	3	4	1	6	2
7,7	3	4	4	1	9	3	4	6	1	2
7,8	3	4	8	6	6	3	5	0	6	1
7,9	3	5	3	1	3	3	5	5	1	1
8	3	5	7	6	0	3	5	9	6	0
8,1	3	6	2	0	7	3	6	4	1	0
8,2	3	6	6	5	4	3	6	8	5	9
8,3	3	7	1	0	1	3	7	3	0	9
8,4	3	7	5	4	8	3	7	7	5	8
8,5	3	7	9	9	5	3	8	2	0	8
8,6	3	8	4	4	2	3	8	6	5	7
8,7	3	8	8	8	9	3	9	1	0	7
8,8	3	9	3	3	6	3	9	5	5	6
8,9	3	9	7	8	3	4	0	0	0	6
9	4	0	2	3	0	4	0	4	5	5
9,1	4	0	6	7	7	4	0	9	0	5
9,2	4	1	1	2	4	4	1	3	5	4
9,3	4	1	5	7	1	4	1	8	0	4
9,4	4	2	0	1	8	4	2	2	5	3
9,5	4	2	4	6	5	4	2	7	0	3
9,6	4	2	9	1	2	4	3	1	5	2
9,7	4	3	3	5	9	4	3	6	0	2
9,8	4	3	8	0	6	4	4	0	5	1
9,9	4	4	2	5	3	4	4	5	0	1
10	4	4	7	0	0	4	4	9	5	0

0,01 bis 4,5	0,452	4,52	45,2	452,0	4520,0	0,4545	4,545	45,45	454,5	4545,0
0,01	0	0	0	4	5	0	0	0	4	5
0,02	0	0	0	9	0	0	0	0	9	1
0,03	0	0	1	3	6	0	0	1	3	6
0,04	0	0	1	8	1	0	0	1	8	2
0,05	0	0	2	2	6	0	0	2	2	7
0,06	0	0	2	7	1	0	0	2	7	3
0,07	0	0	3	1	6	0	0	3	1	8
0,08	0	0	3	6	2	0	0	3	6	4
0,09	0	0	4	0	7	0	0	4	0	9
0,1	0	0	4	5	2	0	0	4	5	5
0,2	0	0	9	0	4	0	0	9	0	9
0,3	0	1	3	5	6	0	1	3	6	4
0,4	0	1	8	0	8	0	1	8	1	8
0,5	0	2	2	6	0	0	2	2	7	3
0,6	0	2	7	1	2	0	2	7	2	7
0,7	0	3	1	6	4	0	3	1	8	2
0,8	0	3	6	1	6	0	3	6	3	6
0,9	0	4	0	6	8	0	4	0	9	1
1	0	4	5	2	0	0	4	5	4	5
1,1	0	4	9	7	2	0	5	0	0	0
1,2	0	5	4	2	4	0	5	4	5	4
1,3	0	5	8	7	6	0	5	9	0	9
1,4	0	6	3	2	8	0	6	3	6	3
1,5	0	6	7	8	0	0	6	8	1	8
1,6	0	7	2	3	2	0	7	2	7	2
1,7	0	7	6	8	4	0	7	7	2	7
1,8	0	8	1	3	6	0	8	1	8	1
1,9	0	8	5	8	8	0	8	6	3	6
2	0	9	0	4	0	0	9	0	9	0
2,1	0	9	4	9	2	0	9	5	4	5
2,2	0	9	9	4	4	0	9	9	9	9
2,3	1	0	3	9	6	1	0	4	5	4
2,4	1	0	8	4	8	1	0	9	0	8
2,5	1	1	3	0	0	1	1	3	6	3
2,6	1	1	7	5	2	1	1	8	1	7
2,7	1	2	2	0	4	1	2	2	7	2
2,8	1	2	6	5	6	1	2	7	2	6
2,9	1	3	1	0	8	1	3	1	8	1
3	1	3	5	6	0	1	3	6	3	5
3,1	1	4	0	1	2	1	4	0	9	0
3,2	1	4	4	6	4	1	4	5	4	4
3,3	1	4	9	1	6	1	4	9	9	9
3,4	1	5	3	6	8	1	5	4	5	3
3,5	1	5	8	2	0	1	5	9	0	8
3,6	1	6	2	7	2	1	6	3	6	2
3,7	1	6	7	2	4	1	6	8	1	7
3,8	1	7	1	7	6	1	7	2	7	1
3,9	1	7	6	2	8	1	7	7	2	6
4	1	8	0	8	0	1	8	1	8	0
4,1	1	8	5	3	2	1	8	6	3	5
4,2	1	8	9	8	4	1	9	0	8	9
4,3	1	9	4	3	6	1	9	5	4	4
4,4	1	9	8	8	8	1	9	9	9	8
4,5	2	0	3	4	0	2	0	4	5	3

4,6 bis 10	0,452	4,52	45,2	452,0	4520,0	0,4545	4,545	45,45	454,5	4545,0
4,6	2	0	7	9	2	2	0	9	0	7
4,7	2	1	2	4	4	2	1	3	6	2
4,8	2	1	6	9	6	2	1	8	1	6
4,9	2	2	1	4	8	2	2	2	7	1
5	2	2	6	0	0	2	2	7	2	5
5,1	2	3	0	5	2	2	3	1	8	0
5,2	2	3	5	0	4	2	3	6	3	4
5,3	2	3	9	5	6	2	4	0	8	9
5,4	2	4	4	0	8	2	4	5	4	3
5,5	2	4	8	6	0	2	4	9	9	8
5,6	2	5	3	1	2	2	5	4	5	2
5,7	2	5	7	6	4	2	5	9	0	7
5,8	2	6	2	1	6	2	6	3	6	1
5,9	2	6	6	6	8	2	6	8	1	6
6	2	7	1	2	0	2	7	2	7	0
6,1	2	7	5	7	2	2	7	7	2	5
6,2	2	8	0	2	4	2	8	1	7	9
6,3	2	8	4	7	6	2	8	6	3	4
6,4	2	8	9	2	8	2	9	0	8	8
6,5	2	9	3	8	0	2	9	5	4	3
6,6	2	9	8	3	2	2	9	9	9	7
6,7	3	0	2	8	4	3	0	4	5	2
6,8	3	0	7	3	6	3	0	9	0	6
6,9	3	1	1	8	8	3	1	3	6	1
7	3	1	6	4	0	3	1	8	1	5
7,1	3	2	0	9	2	3	2	2	7	0
7,2	3	2	5	4	4	3	2	7	2	4
7,3	3	2	9	9	6	3	3	1	7	9
7,4	3	3	4	4	8	3	3	6	3	3
7,5	3	3	9	0	0	3	4	0	8	8
7,6	3	4	3	5	2	3	4	5	4	2
7,7	3	4	8	0	4	3	4	9	9	7
7,8	3	5	2	5	6	3	5	4	5	1
7,9	3	5	7	0	8	3	5	9	0	6
8	3	6	1	6	0	3	6	3	6	0
8,1	3	6	6	1	2	3	6	8	1	5
8,2	3	7	0	6	4	3	7	2	6	9
8,3	3	7	5	1	6	3	7	7	2	4
8,4	3	7	9	6	8	3	8	1	7	8
8,5	3	8	4	2	0	3	8	6	3	3
8,6	3	8	8	7	2	3	9	0	8	7
8,7	3	9	3	2	4	3	9	5	4	2
8,8	3	9	7	7	6	3	9	9	9	6
8,9	4	0	2	2	8	4	0	4	5	1
9	4	0	6	8	0	4	0	9	0	5
9,1	4	1	1	3	2	4	1	3	6	0
9,2	4	1	5	8	4	4	1	8	1	4
9,3	4	2	0	3	6	4	2	2	6	9
9,4	4	2	4	8	8	4	2	7	2	3
9,5	4	2	9	4	0	4	3	1	7	8
9,6	4	3	3	9	2	4	3	6	3	2
9,7	4	3	8	4	4	4	4	0	8	7
9,8	4	4	2	9	6	4	4	5	4	1
9,9	4	4	7	4	8	4	4	9	9	6
10	4	5	2	0	0	4	5	4	5	0

0,01 bis 4,5	0,457	4,57	45,7	457,0	4570,0	0,4595	4,595	45,95	459,5	4595,0
0,01	0	0	0	4	6	0	0	0	4	6
0,02	0	0	0	9	1	0	0	0	9	2
0,03	0	0	1	3	7	0	0	1	3	8
0,04	0	0	1	8	3	0	0	1	8	4
0,05	0	0	2	2	9	0	0	2	3	0
0,06	0	0	2	7	4	0	0	2	7	6
0,07	0	0	3	2	0	0	0	3	2	2
0,08	0	0	3	6	6	0	0	3	6	8
0,09	0	0	4	1	1	0	0	4	1	4
0,1	0	0	4	5	7	0	0	4	6	0
0,2	0	0	9	1	4	0	0	9	1	9
0,3	0	1	3	7	1	0	1	3	7	9
0,4	0	1	8	2	8	0	1	8	3	8
0,5	0	2	2	8	5	0	2	2	9	8
0,6	0	2	7	4	2	0	2	7	5	7
0,7	0	3	1	9	9	0	3	2	1	7
0,8	0	3	6	5	6	0	3	6	7	6
0,9	0	4	1	1	3	0	4	1	3	6
1	0	4	5	7	0	0	4	5	9	5
1,1	0	5	0	2	7	0	5	0	5	5
1,2	0	5	4	8	4	0	5	5	1	4
1,3	0	5	9	4	1	0	5	9	7	4
1,4	0	6	3	9	8	0	6	4	3	3
1,5	0	6	8	5	5	0	6	8	9	3
1,6	0	7	3	1	2	0	7	3	5	2
1,7	0	7	7	6	9	0	7	8	1	2
1,8	0	8	2	2	6	0	8	2	7	1
1,9	0	8	6	8	3	0	8	7	3	1
2	0	9	1	4	0	0	9	1	9	0
2,1	0	9	5	9	7	0	9	6	5	0
2,2	1	0	0	5	4	1	0	1	0	9
2,3	1	0	5	1	1	1	0	5	6	9
2,4	1	0	9	6	8	1	1	0	2	8
2,5	1	1	4	2	5	1	1	4	8	8
2,6	1	1	8	8	2	1	1	9	4	7
2,7	1	2	3	3	9	1	2	4	0	7
2,8	1	2	7	9	6	1	2	8	6	6
2,9	1	3	2	5	3	1	3	3	2	6
3	1	3	7	1	0	1	3	7	8	5
3,1	1	4	1	6	7	1	4	2	4	5
3,2	1	4	6	2	4	1	4	7	0	4
3,3	1	5	0	8	1	1	5	1	6	4
3,4	1	5	5	3	8	1	5	6	2	3
3,5	1	5	9	9	5	1	6	0	8	3
3,6	1	6	4	5	2	1	6	5	4	2
3,7	1	6	9	0	9	1	7	0	0	2
3,8	1	7	3	6	6	1	7	4	6	1
3,9	1	7	8	2	3	1	7	9	2	1
4	1	8	2	8	0	1	8	3	8	0
4,1	1	8	7	3	7	1	8	8	4	0
4,2	1	9	1	9	4	1	9	2	9	9
4,3	1	9	6	5	1	1	9	7	5	9
4,4	2	0	1	0	8	2	0	2	1	8
4,5	2	0	5	6	5	2	0	6	7	8

4,6 bis 10	0,457	4,57	45,7	457,0	4570,0	0,4595	4,595	45,95	459,5	4595,0
4,6	2	1	0	2	2	2	1	1	3	7
4,7	2	1	4	7	9	2	1	5	9	7
4,8	2	1	9	3	6	2	2	0	5	6
4,9	2	2	3	9	3	2	2	5	1	6
5	2	2	8	5	0	2	2	9	7	5
5,1	2	3	3	0	7	2	3	4	3	5
5,2	2	3	7	6	4	2	3	8	9	4
5,3	2	4	2	2	1	2	4	3	5	4
5,4	2	4	6	7	8	2	4	8	1	3
5,5	2	5	1	3	5	2	5	2	4	3
5,6	2	5	5	9	2	2	5	7	3	2
5,7	2	6	0	4	9	2	6	1	9	2
5,8	2	6	5	0	6	2	6	6	5	1
5,9	2	6	9	6	3	2	7	1	1	1
6	2	7	4	2	0	2	7	5	7	0
6,1	2	7	8	7	7	2	8	0	3	0
6,2	2	8	3	3	4	2	8	4	8	9
6,3	2	8	7	9	1	2	8	9	4	9
6,4	2	9	2	4	8	2	9	4	0	8
6,5	2	9	7	0	5	2	9	8	6	8
6,6	3	0	1	6	2	3	0	3	2	7
6,7	3	0	6	1	9	3	0	7	8	7
6,8	3	1	0	7	6	3	1	2	4	6
6,9	3	1	5	3	3	3	1	7	0	6
7	3	1	9	9	0	3	2	1	6	5
7,1	3	2	4	4	7	3	2	6	2	5
7,2	3	2	9	0	4	3	3	0	8	4
7,3	3	3	3	6	1	3	3	5	4	4
7,4	3	3	8	1	8	3	4	0	0	3
7,5	3	4	2	7	5	3	4	4	6	3
7,6	3	4	7	3	2	3	4	9	2	2
7,7	3	5	1	8	9	3	5	3	8	2
7,8	3	5	6	4	6	3	5	8	4	1
7,9	3	6	1	0	3	3	6	3	0	1
8	3	6	5	6	0	3	6	7	6	0
8,1	3	7	0	1	7	3	7	2	2	0
8,2	3	7	4	7	4	3	7	6	7	9
8,3	3	7	9	3	1	3	8	1	3	9
8,4	3	8	3	8	8	3	8	5	9	8
8,5	3	8	8	4	5	3	9	0	5	8
8,6	3	9	3	0	2	3	9	5	1	7
8,7	3	9	7	5	9	3	9	9	7	7
8,8	4	0	2	1	6	4	0	4	3	6
8,9	4	0	6	7	3	4	0	8	9	6
9	4	1	1	3	0	4	1	3	5	5
9,1	4	1	5	8	7	4	1	8	1	5
9,2	4	2	0	4	4	4	2	2	7	4
9,3	4	2	5	0	1	4	2	7	3	4
9,4	4	2	9	5	8	4	3	1	9	3
9,5	4	3	4	1	5	4	3	6	5	3
9,6	4	3	8	7	2	4	4	1	1	2
9,7	4	4	3	2	9	4	4	5	7	2
9,8	4	4	7	8	6	4	5	0	3	1
9,9	4	5	2	4	3	4	5	4	9	1
10	4	5	7	0	0	4	5	9	5	0

0,01 bis 4,5	4620,0					4645,0				
	0,462	4,62	46,2	462,0	4620,0	0,4645	4,645	46,45	464,5	4645,0
0,01	0	0	0	4	6	0	0	0	4	6
0,02	0	0	0	9	2	0	0	0	9	3
0,03	0	0	1	3	9	0	0	1	3	9
0,04	0	0	1	8	5	0	0	1	8	6
0,05	0	0	2	3	1	0	0	2	3	2
0,06	0	0	2	7	7	0	0	2	7	9
0,07	0	0	3	2	3	0	0	3	2	5
0,08	0	0	3	7	0	0	0	3	7	2
0,09	0	0	4	1	6	0	0	4	1	8
0,1	0	0	4	6	2	0	0	4	6	5
0,2	0	0	9	2	4	0	0	9	2	9
0,3	0	1	3	8	6	0	1	3	9	4
0,4	0	1	8	4	8	0	1	8	5	8
0,5	0	2	3	1	0	0	2	3	2	3
0,6	0	2	7	7	2	0	2	7	8	7
0,7	0	3	2	3	4	0	3	2	5	2
0,8	0	3	6	9	6	0	3	7	1	6
0,9	0	4	1	5	8	0	4	1	8	1
1	0	4	6	2	0	0	4	6	4	5
1,1	0	5	0	8	2	0	5	1	1	0
1,2	0	5	5	4	4	0	5	5	7	4
1,3	0	6	0	0	6	0	6	0	3	9
1,4	0	6	4	6	8	0	6	5	0	3
1,5	0	6	9	3	0	0	6	9	6	8
1,6	0	7	3	9	2	0	7	4	3	2
1,7	0	7	8	5	4	0	7	8	9	7
1,8	0	8	3	1	6	0	8	3	6	1
1,9	0	8	7	7	8	0	8	8	2	6
2	0	9	2	4	0	0	9	2	9	0
2,1	0	9	7	0	2	0	9	7	5	5
2,2	1	0	1	6	4	1	0	2	1	9
2,3	1	0	6	2	6	1	0	6	8	4
2,4	1	1	0	8	8	1	1	1	4	8
2,5	1	1	5	5	0	1	1	6	1	3
2,6	1	2	0	1	2	1	2	0	7	7
2,7	1	2	4	7	4	1	2	5	4	2
2,8	1	2	9	3	6	1	3	0	0	6
2,9	1	3	3	9	8	1	3	4	7	1
3	1	3	8	6	0	1	3	9	3	5
3,1	1	4	3	2	2	1	4	4	0	0
3,2	1	4	7	8	4	1	4	8	6	4
3,3	1	5	2	4	6	1	5	3	2	9
3,4	1	5	7	0	8	1	5	7	9	3
3,5	1	6	1	7	0	1	6	2	5	8
3,6	1	6	6	3	2	1	6	7	2	2
3,7	1	7	0	9	4	1	7	1	8	7
3,8	1	7	5	5	6	1	7	6	5	1
3,9	1	8	0	1	8	1	8	1	1	6
4	1	8	4	8	0	1	8	5	8	0
4,1	1	8	9	4	2	1	9	0	4	5
4,2	1	9	4	0	4	1	9	5	0	9
4,3	1	9	8	6	6	1	9	9	7	4
4,4	2	0	3	2	8	2	0	4	3	8
4,5	2	0	7	9	0	2	0	9	0	3

4,6 bis 10	4620,0					4645,0				
	0,462	4,62	46,2	462,0	4620,0	0,4645	4,645	46,45	464,5	4645,0
4,6	2	1	2	5	2	2	1	3	6	7
4,7	2	1	7	1	4	2	1	8	3	2
4,8	2	2	1	7	6	2	2	2	9	6
4,9	2	2	6	3	8	2	2	7	6	1
5	2	3	1	0	0	2	3	2	2	5
5,1	2	3	5	6	2	2	3	6	9	0
5,2	2	4	0	2	4	2	4	1	5	4
5,3	2	4	4	8	6	2	4	6	1	9
5,4	2	4	9	4	8	2	5	0	8	3
5,5	2	5	4	1	0	2	5	5	4	8
5,6	2	5	8	7	2	2	6	0	1	2
5,7	2	6	3	3	4	2	6	4	7	7
5,8	2	6	7	9	6	2	6	9	4	1
5,9	2	7	2	5	8	2	7	4	0	6
6	2	7	7	2	0	2	7	8	7	0
6,1	2	8	1	8	2	2	8	3	3	5
6,2	2	8	6	4	4	2	8	7	9	9
6,3	2	9	1	0	6	2	9	2	6	4
6,4	2	9	5	6	8	2	9	7	2	8
6,5	3	0	0	3	0	3	0	1	9	3
6,6	3	0	4	9	2	3	0	6	5	7
6,7	3	0	9	5	4	3	1	1	2	2
6,8	3	1	4	1	6	3	1	5	8	6
6,9	3	1	8	7	8	3	2	0	5	1
7	3	2	3	4	0	3	2	5	1	5
7,1	3	2	8	0	2	3	2	9	8	0
7,2	3	3	2	6	4	3	3	4	4	4
7,3	3	3	7	2	6	3	3	9	0	9
7,4	3	4	1	8	8	3	4	3	7	3
7,5	3	4	6	5	0	3	4	8	3	8
7,6	3	5	1	1	2	3	5	3	0	2
7,7	3	5	5	7	4	3	5	7	6	7
7,8	3	6	0	3	6	3	6	2	3	1
7,9	3	6	4	9	8	3	6	6	9	6
8	3	6	9	6	0	3	7	1	6	0
8,1	3	7	4	2	2	3	7	6	2	5
8,2	3	7	8	8	4	3	8	0	8	9
8,3	3	8	3	4	6	3	8	5	5	4
8,4	3	8	8	0	8	3	9	0	1	8
8,5	3	9	2	7	0	3	9	4	8	3
8,6	3	9	7	3	2	3	9	9	4	7
8,7	4	0	1	9	4	4	0	4	1	2
8,8	4	0	6	5	6	4	0	8	7	6
8,9	4	1	1	1	8	4	1	3	4	1
9	4	1	5	8	0	4	1	8	0	5
9,1	4	2	0	4	2	4	2	2	7	0
9,2	4	2	5	0	4	4	2	7	3	4
9,3	4	2	9	6	6	4	3	1	9	9
9,4	4	3	4	2	8	4	3	6	6	3
9,5	4	3	8	9	0	4	4	1	2	8
9,6	4	4	3	5	2	4	4	5	9	2
9,7	4	4	8	1	4	4	5	0	5	7
9,8	4	5	2	7	6	4	5	5	2	1
9,9	4	5	7	3	8	4	5	9	8	6
10	4	6	2	0	0	4	6	4	5	0

0,01 bis 4,5	0,467	4,67	46,7	467,0	4670,0	0,4695	4,695	46,95	469,5	4695,0
0,01	0	0	0	4	7	0	0	0	4	7
0,02	0	0	0	9	3	0	0	0	9	4
0,03	0	0	1	4	0	0	0	1	4	1
0,04	0	0	1	8	7	0	0	1	8	8
0,05	0	0	2	3	4	0	0	2	3	5
0,06	0	0	2	8	0	0	0	2	8	2
0,07	0	0	3	2	7	0	0	3	2	9
0,08	0	0	3	7	4	0	0	3	7	6
0,09	0	0	4	2	0	0	0	4	2	3
0,1	0	0	4	6	7	0	0	4	7	0
0,2	0	0	9	3	4	0	0	9	3	9
0,3	0	1	4	0	1	0	1	4	0	9
0,4	0	1	8	6	8	0	1	8	7	8
0,5	0	2	3	3	5	0	2	3	4	8
0,6	0	2	8	0	2	0	2	8	1	7
0,7	0	3	2	6	9	0	3	2	8	7
0,8	0	3	7	3	6	0	3	7	5	6
0.9	0	4	2	0	3	0	4	2	2	6
1	0	4	6	7	0	0	4	6	9	5
1,1	0	5	1	3	7	0	5	1	6	5
1,2	0	5	6	0	4	0	5	6	3	4
1,3	0	6	0	7	1	0	6	1	0	4
1,4	0	6	5	3	8	0	6	5	7	3
1,5	0	7	0	0	5	0	7	0	4	3
1,6	0	7	4	7	2	0	7	5	1	2
1,7	0	7	9	3	9	0	7	9	8	2
1,8	0	8	4	0	6	0	8	4	5	1
1,9	0	8	8	7	3	0	8	9	2	1
2	0	9	3	4	0	0	9	3	9	0
2,1	0	9	8	0	7	0	9	8	6	0
2,2	1	0	2	7	4	1	0	3	2	9
2,3	1	0	7	4	1	1	0	7	9	9
2,4	1	1	2	0	8	1	1	2	6	8
2,5	1	1	6	7	5	1	1	7	3	8
2,6	1	2	1	4	2	1	2	2	0	7
2,7	1	2	6	0	9	1	2	6	7	7
2,8	1	3	0	7	6	1	3	1	4	6
2,9	1	3	5	4	3	1	3	6	1	6
3	1	4	0	1	0	1	4	0	8	5
3,1	1	4	4	7	7	1	4	5	5	5
3,2	1	4	9	4	4	1	5	0	2	4
3,3	1	5	4	1	1	1	5	4	9	4
3,4	1	5	8	7	8	1	5	9	6	3
3,5	1	6	3	4	5	1	6	4	3	3
3,6	1	6	8	1	2	1	6	9	0	2
3,7	1	7	2	7	9	1	7	3	7	2
3,8	1	7	7	4	6	1	7	8	4	1
3,9	1	8	2	1	3	1	8	3	1	1
4	1	8	6	8	0	1	8	7	8	0
4,1	1	9	1	4	7	1	9	2	5	0
4,2	1	9	6	1	4	1	9	7	1	9
4,3	2	0	0	8	1	2	0	1	8	9
4,4	2	0	5	4	8	2	0	6	5	8
4,5	2	1	0	1	5	2	1	1	2	8

4,6 bis 10	0,467	4,67	46,7	467,0	4670,0	0,4695	4,695	46,95	469,5	4695,0
4,6	2	1	4	8	2	2	1	5	9	7
4,7	2	1	9	4	9	2	2	0	6	7
4,8	2	2	4	1	6	2	2	5	3	6
4,9	2	2	8	8	3	2	3	0	0	6
5	2	3	3	5	0	2	3	4	7	5
5,1	2	3	8	1	7	2	3	9	4	5
5,2	2	4	2	8	4	2	4	4	1	4
5,3	2	4	7	5	1	2	4	8	8	4
5,4	2	5	2	1	8	2	5	3	5	3
5,5	2	5	6	8	5	2	5	8	2	3
5,6	2	6	1	5	2	2	6	2	9	2
5,7	2	6	6	1	9	2	6	7	6	2
5,8	2	7	0	8	6	2	7	2	3	1
5,9	2	7	5	5	3	2	7	7	0	1
6	2	8	0	2	0	2	8	1	7	0
6,1	2	8	4	8	7	2	8	6	4	0
6,2	2	8	9	5	4	2	9	1	0	9
6,3	2	9	4	2	1	2	9	5	7	9
6,4	2	9	8	8	8	3	0	0	4	8
6,5	3	0	3	5	5	3	0	5	1	8
6,6	3	0	8	2	2	3	0	9	8	7
6,7	3	1	2	8	9	3	1	4	5	7
6,8	3	1	7	5	6	3	1	9	2	6
6,9	3	2	2	2	3	3	2	3	9	6
7	3	2	6	9	0	3	2	8	6	5
7,1	3	3	1	5	7	3	3	3	3	5
7,2	3	3	6	2	4	3	3	8	0	4
7,3	3	4	0	9	1	3	4	2	7	4
7,4	3	4	5	5	8	3	4	7	4	3
7,5	3	5	0	2	5	3	5	2	1	3
7,6	3	5	4	9	2	3	5	6	8	2
7,7	3	5	9	5	9	3	6	1	5	2
7,8	3	6	4	2	6	3	6	6	2	1
7,9	3	6	8	9	3	3	7	0	9	1
8	3	7	3	6	0	3	7	5	6	0
8,1	3	7	8	2	7	3	8	0	3	0
8,2	3	8	2	9	4	3	8	4	9	9
8,3	3	8	7	6	1	3	8	9	6	9
8,4	3	9	2	2	8	3	9	4	3	8
8,5	3	9	6	9	5	3	9	9	0	8
8,6	4	0	1	6	2	4	0	3	7	7
8,7	4	0	6	2	9	4	0	8	4	7
8,8	4	1	0	9	6	4	1	3	1	6
8,9	4	1	5	6	3	4	1	7	8	6
9	4	2	0	3	0	4	2	2	5	5
9,1	4	2	4	9	7	4	2	7	2	5
9,2	4	2	9	6	4	4	3	1	9	4
9,3	4	3	4	3	1	4	3	6	6	4
9,4	4	3	8	9	8	4	4	1	3	3
9,5	4	4	3	6	5	4	4	6	0	3
9,6	4	4	8	3	2	4	5	0	7	2
9,7	4	5	2	9	9	4	5	5	4	2
9,8	4	5	7	6	6	4	6	0	1	1
9,9	4	6	2	3	3	4	6	4	8	1
10	4	6	7	0	0	4	6	9	5	0

0,01 bis 4,5	0,472	4,72	47,2	472,0	4720,0	0,4745	4,745	47,45	474,5	4745,0
0,01	0	0	0	4	7	0	0	0	4	7
0,02	0	0	0	9	4	0	0	0	9	5
0,03	0	0	1	4	2	0	0	1	4	2
0,04	0	0	1	8	9	0	0	1	9	0
0,05	0	0	2	3	6	0	0	2	3	7
0,06	0	0	2	8	3	0	0	2	8	5
0,07	0	0	3	3	0	0	0	3	3	2
0,08	0	0	3	7	8	0	0	3	8	0
0,09	0	0	4	2	5	0	0	4	2	7
0,1	0	0	4	7	2	0	0	4	7	5
0,2	0	0	9	4	4	0	0	9	4	9
0,3	0	1	4	1	6	0	1	4	2	4
0,4	0	1	8	8	8	0	1	8	9	8
0,5	0	2	3	6	0	0	2	3	7	3
0,6	0	2	8	3	2	0	2	8	4	7
0,7	0	3	3	0	4	0	3	3	2	2
0,8	0	3	7	7	6	0	3	7	9	6
0,9	0	4	2	4	8	0	4	2	7	1
1	0	4	7	2	0	0	4	7	4	5
1,1	0	5	1	9	2	0	5	2	2	0
1,2	0	5	6	6	4	0	5	6	9	4
1,3	0	6	1	3	6	0	6	1	6	9
1,4	0	6	6	0	8	0	6	6	4	3
1,5	0	7	0	8	0	0	7	1	1	8
1,6	0	7	5	5	2	0	7	5	9	2
1,7	0	8	0	2	4	0	8	0	6	7
1,8	0	8	4	9	6	0	8	5	4	1
1,9	0	8	9	6	8	0	9	0	1	6
2	0	9	4	4	0	0	9	4	9	0
2,1	0	9	9	1	2	0	9	9	6	5
2,2	1	0	3	8	4	1	0	4	3	9
2,3	1	0	8	5	6	1	0	9	1	4
2,4	1	1	3	2	8	1	1	3	8	8
2,5	1	1	8	0	0	1	1	8	6	3
2,6	1	2	2	7	2	1	2	3	3	7
2,7	1	2	7	4	4	1	2	8	1	2
2,8	1	3	2	1	6	1	3	2	8	6
2,9	1	3	6	8	8	1	3	7	6	1
3	1	4	1	6	0	1	4	2	3	5
3,1	1	4	6	3	2	1	4	7	1	0
3,2	1	5	1	0	4	1	5	1	8	4
3,3	1	5	5	7	6	1	5	6	5	9
3,4	1	6	0	4	8	1	6	1	3	3
3,5	1	6	5	2	0	1	6	6	0	8
3,6	1	6	9	9	2	1	7	0	8	2
3,7	1	7	4	6	4	1	7	5	5	7
3,8	1	7	9	3	6	1	8	0	3	1
3,9	1	8	4	0	8	1	8	5	0	6
4	1	8	8	8	0	1	8	9	8	0
4,1	1	9	3	5	2	1	9	4	5	5
4,2	1	9	8	2	4	1	9	9	2	9
4,3	2	0	2	9	6	2	0	4	0	4
4,4	2	0	7	6	8	2	0	8	7	8
4,5	2	1	2	4	0	2	1	3	5	3

4,6 bis 10	0,472	4,72	47,2	472,0	4720,0	0,4745	4,745	47,45	474,5	4745,0
4,6	2	1	7	1	2	2	1	8	2	7
4,7	2	2	1	8	4	2	2	3	0	2
4,8	2	2	6	5	6	2	2	7	7	6
4,9	2	3	1	2	8	2	3	2	5	1
5	2	3	6	0	0	2	3	7	2	5
5,1	2	4	0	7	2	2	4	2	0	0
5,2	2	4	5	4	4	2	4	6	7	4
5,3	2	5	0	1	6	2	5	1	4	9
5,4	2	5	4	8	8	2	5	6	2	3
5,5	2	5	9	6	0	2	6	0	9	8
5,6	2	6	4	3	2	2	6	5	7	2
5,7	2	6	9	0	4	2	7	0	4	7
5,8	2	7	3	7	6	2	7	5	2	1
5,9	2	7	8	4	8	2	7	9	9	6
6	2	8	3	2	0	2	8	4	7	0
6,1	2	8	7	9	2	2	8	9	4	5
6,2	2	9	2	6	4	2	9	4	1	9
6,3	2	9	7	3	6	2	9	8	9	4
6,4	3	0	2	0	8	3	0	3	6	8
6,5	3	0	6	8	0	3	0	8	4	3
6,6	3	1	1	5	2	3	1	3	1	7
6,7	3	1	6	2	4	3	1	7	9	2
6,8	3	2	0	9	6	3	2	2	6	6
6,9	3	2	5	6	8	3	2	7	4	1
7	3	3	0	4	0	3	3	2	1	5
7,1	3	3	5	1	2	3	3	6	9	0
7,2	3	3	9	8	4	3	4	1	6	4
7,3	3	4	4	5	6	3	4	6	3	9
7,4	3	4	9	2	8	3	5	1	1	3
7,5	3	5	4	0	0	3	5	5	8	8
7,6	3	5	8	7	2	3	6	0	6	2
7,7	3	6	3	4	4	3	6	5	3	7
7,8	3	6	8	1	6	3	7	0	1	1
7,9	3	7	2	8	8	3	7	4	8	6
8	3	7	7	6	0	3	7	9	6	0
8,1	3	8	2	3	2	3	8	4	3	5
8,2	3	8	7	0	4	3	8	9	0	9
8,3	3	9	1	7	6	3	9	3	8	4
8,4	3	9	6	4	8	3	9	8	5	8
8,5	4	0	1	2	0	4	0	3	3	3
8,6	4	0	5	9	2	4	0	8	0	7
8,7	4	1	0	6	4	4	1	2	8	2
8,8	4	1	5	3	6	4	1	7	5	6
8,9	4	2	0	0	8	4	2	2	3	1
9	4	2	4	8	0	4	2	7	0	5
9,1	4	2	9	5	2	4	3	1	8	0
9,2	4	3	4	2	4	4	3	6	5	4
9,3	4	3	8	9	6	4	4	1	2	9
9,4	4	4	3	6	8	4	4	6	0	3
9,5	4	4	8	4	0	4	5	0	7	8
9,6	4	5	3	1	2	4	5	5	5	2
9,7	4	5	7	8	4	4	6	0	2	7
9,8	4	6	2	5	6	4	6	5	0	1
9,9	4	6	7	2	8	4	6	9	7	6
10	4	7	2	0	0	4	7	4	5	0

4770–4795

0,01 bis 4,5	0,477	4,77	47,7	477,0	4770,0	0,4795	4,795	47,95	479,5	4795,0
0,01	0	0	0	4	8	0	0	0	4	8
0,02	0	0	0	9	5	0	0	0	9	6
0,03	0	0	1	4	3	0	0	1	4	4
0,04	0	0	1	9	1	0	0	1	9	2
0,05	0	0	2	3	9	0	0	2	4	0
0,06	0	0	2	8	6	0	0	2	8	8
0,07	0	0	3	3	4	0	0	3	3	6
0,08	0	0	3	8	2	0	0	3	8	4
0,09	0	0	4	2	9	0	0	4	3	2
0,1	0	0	4	7	7	0	0	4	8	0
0,2	0	0	9	5	4	0	0	9	5	9
0,3	0	1	4	3	1	0	1	4	3	9
0,4	0	1	9	0	8	0	1	9	1	8
0,5	0	2	3	8	5	0	2	3	9	8
0,6	0	2	8	6	2	0	2	8	7	7
0,7	0	3	3	3	9	0	3	3	5	7
0,8	0	3	8	1	6	0	3	8	3	6
0,9	0	4	2	9	3	0	4	3	1	6
1	0	4	7	7	0	0	4	7	9	5
1,1	0	5	2	4	7	0	5	2	7	5
1,2	0	5	7	2	4	0	5	7	5	4
1,3	0	6	2	0	1	0	6	2	3	4
1,4	0	6	6	7	8	0	6	7	1	3
1,5	0	7	1	5	5	0	7	1	9	3
1,6	0	7	6	3	2	0	7	6	7	2
1,7	0	8	1	0	9	0	8	1	5	2
1,8	0	8	5	8	6	0	8	6	3	1
1,9	0	9	0	6	3	0	9	1	1	1
2	0	9	5	4	0	0	9	5	9	0
2,1	1	0	0	1	7	1	0	0	7	0
2,2	1	0	4	9	4	1	0	5	4	9
2,3	1	0	9	7	1	1	1	0	2	9
2,4	1	1	4	4	8	1	1	5	0	8
2,5	1	1	9	2	5	1	1	9	8	8
2,6	1	2	4	0	2	1	2	4	6	7
2,7	1	2	8	7	9	1	2	9	4	7
2,8	1	3	3	5	6	1	3	4	2	6
2,9	1	3	8	3	3	1	3	9	0	6
3	1	4	3	1	0	1	4	3	8	5
3,1	1	4	7	8	7	1	4	8	6	5
3,2	1	5	2	6	4	1	5	3	4	4
3,3	1	5	7	4	1	1	5	8	2	4
3,4	1	6	2	1	8	1	6	3	0	3
3,5	1	6	6	9	5	1	6	7	8	3
3,6	1	7	1	7	2	1	7	2	6	2
3,7	1	7	6	4	9	1	7	7	4	2
3,8	1	8	1	2	6	1	8	2	2	1
3,9	1	8	6	0	3	1	8	7	0	1
4	1	9	0	8	0	1	9	1	8	0
4,1	1	9	5	5	7	1	9	6	6	0
4,2	2	0	0	3	4	2	0	1	3	9
4,3	2	0	5	1	1	2	0	6	1	9
4,4	2	0	9	8	8	2	1	0	9	8
4,5	2	1	4	6	5	2	1	5	7	8

4,6 bis 10	0,477	4,77	47,7	477,0	4770,0	0,4795	4,795	47,95	479,5	4795,0
4,6	2	1	9	4	2	2	2	0	5	7
4,7	2	2	4	1	9	2	2	5	3	7
4,8	2	2	8	9	6	2	3	0	1	6
4,9	2	3	3	7	3	2	3	4	9	6
5	2	3	8	5	0	2	3	9	7	5
5,1	2	4	3	2	7	2	4	4	5	5
5,2	2	4	8	0	4	2	4	9	3	4
5,3	2	5	2	8	1	2	5	4	1	4
5,4	2	5	7	5	8	2	5	8	9	3
5,5	2	6	2	3	5	2	6	3	7	3
5,6	2	6	7	1	2	2	6	8	5	2
5,7	2	7	1	8	9	2	7	3	3	2
5,8	2	7	6	6	6	2	7	8	1	1
5,9	2	8	1	4	3	2	8	2	9	1
6	2	8	6	2	0	2	8	7	7	0
6,1	2	9	0	9	7	2	9	2	5	0
6,2	2	9	5	7	4	2	9	7	2	9
6,3	3	0	0	5	1	3	0	2	0	9
6,4	3	0	5	2	8	3	0	6	8	8
6,5	3	1	0	0	5	3	1	1	6	8
6,6	3	1	4	8	2	3	1	6	4	7
6,7	3	1	9	5	9	3	2	1	2	7
6,8	3	2	4	3	6	3	2	6	0	6
6,9	3	2	9	1	3	3	3	0	8	6
7	3	3	3	9	0	3	3	5	6	5
7,1	3	3	8	6	7	3	4	0	4	5
7,2	3	4	3	4	4	3	4	5	2	4
7,3	3	4	8	2	1	3	5	0	0	4
7,4	3	5	2	9	8	3	5	4	8	3
7,5	3	5	7	7	5	3	5	9	6	3
7,6	3	6	2	5	2	3	6	4	4	2
7,7	3	6	7	2	9	3	6	9	2	2
7,8	3	7	2	0	6	3	7	4	0	1
7,9	3	7	6	8	3	3	7	8	8	1
8	3	8	1	6	0	3	8	3	6	0
8,1	3	8	6	3	7	3	8	8	4	0
8,2	3	9	1	1	4	3	9	3	1	9
8,3	3	9	5	9	1	3	9	7	9	9
8,4	4	0	0	6	8	4	0	2	7	8
8,5	4	0	5	4	5	4	0	7	5	8
8,6	4	1	0	2	2	4	1	2	3	7
8,7	4	1	4	9	9	4	1	7	1	7
8,8	4	1	9	7	6	4	2	1	9	6
8,9	4	2	4	5	3	4	2	6	7	6
9	4	2	9	3	0	4	3	1	5	5
9,1	4	3	4	0	7	4	3	6	3	5
9,2	4	3	8	8	4	4	4	1	1	4
9,3	4	4	3	6	1	4	4	5	9	4
9,4	4	4	8	3	8	4	5	0	7	3
9,5	4	5	3	1	5	4	5	5	5	3
9,6	4	5	7	9	2	4	6	0	3	2
9,7	4	6	2	6	9	4	6	5	1	2
9,8	4	6	7	4	6	4	6	9	9	1
9,9	4	7	2	2	3	4	7	4	7	1
10	4	7	7	0	0	4	7	9	5	0

0,01 bis 4,5	4820,0 / 482,0 / 0,482 / 4,82 / 48,2					4845,0 / 484,5 / 0,4845 / 4,845 / 48,45				
0,01	0	0	0	4	8	0	0	0	4	8
0,02	0	0	0	9	6	0	0	0	9	7
0,03	0	0	1	4	5	0	0	1	4	5
0,04	0	0	1	9	3	0	0	1	9	4
0,05	0	0	2	4	1	0	0	2	4	2
0,06	0	0	2	8	9	0	0	2	9	1
0,07	0	0	3	3	7	0	0	3	3	9
0,08	0	0	3	8	6	0	0	3	8	8
0,09	0	0	4	3	4	0	0	4	3	6
0,1	0	0	4	8	2	0	0	4	8	5
0,2	0	0	9	6	4	0	0	9	6	9
0,3	0	1	4	4	6	0	1	4	5	4
0,4	0	1	9	2	8	0	1	9	3	8
0,5	0	2	4	1	0	0	2	4	2	3
0,6	0	2	8	9	2	0	2	9	0	7
0,7	0	3	3	7	4	0	3	3	9	2
0,8	0	3	8	5	6	0	3	8	7	6
0,9	0	4	3	3	8	0	4	3	6	1
1	0	4	8	2	0	0	4	8	4	5
1,1	0	5	3	0	2	0	5	3	3	0
1,2	0	5	7	8	4	0	5	8	1	4
1,3	0	6	2	6	6	0	6	2	9	9
1,4	0	6	7	4	8	0	6	7	8	3
1,5	0	7	2	3	0	0	7	2	6	8
1,6	0	7	7	1	2	0	7	7	5	2
1,7	0	8	1	9	4	0	8	2	3	7
1,8	0	8	6	7	6	0	8	7	2	1
1,9	0	9	1	5	8	0	9	2	0	6
2	0	9	6	4	0	0	9	6	9	0
2,1	1	0	1	2	2	1	0	1	7	5
2,2	1	0	6	0	4	1	0	6	5	9
2,3	1	1	0	8	6	1	1	1	4	4
2,4	1	1	5	6	8	1	1	6	2	8
2,5	1	2	0	5	0	1	2	1	1	3
2,6	1	2	5	3	2	1	2	5	9	7
2,7	1	3	0	1	4	1	3	0	8	2
2,8	1	3	4	9	6	1	3	5	6	6
2,9	1	3	9	7	8	1	4	0	5	1
3	1	4	4	6	0	1	4	5	3	5
3,1	1	4	9	4	2	1	5	0	2	0
3,2	1	5	4	2	4	1	5	5	0	4
3,3	1	5	9	0	6	1	5	9	8	9
3,4	1	6	3	8	8	1	6	4	7	3
3,5	1	6	8	7	0	1	6	9	5	8
3,6	1	7	3	5	2	1	7	4	4	2
3,7	1	7	8	3	4	1	7	9	2	7
3,8	1	8	3	1	6	1	8	4	1	1
3,9	1	8	7	9	8	1	8	8	9	6
4	1	9	2	8	0	1	9	3	8	0
4,1	1	9	7	6	2	1	9	8	6	5
4,2	2	0	2	4	4	2	0	3	4	9
4,3	2	0	7	2	6	2	0	8	3	4
4,4	2	1	2	0	8	2	1	3	1	8
4,5	2	1	6	9	0	2	1	8	0	3

4,6 bis 10	4820,0 / 482,0 / 0,482 / 4,82 / 48,2					4845,0 / 484,5 / 0,4845 / 4,845 / 48,45				
4,6	2	2	1	7	2	2	2	2	8	7
4,7	2	2	6	5	4	2	2	7	7	2
4,8	2	3	1	3	6	2	3	2	5	6
4,9	2	3	6	1	8	2	3	7	4	1
5	2	4	1	0	0	2	4	2	2	5
5,1	2	4	5	8	2	2	4	7	1	0
5,2	2	5	0	6	4	2	5	1	9	4
5,3	2	5	5	4	6	2	5	6	7	9
5,4	2	6	0	2	8	2	6	1	6	3
5,5	2	6	5	1	0	2	6	6	4	8
5,6	2	6	9	9	2	2	7	1	3	2
5,7	2	7	4	7	4	2	7	6	1	7
5,8	2	7	9	5	6	2	8	1	0	1
5,9	2	8	4	3	8	2	8	5	8	6
6	2	8	9	2	0	2	9	0	7	0
6,1	2	9	4	0	2	2	9	5	5	5
6,2	2	9	8	8	4	3	0	0	3	9
6,3	3	0	3	6	6	3	0	5	2	4
6,4	3	0	8	4	8	3	1	0	0	8
6,5	3	1	3	3	0	3	1	4	9	3
6,6	3	1	8	1	2	3	1	9	7	7
6,7	3	2	2	9	4	3	2	4	6	2
6,8	3	2	7	7	6	3	2	9	4	6
6,9	3	3	2	5	8	3	3	4	3	1
7	3	3	7	4	0	3	3	9	1	5
7,1	3	4	2	2	2	3	4	4	0	0
7,2	3	4	7	0	4	3	4	8	8	4
7,3	3	5	1	8	6	3	5	3	6	9
7,4	3	5	6	6	8	3	5	8	5	3
7,5	3	6	1	5	0	3	6	3	3	8
7,6	3	6	6	3	2	3	6	8	2	2
7,7	3	7	1	1	4	3	7	3	0	7
7,8	3	7	5	9	6	3	7	7	9	1
7,9	3	8	0	7	8	3	8	2	7	6
8	3	8	5	6	0	3	8	7	6	0
8,1	3	9	0	4	2	3	9	2	4	5
8,2	3	9	5	2	4	3	9	7	2	9
8,3	4	0	0	0	6	4	0	2	1	4
8,4	4	0	4	8	8	4	0	6	9	8
8,5	4	0	9	7	0	4	1	1	8	3
8,6	4	1	4	5	2	4	1	6	6	7
8,7	4	1	9	3	4	4	2	1	5	2
8,8	4	2	4	1	6	4	2	6	3	6
8,9	4	2	8	9	8	4	3	1	2	1
9	4	3	3	8	0	4	3	6	0	5
9,1	4	3	8	6	2	4	4	0	9	0
9,2	4	4	3	4	4	4	4	5	7	4
9,3	4	4	8	2	6	4	5	0	5	9
9,4	4	5	3	0	8	4	5	5	4	3
9,5	4	5	7	9	0	4	6	0	2	8
9,6	4	6	2	7	2	4	6	5	1	2
9,7	4	6	7	5	4	4	6	9	9	7
9,8	4	7	2	3	6	4	7	4	8	1
9,9	4	7	7	1	8	4	7	9	6	6
10	4	8	2	0	0	4	8	4	5	0

0,01 bis 4,5	0,487	4,87	48,7	487,0	4870,0	0,49	4,9	49,0	490,0	4900,0
0,01	0	0	0	4	9	0	0	0	4	9
0,02	0	0	0	9	7	0	0	0	9	8
0,03	0	0	1	4	6	0	0	1	4	7
0,04	0	0	1	9	5	0	0	1	9	6
0,05	0	0	2	4	4	0	0	2	4	5
0,06	0	0	2	9	2	0	0	2	9	4
0,07	0	0	3	4	1	0	0	3	4	3
0,08	0	0	3	9	0	0	0	3	9	2
0,09	0	0	4	3	8	0	0	4	4	1
0,1	0	0	4	8	7	0	0	4	9	0
0,2	0	0	9	7	4	0	0	9	8	0
0,3	0	1	4	6	1	0	1	4	7	0
0,4	0	1	9	4	8	0	1	9	6	0
0,5	0	2	4	3	5	0	2	4	5	0
0,6	0	2	9	2	2	0	2	9	4	0
0,7	0	3	4	0	9	0	3	4	3	0
0,8	0	3	8	9	6	0	3	9	2	0
0,9	0	4	3	8	3	0	4	4	1	0
1	0	4	8	7	0	0	4	9	0	0
1,1	0	5	3	5	7	0	5	3	9	0
1,2	0	5	8	4	4	0	5	8	8	0
1,3	0	6	3	3	1	0	6	3	7	0
1,4	0	6	8	1	8	0	6	8	6	0
1,5	0	7	3	0	5	0	7	3	5	0
1,6	0	7	7	9	2	0	7	8	4	0
1,7	0	8	2	7	9	0	8	3	3	0
1,8	0	8	7	6	6	0	8	8	2	0
1,9	0	9	2	5	3	0	9	3	1	0
2	0	9	7	4	0	0	9	8	0	0
2,1	1	0	2	2	7	1	0	2	9	0
2,2	1	0	7	1	4	1	0	7	8	0
2,3	1	1	2	0	1	1	1	2	7	0
2,4	1	1	6	8	8	1	1	7	6	0
2,5	1	2	1	7	5	1	2	2	5	0
2,6	1	2	6	6	2	1	2	7	4	0
2,7	1	3	1	4	9	1	3	2	3	0
2,8	1	3	6	3	6	1	3	7	2	0
2,9	1	4	1	2	3	1	4	2	1	0
3	1	4	6	1	0	1	4	7	0	0
3,1	1	5	0	9	7	1	5	1	9	0
3,2	1	5	5	8	4	1	5	6	8	0
3,3	1	6	0	7	1	1	6	1	7	0
3,4	1	6	5	5	8	1	6	6	6	0
3,5	1	7	0	4	5	1	7	1	5	0
3,6	1	7	5	3	2	1	7	6	4	0
3,7	1	8	0	1	9	1	8	1	3	0
3,8	1	8	5	0	6	1	8	6	2	0
3,9	1	8	9	9	3	1	9	1	1	0
4	1	9	4	8	0	1	9	6	0	0
4,1	1	9	9	6	7	2	0	0	9	0
4,2	2	0	4	5	4	2	0	5	8	0
4,3	2	0	9	4	1	2	1	0	7	0
4,4	2	1	4	2	8	2	1	5	6	0
4,5	2	1	9	1	5	2	2	0	5	0

4,6 bis 10	0,487	4,87	48,7	487,0	4870,0	0,49	4,9	49,0	490,0	4900,0
4,6	2	2	4	0	2	2	2	5	4	0
4,7	2	2	8	8	9	2	3	0	3	0
4,8	2	3	3	7	6	2	3	5	2	0
4,9	2	3	8	6	3	2	4	0	1	0
5	2	4	3	5	0	2	4	5	0	0
5,1	2	4	8	3	7	2	4	9	9	0
5,2	2	5	3	2	4	2	5	4	8	0
5,3	2	5	8	1	1	2	5	9	7	0
5,4	2	6	2	9	8	2	6	4	6	0
5,5	2	6	7	8	5	2	6	9	5	0
5,6	2	7	2	7	2	2	7	4	4	0
5,7	2	7	7	5	9	2	7	9	3	0
5,8	2	8	2	4	6	2	8	4	2	0
5,9	2	8	7	3	3	2	8	9	1	0
6	2	9	2	2	0	2	9	4	0	0
6,1	2	9	7	0	7	2	9	8	9	0
6,2	3	0	1	9	4	3	0	3	8	0
6,3	3	0	6	8	1	3	0	8	7	0
6,4	3	1	1	6	8	3	1	3	6	0
6,5	3	1	6	5	5	3	1	8	5	0
6,6	3	2	1	4	2	3	2	3	4	0
6,7	3	2	6	2	9	3	2	8	3	0
6,8	3	3	1	1	6	3	3	3	2	0
6,9	3	3	6	0	3	3	3	8	1	0
7	3	4	0	9	0	3	4	3	0	0
7,1	3	4	5	7	7	3	4	7	9	0
7,2	3	5	0	6	4	3	5	2	8	0
7,3	3	5	5	5	1	3	5	7	7	0
7,4	3	6	0	3	8	3	6	2	6	0
7,5	3	6	5	2	5	3	6	7	5	0
7,6	3	7	0	1	2	3	7	2	4	0
7,7	3	7	4	9	9	3	7	7	3	0
7,8	3	7	9	8	6	3	8	2	2	0
7,9	3	8	4	7	3	3	8	7	1	0
8	3	8	9	6	0	3	9	2	0	0
8,1	3	9	4	4	7	3	9	6	9	0
8,2	3	9	9	3	4	4	0	1	8	0
8,3	4	0	4	2	1	4	0	6	7	0
8,4	4	0	9	0	8	4	1	1	6	0
8,5	4	1	3	9	5	4	1	6	5	0
8,6	4	1	8	8	2	4	2	1	4	0
8,7	4	2	3	6	9	4	2	6	3	0
8,8	4	2	8	5	6	4	3	1	2	0
8,9	4	3	3	4	3	4	3	6	1	0
9	4	3	8	3	0	4	4	1	0	0
9,1	4	4	3	1	7	4	4	5	9	0
9,2	4	4	8	0	4	4	5	0	8	0
9,3	4	5	2	9	1	4	5	5	7	0
9,4	4	5	7	7	8	4	6	0	6	0
9,5	4	6	2	6	5	4	6	5	5	0
9,6	4	6	7	5	2	4	7	0	4	0
9,7	4	7	2	3	9	4	7	5	3	0
9,8	4	7	7	2	6	4	8	0	2	0
9,9	4	8	2	1	3	4	8	5	1	0
10	4	8	7	0	0	4	9	0	0	0

0,01 bi 4,5	0,493	4,93	49,3	493,0	4930,0	0,496	4,96	49,6	496,0	4960,0
0,01	0	0	0	4	9	0	0	0	5	0
0,02	0	0	0	9	9	0	0	0	9	9
0,03	0	0	1	4	8	0	0	1	4	9
0,04	0	0	1	9	7	0	0	1	9	8
0,05	0	0	2	4	7	0	0	2	4	8
0,06	0	0	2	9	6	0	0	2	9	8
0,07	0	0	3	4	5	0	0	3	4	7
0,08	0	0	3	9	4	0	0	3	9	7
0,09	0	0	4	4	4	0	0	4	4	6
0,1	0	0	4	9	3	0	0	4	9	6
0,2	0	0	9	8	6	0	0	9	9	2
0,3	0	1	4	7	9	0	1	4	8	8
0,4	0	1	9	7	2	0	1	9	8	4
0,5	0	2	4	6	5	0	2	4	8	0
0,6	0	2	9	5	8	0	2	9	7	6
0,7	0	3	4	5	1	0	3	4	7	2
0,8	0	3	9	4	4	0	3	9	6	8
0,9	0	4	4	3	7	0	4	4	6	4
1	0	4	9	3	0	0	4	9	6	0
1,1	0	5	4	2	3	0	5	4	5	6
1,2	0	5	9	1	6	0	5	9	5	2
1,3	0	6	4	0	9	0	6	4	4	8
1,4	0	6	9	0	2	0	6	9	4	4
1,5	0	7	3	9	5	0	7	4	4	0
1,6	0	7	8	8	8	0	7	9	3	6
1,7	0	8	3	8	1	0	8	4	3	2
1,8	0	8	8	7	4	0	8	9	2	8
1,9	0	9	3	6	7	0	9	4	2	4
2	0	9	8	6	0	0	9	9	2	0
2,1	1	0	3	5	3	1	0	4	1	6
2,2	1	0	8	4	6	1	0	9	1	2
2,3	1	1	3	3	9	1	1	4	0	8
2,4	1	1	8	3	2	1	1	9	0	4
2,5	1	2	3	2	5	1	2	4	0	0
2,6	1	2	8	1	8	1	2	8	9	6
2,7	1	3	3	1	1	1	3	3	9	2
2,8	1	3	8	0	4	1	3	8	8	8
2,9	1	4	2	9	7	1	4	3	8	4
3	1	4	7	9	0	1	4	8	8	0
3,1	1	5	2	8	3	1	5	3	7	6
3,2	1	5	7	7	6	1	5	8	7	2
3,3	1	6	2	6	9	1	6	3	6	8
3,4	1	6	7	6	2	1	6	8	6	4
3,5	1	7	2	5	5	1	7	3	6	0
3,6	1	7	7	4	8	1	7	8	5	6
3,7	1	8	2	4	1	1	8	3	5	2
3,8	1	8	7	3	4	1	8	8	4	8
3,9	1	9	2	2	7	1	9	3	4	4
4	1	9	7	2	0	1	9	8	4	0
4,1	2	0	2	1	3	2	0	3	3	6
4,2	2	0	7	0	6	2	0	8	3	2
4,3	2	1	1	9	9	2	1	3	2	8
4,4	2	1	6	9	2	2	1	8	2	4
4,5	2	2	1	8	5	2	2	3	2	0

4,6 bis 10	0,493	4,93	49,3	493,0	4930,0	0,496	4,96	49,6	496,0	4960,0
4,6	2	2	6	7	8	2	2	8	1	6
4,7	2	3	1	7	1	2	3	3	1	2
4,8	2	3	6	6	4	2	3	8	0	8
4,9	2	4	1	5	7	2	4	3	0	4
5	2	4	6	5	0	2	4	8	0	0
5,1	2	5	1	4	3	2	5	2	9	6
5,2	2	5	6	3	6	2	5	7	9	2
5,3	2	6	1	2	9	2	6	2	8	8
5,4	2	6	6	2	2	2	6	7	8	4
5,5	2	7	1	1	5	2	7	2	8	0
5,6	2	7	6	0	8	2	7	7	7	6
5,7	2	8	1	0	1	2	8	2	7	2
5,8	2	8	5	9	4	2	8	7	6	8
5,9	2	9	0	8	7	2	9	2	6	4
6	2	9	5	8	0	2	9	7	6	0
6,1	3	0	0	7	3	3	0	2	5	6
6,2	3	0	5	6	6	3	0	7	5	2
6,3	3	1	0	5	9	3	1	2	4	8
6,4	3	1	5	5	2	3	1	7	4	4
6,5	3	2	0	4	5	3	2	2	4	0
6,6	3	2	5	3	8	3	2	7	3	6
6,7	3	3	0	3	1	3	3	2	3	2
6,8	3	3	5	2	4	3	3	7	2	8
6,9	3	4	0	1	7	3	4	2	2	4
7	3	4	5	1	0	3	4	7	2	0
7,1	3	5	0	0	3	3	5	2	1	6
7,2	3	5	4	9	6	3	5	7	1	2
7,3	3	5	9	8	9	3	6	2	0	8
7,4	3	6	4	8	2	3	6	7	0	4
7,5	3	6	9	7	5	3	7	2	0	0
7,6	3	7	4	6	8	3	7	6	9	6
7,7	3	7	9	6	1	3	8	1	9	2
7,8	3	8	4	5	4	3	8	6	8	8
7,9	3	8	9	4	7	3	9	1	8	4
8	3	9	4	4	0	3	9	6	8	0
8,1	3	9	9	3	3	4	0	1	7	6
8,2	4	0	4	2	6	4	0	6	7	2
8,3	4	0	9	1	9	4	1	1	6	8
8,4	4	1	4	1	2	4	1	6	6	4
8,5	4	1	9	0	5	4	2	1	6	0
8,6	4	2	3	9	8	4	2	6	5	6
8,7	4	2	8	9	1	4	3	1	5	2
8,8	4	3	3	8	4	4	3	6	4	8
8,9	4	3	8	7	7	4	4	1	4	4
9	4	4	3	7	0	4	4	6	4	0
9,1	4	4	8	6	3	4	5	1	3	6
9,2	4	5	3	5	6	4	5	6	3	2
9,3	4	5	8	4	9	4	6	1	2	8
9,4	4	6	3	4	2	4	6	6	2	4
9,5	4	6	8	3	5	4	7	1	2	0
9,6	4	7	3	2	8	4	7	6	1	6
9,7	4	7	8	2	1	4	8	1	1	2
9,8	4	8	3	1	4	4	8	6	0	8
9,9	4	8	8	0	7	4	9	1	0	4
10	4	9	3	0	0	4	9	6	0	0

0,01 bis 4,5	0,499	4,99	49,9	499,0	4990,0	0,502	5,02	50,2	502,0	5020,0
0,01	0	0	0	5	0	0	0	0	5	0
0,02	0	0	1	0	0	0	0	1	0	0
0,03	0	0	1	5	0	0	0	1	5	1
0,04	0	0	2	0	0	0	0	2	0	1
0,05	0	0	2	5	0	0	0	2	5	1
0,06	0	0	2	9	9	0	0	3	0	1
0,07	0	0	3	4	9	0	0	3	5	1
0,08	0	0	3	9	9	0	0	4	0	2
0,09	0	0	4	4	9	0	0	4	5	2
0,1	0	0	4	9	9	0	0	5	0	2
0,2	0	0	9	9	8	0	1	0	0	4
0,3	0	1	4	9	7	0	1	5	0	6
0,4	0	1	9	9	6	0	2	0	0	8
0,5	0	2	4	9	5	0	2	5	1	0
0,6	0	2	9	9	4	0	3	0	1	2
0,7	0	3	4	9	3	0	3	5	1	4
0,8	0	3	9	9	2	0	4	0	1	6
0,9	0	4	4	9	1	0	4	5	1	8
1	0	4	9	9	0	0	5	0	2	0
1,1	0	5	4	8	9	0	5	5	2	2
1,2	0	5	9	8	8	0	6	0	2	4
1,3	0	6	4	8	7	0	6	5	2	6
1,4	0	6	9	8	6	0	7	0	2	8
1,5	0	7	4	8	5	0	7	5	3	0
1,6	0	7	9	8	4	0	8	0	3	2
1,7	0	8	4	8	3	0	8	5	3	4
1,8	0	8	9	8	2	0	9	0	3	6
1,9	0	9	4	8	1	0	9	5	3	8
2	0	9	9	8	0	1	0	0	4	0
2,1	1	0	4	7	9	1	0	5	4	2
2,2	1	0	9	7	8	1	1	0	4	4
2,3	1	1	4	7	7	1	1	5	4	6
2,4	1	1	9	7	6	1	2	0	4	8
2,5	1	2	4	7	5	1	2	5	5	0
2,6	1	2	9	7	4	1	3	0	5	2
2,7	1	3	4	7	3	1	3	5	5	4
2,8	1	3	9	7	2	1	4	0	5	6
2,9	1	4	4	7	1	1	4	5	5	8
3	1	4	9	7	0	1	5	0	6	0
3,1	1	5	4	6	9	1	5	5	6	2
3,2	1	5	9	6	8	1	6	0	6	4
3,3	1	6	4	6	7	1	6	5	6	6
3,4	1	6	9	6	6	1	7	0	6	8
3,5	1	7	4	6	5	1	7	5	7	0
3,6	1	7	9	6	4	1	8	0	7	2
3,7	1	8	4	6	3	1	8	5	7	4
3,8	1	8	9	6	2	1	9	0	7	6
3,9	1	9	4	6	1	1	9	5	7	8
4	1	9	9	6	0	2	0	0	8	0
4,1	2	0	4	5	9	2	0	5	8	2
4,2	2	0	9	5	8	2	1	0	8	4
4,3	2	1	4	5	7	2	1	5	8	6
4,4	2	1	9	5	6	2	2	0	8	8
4,5	2	2	4	5	5	2	2	5	9	0

4,6 bis 10	0,499	4,99	49,9	499,0	4990,0	0,502	5,02	50,2	502,0	5020,0
4,6	2	2	9	5	4	2	3	0	9	2
4,7	2	3	4	5	3	2	3	5	9	4
4,8	2	3	9	5	2	2	4	0	9	6
4,9	2	4	4	5	1	2	4	5	9	8
5	2	4	9	5	0	2	5	1	0	0
5,1	2	5	4	4	9	2	5	6	0	2
5,2	2	5	9	4	8	2	6	1	0	4
5,3	2	6	4	4	7	2	6	6	0	6
5,4	2	6	9	4	6	2	7	1	0	8
5,5	2	7	4	4	5	2	7	6	1	0
5,6	2	7	9	4	4	2	8	1	1	2
5,7	2	8	4	4	3	2	8	6	1	4
5,8	2	8	9	4	2	2	9	1	1	6
5,9	2	9	4	4	1	2	9	6	1	8
6	2	9	9	4	0	3	0	1	2	0
6,1	3	0	4	3	9	3	0	6	2	2
6,2	3	0	9	3	8	3	1	1	2	4
6,3	3	1	4	3	7	3	1	6	2	6
6,4	3	1	9	3	6	3	2	1	2	8
6,5	3	2	4	3	5	3	2	6	3	0
6,6	3	2	9	3	4	3	3	1	3	2
6,7	3	3	4	3	3	3	3	6	3	4
6,8	3	3	9	3	2	3	4	1	3	6
6,9	3	4	4	3	1	3	4	6	3	8
7	3	4	9	3	0	3	5	1	4	0
7,1	3	5	4	2	9	3	5	6	4	2
7,2	3	5	9	2	8	3	6	1	4	4
7,3	3	6	4	2	7	3	6	6	4	6
7,4	3	6	9	2	6	3	7	1	4	8
7,5	3	7	4	2	5	3	7	6	5	0
7,6	3	7	9	2	4	3	8	1	5	2
7,7	3	8	4	2	3	3	8	6	5	4
7,8	3	8	9	2	2	3	9	1	5	6
7,9	3	9	4	2	1	3	9	6	5	8
8	3	9	9	2	0	4	0	1	6	0
8,1	4	0	4	1	9	4	0	6	6	2
8,2	4	0	9	1	8	4	1	1	6	4
8,3	4	1	4	1	7	4	1	6	6	6
8,4	4	1	9	1	6	4	2	1	6	8
8,5	4	2	4	1	5	4	2	6	7	0
8,6	4	2	9	1	4	4	3	1	7	2
8,7	4	3	4	1	3	4	3	6	7	4
8,8	4	3	9	1	2	4	4	1	7	6
8,9	4	4	4	1	1	4	4	6	7	8
9	4	4	9	1	0	4	5	1	8	0
9,1	4	5	4	0	9	4	5	6	8	2
9,2	4	5	9	0	8	4	6	1	8	4
9,3	4	6	4	0	7	4	6	6	8	6
9,4	4	6	9	0	6	4	7	1	8	8
9,5	4	7	4	0	5	4	7	6	9	0
9,6	4	7	9	0	4	4	8	1	9	2
9,7	4	8	4	0	3	4	8	6	9	4
9,8	4	8	9	0	2	4	9	1	9	6
9,9	4	9	4	0	1	4	9	6	9	8
10	4	9	9	0	0	5	0	2	0	0

0,01 bis 4,5	0,505	5,05	50,5	505,0	5050,0	0,508	5,08	50,8	508,0	5080,0
0,01	0	0	0	5	1	0	0	0	5	1
0,02	0	0	1	0	1	0	0	1	0	2
0,03	0	0	1	5	2	0	0	1	5	2
0,04	0	0	2	0	2	0	0	2	0	3
0,05	0	0	2	5	3	0	0	2	5	4
0,06	0	0	3	0	3	0	0	3	0	5
0,07	0	0	3	5	4	0	0	3	5	6
0,08	0	0	4	0	4	0	0	4	0	6
0,09	0	0	4	5	5	0	0	4	5	7
0,1	0	0	5	0	5	0	0	5	0	8
0,2	0	1	0	1	0	0	1	0	1	6
0,3	0	1	5	1	5	0	1	5	2	4
0,4	0	2	0	2	0	0	2	0	3	2
0,5	0	2	5	2	5	0	2	5	4	0
0,6	0	3	0	3	0	0	3	0	4	8
0,7	0	3	5	3	5	0	3	5	5	6
0,8	0	4	0	4	0	0	4	0	6	4
0,9	0	4	5	4	5	0	4	5	7	2
1	0	5	0	5	0	0	5	0	8	0
1,1	0	5	5	5	5	0	5	5	8	8
1,2	0	6	0	6	0	0	6	0	9	6
1,3	0	6	5	6	5	0	6	6	0	4
1,4	0	7	0	7	0	0	7	1	1	2
1,5	0	7	5	7	5	0	7	6	2	0
1,6	0	8	0	8	0	0	8	1	2	8
1,7	0	8	5	8	5	0	8	6	3	6
1,8	0	9	0	9	0	0	9	1	4	4
1,9	0	9	5	9	5	0	9	6	5	2
2	1	0	1	0	0	1	0	1	6	0
2,1	1	0	6	0	5	1	0	6	6	8
2,2	1	1	1	1	0	1	1	1	7	6
2,3	1	1	6	1	5	1	1	6	8	4
2,4	1	2	1	2	0	1	2	1	9	2
2,5	1	2	6	2	5	1	2	7	0	0
2,6	1	3	1	3	0	1	3	2	0	8
2,7	1	3	6	3	5	1	3	7	1	6
2,8	1	4	1	4	0	1	4	2	2	4
2,9	1	4	6	4	5	1	4	7	3	2
3	1	5	1	5	0	1	5	2	4	0
3,1	1	5	6	5	5	1	5	7	4	8
3,2	1	6	1	6	0	1	6	2	5	6
3,3	1	6	6	6	5	1	6	7	6	4
3,4	1	7	1	7	0	1	7	2	7	2
3,5	1	7	6	7	5	1	7	7	8	0
3,6	1	8	1	8	0	1	8	2	8	8
3,7	1	8	6	8	5	1	8	7	9	6
3,8	1	9	1	9	0	1	9	3	0	4
3,9	1	9	6	9	5	1	9	8	1	2
4	2	0	2	0	0	2	0	3	2	0
4,1	2	0	7	0	5	2	0	8	2	8
4,2	2	1	2	1	0	2	1	3	3	6
4,3	2	1	7	1	5	2	1	8	4	4
4,4	2	2	2	2	0	2	2	3	5	2
4,5	2	2	7	2	5	2	2	8	6	0

4,6 bis 10	0,505	5,05	50,5	505,0	5050,0	0,508	5,08	50,8	508,0	5080,0
4,6	2	3	2	3	0	2	3	3	6	8
4,7	2	3	7	3	5	2	3	8	7	6
4,8	2	4	2	4	0	2	4	3	8	4
4,9	2	4	7	4	5	2	4	8	9	2
5	2	5	2	5	0	2	5	4	0	0
5,1	2	5	7	5	5	2	5	9	0	8
5,2	2	6	2	6	0	2	6	4	1	6
5,3	2	6	7	6	5	2	6	9	2	4
5,4	2	7	2	7	0	2	7	4	3	2
5,5	2	7	7	7	5	2	7	9	4	0
5,6	2	8	2	8	0	2	8	4	4	8
5,7	2	8	7	8	5	2	8	9	5	6
5,8	2	9	2	9	0	2	9	4	6	4
5,9	2	9	7	9	5	2	9	9	7	2
6	3	0	3	0	0	3	0	4	8	0
6,1	3	0	8	0	5	3	0	9	8	8
6,2	3	1	3	1	0	3	1	4	9	6
6,3	3	1	8	1	5	3	2	0	0	4
6,4	3	2	3	2	0	3	2	5	1	2
6,5	3	2	8	2	5	3	3	0	2	0
6,6	3	3	3	3	0	3	3	5	2	8
6,7	3	3	8	3	5	3	4	0	3	6
6,8	3	4	3	4	0	3	4	5	4	4
6,9	3	4	8	4	5	3	5	0	5	2
7	3	5	3	5	0	3	5	5	6	0
7,1	3	5	8	5	5	3	6	0	6	8
7,2	3	6	3	6	0	3	6	5	7	6
7,3	3	6	8	6	5	3	7	0	8	4
7,4	3	7	3	7	0	3	7	5	9	2
7,5	3	8	8	7	5	3	8	1	0	0
7,6	3	8	3	8	0	3	8	6	0	8
7,7	3	8	8	8	5	3	9	1	1	6
7,8	3	9	3	9	0	3	9	6	2	4
7,9	3	9	8	9	5	4	0	1	3	2
8	4	0	4	0	0	4	0	6	4	0
8,1	4	0	9	0	5	4	1	1	4	8
8,2	4	1	4	1	0	4	1	6	5	6
8,3	4	1	9	1	5	4	2	1	6	4
8,4	4	2	4	2	0	4	2	6	7	2
8,5	4	2	9	2	5	4	3	1	8	0
8,6	4	3	4	3	0	4	3	6	8	8
8,7	4	3	9	3	5	4	4	1	9	6
8,8	4	4	4	4	0	4	4	7	0	4
8,9	4	4	9	4	5	4	5	2	1	2
9	4	5	4	5	0	4	5	7	2	0
9,1	4	5	9	5	5	4	6	2	2	8
9,2	4	6	4	6	0	4	6	7	3	6
9,3	4	6	9	6	5	4	7	2	4	4
9,4	4	7	4	7	0	4	7	7	5	2
9,5	4	7	9	7	5	4	8	2	6	0
9,6	4	8	4	8	0	4	8	7	6	8
9,7	4	8	9	8	5	4	9	2	7	6
9,8	4	9	4	9	0	4	9	7	8	4
9,9	4	9	9	9	5	5	0	2	9	2
10	5	0	5	0	0	5	0	8	0	0

5110–5140

0,01 bis 4,5	0,511	5,11	51,1	511,0	5110,0	0,514	5,14	51,4	514,0	5140,0
0,01	0	0	0	5	1	0	0	0	5	1
0,02	0	0	1	0	2	0	0	1	0	3
0,03	0	0	1	5	3	0	0	1	5	4
0,04	0	0	2	0	4	0	0	2	0	6
0,05	0	0	2	5	6	0	0	2	5	7
0,06	0	0	3	0	7	0	0	3	0	8
0,07	0	0	3	5	8	0	0	3	6	0
0,08	0	0	4	0	9	0	0	4	1	1
0,09	0	0	4	6	0	0	0	4	6	3
0,1	0	0	5	1	1	0	0	5	1	4
0,2	0	1	0	2	2	0	1	0	2	8
0,3	0	1	5	3	3	0	1	5	4	2
0,4	0	2	0	4	4	0	2	0	5	6
0,5	0	2	5	5	5	0	2	5	7	0
0,6	0	3	0	6	6	0	3	0	8	4
0,7	0	3	5	7	7	0	3	5	9	8
0,8	0	4	0	8	8	0	4	1	1	2
0,9	0	4	5	9	9	0	4	6	2	6
1	0	5	1	1	0	0	5	1	4	0
1,1	0	5	6	2	1	0	5	6	5	4
1,2	0	6	1	3	2	0	6	1	6	8
1,3	0	6	6	4	3	0	6	6	8	2
1,4	0	7	1	5	4	0	7	1	9	6
1,5	0	7	6	6	5	0	7	7	1	0
1,6	0	8	1	7	6	0	8	2	2	4
1,7	0	8	6	8	7	0	8	7	3	8
1,8	0	9	1	9	8	0	9	2	5	2
1,9	0	9	7	0	9	0	9	7	6	6
2	1	0	2	2	0	1	0	2	8	0
2,1	1	0	7	3	1	1	0	7	9	4
2,2	1	1	2	4	2	1	1	3	0	8
2,3	1	1	7	5	3	1	1	8	2	2
2,4	1	2	2	6	4	1	2	3	3	6
2,5	1	2	7	7	5	1	2	8	5	0
2,6	1	3	2	8	6	1	3	3	6	4
2,7	1	3	7	9	7	1	3	8	7	8
2,8	1	4	3	0	8	1	4	3	9	2
2,9	1	4	8	1	9	1	4	9	0	6
3	1	5	3	3	0	1	5	4	2	0
3,1	1	5	8	4	1	1	5	9	3	4
3,2	1	6	3	5	2	1	6	4	4	8
3,3	1	6	8	6	3	1	6	9	6	2
3,4	1	7	3	7	4	1	7	4	7	6
3,5	1	7	8	8	5	1	7	9	9	0
3,6	1	8	3	9	6	1	8	5	0	4
3,7	1	8	9	0	7	1	9	0	1	8
3,8	1	9	4	1	8	1	9	5	3	2
3,9	1	9	9	2	9	2	0	0	4	6
4	2	0	4	4	0	2	0	5	6	0
4,1	2	0	9	5	1	2	1	0	7	4
4,2	2	1	4	6	2	2	1	5	8	8
4,3	2	1	9	7	3	2	2	1	0	2
4,4	2	2	4	8	4	2	2	6	1	6
4,5	2	2	9	9	5	2	3	1	3	0

4,6 bis 10	0,511	5,11	51,1	511,0	5110,0	0,514	5,14	51,4	514,0	5140,0
4,6	2	3	5	0	6	2	3	6	4	4
4,7	2	4	0	1	7	2	4	1	5	8
4,8	2	4	5	2	8	2	4	6	7	2
4,9	2	5	0	3	9	2	5	1	8	6
5	2	5	5	5	0	2	5	7	0	0
5,1	2	6	0	6	1	2	6	2	1	4
5,2	2	6	5	7	2	2	6	7	2	8
5,3	2	7	0	8	3	2	7	2	4	2
5,4	2	7	5	9	4	2	7	7	5	6
5,5	2	8	1	0	5	2	8	2	7	0
5,6	2	8	6	1	6	2	8	7	8	4
5.7	2	9	1	2	7	2	9	2	9	8
5,8	2	9	6	3	8	2	9	8	1	2
5,9	3	0	1	4	9	3	0	3	2	6
6	3	0	6	6	0	3	0	8	4	0
6,1	3	1	1	7	1	3	1	3	5	4
6,2	3	1	6	8	2	3	1	8	6	8
6,3	3	2	1	9	3	3	2	3	8	2
6,4	3	2	7	0	4	3	2	8	9	6
6,5	3	3	2	1	5	3	3	4	1	0
6,6	3	3	7	2	6	3	3	9	2	4
6,7	3	4	2	3	7	3	4	4	3	8
6,8	3	4	7	4	8	3	4	9	5	2
6,9	3	5	2	5	9	3	5	4	6	6
7	3	5	7	7	0	3	5	9	8	0
7,1	3	6	2	8	1	3	6	4	9	4
7,2	3	6	7	9	2	3	7	0	0	8
7,3	3	7	3	0	3	3	7	5	2	2
7,4	3	7	8	1	4	3	8	0	3	6
7,5	3	8	3	2	5	3	8	5	5	0
7,6	3	8	8	3	6	3	9	0	6	4
7,7	3	9	3	4	7	3	9	5	7	8
7,8	3	9	8	5	8	4	0	0	9	2
7,9	4	0	3	6	9	4	0	6	0	6
8	4	0	8	8	0	4	1	1	2	0
8,1	4	1	3	9	1	4	1	6	3	4
8,2	4	1	9	0	2	4	2	1	4	8
8,3	4	2	4	1	3	4	2	6	6	2
8,4	4	2	9	2	4	4	3	1	7	6
8,5	4	3	4	3	5	4	3	6	9	0
8,6	4	3	9	4	6	4	4	2	0	4
8,7	4	4	4	5	7	4	4	7	1	8
8,8	4	4	9	6	8	4	5	2	3	2
8,9	4	5	4	7	9	4	5	7	4	6
9	4	5	9	9	0	4	6	2	6	0
9,1	4	6	5	0	1	4	6	7	7	4
9,2	4	7	0	1	2	4	7	2	8	8
9,3	4	7	5	2	3	4	7	8	0	2
9,4	4	8	0	3	4	4	8	3	1	6
9,5	4	8	5	4	5	4	8	8	3	0
9,6	4	9	0	5	6	4	9	3	4	4
9,7	4	9	5	6	7	4	9	8	5	8
9,8	5	0	0	7	8	5	0	3	7	2
9,9	5	0	5	8	9	5	0	8	8	6
10	5	1	1	0	0	5	1	4	0	0

0,01 bis 4,5	0,517	5,17	51,7	517,0	5170,0	0,52	5,2	52,0	520,0	5200,0
0,01	0	0	0	5	2	0	0	0	5	2
0,02	0	0	1	0	3	0	0	1	0	4
0,03	0	0	1	5	5	0	0	1	5	6
0,04	0	0	2	0	7	0	0	2	0	8
0,05	0	0	2	5	9	0	0	2	6	0
0,06	0	0	3	1	0	0	0	3	1	2
0,07	0	0	3	6	2	0	0	3	6	4
0,08	0	0	4	1	4	0	0	4	1	6
0,09	0	0	4	6	5	0	0	4	6	8
0,1	0	0	5	1	7	0	0	5	2	0
0,2	0	1	0	3	4	0	1	0	4	0
0,3	0	1	5	5	1	0	1	5	6	0
0,4	0	2	0	6	8	0	2	0	8	0
0,5	0	2	5	8	5	0	2	6	0	0
0,6	0	3	1	0	2	0	3	1	2	0
0,7	0	3	6	1	9	0	3	6	4	0
0,8	0	4	1	3	6	0	4	1	6	0
0,9	0	4	6	5	3	0	4	6	8	0
1	0	5	1	7	0	0	5	2	0	0
1,1	0	5	6	8	7	0	5	7	2	0
1,2	0	6	2	0	4	0	6	2	4	0
1,3	0	6	7	2	1	0	6	7	6	0
1,4	0	7	2	3	8	0	7	2	8	0
1,5	0	7	7	5	5	0	7	8	0	0
1,6	0	8	2	7	2	0	8	3	2	0
1,7	0	8	7	8	9	0	8	8	4	0
1,8	0	9	3	0	6	0	9	3	6	0
1,9	0	9	8	2	3	0	9	8	8	0
2	1	0	3	4	0	1	0	4	0	0
2,1	1	0	8	5	7	1	0	9	2	0
2,2	1	1	3	7	4	1	1	4	4	0
2,3	1	1	8	9	1	1	1	9	6	0
2,4	1	2	4	0	8	1	2	4	8	0
2,5	1	2	9	2	5	1	3	0	0	0
2,6	1	3	4	4	2	1	3	5	2	0
2,7	1	3	9	5	9	1	4	0	4	0
2,8	1	4	4	7	6	1	4	5	6	0
2,9	1	4	9	9	3	1	5	0	8	0
3	1	5	5	1	0	1	5	6	0	0
3,1	1	6	0	2	7	1	6	1	2	0
3,2	1	6	5	4	4	1	6	6	4	0
3,3	1	7	0	6	1	1	7	1	6	0
3,4	1	7	5	7	8	1	7	6	8	0
3,5	1	8	0	9	5	1	8	2	0	0
3,6	1	8	6	1	2	1	8	7	2	0
3,7	1	9	1	2	9	1	9	2	4	0
3,8	1	9	6	4	6	1	9	7	6	0
3,9	2	0	1	6	3	2	0	2	8	0
4	2	0	6	8	0	2	0	8	0	0
4,1	2	1	1	9	7	2	1	3	2	0
4,2	2	1	7	1	4	2	1	8	4	0
4,3	2	2	2	3	1	2	2	3	6	0
4,4	2	2	7	4	8	2	2	8	8	0
4,5	2	3	2	6	5	2	3	4	0	0

4,6 bis 10	0,517	5,17	51,7	517,0	5170,0	0,52	5,2	52,0	520,0	5200,0
4,6	2	3	7	8	2	2	3	9	2	0
4,7	2	4	2	9	9	2	4	4	4	0
4,8	2	4	8	1	6	2	4	9	6	0
4,9	2	5	3	3	3	2	5	4	8	0
5	2	5	8	5	0	2	6	0	0	0
5,1	2	6	3	6	7	2	6	5	2	0
5,2	2	6	8	8	4	2	7	0	4	0
5,3	2	7	4	0	1	2	7	5	6	0
5,4	2	7	9	1	8	2	8	0	8	0
5,5	2	8	4	3	5	2	8	6	0	0
5,6	2	8	9	5	2	2	9	1	2	0
5,7	2	9	4	6	9	2	9	6	4	0
5,8	2	9	9	8	6	3	0	1	6	0
5,9	3	0	5	0	3	3	0	6	8	0
6	3	1	0	2	0	3	1	2	0	0
6,1	3	1	5	3	7	3	1	7	2	0
6,2	3	2	0	5	4	3	2	2	4	0
6,3	3	2	5	7	1	3	2	7	6	0
6,4	3	3	0	8	8	3	3	2	8	0
6,5	3	3	6	0	5	3	3	8	0	0
6,6	3	4	1	2	2	3	4	3	2	0
6,7	3	4	6	3	9	3	4	8	4	0
6,8	3	5	1	5	6	3	5	3	6	0
6,9	3	5	6	7	3	3	5	8	8	0
7	3	6	1	9	0	3	6	4	0	0
7,1	3	6	7	0	7	3	6	9	2	0
7,2	3	7	2	2	4	3	7	4	4	0
7,3	3	7	7	4	1	3	7	9	6	0
7,4	3	8	2	5	8	3	8	4	8	0
7,5	3	8	7	7	5	3	9	0	0	0
7,6	3	9	2	9	2	3	9	5	2	0
7,7	3	9	8	0	9	4	0	0	4	0
7,8	4	0	3	2	6	4	0	5	6	0
7,9	4	0	8	4	3	4	1	0	8	0
8	4	1	3	6	0	4	1	6	0	0
8,1	4	1	8	7	7	4	2	1	2	0
8,2	4	2	3	9	4	4	2	6	4	0
8,3	4	2	9	1	1	4	3	1	6	0
8,4	4	3	4	2	8	4	3	6	8	0
8,5	4	3	9	4	5	4	4	2	0	0
8,6	4	4	4	6	2	4	4	7	2	0
8,7	4	4	9	7	9	4	5	2	4	0
8,8	4	5	4	9	6	4	5	7	6	0
8,9	4	6	0	1	3	4	6	2	8	0
9	4	6	5	3	0	4	6	8	0	0
9,1	4	7	0	4	7	4	7	3	2	0
9,2	4	7	5	6	4	4	7	8	4	0
9,3	4	8	0	8	1	4	8	3	6	0
9,4	4	8	5	9	8	4	8	8	8	0
9,5	4	9	1	1	5	4	9	4	0	0
9,6	4	9	6	3	2	4	9	9	2	0
9,7	5	0	1	4	3	5	0	4	4	0
9,8	5	0	6	6	6	5	0	9	6	0
9,9	5	1	1	8	3	5	1	4	8	0
10	5	1	7	0	0	5	2	0	0	0

0,01 bis 4,5	0,523	5,23	52,3	523,0	5230,0	0,526	5,26	52,6	526,0	5260,0
0,01	0	0	0	5	2	0	0	0	5	3
0,02	0	0	1	0	5	0	0	1	0	5
0,03	0	0	1	5	7	0	0	1	5	8
0,04	0	0	2	0	9	0	0	2	1	0
0,05	0	0	2	6	2	0	0	2	6	3
0,06	0	0	3	1	4	0	0	3	1	6
0,07	0	0	3	6	6	0	0	3	6	8
0,08	0	0	4	1	8	0	0	4	2	1
0,09	0	0	4	7	1	0	0	4	7	3
0,1	0	0	5	2	3	0	0	5	2	6
0,2	0	1	0	4	6	0	1	0	5	2
0,3	0	1	5	6	9	0	1	5	7	8
0,4	0	2	0	9	2	0	2	1	0	4
0,5	0	2	6	1	5	0	2	6	3	0
0,6	0	3	1	3	8	0	3	1	5	6
0,7	0	3	6	6	1	0	3	6	8	2
0,8	0	4	1	8	4	0	4	2	0	8
0,9	0	4	7	0	7	0	4	7	3	4
1	0	5	2	3	0	0	5	2	6	0
1,1	0	5	7	5	3	0	5	7	8	6
1,2	0	6	2	7	6	0	6	3	1	2
1,3	0	6	7	9	9	0	6	8	3	8
1,4	0	7	3	2	2	0	7	3	6	4
1,5	0	7	8	4	5	0	7	8	9	0
1,6	0	8	3	6	8	0	8	4	1	6
1,7	0	8	8	9	1	0	8	9	4	2
1,8	0	9	4	1	4	0	9	4	6	8
1,9	0	9	9	3	7	0	9	9	9	4
2	1	0	4	6	0	1	0	5	2	0
2,1	1	0	9	8	3	1	1	0	4	6
2,2	1	1	5	0	6	1	1	5	7	2
2,3	1	2	0	2	9	1	2	0	9	8
2,4	1	2	5	5	2	1	2	6	2	4
2,5	1	3	0	7	5	1	3	1	5	0
2,6	1	3	5	9	8	1	3	6	7	6
2,7	1	4	1	2	1	1	4	2	0	2
2,8	1	4	6	4	4	1	4	7	2	8
2,9	1	5	1	6	7	1	5	2	5	4
3	1	5	6	9	0	1	5	7	8	0
3,1	1	6	2	1	3	1	6	3	0	6
3,2	1	6	7	3	6	1	6	8	3	2
3,3	1	7	2	5	9	1	7	3	5	8
3,4	1	7	7	8	2	1	7	8	8	4
3,5	1	8	3	0	5	1	8	4	1	0
3,6	1	8	8	2	8	1	8	9	3	6
3,7	1	9	3	5	1	1	9	4	6	2
3,8	1	9	8	7	4	1	9	9	8	8
3,9	2	0	3	9	7	2	0	5	1	4
4	2	0	9	2	0	2	1	0	4	0
4,1	2	1	4	4	3	2	1	5	6	6
4,2	2	1	9	6	6	2	2	0	9	2
4,3	2	2	4	8	9	2	2	6	1	8
4,4	2	3	0	1	2	2	3	1	4	4
4,5	2	3	5	3	5	2	3	6	7	0

4,6 bis 10	0,523	5,23	52,3	523,0	5230,0	0,526	5,26	52,6	526,0	5260,0
4,6	2	4	0	5	8	2	4	1	9	6
4,7	2	4	5	8	1	2	4	7	2	2
4,8	2	5	1	0	4	2	5	2	4	8
4,9	2	5	6	2	7	2	5	7	7	4
5	2	6	1	5	0	2	6	3	0	0
5,1	2	6	6	7	3	2	6	8	2	6
5,2	2	7	1	9	6	2	7	3	5	2
5,3	2	7	7	1	9	2	7	8	7	8
5,4	2	8	2	4	2	2	8	4	0	4
5,5	2	8	7	6	5	2	8	9	3	0
5,6	2	9	2	8	8	2	9	4	5	6
5,7	2	9	8	1	1	2	9	9	8	2
5,8	3	0	3	3	4	3	0	5	0	8
5,9	3	0	8	5	7	3	1	0	3	4
6	3	1	3	8	0	3	1	5	6	0
6,1	3	1	9	0	3	3	2	0	8	6
6,2	3	2	4	2	6	3	2	6	1	2
6,3	3	2	9	4	9	3	3	1	3	8
6,4	3	3	4	7	2	3	3	6	6	4
6,5	3	3	9	9	5	3	4	1	9	0
6,6	3	4	5	1	8	3	4	7	1	6
6,7	3	5	0	4	1	3	5	2	4	2
6,8	3	5	5	6	4	3	5	7	6	8
6,9	3	6	0	8	7	3	6	2	9	4
7	3	6	6	1	0	3	6	8	2	0
7,1	3	7	1	3	3	3	7	3	4	6
7,2	3	7	6	5	6	3	7	8	7	2
7,3	3	8	1	7	9	3	8	3	9	8
7,4	3	8	7	0	2	3	8	9	2	4
7,5	3	9	2	2	5	3	9	4	5	0
7,6	3	9	7	4	8	3	9	9	7	6
7,7	4	0	2	7	1	4	0	5	0	2
7,8	4	0	7	9	4	4	1	0	2	8
7,9	4	1	3	1	7	4	1	5	5	4
8	4	1	8	4	0	4	2	0	8	0
8,1	4	2	3	6	3	1	2	6	0	6
8,2	4	2	8	8	6	4	3	1	3	2
8,3	4	3	4	0	9	4	3	6	5	8
8,4	4	3	9	3	2	4	4	1	8	4
8,5	4	4	4	5	5	4	4	7	1	0
8,6	4	4	9	7	8	4	5	2	3	6
8,7	4	5	5	0	1	4	5	7	6	2
8,8	4	6	0	2	4	4	6	2	8	8
8,9	4	6	5	4	7	4	6	8	1	4
9	4	7	0	7	0	4	7	3	4	0
9,1	4	7	5	9	3	4	7	8	6	6
9,2	4	8	1	1	6	4	8	3	9	2
9,3	4	8	6	3	9	4	8	9	1	8
9,4	4	9	1	6	2	4	9	4	4	4
9,5	4	9	6	8	5	4	9	9	7	0
9,6	5	0	2	0	8	5	0	4	9	6
9,7	5	0	7	3	1	5	1	0	2	2
9,8	5	1	2	5	4	5	1	5	4	8
9,9	5	1	7	7	7	5	2	0	7	4
10	5	2	3	0	0	5	2	6	0	0

0,01 bis 4,5 / 4,6 bis 10	0,529	5,29	52,9	529,0	5290,0	0,532	5,32	53,2	532,0	5320,0
0,01	0	0	0	5	3	0	0	0	5	3
0,02	0	0	1	0	6	0	0	1	0	6
0,03	0	0	1	5	9	0	0	1	6	0
0,04	0	0	2	1	2	0	0	2	1	3
0,05	0	0	2	6	5	0	0	2	6	6
0,06	0	0	3	1	7	0	0	3	1	9
0,07	0	0	3	7	0	0	0	3	7	2
0,08	0	0	4	2	3	0	0	4	2	6
0,09	0	0	4	7	6	0	0	4	7	9
0,1	0	0	5	2	9	0	0	5	3	2
0,2	0	1	0	5	8	0	1	0	6	4
0,3	0	1	5	8	7	0	1	5	9	6
0,4	0	2	1	1	6	0	2	1	2	8
0,5	0	2	6	4	5	0	2	6	6	0
0,6	0	3	1	7	4	0	3	1	9	2
0,7	0	3	7	0	3	0	3	7	2	4
0,8	0	4	2	3	2	0	4	2	5	6
0,9	0	4	7	6	1	0	4	7	8	8
1	0	5	2	9	0	0	5	3	2	0
1,1	0	5	8	1	9	0	5	8	5	2
1,2	0	6	3	4	8	0	6	3	8	4
1,3	0	6	8	7	7	0	6	9	1	6
1,4	0	7	4	0	6	0	7	4	4	8
1,5	0	7	9	3	5	0	7	9	8	0
1,6	0	8	4	6	4	0	8	5	1	2
1,7	0	8	9	9	3	0	9	0	4	4
1,8	0	9	5	2	2	0	9	5	7	6
1,9	1	0	0	5	1	1	0	1	0	8
2	1	0	5	8	0	1	0	6	4	0
2,1	1	1	1	0	9	1	1	1	7	2
2,2	1	1	6	3	8	1	1	7	0	4
2,3	1	2	1	6	7	1	2	2	3	6
2,4	1	2	6	9	6	1	2	7	6	8
2,5	1	3	2	2	5	1	3	3	0	0
2,6	1	3	7	5	4	1	3	8	3	2
2,7	1	4	2	8	3	1	4	3	6	4
2,8	1	4	8	1	2	1	4	8	9	6
2,9	1	5	3	4	1	1	5	4	2	8
3	1	5	8	7	0	1	5	9	6	0
3,1	1	6	3	9	9	1	6	4	9	2
3,2	1	6	9	2	8	1	7	0	2	4
3,3	1	7	4	5	7	1	7	5	5	6
3,4	1	7	9	8	6	1	8	0	8	8
3,5	1	8	5	1	5	1	8	6	2	0
3,6	1	9	0	4	4	1	9	1	5	2
3,7	1	9	5	7	3	1	9	6	8	4
3,8	2	0	1	0	2	2	0	2	1	6
3,9	2	0	6	3	1	2	0	7	4	8
4	2	1	1	6	0	2	1	2	8	0
4,1	2	1	6	8	9	2	1	8	1	2
4,2	2	2	2	1	8	2	2	3	4	4
4,3	2	2	7	4	7	2	2	8	7	6
4,4	2	3	2	7	6	2	3	4	0	8
4,5	2	3	8	0	5	2	3	9	4	0
4,6	2	4	3	3	4	2	4	4	7	2
4,7	2	4	8	6	3	2	5	0	0	4
4,8	2	5	3	9	2	2	5	5	3	6
4,9	2	5	9	2	1	2	6	0	6	8
5	2	6	4	5	0	2	6	6	0	0
5,1	2	6	9	7	9	2	7	1	3	2
5,2	2	7	5	0	8	2	7	6	6	4
5,3	2	8	0	3	7	2	8	1	9	6
5,4	2	8	5	6	6	2	8	7	2	8
5,5	2	9	0	9	5	2	9	2	6	0
5,6	2	9	6	2	4	2	9	7	9	2
5,7	3	0	1	5	3	3	0	3	2	4
5,8	3	0	6	8	2	3	0	8	5	6
5,9	3	1	2	1	1	3	1	3	8	8
6	3	1	7	4	0	3	1	9	2	0
6,1	3	2	2	6	9	3	2	4	5	2
6,2	3	2	7	9	8	3	2	9	8	4
6,3	3	3	3	2	7	3	3	5	1	6
6,4	3	3	8	5	6	3	4	0	4	8
6,5	3	4	3	8	5	3	4	5	8	0
6,6	3	4	9	1	4	3	5	1	1	2
6,7	3	5	4	4	3	3	5	6	4	4
6,8	3	5	9	7	2	3	6	1	7	6
6,9	3	6	5	0	1	3	6	7	0	8
7	3	7	0	3	0	3	7	2	4	0
7,1	3	7	5	5	9	3	7	7	7	2
7,2	3	8	0	8	8	3	8	3	0	4
7,3	3	8	6	1	7	3	8	8	3	6
7,4	3	9	1	4	6	3	9	3	6	8
7,5	3	9	6	7	5	3	9	9	0	0
7,6	4	0	2	0	4	4	0	4	3	2
7,7	4	0	7	3	3	4	0	9	6	4
7,8	4	1	2	6	2	4	1	4	9	6
7,9	4	1	7	9	1	4	2	0	2	8
8	4	2	3	2	0	4	2	5	6	0
8,1	4	2	8	4	9	4	3	0	9	2
8,2	4	3	3	7	8	4	3	6	2	4
8,3	4	3	9	0	7	4	4	1	5	6
8,4	4	4	4	3	6	4	4	6	8	8
8,5	4	4	9	6	5	4	5	2	2	0
8,6	4	5	4	9	4	4	5	7	5	2
8,7	4	6	0	2	3	4	6	2	8	4
8,8	4	6	5	5	2	4	6	8	1	6
8,9	4	7	0	8	1	4	7	3	4	8
9	4	7	6	1	0	4	7	8	8	0
9,1	4	8	1	3	9	4	8	4	1	2
9,2	4	8	6	6	8	4	8	9	4	4
9,3	4	9	1	9	7	4	9	4	7	6
9,4	4	9	7	2	6	5	0	0	0	8
9,5	5	0	2	5	5	5	0	5	4	0
9,6	5	0	7	8	4	5	1	0	7	2
9,7	5	1	3	1	3	5	1	6	0	4
9,8	5	1	8	4	2	5	2	1	3	6
9,9	5	2	3	7	1	5	2	6	6	8
10	5	2	9	0	0	5	3	2	0	0

0,01 bis 4,5	0,535	5,35	53,5	535,0	5350,0	0,538	5,38	53,8	538,0	5380,0
0,01	0	0	0	5	4	0	0	0	5	4
0,02	0	0	1	0	7	0	0	1	0	8
0,03	0	0	1	6	1	0	0	1	6	1
0,04	0	0	2	1	4	0	0	2	1	5
0,05	0	0	2	6	8	0	0	2	6	9
0,06	0	0	3	2	1	0	0	3	2	3
0,07	0	0	3	7	5	0	0	3	7	7
0,08	0	0	4	2	8	0	0	4	3	0
0,09	0	0	4	8	2	0	0	4	8	4
0,1	0	0	5	3	5	0	0	5	3	8
0,2	0	1	0	7	0	0	1	0	7	6
0,3	0	1	6	0	5	0	1	6	1	4
0,4	0	2	1	4	0	0	2	1	5	2
0,5	0	2	6	7	5	0	2	6	9	0
0,6	0	3	2	1	0	0	3	2	2	8
0,7	0	3	7	4	5	0	3	7	6	6
0,8	0	4	2	8	0	0	4	3	0	4
0,9	0	4	8	1	5	0	4	8	4	2
1	0	5	3	5	0	0	5	3	8	0
1,1	0	5	8	8	5	0	5	9	1	8
1,2	0	6	4	2	0	0	6	4	5	6
1,3	0	6	9	5	5	0	6	9	9	4
1,4	0	7	4	9	0	0	7	5	3	2
1,5	0	8	0	2	5	0	8	0	7	0
1,6	0	8	5	6	0	0	8	6	0	8
1,7	0	9	0	9	5	0	9	1	4	6
1,8	0	9	6	3	0	0	9	6	8	4
1,9	1	0	1	6	5	1	0	2	2	2
2	1	0	7	0	0	1	0	7	6	0
2,1	1	1	2	3	5	1	1	2	9	8
2,2	1	1	7	7	0	1	1	8	3	6
2,3	1	2	3	0	5	1	2	3	7	4
2,4	1	2	8	4	0	1	2	9	1	2
2,5	1	3	3	7	5	1	3	4	5	0
2,6	1	3	9	1	0	1	3	9	8	8
2,7	1	4	4	4	5	1	4	5	2	6
2,8	1	4	9	8	0	1	5	0	6	4
2,9	1	5	5	1	5	1	5	6	0	2
3	1	6	0	5	0	1	6	1	4	0
3,1	1	6	5	8	5	1	6	6	7	8
3,2	1	7	1	2	0	1	7	2	1	6
3,3	1	7	6	5	5	1	7	7	5	4
3,4	1	8	1	9	0	1	8	2	9	2
3,5	1	8	7	2	5	1	8	8	3	0
3,6	1	9	2	6	0	1	9	3	6	8
3,7	1	9	7	9	5	1	9	9	0	6
3,8	2	0	3	3	0	2	0	4	4	4
3,9	2	0	8	6	5	2	0	9	8	2
4	2	1	4	0	0	2	1	5	2	0
4,1	2	1	9	3	5	2	2	0	5	8
4,2	2	2	4	7	0	2	2	5	9	6
4,3	2	3	0	0	5	2	3	1	3	4
4,4	2	3	5	4	0	2	3	6	7	2
4,5	2	4	0	7	5	2	4	2	1	0

4,6 bis 10	0,535	5,35	53,5	535,0	5350,0	0,538	5,38	53,8	538,0	5380,0
4,6	2	4	6	1	0	2	4	7	4	8
4,7	2	5	1	4	5	2	5	2	8	6
4,8	2	5	6	8	0	2	5	8	2	4
4,9	2	6	2	1	5	2	6	3	6	2
5	2	6	7	5	0	2	6	9	0	0
5,1	2	7	2	8	5	2	7	4	3	8
5,2	2	7	8	2	0	2	7	9	7	6
5,3	2	8	3	5	5	2	8	5	1	4
5,4	2	8	8	9	0	2	9	0	5	2
5,5	2	9	4	2	5	2	9	5	9	0
5,6	2	9	9	6	0	3	0	1	2	8
5,7	3	0	4	9	5	3	0	6	6	6
5,8	3	1	0	3	0	3	1	2	0	4
5,9	3	1	5	6	5	3	1	7	4	2
6	3	2	1	0	0	3	2	2	8	0
6,1	3	2	6	3	5	3	2	8	1	8
6,2	3	3	1	7	0	3	3	3	5	6
6,3	3	3	7	0	5	3	3	8	9	4
6,4	3	4	2	4	0	3	4	4	3	2
6,5	3	4	7	7	5	3	4	9	7	0
6,6	3	5	3	1	0	3	5	5	0	8
6,7	3	5	8	4	5	3	6	0	4	6
6,8	3	6	3	8	0	3	6	5	8	4
6,9	3	6	9	1	5	3	7	1	2	2
7	3	7	4	5	0	3	7	6	6	0
7,1	3	7	9	8	5	3	8	1	9	8
7,2	3	8	5	2	0	3	8	7	3	6
7,3	3	9	0	5	5	3	9	2	7	4
7,4	3	9	5	9	0	3	9	8	1	2
7,5	4	0	1	2	5	4	0	3	5	0
7,6	4	0	6	6	0	4	0	8	8	8
7,7	4	1	1	9	5	4	1	4	2	6
7,8	4	1	7	3	0	4	1	9	6	4
7,9	4	2	2	6	5	4	2	5	0	2
8	4	2	8	0	0	4	3	0	4	0
8,1	4	3	3	3	5	4	3	5	7	8
8,2	4	3	8	7	0	4	4	1	1	6
8,3	4	4	4	0	5	4	4	6	5	4
8,4	4	4	9	4	0	4	5	1	9	2
8,5	4	5	4	7	5	4	5	7	3	0
8,6	4	6	0	1	0	4	6	2	6	8
8,7	4	6	5	4	5	4	6	8	0	6
8,8	4	7	0	8	0	4	7	3	4	4
8,9	4	7	6	1	5	4	7	8	8	2
9	4	8	1	5	0	4	8	4	2	0
9,1	4	8	6	8	5	4	8	9	5	8
9,2	4	9	2	2	0	4	9	4	9	6
9,3	4	9	7	5	5	5	0	0	3	4
9,4	5	0	2	9	0	5	0	5	7	2
9,5	5	0	8	2	5	5	1	1	1	0
9,6	5	1	3	6	0	5	1	6	4	8
9,7	5	1	8	9	5	5	2	1	8	6
9,8	5	2	4	3	0	5	2	7	2	4
9,9	5	2	9	6	5	5	3	2	6	2
10	5	3	5	0	0	5	3	8	0	0

0,01 bis 4,5	0,541 · 5,41 · 54,1 · 541,0 · 5410,0					0,544 · 5,44 · 54,4 · 544,0 · 5440,0				
0,01	0	0	0	5	4	0	0	0	5	4
0,02	0	0	1	0	8	0	0	1	0	9
0,03	0	0	1	6	2	0	0	1	6	3
0,04	0	0	2	1	6	0	0	2	1	8
0,05	0	0	2	7	1	0	0	2	7	2
0,06	0	0	3	2	5	0	0	3	2	6
0,07	0	0	3	7	9	0	0	3	8	1
0,08	0	0	4	3	3	0	0	4	3	5
0,09	0	0	4	8	7	0	0	4	9	0
0,1	0	0	5	4	1	0	0	5	4	4
0,2	0	1	0	8	2	0	1	0	8	8
0,3	0	1	6	2	3	0	1	6	3	2
0,4	0	2	1	6	4	0	2	1	7	6
0,5	0	2	7	0	5	0	2	7	2	0
0,6	0	3	2	4	6	0	3	2	6	4
0,7	0	3	7	8	7	0	3	8	0	8
0,8	0	4	3	2	8	0	4	3	5	2
0,9	0	4	8	6	9	0	4	8	9	6
1	0	5	4	1	0	0	5	4	4	0
1,1	0	5	9	5	1	0	5	9	8	4
1,2	0	6	4	9	2	0	6	5	2	8
1,3	0	7	0	3	3	0	7	0	7	2
1,4	0	7	5	7	4	0	7	6	1	6
1,5	0	8	1	1	5	0	8	1	6	0
1,6	0	8	6	5	6	0	8	7	0	4
1,7	0	9	1	9	7	0	9	2	4	8
1,8	0	9	7	3	8	0	9	7	9	2
1,9	1	0	2	7	9	1	0	3	3	6
2	1	0	8	2	0	1	0	8	8	0
2,1	1	1	3	6	1	1	1	4	2	4
2,2	1	1	9	0	2	1	1	9	6	8
2,3	1	2	4	4	3	1	2	5	1	2
2,4	1	2	9	8	4	1	3	0	5	6
2,5	1	3	5	2	5	1	3	6	0	0
2,6	1	4	0	6	6	1	4	1	4	4
2,7	1	4	6	0	7	1	4	6	8	8
2,8	1	5	1	4	8	1	5	2	3	2
2,9	1	5	6	8	9	1	5	7	7	6
3	1	6	2	3	0	1	6	3	2	0
3,1	1	6	7	7	1	1	6	8	6	4
3,2	1	7	3	1	2	1	7	4	0	8
3,3	1	7	8	5	3	1	7	9	5	2
3,4	1	8	3	9	4	1	8	4	9	6
3,5	1	8	9	3	5	1	9	0	4	0
3,6	1	9	4	7	6	1	9	5	8	4
3,7	2	0	0	1	7	2	0	1	2	8
3,8	2	0	5	5	8	2	0	6	7	2
3,9	2	1	0	9	9	2	1	2	1	6
4	2	1	6	4	0	2	1	7	6	0
4,1	2	2	1	8	1	2	2	3	0	4
4,2	2	2	7	2	2	2	2	8	4	8
4,3	2	3	2	6	3	2	3	3	9	2
4,4	2	3	8	0	4	2	3	9	3	6
4,5	2	4	3	4	5	2	4	4	8	0

4,6 bis 10	0,541 · 5,41 · 54,1 · 541,0 · 5410,0					0,544 · 5,44 · 54,4 · 544,0 · 5440,0				
4,6	2	4	8	8	6	2	5	0	2	4
4,7	2	5	4	2	7	2	5	5	6	8
4,8	2	5	9	6	8	2	6	1	1	2
4,9	2	6	5	0	9	2	6	6	5	6
5	2	7	0	5	0	2	7	2	0	0
5,1	2	7	5	9	1	2	7	7	4	4
5,2	2	8	1	3	2	2	8	2	8	8
5,3	2	8	6	7	3	2	8	8	3	2
5,4	2	9	2	1	4	2	9	3	7	6
5,5	2	9	7	5	5	2	9	9	2	0
5,6	3	0	2	9	6	3	0	4	6	4
5,7	3	0	8	3	7	3	1	0	0	8
5,8	3	1	3	7	8	3	1	5	5	2
5,9	3	1	9	1	9	3	2	0	9	6
6	3	2	4	6	0	3	2	6	4	0
6,1	3	3	0	0	1	3	3	1	8	4
6,2	3	3	5	4	2	3	3	7	2	8
6,3	3	4	0	8	3	3	4	2	7	2
6,4	3	4	6	2	4	3	4	8	1	6
6,5	3	5	1	6	5	3	5	3	6	0
6,6	3	5	7	0	6	3	5	9	0	4
6,7	3	6	2	4	7	3	6	4	4	8
6,8	3	6	7	8	8	3	6	9	9	2
6,9	3	7	3	2	9	3	7	5	3	6
7	3	7	8	7	0	3	8	0	8	0
7,1	3	8	4	1	1	3	8	6	2	4
7,2	3	8	9	5	2	3	9	1	6	8
7,3	3	9	4	9	3	3	9	7	1	2
7,4	4	0	0	3	4	4	0	2	5	6
7,5	4	0	5	7	5	4	0	8	0	0
7,6	4	1	1	1	6	4	1	3	4	4
7,7	4	1	6	5	7	4	1	8	8	8
7,8	4	2	1	9	8	4	2	4	3	2
7,9	4	2	7	3	9	4	2	9	7	6
8	4	3	2	8	0	4	3	5	2	0
8,1	4	3	8	2	1	4	4	0	6	4
8,2	4	4	3	6	2	4	4	6	0	8
8,3	4	4	9	0	3	4	5	1	5	2
8,4	4	5	4	4	4	4	5	6	9	6
8,5	4	5	9	8	5	4	6	2	4	0
8,6	4	6	5	2	6	4	6	7	8	4
8,7	4	7	0	6	7	4	7	3	2	8
8,8	4	7	6	0	8	4	7	8	7	2
8,9	4	8	1	4	9	4	8	4	1	6
9	4	8	6	9	0	4	8	9	6	0
9,1	4	9	2	3	1	4	9	5	0	4
9,2	4	9	7	7	2	5	0	0	4	8
9,3	5	0	3	1	3	5	0	5	9	2
9,4	5	0	8	5	4	5	1	1	3	6
9,5	5	1	3	9	5	5	1	6	8	0
9,6	5	1	9	3	6	5	2	2	2	4
9,7	5	2	4	7	7	5	2	7	6	8
9,8	5	3	0	1	8	5	3	3	1	2
9,9	5	3	5	5	9	5	3	8	5	6
10	5	4	1	0	0	5	4	4	0	0

0,01 bis 4,5	0,547	5,47	54,7	547,0	5470,0	0,55	5,5	55,0	550,0	5500,0
0,01	0	0	0	5	5	0	0	0	5	5
0,02	0	0	1	0	9	0	0	1	1	0
0,03	0	0	1	6	4	0	0	1	6	5
0,04	0	0	2	1	9	0	0	2	2	0
0,05	0	0	2	7	4	0	0	2	7	5
0,06	0	0	3	2	8	0	0	3	3	0
0,07	0	0	3	8	3	0	0	3	8	5
0,08	0	0	4	3	8	0	0	4	4	0
0,09	0	0	4	9	2	0	0	4	9	5
0,1	0	0	5	4	7	0	0	5	5	0
0,2	0	1	0	9	4	0	1	1	0	0
0,3	0	1	6	4	1	0	1	6	5	0
0,4	0	2	1	8	8	0	2	2	0	0
0,5	0	2	7	3	5	0	2	7	5	0
0,6	0	3	2	8	2	0	3	3	0	0
0,7	0	3	8	2	9	0	3	8	5	0
0,8	0	4	3	7	6	0	4	4	0	0
0,9	0	4	9	2	3	0	4	9	5	0
1	0	5	4	7	0	0	5	5	0	0
1,1	0	6	0	1	7	0	6	0	5	0
1,2	0	6	5	6	4	0	6	6	0	0
1,3	0	7	1	1	1	0	7	1	5	0
1,4	0	7	6	5	8	0	7	7	0	0
1,5	0	8	2	0	5	0	8	2	5	0
1,6	0	8	7	5	2	0	8	8	0	0
1,7	0	9	2	9	9	0	9	3	5	0
1,8	0	9	8	4	6	0	9	9	0	0
1,9	1	0	3	9	3	1	0	4	5	0
2	1	0	9	4	0	1	1	0	0	0
2,1	1	1	4	8	7	1	1	5	5	0
2,2	1	2	0	3	4	1	2	1	0	0
2,3	1	2	5	8	1	1	2	6	5	0
2,4	1	3	1	2	8	1	3	2	0	0
2,5	1	3	6	7	5	1	3	7	5	0
2,6	1	4	2	2	2	1	4	3	0	0
2,7	1	4	7	6	9	1	4	8	5	0
2,8	1	5	3	1	6	1	5	4	0	0
2,9	1	5	8	6	3	1	5	9	5	0
3	1	6	4	1	0	1	6	5	0	0
3,1	1	6	9	5	7	1	7	0	5	0
3,2	1	7	5	0	4	1	7	6	0	0
3,3	1	8	0	5	1	1	8	1	5	0
3,4	1	8	5	9	8	1	8	7	0	0
3,5	1	9	1	4	5	1	9	2	5	0
3,6	1	9	6	9	2	1	9	8	0	0
3,7	2	0	2	3	9	2	0	3	5	0
3,8	2	0	7	8	6	2	0	9	0	0
3,9	2	1	3	3	3	2	1	4	5	0
4	2	1	8	8	0	2	2	0	0	0
4,1	2	2	4	2	7	2	2	5	5	0
4,2	2	2	9	7	4	2	3	1	0	0
4,3	2	3	5	2	1	2	3	6	5	0
4,4	2	4	0	6	8	2	4	2	0	0
4,5	2	4	6	1	5	2	4	7	5	0

4,6 bis 10	0,547	5,47	54,7	547,0	5470,0	0,55	5,5	55,0	550,0	5500,0
4,6	2	5	1	6	2	2	5	3	0	0
4,7	2	5	7	0	9	2	5	8	5	0
4,8	2	6	2	5	6	2	6	4	0	0
4,9	2	6	8	0	3	2	6	9	5	0
5	2	7	3	5	0	2	7	5	0	0
5,1	2	7	8	9	7	2	8	0	5	0
5,2	2	8	4	4	4	2	8	6	0	0
5,3	2	8	9	9	1	2	9	1	5	0
5,4	2	9	5	3	8	2	9	7	0	0
5,5	3	0	0	8	5	3	0	2	5	0
5,6	3	0	6	3	2	3	0	8	0	0
5,7	3	1	1	7	9	3	1	3	5	0
5,8	3	1	7	2	6	3	1	9	0	0
5,9	3	2	2	7	3	3	2	4	5	0
6	3	2	8	2	0	3	3	0	0	0
6,1	3	3	3	6	7	3	3	5	5	0
6,2	3	3	9	1	4	3	4	1	0	0
6,3	3	4	4	6	1	3	4	6	5	0
6,4	3	5	0	0	8	3	5	2	0	0
6,5	3	5	5	5	5	3	5	7	5	0
6,6	3	6	1	0	2	3	6	3	0	0
6,7	3	6	6	4	9	3	6	8	5	0
6,8	3	7	1	9	6	3	7	4	0	0
6,9	3	7	7	4	3	3	7	9	5	0
7	3	8	2	9	0	3	8	5	0	0
7,1	3	8	8	3	7	3	9	0	5	0
7,2	3	9	3	8	4	3	9	6	0	0
7,3	3	9	9	3	1	4	0	1	5	0
7,4	4	0	4	7	8	4	0	7	0	0
7,5	4	1	0	2	5	4	1	2	5	0
7,6	4	1	5	7	2	4	1	8	0	0
7,7	4	2	1	1	9	4	2	3	5	0
7,8	4	2	6	6	6	4	2	9	0	0
7,9	4	3	2	1	3	4	3	4	5	0
8	4	3	7	6	0	4	4	0	0	0
8,1	4	4	3	0	7	4	4	5	5	0
8,2	4	4	8	5	4	4	5	1	0	0
8,3	4	5	4	0	1	4	5	6	5	0
8,4	4	5	9	4	8	4	6	2	0	0
8,5	4	6	4	9	5	4	6	7	5	0
8,6	4	7	0	4	2	4	7	3	0	0
8,7	4	7	5	8	9	4	7	8	5	0
8,8	4	8	1	3	6	4	8	4	0	0
8,9	4	8	6	8	3	4	8	9	5	0
9	4	9	2	3	0	4	9	5	0	0
9,1	4	9	7	7	7	5	0	0	5	0
9,2	5	0	3	2	4	5	0	6	0	0
9,3	5	0	8	7	1	5	1	1	5	0
9,4	5	1	4	1	8	5	1	7	0	0
9,5	5	1	9	6	5	5	2	2	5	0
9,6	5	2	5	1	2	5	2	8	0	0
9,7	5	3	0	5	9	5	3	3	5	0
9,8	5	3	6	0	6	5	3	9	0	0
9,9	5	4	1	5	3	5	4	4	5	0
10	5	4	7	0	0	5	5	0	0	0

0,01 bis 4,5	0,553	5,53	55,3	553,0	5530,0	0,556	5,56	55,6	556,0	5560,0
0,01	0	0	0	5	5	0	0	0	5	6
0,02	0	0	1	1	1	0	0	1	1	1
0,03	0	0	1	6	6	0	0	1	6	7
0,04	0	0	2	2	1	0	0	2	2	2
0,05	0	0	2	7	7	0	0	2	7	8
0,06	0	0	3	3	2	0	0	3	3	4
0,07	0	0	3	8	7	0	0	3	8	9
0,08	0	0	4	4	2	0	0	4	4	5
0,09	0	0	4	9	8	0	0	5	0	0
0,1	0	0	5	5	3	0	0	5	5	6
0,2	0	1	1	0	6	0	1	1	1	2
0,3	0	1	6	5	9	0	1	6	6	8
0,4	0	2	2	1	2	0	2	2	2	4
0,5	0	2	7	6	5	0	2	7	8	0
0,6	0	3	3	1	8	0	3	3	3	6
0,7	0	3	8	7	1	0	3	8	9	2
0,8	0	4	4	2	4	0	4	4	4	8
0,9	0	4	9	7	7	0	5	0	0	4
1	0	5	5	3	0	0	5	5	6	0
1,1	0	6	0	8	3	0	6	1	1	6
1,2	0	6	6	3	6	0	6	6	7	2
1,3	0	7	1	8	9	0	7	2	2	8
1,4	0	7	7	4	2	0	7	7	8	4
1,5	0	8	2	9	5	0	8	3	4	0
1,6	0	8	8	4	8	0	8	8	9	6
1,7	0	9	4	0	1	0	9	4	5	2
1,8	0	9	9	5	4	1	0	0	0	8
1,9	1	0	5	0	7	1	0	5	6	4
2	1	1	0	6	0	1	1	1	2	0
2,1	1	1	6	1	3	1	1	6	7	6
2,2	1	2	1	6	6	1	2	2	3	2
2,3	1	2	7	1	9	1	2	7	8	8
2,4	1	3	2	7	2	1	3	3	4	4
2,5	1	3	8	2	5	1	3	9	0	0
2,6	1	4	3	7	8	1	4	4	5	6
2,7	1	4	9	3	1	1	5	0	1	2
2,8	1	5	4	8	4	1	5	5	6	8
2,9	1	6	0	3	7	1	6	1	2	4
3	1	6	5	9	0	1	6	6	8	0
3,1	1	7	1	4	3	1	7	2	3	6
3,2	1	7	6	9	6	1	7	7	9	2
3,3	1	8	2	4	9	1	8	3	4	8
3,4	1	8	8	0	2	1	8	9	0	4
3,5	1	9	3	5	5	1	9	4	6	0
3,6	1	9	9	0	8	2	0	0	1	6
3,7	2	0	4	6	1	2	0	5	7	2
3,8	2	1	0	1	4	2	1	1	2	8
3,9	2	1	5	6	7	2	1	6	8	4
4	2	2	1	2	0	2	2	2	4	0
4,1	2	2	6	7	3	2	2	7	9	6
4,2	2	3	2	2	6	2	3	3	5	2
4,3	2	3	7	7	9	2	3	9	0	8
4,4	2	4	3	3	2	2	4	4	6	4
4,5	2	4	8	8	5	2	5	0	2	0

4,6 bis 10	0,553	5,53	55,3	553,0	5530,0	0,556	5,56	55,6	556,0	5560,0
4,6	2	5	4	3	8	2	5	5	7	6
4,7	2	5	9	9	1	2	6	1	3	2
4,8	2	6	5	4	4	2	6	6	8	8
4,9	2	7	0	9	7	2	7	2	4	4
5	2	7	6	5	0	2	7	8	0	0
5,1	2	8	2	0	3	2	8	3	5	6
5,2	2	8	7	5	6	2	8	9	1	2
5,3	2	9	3	0	9	2	9	4	6	8
5,4	2	9	8	6	2	3	0	0	2	4
5,5	3	0	4	1	5	3	0	5	8	0
5,6	3	0	9	6	8	3	1	1	3	6
5,7	3	1	5	2	1	3	1	6	9	2
5,8	3	2	0	7	4	3	2	2	4	8
5,9	3	2	6	2	7	3	2	8	0	4
6	3	3	1	8	0	3	3	3	6	0
6,1	3	3	7	3	3	3	3	9	1	6
6,2	3	4	2	8	6	3	4	4	7	2
6,3	3	4	8	3	9	3	5	0	2	8
6,4	3	5	3	9	2	3	5	5	8	4
6,5	3	5	9	4	5	3	6	1	4	0
6,6	3	6	4	9	8	3	6	6	9	6
6,7	3	7	0	5	1	3	7	2	5	2
6,8	3	7	6	0	4	3	7	8	0	8
6,9	3	8	1	5	7	3	8	3	6	4
7	3	8	7	1	0	3	8	9	2	0
7,1	3	9	2	6	3	3	9	4	7	6
7,2	3	9	8	1	6	4	0	0	3	2
7,3	4	0	3	6	9	4	0	5	8	8
7,4	4	0	9	2	2	4	1	1	4	4
7,5	4	1	4	7	5	4	1	7	0	0
7,6	4	2	0	2	8	4	2	2	5	6
7,7	4	2	5	8	1	4	2	8	1	2
7,8	4	3	1	3	4	4	3	3	6	8
7,9	4	3	6	8	7	4	3	9	2	4
8	4	4	2	4	0	4	4	4	8	0
8,1	4	4	7	9	3	4	5	0	3	6
8,2	4	5	3	4	6	4	5	5	9	2
8,3	4	5	8	9	9	4	6	1	4	8
8,4	4	6	4	5	2	4	6	7	0	4
8,5	4	7	0	0	5	4	7	2	6	0
8,6	4	7	5	5	8	4	7	8	1	6
8,7	4	8	1	1	1	4	8	3	7	2
8,8	4	8	6	6	4	4	8	9	2	8
8,9	4	9	2	1	7	4	9	4	8	4
9	4	9	7	7	0	5	0	0	4	0
9,1	5	0	3	2	3	5	0	5	9	6
9,2	5	0	8	7	6	5	1	1	5	2
9,3	5	1	4	2	9	5	1	7	0	8
9,4	5	1	9	8	2	5	2	2	6	4
9,5	5	2	5	3	5	5	2	8	2	0
9,6	5	3	0	8	8	5	3	3	7	6
9,7	5	3	6	4	1	5	3	9	3	2
9,8	5	4	1	9	4	5	4	4	8	8
9,9	5	4	7	4	7	5	5	0	4	4
10	5	5	3	0	0	5	5	6	0	0

0,01 bis 4,5	0,559	5,59	55,9	559,0	5590,0	0,562	5,62	56,2	562,0	5620,0
0,01	0	0	0	5	6	0	0	0	5	6
0,02	0	0	1	1	2	0	0	1	1	2
0,03	0	0	1	6	8	0	0	1	6	9
0,04	0	0	2	2	4	0	0	2	2	5
0,05	0	0	2	8	0	0	0	2	8	1
0,06	0	0	3	3	5	0	0	3	3	7
0,07	0	0	3	9	1	0	0	3	9	3
0,08	0	0	4	4	7	0	0	4	5	0
0,09	0	0	5	0	3	0	0	5	0	6
0,1	0	0	5	5	9	0	0	5	6	2
0,2	0	1	1	1	8	0	1	1	2	4
0,3	0	1	6	7	7	0	1	6	8	6
0,4	0	2	2	3	6	0	2	2	4	8
0,5	0	2	7	9	5	0	2	8	1	0
0,6	0	3	3	5	4	0	3	3	7	2
0,7	0	3	9	1	3	0	3	9	3	4
0,8	0	4	4	7	2	0	4	4	9	6
0,9	0	5	0	3	1	0	5	0	5	8
1	0	5	5	9	0	0	5	6	2	0
1,1	0	6	1	4	9	0	6	1	8	2
1,2	0	6	7	0	8	0	6	7	4	4
1,3	0	7	2	6	7	0	7	3	0	6
1,4	0	7	8	2	6	0	7	8	6	8
1,5	0	8	3	8	5	0	8	4	3	0
1,6	0	8	9	4	4	0	8	9	9	2
1,7	0	9	5	0	3	0	9	5	5	4
1,8	1	0	0	6	2	1	0	1	1	6
1,9	1	0	6	2	1	1	0	6	7	8
2	1	1	1	8	0	1	1	2	4	0
2,1	1	1	7	3	9	1	1	8	0	2
2,2	1	2	2	9	8	1	2	3	6	4
2,3	1	2	8	5	7	1	2	9	2	6
2,4	1	3	4	1	6	1	3	4	8	8
2,5	1	3	9	7	5	1	4	0	5	0
2,6	1	4	5	3	4	1	4	6	1	2
2,7	1	5	0	9	3	1	5	1	7	4
2,8	1	5	6	5	2	1	5	7	3	6
2,9	1	6	2	1	1	1	6	2	9	8
3	1	6	7	7	0	1	6	8	6	0
3,1	1	7	3	2	9	1	7	4	2	2
3,2	1	7	8	8	8	1	7	9	8	4
3,3	1	8	4	4	7	1	8	5	4	6
3,4	1	9	0	0	6	1	9	1	0	8
3,5	1	9	5	6	5	1	9	6	7	0
3,6	2	0	1	2	4	2	0	2	3	2
3,7	2	0	6	8	3	2	0	7	9	4
3,8	2	1	2	4	2	2	1	3	5	6
3,9	2	1	8	0	1	2	1	9	1	8
4	2	2	3	6	0	2	2	4	8	0
4,1	2	2	9	1	9	2	3	0	4	2
4,2	2	3	4	7	8	2	3	6	0	4
4,3	2	4	0	3	7	2	4	1	6	6
4,4	2	4	5	9	6	2	4	7	2	8
4,5	2	5	1	5	5	2	5	2	9	0

4,6 bis 10	0,559	5,59	55,9	559,0	5590,0	0,562	5,62	56,2	562,0	5620,0
4,6	2	5	7	1	4	2	5	8	5	2
4,7	2	6	2	7	3	2	6	4	1	4
4,8	2	6	8	3	2	2	6	9	7	6
4,9	2	7	3	9	1	2	7	5	3	8
5	2	7	9	5	0	2	8	1	0	0
5,1	2	8	5	0	9	2	8	6	6	2
5,2	2	9	0	6	8	2	9	2	2	4
5,3	2	9	6	2	7	2	9	7	8	6
5,4	3	0	1	8	6	3	0	3	4	8
5,5	3	0	7	4	5	3	0	9	1	0
5,6	3	1	3	0	4	3	1	4	7	2
5,7	3	1	8	6	3	3	2	0	3	4
5,8	3	2	4	2	2	3	2	5	9	6
5,9	3	2	9	8	1	3	3	1	5	8
6	3	3	5	4	0	3	3	7	2	0
6,1	3	4	0	9	9	3	4	2	8	2
6,2	3	4	6	5	8	3	4	8	4	4
6,3	3	5	2	1	7	3	5	4	0	6
6,4	3	5	7	7	6	3	5	9	6	8
6,5	3	6	3	3	5	3	6	5	3	0
6,6	3	6	8	9	4	3	7	0	9	2
6,7	3	7	4	5	3	3	7	6	5	4
6,8	3	8	0	1	2	3	8	2	1	6
6,9	3	8	5	7	1	3	8	7	7	8
7	3	9	1	3	0	3	9	3	4	0
7,1	3	9	6	8	9	3	9	9	0	2
7,2	4	0	2	4	8	4	0	4	6	4
7,3	4	0	8	0	7	4	1	0	2	6
7,4	4	1	3	6	6	4	1	5	8	8
7,5	4	1	9	2	5	4	2	1	5	0
7,6	4	2	4	8	4	4	2	7	1	2
7,7	4	3	0	4	3	4	3	2	7	4
7,8	4	3	6	0	2	4	3	8	3	6
7,9	4	4	1	6	1	4	4	3	9	8
8	4	4	7	2	0	4	4	9	6	0
8,1	4	5	2	7	9	4	5	5	2	2
8,2	4	5	8	3	8	4	6	0	8	4
8,3	4	6	3	9	7	4	6	6	4	6
8,4	4	7	9	5	6	4	7	2	0	8
8,5	4	7	5	1	5	4	7	7	7	0
8,6	4	8	0	7	4	4	8	3	3	2
8,7	4	8	6	3	3	4	8	8	9	4
8,8	4	9	1	9	2	4	9	4	5	6
8,9	4	9	7	5	1	5	0	0	1	8
9	5	0	3	1	0	5	0	5	8	0
9,1	5	0	8	6	9	5	1	1	4	2
9,2	5	1	4	2	8	5	1	7	0	4
9,3	5	1	9	8	7	5	2	2	6	6
9,4	5	2	5	4	6	3	2	8	2	8
9,5	5	3	1	0	5	5	3	3	9	0
9,6	5	3	6	6	4	5	3	9	5	2
9,7	5	4	2	2	3	5	4	5	1	4
9,8	5	4	7	8	2	5	5	0	7	6
9,9	5	5	3	4	1	5	5	6	3	8
10	5	5	9	0	0	5	6	2	0	0

0,01 bis 4,5	0,565	5,65	56,5	565,0	5650,0	0,568	5,68	56,8	568,0	5680,0
0,01	0	0	0	5	7	0	0	0	5	7
0,02	0	0	1	1	3	0	0	1	1	4
0,03	0	0	1	7	0	0	0	1	7	0
0,04	0	0	2	2	6	0	0	2	2	7
0,05	0	0	2	8	3	0	0	2	8	4
0,06	0	0	3	3	9	0	0	3	4	1
0,07	0	0	3	9	6	0	0	3	9	8
0,08	0	0	4	5	2	0	0	4	5	4
0,09	0	0	5	0	9	0	0	5	1	1
0,1	0	0	5	6	5	0	0	5	6	8
0,2	0	1	1	3	0	0	1	1	3	6
0,3	0	1	6	9	5	0	1	7	0	4
0,4	0	2	2	6	0	0	2	2	7	2
0,5	0	2	8	2	5	0	2	8	4	0
0,6	0	3	3	9	0	0	3	4	0	8
0,7	0	3	9	5	5	0	3	9	7	6
0,8	0	4	5	2	0	0	4	5	4	4
0,9	0	5	0	8	5	0	5	1	1	2
1	0	5	6	5	0	0	5	6	8	0
1,1	0	6	2	1	5	0	6	2	4	8
1,2	0	6	7	8	0	0	6	8	1	6
1,3	0	7	3	4	5	0	7	3	8	4
1,4	0	7	9	1	0	0	7	9	5	2
1,5	0	8	4	7	5	0	8	5	2	0
1,6	0	9	0	4	0	0	9	0	8	8
1,7	0	9	6	0	5	0	9	6	5	6
1,8	1	0	1	7	0	1	0	2	2	4
1,9	1	0	7	3	5	1	0	7	9	2
2	1	1	3	0	0	1	1	3	6	0
2,1	1	1	8	6	5	1	1	9	2	8
2,2	1	2	4	3	0	1	2	4	9	6
2,3	1	2	9	9	5	1	3	0	6	4
2,4	1	3	5	6	0	1	3	6	3	2
2,5	1	4	1	2	5	1	4	2	0	0
2,6	1	4	6	9	0	1	4	7	6	8
2,7	1	5	2	5	5	1	5	3	3	6
2,8	1	5	8	2	0	1	5	9	0	4
2,9	1	6	3	8	5	1	6	4	7	2
3	1	6	9	5	0	1	7	0	4	0
3,1	1	7	5	1	5	1	7	6	0	8
3,2	1	8	0	8	0	1	8	1	7	6
3,3	1	8	6	4	5	1	8	7	4	4
3,4	1	9	2	1	0	1	9	3	1	2
3,5	1	9	7	7	5	1	9	8	8	0
3,6	2	0	3	4	0	2	0	4	4	8
3,7	2	0	9	0	5	2	1	0	1	6
3,8	2	1	4	7	0	2	1	5	8	4
3,9	2	2	0	3	5	2	2	1	5	2
4	2	2	6	0	0	2	2	7	2	0
4,1	2	3	1	6	5	2	3	2	8	8
4,2	2	3	7	3	0	2	3	8	5	6
4,3	2	4	2	9	5	2	4	4	2	4
4,4	2	4	8	6	0	2	4	9	9	2
4,5	2	5	4	2	5	2	5	5	6	0

4,6 bis 10	0,565	5,65	56,5	565,0	5650,0	0,568	5,68	56,8	568,0	5680,0
4,6	2	5	9	9	0	2	6	1	2	8
4,7	2	6	5	5	5	2	6	6	9	6
4,8	2	7	1	2	0	2	7	2	6	4
4,9	2	7	6	8	5	2	7	8	3	2
5	2	8	2	5	0	2	8	4	0	0
5,1	2	8	8	1	5	2	8	9	6	8
5,2	2	9	3	8	0	2	9	5	3	6
5,3	2	9	9	4	5	3	0	1	0	4
5,4	3	0	5	1	0	3	0	6	7	2
5,5	3	1	0	7	5	3	1	2	4	0
5,6	3	1	6	4	0	3	1	8	0	8
5,7	3	2	2	0	5	3	2	3	7	6
5,8	3	2	7	7	0	3	2	9	4	4
5,9	3	3	3	3	5	3	3	5	1	2
6	3	3	9	0	0	3	4	0	8	0
6,1	3	4	4	6	5	3	4	6	4	8
6,2	3	5	0	3	0	3	5	2	1	6
6,3	3	5	5	9	5	3	5	7	8	4
6,4	3	6	1	6	0	3	6	3	5	2
6,5	3	6	7	2	5	3	6	9	2	0
6,6	3	7	2	9	0	3	7	4	8	8
6,7	3	7	8	5	5	3	8	0	5	6
6,8	3	8	4	2	0	3	8	6	2	4
6,9	3	8	9	8	5	3	9	1	9	2
7	3	9	5	5	0	3	9	7	6	0
7,1	4	0	1	1	5	4	0	3	2	8
7,2	4	0	6	8	0	4	0	8	9	6
7,3	4	1	2	4	5	4	1	4	6	4
7,4	4	1	8	1	0	4	2	0	3	2
7,5	4	2	3	7	5	4	2	6	0	0
7,6	4	2	9	4	0	4	3	1	6	8
7,7	4	3	5	0	5	4	3	7	3	6
7,8	4	4	0	7	0	4	4	3	0	4
7,9	4	4	6	3	5	4	4	8	7	2
8	4	5	2	0	0	4	5	4	4	0
8,1	4	5	7	6	5	4	6	0	0	8
8,2	4	6	3	3	0	4	6	5	7	6
8,3	4	6	8	9	5	4	7	1	4	4
8,4	4	7	4	6	0	4	7	7	1	2
8,5	4	8	0	2	5	4	8	2	8	0
8,6	4	8	5	9	0	4	8	8	4	8
8,7	4	9	1	5	5	4	9	4	1	6
8,8	4	9	7	2	0	4	9	9	8	4
8,9	5	0	2	8	5	5	0	5	5	2
9	5	0	8	5	0	5	1	1	2	0
9,1	5	1	4	1	5	5	1	6	8	8
9,2	5	1	9	8	0	5	2	2	5	6
9,3	5	2	5	4	5	5	2	8	2	4
9,4	5	3	1	1	0	5	3	3	9	2
9,5	5	3	6	7	5	5	3	9	6	0
9,6	5	4	2	4	0	5	4	5	2	8
9,7	5	4	8	0	5	5	5	0	9	6
9,8	5	5	3	7	0	5	5	6	6	4
9,9	5	5	9	3	5	5	6	2	3	2
10	5	6	5	0	0	5	6	8	0	0

5715–5750

0,01 bis 4,5	0,5715	5,715	57,15	571,5	5715,0	0,575	5,75	57,5	575,0	5750,0
0,01	0	0	0	5	7	0	0	0	5	8
0,02	0	0	1	1	4	0	0	1	1	5
0,03	0	0	1	7	1	0	0	1	7	3
0,04	0	0	2	2	9	0	0	2	3	0
0,05	0	0	2	8	6	0	0	2	8	8
0,06	0	0	3	4	3	0	0	3	4	5
0,07	0	0	4	0	0	0	0	4	0	3
0,08	0	0	4	5	7	0	0	4	6	0
0,09	0	0	5	1	4	0	0	5	1	8
0,1	0	0	5	7	2	0	0	5	7	5
0,2	0	1	1	4	3	0	1	1	5	0
0,3	0	1	7	1	5	0	1	7	2	5
0,4	0	2	2	8	6	0	2	3	0	0
0,5	0	2	8	5	8	0	2	8	7	5
0,6	0	3	4	2	9	0	3	4	5	0
0,7	0	4	0	0	1	0	4	0	2	5
0,8	0	4	5	7	2	0	4	6	0	0
0,9	0	5	1	4	4	0	5	1	7	5
1	0	5	7	1	5	0	5	7	5	0
1,1	0	6	2	8	7	0	6	3	2	5
1,2	0	6	8	5	8	0	6	9	0	0
1,3	0	7	4	3	0	0	7	4	7	5
1,4	0	8	0	0	1	0	8	0	5	0
1,5	0	8	5	7	3	0	8	6	2	5
1,6	0	9	1	4	4	0	9	2	0	0
1,7	0	9	7	1	6	0	9	7	7	5
1,8	1	0	2	8	7	1	0	3	5	0
1,9	1	0	8	5	9	1	0	9	2	5
2	1	1	4	3	0	1	1	5	0	0
2,1	1	2	0	0	2	1	2	0	7	5
2,2	1	2	5	7	3	1	2	6	5	0
2,3	1	3	1	4	5	1	3	2	2	5
2,4	1	3	7	1	6	1	3	8	0	0
2,5	1	4	2	8	8	1	4	3	7	5
2,6	1	4	8	5	9	1	4	9	5	0
2,7	1	5	4	3	1	1	5	5	2	5
2,8	1	6	0	0	2	1	6	1	0	0
2,9	1	6	5	7	4	1	6	6	7	5
3	1	7	1	4	5	1	7	2	5	0
3,1	1	7	7	1	7	1	7	8	2	5
3,2	1	8	2	8	8	1	8	4	0	0
3,3	1	8	8	6	0	1	8	9	7	5
3,4	1	9	4	3	1	1	9	5	5	0
3,5	2	0	0	0	3	2	0	1	2	5
3,6	2	0	5	7	4	2	0	7	0	0
3,7	2	1	1	4	6	2	1	2	7	5
3,8	2	1	7	1	7	2	1	8	5	0
3,9	2	2	2	8	9	2	2	4	2	5
4	2	2	8	6	0	2	3	0	0	0
4,1	2	3	4	3	2	2	3	5	7	5
4,2	2	4	0	0	3	2	4	1	5	0
4,3	2	4	5	7	5	2	4	7	2	5
4,4	2	5	1	4	6	2	5	3	0	0
4,5	2	5	7	1	8	2	5	8	7	5

4,6 bis 10	0,5715	5,715	57,15	571,5	5715,0	0,575	5,75	57,5	575,0	5750,0
4,6	2	6	2	8	9	2	6	4	5	0
4,7	2	6	8	6	1	2	7	0	2	5
4,8	2	7	4	3	2	2	7	6	0	0
4,9	2	8	0	0	4	2	8	1	7	5
5	2	8	5	7	5	2	8	7	5	0
5,1	2	9	1	4	7	2	9	3	2	5
5,2	2	9	7	1	8	2	9	9	0	0
5,3	3	0	2	9	0	3	0	4	7	5
5,4	3	0	8	6	1	3	1	0	5	0
5,5	3	1	4	3	3	3	1	6	2	5
5,6	3	2	0	0	4	3	2	2	0	0
5,7	3	2	5	7	6	3	2	7	7	5
5,8	3	3	1	4	7	3	3	3	5	0
5,9	3	3	7	1	9	3	3	9	2	5
6	3	4	2	9	0	3	4	5	0	0
6,1	3	4	8	6	2	3	5	0	7	5
6,2	3	5	4	3	3	3	5	6	5	0
6,3	3	6	0	0	5	3	6	2	2	5
6,4	3	6	5	7	6	3	6	8	0	0
6,5	3	7	1	4	8	3	7	3	7	5
6,6	3	7	7	1	9	3	7	9	5	0
6,7	3	8	2	9	1	3	8	5	2	5
6,8	3	8	8	6	2	3	9	1	0	0
6,9	3	9	4	3	4	3	9	6	7	5
7	4	0	0	0	5	4	0	2	5	0
7,1	4	0	5	7	7	4	0	8	2	5
7,2	4	1	1	4	8	4	1	4	0	0
7,3	4	1	7	2	0	4	1	9	7	5
7,4	4	2	2	9	1	4	2	5	5	0
7,5	4	2	8	6	3	4	3	1	2	5
7,6	4	3	4	3	4	4	3	7	0	0
7,7	4	4	0	0	6	4	4	2	7	5
7,8	4	4	5	7	7	4	4	8	5	0
7,9	4	5	1	4	9	4	5	4	2	5
8	4	5	7	2	0	4	6	0	0	0
8,1	4	6	2	9	2	4	6	5	7	5
8,2	4	6	8	6	3	4	7	1	5	0
8,3	4	7	4	3	5	4	7	7	2	5
8,4	4	8	0	0	6	4	8	3	0	0
8,5	4	8	5	7	8	4	8	8	7	5
8,6	4	9	1	4	9	4	9	4	5	0
8,7	4	9	7	2	1	5	0	0	2	5
8,8	5	0	2	9	2	5	0	6	0	0
8,9	5	0	8	6	4	5	1	1	7	5
9	5	1	4	3	5	5	1	7	5	0
9,1	5	2	0	0	7	5	2	3	2	5
9,2	5	2	5	7	8	5	2	9	0	0
9,3	5	3	1	5	0	5	3	4	7	5
9,4	5	3	7	2	1	5	4	0	5	0
9,5	5	4	2	9	3	5	4	6	2	5
9,6	5	4	8	6	4	5	5	2	0	0
9,7	5	5	4	3	6	5	5	7	7	5
9,8	5	6	0	0	7	5	6	3	5	0
9,9	5	6	5	7	9	5	6	9	2	5
10	5	7	1	5	0	5	7	5	0	0

0,01 bis 4,5	0,5785	5,785	57,85	578,5	5785,0	0,582	5,82	58,2	582,0	5820,0
0,01	0	0	0	5	8	0	0	0	5	8
0,02	0	0	1	1	6	0	0	1	1	6
0,03	0	0	1	7	4	0	0	1	7	5
0,04	0	0	2	3	1	0	0	2	3	3
0,05	0	0	2	8	9	0	0	2	9	1
0,06	0	0	3	4	7	0	0	3	4	9
0,07	0	0	4	0	5	0	0	4	0	7
0,08	0	0	4	6	3	0	0	4	6	6
0,09	0	0	5	2	1	0	0	5	2	4
0,1	0	0	5	7	9	0	0	5	8	2
0,2	0	1	1	5	7	0	1	1	6	4
0,3	0	1	7	3	6	0	1	7	4	6
0,4	0	2	3	1	4	0	2	3	2	8
0,5	0	2	8	9	3	0	2	9	1	0
0,6	0	3	4	7	1	0	3	4	9	2
0,7	0	4	0	5	0	0	4	0	7	4
0,8	0	4	6	2	8	0	4	6	5	6
0,9	0	5	2	0	7	0	5	2	3	8
1	0	5	7	8	5	0	5	8	2	0
1,1	0	6	3	6	4	0	6	4	0	2
1,2	0	6	9	4	2	0	6	9	8	4
1,3	0	7	5	2	1	0	7	5	6	6
1,4	0	8	0	9	9	0	8	1	4	8
1,5	0	8	6	7	8	0	8	7	3	0
1,6	0	9	2	5	6	0	9	3	1	2
1,7	0	9	8	3	5	0	9	8	9	4
1,8	1	0	4	1	3	1	0	4	7	6
1,9	1	0	9	9	2	1	1	0	5	8
2	1	1	5	7	0	1	1	6	4	0
2,1	1	2	1	4	9	1	2	2	2	2
2,2	1	2	7	2	7	1	2	8	0	4
2,3	1	3	3	0	6	1	3	3	8	6
2,4	1	3	8	8	4	1	3	9	6	8
2,5	1	4	4	6	3	1	4	5	5	0
2,6	1	5	0	4	1	1	5	1	3	2
2,7	1	5	6	2	0	1	5	7	1	4
2,8	1	6	1	9	8	1	6	2	9	6
2,9	1	6	7	7	7	1	6	8	7	8
3	1	7	3	5	5	1	7	4	6	0
3,1	1	7	9	3	4	1	8	0	4	2
3,2	1	8	5	1	2	1	8	6	2	4
3,3	1	9	0	9	1	1	9	2	0	6
3,4	1	9	6	6	9	1	9	7	8	8
3,5	2	0	2	4	8	2	0	3	7	0
3,6	2	0	8	2	6	2	0	9	5	2
3,7	2	1	4	0	5	2	1	5	3	4
3,8	2	1	9	8	3	2	2	1	1	6
3,9	2	2	5	6	2	2	2	6	9	8
4	2	3	1	4	0	2	3	2	8	0
4,1	2	3	7	1	9	2	3	8	6	2
4,2	2	4	2	9	7	2	4	4	4	4
4,3	2	4	8	7	6	2	5	0	2	6
4,4	2	5	4	5	4	2	5	6	0	8
4,5	2	6	0	3	3	2	6	1	9	0

4,6 bis 10	0,5785	5,785	57,85	578,5	5785,0	0,582	5,82	58,2	582,0	5820,0
4,6	2	6	6	1	1	2	6	7	7	2
4,7	2	7	1	9	0	2	7	3	5	4
4,8	2	7	7	6	8	2	7	9	3	6
4,9	2	8	3	4	7	2	8	5	1	8
5	2	8	9	2	5	2	9	1	0	0
5,1	2	9	5	0	4	2	9	6	8	2
5,2	3	0	0	8	2	3	0	2	6	4
5,3	3	0	6	6	1	3	0	8	4	6
5,4	3	1	2	3	9	3	1	4	2	8
5,5	3	1	8	1	8	3	2	0	1	0
5,6	3	2	3	9	6	3	2	5	9	2
5,7	3	2	9	7	5	3	3	1	1	4
5,8	3	3	5	5	3	3	3	7	5	6
5,9	3	4	1	3	2	3	4	3	3	8
6	3	4	7	1	0	3	4	9	2	0
6,1	3	5	2	8	9	3	5	5	0	2
6,2	3	5	8	6	7	3	6	0	8	4
6,3	3	6	4	4	6	3	6	6	6	6
6,4	3	7	0	2	4	3	7	2	4	8
6,5	3	7	6	0	3	3	7	8	3	0
6,6	3	8	1	8	1	3	8	4	1	2
6,7	3	8	7	6	0	3	8	9	3	4
6,8	3	9	3	3	8	3	9	5	7	6
6,9	3	9	9	1	7	4	0	1	5	8
7	4	0	4	9	5	4	0	7	4	0
7,1	4	1	0	7	4	4	1	3	2	2
7,2	4	1	6	5	2	4	1	9	0	4
7,3	4	2	2	3	1	4	2	4	8	6
7,4	4	2	8	0	9	4	3	0	6	8
7,5	4	3	3	8	8	4	3	6	5	0
7,6	4	3	9	6	6	4	4	2	3	2
7,7	4	4	5	4	5	4	4	8	1	4
7,8	4	5	1	2	3	4	5	3	9	6
7,9	4	5	7	0	2	4	5	9	7	8
8	4	6	2	8	0	4	6	5	6	0
8,1	4	6	8	5	9	4	7	1	4	2
8,2	4	7	4	3	7	4	7	7	2	4
8,3	4	8	0	1	6	4	8	3	0	6
8,4	4	8	5	9	4	4	8	8	8	8
8,5	4	9	1	7	3	4	9	4	7	0
8,6	4	9	7	5	1	5	0	0	5	2
8,7	5	0	3	3	0	5	0	6	3	4
8,8	5	0	9	0	8	5	1	2	1	6
8,9	5	1	4	8	7	5	1	7	9	8
9	5	2	0	6	5	5	2	3	8	0
9,1	5	2	6	4	4	5	2	9	6	2
9,2	5	3	2	2	2	5	3	5	4	4
9,3	5	3	8	0	1	5	4	1	2	6
9,4	5	4	3	7	9	5	4	7	0	8
9,5	5	4	9	5	8	5	5	2	9	0
9,6	5	5	5	3	6	5	5	8	7	2
9,7	5	6	1	1	5	5	6	4	5	4
9,8	5	6	6	9	3	5	7	0	3	6
9,9	5	7	2	7	2	5	7	6	1	8
10	5	7	8	5	0	5	8	2	0	0

0,01 bis 4,5	0,5855	5,855	58,55	585,5	5855,0	0,589	5,89	58,9	589,0	5890,0
0,01	0	0	0	5	9	0	0	0	5	9
0,02	0	0	1	1	7	0	0	1	1	8
0,03	0	0	1	7	6	0	0	1	7	7
0,04	0	0	2	3	4	0	0	2	3	6
0,05	0	0	2	9	3	0	0	2	9	5
0,06	0	0	3	5	1	0	0	3	5	3
0,07	0	0	4	1	0	0	0	4	1	2
0,08	0	0	4	6	8	0	0	4	7	1
0,09	0	0	5	2	7	0	0	5	3	0
0,1	0	0	5	8	6	0	0	5	8	9
0,2	0	1	1	7	1	0	1	1	7	8
0,3	0	1	7	5	7	0	1	7	6	7
0,4	0	2	3	4	2	0	2	3	5	6
0,5	0	2	9	2	8	0	2	9	4	5
0,6	0	3	5	1	3	0	3	5	3	4
0,7	0	4	0	9	9	0	4	1	2	3
0,8	0	4	6	8	4	0	4	7	1	2
0,9	0	5	2	7	0	0	5	3	0	1
1	0	5	8	5	5	0	5	8	9	0
1,1	0	6	4	4	1	0	6	4	7	9
1,2	0	7	0	2	6	0	7	0	6	8
1,3	0	7	6	1	2	0	7	6	5	7
1,4	0	8	1	9	7	0	8	2	4	6
1,5	0	8	7	8	3	0	8	8	3	5
1,6	0	9	3	6	8	0	9	4	2	4
1,7	0	9	9	5	4	1	0	0	1	3
1,8	1	0	5	3	9	1	0	6	0	2
1,9	1	1	1	2	5	1	1	1	9	1
2	1	1	7	1	0	1	1	7	8	0
2,1	1	2	2	9	6	1	2	3	6	9
2,2	1	2	8	8	1	1	2	9	5	8
2,3	1	3	4	6	7	1	3	5	4	7
2,4	1	4	0	5	2	1	4	1	3	6
2,5	1	4	6	3	8	1	4	7	2	5
2,6	1	5	2	2	3	1	5	3	1	4
2,7	1	5	8	0	9	1	5	9	0	3
2,8	1	6	3	9	4	1	6	4	9	2
2,9	1	6	9	8	0	1	7	0	8	1
3	1	7	5	6	5	1	7	6	7	0
3,1	1	8	1	5	1	1	8	2	5	9
3,2	1	8	7	3	6	1	8	8	4	8
3,3	1	9	3	2	2	1	9	4	3	7
3,4	1	9	9	0	7	2	0	0	2	6
3,5	2	0	4	9	3	2	0	6	1	5
3,6	2	1	0	7	8	2	1	2	0	4
3,7	2	1	6	6	4	2	1	7	9	3
3,8	2	2	2	4	9	2	2	3	8	2
3,9	2	2	8	3	5	2	2	9	7	1
4	2	3	4	2	0	2	3	5	6	0
4,1	2	4	0	0	6	2	4	1	4	9
4,2	2	4	5	9	1	2	4	7	3	8
4,3	2	5	1	7	7	2	5	3	2	7
4,4	2	5	7	6	2	2	7	9	1	6
4,5	2	6	3	4	8	2	6	5	0	5

4,6 bis 10	0,5855	5,855	58,55	585,5	5855,0	0,589	5,89	58,9	589,0	5890,0
4,6	2	6	9	3	3	2	7	0	9	4
4,7	2	7	5	1	9	2	7	6	8	3
4,8	2	8	1	0	4	2	8	2	7	2
4,9	2	8	6	9	0	2	8	8	6	1
5	2	9	2	7	5	2	9	4	5	0
5,1	2	9	8	6	1	3	0	0	3	9
5,2	3	0	4	4	6	3	0	6	2	8
5,3	3	1	0	3	2	3	1	2	1	7
5,4	3	1	6	1	7	3	1	8	0	6
5,5	3	2	2	0	3	3	2	3	9	5
5,6	3	2	7	8	8	3	2	9	8	4
5,7	3	3	3	7	4	3	3	5	7	3
5,8	3	3	9	5	9	3	4	1	6	2
5,9	3	4	5	4	5	3	4	7	5	1
6	3	5	1	3	0	3	5	3	4	0
6,1	3	5	7	1	6	3	5	9	2	9
6,2	3	6	3	0	1	3	6	5	1	8
6,3	3	6	8	8	7	3	7	1	0	7
6,4	3	7	4	7	2	3	7	6	9	6
6,5	3	8	0	5	8	3	8	2	8	5
6,6	3	8	6	4	3	3	8	8	7	4
6,7	3	9	2	2	9	3	9	4	6	3
6,8	3	9	8	1	4	4	0	0	5	2
6,9	4	0	4	0	0	4	0	6	4	1
7	4	0	9	8	5	4	1	2	3	0
7,1	4	1	5	7	1	4	1	8	1	9
7,2	4	2	1	5	6	4	2	4	0	8
7,3	4	2	7	4	2	4	2	9	9	7
7,4	4	3	3	2	7	4	3	5	8	6
7,5	4	3	9	1	3	4	4	1	7	5
7,6	4	4	4	9	8	4	4	7	6	4
7,7	4	5	0	8	4	4	5	3	5	3
7,8	4	5	6	6	9	4	5	9	4	2
7,9	4	6	2	5	5	4	6	5	3	1
8	4	6	8	4	0	4	7	1	2	0
8,1	4	7	4	2	6	4	7	7	0	9
8,2	4	8	0	1	1	4	8	2	9	8
8,3	4	8	5	9	7	4	8	8	8	7
8,4	4	9	1	8	2	4	9	4	7	6
8,5	4	9	7	6	8	5	0	0	6	5
8,6	5	0	3	5	3	5	0	6	5	4
8,7	5	0	9	3	9	5	1	2	4	3
8,8	5	1	5	2	4	5	1	8	3	2
8,9	5	2	1	1	0	5	2	4	2	1
9	5	2	6	9	5	5	3	0	1	0
9,1	5	3	2	8	1	5	3	5	9	9
9,2	5	3	8	6	6	5	4	1	8	8
9,3	5	4	4	5	2	5	4	7	7	7
9,4	5	5	0	3	7	5	5	3	6	6
9,5	5	5	6	2	3	5	5	9	5	5
9,6	5	6	2	0	8	5	6	5	4	4
9,7	5	6	7	9	4	5	7	1	3	3
9,8	5	7	3	7	9	5	7	7	2	2
9,9	5	7	9	6	5	5	8	3	1	1
10	5	8	5	5	0	5	8	9	0	0

0,01 bis **4,5**	**0**,5925	**5**,925	**59**,25	**592**,5	**5925**,0	**0**,596	**5**,96	**59**,6	**596**,0	**5960**,0
0,01	0	0	0	5	9	0	0	0	6	0
0,02	0	0	1	1	9	0	0	1	1	9
0,03	0	0	1	7	8	0	0	1	7	9
0,04	0	0	2	3	7	0	0	2	3	8
0,05	0	0	2	9	6	0	0	2	9	8
0,06	0	0	3	5	6	0	0	3	5	8
0,07	0	0	4	1	5	0	0	4	1	7
0,08	0	0	4	7	4	0	0	4	7	7
0,09	0	0	5	3	3	0	0	5	3	6
0,1	0	0	5	9	3	0	0	5	9	6
0,2	0	1	1	8	5	0	1	1	9	2
0,3	0	1	7	7	8	0	1	7	8	8
0,4	0	2	3	7	0	0	2	3	8	4
0,5	0	2	9	6	3	0	2	9	8	0
0,6	0	3	5	5	5	0	3	5	7	6
0,7	0	4	1	4	8	0	4	1	7	2
0,8	0	4	7	4	0	0	4	7	6	8
0,9	0	5	3	3	3	0	5	3	6	4
1	0	5	9	2	5	0	5	9	6	0
1,1	0	6	5	1	8	0	6	5	5	6
1,2	0	7	1	1	0	0	7	1	5	2
1,3	0	7	7	0	3	0	7	7	4	8
1,4	0	8	2	9	5	0	8	3	4	4
1,5	0	8	8	8	8	0	8	9	4	0
1,6	0	9	4	8	0	0	9	5	3	6
1,7	1	0	0	7	3	1	0	1	3	2
1,8	1	0	6	6	5	1	0	7	2	8
1,9	1	1	2	5	8	1	1	3	2	4
2	1	1	8	5	0	1	1	9	2	0
2,1	1	2	4	4	3	1	2	5	1	6
2,2	1	3	0	3	5	1	3	1	1	2
2,3	1	3	6	2	8	1	3	7	0	8
2,4	1	4	2	2	0	1	4	3	0	4
2,5	1	4	8	1	3	1	4	9	0	0
2,6	1	5	4	0	5	1	5	4	9	6
2,7	1	5	9	9	8	1	6	0	9	2
2,8	1	6	5	9	0	1	6	6	8	8
2,9	1	7	1	8	3	1	7	2	8	4
3	1	7	7	7	5	1	7	8	8	0
3,1	1	8	3	6	8	1	8	4	7	6
3,2	1	8	9	6	0	1	9	0	7	2
3,3	1	9	5	5	3	1	9	6	6	8
3,4	2	0	1	4	5	2	0	2	6	4
3,5	2	0	7	3	8	2	0	8	6	0
3,6	2	1	3	3	0	2	1	4	5	6
3,7	2	1	9	2	3	2	2	0	5	2
3,8	2	2	5	1	5	2	2	6	4	8
3,9	2	3	1	0	8	2	3	2	4	4
4	2	3	7	0	0	2	3	8	4	0
4,1	2	4	2	9	3	2	4	4	3	6
4,2	2	4	8	8	5	2	5	0	3	2
4,3	2	5	4	7	8	2	5	6	2	8
4,4	2	6	0	7	0	2	6	2	2	4
4,5	2	6	6	6	3	2	6	8	2	0

4,6 bis **10**	**0**,5925	**5**,925	**59**,25	**592**,5	**5925**,0	**0**,596	**5**,96	**59**,6	**596**,0	**5960**,0
4,6	2	7	2	5	5	2	7	4	1	6
4,7	2	7	8	4	8	2	8	0	1	2
4,8	2	8	4	4	0	2	8	6	0	8
4,9	2	9	0	3	3	2	9	2	0	4
5	2	9	6	2	5	2	9	8	0	0
5,1	3	0	2	1	8	3	0	3	9	6
5,2	3	0	8	1	0	3	0	9	9	2
5,3	3	1	4	0	3	3	1	5	8	8
5,4	3	1	9	9	5	3	2	1	8	4
5,5	3	2	5	8	8	3	2	7	8	0
5,6	3	3	1	8	0	3	3	3	7	6
5,7	3	3	7	7	3	3	3	9	7	2
5,8	3	4	3	6	5	3	4	5	6	8
5,9	3	4	9	5	8	3	5	1	6	4
6	3	5	5	5	0	3	5	7	6	0
6,1	3	6	1	4	3	3	6	3	5	6
6,2	3	6	7	3	5	3	6	9	5	2
6,3	3	7	3	2	8	3	7	5	4	8
6,4	3	7	9	2	0	3	8	1	4	4
6,5	3	8	5	1	3	3	8	7	4	0
6,6	3	9	1	0	5	3	9	3	3	6
6,7	3	9	6	9	8	3	9	9	3	2
6,8	4	0	2	9	0	4	0	5	2	8
6,9	4	0	8	8	3	4	1	1	2	4
7	4	1	4	7	5	4	1	7	2	0
7,1	4	2	0	6	8	4	2	3	1	6
7,2	4	2	6	6	0	4	2	9	1	2
7,3	4	3	2	5	3	4	3	5	0	8
7,4	4	3	8	4	5	4	4	1	0	4
7,5	4	4	4	3	8	4	4	7	0	0
7,6	4	5	0	3	0	4	5	2	9	6
7,7	4	5	6	2	3	4	5	8	9	2
7,8	4	6	2	1	5	4	6	4	8	8
7,9	4	6	8	0	8	4	7	0	8	4
8	4	7	4	0	0	4	7	6	8	0
8,1	4	7	9	9	3	4	8	2	7	6
8,2	4	8	5	8	5	4	8	8	7	2
8,3	4	9	1	7	8	4	9	4	6	8
8,4	4	9	7	7	0	5	0	0	6	4
8,5	5	0	3	6	3	5	0	6	6	0
8,6	5	0	9	5	5	5	1	2	5	6
8,7	5	1	5	4	8	5	1	8	5	2
8,8	5	2	1	4	0	5	2	4	4	8
8,9	5	2	7	3	3	5	3	0	4	4
9	5	3	3	2	5	5	3	6	4	0
9,1	5	3	9	1	8	5	4	2	3	6
9,2	5	4	5	1	0	5	4	8	3	2
9,3	5	5	1	0	3	5	5	4	2	8
9,4	5	5	6	9	5	5	6	0	2	4
9,5	5	6	2	8	8	5	6	6	2	0
9,6	5	6	8	8	0	5	7	2	1	6
9,7	5	7	4	7	3	5	7	8	1	2
9,8	5	8	0	6	5	5	8	4	0	8
9,9	5	8	6	5	8	5	9	0	0	4
10	5	9	2	5	0	5	9	6	0	0

5995–6030

0,01 bis 4,5	0,5995	5,995	59,95	599,5	5995,0	0,603	6,03	60,3	603,0	6030,0
0,01	0	0	0	6	0	0	0	0	6	0
0,02	0	0	1	2	0	0	0	1	2	1
0,03	0	0	1	8	0	0	0	1	8	1
0,04	0	0	2	4	0	0	0	2	4	1
0,05	0	0	3	0	0	0	0	3	0	2
0,06	0	0	3	6	0	0	0	3	6	2
0,07	0	0	4	2	0	0	0	4	2	2
0,08	0	0	4	8	0	0	0	4	8	2
0,09	0	0	5	4	0	0	0	5	4	3
0,1	0	0	6	0	0	0	0	6	0	3
0,2	0	1	1	9	9	0	1	2	0	6
0,3	0	1	7	9	9	0	1	8	0	9
0,4	0	2	3	9	8	0	2	4	1	2
0,5	0	2	9	9	8	0	3	0	1	5
0,6	0	3	5	9	7	0	3	6	1	8
0,7	0	4	1	9	4	0	4	2	2	1
0,8	0	4	7	9	6	0	4	8	2	4
0,9	0	5	3	9	6	0	5	4	2	7
1	0	5	9	9	5	0	6	0	3	0
1,1	0	6	5	9	5	0	6	6	3	3
1,2	0	7	1	9	4	0	7	2	3	6
1,3	0	7	7	9	4	0	7	8	3	9
1,4	0	8	3	9	3	0	8	4	4	2
1,5	0	8	9	9	3	0	9	0	4	5
1,6	0	9	5	9	2	0	9	6	4	8
1,7	1	0	1	9	2	1	0	2	5	1
1,8	1	0	7	9	1	1	0	8	5	4
1,9	1	1	3	9	1	1	1	4	5	7
2	1	1	9	9	0	1	2	0	6	0
2,1	1	2	5	9	0	1	2	6	6	3
2,2	1	3	1	8	9	1	3	2	6	6
2,3	1	3	7	8	9	1	3	8	6	9
2,4	1	4	3	8	8	1	4	4	7	2
2,5	1	4	9	8	8	1	5	0	7	5
2,6	1	5	5	8	7	1	5	6	7	8
2,7	1	6	1	8	7	1	6	2	8	1
2,8	1	6	7	8	6	1	6	8	8	4
2,9	1	7	3	8	6	1	7	4	8	7
3	1	7	9	8	5	1	8	0	9	0
3,1	1	8	5	8	5	1	8	6	9	3
3,2	1	9	1	8	4	1	9	2	9	6
3,3	1	9	7	8	4	1	9	8	9	9
3,4	2	0	3	8	3	2	0	5	0	2
3,5	2	0	9	8	3	2	1	1	0	5
3,6	2	1	5	8	2	2	1	7	0	8
3,7	2	2	1	8	2	2	2	3	1	1
3,8	2	2	7	8	1	2	2	9	1	4
3,9	2	3	3	8	1	2	3	5	1	7
4	2	3	9	8	0	2	4	1	2	0
4,1	2	4	5	8	0	2	4	7	2	3
4,2	2	5	1	7	9	2	5	3	2	6
4,3	2	5	7	7	9	2	5	9	2	9
4,4	2	6	3	7	8	2	6	5	3	2
4,5	2	6	9	7	8	2	7	1	3	5

4,6 bis 10	0,5995	5,995	59,95	599,5	5995,0	0,603	6,03	60,3	603,0	6030,0
4,6	2	7	5	7	7	2	7	7	3	8
4,7	2	8	1	7	7	2	8	3	4	1
4,8	2	8	7	7	6	2	8	9	4	4
4,9	2	9	3	7	6	2	9	5	4	7
5	2	9	9	7	5	3	0	1	5	0
5,1	3	0	5	7	5	3	0	7	5	3
5,2	3	1	1	7	4	3	1	3	5	6
5,3	3	1	7	7	4	3	1	9	5	9
5,4	3	2	3	7	3	3	2	5	6	2
5,5	3	2	9	7	3	3	3	1	6	5
5,6	3	3	5	7	2	3	3	7	6	8
5,7	3	4	1	7	2	3	4	3	7	1
5,8	3	4	7	7	1	3	4	9	7	4
5,9	3	5	3	7	1	3	5	5	7	7
6	3	5	9	7	0	3	6	1	8	0
6,1	3	6	5	7	0	3	6	7	8	3
6,2	3	7	1	6	9	3	7	3	8	6
6,3	3	7	7	6	9	3	7	9	8	9
6,4	3	8	3	6	8	3	8	5	9	2
6,5	3	8	9	6	8	3	9	1	9	5
6,6	3	9	5	6	7	3	9	7	9	8
6,7	4	0	1	6	7	4	0	4	0	1
6,8	4	0	7	6	6	4	1	0	0	4
6,9	4	1	3	6	6	4	1	6	0	7
7	4	1	9	6	5	4	2	2	1	0
7,1	4	2	5	6	5	4	2	8	1	3
7,2	4	3	1	6	4	4	3	4	1	6
7,3	4	3	7	6	4	4	4	0	1	9
7,4	4	4	3	6	3	4	4	6	2	2
7,5	4	4	9	6	3	4	5	2	2	5
7,6	4	5	5	6	2	4	5	8	2	8
7,7	4	6	1	6	2	4	6	4	3	1
7,8	4	6	7	6	1	4	7	0	3	4
7,9	4	7	3	6	1	4	7	6	3	7
8	4	7	9	6	0	4	8	2	4	0
8,1	4	8	5	6	0	4	8	8	4	3
8,2	4	9	1	5	9	4	9	4	4	6
8,3	4	9	7	5	9	5	0	0	4	9
8,4	5	0	3	5	8	5	0	6	5	2
8,5	5	0	9	5	8	5	1	2	5	5
8,6	5	1	5	5	7	5	1	8	5	8
8,7	5	2	1	5	7	5	2	4	6	1
8,8	5	2	7	5	6	5	3	0	6	4
8,9	5	3	3	5	6	5	3	6	6	7
9	5	3	9	5	5	5	4	2	7	0
9,1	5	4	5	5	5	5	4	8	7	3
9,2	5	5	1	5	4	5	5	4	7	6
9,3	5	5	7	5	4	5	6	0	7	9
9,4	5	6	3	5	3	5	6	6	8	2
9,5	5	6	9	5	3	5	7	2	8	5
9,6	5	7	5	5	2	5	7	8	8	8
9,7	5	8	1	5	2	5	8	4	9	1
9,8	5	8	7	5	1	5	9	0	9	4
9,9	5	9	3	5	1	5	9	6	9	7
10	5	9	9	5	0	6	0	3	0	0

0,01 bis 4,5	0,6065	6,065	60,65	606,5	6065,0	0,61	6,1	61,0	610,0	6100,0
0,01	0	0	0	6	1	0	0	0	6	1
0,02	0	0	1	2	1	0	0	1	2	2
0,03	0	0	1	8	2	0	0	1	8	3
0,04	0	0	2	4	3	0	0	2	4	4
0,05	0	0	3	0	3	0	0	3	0	5
0,06	0	0	3	6	4	0	0	3	6	6
0,07	0	0	4	2	5	0	0	4	2	7
0,08	0	0	4	8	5	0	0	4	8	8
0,09	0	0	5	4	6	0	0	5	4	9
0,1	0	0	6	0	7	0	0	6	1	0
0,2	0	1	2	1	3	0	1	2	2	0
0,3	0	1	8	2	0	0	1	8	3	0
0,4	0	2	4	2	6	0	2	4	4	0
0,5	0	3	0	3	3	0	3	0	5	0
0,6	0	3	6	3	9	0	3	6	6	0
0,7	0	4	2	4	6	0	4	2	7	0
0,8	0	4	8	5	2	0	4	8	8	0
0,9	0	5	4	5	9	0	5	4	9	0
1	0	6	0	6	5	0	6	1	0	0
1,1	0	6	6	7	2	0	6	7	1	0
1,2	0	7	2	7	8	0	7	3	2	0
1,3	0	7	8	8	5	0	7	9	3	0
1,4	0	8	4	9	1	0	8	5	4	0
1,5	0	9	0	9	8	0	9	1	5	0
1,6	0	9	7	0	4	0	9	7	6	0
1,7	1	0	3	1	1	1	0	3	7	0
1,8	1	0	9	1	7	1	0	9	8	0
1,9	1	1	5	2	4	1	1	5	9	0
2	1	2	1	3	0	1	2	2	0	0
2,1	1	2	7	3	7	1	2	8	1	0
2,2	1	3	3	4	3	1	3	4	2	0
2,3	1	3	9	5	0	1	4	0	3	0
2,4	1	4	5	5	6	1	4	6	4	0
2,5	1	5	1	6	3	1	5	2	5	0
2,6	1	5	7	6	9	1	5	8	6	0
2,7	1	6	3	7	6	1	6	4	7	0
2,8	1	6	9	8	2	1	7	0	8	0
2,9	1	7	5	8	9	1	7	6	9	0
3	1	8	1	9	5	1	8	3	0	0
3,1	1	8	8	0	2	1	8	9	1	0
3,2	1	9	4	0	8	1	9	5	2	0
3,3	2	0	0	1	5	2	0	1	3	0
3,4	2	0	6	2	1	2	0	7	4	0
3,5	2	1	2	2	8	2	1	3	5	0
3,6	2	1	8	3	4	2	1	9	6	0
3,7	2	2	4	4	1	2	2	5	7	0
3,8	2	3	0	4	7	2	3	1	8	0
3,9	2	3	6	5	4	2	3	7	9	0
4	2	4	2	6	0	2	4	4	0	0
4,1	2	4	8	6	7	2	5	0	1	0
4,2	2	5	4	7	3	2	5	6	2	0
4,3	2	6	0	8	0	2	6	2	3	0
4,4	2	6	6	8	6	2	6	8	4	0
4,5	2	7	2	9	3	2	7	4	5	0

4,6 bis 10	0,6065	6,065	60,65	606,5	6065,0	0,61	6,1	61,0	610,0	6100,0
4,6	2	7	8	9	9	2	8	0	6	0
4,7	2	8	5	0	6	2	8	6	7	0
4,8	2	9	1	1	2	2	9	2	8	0
4,9	2	9	7	1	9	2	9	8	9	0
5	3	0	3	2	5	3	0	5	0	0
5,1	3	0	9	3	2	3	1	1	1	0
5,2	3	1	5	3	8	3	1	7	2	0
5,3	3	2	1	4	5	3	2	3	3	0
5,4	3	2	7	5	1	3	2	9	4	0
5,5	3	3	3	5	8	3	3	5	5	0
5,6	3	3	9	6	4	3	4	1	6	0
5,7	3	4	5	7	1	3	4	7	7	0
5,8	3	5	1	7	7	3	5	3	8	0
5,9	3	5	7	8	4	3	5	9	9	0
6	3	6	3	9	0	3	6	6	0	0
6,1	3	6	9	9	7	3	7	2	1	0
6,2	3	7	6	0	3	3	7	8	2	0
6,3	3	8	2	1	0	3	8	4	3	0
6,4	3	8	8	1	6	3	9	0	4	0
6,5	3	9	4	2	3	3	9	6	5	0
6,6	4	0	0	2	9	4	0	2	6	0
6,7	4	0	6	3	6	4	0	8	7	0
6,8	4	1	2	4	2	4	1	4	8	0
6,9	4	1	8	4	9	4	2	0	9	0
7	4	2	4	5	5	4	2	7	0	0
7,1	4	3	0	6	2	4	3	3	1	0
7,2	4	3	6	6	8	4	3	9	2	0
7,3	4	4	2	7	5	4	4	5	3	0
7,4	4	4	8	8	1	4	5	1	4	0
7,5	4	5	4	8	8	4	5	7	5	0
7,6	4	6	0	9	4	4	6	3	6	0
7,7	4	6	7	0	1	4	6	9	7	0
7,8	4	7	3	0	7	4	7	5	8	0
7,9	4	7	9	1	4	4	8	1	9	0
8	4	8	5	2	0	4	8	8	0	0
8,1	4	9	1	2	7	4	9	4	1	0
8,2	4	9	7	3	3	5	0	0	2	0
8,3	5	0	3	4	0	5	0	6	3	0
8,4	5	0	9	4	6	5	1	2	4	0
8,5	5	1	5	5	3	5	1	8	5	0
8,6	5	2	1	5	9	5	2	4	6	0
8,7	5	2	7	6	6	5	3	0	7	0
8,8	5	3	3	7	2	5	3	6	8	0
8,9	5	3	9	7	9	5	4	2	9	0
9	5	4	5	8	5	5	4	9	0	0
9,1	5	5	1	9	2	5	5	5	1	0
9,2	5	5	7	9	8	5	6	1	2	0
9,3	5	6	4	0	5	5	6	7	3	0
9,4	5	7	0	1	1	5	7	3	4	0
9,5	5	7	6	1	8	5	7	9	5	0
9,6	5	8	2	2	4	5	8	5	6	0
9,7	5	8	8	3	1	5	9	1	7	0
9,8	5	9	4	3	7	5	9	7	8	0
9,9	6	0	0	4	4	6	0	3	9	0
10	6	0	6	5	0	6	1	0	0	0

0,01 bis 4,5	0,6135	6,135	61,35	613,5	6135,0	0,617	6,17	61,7	617,0	6170,0
0,01	0	0	0	6	1	0	0	0	6	2
0,02	0	0	1	2	3	0	0	1	2	3
0,03	0	0	1	8	4	0	0	1	8	5
0,04	0	0	2	4	5	0	0	2	4	7
0,05	0	0	3	0	7	0	0	3	0	9
0,06	0	0	3	6	8	0	0	3	7	0
0,07	0	0	4	2	9	0	0	4	3	2
0,08	0	0	4	9	1	0	0	4	9	4
0,09	0	0	5	5	2	0	0	5	5	5
0,1	0	0	6	1	4	0	0	6	1	7
0,2	0	1	2	2	7	0	1	2	3	4
0,3	0	1	8	4	1	0	1	8	5	1
0,4	0	2	4	5	4	0	2	4	6	8
0,5	0	3	0	6	8	0	3	0	8	5
0,6	0	3	6	8	1	0	3	7	0	2
0,7	0	4	2	9	5	0	4	3	1	9
0,8	0	4	9	0	8	0	4	9	3	6
0,9	0	5	5	2	2	0	5	5	5	3
1	0	6	1	3	5	0	6	1	7	0
1,1	0	6	7	4	9	0	6	7	8	7
1,2	0	7	3	6	2	0	7	4	0	4
1,3	0	7	9	7	6	0	8	0	2	1
1,4	0	8	5	8	9	0	8	6	3	8
1,5	0	9	2	0	3	0	9	2	5	5
1,6	0	9	8	1	6	0	9	8	7	2
1,7	1	0	4	3	0	1	0	4	8	9
1,8	1	1	0	4	3	1	1	1	0	6
1,9	1	1	6	5	7	1	1	7	2	3
2	1	2	2	7	0	1	2	3	4	0
2,1	1	2	8	8	4	1	2	9	5	7
2,2	1	3	4	9	7	1	3	5	7	4
2,3	1	4	1	1	1	1	4	1	9	1
2,4	1	4	7	2	4	1	4	8	0	8
2,5	1	5	3	3	8	1	5	4	2	5
2,6	1	5	9	5	1	1	6	0	4	2
2,7	1	6	5	6	5	1	6	6	5	9
2,8	1	7	1	7	8	1	7	2	7	6
2,9	1	7	7	9	2	1	7	8	9	3
3	1	8	4	0	5	1	8	5	1	0
3,1	1	9	0	1	9	1	9	1	2	7
3,2	1	9	6	3	2	1	9	7	4	4
3,3	2	0	2	4	6	2	0	3	6	1
3,4	2	0	8	5	9	2	0	9	7	8
3,5	2	1	4	7	3	2	1	5	9	5
3,6	2	2	0	8	6	2	2	2	1	2
3,7	2	2	7	0	0	2	2	8	2	9
3,8	2	3	3	1	3	2	3	4	4	6
3,9	2	3	9	2	7	2	4	0	6	3
4	2	4	5	4	0	2	4	6	8	0
4,1	2	5	1	5	4	2	5	2	9	7
4,2	2	5	7	6	7	2	5	9	1	4
4,3	2	6	3	8	1	2	6	5	3	1
4,4	2	6	9	9	4	2	7	1	4	8
4,5	2	7	6	0	8	2	7	7	6	5

4,6 bis 10	0,6135	6,135	61,35	613,5	6135,0	0,617	6,17	61,7	617,0	6170,0
4,6	2	8	2	2	1	2	8	3	8	2
4,7	2	8	8	3	5	2	8	9	9	9
4,8	2	9	4	4	8	2	9	6	1	6
4,9	3	0	0	6	2	3	0	2	3	3
5	3	0	6	7	5	3	0	8	5	0
5,1	3	1	2	8	9	3	1	4	6	7
5,2	3	1	9	0	2	3	2	0	8	4
5,3	3	2	5	1	6	3	2	7	0	1
5,4	3	3	1	2	9	3	3	3	1	8
5,5	3	3	7	4	3	3	3	9	3	5
5,6	3	4	3	5	6	3	4	5	5	2
5,7	3	4	9	7	0	3	5	1	6	9
5,8	3	5	5	8	3	3	5	7	8	6
5,9	3	6	1	9	7	3	6	4	0	3
6	3	6	8	1	0	3	7	0	2	0
6,1	3	7	4	2	4	3	7	6	3	7
6,2	3	8	0	3	7	3	8	2	5	4
6,3	3	8	6	5	1	3	8	8	7	1
6,4	3	9	2	6	4	3	9	4	8	8
6,5	3	9	8	7	8	4	0	1	0	5
6,6	4	0	4	9	1	4	0	7	2	2
6,7	4	1	1	0	5	4	1	3	3	9
6,8	4	1	7	1	8	4	1	9	5	6
6,9	4	2	3	3	2	4	2	5	7	3
7	4	2	9	4	5	4	3	1	9	0
7,1	4	3	5	5	9	4	3	8	0	7
7,2	4	4	1	7	2	4	4	4	2	4
7,3	4	4	7	8	6	4	5	0	4	1
7,4	4	5	3	9	9	4	5	6	5	8
7,5	4	6	0	1	3	4	6	2	7	5
7,6	4	6	6	2	6	4	6	8	9	2
7,7	4	7	2	4	0	4	7	5	0	9
7,8	4	7	8	5	3	4	8	1	2	6
7,9	4	8	4	6	7	4	8	7	4	3
8	4	9	0	8	0	4	9	3	6	0
8,1	4	9	6	9	4	4	9	9	7	7
8,2	5	0	3	0	7	5	0	5	9	4
8,3	5	0	9	2	1	5	1	2	1	1
8,4	5	1	5	3	4	5	1	8	2	8
8,5	5	2	1	4	8	5	2	4	4	5
8,6	5	2	7	6	1	5	3	0	6	2
8,7	5	3	3	7	5	5	3	6	7	9
8,8	5	3	9	8	8	5	4	2	9	6
8,9	5	4	6	0	2	5	4	9	1	3
9	5	5	2	1	5	5	5	5	3	0
9,1	5	5	8	2	9	5	6	1	4	7
9,2	5	6	4	4	2	5	6	7	6	4
9,3	5	7	0	5	6	5	7	3	8	1
9,4	5	7	6	6	9	5	7	9	9	8
9,5	5	8	2	8	3	5	8	6	1	5
9,6	5	8	8	9	6	5	9	2	3	2
9,7	5	9	5	1	0	5	9	8	4	9
9,8	6	0	1	2	3	6	0	4	6	6
9,9	6	0	7	3	7	6	1	0	8	3
10	6	1	3	5	0	6	1	7	0	0

0,01 bis 4,5	0,6205	6,205	62,05	620,5	6205,0	0,624	6,24	62,4	624,0	6240,0
0,01	0	0	0	6	2	0	0	0	6	2
0,02	0	0	1	2	4	0	0	1	2	5
0,03	0	0	1	8	6	0	0	1	8	7
0,04	0	0	2	4	8	0	0	2	5	0
0,05	0	0	3	1	0	0	0	3	1	2
0,06	0	0	3	7	2	0	0	3	7	4
0,07	0	0	4	3	4	0	0	4	3	7
0,08	0	0	4	9	6	0	0	4	9	9
0,09	0	0	5	5	8	0	0	5	6	2
0,1	0	0	6	2	1	0	0	6	2	4
0,2	0	1	2	4	1	0	1	2	4	8
0,3	0	1	8	6	2	0	1	8	7	2
0,4	0	2	4	8	2	0	2	4	9	6
0,5	0	3	1	0	3	0	3	1	2	0
0,6	0	3	7	2	3	0	3	7	4	4
0,7	0	4	3	4	4	0	4	3	6	8
0,8	0	4	9	6	4	0	4	9	9	2
0,9	0	5	5	8	5	0	5	6	1	6
1	0	6	2	0	5	0	6	2	4	0
1,1	0	6	8	2	6	0	6	8	6	4
1,2	0	7	4	4	6	0	7	4	8	8
1,3	1	8	0	6	7	0	8	1	1	2
1,4	0	8	6	8	7	0	8	7	3	6
1,5	0	9	3	0	8	0	9	3	6	0
1,6	0	9	9	2	8	0	9	9	8	4
1,7	1	0	5	4	9	1	0	6	0	8
1,8	1	1	1	6	9	1	1	2	3	2
1,9	1	1	7	9	0	1	1	8	5	6
2	1	2	4	1	0	1	2	4	8	0
2,1	1	3	0	3	1	1	3	1	0	4
2,2	1	3	6	5	1	1	3	7	2	8
2,3	1	4	2	7	2	1	4	3	5	2
2,4	1	4	8	9	2	1	4	9	7	6
2,5	1	5	5	1	3	1	5	6	0	0
2,6	1	6	1	3	3	1	6	2	2	4
2,7	1	6	7	5	4	1	6	8	4	8
2,8	1	7	3	7	4	1	7	4	7	2
2,9	1	7	9	9	5	1	8	0	9	6
3	1	8	6	1	5	1	8	7	2	0
3,1	1	9	2	3	6	1	9	3	4	4
3,2	1	9	8	5	6	1	9	9	6	8
3,3	2	0	4	7	7	2	0	5	9	2
3,4	2	1	0	9	7	2	1	2	1	6
3,5	2	1	7	1	8	2	1	8	4	0
3,6	2	2	3	3	8	2	2	4	6	4
3,7	2	2	9	5	9	2	3	0	8	8
3,8	2	3	5	7	9	2	3	7	1	2
3,9	2	4	2	0	0	2	4	3	3	6
4	2	4	8	2	0	2	4	9	6	0
4,1	2	5	4	4	1	2	5	5	8	4
4,2	2	6	0	6	1	2	6	2	0	8
4,3	2	6	6	8	2	2	6	8	3	2
4.4	2	7	3	0	2	2	7	4	5	6
4.5	2	7	9	2	3	2	8	0	8	0

4,6 bis 10	0,6205	6,205	62,05	620,5	6205,0	0,624	6,24	62,4	624,0	6240,0
4,6	2	8	5	4	3	2	8	7	0	4
4,7	2	9	1	6	4	2	9	3	2	8
4,8	2	9	7	8	0	2	9	9	5	2
4,9	3	0	4	0	5	3	0	5	7	6
5	3	1	0	2	5	3	1	2	0	0
5,1	3	1	6	4	6	3	1	8	2	4
5,2	3	2	2	6	0	3	2	4	4	8
5,3	3	2	8	8	7	3	3	0	7	2
5,4	3	3	5	0	7	3	3	6	9	6
5,5	3	4	1	2	8	3	4	3	2	0
5,6	3	4	7	4	8	3	4	9	4	4
5,7	3	5	3	6	9	3	5	5	6	8
5,8	3	5	9	8	9	3	6	1	9	2
5,9	3	6	6	1	0	2	6	8	1	6
6	3	7	2	3	0	3	7	4	4	0
6,1	3	7	8	5	1	3	8	0	6	4
6,2	3	8	4	7	1	3	8	6	8	8
6,3	3	9	0	9	2	3	9	3	1	2
6,4	3	9	7	1	2	3	9	9	3	6
6,5	4	0	3	3	3	4	0	5	6	0
6,6	4	0	9	5	3	4	1	1	8	4
6,7	4	1	5	7	4	4	1	8	0	8
6,8	4	2	1	9	4	4	2	4	3	2
6,9	4	2	8	1	5	4	3	0	5	6
7	4	3	4	3	5	4	3	6	8	0
7,1	4	4	0	5	6	4	4	3	0	4
7,2	4	4	6	7	6	4	4	9	2	8
7,3	4	5	2	9	7	4	5	5	5	2
7,4	4	5	9	1	7	4	6	1	7	6
7,5	4	6	5	3	8	4	6	8	0	0
7,6	4	7	1	5	8	4	7	4	2	4
7,7	4	7	7	7	9	4	8	0	4	8
7,8	4	8	3	9	9	4	8	6	7	2
7,9	4	9	0	2	0	4	9	2	9	6
8	4	9	6	4	0	4	9	9	2	0
8,1	5	0	2	6	1	5	0	5	4	4
8,2	5	0	8	8	1	5	1	1	6	8
8,3	5	1	5	0	2	5	1	7	9	2
8,4	5	2	1	2	2	5	2	4	1	6
8,5	5	2	7	4	3	5	3	0	4	0
8,6	5	3	3	6	3	5	3	6	6	4
8,7	5	3	9	8	4	5	4	2	8	8
8,8	5	4	6	0	4	5	4	9	1	2
8,9	5	5	2	2	5	5	5	5	3	6
9	5	5	8	4	5	5	6	1	6	0
9,1	5	6	4	6	6	5	6	7	8	4
9,2	5	7	0	8	6	5	7	4	0	8
9,3	5	7	7	0	7	5	8	0	3	2
9,4	5	8	3	2	7	5	8	6	5	6
9,5	5	8	9	4	8	5	9	2	8	0
9,6	5	9	5	6	8	5	9	9	0	4
9,7	6	0	1	8	9	6	0	5	2	8
9,8	6	0	8	0	9	6	1	1	5	2
9,9	6	1	4	3	0	6	1	7	7	6
10	6	2	0	5	0	6	2	4	0	0

0,01 bis 4,5	0,6275	6,275	62,75	627,5	6275,0	0,631	6,31	63,1	631,0	6310,0
0,01	0	0	0	6	3	0	0	0	6	3
0,02	0	0	1	2	6	0	0	1	2	6
0,03	0	0	1	8	8	0	0	1	8	9
0,04	0	0	2	5	1	0	0	2	5	2
0,05	0	0	3	1	4	0	0	3	1	6
0,06	0	0	3	7	7	0	0	3	7	9
0,07	0	0	4	3	9	0	0	4	4	2
0,08	0	0	5	0	2	0	0	5	0	5
0,09	0	0	5	6	5	0	0	5	6	8
0,1	0	0	6	2	8	0	0	6	3	1
0,2	0	1	2	5	5	0	1	2	6	2
0,3	0	1	8	8	3	0	1	8	9	3
0,4	0	2	5	1	0	0	2	5	2	4
0,5	0	3	1	3	8	0	3	1	5	5
0,6	0	3	7	6	5	0	3	7	8	6
0,7	0	4	3	9	3	0	4	4	1	7
0,8	0	5	0	2	0	0	5	0	4	8
0,9	0	5	6	4	8	0	5	6	7	9
1	0	6	2	7	5	0	6	3	1	0
1,1	0	6	9	0	3	0	6	9	4	1
1,2	0	7	5	3	0	0	7	5	7	2
1,3	0	8	1	5	8	0	8	2	0	3
1,4	0	8	7	8	5	0	8	8	3	4
1,5	0	9	4	1	3	0	9	4	6	5
1,6	1	0	0	4	0	1	0	0	9	6
1,7	1	0	6	6	8	1	0	7	2	7
1,8	1	1	2	9	5	1	1	3	5	8
1,9	1	1	9	2	3	1	1	9	8	9
2	1	2	5	5	0	1	2	6	2	0
2,1	1	3	1	7	8	1	3	2	5	1
2,2	1	3	8	0	5	1	3	8	8	2
2,3	1	4	4	3	3	1	4	5	1	3
2,4	1	5	0	6	0	1	5	1	4	4
2,5	1	5	6	8	8	1	5	7	7	5
2,6	1	6	3	1	5	1	6	4	0	6
2,7	1	6	6	4	3	1	7	0	3	7
2,8	1	7	5	7	0	1	7	6	6	8
2,9	1	8	1	9	8	1	8	2	9	9
3	1	8	8	2	5	1	8	9	3	0
3,1	1	9	4	5	3	1	9	5	6	1
3,2	2	0	0	8	0	2	0	1	9	2
3,3	2	0	7	0	8	2	0	8	2	3
3,4	2	1	3	3	5	2	1	4	5	4
3,5	2	1	9	6	3	2	2	0	8	5
3,6	2	2	5	9	0	2	2	7	1	6
3,7	2	3	2	1	8	2	3	3	4	7
3,8	2	3	8	4	5	2	3	9	7	8
3,9	2	4	4	7	3	2	4	6	0	9
4	2	5	1	0	0	2	5	2	4	0
4,1	2	5	7	2	8	2	5	8	7	1
4,2	2	6	3	5	5	2	6	5	0	2
4,3	2	6	9	8	3	2	7	1	3	3
4,4	2	7	6	1	0	2	7	7	6	4
4,5	2	8	2	3	8	2	8	3	9	5

4,6 bis 10	0,6275	6,275	62,75	627,5	6275,0	0,631	6,31	63,1	631,0	6310,0
4,6	2	8	8	6	5	2	9	0	2	6
4,7	2	9	4	9	3	2	9	6	5	7
4,8	3	0	1	2	0	3	0	2	8	8
4,9	3	0	7	4	8	3	0	9	1	9
5	3	1	3	7	5	3	1	5	5	0
5,1	3	2	0	0	3	3	2	1	8	1
5,2	3	2	6	3	0	3	2	8	1	2
5,3	3	3	2	5	8	3	3	4	4	3
5,4	3	3	8	8	5	3	4	0	7	4
5,5	3	4	5	1	3	3	4	7	0	5
5,6	3	5	1	4	0	3	5	3	3	6
5,7	3	5	7	6	8	3	5	9	6	7
5,8	3	6	3	9	5	3	6	5	9	8
5,9	3	7	0	2	3	3	7	2	2	9
6	3	7	6	5	0	3	7	8	6	0
6,1	3	8	2	7	8	3	8	4	9	1
6,2	3	8	9	0	5	3	9	1	2	2
6,3	3	9	5	3	3	3	9	7	5	3
6,4	4	0	1	6	0	4	0	3	8	4
6,5	4	0	7	8	8	4	1	0	1	5
6,6	4	1	4	1	5	4	1	6	4	6
6,7	4	2	0	4	3	4	2	2	7	7
6,8	4	2	6	7	0	4	2	9	0	8
6,9	4	3	2	9	8	4	3	5	3	9
7	4	3	9	2	5	4	4	1	7	0
7,1	4	4	5	5	3	4	4	8	0	1
7,2	4	5	1	8	0	4	5	4	3	2
7,3	4	5	8	0	8	4	6	0	6	3
7,4	4	6	4	3	5	4	6	6	9	4
7,5	4	7	0	6	3	4	7	3	2	5
7,6	4	7	6	9	0	4	7	9	5	6
7,7	4	8	3	1	8	4	8	5	8	7
7,8	4	8	9	4	5	4	9	2	1	8
7,9	4	9	5	7	3	4	9	8	4	9
8	5	0	2	0	0	5	0	4	8	0
8,1	5	0	8	2	8	5	1	1	1	1
8,2	5	1	4	5	5	5	1	7	4	2
8,3	5	2	0	8	3	5	2	3	7	3
8,4	5	2	7	1	0	5	3	0	0	4
8,5	5	3	3	3	8	5	3	6	3	5
8,6	5	3	9	6	5	5	4	2	6	6
8,7	5	4	5	9	3	5	4	8	9	7
8,8	5	5	2	2	0	5	5	5	2	8
8,9	5	5	8	4	8	5	6	1	5	9
9	5	6	4	7	5	5	6	7	9	0
9,1	5	7	1	0	3	5	7	4	2	1
9,2	5	7	7	3	0	5	8	0	5	2
9,3	5	8	3	5	8	5	8	6	8	3
9,4	5	8	9	8	5	5	9	3	1	4
9,5	5	9	6	1	3	5	9	9	4	5
9,6	6	0	2	4	0	6	0	5	7	6
9,7	6	0	8	6	8	6	1	2	0	7
9,8	6	1	4	9	5	6	1	8	3	8
9,9	6	2	1	2	3	6	2	4	6	9
10	6	2	7	5	0	6	3	1	0	0

0,01 bis 4,5	0,6345	6,345	63,45	634,5	6345,0	0,638	6,38	63,8	638,0	6380,0
0,01	0	0	0	6	3	0	0	0	6	4
0,02	0	0	1	2	7	0	0	1	2	8
0,03	0	0	1	9	0	0	0	1	9	1
0,04	0	0	2	5	4	0	0	2	5	5
0,05	0	0	3	1	7	0	0	3	1	9
0,06	0	0	3	8	1	0	0	3	8	3
0,07	0	0	4	4	4	0	0	4	4	7
0,08	0	0	5	0	8	0	0	5	1	0
0,09	0	0	5	7	1	0	0	5	7	4
0,1	0	0	6	3	5	0	0	6	3	8
0,2	0	1	2	6	9	0	1	2	7	6
0,3	0	1	9	0	4	0	1	9	1	4
0,4	0	2	5	3	8	0	2	5	5	2
0,5	0	3	1	7	3	0	3	1	9	0
0,6	0	3	8	0	7	0	3	8	2	8
0,7	0	4	4	4	2	0	4	4	6	6
0,8	0	5	0	7	6	0	5	1	0	4
0,9	0	5	7	1	1	0	5	7	4	2
1	0	6	3	4	5	0	6	3	8	0
1,1	0	6	9	8	0	0	7	0	1	8
1,2	0	7	6	1	4	0	7	6	5	6
1,3	0	8	2	4	9	0	8	2	9	4
1,4	0	8	8	8	3	0	8	9	3	2
1,5	0	9	5	1	8	0	9	5	7	0
1,6	1	0	1	5	2	1	0	2	0	8
1,7	1	0	7	8	7	1	0	8	4	6
1,8	1	1	4	2	1	1	1	4	8	4
1,9	1	2	0	5	6	1	2	1	2	2
2	1	2	6	9	0	1	2	7	6	0
2,1	1	3	3	2	5	1	3	3	9	8
2,2	1	3	9	5	9	1	4	0	3	6
2,3	1	4	5	9	4	1	4	6	7	4
2,4	1	5	2	2	8	1	5	3	1	2
2,5	1	5	8	6	3	1	5	9	5	0
2,6	1	6	4	9	7	1	6	5	8	8
2,7	1	7	1	3	2	1	7	2	2	6
2,8	1	7	7	6	6	1	7	8	6	4
2,9	1	8	4	0	1	1	8	5	0	2
3	1	9	0	3	5	1	9	1	4	0
3,1	1	9	6	7	0	1	9	7	7	8
3,2	2	0	3	0	4	2	0	4	1	6
3,3	2	0	9	3	9	2	1	0	5	4
3,4	2	1	5	7	3	2	1	6	9	2
3,5	2	2	2	0	8	2	2	3	3	0
3,6	2	2	8	4	2	2	2	9	6	8
3,7	2	3	4	7	7	2	3	6	0	6
3,8	2	4	1	1	1	2	4	2	4	4
3,9	2	4	7	4	6	2	4	8	8	2
4	2	5	3	8	0	2	5	5	2	0
4,1	2	6	0	1	5	2	6	1	5	8
4,2	2	6	6	4	9	2	6	7	9	6
4,3	2	7	2	8	4	2	7	4	3	4
4,4	2	7	9	1	8	2	8	0	7	2
4,5	2	8	5	5	3	2	8	7	1	0

4,6 bis 10	0,6345	6,345	63,45	634,5	6345,0	0,638	6,38	63,8	638,0	6380,0
4,6	2	9	1	8	7	2	9	3	4	8
4,7	2	9	8	2	2	2	9	9	8	6
4,8	3	0	4	5	6	3	0	6	2	4
4,9	3	1	0	9	1	3	1	2	6	2
5	3	1	7	2	5	3	1	9	0	0
5,1	3	2	3	6	0	3	2	5	3	8
5,2	3	2	9	9	4	3	3	1	7	6
5,3	3	3	6	2	9	3	3	8	1	4
5,4	3	4	2	6	3	3	4	4	5	2
5,5	3	4	8	9	8	3	5	0	9	0
5,6	3	5	5	3	2	3	5	7	2	8
5,7	3	6	1	6	7	3	6	3	6	6
5,8	3	6	8	0	1	3	7	0	0	4
5,9	3	7	4	3	6	3	7	6	4	2
6	3	8	0	7	0	3	8	2	8	0
6,1	3	8	7	0	5	3	8	9	1	8
6,2	3	9	3	3	9	3	9	5	5	6
6,3	3	9	9	7	4	4	0	1	9	4
6,4	4	0	6	0	8	4	0	8	3	2
6,5	4	1	2	4	3	4	1	4	7	0
6,6	4	1	8	7	7	4	2	1	0	8
6,7	4	2	5	1	2	4	2	7	4	6
6,8	4	3	1	4	6	4	3	3	8	4
6,9	4	3	7	8	1	4	4	0	2	2
7	4	4	4	1	5	4	4	6	6	0
7,1	4	5	0	5	0	4	5	2	9	8
7,2	4	5	6	8	4	4	5	9	3	6
7,3	4	6	3	1	9	4	6	5	7	4
7,4	4	6	9	5	3	4	7	2	1	2
7,5	4	7	5	8	8	4	7	8	5	0
7,6	4	8	2	2	2	4	8	4	8	8
7,7	4	8	8	5	7	4	9	1	2	6
7,8	4	9	4	9	1	4	9	7	6	4
7,9	5	0	1	2	6	5	0	4	0	2
8	5	0	7	6	0	5	1	0	4	0
8,1	5	1	3	9	5	5	1	6	7	8
8,2	5	2	0	2	9	5	2	3	1	6
8,3	5	2	6	6	4	5	2	9	5	4
8,4	5	3	2	9	8	5	3	5	9	2
8,5	3	3	9	3	3	5	4	2	3	0
8,6	5	4	5	6	7	5	4	8	6	8
8,7	5	5	2	0	2	5	5	5	0	6
8,8	5	5	8	3	6	5	6	1	4	4
8,9	5	6	4	7	1	5	6	7	8	2
9	5	7	1	0	5	5	7	4	2	0
9,1	5	7	7	4	0	5	8	0	5	8
9,2	5	8	3	7	4	5	8	6	9	6
9,3	5	9	0	0	9	5	9	3	3	4
9,4	5	9	6	4	3	5	9	9	7	2
9,5	6	0	2	7	8	6	0	6	1	0
9,6	6	0	9	1	2	6	1	2	4	8
9,7	6	1	5	4	7	6	1	8	8	6
9,8	6	2	1	8	1	6	2	5	2	4
9,9	6	2	8	1	6	6	3	1	6	2
10	6	3	4	5	0	6	3	8	0	0

0,01 bis 4,5

	0,6415	6,415	64,15	641,5	6415,0	0,645	6,45	64,5	645,0	6450,0
0,01	0	0	0	6	4	0	0	0	6	5
0,02	0	0	1	2	8	0	0	1	2	9
0,03	0	0	1	9	2	0	0	1	9	4
0,04	0	0	2	5	7	0	0	2	5	8
0,05	0	0	3	2	1	0	0	3	2	3
0,06	0	0	3	8	5	0	0	3	8	7
0,07	0	0	4	4	9	0	0	4	5	2
0,08	0	0	5	1	3	0	0	5	1	6
0,09	0	0	5	7	7	0	0	5	8	1
0,1	0	0	6	4	2	0	0	6	4	5
0,2	0	1	2	8	3	0	1	2	9	0
0,3	0	1	9	2	5	0	1	9	3	5
0,4	0	2	5	6	6	0	2	5	8	0
0,5	0	3	2	0	8	0	3	2	2	5
0,6	0	3	8	4	9	0	3	8	7	0
0,7	0	4	4	9	1	0	4	5	1	5
0,8	0	5	1	3	2	0	5	1	6	0
0,9	0	5	7	7	4	0	5	8	0	5
1	0	6	4	1	5	0	6	4	5	0
1,1	0	7	0	5	7	0	7	0	9	5
1,2	0	7	6	9	8	0	7	7	4	0
1,3	0	8	3	4	0	0	8	3	8	5
1,4	0	8	9	8	1	0	9	0	3	0
1,5	0	9	6	2	3	0	9	6	7	5
1,6	1	0	2	6	4	1	0	3	2	0
1,7	1	0	9	0	6	1	0	9	6	5
1,8	1	1	5	4	7	1	1	6	1	0
1,9	1	2	1	8	9	1	2	2	5	5
2	1	2	8	3	0	1	2	9	0	0
2,1	1	3	4	7	2	1	3	5	4	5
2,2	1	4	1	1	3	1	4	1	9	0
2,3	1	4	7	5	5	1	4	8	3	5
2,4	1	5	3	9	6	1	5	4	8	0
2,5	1	6	0	3	8	1	6	1	2	5
2,6	1	6	6	7	9	1	6	7	7	0
2,7	1	7	3	2	1	1	7	4	1	5
2,8	1	7	9	6	2	1	8	0	6	0
2,9	1	8	6	0	4	1	8	7	0	5
3	1	9	2	4	5	1	9	3	5	0
3,1	1	9	8	8	7	1	9	9	9	5
3,2	2	0	5	2	8	2	0	6	4	0
3,3	2	1	1	7	0	2	1	2	8	5
3,4	2	1	8	1	1	2	1	9	3	0
3,5	2	2	4	5	3	2	2	5	7	5
3,6	2	3	0	9	4	2	3	2	2	0
3,7	2	3	7	3	6	2	3	8	6	5
3,8	2	4	3	7	7	2	4	5	1	0
3,9	2	5	0	1	9	2	5	1	5	5
4	2	5	6	6	0	2	5	8	0	0
4,1	2	6	3	0	2	1	6	4	4	5
4,2	2	6	9	4	3	2	7	0	9	0
4,3	2	7	5	8	5	2	7	7	3	5
4,4	2	8	2	2	6	2	8	3	8	0
4,5	2	8	8	6	8	2	9	0	2	5

4,6 bis 10

	0,6415	6,415	64,15	641,5	6415,0	0,645	6,45	64,5	645,0	6450,0
4,6	2	9	5	0	9	2	9	6	7	0
4,7	3	0	1	5	1	3	0	3	1	5
4,8	3	0	7	9	2	3	0	9	6	0
4,9	3	1	4	3	4	3	1	6	0	5
5	3	2	0	7	5	3	2	2	5	0
5,1	3	2	7	1	7	3	2	8	9	5
5,2	3	3	3	5	8	3	3	5	4	0
5,3	3	4	0	0	0	3	4	1	8	5
5,4	3	4	6	4	1	3	4	8	3	0
5,5	3	5	2	8	3	3	5	4	7	5
5,6	3	5	9	2	4	3	6	1	2	0
5,7	3	6	5	6	6	3	6	7	6	5
5,8	3	7	2	0	7	3	7	4	1	0
5,9	3	7	8	4	9	3	8	0	5	5
6	3	8	4	9	0	3	8	7	0	0
6,1	3	9	1	3	2	3	9	3	4	5
6,2	3	9	7	7	3	3	9	9	9	0
6,3	4	0	4	1	5	4	0	6	3	5
6,4	4	1	0	5	6	4	1	2	8	0
6,5	4	1	6	9	8	4	1	9	2	5
6,6	4	2	3	3	9	4	2	5	7	0
6,7	4	2	9	8	1	4	3	2	1	5
6,8	4	3	6	2	2	4	3	8	6	0
6,9	4	4	2	6	4	4	4	5	0	5
7	4	4	9	0	5	4	5	1	5	0
7,1	4	5	5	4	7	4	5	7	9	5
7,2	4	6	1	8	8	4	6	4	4	0
7,3	4	6	8	3	0	4	7	0	8	5
7,4	4	7	4	7	1	4	7	7	3	0
7,5	4	8	1	1	3	4	8	3	7	5
7,6	4	8	7	5	4	4	9	0	2	0
7,7	4	9	3	9	6	4	9	6	6	5
7,8	5	0	0	3	7	5	0	3	1	0
7,9	5	0	6	7	9	5	0	9	5	5
8	5	1	3	2	0	5	1	6	0	0
8,1	5	1	9	6	2	5	2	2	4	5
8,2	5	2	6	0	3	5	2	8	9	0
8,3	5	3	2	4	5	5	3	5	3	5
8,4	5	3	8	8	6	5	4	1	8	0
8,5	5	4	5	2	8	5	4	8	2	5
8,6	5	5	1	6	9	5	5	4	7	0
8,7	5	5	8	1	1	5	6	1	1	5
8,8	5	6	4	5	2	5	6	7	6	0
8,9	5	7	0	9	4	5	7	4	0	5
9	5	7	7	3	5	5	8	0	5	0
9,1	5	8	3	7	7	5	8	6	9	5
9,2	5	9	0	1	8	5	9	3	4	0
9,3	5	9	6	6	0	5	9	9	8	5
9,4	6	0	3	0	1	6	0	6	3	0
9,5	6	0	9	4	3	6	1	2	7	5
9,6	6	1	5	8	4	6	1	9	2	0
9,7	6	2	2	2	6	6	2	5	6	5
9,8	6	2	8	6	7	6	3	2	1	0
9,9	6	3	5	0	9	6	3	8	5	5
10	6	4	1	5	0	6	4	5	0	0

0,01 bis 4,5	6485,0; 648,5; 0,6485; 6,485; 64,85					6520,0; 652,0; 0,652; 6,52; 65,2				
0,01	0	0	0	6	5	0	0	0	6	5
0,02	0	0	1	3	0	0	0	1	3	0
0,03	0	0	1	9	5	0	0	1	9	6
0,04	0	0	2	5	9	0	0	2	6	1
0,05	0	0	3	2	4	0	0	3	2	6
0,06	0	0	3	8	9	0	0	3	9	1
0,07	0	0	4	5	4	0	0	4	5	6
0,08	0	0	5	1	9	0	0	5	2	2
0,09	0	0	5	8	4	0	0	5	8	7
0,1	0	0	6	4	9	0	0	6	5	2
0,2	0	1	2	9	7	0	1	3	0	4
0,3	0	1	9	4	6	0	1	9	5	6
0,4	0	2	5	9	4	0	2	6	0	8
0,5	0	3	2	4	3	0	3	2	6	0
0,6	0	3	8	9	1	0	3	9	1	2
0,7	0	4	5	4	0	0	4	5	6	4
0,8	0	5	1	8	8	0	5	2	1	6
0,9	0	5	8	3	7	0	5	8	6	8
1	0	6	4	8	5	0	6	5	2	0
1,1	0	7	1	3	4	0	7	1	7	2
1,2	0	7	7	8	2	0	7	8	2	4
1,3	0	8	4	3	1	0	8	4	7	6
1,4	0	9	0	7	9	0	9	1	2	8
1,5	0	9	7	2	8	0	9	7	8	0
1,6	1	0	3	7	6	1	0	4	3	2
1,7	1	1	0	2	5	1	1	0	8	4
1,8	1	1	6	7	3	1	1	7	3	6
1,9	1	2	3	2	2	1	2	3	8	8
2	1	2	9	7	0	1	3	0	4	0
2,1	1	3	6	1	9	1	3	6	9	2
2,2	1	4	2	6	7	1	4	3	4	4
2,3	1	4	9	1	6	1	4	9	9	6
2,4	1	5	5	6	4	1	5	6	4	8
2,5	1	6	2	1	3	1	6	3	0	0
2,6	1	6	8	6	1	1	6	9	5	2
2,7	1	7	5	1	0	1	7	6	0	4
2,8	1	8	1	5	8	1	8	2	5	6
2,9	1	8	8	0	7	1	8	9	0	8
3	1	9	4	5	5	1	9	5	6	0
3,1	2	0	1	0	4	2	0	2	1	2
3,2	2	0	7	5	2	2	0	8	6	4
3,3	2	1	4	0	1	2	1	5	1	6
3,4	2	2	0	4	9	2	2	1	6	8
3,5	2	2	6	9	8	2	2	8	2	0
3,6	2	3	3	4	6	2	3	4	7	2
3,7	2	3	9	9	5	2	4	1	2	4
3,8	2	4	6	4	3	2	4	7	7	6
3,9	2	5	2	9	2	2	5	4	2	8
4	2	5	9	4	0	2	6	0	8	0
4,1	2	6	5	8	9	2	6	7	3	2
4,2	2	7	2	3	7	2	7	3	8	4
4,3	2	7	8	8	6	2	8	0	3	6
4,4	2	8	5	3	4	2	8	6	8	8
4,5	2	9	1	8	3	2	9	3	4	0

4,6 bis 10	6485,0; 648,5; 0,6485; 6,485; 64,85					6520,0; 652,0; 0,652; 6,52; 65,2				
4.6	2	9	8	3	1	2	9	9	9	2
4.7	3	0	4	8	0	3	0	6	4	4
4,8	3	1	1	2	8	3	1	2	9	6
4,9	3	1	7	7	7	3	1	9	4	8
5	3	2	4	2	5	3	2	6	0	0
5,1	3	3	0	7	4	3	3	2	5	2
5,2	3	3	7	2	2	3	3	9	0	4
5,3	3	4	3	7	1	3	4	5	5	6
5,4	3	5	0	1	9	3	5	2	0	8
5,5	3	5	6	6	8	3	5	8	6	0
5,6	3	6	3	1	6	3	6	5	1	2
5,7	3	6	9	6	5	3	7	1	6	4
5,8	3	7	6	1	3	3	7	8	1	6
5,9	3	8	2	6	2	3	8	4	6	8
6	3	8	9	1	0	3	9	1	2	0
6,1	3	9	5	5	9	3	9	7	7	2
6,2	4	0	2	0	7	4	0	4	2	4
6,3	4	0	8	5	6	4	1	0	7	6
6,4	4	1	5	0	4	4	1	7	2	8
6,5	4	2	1	5	3	4	2	3	8	0
6,6	4	2	8	0	1	4	3	0	3	2
6,7	4	3	4	5	0	4	3	6	8	4
6,8	4	4	0	9	8	4	4	3	3	6
6,9	4	4	7	4	7	4	4	9	8	8
7	4	5	3	9	5	4	5	6	4	0
7,1	4	6	0	4	4	4	6	2	9	2
7,2	4	6	6	9	2	4	6	9	4	4
7,3	4	7	3	4	1	4	7	5	9	6
7,4	4	7	9	8	9	4	8	2	4	8
7,5	4	8	6	3	8	4	8	9	0	0
7,6	4	9	2	8	6	4	9	5	5	2
7,7	4	9	9	3	5	5	0	2	0	4
7,8	5	0	5	8	3	5	0	8	5	6
7,9	5	1	2	3	2	5	1	5	0	8
8	5	1	8	8	0	5	2	1	6	0
8,1	5	2	5	2	9	5	2	8	1	2
8,2	5	3	1	7	7	5	3	4	6	4
8,3	5	3	8	2	6	5	4	1	1	6
8,4	5	4	4	7	4	5	4	7	6	8
8,5	5	5	1	2	3	5	5	4	2	0
8,6	5	5	7	7	1	5	6	0	7	2
8,7	5	6	4	2	0	5	6	7	2	4
8,8	5	7	0	6	8	5	7	3	7	6
8,9	5	7	7	1	7	5	8	0	2	8
9	5	8	3	6	5	5	8	6	8	0
9,1	5	9	0	1	4	5	9	3	3	2
9,2	5	9	6	6	2	5	9	9	8	4
9,3	6	0	3	1	1	6	0	6	3	6
9,4	6	0	9	5	9	6	1	2	8	8
9,5	6	1	6	0	8	6	1	9	4	0
9,6	6	2	2	5	6	6	2	5	9	2
9,7	6	2	9	0	5	6	3	2	4	4
9,8	6	3	5	5	3	6	3	8	9	6
9,9	6	4	2	0	2	6	4	5	4	8
10	6	4	8	5	0	6	5	2	0	0

6560–6600

0,01 bis 4,5	0,656	6,56	65,6	656,0	6560,0	0,66	6,6	66,0	660,0	6600,0
0,01	0	0	0	6	6	0	0	0	6	6
0,02	0	0	1	3	1	0	0	1	3	2
0,03	0	0	1	9	7	0	0	1	9	8
0,04	0	0	2	6	2	0	0	2	6	4
0,05	0	0	3	2	8	0	0	3	3	0
0,06	0	0	3	9	4	0	0	3	9	6
0,07	0	0	4	5	9	0	0	4	6	2
0,08	0	0	5	2	5	0	0	5	2	8
0,09	0	0	5	9	0	0	0	5	9	4
0,1	0	0	6	5	6	0	0	6	6	0
0,2	0	1	3	1	2	0	1	3	2	0
0,3	0	1	9	6	8	0	1	9	8	0
0,4	0	2	6	2	4	0	2	6	4	0
0,5	0	3	2	8	0	0	3	3	0	0
0,6	0	3	9	3	6	0	3	9	6	0
0,7	0	4	5	9	2	0	4	6	2	0
0,8	0	5	2	4	8	0	5	2	8	0
0,9	0	5	9	0	4	0	5	9	4	0
1	0	6	5	6	0	0	6	6	0	0
1,1	0	7	2	1	6	0	7	2	6	0
1,2	0	7	8	7	2	0	7	9	2	0
1,3	0	8	5	2	8	0	8	5	8	0
1,4	0	9	1	8	4	0	9	2	4	0
1,5	0	9	8	4	0	0	9	9	0	0
1,6	1	0	4	9	6	1	0	5	6	0
1,7	1	1	1	5	2	1	1	2	2	0
1,8	1	1	8	0	8	1	1	8	8	0
1,9	1	2	4	6	4	1	2	5	4	0
2	1	3	1	2	0	1	3	2	0	0
2,1	1	3	7	7	6	1	3	8	6	0
2,2	1	4	4	3	2	1	4	5	2	0
2,3	1	5	0	8	8	1	5	1	8	0
2,4	1	5	7	4	4	1	5	8	4	0
2,5	1	6	4	0	0	1	6	5	0	0
2,6	1	7	0	5	6	1	7	1	6	0
2,7	1	7	7	1	2	1	7	8	2	0
2,8	1	8	3	6	8	1	8	4	8	0
2,9	1	9	0	2	4	1	9	1	4	0
3	1	9	6	8	0	1	9	8	0	0
3,1	2	0	3	3	6	2	0	4	6	0
3,2	2	0	9	9	2	2	1	1	2	0
3,3	2	1	6	4	8	2	1	7	8	0
3,4	2	2	3	0	4	2	2	4	4	0
3,5	2	2	9	6	0	2	3	1	0	0
3,6	2	3	6	1	6	2	3	7	6	0
3,7	2	4	2	7	2	2	4	4	2	0
3,8	2	4	9	2	8	2	5	0	8	0
3,9	2	5	5	8	4	2	5	7	4	0
4	2	6	2	4	0	2	6	4	0	0
4,1	2	6	8	9	6	2	7	0	0	0
4,2	2	7	5	5	2	2	7	7	2	0
4,3	2	8	2	0	8	2	8	3	8	0
4,4	2	8	8	6	4	2	9	0	4	0
4,5	2	9	5	2	0	2	9	7	0	0

4,6 bis 10	0,656	6,56	65,6	656,0	6560,0	0,66	6,6	66,0	660,0	6600,0
4,6	3	0	1	7	6	3	0	3	6	0
4,7	3	0	8	3	2	3	1	0	2	0
4,8	3	1	4	8	8	3	1	6	8	0
4,9	3	2	1	4	4	3	2	3	4	0
5	3	2	8	0	0	3	3	0	0	0
5,1	3	3	4	5	6	3	3	6	6	0
5,2	3	4	1	1	2	3	4	3	2	0
5,3	3	4	7	6	8	3	4	9	8	0
5,4	3	5	4	2	4	3	5	6	4	0
5,5	3	6	0	8	0	3	6	3	0	0
5,6	3	6	7	3	6	3	6	9	6	0
5,7	3	7	3	9	2	3	7	6	2	0
5,8	3	8	0	4	8	3	8	2	8	0
5,9	3	8	7	0	4	3	8	9	4	0
6	3	9	3	6	0	3	9	6	0	0
6,1	4	0	0	1	6	4	0	2	6	0
6,2	4	0	6	7	2	4	0	9	2	0
6,3	4	1	3	2	8	4	1	5	8	0
6,4	4	1	9	8	4	4	2	2	4	0
6,5	4	2	6	4	0	4	2	9	0	0
6,6	4	3	2	9	6	4	3	5	6	0
6,7	4	3	9	5	2	4	4	2	2	0
6,8	4	4	6	0	8	4	4	8	8	0
6,9	4	5	2	6	4	4	5	5	4	0
7	4	5	9	2	0	4	6	2	0	0
7,1	4	6	5	7	6	4	6	8	6	0
7,2	4	7	2	3	2	4	7	5	2	0
7,3	4	7	8	8	8	4	8	1	8	0
7,4	4	8	5	4	4	4	8	8	4	0
7,5	4	9	2	0	0	4	9	5	0	0
7,6	4	9	8	5	6	5	0	1	6	0
7,7	5	0	5	1	2	5	0	8	2	0
7,8	5	1	1	6	8	5	1	4	8	0
7,9	5	1	8	2	4	5	2	1	4	0
8	5	2	4	8	0	5	2	8	0	0
8,1	5	3	1	3	6	5	3	4	6	0
8,2	5	3	7	9	2	5	4	1	2	0
8,3	5	4	4	4	8	5	4	7	8	0
8,4	5	5	1	0	4	5	5	4	4	0
8,5	5	5	7	6	0	5	6	1	0	0
8,6	5	6	4	1	6	5	6	7	6	0
8,7	5	7	0	7	2	5	7	4	2	0
8,8	5	7	7	2	8	5	8	0	8	0
8,9	5	8	3	8	4	5	8	7	4	0
9	5	9	0	4	0	5	9	4	0	0
9,1	5	9	6	9	6	6	0	0	6	0
9,2	6	0	3	5	2	6	0	7	2	0
9,3	6	1	0	0	8	6	1	3	8	0
9,4	6	1	6	6	4	6	2	0	4	0
9,5	6	2	3	2	0	6	2	7	0	0
9,6	6	2	9	7	6	6	3	3	6	0
9,7	6	3	6	3	2	6	4	0	2	0
9,8	6	4	2	8	8	6	4	6	8	0
9,9	6	4	9	4	4	6	5	3	4	0
10	6	5	6	0	0	6	6	0	0	0

0,01 bis 4,5	0,664	6,64	66,4	664,0	6640,0	0,668	6,68	66,8	668,0	6680,0
0,01	0	0	0	6	6	0	0	0	6	7
0,02	0	0	1	3	3	0	0	1	3	4
0,03	0	0	1	9	9	0	0	2	0	0
0,04	0	0	2	6	6	0	0	2	6	7
0,05	0	0	3	3	2	0	0	3	3	4
0,06	0	0	3	9	8	0	0	4	0	1
0,07	0	0	4	6	5	0	0	4	6	8
0,08	0	0	5	3	1	0	0	5	3	4
0,09	0	0	5	9	8	0	0	6	0	1
0,1	0	0	6	6	4	0	0	6	6	8
0,2	0	1	3	2	8	0	1	3	3	6
0,3	0	1	9	9	2	0	2	0	0	4
0,4	0	2	6	5	6	0	2	6	7	2
0,5	0	3	3	2	0	0	3	3	4	0
0,6	0	3	9	8	4	0	4	0	0	8
0,7	0	4	6	4	8	0	4	6	7	6
0,8	0	5	3	1	2	0	5	3	4	4
0,9	0	5	9	7	6	0	6	0	1	2
1	0	6	6	4	0	0	6	6	8	0
1,1	0	7	3	0	4	0	7	3	4	8
1,2	0	7	9	6	8	0	8	0	1	6
1,3	0	8	6	3	2	0	8	6	8	4
1,4	0	9	2	9	6	0	9	3	5	2
1,5	0	9	9	6	0	1	0	0	2	0
1,6	1	0	6	2	4	1	0	6	8	8
1,7	1	1	2	8	8	1	1	3	5	6
1,8	1	1	9	5	2	1	2	0	2	4
1,9	1	2	6	1	6	1	2	6	9	2
2	1	3	2	8	0	1	3	3	6	0
2,1	1	3	9	4	4	1	4	0	2	8
2,2	1	4	6	0	8	1	4	6	9	6
2,3	1	5	2	7	2	1	5	3	6	4
2,4	1	5	9	3	6	1	6	0	3	2
2,5	1	6	6	0	0	1	6	7	0	0
2,6	1	7	2	6	4	1	7	3	6	8
2,7	1	8	9	2	8	1	8	0	3	6
2,8	1	8	5	9	2	1	8	7	0	4
2,9	1	9	2	5	6	1	9	3	7	2
3	1	9	9	2	0	2	0	0	4	0
3,1	2	0	5	8	4	2	0	7	0	8
3,2	2	1	2	4	8	2	1	3	7	6
3,3	2	1	9	1	2	2	2	0	4	4
3,4	2	2	5	7	6	2	2	7	1	2
3,5	2	3	2	4	0	2	3	3	8	0
3,6	2	3	9	0	4	2	4	0	4	8
3,7	2	4	5	6	8	2	4	7	1	6
3,8	2	5	2	3	2	2	5	3	8	4
3,9	2	5	8	9	6	2	6	0	5	2
4	2	6	5	6	0	2	6	7	2	0
4,1	2	7	2	2	4	2	7	3	8	8
4,2	2	7	8	8	8	2	8	0	5	6
4,3	2	8	5	5	2	2	8	7	2	4
4,4	2	9	2	1	6	2	9	3	9	2
4,5	2	9	8	8	0	3	0	0	6	0

4,6 bis 10	0,664	6,64	66,4	664,0	6640,0	0,668	6,68	66,8	668,0	6680,0
4,6	3	0	5	4	4	3	0	7	2	8
4,7	3	1	2	0	8	3	1	3	9	6
4,8	3	1	8	7	2	3	2	0	6	4
4,9	3	2	5	3	6	3	2	7	3	2
5	3	3	2	0	0	3	3	4	0	0
5,1	3	3	8	6	4	3	4	0	6	8
5,2	3	4	5	2	8	3	4	7	3	6
5,3	3	5	1	9	2	3	5	4	0	4
5,4	3	5	8	5	6	3	6	0	7	2
5,5	3	6	5	2	0	3	6	7	4	0
5,6	3	7	1	8	4	3	7	4	0	8
5,7	3	7	8	4	8	3	8	0	7	6
5,8	3	8	5	1	2	3	8	7	4	4
5,9	3	9	1	7	6	3	9	4	1	2
6	3	9	8	4	0	4	0	0	8	0
6,1	4	0	5	0	4	4	0	7	4	8
6,2	4	1	1	6	8	4	1	4	1	6
6,3	4	1	8	3	2	4	2	0	8	4
6,4	4	2	4	9	6	4	2	7	5	2
6,5	4	3	1	6	0	4	3	4	2	0
6,6	4	3	8	2	4	4	4	0	8	8
6,7	4	4	4	8	8	4	4	7	5	6
6,8	4	5	1	5	2	4	5	4	2	4
6,9	4	5	8	1	6	4	6	0	9	2
7	4	6	4	8	0	4	6	7	6	0
7,1	4	7	1	4	4	4	7	4	2	8
7,2	4	7	8	0	8	4	8	0	9	6
7,3	4	8	4	7	2	4	8	7	6	4
7,4	4	9	1	3	6	4	9	4	3	2
7,5	4	9	8	0	0	5	0	1	0	0
7,6	5	0	4	6	4	5	0	7	6	8
7,7	5	1	1	2	8	5	1	4	3	6
7,8	5	1	7	9	2	5	2	1	0	4
7,9	5	2	4	5	6	5	2	7	7	2
8	5	3	1	2	0	5	3	4	4	0
8,1	5	3	7	8	4	5	4	1	0	8
8,2	5	4	4	4	8	5	4	7	7	6
8,3	5	5	1	1	2	5	5	4	4	4
8,4	5	5	7	7	6	5	6	1	1	2
8,5	5	6	4	4	0	5	6	7	8	0
8,6	5	7	1	0	4	5	7	4	4	8
8,7	5	7	7	6	8	5	8	1	1	6
8,8	5	8	4	3	2	5	8	7	8	4
8,9	5	9	0	9	6	5	9	4	5	2
9	5	9	7	6	0	6	0	1	2	0
9,1	6	0	4	2	4	6	0	7	8	8
9,2	6	1	0	8	8	6	1	4	5	6
9,3	6	1	7	5	2	6	2	1	2	4
9,4	6	2	4	1	6	6	2	7	9	2
9,5	6	3	0	8	0	6	3	4	6	0
9,6	6	3	7	4	4	6	4	1	2	8
9,7	6	4	4	0	8	6	4	7	9	6
9,8	6	5	0	7	2	6	5	4	6	4
9,9	6	5	7	3	6	6	6	1	3	2
10	6	6	4	0	0	6	6	8	0	0

0,01 bis 4,5	0,672	6,72	67,2	672,0	6720,0	0,676	6,76	67,6	676,0	6760,0
0,01	0	0	0	6	7	0	0	0	6	8
0,02	0	0	1	3	4	0	0	1	3	5
0,03	0	0	2	0	2	0	0	2	0	3
0,04	0	0	2	6	9	0	0	2	7	0
0,05	0	0	3	3	6	0	0	3	3	8
0,06	0	0	4	0	3	0	0	4	0	6
0,07	0	0	4	7	0	0	0	4	7	3
0,08	0	0	5	3	8	0	0	5	4	1
0,09	0	0	6	0	5	0	0	6	0	8
0,1	0	0	6	7	2	0	0	6	7	6
0,2	0	1	3	4	4	0	1	3	5	2
0,3	0	2	0	1	6	0	2	0	2	8
0,4	0	2	6	8	8	0	2	7	0	4
0,5	0	3	3	6	0	0	3	3	8	0
0,6	0	4	0	3	2	0	4	0	5	6
0,7	0	4	7	0	4	0	4	7	3	2
0,8	0	5	3	7	6	0	5	4	0	8
0,9	0	6	0	4	8	0	6	0	8	4
1	0	6	7	2	0	0	6	7	6	0
1,1	0	7	3	9	2	0	7	4	3	6
1,2	0	8	0	6	4	0	8	1	1	2
1,3	0	8	7	3	6	0	8	7	8	8
1,4	0	9	4	0	8	0	9	4	6	4
1,5	1	0	0	8	0	1	0	1	4	0
1,6	1	0	7	5	2	1	0	8	1	6
1,7	1	1	4	2	4	1	1	4	9	2
1,8	1	2	0	9	6	1	2	1	6	8
1,9	1	2	7	6	8	1	2	8	4	4
2	1	3	4	4	0	1	3	5	2	0
2,1	1	4	1	1	2	1	4	1	9	6
2,2	1	4	7	8	4	1	4	8	7	2
2,3	1	5	4	5	6	1	5	5	4	8
2,4	1	6	1	2	8	1	6	2	2	4
2,5	1	6	8	0	0	1	6	9	0	0
2,6	1	7	4	7	2	1	7	5	7	6
2,7	1	8	1	4	4	1	8	2	5	2
2,8	1	8	8	1	6	1	8	9	2	8
2,9	1	9	4	8	8	1	9	6	0	4
3	2	0	1	6	0	2	0	2	8	0
3,1	2	0	8	3	2	2	0	9	5	6
3,2	2	1	5	0	4	2	1	6	3	2
3,3	2	2	1	7	6	2	2	3	0	8
3,4	2	2	8	4	8	2	2	9	8	4
3,5	2	3	5	2	0	2	3	6	6	0
3,6	2	4	1	9	2	2	4	3	3	6
3,7	2	4	8	6	4	2	5	0	1	2
3,8	2	5	5	3	6	2	5	6	8	8
3,9	2	6	2	0	8	2	6	3	6	4
4	2	6	8	8	0	2	7	0	4	0
4,1	2	7	5	5	2	2	7	7	1	6
4,2	2	8	2	2	4	2	8	3	9	2
4,3	2	8	8	9	6	2	9	0	6	8
4,4	2	9	5	6	8	2	9	7	4	4
4,5	3	0	2	4	0	3	0	4	2	0

4,6 bis 10	0,672	6,72	67,2	672,0	6720,0	0,676	6,76	67,6	676,0	6760,0
4,6	3	0	9	1	2	3	1	0	9	6
4,7	3	1	5	8	4	3	1	7	7	2
4,8	3	2	2	5	6	3	2	4	4	8
4,9	3	2	9	2	8	3	3	1	2	4
5	3	3	6	0	0	3	3	8	0	0
5,1	3	4	2	7	2	3	4	4	7	6
5,2	3	4	9	4	4	3	5	1	5	2
5,3	3	5	6	1	6	3	5	8	2	8
5,4	3	6	2	8	8	3	6	5	0	4
5,5	3	6	9	6	0	3	7	1	8	0
5,6	3	7	6	3	2	3	7	8	5	6
5,7	3	8	3	0	4	3	8	5	3	2
5,8	3	8	9	7	6	3	9	2	0	8
5,9	3	9	6	4	8	3	9	8	8	4
6	4	0	3	2	0	4	0	5	6	0
6,1	4	0	9	9	2	4	1	2	3	6
6,2	4	1	6	6	4	4	1	9	1	2
6,3	4	2	3	3	6	4	2	5	8	8
6,4	4	3	0	0	8	4	3	2	6	4
6,5	4	3	6	8	0	4	3	9	4	0
6,6	4	4	3	5	2	4	4	6	1	6
6,7	4	5	0	2	4	4	5	2	9	2
6,8	4	5	6	9	6	4	5	9	6	8
6,9	4	6	3	6	8	4	6	6	4	4
7	4	7	0	4	0	4	7	3	2	0
7,1	4	7	7	1	2	4	7	9	9	6
7,2	4	8	3	8	4	4	8	6	7	2
7,3	4	9	0	5	6	4	9	3	4	8
7,4	4	9	7	2	8	5	0	0	2	4
7,5	5	0	4	0	0	5	0	7	0	0
7,6	5	1	0	7	2	5	1	3	7	6
7,7	5	1	7	4	4	5	2	0	5	2
7,8	5	2	4	1	6	5	2	7	2	8
7,9	5	3	0	8	8	5	3	4	0	4
8	5	3	7	6	0	5	4	0	8	0
8,1	5	4	4	3	2	5	4	7	5	6
8,2	5	5	1	0	4	5	5	4	3	2
8,3	5	5	7	7	6	5	6	1	0	8
8,4	5	6	4	4	8	5	6	7	8	4
8,5	5	7	1	2	0	5	7	4	6	0
8,6	5	7	7	9	2	5	8	1	3	6
8,7	5	8	4	6	4	5	8	8	1	2
8,8	5	9	1	3	6	5	9	4	8	8
8,9	5	9	8	0	8	6	0	1	6	4
9	6	0	4	8	0	6	0	8	4	0
9,1	6	1	1	5	2	6	1	5	1	6
9,2	6	1	8	2	4	6	2	1	9	2
9,3	6	2	4	9	6	6	2	8	6	8
9,4	6	3	1	6	8	6	3	5	4	4
9,5	6	3	8	4	0	6	4	2	2	0
9,6	6	4	5	1	2	6	4	8	9	6
9,7	6	5	1	8	4	6	5	5	7	2
9,8	6	5	8	5	6	6	6	2	4	8
9,9	6	6	5	2	8	6	6	9	2	4
10	6	7	2	0	0	6	7	6	0	0

0,01 bis 4,5	0,68	6,8	68,0	680,0	6800,0	0,684	6,84	68,4	684,0	6840,0
0,01	0	0	0	6	8	0	0	0	6	8
0,02	0	0	1	3	6	0	0	1	3	7
0,03	0	0	2	0	4	0	0	2	0	5
0,04	0	0	2	7	2	0	0	2	7	4
0,05	0	0	3	4	0	0	0	3	4	2
0,06	0	0	4	0	8	0	0	4	1	0
0,07	0	0	4	7	6	0	0	4	7	9
0,08	0	0	5	2	4	0	0	5	4	7
0,09	0	0	6	1	2	0	0	6	1	6
0,1	0	0	6	8	0	0	0	6	8	4
0,2	0	1	3	6	0	0	1	3	6	8
0,3	0	2	0	4	0	0	2	0	5	2
0,4	0	2	7	2	0	0	2	7	3	6
0,5	0	3	4	0	0	0	3	4	2	0
0,6	0	4	0	8	0	0	4	1	0	4
0,7	0	4	7	6	0	0	4	7	8	8
0,8	0	5	2	4	0	0	5	4	7	2
0,9	0	6	1	2	0	0	6	1	5	6
1	0	6	8	0	0	0	6	8	4	0
1,1	0	7	4	8	0	0	7	5	2	4
1,2	0	8	1	6	0	0	8	2	0	8
1,3	0	8	8	4	0	0	8	8	9	2
1,4	0	9	5	2	0	0	9	5	7	6
1,5	1	0	2	0	0	1	0	2	6	0
1,6	1	0	8	8	0	1	0	9	4	4
1,7	1	1	5	6	0	1	1	6	2	8
1,8	1	2	2	4	0	1	2	3	1	2
1,9	1	2	9	2	0	1	2	9	9	6
2	1	3	6	0	0	1	3	6	8	0
2,1	1	4	2	8	0	1	4	3	6	4
2,2	1	4	9	6	0	1	5	0	4	8
2,3	1	5	6	4	0	1	5	7	3	2
2,4	1	6	3	2	0	1	6	4	1	6
2,5	1	7	0	0	0	1	7	1	0	0
2,6	1	7	6	8	0	1	7	7	8	4
2,7	1	8	3	6	0	1	8	4	6	8
2,8	1	9	0	4	0	1	9	1	5	2
2,9	1	9	7	2	0	1	9	8	3	6
3	2	0	4	0	0	2	0	5	2	0
3,1	2	1	0	8	0	2	1	2	0	4
3,2	2	1	7	6	0	2	1	8	8	8
3,3	2	2	4	4	0	2	2	5	7	2
3,4	2	3	1	2	0	2	3	2	5	6
3,5	2	3	8	0	0	2	3	9	4	0
3,6	2	4	4	8	0	2	4	6	2	4
3,7	2	5	1	6	0	2	5	3	0	8
3,8	2	5	8	4	0	2	5	9	9	2
3,9	2	6	5	2	0	2	6	6	7	6
4	2	7	2	0	0	2	7	3	6	0
4,1	2	7	8	8	0	2	8	0	4	4
4,2	2	8	5	6	0	2	8	7	2	8
4,3	2	9	2	4	0	2	9	4	1	2
4,4	2	9	9	2	0	3	0	0	9	6
4,5	3	0	6	0	0	3	0	7	8	0

4,6 bis 10	0,68	6,8	68,0	680,0	6800,0	0,684	6,84	68,4	684,0	6840,0
4,6	3	1	2	8	0	3	1	4	6	4
4,7	3	1	9	6	0	3	2	1	4	8
4,8	3	2	6	4	0	3	2	8	3	2
4,9	3	3	3	2	0	3	3	5	1	6
5	3	4	0	0	0	3	4	2	0	0
5,1	3	4	6	8	0	3	5	8	8	4
5,2	3	5	3	6	0	3	5	5	6	8
5,3	3	6	0	4	0	3	6	2	5	2
5,4	3	6	7	2	0	3	6	9	3	6
5,5	3	7	4	0	0	3	7	6	2	0
5,6	3	8	0	8	0	3	8	3	0	4
5,7	3	8	7	6	0	3	8	9	8	8
5,8	3	9	4	4	0	3	9	6	7	2
5,9	4	0	1	2	0	4	0	3	5	6
6	4	0	8	0	0	4	1	0	4	0
6,1	4	1	4	8	0	4	1	7	2	4
6,2	4	2	1	6	0	4	2	4	0	8
6,3	4	2	8	4	0	4	3	0	9	2
6,4	4	3	5	2	0	4	3	7	7	6
6,5	4	4	2	0	0	4	4	4	6	0
6,6	4	4	8	8	0	4	5	1	4	4
6,7	4	5	5	6	0	4	5	8	2	8
6,8	4	6	2	4	0	4	6	5	1	2
6,9	4	6	9	2	0	4	7	1	9	6
7	4	7	6	0	0	4	7	8	8	0
7,1	4	8	2	8	0	4	8	5	6	4
7,2	4	8	9	6	0	4	9	2	4	8
7,3	4	9	6	4	0	4	9	9	3	2
7,4	5	0	3	2	0	5	0	6	1	6
7,5	5	1	0	0	0	5	1	3	0	0
7,6	5	1	6	8	0	5	1	9	8	4
7,7	5	2	3	6	0	5	2	6	6	8
7,8	5	3	0	4	0	5	3	3	5	2
7,9	3	3	7	2	0	5	4	0	3	6
8	5	4	4	0	0	5	4	7	2	0
8,1	5	5	0	8	0	5	5	4	0	4
8,2	5	5	7	6	0	5	6	0	8	8
8,3	5	6	4	4	0	5	6	7	7	2
8,4	5	7	1	2	0	5	7	4	5	6
8,5	5	7	8	0	0	5	8	1	4	0
8,6	5	8	4	8	0	5	8	8	2	4
8,7	5	9	1	6	0	5	9	5	0	8
8,8	5	9	8	4	0	6	0	1	9	2
8,9	6	0	5	2	0	6	0	8	7	6
9	6	1	2	0	0	6	1	5	6	0
9,1	6	1	8	8	0	6	2	2	4	4
9,2	6	2	5	6	0	6	2	9	2	8
9,3	6	3	2	4	0	6	3	6	1	2
9,4	6	3	9	2	0	6	4	2	9	6
9,5	6	4	6	0	0	6	4	9	8	0
9,6	6	5	2	8	0	6	5	6	6	4
9,7	6	5	9	6	0	6	6	3	4	8
9,8	6	6	6	4	0	6	7	0	3	2
9,9	6	7	3	2	0	6	7	7	1	6
10	6	8	0	0	0	6	8	4	0	0

6880–6920

0,01 bis 4,5	0,688	6,88	68,8	688,0	6880,0	0,692	6,92	69,2	692,0	6920,0
0,01	0	0	0	6	9	0	0	0	6	9
0,02	0	0	1	3	8	0	0	1	3	8
0,03	0	0	2	0	6	0	0	2	0	8
0,04	0	0	2	7	5	0	0	2	7	7
0,05	0	0	3	4	4	0	0	3	4	6
0,06	0	0	4	1	3	0	0	4	1	5
0,07	0	0	4	8	2	0	0	4	8	4
0,08	0	0	5	5	0	0	0	5	5	4
0,09	0	0	6	1	9	0	0	6	2	3
0,1	0	0	6	8	8	0	0	6	9	2
0,2	0	1	3	7	6	0	1	3	8	4
0,3	0	2	0	6	4	0	2	0	7	6
0,4	0	2	7	5	2	0	2	7	6	8
0,5	0	3	4	4	0	0	3	4	6	0
0,6	0	4	1	2	8	0	4	1	5	2
0,7	0	4	8	1	6	0	4	8	4	4
0,8	0	5	5	0	4	0	5	5	3	6
0,9	0	6	1	9	2	0	6	2	2	8
1	0	6	8	8	0	4	6	9	2	0
1,1	0	7	5	6	8	0	7	6	1	2
1,2	0	8	2	5	6	0	8	3	0	4
1,3	0	8	9	4	4	0	8	9	9	6
1,4	0	9	6	3	2	0	9	6	8	8
1,5	1	0	3	2	0	1	0	3	8	0
1,6	1	1	0	0	8	1	1	0	7	2
1,7	1	1	6	9	6	1	1	7	6	4
1,8	1	2	3	8	4	1	2	4	5	6
1,9	1	3	0	7	2	1	3	1	4	8
2	1	3	7	6	0	1	3	8	4	0
2,1	1	4	4	4	8	1	4	5	3	2
2,2	1	5	1	3	6	1	5	2	2	4
2,3	1	5	8	2	4	1	5	9	1	6
2,4	1	6	5	1	2	1	6	6	0	8
2,5	1	7	2	0	0	1	7	3	0	0
2,6	1	7	8	8	8	1	7	9	9	2
2,7	1	8	5	7	6	1	8	6	8	4
2,8	1	9	2	6	4	1	9	3	7	6
2,9	1	9	9	5	2	2	0	0	6	8
3	2	0	6	4	0	2	0	7	6	0
3,1	2	1	3	2	8	2	1	4	5	2
3,2	2	2	0	1	6	2	2	1	4	4
3,3	2	2	7	0	4	2	2	8	3	6
3,4	2	3	3	9	2	2	3	5	2	8
3,5	2	4	0	8	0	2	4	2	2	0
3,6	2	4	7	6	8	2	4	9	1	2
3,7	2	5	4	5	6	2	5	6	0	4
3,8	2	6	1	4	4	2	6	2	9	6
3,9	2	6	8	3	2	2	6	9	8	8
4	2	7	5	2	0	2	7	6	8	0
4,1	2	8	2	0	8	2	8	3	7	2
4,2	2	8	8	9	6	2	9	0	6	4
4,3	2	9	5	8	4	2	9	7	5	6
4,4	3	0	2	7	2	3	0	4	4	8
4,5	3	0	9	6	0	3	1	1	4	0

4,6 bis 10	0,688	6,88	68,8	688,0	6880,0	0,692	6,92	69,2	692,0	6920,0
4,6	3	1	6	4	8	3	1	8	3	2
4,7	3	2	3	3	6	3	2	5	2	4
4,8	3	3	0	2	4	3	3	2	1	6
4,9	3	3	7	1	2	3	3	9	0	8
5	3	4	4	0	0	3	4	6	0	0
5,1	3	5	0	8	8	3	5	2	9	2
5,2	3	5	7	7	6	3	5	9	8	4
5,3	3	6	4	6	4	3	6	6	7	6
5,4	3	7	1	5	2	3	7	3	6	8
5,5	3	7	8	4	0	3	8	0	6	0
5,6	3	8	5	2	8	3	8	7	5	2
5,7	3	9	2	1	6	3	9	4	4	4
5,8	3	9	9	0	4	4	0	1	3	6
5,9	4	0	5	9	2	4	0	8	2	8
6	4	1	2	8	0	4	1	5	2	0
6,1	4	1	9	6	8	4	2	2	1	2
6,2	4	2	6	5	6	4	2	9	0	4
6,3	4	3	3	4	4	4	3	5	9	6
6,4	4	4	0	3	2	4	4	2	8	8
6,5	4	4	7	2	0	4	4	9	8	0
6,6	4	5	4	0	8	4	5	6	7	2
6,7	4	6	0	9	6	4	6	3	6	4
6,8	4	6	7	8	4	4	7	0	5	6
6,9	4	7	4	7	2	4	7	7	4	8
7	4	8	1	6	0	4	8	4	4	0
7,1	4	8	8	4	8	4	9	1	3	2
7,2	4	9	5	3	6	4	9	8	2	4
7,3	5	0	2	2	4	5	0	5	1	6
7,4	5	0	9	1	2	5	1	2	0	8
7,5	5	1	6	0	0	5	1	9	0	0
7,6	5	2	2	8	8	5	2	5	9	2
7,7	5	2	9	7	6	5	3	2	8	4
7,8	5	3	6	6	4	5	3	9	7	6
7,9	5	4	3	5	2	5	4	6	6	8
8	5	5	0	4	0	5	5	3	6	0
8,1	5	5	7	2	8	5	6	0	5	2
8,2	5	6	4	1	6	5	6	7	4	4
8,3	5	7	1	0	4	5	7	4	3	6
8,4	5	7	7	9	2	5	8	1	2	8
8,5	5	8	4	8	0	5	8	8	2	0
8,6	5	9	1	6	8	5	9	5	1	2
8,7	5	9	8	5	6	6	0	2	0	4
8,8	6	0	5	4	4	6	0	8	9	6
8,9	6	1	2	3	2	6	1	5	8	8
9	6	1	9	2	0	6	2	2	8	0
9,1	6	2	6	0	8	6	2	9	7	2
9,2	6	3	2	9	6	6	3	6	6	4
9,3	6	3	9	8	4	6	4	3	5	6
9,4	6	4	6	7	2	6	5	0	4	8
9,5	6	5	3	6	0	6	5	7	4	0
9,6	6	6	0	4	8	6	6	4	3	2
9,7	6	6	7	3	6	6	7	1	2	4
9,8	6	7	4	2	4	6	7	8	1	6
9,9	6	8	1	1	2	6	8	5	0	8
10	6	8	8	0	0	6	9	2	0	0

0,01 bis 4,5	0,696	6,96	69,6	696,0	6960,0	0,7	7,0	70,0	700,0	7000,0
0,01	0	0	0	7	0	0	0	0	7	0
0,02	0	0	1	3	9	0	0	1	4	0
0,03	0	0	2	0	9	0	0	2	1	0
0,04	0	0	2	7	8	0	0	2	8	0
0,05	0	0	3	4	8	0	0	3	5	0
0,06	0	0	4	1	8	0	0	4	2	0
0,07	0	0	4	8	7	0	0	4	9	0
0,08	0	0	5	5	7	0	0	5	6	0
0,09	0	0	6	2	6	0	0	6	3	0
0,1	0	0	6	9	6	0	0	7	0	0
0,2	0	1	3	9	2	0	1	4	0	0
0,3	0	2	0	8	8	0	2	1	0	0
0,4	0	2	7	8	4	0	2	8	0	0
0,5	0	3	4	8	0	0	3	5	0	0
0,6	0	4	1	7	6	0	4	2	0	0
0,7	0	4	8	7	2	0	4	9	0	0
0,8	0	5	5	6	8	0	5	6	0	0
0,9	0	6	2	6	4	0	6	3	0	0
1	0	6	9	6	0	0	7	0	0	0
1,1	0	7	6	5	6	0	7	7	0	0
1,2	0	8	3	5	2	0	8	4	0	0
1,3	0	9	0	4	8	0	9	1	0	0
1,4	0	9	7	4	4	0	9	8	0	0
1,5	1	0	4	4	0	1	0	5	0	0
1,6	1	1	1	3	6	1	1	2	0	0
1,7	1	1	8	3	2	1	1	9	0	0
1,8	1	2	5	2	8	1	2	6	0	0
1,9	1	3	2	2	4	1	3	3	0	0
2	1	3	9	2	0	1	4	0	0	0
2,1	1	4	6	1	6	1	4	7	0	0
2,2	1	5	3	1	2	1	5	4	0	0
2,3	1	6	0	0	8	1	6	1	0	0
2,4	1	6	7	0	4	1	6	8	0	0
2,5	1	7	4	0	0	1	7	5	0	0
2,6	1	8	0	9	6	1	8	2	0	0
2,7	1	8	7	9	2	1	8	9	0	0
2,8	1	9	4	8	8	1	9	6	0	0
2,9	2	0	1	8	4	2	0	3	0	0
3	2	0	8	8	0	2	1	0	0	0
3,1	2	1	5	7	6	2	1	7	0	0
3,2	2	2	2	7	2	2	2	4	0	0
3,3	2	2	9	6	8	2	3	1	0	0
3,4	2	3	6	6	4	2	3	8	0	0
3,5	2	4	3	6	0	2	4	5	0	0
3,6	2	5	0	5	6	2	5	2	0	0
3,7	2	5	7	5	2	2	5	9	0	0
3,8	2	6	4	4	8	2	6	6	0	0
3,9	2	7	1	4	4	2	7	3	0	0
4	2	7	8	4	0	2	8	0	0	0
4,1	2	8	5	3	6	2	8	7	0	0
4,2	2	9	2	3	2	2	9	4	0	0
4,3	2	9	9	2	8	3	0	1	0	0
4,4	3	0	6	2	4	3	0	8	0	0
4,5	3	1	3	2	0	3	1	5	0	0

4,6 bis 10	0,696	6,96	69,6	696,0	6960,0	0,7	7,0	70,0	700,0	7000,0
4,6	3	2	0	1	6	3	2	2	0	0
4,7	3	2	7	1	2	3	2	9	0	0
4,8	3	3	4	0	8	3	3	6	0	0
4,9	3	4	1	0	4	3	4	3	0	0
5	3	4	8	0	0	3	5	0	0	0
5,1	3	5	4	9	6	3	5	7	0	0
5,2	3	6	1	9	2	3	6	4	0	0
5,3	3	6	8	8	8	3	7	1	0	0
5,4	3	7	5	8	4	3	7	8	0	0
5,5	3	8	2	8	0	3	8	5	0	0
5,6	3	8	9	7	6	3	9	2	0	0
5,7	3	9	6	7	2	3	9	9	0	0
5,8	4	0	3	6	8	4	0	6	0	0
5,9	4	1	0	6	4	4	1	3	0	0
6	4	1	7	6	0	4	2	0	0	0
6,1	4	2	4	5	6	4	2	7	0	0
6,2	4	3	1	5	2	4	3	4	0	0
6,3	4	3	8	4	8	4	4	1	0	0
6,4	4	4	5	4	4	4	4	8	0	0
6,5	4	5	2	4	0	4	5	5	0	0
6,6	4	5	9	3	6	4	6	2	0	0
6,7	4	6	6	3	2	4	6	9	0	0
6,8	4	7	3	2	8	4	7	6	0	0
6,9	4	8	0	2	4	4	8	3	0	0
7	4	8	7	2	0	4	9	0	0	0
7,1	4	9	4	1	6	4	9	7	0	0
7,2	5	0	1	1	2	5	0	4	0	0
7,3	5	0	8	0	8	5	1	1	0	0
7,4	5	1	5	0	4	5	1	8	0	0
7,5	5	2	2	0	0	5	2	5	0	0
7,6	5	2	8	9	6	5	3	2	0	0
7,7	5	3	5	9	2	5	3	9	0	0
7,8	5	4	2	8	8	5	4	6	0	0
7,9	5	4	9	8	4	5	5	3	0	0
8	5	5	6	8	0	5	6	0	0	0
8,1	5	6	3	7	6	5	6	7	0	0
8,2	5	7	0	7	2	5	7	4	0	0
8,3	5	7	7	6	8	5	8	1	0	0
8,4	5	8	4	6	4	5	8	8	0	0
8,5	5	9	1	6	0	5	9	5	0	0
8,6	5	9	8	5	6	6	0	2	0	0
8,7	6	0	5	5	2	6	0	9	0	0
8,8	6	1	2	4	8	6	1	6	0	0
8,9	6	1	9	4	4	6	2	3	0	0
9	6	2	6	4	0	6	3	0	0	0
9,1	6	3	3	3	6	6	3	7	0	0
9,2	6	4	0	3	2	6	4	4	0	0
9,3	6	4	7	2	8	6	5	1	0	0
9,4	6	5	4	2	4	6	5	8	0	0
9,5	6	6	1	2	0	6	6	5	0	0
9,6	6	6	8	1	6	6	7	2	0	0
9,7	6	7	5	1	2	6	7	9	0	0
9,8	6	8	2	0	8	6	8	6	0	0
9,9	6	8	9	0	4	6	9	3	0	0
10	6	9	6	0	0	7	0	0	0	0

0,01 bis 4,5	0,704	7,04	70,4	704,0	7040,0	0,708	7,08	70,8	708,0	7080,0
0,01	0	0	0	7	0	0	0	0	7	1
0,02	0	0	1	4	1	0	0	1	4	2
0,03	0	0	2	1	1	0	0	2	1	2
0,04	0	0	2	8	2	0	0	2	8	3
0,05	0	0	3	5	2	0	0	3	5	4
0,06	0	0	4	2	2	0	0	4	2	5
0,07	0	0	4	9	3	0	0	4	9	6
0,08	0	0	5	6	3	0	0	5	6	6
0,09	0	0	6	3	4	0	0	6	3	7
0,1	0	0	7	0	4	0	0	7	0	8
0,2	0	1	4	0	8	0	1	4	1	6
0,3	0	2	1	1	2	0	2	1	2	4
0,4	0	2	8	1	6	0	2	8	3	2
0,5	0	3	5	2	0	0	3	5	4	0
0,6	0	4	2	2	4	0	4	2	4	8
0,7	0	4	9	2	8	0	4	9	5	6
0,8	0	5	6	3	2	0	5	6	6	4
0,9	0	6	3	3	6	0	6	3	7	2
1	0	7	0	4	0	0	7	0	8	0
1,1	0	7	7	4	4	0	7	7	8	8
1,2	0	8	4	4	8	0	8	4	9	6
1,3	0	9	1	5	2	0	9	2	0	4
1,4	0	9	8	5	6	0	9	9	1	2
1,5	1	0	5	6	0	1	0	6	2	0
1,6	1	1	2	6	4	1	1	3	2	8
1,7	1	1	9	6	8	1	2	0	3	6
1,8	1	2	6	7	2	1	2	7	4	4
1,9	1	3	3	7	6	1	3	4	5	2
2	1	4	0	8	0	1	4	1	6	0
2,1	1	4	7	8	4	1	4	8	6	8
2,2	1	5	4	8	8	1	5	5	7	6
2,3	1	6	1	9	2	1	6	2	8	4
2,4	1	6	8	9	6	1	6	9	9	2
2,5	1	7	6	0	0	1	7	7	0	0
2,6	1	8	3	0	4	1	8	4	0	8
2,7	1	9	0	0	8	1	9	1	1	6
2,8	1	9	7	1	2	1	9	8	2	4
2,9	2	0	4	1	6	2	0	5	3	2
3	2	1	1	2	0	2	1	2	4	0
3,1	2	1	8	2	4	2	1	9	4	8
3,2	2	2	5	2	8	2	2	6	5	6
3,3	2	3	2	3	2	2	3	3	6	4
3,4	2	3	9	3	6	2	4	0	7	2
3,5	2	4	6	4	0	2	4	7	8	0
3,6	2	5	3	4	4	2	5	4	8	8
3,7	2	6	0	4	8	2	6	1	9	6
3,8	2	6	7	5	2	2	6	9	0	4
3,9	2	7	4	5	6	2	7	6	1	2
4	2	8	1	6	0	2	8	3	2	0
4,1	2	8	8	6	4	2	9	0	2	8
4,2	2	9	5	6	8	2	9	7	3	6
4,3	3	0	2	7	2	3	0	4	4	4
4,4	3	0	9	7	6	3	1	1	5	2
4,5	3	1	6	8	0	3	1	8	6	0

4,6 bis 10	0,704	7,04	70,4	740,0	7040,0	0,708	7,08	70,8	708,0	7080,0
4,6	3	2	3	8	4	3	2	5	6	8
4,7	3	3	0	8	8	3	3	2	7	6
4,8	3	3	7	9	2	3	3	9	8	4
4,9	3	4	4	9	6	3	4	6	9	2
5	3	5	2	0	0	3	5	4	0	0
5,1	3	5	9	0	4	3	6	1	0	8
5,2	3	6	6	0	8	3	6	8	1	6
5,3	3	7	3	1	2	3	7	5	2	4
5,4	3	8	0	1	6	3	8	2	3	2
5,5	3	8	7	2	0	3	8	9	4	0
5,6	3	9	4	2	4	3	9	6	4	8
5,7	4	0	1	2	8	4	0	3	5	6
5,8	4	0	8	3	2	4	1	0	6	4
5,9	4	1	5	3	6	4	1	7	7	2
6	4	2	2	4	0	4	2	4	8	0
6,1	4	2	9	4	4	4	3	1	8	8
6,2	4	3	6	4	8	4	3	8	9	6
6,3	4	4	3	5	2	4	4	6	0	4
6,4	4	5	0	5	6	4	5	3	1	2
6,5	4	5	7	6	0	4	6	0	2	0
6,6	4	6	4	6	4	4	6	7	2	8
6,7	4	7	1	6	8	4	7	4	3	6
6,8	4	7	8	7	2	4	8	1	4	4
6,9	4	8	5	7	6	4	8	8	5	2
7	4	9	2	8	0	4	9	5	6	0
7,1	4	9	9	8	4	5	0	2	6	8
7,2	5	0	6	8	8	5	0	9	7	6
7,3	5	1	3	9	2	5	1	6	8	4
7,4	5	2	0	9	6	5	2	3	9	2
7,5	5	2	8	0	0	5	3	1	0	0
7,6	5	3	5	0	4	5	3	8	0	8
7,7	5	4	2	0	8	5	4	5	1	6
7,8	5	4	9	1	2	5	5	2	2	4
7,9	5	5	6	1	6	5	5	9	3	2
8	5	6	3	2	0	5	6	6	4	0
8,1	5	7	0	2	4	5	7	3	4	8
8,2	5	7	7	2	8	5	8	0	5	6
8,3	5	8	4	3	2	5	8	7	6	4
8,4	5	9	1	3	6	5	9	4	7	2
8,5	5	9	8	4	0	6	0	1	8	0
8,6	6	0	5	4	4	6	0	8	8	8
8,7	6	1	2	4	8	6	1	5	9	6
8,8	6	1	9	5	2	6	2	3	0	4
8,9	6	2	6	5	6	6	3	0	1	2
9	6	3	3	6	0	6	3	7	2	0
9,1	6	4	0	6	4	6	4	4	2	8
9,2	6	4	7	6	8	6	5	1	3	6
9,3	6	5	4	7	2	6	5	8	4	4
9,4	6	6	1	7	6	6	6	5	5	2
9,5	6	6	8	8	0	6	7	2	6	0
9,6	6	7	5	8	4	6	7	9	6	8
9,7	6	8	2	8	8	6	8	6	7	6
9,8	6	8	9	9	2	6	9	3	8	4
9,9	6	9	6	9	6	7	0	0	9	2
10	7	0	4	0	0	7	0	8	0	0

0,01 bis 4,5	0,712	7,12	71,2	712,0	7120,0	0,716	7,16	71,6	716,0	7160,0
0,01	0	0	0	7	1	0	0	0	7	2
0,02	0	0	1	4	2	0	0	1	4	3
0,03	0	0	2	1	4	0	0	2	1	5
0,04	0	0	2	8	5	0	0	2	8	6
0,05	0	0	3	5	6	0	0	3	5	8
0,06	0	0	4	2	7	0	0	4	3	0
0,07	0	0	4	9	8	0	0	5	0	1
0,08	0	0	5	7	0	0	0	5	7	3
0,09	0	0	6	4	1	0	0	6	4	4
0,1	0	0	7	1	2	0	0	7	1	6
0,2	0	1	4	2	4	0	1	4	3	2
0,3	0	2	1	3	6	0	2	1	4	8
0,4	0	2	8	4	8	0	2	8	6	4
0,5	0	3	5	6	0	0	3	5	8	0
0,6	0	4	2	7	2	0	4	2	9	6
0,7	0	4	9	8	4	0	5	0	1	2
0,8	0	5	6	9	6	0	5	7	2	8
0,9	0	6	4	0	8	0	6	4	4	4
1	0	7	1	2	0	0	7	1	6	0
1,1	0	7	8	3	2	0	7	8	7	6
1,2	0	8	5	4	4	0	8	5	9	2
1,3	0	9	2	5	6	0	9	3	0	8
1,4	0	9	9	6	8	1	0	0	2	4
1,5	1	0	6	8	0	1	0	7	4	0
1,6	1	1	3	9	2	1	1	4	5	6
1,7	1	2	1	0	4	1	2	1	7	2
1,8	1	2	8	1	6	1	2	8	8	8
1,9	1	3	5	2	8	1	3	6	0	4
2	1	4	2	4	0	1	4	3	2	0
2,1	1	4	9	5	2	1	5	0	3	6
2,2	1	5	6	6	4	1	5	7	5	2
2,3	1	6	3	7	6	1	6	4	6	8
2,4	1	7	0	8	8	1	7	1	8	4
2,5	1	7	8	0	0	1	7	9	0	0
2,6	1	8	5	1	2	1	8	6	1	6
2,7	1	9	2	2	4	2	9	3	3	2
2,8	1	9	9	3	6	2	0	0	4	8
2,9	2	0	6	4	8	2	0	7	6	4
3	2	1	3	6	0	2	1	4	8	0
3,1	2	2	0	7	2	2	2	1	9	6
3,2	2	2	7	8	4	2	2	9	1	2
3,3	2	3	4	9	6	2	3	6	2	8
3,4	2	4	2	0	8	2	4	3	4	4
3,5	2	4	9	2	0	2	5	0	6	0
3,6	2	5	6	3	2	2	5	7	7	6
3,7	2	6	3	4	4	2	6	4	9	2
3,8	2	7	0	5	6	2	7	2	0	8
3,9	2	7	7	6	8	2	7	9	2	4
4	2	8	4	8	0	2	8	6	4	0
4,1	2	9	1	9	2	2	9	3	5	6
4,2	2	9	9	0	4	3	0	0	7	2
4,3	3	0	6	1	6	3	0	7	8	8
4,4	3	1	3	2	8	3	1	5	0	4
4,5	3	2	0	4	0	3	2	2	2	0

4,6 bis 10	0,712	7,12	71,2	712,0	7120,0	0,716	7,16	71,6	716,0	7160,0
4,6	3	2	7	5	2	3	2	9	3	6
4,7	3	3	4	6	4	3	3	6	5	2
4,8	3	4	1	7	6	3	4	3	6	8
4,9	3	4	8	8	8	3	5	0	8	4
5	3	5	6	0	0	3	5	8	0	0
5,1	3	6	3	1	2	3	6	5	1	6
5,2	3	7	0	2	4	3	7	2	3	2
5,3	3	7	7	3	6	3	7	9	4	8
5,4	3	8	4	4	8	3	8	6	6	4
5,5	3	9	1	6	0	3	9	3	8	0
5,6	3	9	8	7	2	4	0	0	9	6
5,7	4	0	5	8	4	4	0	8	1	2
5,8	4	1	2	9	6	4	1	5	2	8
5,9	4	2	0	0	8	4	2	2	4	4
6	4	2	7	2	0	4	2	9	6	0
6,1	4	3	4	3	2	4	3	6	7	6
6,2	4	4	1	4	4	4	4	3	9	2
6,3	4	4	8	5	6	4	5	1	0	8
6,4	4	5	5	6	8	4	5	8	2	4
6,5	4	6	2	8	0	4	6	5	4	0
6,6	4	6	9	9	2	4	7	2	5	6
6,7	4	7	7	0	4	4	7	9	7	2
6,8	4	8	4	1	6	4	8	6	8	8
6,9	4	9	1	2	8	4	9	4	0	4
7	4	9	8	4	0	5	0	1	2	0
7,1	5	0	5	5	2	5	0	8	3	6
7,2	5	1	2	6	4	5	1	5	5	2
7,3	5	1	9	7	6	5	2	2	6	8
7,4	5	2	6	8	8	5	2	9	8	4
7,5	5	3	4	0	0	5	3	7	0	0
7,6	5	4	1	1	2	5	4	4	1	6
7,7	5	4	8	2	4	5	5	1	3	2
7,8	5	5	5	3	6	5	5	8	4	8
7,9	5	6	2	4	8	5	6	5	6	4
8	5	6	9	6	0	5	7	2	8	0
8,1	5	7	6	7	2	5	7	9	9	6
8,2	5	8	3	8	4	5	8	7	1	2
8,3	5	9	0	9	6	5	9	4	2	8
8,4	5	9	8	0	8	6	0	1	4	4
8,5	6	0	5	2	0	6	0	8	6	0
8,6	6	1	2	3	2	6	1	5	7	6
8,7	6	1	9	4	4	6	2	2	9	2
8,8	6	2	6	5	6	6	3	0	0	8
8,9	6	3	3	6	8	6	3	7	2	4
9	6	4	0	8	0	6	4	4	4	0
9,1	6	4	7	9	2	6	5	1	5	6
9,2	6	5	5	0	4	6	5	8	7	2
9,3	6	6	2	1	6	6	6	5	8	8
9,4	6	6	9	2	8	6	7	3	0	4
9,5	6	7	6	4	0	6	8	0	2	0
9,6	6	8	3	5	2	6	8	7	3	6
9,7	6	9	0	6	4	6	9	4	5	2
9,8	6	9	7	7	6	7	0	1	6	8
9,9	7	0	4	8	8	7	0	8	8	4
10	7	1	2	0	0	7	1	6	0	0

0,01 bis 4,5	0,72	7,2	72,0	720,0	7200,0	0,724	7,24	72,4	724,0	7240,0
0,01	0	0	0	7	2	0	0	0	7	2
0,02	0	0	1	4	4	0	0	1	4	5
0,03	0	0	2	1	6	0	0	2	1	7
0,04	0	0	2	8	8	0	0	2	9	0
0,05	0	0	3	6	0	0	0	3	6	2
0,06	0	0	4	3	2	0	0	4	3	4
0,07	0	0	5	0	4	0	0	5	0	7
0,08	0	0	5	7	6	0	0	5	7	9
0,09	0	0	6	4	8	0	0	6	5	2
0,1	0	0	7	2	0	0	0	7	2	4
0,2	0	1	4	4	0	0	1	4	4	8
0,3	0	2	1	6	0	0	2	1	7	2
0,4	0	2	8	8	0	0	2	8	9	6
0,5	0	3	6	0	0	0	3	6	2	0
0,6	0	4	3	2	0	0	4	3	4	4
0,7	0	5	0	4	0	0	5	0	6	8
0,8	0	5	7	6	0	0	5	7	9	2
0,9	0	6	4	8	0	0	6	5	1	6
1	0	7	2	0	0	0	7	2	4	0
1,1	0	7	9	2	0	0	7	9	6	4
1,2	0	8	6	4	0	0	8	6	8	8
1,3	0	9	3	6	0	0	9	4	1	2
1,4	1	0	0	8	0	1	0	1	3	6
1,5	1	0	8	0	0	1	0	8	6	0
1,6	1	1	5	2	0	1	1	5	8	4
1,7	1	2	2	4	0	1	2	3	0	8
1,8	1	2	9	6	0	1	3	0	3	2
1,9	1	3	6	8	0	1	3	7	5	6
2	1	4	4	0	0	1	4	4	8	0
2,1	1	5	1	2	0	1	5	2	0	4
2,2	1	5	8	4	0	1	5	9	2	8
2,3	1	6	5	6	0	1	6	6	5	2
2,4	1	7	2	8	0	1	7	3	7	6
2,5	1	8	0	0	0	1	8	1	0	0
2,6	1	8	7	2	0	1	8	8	2	4
2,7	1	9	4	4	0	1	9	5	4	8
2,8	2	0	1	6	0	2	0	2	7	2
2,9	2	0	8	8	0	2	0	9	9	6
3	2	1	6	0	0	2	1	7	2	0
3,1	2	2	3	2	0	2	2	4	4	4
3,2	2	3	0	4	0	2	3	1	6	8
3,3	2	3	7	6	0	2	3	8	9	2
3,4	2	4	4	8	0	2	4	6	1	6
3,5	2	5	2	0	0	2	5	3	4	0
3,6	2	5	9	2	0	2	6	0	6	4
3,7	2	6	6	4	0	2	6	7	8	8
3,8	2	7	3	6	0	2	7	5	1	2
3,9	2	8	0	8	0	2	8	2	3	6
4	2	8	8	0	0	2	8	9	6	0
4,1	2	9	5	2	0	2	9	6	8	4
4,2	3	0	2	4	0	3	0	4	0	8
4,3	3	0	9	6	0	3	1	1	3	2
4,4	3	1	6	8	0	3	1	8	5	6
4,5	3	2	4	0	0	3	2	5	8	0

4,6 bis 10	0,72	7,2	72,0	720,0	7200,0	0,724	7,24	72,4	724,0	7240,0
4,6	3	3	1	2	0	3	3	3	0	4
4,7	3	3	8	4	0	3	4	0	2	8
4,8	3	4	5	6	0	3	4	7	5	2
4,9	3	5	2	8	0	3	5	4	7	6
5	3	6	0	0	0	3	6	2	0	0
5,1	3	6	7	2	0	3	6	9	2	4
5,2	3	7	4	4	0	3	7	6	4	8
5,3	3	8	1	6	0	3	8	3	7	2
5,4	3	8	8	8	0	3	9	0	9	6
5,5	3	9	6	0	0	3	9	8	2	0
5,6	4	0	3	2	0	4	0	5	4	4
5,7	4	1	0	4	0	4	1	2	6	8
5,8	4	1	7	6	0	4	1	9	9	2
5,9	4	2	4	8	0	4	2	7	1	6
6	4	3	2	0	0	4	3	4	4	0
6,1	4	3	9	2	0	4	4	1	6	4
6,2	4	4	6	4	0	4	4	8	8	8
6,3	4	5	3	6	0	4	5	6	1	2
6,4	4	6	0	8	0	4	6	3	3	6
6,5	4	6	8	0	0	4	7	0	6	0
6,6	4	7	5	2	0	4	7	7	8	4
6,7	4	8	2	4	0	4	8	5	0	8
6,8	4	8	9	6	0	4	9	2	3	2
6,9	4	9	6	8	0	4	9	9	5	6
7	5	0	4	0	0	5	0	6	8	0
7,1	5	1	1	2	0	5	1	4	0	4
7,2	5	1	8	4	0	5	2	1	2	8
7,3	5	2	5	6	0	5	2	8	5	2
7,4	5	3	2	8	0	5	3	5	7	6
7,5	5	4	0	0	0	5	4	3	0	0
7,6	5	4	7	2	0	5	5	0	2	4
7,7	5	5	4	4	0	5	5	7	4	8
7,8	5	6	1	6	0	5	6	4	7	2
7,9	5	6	8	8	0	5	7	1	9	6
8	5	7	6	0	0	5	7	9	2	0
8,1	5	8	3	2	0	5	8	6	4	4
8,2	5	9	0	4	0	5	9	3	6	8
8,3	5	9	7	6	0	6	0	0	9	2
8,4	6	0	4	8	0	6	0	8	1	6
8,5	6	1	2	0	0	6	1	5	4	0
8,6	6	1	9	2	0	6	2	2	6	4
8,7	6	2	6	4	0	6	2	9	8	8
8,8	6	3	3	6	0	6	3	7	1	2
8,9	6	4	0	8	0	6	4	4	3	6
9	6	4	8	0	0	6	5	1	6	0
9,1	6	5	5	2	0	6	5	8	8	4
9,2	6	6	2	4	0	6	6	6	0	8
9,3	6	6	9	6	0	6	7	3	3	2
9,4	6	7	6	8	0	6	8	0	5	6
9,5	6	8	4	0	0	6	8	7	8	0
9,6	6	9	1	2	0	6	9	5	0	4
9,7	6	9	8	4	0	7	0	2	2	8
9,8	7	0	5	6	0	7	0	9	5	2
9,9	7	1	2	8	0	7	1	6	7	6
10	7	2	0	0	0	7	2	4	0	0

0,01 bis 4,5	0,728	7,28	72,8	728,0	7280,0	0,732	7,32	73,2	732,0	7320,0
0,01	0	0	0	7	3	0	0	0	7	3
0,02	0	0	1	4	6	0	0	1	4	6
0,03	0	0	2	1	8	0	0	2	2	0
0,04	0	0	2	9	1	0	0	2	9	3
0,05	0	0	3	6	4	0	0	3	6	6
0,06	0	0	4	3	7	0	0	4	3	9
0,07	0	0	5	1	0	0	0	5	1	2
0,08	0	0	5	8	2	0	0	5	8	6
0,09	0	0	6	5	5	0	0	6	5	9
0,1	0	0	7	2	8	0	0	7	3	2
0,2	0	1	4	5	6	0	1	4	6	4
0,3	0	2	1	8	4	0	2	1	9	6
0,4	0	2	9	1	2	0	2	9	2	8
0,5	0	3	6	4	0	0	3	6	6	0
0,6	0	4	3	6	8	0	4	3	9	2
0,7	0	5	0	9	6	0	5	1	2	4
0,8	0	5	8	2	4	0	5	8	5	6
0,9	0	6	5	5	2	0	6	5	8	8
1	0	7	2	8	0	0	7	3	2	0
1,1	0	8	0	0	8	0	8	0	5	2
1,2	0	8	7	3	6	0	8	7	8	4
1,3	0	9	4	6	4	0	9	5	1	6
1,4	1	0	1	9	2	1	0	2	4	8
1,5	1	0	9	2	0	1	0	9	8	0
1,6	1	1	6	4	8	1	1	7	1	2
1,7	1	2	3	7	6	1	2	4	4	4
1,8	1	3	1	0	4	1	3	1	7	6
1,9	1	3	8	3	2	1	3	9	0	8
2	1	4	5	6	0	1	4	6	4	0
2,1	1	5	2	8	8	1	5	3	7	2
2,2	1	6	0	1	6	1	6	1	0	4
2,3	1	6	7	4	4	1	6	8	3	6
2,4	1	7	4	7	2	1	7	5	6	8
2,5	1	8	2	0	0	1	8	3	0	0
2,6	1	8	9	2	8	1	9	0	3	2
2,7	1	9	6	5	6	1	9	7	6	4
2,8	2	0	3	8	4	2	0	4	9	6
2,9	2	1	1	1	2	2	1	2	2	8
3	2	1	8	4	0	2	1	9	6	0
3,1	2	2	5	6	8	2	2	6	9	2
3,2	2	3	2	9	6	2	3	4	2	4
3,3	2	4	0	2	4	2	4	1	5	6
3,4	2	4	7	5	2	2	4	8	8	8
3,5	2	5	4	8	0	2	5	6	2	0
3,6	2	6	2	0	8	2	6	3	5	2
3,7	2	6	9	3	6	2	7	0	8	4
3,8	2	7	6	6	4	2	7	8	1	6
3,9	2	8	3	9	2	2	8	5	4	8
4	2	9	1	2	0	2	9	2	8	0
4,1	2	9	8	4	8	3	0	0	1	2
4,2	3	0	5	7	6	3	0	7	4	4
4,3	3	1	3	0	4	3	1	4	7	6
4,4	3	2	0	3	2	3	2	2	0	8
4,5	3	2	7	6	0	3	2	9	4	0

4,6 bis 10	0,728	7,28	72,8	728,0	7280,0	0,732	7,32	73,2	732,0	7320,0
4,6	3	3	4	8	8	3	3	6	7	2
4,7	3	4	2	1	6	3	4	4	0	4
4,8	3	4	9	4	4	3	5	1	3	6
4,9	3	5	6	7	2	3	5	8	6	8
5	3	6	4	0	0	3	6	6	0	0
5,1	3	7	1	2	8	3	7	3	3	2
5,2	3	7	8	5	6	3	8	0	6	4
5,3	3	8	5	8	4	3	8	7	9	6
5,4	3	9	3	1	2	3	9	5	2	8
5,5	4	0	0	4	0	4	0	2	6	0
5,6	4	0	7	6	8	4	0	9	9	2
5,7	4	1	4	9	6	4	1	7	2	4
5,8	4	2	2	2	4	4	2	4	5	6
5,9	4	2	9	5	2	4	3	1	8	8
6	4	3	6	8	0	4	3	9	2	0
6,1	4	4	4	0	8	4	4	6	5	2
6,2	4	5	1	3	6	4	5	3	8	4
6,3	4	5	8	6	4	4	6	1	1	6
6,4	4	6	5	9	2	4	6	8	4	8
6,5	4	7	3	2	0	4	7	5	8	0
6,6	4	8	0	4	8	4	8	3	1	2
6,7	4	8	7	7	6	4	9	0	4	4
6,8	4	9	5	0	4	4	9	7	7	6
6,9	5	0	2	3	2	5	0	5	0	8
7	5	0	9	6	0	5	1	2	4	0
7,1	5	1	6	8	8	5	1	9	7	2
7,2	5	2	4	1	6	5	2	7	0	4
7,3	5	3	1	4	4	5	3	4	3	6
7,4	5	3	8	7	2	5	4	1	6	8
7,5	5	4	6	0	0	5	4	9	0	0
7,6	5	5	3	2	8	5	5	6	3	2
7,7	5	6	0	5	6	5	6	3	6	4
7,8	5	6	7	8	4	5	7	0	9	6
7,9	5	7	5	1	2	5	7	8	2	8
8	5	8	2	4	0	5	8	5	6	0
8,1	5	8	9	6	8	5	9	2	9	2
8,2	5	9	6	9	6	6	0	0	2	4
8,3	6	0	4	2	4	6	0	7	5	6
8,4	6	1	1	5	2	6	1	4	8	8
8,5	6	1	8	8	0	6	2	2	2	0
8,6	6	2	6	0	8	6	2	9	5	2
8,7	6	3	3	3	6	6	3	6	8	4
8,8	6	4	0	6	4	6	4	4	1	6
8,9	6	4	7	9	2	6	5	1	4	8
9	6	5	5	2	0	6	5	8	8	0
9,1	6	6	2	4	8	6	6	6	1	2
9,2	6	6	9	7	6	6	7	3	4	4
9,3	6	7	7	0	4	6	8	0	7	6
9,4	6	8	4	3	2	6	8	8	0	8
9,5	6	9	1	6	0	6	9	5	4	0
9,6	6	9	8	8	8	7	0	2	7	2
9,7	7	0	6	1	6	7	1	0	0	4
9,8	7	1	3	4	4	7	1	7	3	6
9,9	7	2	0	7	2	7	2	4	6	8
10	7	2	8	0	0	7	3	2	0	0

0,01 bis 4,5	0,7365	7,365	73,65	736,5	7365,0	0,741	7,41	74,1	741,0	7410,0
0,01	0	0	0	7	4	0	0	0	7	4
0,02	0	0	1	4	7	0	0	1	4	8
0,03	0	0	2	2	1	0	0	2	2	2
0,04	0	0	2	9	5	0	0	2	9	6
0,05	0	0	3	6	8	0	0	3	7	1
0,06	0	0	4	4	2	0	0	4	4	5
0,07	0	0	5	1	6	0	0	5	1	9
0,08	0	0	5	8	9	0	0	5	9	3
0,09	0	0	6	6	3	0	0	6	6	7
0,1	0	0	7	3	7	0	0	7	4	1
0,2	0	1	4	7	3	0	1	4	8	2
0,3	0	2	2	1	0	0	2	2	2	3
0,4	0	2	9	4	6	0	2	9	6	4
0,5	0	3	6	8	3	0	3	7	0	5
0,6	0	4	4	1	9	0	4	4	4	6
0,7	0	5	1	5	6	0	5	1	8	7
0,8	0	5	8	9	2	0	5	9	2	8
0,9	0	6	6	2	9	0	6	6	6	9
1	0	7	3	6	5	0	7	4	1	0
1,1	0	8	1	0	2	0	8	1	5	1
1,2	0	8	8	3	8	0	8	8	9	2
1,3	0	9	5	7	5	0	9	6	3	3
1,4	1	0	3	1	1	1	0	3	7	4
1,5	1	1	0	4	8	1	1	1	1	5
1,6	1	1	7	8	4	1	1	8	5	6
1,7	1	2	5	2	1	1	2	5	9	7
1,8	1	3	2	5	7	1	3	3	3	8
1,9	1	3	9	9	4	1	4	0	7	9
2	1	4	7	3	0	1	4	8	2	0
2,1	1	5	4	6	7	1	5	5	6	1
2,2	1	6	2	0	3	1	6	3	0	2
2,3	1	6	9	4	0	1	7	0	4	3
2,4	1	7	6	7	6	1	7	7	8	4
2,5	1	8	4	1	3	1	8	5	2	5
2,6	1	9	1	4	9	1	9	2	6	6
2,7	1	9	8	8	6	2	0	0	0	7
2,8	2	0	6	2	2	2	0	7	4	8
2,9	2	1	3	5	9	2	1	4	8	9
3	2	2	0	9	5	2	2	2	3	0
3,1	2	2	8	3	2	2	2	9	7	1
3,2	2	3	5	6	8	2	3	7	1	2
3,3	2	4	3	0	5	2	4	4	5	3
3,4	2	5	0	4	1	2	5	1	9	4
3,5	2	5	7	7	8	2	5	9	3	5
3,6	2	6	5	1	4	2	6	6	7	6
3,7	2	7	2	5	1	2	8	4	1	7
3,8	2	7	9	8	7	2	7	1	5	8
3,9	2	8	7	2	4	2	8	8	9	9
4	2	9	4	6	0	2	9	6	4	0
4,1	3	0	1	9	7	3	0	3	8	1
4,2	3	0	9	3	3	3	1	1	2	2
4,3	3	1	6	7	0	3	1	8	6	3
4,4	3	2	4	0	6	3	2	6	0	4
4,5	3	3	1	4	3	3	3	3	4	5

4,6 bis 10	0,7365	7,365	73,65	736,5	7365,0	0,741	7,41	74,1	741,0	7410,0
4,6	3	3	8	7	9	3	4	0	8	6
4,7	3	4	6	1	6	3	4	8	2	7
4,8	3	5	3	5	2	3	5	5	6	8
4,9	3	6	0	8	9	3	6	3	0	9
5	3	6	8	2	5	3	7	0	5	0
5,1	3	7	5	6	2	3	7	7	9	1
5,2	3	8	2	9	8	3	8	5	3	2
5,3	3	9	0	3	5	3	9	2	7	3
5,4	3	9	7	7	1	4	0	0	1	4
5,5	4	0	5	0	8	4	0	7	5	5
5,6	4	1	2	4	4	4	1	4	9	6
5,7	4	1	9	8	1	4	2	2	3	7
5,8	4	2	7	1	7	4	2	9	7	8
5,9	4	3	4	5	4	4	3	7	1	9
6	4	4	1	9	0	4	4	4	6	0
6,1	4	4	9	2	7	4	5	2	0	1
6,2	4	5	6	6	3	4	5	9	4	2
6,3	4	6	4	0	0	4	6	6	8	3
6,4	4	7	1	3	6	4	7	4	2	4
6,5	4	7	8	7	3	4	8	1	6	5
6,6	4	8	6	0	9	4	8	9	0	6
6,7	4	9	3	4	6	4	9	6	4	7
6,8	5	0	0	8	2	5	0	3	8	8
6,9	5	0	8	1	9	5	1	1	2	9
7	5	1	5	5	5	5	1	8	7	0
7,1	5	2	2	9	2	5	2	6	1	1
7,2	5	3	0	2	8	5	3	3	5	2
7,3	5	3	7	6	5	5	4	0	9	3
7,4	5	4	5	0	1	5	4	8	3	4
7,5	5	5	2	3	8	5	5	5	7	5
7,6	5	5	9	7	4	5	6	3	1	6
7,7	5	6	7	1	1	5	7	0	5	7
7,8	5	7	4	4	7	5	7	7	9	8
7,9	5	8	1	8	4	5	8	5	3	9
8	5	8	9	2	0	5	9	2	8	0
8,1	5	9	6	5	7	6	0	0	2	1
8,2	6	0	3	9	3	6	0	7	6	2
8,3	6	1	1	3	0	6	1	5	0	3
8,4	6	1	8	6	6	6	2	2	4	4
8,5	6	2	6	0	3	6	2	9	8	5
8,6	6	3	3	3	9	6	3	7	2	6
8,7	6	4	0	7	6	6	4	4	6	7
8,8	6	4	8	1	2	6	5	2	0	8
8,9	6	5	5	4	9	6	5	9	4	9
9	6	6	2	8	5	6	6	6	9	0
9,1	6	7	0	2	2	6	7	4	3	1
9,2	6	7	7	5	8	6	8	1	7	2
9,3	6	8	4	9	5	6	8	9	1	3
9,4	6	9	2	3	1	6	9	6	5	4
9,5	6	9	9	6	8	7	0	3	9	5
9,6	7	0	7	0	4	7	1	1	3	6
9,7	7	1	4	4	1	7	1	8	7	7
9,8	7	2	1	7	7	7	2	6	1	8
9,9	7	2	9	1	4	7	3	3	5	9
10	7	3	6	5	0	7	4	1	0	0

0,01 bis 4,5	0,7455	7,455	74,55	745,5	7455,0	0,75	7,5	75,0	750,0	7500,0
0,01	0	0	0	7	5	0	0	0	7	5
0,02	0	0	1	4	9	0	0	1	5	0
0,03	0	0	2	2	4	0	0	2	2	5
0,04	0	0	2	9	8	0	0	3	0	0
0,05	0	0	3	7	3	0	0	3	7	5
0,06	0	0	4	4	7	0	0	4	5	0
0,07	0	0	5	2	2	0	0	5	2	5
0,08	0	0	5	9	6	0	0	6	0	0
0,09	0	0	6	7	1	0	0	6	7	5
0,1	0	0	7	4	6	0	0	7	5	0
0,2	0	1	4	9	1	0	1	5	0	0
0,3	0	2	2	3	7	0	2	2	5	0
0,4	0	2	9	8	2	0	3	0	0	0
0,5	0	3	7	2	8	0	3	7	5	0
0,6	0	4	4	7	3	0	4	5	0	0
0,7	0	5	1	1	9	0	5	2	5	0
0,8	0	5	9	6	4	0	6	0	0	0
0,9	0	6	7	1	0	0	6	7	5	0
1	0	7	4	5	5	0	7	5	0	0
1,1	0	8	2	0	1	0	8	2	5	0
1,2	0	8	9	4	6	0	9	0	0	0
1,3	0	9	6	9	2	0	9	7	5	0
1,4	1	0	4	3	7	1	0	5	0	0
1,5	1	1	1	8	3	1	1	2	5	0
1,6	1	1	9	2	8	1	2	0	0	0
1,7	1	2	6	7	4	1	2	7	5	0
1,8	1	3	4	1	9	1	3	5	0	0
1,9	1	4	1	6	5	1	4	2	5	0
2	1	4	9	1	0	1	5	0	0	0
2,1	1	5	6	5	6	1	5	7	5	0
2,2	1	6	4	0	1	1	6	5	0	0
2,3	1	7	1	4	7	1	7	2	5	0
2,4	1	7	8	9	2	1	8	0	0	0
2,5	1	8	6	3	8	1	8	7	5	0
2,6	1	9	3	8	3	1	9	5	0	0
2,7	2	0	1	2	9	2	0	2	5	0
2,8	2	0	8	7	4	2	1	0	0	0
2,9	2	1	6	2	0	2	1	7	5	0
3	2	2	3	6	5	2	2	5	0	0
3,1	2	3	1	1	1	2	3	2	5	0
3,2	2	3	8	5	6	2	4	0	0	0
3,3	2	4	6	0	2	2	4	7	5	0
3,4	2	5	3	4	7	2	5	5	0	0
3,5	2	6	0	9	3	2	6	2	5	0
3,6	2	6	8	3	8	2	7	0	0	0
3,7	2	7	5	8	4	2	7	7	5	0
3,8	2	8	3	2	9	2	8	5	0	0
3,9	2	9	0	7	5	2	9	2	5	0
4	2	9	8	2	0	3	0	0	0	0
4,1	3	0	5	6	6	3	0	7	5	0
4,2	3	1	3	1	1	3	1	5	0	0
4,3	3	2	0	5	7	3	2	2	5	0
4,4	3	2	8	0	2	3	3	0	0	0
4,5	3	3	5	4	8	3	3	7	5	0

4,6 bis 10	0,7455	7,455	74,55	745,5	7455,0	0,75	7,5	75,0	750,0	7500,0
4,6	3	4	2	9	3	3	4	5	0	0
4,7	3	5	0	3	9	3	5	2	5	0
4,8	3	5	7	8	4	3	6	0	0	0
4,9	3	6	5	3	0	3	6	7	5	0
5	3	7	2	7	5	3	7	5	0	0
5,1	3	8	0	2	1	3	8	2	5	0
5,2	3	8	7	6	6	3	9	0	0	0
5,3	3	9	5	1	2	3	9	7	5	0
5,4	4	0	2	5	7	4	0	5	0	0
5,5	4	1	0	0	3	4	1	2	5	0
5,6	4	1	7	4	8	4	2	0	0	0
5,7	4	2	4	9	4	4	2	7	5	0
5,8	4	3	2	3	9	4	3	5	0	0
5,9	4	3	9	8	5	4	4	2	5	0
6	4	4	7	3	0	4	5	0	0	0
6,1	4	5	4	7	6	4	5	7	5	0
6,2	4	6	2	2	1	4	6	5	0	0
6,3	4	6	9	6	7	4	7	2	5	0
6,4	4	7	7	1	2	4	8	0	0	0
6,5	4	8	4	5	8	4	8	7	5	0
6,6	4	9	2	0	3	4	9	5	0	0
6,7	4	9	9	4	9	5	0	2	5	0
6,8	5	0	6	9	4	5	1	0	0	0
6,9	5	1	4	4	0	5	1	7	5	0
7	5	2	1	8	5	5	2	5	0	0
7,1	5	2	9	3	1	5	3	2	5	0
7,2	5	3	6	7	6	5	4	0	0	0
7,3	5	4	4	2	2	5	4	7	5	0
7,4	5	5	1	6	7	5	5	5	0	0
7,5	5	5	9	1	3	5	6	2	5	0
7,6	5	6	6	5	8	5	7	0	0	0
7,7	5	7	4	0	4	5	7	7	5	0
7,8	5	8	1	4	9	5	8	5	0	0
7,9	5	8	8	9	5	5	9	2	5	0
8	5	9	6	4	0	6	0	0	0	0
8,1	6	0	3	8	6	6	0	7	5	0
8,2	6	1	1	3	1	6	1	5	0	0
8,3	6	1	8	7	7	6	1	2	5	0
8,4	6	2	6	2	2	6	3	0	0	0
8,5	6	3	3	6	8	6	3	7	5	0
8,6	6	4	1	1	3	6	4	5	0	0
8,7	6	4	8	5	9	6	5	2	5	0
8,8	6	5	6	0	4	6	6	0	0	0
8,9	6	6	3	5	0	6	6	7	5	0
9	6	7	0	9	5	6	7	5	0	0
9,1	6	7	8	4	1	6	8	2	5	0
9,2	6	8	5	8	6	6	9	0	0	0
9,3	6	9	3	3	2	6	9	7	5	0
9,4	7	0	0	7	7	7	0	5	0	0
9,5	7	0	8	2	3	7	1	2	5	0
9,6	7	1	5	6	8	7	2	0	0	0
9,7	7	2	3	1	4	7	2	7	5	0
9,8	7	3	0	5	9	7	3	5	0	0
9,9	7	3	8	0	5	7	4	2	5	0
10	7	4	5	5	0	7	5	0	0	0

0,01 bis 4,5	0,7545	7,545	75,45	754,5	7545,0	0,759	7,59	75,9	759,0	7590,0
0,01	0	0	0	7	5	0	0	0	7	6
0,02	0	0	1	5	1	0	0	1	5	2
0,03	0	0	2	2	6	0	0	2	2	8
0,04	0	0	3	0	2	0	0	3	0	4
0,05	0	0	3	7	7	0	0	3	8	0
0,06	0	0	4	5	3	0	0	4	5	5
0,07	0	0	5	2	8	0	0	5	3	1
0,08	0	0	6	0	4	0	0	6	0	7
0,09	0	0	6	7	9	0	0	6	8	3
0,1	0	0	7	5	5	0	0	7	5	9
0,2	0	1	5	0	9	0	1	5	1	8
0,3	0	2	2	6	4	0	2	2	7	7
0,4	0	3	0	1	8	0	3	0	3	6
0,5	0	3	7	7	3	0	3	7	9	5
0,6	0	4	5	2	7	0	4	5	5	4
0,7	0	5	2	8	2	0	5	3	1	3
0,8	0	6	0	3	6	0	6	0	7	2
0,9	0	6	7	9	1	0	6	8	3	1
1	0	7	5	4	5	0	7	5	9	0
1,1	0	8	3	0	0	0	8	3	4	9
1,2	0	9	0	5	4	0	9	1	0	8
1,3	0	9	8	0	9	0	9	8	6	7
1,4	1	0	5	6	3	1	0	6	2	6
1,5	1	1	3	1	8	1	1	3	8	5
1,6	1	2	0	7	2	1	2	1	4	4
1,7	1	2	8	2	7	1	2	9	0	3
1,8	1	3	5	8	1	1	3	6	6	2
1,9	1	4	3	3	6	1	4	4	2	1
2	1	5	0	9	0	1	5	1	8	0
2,1	1	5	8	4	5	1	5	9	3	9
2,2	1	6	5	9	9	1	6	6	9	8
2,3	1	7	3	5	4	1	7	4	5	7
2,4	1	8	1	0	8	1	8	2	1	6
2,5	1	8	8	6	3	1	8	9	7	5
2,6	1	9	6	1	7	1	9	7	3	4
2,7	2	0	3	7	2	2	0	4	9	3
2,8	2	1	1	2	6	2	1	2	5	2
2,9	2	1	8	8	1	2	2	0	1	1
3	2	2	6	3	5	2	2	7	7	0
3,1	2	3	3	9	0	2	3	5	2	9
3,2	2	4	1	4	4	2	4	2	8	8
3,3	2	4	8	9	9	2	5	0	4	7
3,4	2	5	6	5	3	2	5	8	0	6
3,5	2	6	4	0	8	2	6	5	6	5
3,6	2	7	1	6	2	2	7	3	2	4
3,7	2	7	9	1	7	2	8	0	8	3
3,8	2	8	6	7	1	2	8	8	4	2
3,9	2	9	4	2	6	2	9	6	0	1
4	3	0	1	8	0	3	0	3	6	0
4,1	3	0	9	3	5	3	1	1	1	9
4,2	3	1	6	8	9	3	1	8	7	8
4,3	3	2	4	4	4	3	2	6	3	7
4,4	3	3	1	9	8	3	3	3	9	6
4,5	3	3	9	5	3	3	4	1	5	5

4,6 bis 10	0,7545	7,545	75,45	754,5	7545,0	0,759	7,59	75,9	759,0	7590,0
4,6	3	4	7	0	7	3	4	9	1	4
4,7	3	5	4	6	2	3	5	6	7	3
4,8	3	6	2	1	6	3	6	4	3	2
4,9	3	6	9	7	1	3	7	1	9	1
5	3	7	7	2	5	3	7	9	5	0
5,1	3	8	4	8	0	3	8	7	0	9
5,2	3	9	2	3	4	3	9	4	6	8
5,3	3	9	9	8	9	4	0	2	2	7
5,4	4	0	7	4	3	4	0	9	8	6
5,5	4	1	4	9	8	4	1	7	4	5
5,6	4	2	2	5	2	4	2	5	0	4
5,7	4	3	0	0	7	4	3	2	6	3
5,8	4	3	7	6	1	4	4	0	2	2
5,9	4	4	5	1	6	4	4	7	8	1
6	4	5	2	7	0	4	5	5	4	0
6,1	4	6	0	2	5	4	6	2	9	9
6,2	4	6	7	7	9	4	7	0	5	8
6,3	4	7	5	3	4	4	7	8	1	7
6,4	4	8	2	8	8	4	8	5	7	6
6,5	4	9	0	4	3	4	9	3	3	5
6,6	4	9	7	9	7	5	0	0	9	4
6,7	5	0	5	5	2	5	0	8	5	3
6,8	5	1	3	0	6	5	1	6	1	2
6,9	5	2	0	6	1	5	2	3	7	1
7	5	2	8	1	5	5	3	1	3	0
7,1	5	3	5	7	0	5	3	8	8	9
7,2	5	4	3	2	4	5	4	6	4	8
7,3	5	5	0	7	9	5	5	4	0	7
7,4	5	5	8	3	3	5	6	1	6	6
7,5	5	6	5	8	8	5	6	9	2	5
7,6	5	7	3	4	2	5	7	6	8	4
7,7	5	8	0	9	7	5	8	4	4	3
7,8	5	8	8	5	1	5	9	2	0	2
7,9	5	9	6	0	6	5	9	9	6	1
8	6	0	3	6	0	6	0	7	2	0
8,1	6	1	1	1	5	6	1	4	7	9
8,2	6	1	8	6	9	6	2	2	3	8
8,3	6	2	6	2	4	6	2	9	9	7
8,4	6	3	3	7	8	6	3	7	5	6
8,5	6	4	1	3	3	6	4	5	1	5
8,6	6	4	8	8	7	6	5	2	7	4
8,7	6	5	6	4	2	6	6	0	3	3
8,8	6	6	3	9	6	6	6	7	9	2
8,9	6	7	1	5	1	6	7	5	5	1
9	6	7	9	0	5	6	8	3	1	0
9,1	6	8	6	6	0	6	9	0	6	9
9,2	6	9	4	1	4	6	9	8	2	8
9,3	7	0	1	6	9	7	0	5	8	7
9,4	7	0	9	2	3	7	1	3	4	6
9,5	7	1	6	7	8	7	2	1	0	5
9,6	7	2	4	3	2	7	2	8	6	4
9,7	7	3	1	8	7	7	3	6	2	3
9,8	7	3	9	4	1	7	4	3	8	2
9,9	7	4	6	0	0	7	5	1	4	1
10	7	5	4	5	0	7	5	9	0	0

0,01 bis 4,5	0,7635	7,635	76,35	763,5	7635,0	0,768	7,68	76,8	768,0	7680,0
0,01	0	0	0	7	6	0	0	0	7	7
0,02	0	0	1	5	3	0	0	1	5	4
0,03	0	0	2	2	9	0	0	2	3	0
0,04	0	0	3	0	5	0	0	3	0	7
0,05	0	0	3	8	2	0	0	3	8	4
0,06	0	0	4	5	8	0	0	4	6	1
0,07	0	0	5	3	4	0	0	5	3	8
0,08	0	0	6	1	1	0	0	6	1	4
0,09	0	0	6	8	7	0	0	6	9	1
0,1	0	0	7	6	4	0	0	7	6	8
0,2	0	1	5	2	7	0	1	5	3	6
0,3	0	2	2	9	1	0	2	3	0	4
0,4	0	3	0	5	4	0	3	0	7	2
0,5	0	3	8	1	8	0	3	8	4	0
0,6	0	4	5	8	1	0	4	6	0	8
0,7	0	5	3	4	5	0	5	3	7	6
0,8	0	6	1	0	8	0	6	1	4	4
0,9	0	6	8	7	2	0	6	9	1	2
1	0	7	6	3	5	0	7	6	8	0
1,1	0	8	3	9	9	0	8	4	4	8
1,2	0	9	1	6	2	0	9	2	1	6
1,3	0	9	9	2	6	0	9	9	8	4
1,4	1	0	6	8	9	1	0	7	5	2
1,5	1	1	4	5	3	1	1	5	2	0
1,6	1	2	2	1	6	1	2	2	8	8
1,7	1	2	9	8	0	1	3	0	5	6
1,8	1	3	7	4	3	1	3	8	2	4
1,9	1	4	5	0	7	1	4	5	9	2
2	1	5	2	7	0	1	5	3	6	0
2,1	1	6	0	3	4	1	6	1	2	8
2,2	1	6	7	9	7	1	6	8	9	6
2,3	1	7	5	6	1	1	7	6	6	4
2,4	1	8	3	2	4	1	8	4	3	2
2,5	9	1	0	8	8	1	9	2	0	0
2,6	1	9	8	5	1	1	9	9	6	8
2,7	2	0	6	1	5	2	0	7	3	6
2,8	2	1	3	7	8	2	1	5	0	4
2,9	2	2	1	4	2	2	2	2	7	2
3	2	2	9	0	5	2	3	0	4	0
3,1	2	3	6	6	9	2	3	8	0	8
3,2	2	4	4	3	2	2	4	5	7	6
3,3	2	5	1	9	6	2	5	3	4	4
3,4	2	5	9	5	9	2	6	1	1	2
3,5	2	6	7	2	3	2	6	8	8	0
3,6	2	7	4	8	6	2	7	6	4	8
3,7	2	8	2	5	0	2	8	4	1	6
3,8	2	9	0	1	3	2	9	1	8	4
3,9	2	9	7	7	7	2	9	9	5	2
4	3	0	5	4	0	3	0	7	2	0
4,1	3	1	3	0	4	3	1	4	8	8
4,2	3	2	0	6	7	3	2	2	5	6
4,3	3	2	8	3	1	3	3	0	2	4
4,4	3	3	5	9	4	3	3	7	9	2
4,5	3	4	3	5	8	3	4	5	6	0

4,6 bis 10	0,7635	7,635	76,35	763,5	7635,0	0,768	7,68	76,8	768,0	7680,0
4,6	3	5	1	2	1	3	5	3	2	8
4,7	3	5	8	8	5	3	6	0	9	6
4,8	3	6	6	4	8	3	6	8	6	4
4,9	3	7	4	1	2	3	7	6	3	2
5	3	8	1	7	5	3	8	4	0	0
5,1	3	8	9	3	9	3	9	1	6	8
5,2	3	9	7	0	2	3	9	9	3	6
5,3	4	0	4	6	6	4	0	7	0	4
5,4	4	1	2	2	9	4	1	4	7	2
5,5	4	1	9	9	3	4	2	2	4	0
5,6	4	2	7	5	6	4	3	0	0	8
5,7	4	3	5	2	0	4	3	7	7	6
5,8	4	4	2	8	3	4	4	5	4	4
5,9	4	5	0	4	7	4	5	3	1	2
6	4	5	8	1	0	4	6	0	8	0
6,1	4	6	5	7	4	4	6	8	4	8
6,2	4	7	3	3	7	4	7	6	1	6
6,3	4	8	1	0	1	4	8	3	8	4
6,4	4	8	8	6	4	4	9	1	5	2
6,5	4	9	6	2	8	4	9	9	2	0
6,6	5	0	3	9	1	5	0	6	8	8
6,7	5	1	1	5	5	5	1	4	5	6
6,8	5	1	9	1	8	5	2	2	2	4
6,9	5	2	6	8	2	5	2	9	9	2
7	5	3	4	4	5	5	3	7	6	0
7,1	5	4	2	0	9	5	4	5	2	8
7,2	5	4	9	7	2	5	5	2	9	6
7,3	5	5	7	3	6	5	6	0	6	4
7,4	5	6	4	9	9	5	6	8	3	2
7,5	5	7	2	6	3	5	7	6	0	0
7,6	5	8	0	2	6	5	8	3	6	8
7,7	5	8	7	9	0	5	9	1	3	6
7,8	5	9	5	5	3	5	9	9	0	4
7,9	6	0	3	1	7	6	0	6	7	2
8	6	1	0	8	0	6	1	4	4	0
8,1	6	1	8	4	4	6	2	2	0	8
8,2	6	2	6	0	7	6	2	9	7	6
8,3	6	3	3	7	1	6	3	7	4	4
8,4	6	4	1	3	4	6	4	5	1	2
8,5	6	4	8	9	8	6	5	2	8	0
8,6	6	5	6	6	1	6	6	0	4	8
8,7	6	6	4	2	5	6	6	8	1	6
8,8	6	7	1	8	8	6	7	5	8	4
8,9	6	7	9	5	2	6	8	3	5	2
9	6	8	7	1	5	6	9	1	2	0
9,1	6	9	4	7	9	6	9	8	8	8
9,2	7	0	2	4	2	7	0	6	5	6
9,3	7	1	0	0	6	7	1	4	2	4
9,4	7	1	7	6	9	7	2	1	9	2
9,5	7	2	5	3	3	7	2	9	6	0
9,6	7	3	2	9	6	7	3	7	2	8
9,7	7	4	0	6	0	7	4	4	9	6
9,8	7	4	8	2	3	7	5	2	6	4
9,9	7	5	5	8	7	7	6	0	3	2
10	7	6	3	5	0	7	6	8	0	0

0,01 bis 4,5	0,7725	7,725	77,25	772,5	7725,0	0,777	7,77	77,7	777,0	7770,0
0,01	0	0	0	7	7	0	0	0	7	8
0,02	0	0	1	5	5	0	0	1	5	5
0,03	0	0	2	3	2	0	0	2	3	3
0,04	0	0	3	0	9	0	0	3	1	1
0,05	0	0	3	8	6	0	0	3	8	9
0,06	0	0	4	6	4	0	0	4	6	6
0,07	0	0	5	4	1	0	0	5	4	4
0,08	0	0	6	1	8	0	0	6	2	2
0,09	0	0	6	9	5	0	0	6	9	9
0,1	0	0	7	7	3	0	0	7	7	7
0,2	0	1	5	4	5	0	1	5	5	4
0,3	0	2	3	1	8	0	2	3	3	1
0,4	0	3	0	9	0	0	3	1	0	8
0,5	0	3	8	6	3	0	3	8	8	5
0,6	0	4	6	3	5	0	4	6	6	2
0,7	0	5	4	0	8	0	5	4	3	9
0,8	0	6	1	8	0	0	6	2	1	6
0,9	0	6	9	5	3	0	6	9	9	3
1	0	7	7	2	5	0	7	7	7	0
1,1	0	8	4	9	8	0	8	5	4	7
1,2	0	9	2	7	0	0	9	3	2	4
1,3	1	0	0	4	3	1	0	1	0	1
1,4	1	0	8	1	5	1	0	8	7	8
1,5	1	1	5	8	8	1	1	6	5	5
1,6	1	2	3	6	0	1	2	4	3	2
1,7	1	3	1	3	3	1	3	2	0	9
1,8	1	3	9	0	5	1	3	9	8	6
1,9	1	4	6	7	8	1	4	7	6	3
2	1	5	4	5	0	1	5	5	4	0
2,1	1	6	2	2	3	1	6	3	1	7
2,2	1	6	9	9	5	1	7	0	9	4
2,3	1	7	7	6	8	1	7	8	7	1
2,4	1	8	5	4	0	1	8	6	4	8
2,5	1	9	3	1	3	1	9	4	2	5
2,6	2	0	0	8	5	2	0	2	0	2
2,7	2	0	8	5	8	2	0	9	7	9
2,8	2	1	6	3	0	2	1	7	5	6
2,9	2	2	4	0	3	2	2	5	3	3
3	2	3	1	7	5	2	3	3	1	0
3,1	2	3	9	4	8	2	4	0	8	7
3,2	2	4	7	2	0	2	4	8	6	4
3,3	2	5	4	9	3	2	5	6	4	1
3,4	2	6	2	6	5	2	6	4	1	8
3,5	2	7	0	3	8	2	7	1	9	5
3,6	2	7	8	1	0	2	7	9	7	2
3,7	2	8	5	8	3	2	8	7	4	9
3,8	2	9	3	5	5	2	9	5	2	6
3,9	3	0	1	2	8	3	0	3	0	3
4	3	0	9	0	0	3	1	0	8	0
4,1	3	1	6	7	3	3	1	8	5	7
4,2	3	2	4	4	5	3	2	6	3	4
4,3	3	3	2	1	8	3	3	4	1	1
4,4	3	3	9	9	0	3	4	1	8	8
4,5	3	4	7	6	3	3	3	9	6	5

4,6 bis 10	0,7725	7,725	77,25	772,5	7725,0	0,777	7,77	77,7	777,0	7770,0
4,6	3	5	5	3	5	3	5	7	4	2
4,7	3	6	3	0	8	3	6	5	1	9
4,8	3	7	0	8	0	3	7	2	9	6
4,9	3	7	8	5	3	3	8	0	7	3
5	3	8	6	2	5	3	8	8	5	0
5,1	3	9	3	9	8	3	9	6	2	7
5,2	4	0	1	7	0	4	0	4	0	4
5,3	4	0	9	4	3	4	1	1	8	1
5,4	4	1	7	1	5	4	1	9	5	8
5,5	4	2	4	8	8	4	2	7	3	5
5,6	4	3	2	6	0	4	3	5	1	2
5,7	4	4	0	3	3	4	4	2	8	9
5,8	4	4	8	0	5	4	5	0	6	6
5,9	4	5	5	7	8	4	5	8	4	3
6	4	6	3	5	0	4	6	6	2	0
6,1	4	7	1	2	3	4	7	3	9	7
6,2	4	7	8	9	5	4	8	1	7	4
6,3	4	8	6	6	8	4	8	9	5	1
6,4	4	9	4	4	0	4	9	7	2	8
6,5	5	0	2	1	3	5	0	5	0	5
6,6	5	0	9	8	5	5	1	2	8	2
6,7	5	1	7	5	8	5	2	0	5	9
6,8	5	2	5	3	0	5	2	8	3	6
6,9	5	3	3	0	3	5	3	6	1	3
7	5	4	0	7	5	5	4	3	9	0
7,1	5	4	8	4	8	5	5	1	6	7
7,2	5	5	6	2	0	5	5	9	4	4
7,3	5	6	3	9	3	5	6	7	2	1
7,4	5	7	1	6	5	5	7	4	9	8
7,5	5	7	9	3	8	5	8	2	7	5
7,6	5	8	7	1	0	5	9	0	5	2
7,7	5	9	4	8	3	5	9	8	2	9
7,8	6	0	2	5	5	6	0	6	0	6
7,9	6	1	0	2	8	6	1	3	8	3
8	6	1	8	0	0	6	2	1	6	0
8,1	6	2	5	7	3	6	2	9	3	7
8,2	6	3	3	4	5	6	3	7	1	4
8,3	6	4	1	1	8	6	4	4	9	1
8,4	6	4	8	9	0	6	5	2	6	8
8,5	6	5	6	6	3	6	6	0	4	5
8,6	6	6	4	3	5	6	6	8	2	2
8,7	6	7	2	0	8	6	7	5	9	9
8,8	6	7	9	8	0	6	8	3	7	6
8,9	6	8	7	5	3	6	9	1	5	3
9	6	9	5	2	5	6	9	9	3	0
9,1	7	0	2	9	8	7	0	7	0	7
9,2	7	1	0	7	0	7	1	4	8	4
9,3	7	1	8	4	3	7	2	2	6	1
9,4	7	2	6	1	5	7	3	0	3	8
9,5	7	3	3	8	8	7	3	8	1	5
9,6	7	4	1	6	0	7	4	5	9	2
9,7	7	4	9	3	3	7	5	3	6	9
9,8	7	5	7	0	5	7	6	1	4	6
9,9	7	6	4	7	8	7	6	9	2	3
10	7	7	2	5	0	7	7	7	0	0

0,01 bis **4,5**	**7815,**0 / **781,**5 / **0,**7815 / **7,**815 / **78,**15					**7860,**0 / **786,**0 / **0,**786 / **7,**86 / **78,**6				
0,01	0	0	0	7	8	0	0	0	7	9
0,02	0	0	1	5	6	0	0	1	5	7
0,03	0	0	2	3	4	0	0	2	3	6
0,04	0	0	3	1	3	0	0	3	1	4
0,05	0	0	3	9	1	0	0	3	9	3
0,06	0	0	4	6	9	0	0	4	7	2
0,07	0	0	5	4	7	0	0	5	5	0
0,08	0	0	6	2	5	0	0	6	2	9
0,09	0	0	7	0	3	0	0	7	0	7
0,1	0	0	7	8	2	0	0	7	8	6
0,2	0	1	5	6	3	0	1	5	7	2
0,3	0	2	3	4	5	0	2	3	5	8
0,4	0	3	1	2	6	0	3	1	4	4
0,5	0	3	9	0	8	0	3	9	3	0
0,6	0	4	6	8	9	0	4	7	1	6
0,7	0	5	4	7	1	0	5	5	0	2
0,8	0	6	2	5	2	0	6	2	8	8
0,9	0	7	0	3	4	0	7	0	7	4
1	0	7	8	1	5	0	7	8	6	0
1,1	0	8	5	9	7	0	8	6	4	6
1,2	0	9	3	7	8	0	9	4	3	2
1,3	1	0	1	6	0	1	0	2	1	8
1,4	1	0	9	4	1	1	1	0	0	4
1,5	1	1	7	2	3	1	1	7	9	0
1,6	1	2	5	0	4	1	2	5	7	6
1,7	1	3	2	8	6	1	3	3	6	2
1,8	1	4	0	6	7	1	4	1	4	8
1,9	1	4	8	4	9	1	4	9	3	4
2	1	5	6	3	0	1	5	7	2	0
2,1	1	6	4	1	2	1	6	5	0	6
2,2	1	7	1	9	3	1	7	2	9	2
2,3	1	7	9	7	5	1	8	0	7	8
2,4	1	8	7	5	6	1	8	8	6	4
2,5	1	9	5	3	8	1	9	6	5	0
2,6	2	0	3	1	9	2	0	4	3	6
2,7	2	1	1	0	1	2	1	2	2	2
2,8	2	1	8	8	2	2	2	0	0	8
2,9	2	2	6	6	4	2	2	7	9	4
3	2	3	4	4	5	2	3	5	8	0
3,1	2	4	2	2	7	2	4	3	6	6
3,2	2	5	0	0	8	2	5	1	5	2
3,3	2	5	7	9	0	2	5	9	3	8
3,4	2	6	5	7	1	2	6	7	2	4
3,5	2	7	3	5	3	2	7	5	1	0
3,6	2	8	1	3	4	2	8	2	9	6
3,7	2	8	9	1	6	2	9	0	8	2
3,8	2	9	6	9	7	2	9	8	6	8
3,9	3	0	4	7	9	3	0	6	5	4
4	3	1	2	6	0	3	1	4	4	0
4,1	3	2	0	4	2	3	2	2	2	6
4,2	3	2	8	2	3	3	3	0	1	2
4,3	3	3	6	0	5	3	3	7	9	8
4,4	3	4	3	8	6	3	4	5	8	4
4,5	3	5	1	6	8	3	5	3	7	0

4,6 bis **10**	**7815,**0 / **781,**5 / **0,**7815 / **7,**815 / **78,**15					**7860,**0 / **786,**0 / **0,**786 / **7,**86 / **78,**6				
4,6	3	5	9	4	9	3	6	1	5	6
4,7	3	6	7	3	1	3	6	9	4	2
4,8	3	7	5	1	2	3	7	7	2	8
4,9	3	8	2	9	4	3	8	5	1	4
5	3	9	0	7	5	3	9	3	0	0
5,1	3	9	8	5	7	4	0	0	8	6
5,2	4	0	6	3	8	4	0	8	7	2
5,3	4	1	4	2	0	4	1	6	5	8
5,4	4	2	2	0	1	4	2	4	4	4
5,5	4	2	9	8	3	4	3	2	3	0
5,6	4	3	7	6	4	4	4	0	1	6
5,7	4	4	5	4	6	4	4	8	0	2
5,8	4	5	3	2	7	4	5	5	8	8
5,9	4	6	1	0	9	4	6	3	7	4
6	4	6	8	9	0	4	7	1	6	0
6,1	4	7	6	7	2	4	7	9	4	6
6,2	4	8	4	5	3	4	8	7	3	2
6,3	4	9	2	3	5	4	9	5	1	8
6,4	5	0	0	1	6	5	0	3	0	4
6,5	5	0	7	9	8	5	1	0	9	0
6,6	5	1	5	7	9	5	1	8	7	6
6,7	5	2	3	6	1	5	2	6	6	2
6,8	5	3	1	4	2	5	3	4	4	8
6,9	5	3	9	2	4	5	4	2	3	4
7	5	4	7	0	5	5	5	0	2	0
7,1	5	5	4	8	7	5	5	8	0	6
7,2	5	6	2	6	8	5	6	5	9	2
7,3	5	7	0	5	0	5	7	3	7	8
7,4	5	7	8	3	1	5	8	1	6	4
7,5	5	8	6	1	3	5	8	9	5	0
7,6	5	9	3	9	4	5	9	7	3	6
7,7	6	0	1	7	6	6	0	5	2	2
7,8	6	0	9	5	7	6	1	3	0	8
7,9	6	1	7	3	9	6	2	0	9	4
8	6	2	5	2	0	6	2	8	8	0
8,1	6	3	3	0	2	6	3	6	6	6
8,2	6	4	0	8	3	6	4	4	5	2
8,3	6	4	8	6	5	6	5	2	3	8
8,4	6	5	6	4	6	6	6	0	2	4
8,5	6	6	4	2	8	6	6	8	1	0
8,6	6	7	2	0	9	6	7	5	9	6
8,7	6	7	9	9	1	6	8	3	8	2
8,8	6	8	7	7	2	6	9	1	6	8
8,9	6	9	5	5	4	6	9	9	5	4
9	7	0	3	3	5	7	0	7	4	0
9,1	7	1	1	1	7	7	1	5	2	6
9,2	7	1	8	9	8	7	2	3	1	2
9,3	7	2	6	8	0	7	3	0	9	8
9,4	7	3	4	6	1	7	3	8	8	4
9,5	7	4	2	4	3	7	4	6	7	0
9,6	7	5	0	2	4	7	5	4	5	6
9,7	7	5	8	0	6	7	6	2	4	2
9,8	7	6	5	8	7	7	7	0	2	8
9,9	7	7	3	6	9	7	7	8	1	4
10	7	8	1	5	0	7	8	6	0	0

7905–7950

0,01 bis 10	0,7905	7,905	79,05	790,5	7905,0	0,795	7,95	79,5	795,0	7950,0
0,01	0	0	0	7	9	0	0	0	8	0
0,02	0	0	1	5	8	0	0	1	5	9
0,03	0	0	2	3	7	0	0	2	3	9
0,04	0	0	3	1	6	0	0	3	1	8
0,05	0	0	3	9	5	0	0	3	9	8
0,06	0	0	4	7	4	0	0	4	7	7
0,07	0	0	5	5	3	0	0	5	5	7
0,08	0	0	6	3	2	0	0	6	3	6
0,09	0	0	7	1	1	0	0	7	1	6
0,1	0	0	7	9	1	0	0	7	9	5
0,2	0	1	5	8	1	0	1	5	9	0
0,3	0	2	3	7	2	0	2	3	8	5
0,4	0	3	1	6	2	0	3	1	8	0
0,5	0	3	9	5	3	0	3	9	7	5
0,6	0	4	7	4	3	0	4	7	7	0
0,7	0	5	5	3	4	0	5	5	6	5
0,8	0	6	3	2	4	0	6	3	6	0
0,9	0	7	1	1	5	0	7	1	5	5
1	0	7	9	0	5	0	7	9	5	0
1,1	0	8	6	9	6	0	8	7	4	5
1,2	0	9	4	8	6	1	9	5	4	0
1,3	1	0	2	7	7	1	0	3	3	5
1,4	1	1	0	6	7	1	1	1	3	0
1,5	1	1	8	5	8	1	1	9	2	5
1,6	1	2	6	4	8	1	2	7	2	0
1,7	1	3	4	3	9	1	3	5	1	5
1,8	1	4	2	2	9	1	4	3	1	0
1,9	1	5	0	2	0	1	5	1	0	5
2	1	5	8	1	0	1	5	9	0	0
2,1	1	6	6	0	1	1	6	6	9	5
2,2	1	7	3	9	1	1	7	4	9	0
2,3	1	8	1	8	2	1	8	2	8	5
2,4	1	8	9	7	2	1	9	0	8	0
2,5	1	9	7	6	3	1	9	8	7	5
2,6	2	0	5	5	3	2	0	6	7	0
2,7	2	1	3	4	4	2	1	4	6	5
2,8	2	2	1	3	4	2	2	2	6	0
2,9	2	2	9	2	5	2	3	0	5	5
3	2	3	7	1	5	2	3	8	5	0
3,1	2	4	5	0	6	2	4	6	4	5
3,2	2	5	2	9	6	2	5	4	4	0
3,3	2	6	0	8	7	2	6	2	3	5
3,4	2	6	8	7	7	2	7	0	3	0
3,5	2	7	6	6	8	2	7	8	2	5
3,6	2	8	4	5	8	2	8	6	2	0
3,7	2	9	2	4	9	2	9	4	1	5
3,8	3	0	0	3	9	3	0	2	1	0
3,9	3	0	8	3	0	3	1	0	0	5
4	3	1	6	2	0	3	1	8	0	0
4,1	3	2	4	1	1	3	2	5	9	5
4,2	3	3	2	0	1	3	3	3	9	0
4,3	3	3	9	9	2	3	4	1	8	5
4,4	3	4	7	8	1	3	4	9	8	0
4,5	3	5	5	7	3	3	5	7	7	5
4,6	3	6	3	6	3	3	6	5	7	0
4,7	3	7	1	5	4	3	7	3	6	5
4,8	3	7	9	4	0	3	8	1	6	0
4,9	3	8	7	3	5	3	8	9	5	5
5	3	9	5	2	5	3	9	7	5	0
5,1	4	0	3	1	6	4	0	5	4	5
5,2	4	1	1	0	6	4	1	3	4	0
5,3	4	1	8	9	7	4	2	1	3	5
5,4	4	2	6	8	7	4	2	9	3	0
5,5	4	3	4	7	8	4	3	7	2	5
5,6	4	4	2	6	8	4	4	5	2	0
5,7	4	5	0	5	9	4	5	3	1	5
5,8	4	5	8	4	0	4	6	1	1	0
5,9	4	6	6	4	0	4	6	9	0	5
6	4	7	4	3	0	4	7	7	0	0
6,1	4	8	2	2	1	4	8	4	9	5
6,2	4	9	0	1	1	4	9	2	9	0
6,3	4	9	8	0	2	5	0	0	8	5
6,4	5	0	5	9	2	5	0	8	8	0
6,5	5	1	3	8	3	5	1	6	7	5
6,6	5	2	1	7	3	5	2	4	7	0
6,7	5	2	9	6	4	5	3	2	6	5
6,8	5	3	7	5	4	5	4	0	6	0
6,9	5	4	5	4	5	5	4	8	5	5
7	5	5	3	3	5	5	5	6	5	0
7,1	5	6	1	2	6	5	6	4	4	5
7,2	5	6	9	1	6	5	7	2	4	0
7,3	5	7	7	0	7	5	8	0	3	5
7,4	5	8	4	9	7	5	8	8	3	0
7,5	5	9	2	8	8	5	9	6	2	5
7,6	6	0	0	7	8	6	0	4	2	0
7,7	6	0	8	6	9	6	1	2	1	5
7,8	6	1	6	5	9	6	2	0	1	0
7,9	6	2	4	5	0	6	2	8	0	5
8	6	3	2	4	0	6	3	6	0	0
8,1	6	4	0	3	1	6	4	3	9	5
8,2	6	4	8	2	1	6	5	1	9	0
8,3	6	5	6	1	2	6	5	9	8	5
8,4	6	6	4	0	2	6	6	7	8	0
8,5	6	7	1	9	3	6	7	5	7	5
8,6	6	7	9	8	3	6	8	3	7	0
8,7	6	8	7	7	4	6	9	1	6	5
8,8	6	9	5	6	4	6	9	9	6	0
8,9	7	0	3	5	5	7	0	7	5	5
9	7	1	1	4	5	7	1	5	5	0
9,1	7	1	9	3	6	7	2	3	4	5
9,2	7	2	7	2	6	7	3	1	4	0
9,3	7	3	5	1	7	7	3	9	3	5
9,4	7	4	3	0	7	7	4	7	3	0
9,5	7	5	0	9	8	7	5	5	2	5
9,6	7	5	8	8	8	7	6	3	2	0
9,7	7	6	6	7	9	7	7	1	1	5
9,8	7	7	4	6	9	7	7	9	1	0
9,9	7	8	2	6	0	7	8	7	0	5
10	7	9	0	5	0	7	9	5	0	0

0,01 bis 4,5	0,7995	7,995	79,95	799,5	7995,0	0,804	8,04	80,4	804,0	8040,0
0,01	0	0	0	8	0	0	0	0	8	0
0,02	0	0	1	6	0	0	0	1	6	1
0,03	0	0	2	4	0	0	0	2	4	1
0,04	0	0	3	2	0	0	0	3	2	2
0,05	0	0	4	0	0	0	0	4	0	2
0,06	0	0	4	8	0	0	0	4	8	2
0,07	0	0	5	6	0	0	0	5	6	3
0,08	0	0	6	4	0	0	0	6	4	3
0,09	0	0	7	2	0	0	0	7	2	4
0,1	0	0	8	0	0	0	0	8	0	4
0,2	0	1	5	9	9	0	1	6	0	8
0,3	0	2	3	9	9	0	2	4	1	2
0,4	0	3	1	9	8	0	3	2	1	6
0,5	0	3	9	9	8	0	4	0	2	0
0,6	0	4	7	9	7	0	4	8	2	4
0,7	0	5	5	9	7	0	5	6	2	8
0,8	0	6	3	9	6	0	6	4	3	2
0,9	0	7	1	9	6	0	7	2	3	6
1	0	7	9	9	5	0	8	0	4	0
1,1	0	8	7	9	5	0	8	8	4	4
1,2	0	9	5	9	4	0	9	6	4	8
1,3	1	0	3	9	4	1	0	4	5	2
1,4	1	1	1	9	3	1	1	2	5	6
1,5	1	1	9	9	3	1	2	0	6	0
1,6	1	2	7	9	2	1	2	8	6	4
1,7	1	3	5	9	2	1	3	6	6	8
1,8	1	4	3	9	1	1	4	4	7	2
1,9	1	5	1	9	1	1	5	2	7	6
2	1	5	9	9	0	1	6	0	8	0
2,1	1	6	7	9	0	1	6	8	8	4
2,2	1	7	5	8	9	1	7	6	8	8
2,3	1	8	3	8	9	1	8	4	9	2
2,4	1	9	1	8	8	1	9	2	9	6
2,5	1	9	9	8	8	2	0	1	0	0
2,6	2	0	7	8	7	2	0	9	0	4
2,7	2	1	5	8	7	2	1	7	0	8
2,8	2	2	3	8	6	2	2	5	1	2
2,9	2	3	1	8	6	2	3	3	1	6
3	2	3	9	8	5	2	4	1	2	0
3,1	2	4	7	8	5	2	4	9	2	4
3,2	2	5	5	8	4	2	5	7	2	8
3,3	2	6	3	8	4	2	6	5	3	2
3,4	2	7	1	8	3	2	7	3	3	6
3,5	2	7	9	8	3	2	8	1	4	0
3,6	2	8	7	8	2	2	8	9	4	4
3,7	2	9	5	8	2	2	9	7	4	8
3,8	3	0	3	8	1	3	0	5	5	2
3,9	3	1	1	8	1	3	1	3	5	6
4	3	1	9	8	0	3	2	1	6	0
4,1	3	2	7	8	0	3	2	9	6	4
4,2	3	3	5	7	9	3	3	7	6	8
4,3	3	4	3	7	9	3	4	5	7	2
4,4	3	5	1	7	8	3	5	3	7	6
4,5	3	5	9	7	8	3	6	1	8	0

4,6 bis 10	0,7995	7,995	79,95	799,5	7995,0	0,804	8,04	80,4	804,0	8040,0
4,6	3	6	7	7	7	3	6	9	8	4
4,7	3	7	5	7	7	3	7	7	8	8
4,8	3	8	3	7	6	3	8	5	9	2
4,9	3	9	1	7	6	3	9	3	9	6
5	3	9	9	7	5	4	0	2	0	0
5,1	4	0	7	7	5	4	1	0	0	4
5,2	4	1	5	7	4	4	1	8	0	8
5,3	4	2	3	7	4	4	2	6	1	2
5,4	4	3	1	7	3	4	3	4	1	6
5,5	4	3	9	7	3	4	4	2	2	0
5,6	4	4	7	7	2	4	5	0	2	4
5,7	4	5	5	7	2	4	5	8	2	8
5,8	4	6	3	7	1	4	6	6	3	2
5,9	4	7	1	7	1	4	7	4	3	6
6	4	7	9	7	0	4	8	2	4	0
6,1	4	8	7	7	0	4	9	0	4	4
6,2	4	9	5	6	9	4	9	8	4	8
6,3	5	0	3	6	9	5	0	6	5	2
6,4	5	1	1	6	8	5	1	4	5	6
6,5	5	1	9	6	8	5	2	2	6	0
6,6	5	2	7	6	7	5	3	0	6	4
6,7	5	3	5	6	7	5	3	8	6	8
6,8	5	4	3	6	6	5	4	6	7	2
6,9	5	5	1	6	6	5	5	4	7	6
7	5	5	9	6	5	5	6	2	8	0
7,1	5	6	7	6	5	5	7	0	8	4
7,2	5	7	5	6	4	5	7	8	8	8
7,3	5	8	3	6	4	5	8	6	9	2
7,4	5	9	1	6	3	5	9	4	9	6
7,5	5	9	9	6	3	6	0	3	0	0
7,6	6	0	7	6	2	6	1	1	0	4
7,7	6	1	5	6	2	6	1	9	0	8
7,8	6	2	3	6	1	6	2	7	1	2
7,9	6	3	1	6	1	6	3	5	1	6
8	6	3	9	6	0	6	4	3	2	0
8,1	6	4	7	6	0	6	5	1	2	4
8,2	6	5	5	5	9	6	5	9	2	8
8,3	6	6	3	5	9	6	6	7	3	2
8,4	6	7	1	5	8	6	7	5	3	6
8,5	6	7	9	5	8	6	8	3	4	0
8,6	6	8	7	5	7	6	9	1	4	4
8,7	6	9	5	5	7	6	9	9	4	8
8,8	7	0	3	5	6	7	0	7	5	2
8,9	7	1	1	5	6	7	1	5	5	6
9	7	1	9	5	5	7	2	3	6	0
9,1	7	2	7	5	5	1	3	1	6	4
9,2	7	3	5	5	4	7	3	9	6	8
9,3	7	4	3	5	4	7	4	7	7	2
9,4	7	5	1	5	3	7	5	5	7	6
9,5	7	5	9	5	3	7	6	3	8	0
9,6	7	6	7	5	2	7	7	1	8	4
9,7	7	7	5	5	2	7	7	9	8	8
9,8	7	8	3	5	1	7	8	7	9	2
9,9	7	9	1	5	1	7	9	5	9	6
10	7	9	7	5	0	8	0	4	0	0

8085–8130

0,01 bis 4,5	0,8085	8,085	80,85	808,5	8085,0	0,813	8,13	81,3	813,0	8130,0
0,01	0	0	0	8	1	0	0	0	8	1
0,02	0	0	1	6	2	0	0	1	6	3
0,03	0	0	2	4	3	0	0	2	4	4
0,04	0	0	3	2	3	0	0	3	2	5
0,05	0	0	4	0	4	0	0	4	0	7
0,06	0	0	4	8	5	0	0	4	8	8
0,07	0	0	5	6	6	0	0	5	6	9
0,08	0	0	6	4	7	0	0	6	5	0
0,09	0	0	7	2	8	0	0	7	3	2
0,1	0	0	8	0	9	0	0	8	1	3
0,2	0	1	6	1	7	0	1	6	2	6
0,3	0	2	4	2	6	0	2	4	3	9
0,4	0	3	2	3	4	0	3	2	5	2
0,5	0	4	0	4	3	0	4	0	6	5
0,6	0	4	8	5	1	0	4	8	7	8
0,7	0	5	6	6	0	0	5	6	9	1
0,8	0	6	4	6	8	0	6	5	0	4
0,9	0	7	2	7	7	0	7	3	1	7
1	0	8	0	8	5	0	8	1	3	0
1,1	0	8	8	9	4	0	8	9	4	3
1,2	0	9	7	0	2	0	9	7	5	6
1,3	1	0	5	1	1	1	0	5	6	9
1,4	1	1	3	1	9	1	1	3	8	2
1,5	1	2	1	2	8	1	2	1	9	5
1,6	1	2	9	3	6	1	3	0	0	8
1,7	1	3	7	4	5	1	3	8	2	1
1,8	1	4	5	5	4	1	4	6	3	4
1,9	1	5	3	6	2	1	5	4	4	7
2	1	6	1	7	0	1	6	2	6	0
2,1	1	6	9	7	9	1	7	0	7	3
2,2	1	7	7	8	7	1	7	8	8	6
2,3	1	8	5	9	6	1	8	6	9	9
2,4	1	9	4	0	4	1	9	5	1	2
2,5	2	0	2	1	3	2	0	3	2	5
2,6	2	1	0	2	1	2	1	1	3	8
2,7	2	1	8	3	0	2	1	9	5	1
2,8	2	2	6	3	8	2	2	7	6	4
2,9	2	3	4	4	7	2	3	5	7	7
3	2	4	2	5	5	2	4	3	9	0
3,1	2	5	0	6	4	2	5	2	0	3
3,2	2	5	8	7	2	2	6	0	1	6
3,3	2	6	6	8	1	2	6	8	2	9
3,4	2	7	4	8	9	2	7	6	4	2
3,5	2	8	2	9	8	2	8	4	5	5
3,6	2	9	1	0	6	2	9	2	6	8
3,7	2	9	9	1	5	3	0	0	8	1
3,8	3	0	7	2	3	3	0	8	9	4
3,9	3	1	5	3	2	3	1	7	0	7
4	3	2	3	4	0	3	2	5	2	0
4,1	3	3	1	4	9	3	3	3	3	3
4,2	3	3	9	5	7	3	4	1	4	6
4,3	3	4	7	6	6	3	4	9	5	9
4,4	3	5	5	7	4	3	5	7	7	2
4,5	3	6	3	8	3	3	6	5	8	5

4,6 bis 10	0,8085	8,085	80,85	808,5	8085,0	0,813	8,13	81,3	813,0	8130,0
4,6	3	7	1	9	1	3	7	3	9	8
4,7	3	8	0	0	0	3	8	2	1	1
4,8	3	8	8	0	8	3	9	0	2	4
4,9	3	9	6	1	7	3	9	8	3	7
5	4	0	4	2	5	4	0	6	5	0
5,1	4	1	2	3	4	4	1	4	6	3
5,2	4	2	0	4	2	4	2	2	7	6
5,3	4	2	8	5	1	4	3	0	8	9
5,4	4	3	6	5	9	4	3	9	0	2
5,5	4	4	4	6	8	4	4	7	1	5
5,6	4	5	2	7	6	4	5	5	2	8
5,7	4	6	0	8	5	4	6	3	4	1
5,8	4	6	8	9	3	4	7	1	5	4
5,9	4	7	7	0	2	4	7	9	6	7
6	4	8	5	1	0	4	8	7	8	0
6,1	4	9	3	1	9	4	9	5	9	3
6,2	5	0	1	2	7	5	0	4	0	6
6,3	5	0	9	3	6	5	1	2	1	9
6,4	5	1	7	4	4	5	2	0	3	2
6,5	5	2	5	5	3	5	2	8	4	5
6,6	5	3	3	6	1	5	3	6	5	8
6,7	5	4	1	7	0	5	4	4	7	1
6,8	5	4	9	7	8	5	5	2	8	4
6,9	5	5	7	8	7	5	6	0	9	7
7	5	6	5	9	5	5	6	9	1	0
7,1	5	7	4	0	4	5	7	7	2	3
7,2	5	8	2	1	2	5	8	5	3	6
7,3	5	9	0	2	1	5	9	3	4	9
7,4	5	9	8	2	9	6	0	1	6	2
7,5	6	0	6	3	8	6	0	9	7	5
7,6	6	1	4	4	6	6	1	7	8	8
7,7	6	2	2	5	5	6	2	6	0	1
7,8	6	3	0	6	3	6	3	4	1	4
7,9	6	3	8	7	2	6	4	2	2	7
8	6	4	6	8	0	6	5	0	4	0
8,1	6	5	4	8	9	6	5	8	5	3
8,2	6	6	2	9	7	6	6	6	6	6
8,3	6	7	1	0	6	6	7	4	7	9
8,4	6	7	9	1	4	6	8	2	9	2
8,5	6	8	7	2	3	6	9	1	0	5
8,6	6	9	5	3	1	6	9	9	1	8
8,7	7	0	3	4	0	7	0	7	3	1
8,8	7	1	1	4	8	7	1	5	4	4
8,9	7	1	9	5	7	7	2	3	5	7
9	7	2	7	6	5	7	3	1	7	0
9,1	7	3	5	7	4	7	3	9	8	3
9,2	7	4	3	8	2	7	4	7	9	6
9,3	7	5	1	9	1	7	5	6	0	9
9,4	7	5	9	9	9	7	6	4	2	2
9,5	7	6	8	0	8	7	7	2	3	5
9,6	7	7	6	1	6	7	8	0	4	8
9,7	7	8	4	2	5	7	8	8	6	1
9,8	7	9	2	3	3	7	9	6	7	4
9,9	8	0	0	4	2	8	0	4	8	7
10	8	0	8	5	0	8	1	3	0	0

8180–8230

0,01 bis 4,5	0,818	8,18	81,8	818,0	8180,0	0,823	8,23	82,3	823,0	8230,0
0,01	0	0	0	8	2	0	0	0	8	2
0,02	0	0	1	6	4	0	0	1	6	5
0,03	0	0	2	4	5	0	0	2	4	7
0,04	0	0	3	2	7	0	0	3	2	9
0,05	0	0	4	0	9	0	0	4	1	2
0,06	0	0	4	9	1	0	0	4	9	4
0,07	0	0	5	7	3	0	0	5	7	6
0,08	0	0	6	5	4	0	0	6	5	8
0,09	0	0	7	3	6	0	0	7	4	1
0,1	0	0	8	1	8	0	0	8	2	3
0,2	0	1	6	3	6	0	1	6	4	6
0,3	0	2	4	5	4	0	2	4	6	9
0,4	0	3	2	7	2	0	3	2	9	2
0,5	0	4	0	9	0	0	4	1	1	5
0,6	0	4	9	0	8	0	4	9	3	8
0,7	0	5	7	2	6	0	5	7	6	1
0,8	0	6	5	4	4	0	6	5	8	4
0,9	0	7	3	6	2	0	7	4	0	7
1	0	8	1	8	0	0	8	2	3	0
1,1	0	8	9	9	8	0	9	0	5	3
1,2	0	9	8	1	6	0	9	8	7	6
1,3	1	0	6	3	4	1	0	6	9	9
1,4	1	1	4	5	2	1	1	5	2	2
1,5	1	2	2	7	0	1	2	3	4	5
1,6	1	3	0	8	8	1	3	1	6	8
1,7	1	3	9	0	6	1	3	9	9	1
1,8	1	4	7	2	4	1	4	8	1	4
1,9	1	5	5	4	2	1	5	6	3	7
2	1	6	3	6	0	1	6	4	6	0
2,1	1	7	1	7	8	1	7	2	8	3
2,2	1	7	9	9	6	1	8	1	0	6
2,3	1	8	8	1	4	1	8	9	2	9
2,4	1	9	6	3	2	1	9	7	5	2
2,5	2	0	4	5	0	2	0	5	7	5
2,6	2	1	2	6	8	2	1	3	9	8
2,7	2	2	0	8	6	2	2	2	2	1
2,8	2	2	9	0	4	2	3	0	4	4
2,9	2	3	7	2	2	2	3	8	6	7
3	2	4	5	4	0	2	4	6	9	0
3,1	2	5	3	5	8	2	5	5	1	3
3,2	2	6	1	7	6	2	6	3	3	6
3,3	2	6	9	9	4	2	7	1	5	9
3,4	2	7	8	1	2	2	7	9	8	2
3,5	2	8	6	3	0	2	8	8	0	5
3,6	2	9	4	4	8	2	9	6	2	8
3,7	3	0	2	6	6	3	0	4	5	1
3,8	3	1	0	8	4	3	1	2	7	4
3,9	3	1	9	0	2	3	2	0	9	7
4	3	2	7	2	0	3	2	9	2	0
4,1	3	3	5	3	8	3	3	7	4	3
4,2	3	4	3	5	6	3	4	5	6	6
4,3	3	5	1	7	4	3	5	3	8	9
4,4	3	5	9	9	2	3	6	2	1	2
4,5	3	6	8	1	0	3	7	0	3	5

4,6 bis 10	0,818	8,18	81,8	818,0	8180,0	0,823	8,23	82,3	823,0	8230,0
4,6	3	7	6	2	8	3	7	8	5	8
4,7	3	8	4	4	6	3	8	6	8	1
4,8	3	9	2	6	4	3	9	5	0	4
4,9	4	0	0	8	2	4	0	3	2	7
5	4	0	9	0	0	4	1	1	5	0
5,1	4	1	7	1	8	4	1	9	7	3
5,2	4	2	5	3	6	4	2	7	9	6
5,3	4	3	3	5	4	4	3	6	1	9
5,4	4	4	1	7	2	4	4	4	4	2
5,5	4	4	9	9	0	4	5	2	6	5
5,6	4	5	8	0	8	4	6	0	8	8
5,7	4	6	6	2	6	4	6	9	1	1
5,8	4	7	4	4	4	4	7	7	3	4
5,9	4	8	2	6	2	4	8	5	5	7
6	4	9	0	8	0	4	9	3	8	0
6,1	4	9	8	9	8	5	0	2	0	3
6,2	5	0	7	1	6	5	1	0	2	6
6,3	5	1	5	3	4	5	1	8	4	9
6,4	5	2	3	5	2	5	2	6	7	2
6,5	5	3	1	7	0	5	3	4	9	5
6,6	5	3	9	8	8	5	4	3	1	8
6,7	5	4	8	0	6	5	5	1	4	1
6,8	5	5	6	2	4	5	5	9	6	4
6,9	5	6	4	4	2	5	6	7	8	7
7	5	7	2	6	0	5	7	6	1	0
7,1	5	8	0	7	8	5	8	4	3	3
7,2	5	8	8	9	6	5	9	2	5	6
7,3	5	9	7	1	4	6	0	0	7	9
7,4	6	0	5	3	2	6	0	9	0	2
7,5	6	1	3	5	0	6	1	7	2	5
7,6	6	2	1	6	8	6	2	5	4	8
7,7	6	2	9	8	6	6	3	3	7	1
7,8	6	3	8	0	4	6	4	1	9	4
7,9	6	4	6	2	2	6	5	0	1	7
8	6	5	4	4	0	6	5	8	4	0
8,1	6	6	2	5	8	6	6	6	6	3
8,2	6	7	0	7	6	6	7	4	8	6
8,3	6	7	8	9	4	6	8	3	0	9
8,4	6	8	7	1	2	6	9	1	3	2
8,5	6	9	5	3	0	6	9	9	5	5
8,6	7	0	3	4	8	7	0	7	7	8
8,7	7	1	1	6	6	7	1	6	0	1
8,8	7	1	9	8	4	7	2	4	2	4
8,9	7	2	8	0	2	7	3	2	4	7
9	7	3	6	2	0	7	4	0	7	0
9,1	7	4	4	3	8	7	4	8	9	3
9,2	7	5	2	5	6	7	5	7	1	6
9,3	7	6	0	7	4	7	6	5	3	9
9,4	7	6	8	9	2	7	7	3	6	2
9,5	7	7	7	1	0	7	8	1	8	5
9,6	7	8	5	2	8	7	9	0	0	8
9,7	7	9	3	4	6	7	9	8	3	1
9,8	8	0	1	6	4	8	0	6	5	4
9,9	8	0	9	8	2	8	1	4	7	7
10	8	1	8	0	0	8	2	3	0	0

0,01 bis 4,5	0,828	8,28	82,8	828,0	8280,0	0,833	8,33	83,3	833,0	8330,0
0,01	0	0	0	8	3	0	0	0	8	3
0,02	0	0	1	6	6	0	0	1	6	7
0,03	0	0	2	4	8	0	0	2	5	0
0,04	0	0	3	3	1	0	0	3	3	3
0,05	0	0	4	1	4	0	0	4	1	7
0,06	0	0	4	9	7	0	0	5	0	0
0,07	0	0	5	8	0	0	0	5	8	3
0,08	0	0	6	6	2	0	0	6	6	6
0,09	0	0	7	4	5	0	0	7	5	0
0,1	0	0	8	2	8	0	0	8	3	3
0,2	0	1	6	5	6	0	1	6	6	6
0,3	0	2	4	8	4	0	2	4	9	9
0,4	0	3	3	1	2	0	3	3	3	2
0,5	0	4	1	4	0	0	4	1	6	5
0,6	0	4	9	6	8	0	4	9	9	8
0,7	0	5	7	9	6	0	5	8	3	1
0,8	0	6	6	2	4	0	6	6	6	4
0,9	0	7	4	5	2	0	7	4	9	7
1	0	8	2	8	0	0	8	3	3	0
1,1	0	9	1	0	8	0	9	1	6	3
1,2	0	9	9	3	6	0	9	9	9	6
1,3	1	0	7	6	4	1	0	8	2	9
1,4	1	1	5	9	2	1	1	6	6	2
1,5	1	2	4	2	0	1	2	4	9	5
1,6	1	3	2	4	8	1	3	3	2	8
1,7	1	4	0	7	6	1	4	1	6	1
1,8	1	4	9	0	4	1	4	9	9	4
1,9	1	5	7	3	2	1	5	8	2	7
2	1	6	5	6	0	1	6	6	6	0
2,1	1	7	3	8	8	1	7	4	9	3
2,2	1	8	2	1	6	1	8	3	2	6
2,3	1	9	0	4	4	1	9	1	5	9
2,4	1	9	8	7	2	1	9	9	9	2
2,5	2	0	7	0	0	2	0	8	2	5
2,6	2	1	5	2	8	2	1	6	5	8
2,7	2	2	3	5	6	2	2	4	9	1
2,8	2	3	1	8	4	2	3	3	2	4
2,9	2	4	0	1	2	2	4	1	5	7
3	2	4	8	4	0	2	4	9	9	0
3,1	2	5	6	6	8	2	5	8	2	3
3,2	2	6	4	9	6	2	6	6	5	6
3,3	2	7	3	2	4	2	7	4	8	9
3,4	2	8	1	5	2	2	8	3	2	2
3,5	2	8	9	8	0	2	9	1	5	5
3,6	2	9	8	0	8	2	9	9	8	8
3,7	3	0	6	3	6	3	0	8	2	1
3,8	3	1	4	6	4	3	1	6	5	4
3,9	3	2	2	9	2	3	2	4	8	7
4	3	3	1	2	0	3	3	3	2	0
4,1	3	3	9	4	8	3	4	1	5	3
4,2	3	4	7	7	6	3	4	9	8	6
4,3	3	5	6	0	4	3	5	8	1	9
4,4	3	6	4	3	2	3	6	6	5	2
4,5	3	7	2	6	0	3	7	4	8	5

4,6 bis 10	0,828	8,28	82,8	828,0	8280,0	0,833	8,33	83,3	833,0	8330,0
4,6	3	8	0	8	8	3	8	3	1	8
4,7	3	8	9	1	6	3	9	1	5	1
4,8	3	9	7	4	4	3	9	9	8	4
4,9	4	0	5	7	2	4	0	8	1	7
5	4	1	4	0	0	4	1	6	5	0
5,1	4	2	2	2	8	4	2	4	8	3
5,2	4	3	0	5	6	4	3	3	1	6
5,3	4	3	8	8	4	4	4	1	4	9
5,4	4	4	7	1	2	4	4	9	8	2
5,5	4	5	5	4	0	4	5	8	1	5
5,6	4	6	3	6	8	4	6	6	4	8
5,7	4	7	1	9	6	4	7	4	8	1
5,8	4	8	0	2	4	4	8	3	1	4
5,9	4	8	8	5	2	4	9	1	4	7
6	4	9	6	8	0	4	9	9	8	0
6,1	5	0	5	0	8	5	0	8	1	3
6,2	5	1	3	3	6	5	1	6	4	6
6,3	5	2	1	6	4	5	2	4	7	9
6,4	5	2	9	9	2	5	3	3	1	2
6,5	5	3	8	2	0	5	4	1	4	5
6,6	5	4	6	4	8	5	4	9	7	8
6,7	5	5	4	7	6	5	5	8	1	1
6,8	5	6	3	0	4	5	6	6	4	4
6,9	5	7	1	3	2	5	7	4	7	7
7	5	7	9	6	0	5	8	3	1	0
7,1	5	8	7	8	8	5	9	1	4	3
7,2	5	9	6	1	6	5	9	9	7	6
7,3	6	0	4	4	4	6	0	8	0	9
7,4	6	1	2	7	2	6	1	6	4	2
7,5	6	2	1	0	0	6	2	4	7	5
7,6	6	2	9	2	8	6	3	3	0	8
7,7	6	3	7	5	6	6	4	1	4	1
7,8	6	4	5	8	4	6	4	9	7	4
7,9	6	5	4	1	2	6	5	8	0	7
8	6	6	2	4	0	6	6	6	4	0
8,1	6	7	0	6	8	6	7	4	7	3
8,2	6	7	8	9	6	6	8	3	0	6
8,3	6	8	7	2	4	6	9	1	3	9
8,4	6	9	5	5	2	6	9	9	7	2
8,5	7	0	3	8	0	7	0	8	0	5
8,6	7	1	2	0	8	7	1	6	3	8
8,7	7	2	0	3	6	7	2	4	7	1
8,8	7	2	8	6	4	7	3	3	0	4
8,9	7	3	6	9	2	7	4	1	3	7
9	7	4	5	2	0	7	4	9	7	0
9,1	7	5	3	4	8	7	5	8	0	3
9,2	7	6	1	7	6	7	6	6	3	6
9,3	7	7	0	0	4	7	7	4	6	9
9,4	7	7	8	3	2	7	8	3	0	2
9,5	7	8	6	6	0	7	9	1	3	5
9,6	7	9	4	8	8	7	9	9	6	8
9,7	8	0	3	1	6	8	0	8	0	1
9,8	8	1	1	4	4	8	1	6	3	4
9,9	8	1	9	7	2	8	2	4	6	7
10	8	2	8	0	0	8	3	3	0	0

0,01 bis 4,5	0,838	8,38	83,8	838,0	8380,0	0,843	8,43	84,3	843,0	8430,0
0,01	0	0	0	8	4	0	0	0	8	4
0,02	0	0	1	6	8	0	0	1	6	9
0,03	0	0	2	5	1	0	0	2	5	3
0,04	0	0	3	3	5	0	0	3	3	7
0,05	0	0	4	1	9	0	0	4	2	2
0,06	0	0	5	0	3	0	0	5	0	6
0,07	0	0	5	8	7	0	0	5	9	0
0,08	0	0	6	7	0	0	0	6	7	4
0,09	0	0	7	5	4	0	0	7	5	9
0,1	0	0	8	3	8	0	0	8	4	3
0,2	0	1	6	7	6	0	1	6	8	6
0,3	0	2	5	1	4	0	2	5	2	9
0,4	0	3	3	5	2	0	3	3	7	2
0,5	0	4	1	9	0	0	4	2	1	5
0,6	0	5	0	2	8	0	5	0	5	8
0,7	0	5	8	6	6	0	5	9	0	1
0,8	0	6	7	0	4	0	6	7	4	4
0,9	0	7	5	4	2	0	7	5	8	7
1	0	8	3	8	0	0	8	4	3	0
1,1	0	9	2	1	8	0	9	2	7	3
1,2	1	0	0	5	6	1	0	1	1	6
1,3	1	0	8	9	4	1	0	9	5	9
1,4	1	1	7	3	2	1	1	8	0	2
1,5	1	2	5	7	0	1	2	6	4	5
1,6	1	3	4	0	8	1	3	4	8	8
1,7	1	4	2	4	6	1	4	3	3	1
1,8	1	5	0	8	4	1	5	1	7	4
1,9	1	5	9	2	2	1	6	0	1	7
2	1	6	7	6	0	1	6	8	6	0
2,1	1	7	5	9	8	1	7	7	0	3
2,2	1	8	4	3	6	1	8	5	4	6
2,3	1	9	2	7	4	1	9	3	8	9
2,4	2	0	1	1	2	2	0	2	3	2
2,5	2	0	9	5	0	2	1	0	7	5
2,6	2	1	7	8	8	2	1	9	1	8
2,7	2	2	6	2	6	2	2	7	6	1
2,8	2	3	4	6	4	2	3	6	0	4
2,9	2	4	3	0	2	2	4	4	4	7
3	2	5	1	4	0	2	5	2	9	0
3,1	2	5	9	7	8	2	6	1	3	3
3,2	2	6	8	1	6	2	6	9	7	6
3,3	2	7	6	5	4	2	7	8	1	9
3,4	2	8	4	9	2	2	8	6	6	2
3,5	2	9	3	3	0	2	9	5	0	5
3,6	3	0	1	6	8	3	0	3	4	8
3,7	3	1	0	0	6	3	1	1	9	1
3,8	3	1	8	4	4	3	2	0	3	4
3,9	3	2	6	8	2	3	2	8	7	7
4	3	3	5	2	0	3	3	7	2	0
4,1	3	4	3	5	8	3	4	5	6	3
4,2	3	5	1	9	6	3	5	4	0	6
4,3	3	6	0	3	4	3	6	2	4	9
4,4	3	6	8	7	2	3	7	0	9	2
4,5	3	7	7	1	0	3	7	9	3	5

4,6 bis 10	0,838	8,38	83,8	838,0	8380,0	0,843	8,43	84,3	843,0	8430,0
4,6	3	8	5	4	8	3	8	7	7	8
4,7	3	9	3	8	6	3	9	6	2	1
4,8	4	0	2	2	4	4	0	4	6	4
4,9	4	1	0	6	2	4	1	3	0	7
5	4	1	9	0	0	4	2	1	5	0
5,1	4	2	7	3	8	4	2	9	9	3
5,2	4	3	5	7	6	4	3	8	3	6
5,3	4	4	4	1	4	4	4	6	7	9
5,4	4	5	2	5	2	4	5	5	2	2
5,5	4	6	0	9	0	4	6	3	6	5
5,6	4	6	9	2	8	4	7	2	0	8
5,7	4	7	7	6	6	4	8	0	5	1
5,8	4	8	6	0	4	4	8	8	9	4
5,9	4	9	4	4	2	4	9	7	3	7
6	5	0	2	8	0	5	0	5	8	0
6,1	5	1	1	1	8	5	1	4	2	3
6,2	5	1	9	5	6	5	2	2	6	6
6,3	5	2	7	9	4	5	3	1	0	9
6,4	5	3	6	3	2	5	3	9	5	2
6,5	5	4	4	7	0	5	4	7	9	5
6,6	5	5	3	0	8	5	5	6	3	8
6,7	5	6	1	4	6	5	6	4	8	1
6,8	5	6	9	8	4	5	7	3	2	4
6,9	5	7	8	2	2	5	8	1	6	7
7	5	8	6	6	0	5	9	0	1	0
7,1	5	9	4	9	8	5	9	8	5	3
7,2	6	0	3	3	6	6	0	6	9	6
7,3	6	1	1	7	4	6	1	5	3	9
7,4	6	2	0	1	2	6	2	3	8	2
7,5	6	2	8	5	0	6	3	2	2	5
7,6	6	3	6	8	8	6	4	0	6	8
7,7	6	4	5	2	6	6	4	9	1	1
7,8	6	5	3	6	4	6	5	7	5	4
7,9	6	6	2	0	2	6	6	5	9	7
8	6	7	0	4	0	6	7	4	7	0
8,1	6	7	8	7	8	6	8	2	8	3
8,2	6	8	7	1	6	6	9	1	2	6
8,3	6	9	5	5	4	6	9	9	6	9
8,4	7	0	3	9	2	7	0	8	1	2
8,5	7	1	2	3	0	7	1	6	5	5
8,6	7	2	0	6	8	7	2	4	9	8
8,7	7	2	9	0	6	7	3	3	4	1
8,8	7	3	7	4	4	7	4	1	8	4
8,9	7	4	5	8	2	7	5	0	2	7
9	7	5	4	2	0	7	5	8	7	0
9,1	7	6	2	5	8	2	6	7	1	3
9,2	7	7	0	9	6	7	7	5	5	6
9,3	7	7	9	3	4	7	8	3	9	9
9,4	7	8	7	7	2	7	9	2	4	2
9,5	7	9	6	1	0	8	0	0	8	5
9,6	8	0	4	4	8	8	0	9	2	8
9,7	8	1	2	8	6	8	1	7	7	1
9,8	8	2	1	2	4	8	2	6	1	4
9,9	8	2	9	6	2	8	3	4	5	7
10	8	3	8	0	0	8	4	3	0	0

0,01 bis 4,5	0,848	8,48	84,8	848,0	8480,0	0,853	8,53	85,3	853,0	8530,0
0,01	0	0	0	8	5	0	0	0	8	5
0,02	0	0	1	7	0	0	0	1	7	1
0,03	0	0	2	5	4	0	0	2	5	6
0,04	0	0	3	3	9	0	0	3	4	1
0,05	0	0	4	2	4	0	0	4	2	7
0,06	0	0	5	0	9	0	0	5	1	2
0,07	0	0	5	9	4	0	0	5	9	7
0,08	0	0	6	7	8	0	0	6	8	2
0,09	0	0	7	6	3	0	0	7	6	8
0,1	0	0	8	4	8	0	0	8	5	3
0,2	0	1	6	9	6	0	1	7	0	6
0,3	0	2	5	4	4	0	2	5	5	9
0,4	0	3	3	9	2	0	3	4	1	2
0,5	0	4	2	4	0	0	4	2	6	5
0,6	0	5	0	8	8	0	5	1	1	8
0,7	0	5	9	3	6	0	5	9	7	1
0,8	0	6	7	8	4	0	6	8	2	4
0,9	0	7	6	3	2	0	7	6	7	7
1	0	8	4	8	0	0	8	5	3	0
1,1	0	9	3	2	8	0	9	3	8	3
1,2	1	0	1	7	6	1	0	2	3	6
1,3	1	1	0	2	4	1	1	0	8	9
1,4	1	1	8	7	2	1	1	9	4	2
1,5	1	2	7	2	0	1	2	7	9	5
1,6	1	3	5	6	8	1	3	6	4	8
1,7	1	4	4	1	6	1	4	5	0	1
1,8	1	5	2	6	4	1	5	3	5	4
1,9	1	6	1	1	2	1	6	2	0	7
2	1	6	9	6	0	1	7	0	6	0
2,1	1	7	8	0	8	1	7	9	1	3
2,2	1	8	6	5	6	1	8	7	6	6
2,3	1	9	5	0	4	1	9	6	1	9
2,4	2	0	3	5	2	2	0	4	7	2
2,5	2	1	2	0	0	2	1	3	2	5
2,6	2	2	0	4	8	2	2	1	7	8
2,7	2	2	8	9	6	2	3	0	3	1
2,8	2	3	7	4	4	2	3	8	8	4
2,9	2	4	5	9	2	2	4	7	3	7
3	2	5	4	4	0	2	5	5	9	0
3,1	2	6	2	8	8	2	6	4	4	3
3,2	2	7	1	3	6	2	7	2	9	6
3,3	2	7	9	8	4	2	8	1	4	9
3,4	2	8	8	3	2	2	9	0	0	2
3,5	2	9	6	8	0	2	9	8	5	5
3,6	3	0	5	2	8	3	0	7	0	8
3,7	3	1	3	7	6	3	1	5	6	1
3,8	3	2	2	2	4	3	2	4	1	4
3,9	3	3	0	7	2	3	3	2	6	7
4	3	3	9	2	0	3	4	1	2	0
4,1	3	4	7	6	8	3	4	9	7	3
4,2	3	5	6	1	6	3	5	8	2	6
4,3	3	6	4	6	4	3	6	6	7	9
4,4	3	7	3	1	2	3	7	5	3	2
4,5	3	8	1	6	0	3	8	3	8	5

4,6 bis 10	0,848	8,48	84,8	848,0	8480,0	0,853	8,53	85,3	853,0	8530,0
4,6	3	9	0	0	8	3	9	2	3	8
4,7	3	9	8	5	6	4	0	0	9	1
4,8	4	0	7	0	4	4	0	9	4	4
4,9	4	1	5	5	2	4	1	7	9	7
5	4	2	4	0	0	4	2	6	5	0
5,1	4	3	2	4	8	4	3	5	0	3
5,2	4	4	0	9	6	4	4	3	5	6
5,3	4	4	9	4	4	4	5	2	0	9
5,4	4	5	7	9	2	5	6	0	6	2
5,5	4	6	6	4	0	4	6	9	1	5
5,6	4	7	4	8	8	4	7	7	6	8
5,7	4	8	3	3	6	4	8	6	2	1
5,8	4	9	1	8	4	4	9	4	7	4
5,9	5	0	0	3	2	5	0	3	2	7
6	5	0	8	8	0	5	1	1	8	0
6,1	5	1	7	2	8	5	2	0	3	3
6,2	5	2	5	7	6	5	2	8	8	6
6,3	5	3	4	2	4	5	3	7	3	9
6,4	5	4	2	7	2	5	4	5	9	2
6,5	5	5	1	2	0	5	5	4	4	5
6,6	5	5	9	6	8	5	6	2	9	8
6,7	5	6	8	1	6	5	7	1	5	1
6,8	5	7	6	6	4	5	8	0	0	4
6,9	5	8	5	1	2	5	8	8	5	7
7	5	9	3	6	0	5	9	7	1	0
7,1	6	0	2	0	8	6	0	5	6	3
7,2	6	1	0	5	6	6	1	4	1	6
7,3	6	1	9	0	4	6	2	2	6	9
7,4	6	2	7	5	2	6	3	1	2	2
7,5	6	3	6	0	0	6	3	9	7	5
7,6	6	4	4	4	8	6	4	8	2	8
7,7	6	5	2	9	6	6	5	6	8	1
7,8	6	6	1	4	4	6	6	5	3	4
7,9	6	6	9	9	2	6	7	3	8	7
8	6	7	8	4	0	6	8	2	4	0
8,1	6	8	6	8	8	6	9	0	9	3
8,2	6	9	5	3	6	6	9	9	4	6
8,3	7	0	3	8	4	7	0	7	9	9
8,4	7	1	2	3	2	7	1	6	5	2
8,5	7	2	0	8	0	7	2	5	0	5
8,6	7	2	9	2	8	7	3	3	5	8
8,7	7	3	7	7	6	7	4	2	1	1
8,8	7	4	6	2	4	7	5	0	6	4
8,9	7	5	4	7	2	7	5	9	1	7
9	7	6	3	2	0	7	6	7	7	0
9,1	7	7	1	6	8	7	7	6	2	3
9,2	7	8	0	1	6	7	8	4	7	6
9,3	7	8	8	6	4	7	9	3	2	9
9,4	7	9	7	1	2	8	0	1	8	2
9,5	8	0	5	6	0	8	1	0	3	5
9,6	8	1	4	0	8	8	1	8	8	8
9,7	8	2	2	5	6	8	2	7	4	1
9,8	8	3	1	0	4	8	3	5	9	4
9,9	8	3	9	5	2	8	4	4	4	7
10	8	4	8	0	0	8	5	3	0	0

0,01 bis 4,5 / 4,6 bis 10	8580,0 / 858,0 / 85,8 / 8,58 / 0,858					8630,0 / 863,0 / 86,3 / 8,63 / 0,863				
0,01	0	0	0	8	6	0	0	0	8	6
0,02	0	0	1	7	2	0	0	1	7	3
0,03	0	0	2	5	7	0	0	2	5	9
0,04	0	0	3	4	3	0	0	3	4	5
0,05	0	0	4	2	9	0	0	4	3	2
0,06	0	0	5	1	5	0	0	5	1	8
0,07	0	0	6	0	1	0	0	6	0	4
0,08	0	0	6	8	6	0	0	6	9	0
0,09	0	0	7	7	2	0	0	7	7	7
0,1	0	0	8	5	8	0	0	8	6	3
0,2	0	1	7	1	6	0	1	7	2	6
0,3	0	2	5	7	4	0	2	5	8	9
0,4	0	3	4	3	2	0	3	4	5	2
0,5	0	4	2	9	0	0	4	3	1	5
0,6	0	5	1	4	8	0	5	1	7	8
0,7	0	6	0	0	6	0	6	0	4	1
0,8	0	6	8	6	4	0	6	9	0	4
0,9	0	7	7	2	2	0	7	7	6	7
1	0	8	5	8	0	0	8	6	3	0
1,1	0	9	4	3	8	0	9	4	9	3
1,2	1	0	2	9	6	1	0	3	5	6
1,3	1	1	1	5	4	1	1	2	1	9
1,4	1	2	0	1	2	1	2	0	8	2
1,5	1	2	8	7	0	1	2	9	4	5
1,6	1	3	7	2	8	1	3	8	0	8
1,7	1	4	5	8	6	1	4	6	7	1
1,8	1	5	4	4	4	1	5	5	3	4
1,9	1	6	3	0	2	1	6	3	9	7
2	1	7	1	6	0	1	7	2	6	0
2,1	1	8	0	1	8	1	8	1	2	3
2,2	1	8	8	7	6	1	8	9	8	6
2,3	1	9	7	3	4	1	9	8	4	9
2,4	2	0	5	9	2	2	0	7	1	2
2,5	2	1	4	5	0	2	1	5	7	5
2,6	2	2	3	0	8	2	2	4	3	8
2,7	2	3	1	6	6	2	3	3	0	1
2,8	2	4	0	2	4	2	4	1	6	4
2,9	2	4	8	8	2	2	5	0	2	7
3	2	5	7	4	0	2	5	8	9	0
3,1	2	6	5	9	8	2	6	7	5	3
3,2	2	7	4	5	6	2	7	6	1	6
3,3	2	8	3	1	4	2	8	4	7	9
3,4	2	9	1	7	2	3	9	3	4	2
3,5	3	0	0	3	0	3	0	2	0	5
3,6	3	0	8	8	8	3	1	0	6	8
3,7	3	1	7	4	6	3	1	9	3	1
3,8	3	2	6	0	4	3	2	7	9	4
3,9	3	3	4	6	2	3	3	6	5	7
4	3	4	3	2	0	3	4	5	2	0
4,1	3	5	1	7	8	3	5	3	8	3
4,2	3	6	0	3	6	3	6	2	4	6
4,3	3	6	8	9	4	3	7	1	0	9
4,4	3	7	7	5	2	3	7	9	7	2
4,5	3	8	6	1	0	3	8	8	3	5
4,6	3	9	4	6	8	3	9	6	9	8
4,7	4	0	3	2	6	4	0	5	6	1
4,8	4	1	1	8	4	4	1	4	2	4
4,9	4	2	0	4	2	4	2	2	8	7
5	4	2	9	0	0	4	3	1	5	0
5,1	4	3	7	5	8	4	4	0	1	3
5,2	4	4	6	1	6	4	4	8	7	6
5,3	4	5	4	7	4	4	5	7	3	9
5,4	4	6	3	3	2	4	6	6	0	2
5,5	4	7	1	9	0	4	7	4	6	5
5,6	4	8	0	4	8	4	8	3	2	8
5,7	4	8	9	0	6	4	9	1	9	1
5,8	4	9	7	6	4	5	0	0	5	4
5,9	5	0	6	2	2	5	0	9	1	7
6	5	1	4	8	0	5	1	7	8	0
6,1	5	2	3	3	8	5	2	6	4	3
6,2	5	3	1	9	6	5	3	5	0	6
6,3	5	4	0	5	4	5	4	3	6	9
6,4	5	4	9	1	2	5	5	2	3	2
6,5	5	5	7	7	0	5	6	0	9	5
6,6	5	6	6	2	8	5	6	9	5	8
6,7	5	7	4	8	6	5	7	8	2	1
6,8	5	8	3	4	4	5	8	6	8	4
6,9	5	9	2	0	2	5	9	5	4	7
7	6	0	0	6	0	6	0	4	1	0
7,1	6	0	9	1	8	6	1	2	7	3
7,2	6	1	7	7	6	6	2	1	3	6
7,3	6	2	6	3	4	6	2	9	9	9
7,4	6	3	4	9	2	6	3	8	6	2
7,5	6	4	3	5	0	6	4	7	2	5
7,6	6	5	2	0	8	6	5	5	8	8
7,7	6	6	0	6	6	6	6	4	5	1
7,8	6	6	9	2	4	6	7	3	1	4
7,9	6	7	7	8	2	6	8	1	7	7
8	6	8	6	4	0	6	9	0	4	0
8,1	6	9	4	9	8	6	9	9	0	3
8,2	7	0	3	5	6	7	0	7	6	6
8,3	7	1	2	1	4	7	1	6	2	9
8,4	7	2	0	7	2	7	2	4	9	2
8,5	7	2	9	3	0	7	3	3	5	5
8,6	7	3	7	8	8	7	4	2	1	8
8,7	7	4	6	4	6	7	5	0	8	1
8,8	7	5	5	0	4	7	5	9	4	4
8,9	7	6	3	6	2	7	6	8	0	7
9	7	7	2	2	0	7	7	6	7	0
9,1	7	8	0	7	8	7	8	5	3	3
9,2	7	8	9	3	6	7	9	3	9	6
9,3	7	9	7	9	4	8	0	2	5	9
9,4	8	0	6	5	2	8	1	1	2	2
9,5	8	1	5	1	0	8	1	9	8	5
9,6	8	2	3	6	8	8	2	8	4	8
9,7	8	3	2	2	6	8	3	7	1	1
9,8	8	4	0	8	4	8	4	5	7	4
9,9	8	4	9	4	2	8	5	4	3	7
10	8	5	8	0	0	8	6	3	0	0

0,01 bis 4,5	8680,0 / 868,0 / 86,8 / 8,68 / 0,868					8730,0 / 873,0 / 87,3 / 8,73 / 0,873				
0,01	0	0	0	8	7	0	0	0	8	7
0,02	0	0	1	7	4	0	0	1	7	5
0,03	0	0	2	6	0	0	0	2	6	2
0,04	0	0	3	4	7	0	0	3	4	9
0,05	0	0	4	3	4	0	0	4	3	7
0,06	0	0	5	2	1	0	0	5	2	4
0,07	0	0	6	0	8	0	0	6	1	1
0,08	0	0	6	9	4	0	0	6	9	8
0,09	0	0	7	8	1	0	0	7	8	6
0,1	0	0	8	6	8	0	0	8	7	3
0,2	0	1	7	3	6	0	1	7	4	6
0,3	0	2	6	0	4	0	2	6	1	9
0,4	0	3	4	7	2	0	3	4	9	2
0,5	0	4	3	4	0	0	4	3	6	5
0,6	0	5	2	0	8	0	5	2	3	8
0,7	0	6	0	7	6	0	6	1	1	1
0,8	0	6	9	4	4	0	6	9	8	4
0,9	0	7	8	1	2	0	7	8	5	7
1	0	8	6	8	0	0	8	7	3	0
1,1	0	9	5	4	8	0	9	6	0	3
1,2	1	0	4	1	6	1	0	4	7	6
1,3	1	1	2	8	4	1	1	3	4	9
1,4	1	2	1	5	2	1	2	2	2	2
1,5	1	3	0	2	0	1	3	0	9	5
1,6	1	3	8	8	8	1	3	9	6	8
1,7	1	4	7	5	6	1	4	8	4	1
1,8	1	5	6	2	4	1	5	7	1	4
1,9	1	6	4	9	2	1	6	5	8	7
2	1	7	3	6	0	1	7	4	6	0
2,1	1	8	2	2	8	1	8	3	3	3
2,2	1	9	0	9	6	1	9	2	0	6
2,3	1	9	9	6	4	2	0	0	7	9
2,4	2	0	8	3	2	2	0	9	5	2
2,5	2	1	7	0	0	2	1	8	2	5
2,6	2	2	5	6	8	2	2	6	9	8
2,7	2	3	4	3	6	2	3	5	7	1
2,8	2	4	3	0	4	2	4	4	4	4
2,9	2	5	1	7	2	2	5	3	1	7
3	2	6	0	4	0	2	6	1	9	0
3,1	2	6	9	0	8	2	7	0	6	3
3,2	2	7	7	7	6	2	7	9	3	6
3,3	2	8	6	4	4	2	8	8	0	9
3,4	2	9	5	1	2	2	9	6	8	2
3,5	3	0	3	8	0	3	0	5	5	5
3,6	3	1	2	4	8	3	1	4	2	8
3,7	3	2	1	1	6	3	2	3	0	1
3,8	3	2	9	8	4	3	3	1	7	4
3,9	3	3	8	5	2	3	4	0	4	7
4	3	4	7	2	0	3	4	9	2	0
4,1	3	5	5	8	8	3	5	7	9	3
4,2	3	6	4	5	6	3	6	6	6	6
4,3	3	7	3	2	4	3	7	5	3	9
4,4	3	8	1	9	2	3	8	4	1	2
4,5	3	9	0	6	0	3	9	2	8	5

4,6 bis 10	8680,0 / 868,0 / 86,8 / 8,68 / 0,868					8730,0 / 873,0 / 87,3 / 8,73 / 0,873				
4,6	3	9	9	2	8	4	0	1	5	8
4,7	4	0	7	9	6	4	1	0	3	1
4,8	4	1	6	6	4	4	1	9	0	4
4,9	4	2	5	3	2	4	2	7	7	7
5	4	3	4	0	0	4	3	6	5	0
5,1	4	4	2	6	8	4	4	5	2	3
5,2	4	5	1	3	6	4	5	3	9	6
5,3	4	6	0	0	4	4	6	2	6	9
5,4	4	6	8	7	2	4	7	1	4	2
5,5	4	7	7	4	0	4	8	0	1	5
5,6	4	8	6	0	8	4	8	8	8	8
5,7	4	9	4	7	6	4	9	7	6	1
5,8	5	0	3	4	4	5	0	6	3	4
5,9	5	1	2	1	2	5	1	5	0	7
6	5	2	0	8	0	5	2	3	8	0
6,1	5	2	9	4	8	5	3	2	5	3
6,2	5	3	8	1	6	5	4	1	2	6
6,3	5	4	6	8	4	5	4	9	9	9
6,4	5	5	5	5	2	5	5	8	7	2
6,5	5	6	4	2	0	5	6	7	4	5
6,6	5	7	2	8	8	5	7	6	1	8
6,7	5	8	1	5	6	5	8	4	9	1
6,8	5	8	0	2	4	5	9	3	6	4
6,9	5	9	8	9	2	6	0	2	3	7
7	6	0	7	6	0	6	1	1	1	0
7,1	6	1	6	2	8	6	1	9	8	3
7,2	6	2	4	9	6	6	2	8	5	6
7,3	6	3	3	6	4	6	3	7	2	9
7,4	6	4	2	3	2	6	4	6	0	2
7,5	6	5	1	0	0	6	5	4	7	5
7,6	6	5	9	6	8	6	6	3	4	8
7,7	6	6	8	3	6	6	7	2	2	1
7,8	6	7	7	0	4	6	8	0	9	4
7,9	6	8	5	7	2	6	8	9	6	7
8	6	9	4	4	0	6	9	8	4	0
8,1	7	0	3	0	8	7	0	7	1	3
8,2	7	1	1	7	6	7	1	5	8	6
8,3	7	2	0	4	4	7	2	4	5	9
8,4	7	2	9	1	2	7	3	3	3	2
8,5	7	3	7	8	0	7	4	2	0	5
8,6	7	4	6	4	8	7	5	0	7	8
8,7	7	5	5	1	6	7	5	9	5	1
8,8	7	6	3	8	4	7	6	8	2	4
8,9	7	7	2	5	2	7	7	6	9	7
9	7	8	1	2	0	7	8	5	7	0
9,1	7	8	9	8	8	7	9	4	4	3
9,2	7	9	8	5	6	8	0	3	1	6
9,3	8	0	7	2	4	8	1	1	8	9
9,4	8	1	5	9	2	8	2	0	6	2
9,5	8	2	4	6	0	8	2	9	3	5
9,6	8	3	3	2	8	8	3	8	0	8
9,7	8	4	1	9	6	8	4	6	8	1
9,8	8	5	0	6	4	8	5	5	5	4
9,9	8	5	9	3	2	8	6	4	2	7
10	8	6	8	0	0	8	7	3	0	0

0,01 bis 4,5	0,878	8,78	87,8	878,0	8780,0	0,883	8,83	88,3	883,0	8830,0
0,01	0	0	0	8	8	0	0	0	8	8
0,02	0	0	1	7	6	0	0	1	7	7
0,03	0	0	2	6	3	0	0	2	6	5
0,04	0	0	3	5	1	0	0	3	5	3
0,05	0	0	4	3	9	0	0	4	4	2
0,06	0	0	5	2	7	0	0	5	3	0
0,07	0	0	6	1	5	0	0	6	1	8
0,08	0	0	7	0	2	0	0	7	0	6
0,09	0	0	7	9	0	0	0	7	9	5
0,1	0	0	8	7	8	0	0	8	8	3
0,2	0	1	7	5	6	0	1	7	6	6
0,3	0	2	6	3	4	0	2	6	4	9
0,4	0	3	5	1	2	0	3	5	3	2
0,5	0	4	3	9	0	0	4	4	1	5
0,6	0	5	2	6	8	0	5	2	9	8
0,7	0	6	1	4	6	0	6	1	8	1
0,8	0	7	0	2	4	0	7	0	6	4
0,9	0	7	9	0	2	0	7	9	4	7
1	0	8	7	8	0	0	8	8	3	0
1,1	0	9	6	5	8	0	9	7	1	3
1,2	1	0	5	3	6	1	0	5	9	6
1,3	1	1	4	1	4	1	1	4	7	9
1,4	1	2	2	9	2	1	2	3	6	2
1,5	1	3	1	7	0	1	3	2	4	5
1,6	1	4	0	4	8	1	4	1	2	8
1,7	1	4	9	2	6	1	5	0	1	1
1,8	1	5	8	0	4	1	5	8	9	4
1,9	1	6	6	8	2	1	6	7	7	7
2	1	7	5	6	0	1	7	6	6	0
2,1	1	8	4	3	8	1	8	5	4	3
2,2	1	9	3	1	6	1	9	4	2	6
2,3	2	0	1	9	4	2	0	3	0	9
2,4	2	1	0	7	2	2	1	1	9	2
2,5	2	1	9	5	0	2	2	0	7	5
2,6	2	2	8	2	8	2	2	9	5	8
2,7	2	3	7	0	6	2	3	8	4	1
2,8	2	4	5	8	4	2	4	7	2	4
2,9	2	5	4	6	2	2	5	6	0	7
3	2	6	3	4	0	2	6	4	9	0
3,1	2	7	2	1	8	2	7	3	7	3
3,2	2	8	0	9	6	2	8	2	5	6
3,3	2	8	9	7	4	2	9	1	3	9
3,4	2	9	8	5	2	3	0	0	2	2
3,5	3	0	7	3	0	3	0	9	0	5
3,6	3	1	6	0	8	3	1	7	8	8
3,7	3	2	4	8	6	3	2	6	7	1
3,8	3	3	3	6	4	3	3	5	5	4
3,9	3	4	2	4	2	3	4	4	3	7
4	3	5	1	2	0	3	5	3	2	0
4,1	3	5	9	9	8	3	6	2	0	3
4,2	3	6	8	7	6	3	7	0	8	6
4,3	3	7	7	5	4	3	7	9	6	9
4,4	3	8	6	3	2	3	8	8	5	2
4,5	3	9	5	1	0	3	9	7	3	5

4,6 bis 10	0,878	8,78	87,8	878,0	8780,0	0,883	8,83	88,3	883,0	8830,0
4,6	4	0	3	8	8	4	0	6	1	8
4,7	4	1	2	6	6	4	1	5	0	1
4,8	4	2	1	4	4	4	2	3	8	4
4,9	4	3	0	2	2	4	3	2	6	7
5	4	3	9	0	0	4	4	1	5	0
5,1	4	4	7	7	8	4	5	0	3	3
5,2	4	5	6	5	6	4	5	9	1	6
5,3	4	6	5	3	4	4	6	7	9	9
5,4	4	7	4	1	2	4	7	6	8	2
5,5	4	8	2	9	0	5	8	5	6	5
5,6	4	9	1	6	8	5	9	4	4	8
5,7	5	0	0	4	6	5	0	3	3	1
5,8	5	0	9	2	4	5	1	2	1	4
5,9	5	1	8	0	2	5	2	0	9	7
6	5	2	6	8	0	5	2	9	8	0
6,1	5	3	5	5	8	5	3	8	6	3
6,2	5	4	4	3	6	5	4	7	4	6
6,3	5	5	3	1	4	5	5	6	2	9
6,4	5	6	1	9	2	5	6	5	1	2
6,5	5	7	0	7	0	5	7	3	9	5
6,6	5	7	9	4	8	5	8	2	7	8
6,7	5	8	8	2	6	5	9	1	6	1
6,8	5	9	7	0	4	6	0	0	4	4
6,9	6	0	5	8	2	6	0	9	2	7
7	6	1	4	6	0	6	1	8	1	0
7,1	6	2	3	3	8	6	2	6	9	3
7,2	6	3	2	1	6	6	3	5	7	6
7,3	6	4	0	9	4	6	4	4	5	9
7,4	6	4	9	7	2	6	5	3	4	2
7,5	6	5	8	5	0	6	6	2	2	5
7,6	6	6	7	2	8	6	7	1	0	8
7,7	6	7	6	0	6	6	7	9	9	1
7,8	6	8	4	8	4	6	8	8	7	4
7,9	6	9	3	6	2	6	9	7	5	7
8	7	0	2	4	0	7	0	6	4	0
8,1	7	1	1	1	8	7	1	5	2	3
8,2	7	1	9	9	6	7	2	4	0	6
8,3	7	2	8	7	4	7	3	2	8	9
8,4	7	3	7	5	2	7	4	1	7	2
8,5	7	4	6	3	0	7	5	0	5	5
8,6	7	5	5	0	8	7	5	9	3	8
8,7	7	6	3	8	6	7	6	8	2	1
8,8	7	7	2	6	4	7	7	7	0	4
8,9	7	8	1	4	2	7	8	5	8	7
9	7	9	0	2	0	7	9	4	7	0
9,1	7	9	8	9	8	8	0	3	5	3
9,2	8	0	7	7	6	8	1	2	3	6
9,3	8	1	6	5	4	8	2	1	1	9
9,4	8	2	5	3	2	8	3	0	0	2
9,5	8	3	4	1	0	8	3	8	8	5
9,6	8	4	2	8	8	8	4	7	6	8
9,7	8	5	1	6	6	8	5	6	5	1
9,8	8	6	0	4	4	8	6	5	3	4
9,9	8	6	9	2	2	8	7	4	1	7
10	8	7	8	0	0	8	8	3	0	0

8880–8930

0,01 bis 4,5	0,888	8,88	88,8	888,0	8880,0	0,893	8,93	89,3	893,0	8930,0
0,01	0	0	0	8	9	0	0	0	8	9
0,02	0	0	1	7	8	0	0	1	7	9
0,03	0	0	2	6	6	0	0	2	6	8
0,04	0	0	3	5	5	0	0	3	5	7
0,05	0	0	4	4	4	0	0	4	4	7
0,06	0	0	5	3	3	0	0	5	3	6
0,07	0	0	6	2	2	0	0	6	2	5
0,08	0	0	7	1	0	0	0	7	1	4
0,09	0	0	7	9	9	0	0	8	0	4
0,1	0	0	8	8	8	0	0	8	9	3
0,2	0	1	7	7	6	0	1	7	8	6
0,3	0	2	6	6	4	0	2	6	7	9
0,4	0	3	5	5	2	0	3	5	7	2
0,5	0	4	4	4	0	0	4	4	6	5
0,6	0	5	3	2	8	0	5	3	5	8
0,7	0	6	2	1	6	0	6	2	5	1
0,8	0	7	1	0	4	0	7	1	4	4
0,9	0	7	9	9	2	0	8	0	3	7
1	0	8	8	8	0	0	8	9	3	0
1,1	0	9	7	6	8	0	9	8	2	3
1,2	1	0	6	5	6	1	0	7	1	6
1,3	1	1	5	4	4	1	1	6	0	9
1,4	1	2	4	3	2	1	2	5	0	2
1,5	1	3	3	2	0	1	3	3	9	5
1,6	1	4	2	0	8	1	4	2	8	8
1,7	1	5	0	9	6	1	5	1	8	1
1,8	1	5	9	8	4	1	6	0	7	4
1,9	1	6	8	7	2	1	6	9	6	7
2	1	7	7	6	0	1	7	8	6	0
2,1	1	8	6	4	8	1	8	7	5	3
2,2	1	9	5	3	6	1	9	6	4	6
2,3	2	0	4	2	4	2	0	5	3	9
2,4	2	1	3	1	2	2	1	4	3	2
2,5	2	2	2	0	0	2	2	3	2	5
2,6	2	3	0	8	8	2	3	2	1	8
2,7	2	3	9	7	6	2	4	1	1	1
2,8	2	4	8	6	4	2	5	0	0	4
2,9	2	5	7	5	2	2	5	8	9	7
3	2	6	6	4	0	2	6	7	9	0
3,1	2	7	5	2	8	2	7	6	8	3
3,2	2	8	4	1	6	2	8	5	7	6
3,3	2	9	3	0	4	2	9	4	6	9
3,4	3	0	1	9	2	3	0	3	6	2
3,5	3	1	0	8	0	3	1	2	5	5
3,6	3	1	9	6	8	3	2	1	4	8
3,7	3	2	8	5	6	3	3	0	4	1
3,8	3	3	7	4	4	3	3	9	3	4
3,9	3	4	6	3	2	3	4	8	2	7
4	3	5	5	2	0	3	5	7	2	0
4,1	3	6	4	0	8	3	6	6	1	3
4,2	3	7	2	9	6	3	7	5	0	6
4,3	3	8	1	8	4	3	8	3	9	9
4,4	3	9	0	7	2	3	9	2	9	2
4,5	3	9	9	6	0	4	0	1	8	5

4,6 bis 10	0,888	8,88	88,8	888,0	8880,0	0,893	8,93	89,3	893,0	8930,0
4,6	4	0	8	4	8	4	1	0	7	8
4,7	4	1	7	3	6	4	1	9	7	1
4,8	4	2	6	2	4	4	2	8	6	4
4,9	4	3	5	1	2	4	3	7	5	7
5	4	4	4	0	0	4	4	6	5	0
5,1	4	5	2	8	8	4	5	5	4	3
5,2	4	6	1	7	6	4	6	4	3	6
5,3	4	7	0	6	4	4	7	3	2	9
5,4	4	7	9	5	2	4	8	2	2	2
5,5	4	8	8	4	0	4	9	1	1	5
5,6	4	9	7	2	8	5	0	0	0	8
5,7	5	0	6	1	6	5	0	9	0	1
5,8	5	1	5	0	4	5	1	7	9	4
5,9	5	2	3	9	2	5	2	6	8	7
6	5	3	2	8	0	5	3	5	8	0
6,1	5	4	1	6	8	5	4	4	7	3
6,2	5	5	0	5	6	5	5	3	5	6
6,3	5	5	9	4	4	5	6	2	5	9
6,4	5	6	8	3	2	5	7	1	5	2
6,5	5	7	7	2	0	5	8	0	4	5
6,6	5	8	6	0	8	5	8	9	3	8
6,7	5	9	4	9	6	5	9	8	3	1
6,8	6	0	3	8	4	6	0	7	2	4
6,9	6	1	2	7	2	6	1	6	1	7
7	6	2	1	6	0	6	2	5	1	0
7,1	6	3	0	4	8	6	3	4	0	3
7,2	6	3	9	3	6	6	4	2	9	6
7,3	6	4	8	2	4	6	5	1	8	9
7,4	6	5	7	1	2	6	6	0	8	2
7,5	6	6	6	0	0	6	6	9	7	5
7,6	6	7	4	8	8	6	7	8	6	8
7,7	6	8	3	7	6	6	8	7	6	1
7,8	6	9	2	6	4	6	9	6	5	4
7,9	7	0	1	5	2	7	0	5	4	7
8	7	1	0	4	0	7	1	4	4	0
8,1	7	1	9	2	8	7	2	3	3	3
8,2	7	2	8	1	6	7	3	2	2	6
8,3	7	3	7	0	4	7	4	1	1	9
8,4	7	4	5	9	2	7	5	0	1	2
8,5	7	5	4	8	0	7	5	9	0	5
8,6	7	6	3	6	8	7	6	7	9	8
8,7	7	7	2	5	6	7	7	6	9	1
8,8	7	8	1	4	4	7	8	5	8	4
8,9	7	9	0	3	2	7	9	4	7	7
9	7	9	9	2	0	8	0	3	7	0
9,1	8	0	8	0	8	8	1	2	6	3
9,2	8	1	6	9	6	8	2	1	5	6
9,3	8	2	5	8	4	8	3	0	4	9
9,4	8	3	4	7	2	8	3	9	4	2
9,5	8	4	3	6	0	8	4	8	3	5
9,6	8	5	2	4	8	8	5	7	2	8
9,7	8	6	1	3	6	8	6	6	2	1
9,8	8	7	0	2	4	8	7	5	1	4
9,9	8	7	9	1	2	8	8	4	0	7
10	8	8	8	0	0	8	9	3	0	0

0,01 bis 4,5 — 8985,0 · 898,5 · 0,8985 · 8,985 · 89,85 — 9040,0 · 904,0 · 0,904 · 9,04 · 90,4

	8985					9040				
0,01	0	0	0	9	0	0	0	0	9	0
0,02	0	0	1	8	0	0	0	1	8	1
0,03	0	0	2	7	0	0	0	2	7	1
0,04	0	0	3	5	9	0	0	3	6	2
0,05	0	0	4	4	9	0	0	4	5	2
0,06	0	0	5	3	9	0	0	5	4	2
0,07	0	0	6	2	9	0	0	6	3	3
0,08	0	0	7	1	9	0	0	7	2	3
0,09	0	0	8	0	9	0	0	8	1	4
0,1	0	0	9	9	9	0	0	9	0	4
0,2	0	1	7	9	7	0	1	8	0	8
0,3	0	2	6	9	6	0	2	7	1	2
0,4	0	3	5	9	4	0	3	6	1	6
0,5	0	4	4	9	3	0	4	5	2	0
0,6	0	5	3	9	1	0	5	4	2	4
0,7	0	6	2	9	0	0	6	3	2	8
0,8	0	7	1	8	8	0	7	2	3	2
0,9	0	8	0	8	7	0	8	1	3	6
1	0	8	9	8	5	0	9	0	4	0
1,1	0	9	8	8	4	0	9	9	4	4
1,2	1	0	7	8	2	1	0	8	4	8
1,3	1	1	6	8	1	1	1	7	5	2
1,4	1	2	5	7	9	1	2	6	5	6
1,5	1	3	4	7	8	1	3	5	6	0
1,6	1	4	3	7	6	1	4	4	6	4
1,7	1	5	2	7	5	1	5	3	6	8
1,8	1	6	1	7	3	1	6	2	7	2
1,9	1	7	0	7	2	1	7	1	7	6
2	1	7	9	7	0	1	8	0	8	0
2,1	1	8	8	6	9	1	8	9	8	4
2,2	1	9	7	6	7	1	9	8	8	8
2,3	2	0	6	6	6	2	0	7	9	2
2,4	2	1	5	6	4	2	1	6	9	6
2,5	2	2	4	6	3	2	2	6	0	0
2,6	2	3	3	6	1	2	3	5	0	4
2,7	2	4	2	6	0	2	4	4	0	8
2,8	2	5	1	5	8	2	5	3	1	2
2,9	2	6	0	5	7	2	6	2	1	6
3	2	6	9	5	5	2	7	1	2	0
3,1	2	7	8	5	4	2	8	0	2	4
3,2	2	8	7	5	2	2	8	9	2	8
3,3	2	9	6	5	1	2	9	8	3	2
3,4	3	0	5	4	9	3	0	7	3	6
3,5	3	1	4	4	8	3	1	6	4	0
3,6	3	2	3	4	6	3	2	5	4	4
3,7	3	3	2	4	5	3	3	4	4	8
3,8	3	4	1	4	3	3	4	3	5	2
3,9	3	5	0	4	2	3	5	2	5	6
4	3	5	9	4	0	3	6	1	6	0
4,1	3	6	8	3	9	3	7	0	6	4
4,2	3	7	7	3	7	3	7	9	6	8
4,3	3	8	6	3	6	3	8	8	7	2
4,4	3	9	5	3	4	3	9	7	7	6
4,5	4	0	4	3	3	4	0	6	8	0

4,6 bis 10 — 8985,0 · 898,5 · 0,8985 · 8,985 · 89,85 — 9040,0 · 904,0 · 0,904 · 9,04 · 90,4

	8985					9040				
4,6	4	1	3	3	1	4	1	5	8	4
4,7	4	2	2	3	0	4	2	4	8	8
4,8	4	3	1	2	8	4	3	3	9	2
4,9	4	4	0	2	7	4	4	2	9	6
5	4	4	9	2	5	4	5	2	0	0
5,1	4	5	8	2	4	4	6	1	0	4
5,2	4	6	7	2	2	4	7	0	0	8
5,3	4	7	6	2	1	4	7	9	1	2
5,4	4	8	5	1	9	4	8	8	1	6
5,5	4	9	4	1	8	4	9	7	2	0
5,6	5	0	3	1	6	5	0	6	2	4
5,7	5	1	2	1	5	5	1	5	2	8
5,8	5	2	1	1	3	5	2	4	3	2
5,9	5	3	0	1	2	5	3	3	3	6
6	5	3	9	1	0	5	4	2	4	0
6,1	5	4	8	0	9	5	5	1	4	4
6,2	5	5	7	0	7	5	6	0	4	8
6,3	5	6	6	0	6	5	6	9	5	2
6,4	5	7	5	0	4	5	7	8	5	6
6,5	5	8	4	0	3	5	8	7	6	0
6,6	5	9	3	0	1	5	9	6	6	4
6,7	6	0	2	0	0	6	0	5	6	8
6,8	6	1	0	9	8	6	1	4	7	2
6,9	6	1	9	9	7	6	2	3	7	6
7	6	2	8	9	5	6	3	2	8	0
7,1	6	3	7	9	4	6	4	1	8	4
7,2	6	4	6	9	2	6	5	0	8	8
7,3	6	5	5	9	1	6	5	9	9	2
7,4	6	6	4	8	9	6	6	8	9	6
7,5	6	7	3	8	8	6	7	8	0	0
7,6	6	8	2	8	6	6	8	7	0	4
7,7	6	9	1	8	5	6	9	6	0	8
7,8	7	0	0	8	3	7	0	5	1	2
7,9	7	0	9	8	2	7	1	4	1	6
8	7	1	8	8	0	7	2	3	2	0
8,1	7	2	7	7	9	7	3	2	2	4
8,2	7	3	6	7	7	7	4	1	2	8
8,3	7	4	5	7	6	7	5	0	3	2
8,4	7	5	4	7	4	7	5	9	3	6
8,5	7	6	3	7	3	7	6	8	4	0
8,6	7	7	2	7	1	7	7	7	4	4
8,7	7	8	1	7	0	7	8	6	4	8
8,8	7	9	0	6	8	7	9	5	5	2
8,9	7	9	9	6	7	8	0	4	5	6
9	8	0	8	6	5	8	1	3	6	0
9,1	8	1	7	6	4	8	2	2	6	4
9,2	8	2	6	6	2	8	3	1	6	8
9,3	8	3	5	6	1	8	4	0	7	2
9,4	8	4	4	5	9	8	4	9	7	6
9,5	8	5	3	5	8	8	5	8	8	0
9,6	8	6	2	5	6	8	6	7	8	4
9,7	8	7	1	5	5	8	7	6	8	8
9,8	8	8	0	5	3	8	8	5	9	2
9,9	8	8	9	5	2	8	9	4	9	6
10	8	9	8	5	0	9	0	4	0	0

0,01 bis 4,5	0,9095	9,095	90,95	909,5	9095,0	0,915	9,15	91,5	915,0	9150,0
0,01	0	0	0	9	1	0	0	0	9	2
0,02	0	0	1	8	2	0	0	1	8	3
0,03	0	0	2	7	3	0	0	2	7	5
0,04	0	0	3	6	4	0	0	3	6	6
0,05	0	0	4	5	5	0	0	4	5	8
0,06	0	0	5	4	6	0	0	5	4	9
0,07	0	0	6	3	7	0	0	6	4	1
0,08	0	0	7	2	8	0	0	7	3	2
0,09	0	0	8	1	9	0	0	8	2	4
0,1	0	0	9	1	0	0	0	9	1	5
0,2	0	1	8	1	9	0	1	8	3	0
0,3	0	2	7	2	9	0	2	7	4	5
0,4	0	3	6	3	8	0	3	6	6	0
0,5	0	4	5	4	8	0	4	5	7	5
0,6	0	5	4	5	7	0	5	4	9	0
0,7	0	6	3	6	7	0	6	4	0	5
0,8	0	7	2	7	6	0	7	3	2	0
0,9	0	8	1	8	6	0	8	2	3	5
1	0	9	0	9	5	0	9	1	5	0
1,1	1	0	0	0	5	1	0	0	6	5
1,2	1	0	9	1	4	1	0	9	8	0
1,3	1	1	8	2	4	1	1	8	9	5
1,4	1	2	7	3	3	1	2	8	1	0
1,5	1	3	6	4	3	1	3	7	2	5
1,6	1	4	5	5	2	1	4	6	4	0
1,7	1	5	4	6	2	1	5	5	5	5
1,8	1	6	3	7	1	1	6	4	7	0
1,9	1	7	2	8	1	1	7	3	8	5
2	1	8	1	9	0	1	8	3	0	0
2,1	1	9	1	0	0	1	9	2	1	5
2,2	2	0	0	0	9	2	0	1	3	0
2,3	2	0	9	1	9	2	1	0	4	5
2,4	2	1	8	2	8	2	1	9	6	0
2,5	2	2	7	3	8	2	2	8	7	5
2,6	2	3	6	4	7	2	3	7	9	0
2,7	2	4	5	5	7	2	4	7	0	5
2,8	2	5	4	6	6	2	5	6	2	0
2,9	2	6	3	7	6	2	6	5	3	5
3	2	7	2	8	5	2	7	4	5	0
3,1	2	8	1	9	5	2	8	3	6	5
3,2	2	9	1	0	4	2	9	2	8	0
3,3	3	0	0	1	4	3	0	1	9	5
3,4	3	0	9	2	3	3	1	1	1	0
3,5	3	1	8	3	3	3	2	0	2	5
3,6	3	2	7	4	2	3	2	9	4	0
3,7	3	3	6	5	2	3	3	8	5	5
3,8	3	4	5	6	1	3	4	7	7	0
3,9	3	5	4	7	1	3	5	6	8	5
4	3	6	3	8	0	3	6	6	0	0
4,1	3	7	2	9	0	3	7	5	1	5
4,2	3	8	1	9	9	3	8	4	3	0
4,3	3	9	1	0	9	3	9	3	4	5
4,4	4	0	0	1	8	4	0	2	6	0
4,5	4	0	9	2	8	4	1	1	7	5

4,6 bis 10	0,9095	9,095	90,95	909,5	9095,0	0,915	9,15	91,5	915,0	9150,0
4,6	4	1	8	3	7	4	2	0	9	0
4,7	4	2	7	4	7	4	3	0	0	5
4,8	4	3	6	5	6	4	3	9	2	0
4,9	4	4	5	6	6	4	4	8	3	5
5	4	5	4	7	5	4	5	7	5	0
5,1	4	6	3	8	5	4	6	6	6	5
5,2	4	7	2	9	4	4	7	5	8	0
5,3	4	8	2	0	4	4	8	4	9	5
5,4	4	9	1	1	3	4	9	4	1	0
5,5	5	0	0	2	3	5	0	3	2	5
5,6	5	0	9	3	2	5	1	2	4	0
5,7	5	1	8	4	2	5	2	1	5	5
5,8	5	2	7	5	1	5	3	0	7	0
5,9	5	3	6	6	1	5	3	9	8	5
6	5	4	5	7	0	5	4	9	0	0
6,1	5	5	4	8	0	5	5	8	1	5
6,2	5	6	3	8	9	5	6	7	3	0
6,3	5	7	2	9	9	5	7	6	4	5
6,4	5	8	2	0	8	5	8	5	6	0
6,5	5	9	1	1	8	5	9	4	7	5
6,6	6	0	0	2	7	6	0	3	9	0
6,7	6	0	9	3	7	6	1	3	0	5
6,8	6	1	8	4	6	6	2	2	2	0
6,9	6	2	7	5	6	6	3	1	3	5
7	6	3	6	6	5	6	4	0	5	0
7,1	6	4	5	7	5	6	4	9	6	5
7,2	6	5	4	8	4	6	5	8	8	0
7,3	6	6	3	9	4	6	6	7	9	5
7,4	6	7	3	0	3	6	7	7	1	0
7,5	6	8	2	1	3	6	8	6	2	5
7,6	6	9	1	2	2	6	9	5	4	0
7,7	7	0	0	3	2	7	0	4	5	5
7,8	7	0	9	4	1	7	1	3	7	0
7,9	7	1	8	5	1	7	2	2	8	5
8	7	2	7	6	0	7	3	2	0	0
8,1	7	3	6	7	0	7	4	1	1	5
8,2	7	4	5	7	9	7	5	0	3	0
8,3	7	5	4	8	9	7	5	9	4	5
8,4	7	6	3	9	8	7	6	8	6	0
8,5	7	7	3	0	8	7	7	7	7	5
8,6	7	8	2	1	7	7	8	6	9	0
8,7	7	9	1	2	7	7	9	6	0	5
8,8	8	0	0	3	6	8	0	5	2	0
8,9	8	0	9	4	6	8	1	4	3	5
9	8	1	8	5	5	8	2	3	5	0
9,1	8	2	7	6	5	8	3	2	6	5
9,2	8	3	6	7	4	8	4	1	8	0
9,3	8	4	5	8	4	8	5	0	9	5
9,4	8	5	4	9	3	8	6	0	1	0
9,5	8	6	4	0	3	8	6	9	2	5
9,6	8	7	3	1	2	8	7	8	4	0
9,7	8	8	2	2	2	8	8	7	5	5
9,8	8	9	1	3	1	8	9	6	7	0
9,9	9	0	0	4	1	9	0	5	8	5
10	9	0	9	5	0	9	1	5	0	0

0,01 bis 4,5	0,9205	9,205	92,05	920,5	9205,0	0,926	9,26	92,6	926,0	9260,0
0,01	0	0	0	9	2	0	0	0	9	3
0,02	0	0	1	8	4	0	0	1	8	5
0,03	0	0	2	7	6	0	0	2	7	8
0,04	0	0	3	6	8	0	0	3	7	0
0,05	0	0	4	6	0	0	0	4	6	3
0,06	0	0	5	5	2	0	0	5	5	6
0,07	0	0	6	4	4	0	0	6	4	8
0,08	0	0	7	3	6	0	0	7	4	1
0,09	0	0	8	2	8	0	0	8	3	3
0,1	0	0	9	2	1	0	0	9	2	6
0,2	0	1	8	4	1	0	1	8	5	2
0,3	0	2	7	6	2	0	2	7	7	8
0,4	0	3	6	8	2	0	3	7	0	4
0,5	0	4	6	0	3	0	4	6	3	0
0,6	0	5	5	2	3	0	5	5	5	6
0,7	0	6	4	4	4	0	6	4	8	2
0,8	0	7	3	6	4	0	7	4	0	8
0,9	0	8	2	8	5	0	8	3	3	4
1	0	9	2	0	5	0	9	2	6	0
1,1	1	0	1	2	6	1	0	1	8	6
1,2	1	1	0	4	6	1	1	1	1	2
1,3	1	1	9	6	7	1	2	0	3	8
1,4	1	2	8	8	7	1	2	9	6	4
1,5	1	3	8	0	8	1	3	8	9	0
1,6	1	4	7	2	8	1	4	8	1	6
1,7	1	5	6	4	9	1	5	7	4	2
1,8	1	6	5	6	9	1	6	6	6	8
1,9	1	7	4	9	0	1	7	5	9	4
2	1	8	4	1	0	1	8	5	2	0
2,1	1	9	3	3	1	1	9	4	4	6
2,2	2	0	2	5	1	2	0	3	7	2
2,3	2	1	1	7	2	2	1	2	9	8
2,4	2	2	0	9	2	2	2	2	2	4
2,5	2	3	0	1	3	2	3	1	5	0
2,6	2	3	9	3	3	2	4	0	7	6
2,7	2	4	8	5	4	2	5	0	0	2
2,8	2	5	7	7	4	2	5	9	2	8
2,9	2	6	6	9	5	2	6	8	5	4
3	2	7	6	1	5	2	7	7	8	0
3,1	2	8	5	3	6	2	8	7	0	6
3,2	2	9	4	5	6	2	9	6	3	2
3,3	3	0	3	7	7	3	0	5	5	8
3,4	3	1	2	9	7	3	1	4	8	4
3,5	3	2	2	1	8	3	2	4	1	0
3,6	3	3	1	3	8	3	3	3	3	6
3,7	3	4	0	5	9	3	4	2	6	2
3,8	3	4	9	7	9	3	5	1	8	8
3,9	3	5	9	0	0	3	6	1	1	4
4	3	6	8	2	0	3	7	0	4	0
4,1	3	7	7	4	1	3	7	9	6	6
4,2	3	8	6	6	1	3	8	8	9	2
4,3	3	9	5	8	2	3	9	8	1	8
4,4	4	0	5	0	2	4	0	7	4	4
4,5	4	1	4	2	3	4	1	6	7	0

4,6 bis 10	0,9205	9,205	92,05	920,5	9205,0	0,926	9,26	92,6	926,0	9260,0
4,6	4	2	3	4	3	4	2	5	9	6
4,7	4	3	2	6	4	4	3	5	2	2
4,8	4	4	1	8	4	4	4	4	4	8
4,9	4	5	1	0	5	4	5	3	7	4
5	4	6	0	2	5	4	6	3	0	0
5,1	4	6	9	4	6	4	7	2	2	6
5,2	4	7	8	6	6	4	8	1	5	2
5,3	4	8	7	8	7	4	9	0	7	8
5,4	4	9	7	0	7	5	0	0	0	4
5,5	5	0	6	2	8	5	0	9	3	0
5,6	5	1	5	4	8	5	1	8	5	6
5,7	5	2	4	6	9	5	2	7	8	2
5,8	5	3	3	8	9	5	3	7	0	8
5,9	5	4	3	1	0	5	4	6	3	4
6	5	5	2	3	0	5	5	5	6	0
6,1	5	6	1	5	1	5	6	4	8	6
6,2	5	7	0	7	1	5	7	4	1	2
6,3	5	7	9	9	2	5	8	3	3	8
6,4	5	8	9	1	2	5	9	2	6	4
6,5	5	9	8	3	3	6	0	1	9	0
6,6	6	0	7	5	3	6	1	1	1	6
6,7	6	1	6	7	4	6	2	0	4	2
6,8	6	2	5	9	4	6	2	9	6	8
6,9	6	3	5	1	5	6	3	8	9	4
7	6	4	4	3	5	6	4	8	2	0
7,1	6	5	3	5	6	6	5	7	4	6
7,2	6	6	2	7	6	6	6	6	7	2
7,3	6	7	1	9	7	6	7	5	9	8
7,4	6	8	1	1	7	6	8	5	2	4
7,5	6	9	0	3	8	6	9	4	5	0
7,6	6	9	9	5	8	7	0	3	7	6
7,7	7	0	8	7	9	7	1	3	0	2
7,8	7	1	7	9	9	7	2	2	2	8
7,9	7	2	7	2	0	7	3	1	5	4
8	7	3	6	4	0	7	4	0	8	0
8,1	7	4	5	6	1	7	5	0	0	6
8,2	7	5	4	8	1	7	5	9	3	2
8,3	7	6	4	0	2	7	6	8	5	8
8,4	7	7	3	2	2	7	7	7	8	4
8,5	7	8	2	4	3	7	8	7	1	0
8,6	7	9	1	6	3	7	9	6	3	6
8,7	8	0	0	8	4	8	0	5	6	2
8,8	8	1	0	0	4	8	1	4	8	8
8,9	8	1	9	2	5	8	2	4	1	4
9	8	2	8	4	5	8	3	3	4	0
9,1	8	3	7	6	6	8	4	2	6	6
9,2	8	4	6	8	6	8	5	1	9	2
9,3	8	5	6	0	7	8	6	1	1	8
9,4	8	6	5	2	7	8	7	0	4	4
9,5	8	7	4	4	8	8	7	9	7	0
9,6	8	8	3	6	8	8	8	8	9	6
9,7	8	9	2	8	9	8	9	8	2	2
9,8	9	0	2	0	9	9	0	7	4	8
9,9	9	1	1	3	0	9	1	6	7	4
10	9	2	0	5	0	9	2	6	0	0

0,01 bis 4,5	0,9315	9,315	93,15	931,5	9315,0	0,937	9,37	93,7	937,0	9370,0
0,01	0	0	0	9	3	0	0	0	9	4
0,02	0	0	1	8	6	0	0	1	8	7
0,03	0	0	2	7	9	0	0	2	8	1
0,04	0	0	3	7	3	0	0	3	7	5
0,05	0	0	4	6	6	0	0	4	6	9
0,06	0	0	5	5	9	0	0	5	6	2
0,07	0	0	6	5	2	0	0	6	5	6
0,08	0	0	7	4	5	0	0	7	5	0
0,09	0	0	8	3	8	0	0	8	4	3
0,1	0	0	9	3	2	0	0	9	3	7
0,2	0	1	8	6	3	0	1	8	7	4
0,3	0	2	7	9	5	0	2	8	1	1
0,4	0	3	7	2	6	0	3	7	4	8
0,5	0	4	6	5	8	0	4	6	8	5
0,6	0	5	5	8	9	0	5	6	2	2
0,7	0	6	5	2	1	0	6	5	5	9
0,8	0	7	4	5	2	0	7	4	9	6
0,9	0	8	3	8	4	0	8	4	3	3
1	0	9	3	1	5	0	9	3	7	0
1,1	1	0	2	4	7	1	0	3	0	7
1,2	1	1	1	7	8	1	1	2	4	4
1,3	1	2	1	1	0	1	2	1	8	1
1,4	1	3	0	4	1	1	3	1	1	8
1,5	1	3	9	7	3	1	4	0	5	5
1,6	1	4	9	0	4	1	4	9	9	2
1,7	1	5	8	3	6	1	5	9	2	9
1,8	1	6	7	6	7	1	6	8	6	6
1,9	1	7	6	9	9	1	7	8	0	3
2	1	8	6	3	0	1	8	7	4	0
2,1	1	9	5	6	2	1	9	6	7	7
2,2	2	0	4	9	3	2	0	6	1	4
2,3	2	1	4	2	5	2	1	5	5	1
2,4	2	2	3	5	6	2	2	4	8	8
2,5	2	3	2	8	8	2	3	4	2	5
2,6	2	4	2	1	9	2	4	3	6	2
2,7	2	5	1	5	1	2	5	2	9	9
2,8	2	6	0	8	2	2	6	2	3	6
2,9	2	7	0	1	4	2	7	1	7	3
3	2	7	9	4	5	2	8	1	1	0
3,1	2	8	8	7	7	2	9	0	4	7
3,2	2	9	8	0	8	2	9	9	8	4
3,3	3	0	7	4	0	3	0	9	2	1
3,4	3	1	6	7	1	3	1	8	5	8
3,5	3	2	6	0	3	3	2	7	9	5
3,6	3	3	5	3	4	3	3	7	3	2
3,7	3	4	4	6	6	3	4	6	6	9
3,8	3	5	3	9	7	3	5	6	0	6
3,9	3	6	3	2	9	3	6	5	4	3
4	3	7	2	6	0	3	7	4	8	0
4,1	3	8	1	9	2	3	8	4	1	7
4,2	3	9	1	2	3	3	9	3	5	4
4,3	4	0	0	5	5	4	0	2	9	1
4,4	4	0	9	8	6	4	1	2	2	8
4,5	4	1	9	1	8	4	2	1	6	5

4,6 bis 10	0,9315	9,315	93,15	931,5	9315,0	0,937	9,37	93,7	937,0	9370,0
4,6	4	2	8	4	9	4	3	1	0	2
4,7	4	3	7	8	1	4	4	0	3	9
4,8	4	4	7	1	2	4	4	9	7	6
4,9	4	5	6	4	4	4	5	9	1	3
5	4	6	5	7	5	4	6	8	5	0
5,1	4	7	5	0	7	4	7	7	8	7
5,2	4	8	4	3	8	4	8	7	2	4
5,3	4	9	3	7	0	4	9	6	6	1
5,4	5	0	3	0	1	5	0	5	9	8
5,5	5	1	2	3	3	5	1	5	3	5
5,6	5	2	1	6	4	5	2	4	7	2
5,7	5	3	0	9	6	5	3	4	0	9
5,8	5	4	0	2	7	5	4	3	4	6
5,9	5	4	9	5	9	5	5	2	8	3
6	5	5	8	9	0	5	6	2	2	0
6,1	5	6	8	2	2	5	7	1	5	7
6,2	5	7	7	5	3	5	8	0	9	4
6,3	5	8	6	8	5	5	9	0	3	1
6,4	5	9	6	1	6	5	9	9	6	8
6,5	6	0	5	4	8	6	0	9	0	5
6,6	6	1	4	7	9	6	1	8	4	2
6,7	6	2	4	1	1	6	2	7	7	9
6,8	6	3	3	4	2	6	3	7	1	6
6,9	6	4	2	7	4	6	4	6	5	3
7	6	5	2	0	5	6	5	5	9	0
7,1	6	6	1	3	7	6	6	5	2	7
7,2	6	7	0	6	8	6	7	4	6	4
7,3	6	8	0	0	0	6	8	4	0	1
7,4	6	8	9	3	1	6	9	3	3	8
7,5	6	9	8	6	3	7	0	2	7	5
7,6	7	0	7	9	4	7	1	2	1	2
7,7	7	1	7	2	6	7	2	1	4	9
7,8	7	2	6	5	7	7	3	0	8	6
7,9	7	3	5	8	9	7	4	0	2	3
8	7	4	5	2	0	7	4	9	6	0
8,1	7	5	4	5	2	7	5	8	9	7
8,2	7	6	3	8	3	7	6	8	3	4
8,3	7	7	3	1	5	7	7	7	7	1
8,4	7	8	2	4	6	7	8	7	0	8
8,5	7	9	1	7	8	7	9	6	4	5
8,6	8	0	1	0	9	8	0	5	8	2
8,7	8	1	0	4	1	8	1	5	1	9
8,8	8	1	9	7	2	8	2	4	5	6
8,9	8	2	9	0	4	8	3	3	9	3
9	8	3	8	3	5	8	4	3	3	0
9,1	8	4	7	6	7	8	5	2	6	7
9,2	8	5	6	9	8	8	6	2	0	4
9,3	8	6	6	3	0	8	7	1	4	1
9,4	8	7	5	6	1	8	8	0	7	8
9,5	8	8	4	9	3	8	9	0	1	5
9,6	8	9	4	2	4	8	9	9	5	2
9,7	9	0	3	5	6	9	0	8	8	9
9,8	9	1	2	8	7	9	1	8	2	6
9,9	9	2	2	1	9	9	2	7	6	3
10	9	3	1	5	0	9	3	7	0	0

0,01 bis 4,5	9425,0 / 942,5 / 0,9425 / 9,425 / 94,25					9480,0 / 948,0 / 0,948 / 9,48 / 94,8				
0,01	0	0	0	9	4	0	0	0	9	5
0,02	0	0	1	8	9	0	0	1	9	0
0,03	0	0	2	8	3	0	0	2	8	4
0,04	0	0	3	7	7	0	0	3	7	9
0,05	0	0	4	7	1	0	0	4	7	4
0,06	0	0	5	6	6	0	0	5	6	9
0,07	0	0	6	6	0	0	0	6	6	4
0,08	0	0	7	5	4	0	0	7	5	8
0,09	0	0	8	4	8	0	0	8	5	3
0,1	0	0	9	4	3	0	0	9	4	8
0,2	0	1	8	8	5	0	1	8	9	6
0,3	0	2	8	2	8	0	2	8	4	4
0,4	0	3	7	7	0	0	3	7	9	2
0,5	0	4	7	1	3	0	4	7	4	0
0,6	0	5	6	5	5	0	5	6	8	8
0,7	0	6	5	9	8	0	6	6	3	6
0,8	0	7	5	4	0	0	7	5	8	4
0,9	0	8	4	8	3	0	8	5	3	2
1	0	9	4	2	5	0	9	4	8	0
1,1	1	0	3	6	8	1	0	4	2	8
1,2	1	1	3	1	0	1	1	3	7	6
1,3	1	2	2	5	3	1	2	3	2	4
1,4	1	3	1	9	5	1	3	2	7	2
1,5	1	4	1	3	8	1	4	2	2	0
1,6	1	5	0	8	0	1	5	1	6	8
1,7	1	6	0	2	3	1	6	1	1	6
1,8	1	6	9	6	5	1	7	0	6	4
1,9	1	7	9	0	8	1	8	0	1	2
2	1	8	8	5	0	1	8	9	6	0
2,1	1	9	7	9	3	1	9	9	0	8
2,2	2	0	7	3	5	2	0	8	5	6
2,3	2	1	6	7	8	2	1	8	0	4
2,4	2	2	6	2	0	2	2	7	5	2
2,5	2	3	5	6	3	2	3	7	0	0
2,6	2	4	5	0	5	2	4	6	4	8
2,7	2	5	4	4	8	2	5	5	9	6
2,8	2	6	3	9	0	2	6	5	4	4
2,9	2	7	3	3	3	2	7	4	9	2
3	2	8	2	7	5	2	8	4	4	0
3,1	2	9	2	1	8	2	9	3	8	8
3,2	3	0	1	6	0	3	0	3	3	6
3,3	3	1	1	0	3	2	1	2	8	4
3,4	3	2	0	4	5	3	2	2	3	2
3,5	3	2	9	8	8	3	3	1	8	0
3,6	3	3	9	3	0	3	4	1	2	8
3,7	3	4	8	7	3	3	5	0	7	6
3,8	3	5	8	1	5	3	6	0	2	4
3,9	3	6	7	5	8	3	6	9	7	2
4	3	7	7	0	0	3	7	9	2	0
4,1	4	8	6	4	3	3	8	8	6	8
4,2	4	9	5	8	5	3	9	8	1	6
4,3	4	0	5	2	8	4	0	7	6	4
4,4	4	1	4	7	0	4	1	7	1	2
4,5	4	2	4	1	3	4	2	6	6	0

4,6 bis 10	9425,0 / 942,5 / 0,9425 / 9,425 / 94,25					9480,0 / 948,0 / 0,948 / 9,48 / 94,8				
4,6	4	3	3	5	5	4	3	6	0	8
4,7	4	4	2	9	8	4	4	5	5	6
4,8	4	5	2	4	0	4	5	5	0	4
4,9	4	6	1	8	3	4	6	4	5	2
5	4	7	1	2	5	4	7	4	0	0
5,1	4	8	0	6	8	4	8	3	8	8
5,2	4	9	0	1	0	4	9	2	9	6
5,3	4	9	9	5	3	5	0	2	4	4
5,4	5	0	8	9	5	5	1	1	9	2
5,5	5	1	8	3	8	5	2	1	4	0
5,6	5	2	7	8	0	5	3	0	8	8
5,7	5	3	7	2	3	5	4	0	3	6
5,8	5	4	6	6	5	5	4	9	8	4
5,9	5	5	6	0	8	5	5	9	3	2
6	5	6	5	5	0	5	6	8	8	0
6,1	5	7	4	9	3	5	7	8	2	8
6,2	5	8	4	3	5	5	8	7	7	6
6,3	5	9	3	7	8	5	9	7	2	4
6,4	6	0	3	2	0	6	0	6	7	2
6,5	6	1	2	6	3	6	1	6	2	0
6,6	6	2	2	0	5	6	2	5	6	8
6,7	6	3	1	4	8	6	3	5	1	6
6,8	6	4	0	9	0	6	4	4	6	4
6,9	6	5	0	3	3	6	5	4	1	2
7	6	5	9	7	5	6	6	3	6	0
7,1	6	6	9	1	8	6	7	3	0	8
7,2	6	7	8	6	0	6	8	2	5	6
7,3	6	8	8	0	3	6	9	2	0	4
7,4	6	9	7	4	5	7	0	1	5	2
7,5	7	0	6	8	8	7	1	1	0	0
7,6	7	1	6	3	0	7	2	0	4	8
7,7	7	2	5	7	3	7	2	9	9	6
7,8	7	3	5	1	5	7	3	9	4	4
7,9	7	4	4	5	8	7	4	8	9	2
8	7	5	4	0	0	7	5	8	4	0
8,1	7	6	3	4	3	7	6	7	8	8
8,2	7	7	2	8	5	7	7	7	3	6
8,3	7	8	2	2	8	7	8	6	8	4
8,4	7	9	1	7	0	7	9	6	3	2
8,5	8	0	1	1	3	8	0	5	8	0
8,6	8	1	0	5	5	8	1	5	2	8
8,7	8	1	9	9	8	8	2	4	7	6
8,8	8	2	9	4	0	8	3	4	2	4
8,9	8	3	8	8	3	8	4	3	7	2
9	8	4	8	2	5	8	5	3	2	0
9,1	8	5	7	6	8	8	6	2	6	8
9,2	8	6	7	1	0	8	7	2	9	6
9,3	8	7	6	5	3	8	8	1	6	4
9,4	8	8	5	9	5	8	9	1	1	2
9,5	8	9	5	3	8	9	0	0	6	0
9,6	9	0	4	8	0	9	1	0	0	8
9,7	9	1	4	2	3	9	1	9	5	6
9,8	9	2	3	6	5	9	2	9	0	4
9,9	9	3	3	0	8	9	3	8	5	2
10	9	4	2	5	0	9	4	8	0	0

0,01 bis 4,5 / 4,6 bis 10	9535,0 · 953,5 · 0,9535 · 9,535 · 95,35					9590,0 · 959,0 · 0,959 · 9,59 · 95,9				
0,01	0	0	0	9	5	0	0	0	9	6
0,02	0	0	1	9	1	0	0	1	9	2
0,03	0	0	2	8	6	0	0	2	8	8
0,04	0	0	3	8	1	0	0	3	8	4
0,05	0	0	4	7	7	0	0	4	8	0
0,06	0	0	5	7	2	0	0	5	7	5
0,07	0	0	6	6	7	0	0	6	7	1
0,08	0	0	7	6	3	0	0	7	6	7
0,09	0	0	8	5	8	0	0	8	6	3
0,1	0	0	9	5	4	0	0	9	5	9
0,2	0	1	9	0	7	0	1	9	1	8
0,3	0	2	8	6	1	0	2	8	7	7
0,4	0	3	8	1	4	0	3	8	3	6
0,5	0	4	7	6	8	0	4	7	9	5
0,6	0	5	7	2	1	0	5	7	5	4
0,7	0	6	6	7	5	0	6	7	1	3
0,8	0	7	6	2	8	0	7	6	7	2
0,9	0	8	5	8	2	0	8	6	3	1
1	0	9	5	3	5	0	9	5	9	0
1,1	1	0	4	8	9	1	0	5	4	9
1,2	1	1	4	4	2	1	1	5	0	8
1,3	1	2	3	9	6	1	2	4	6	7
1,4	1	3	3	4	9	1	3	4	2	6
1,5	1	4	3	0	3	1	4	4	8	5
1,6	1	5	2	5	6	1	5	3	4	4
1,7	1	6	2	1	0	1	6	3	0	3
1,8	1	7	1	6	3	1	7	2	6	2
1,9	1	8	1	1	7	1	8	2	2	1
2	1	9	0	7	0	1	9	1	8	0
2,1	2	0	0	2	4	2	0	1	3	9
2,2	2	0	9	7	7	2	1	0	9	8
2,3	2	1	9	3	1	2	2	0	5	7
2,4	2	2	8	8	4	2	3	0	1	6
2,5	2	3	8	3	8	2	3	9	7	5
2,6	2	4	7	9	1	2	4	9	3	4
2,7	2	5	7	4	5	2	5	8	9	3
2,8	2	6	6	9	8	2	6	8	5	2
2,9	2	7	6	5	2	2	7	8	1	1
3	2	8	6	0	5	2	8	7	7	0
3,1	2	9	5	5	9	2	9	7	2	9
3,2	3	0	5	1	2	3	0	6	8	8
3,3	3	1	4	6	6	3	1	6	4	7
3,4	3	2	4	1	9	3	2	6	0	6
3,5	3	3	3	7	3	3	3	5	6	5
3,6	3	4	3	2	6	3	4	5	2	4
3,7	3	5	2	8	0	3	5	4	8	3
3,8	3	6	2	3	3	3	6	4	4	2
3,9	3	7	1	8	7	3	7	4	0	1
4	3	8	1	4	0	3	8	3	6	0
4,1	3	9	0	9	4	3	9	3	1	9
4,2	4	0	0	4	7	4	0	2	7	8
4,3	4	1	0	0	1	4	1	2	3	7
4,4	4	1	9	5	4	4	2	1	9	6
4,5	4	2	9	0	8	4	3	1	5	5
4,6	4	3	8	6	1	4	4	1	1	4
4,7	4	4	8	1	5	4	5	0	7	3
4,8	4	5	7	6	8	4	6	0	3	2
4,9	4	6	7	2	2	4	6	9	9	1
5	4	7	6	7	5	4	7	9	5	0
5,1	5	8	6	2	9	4	8	9	0	9
5,2	5	9	5	8	2	4	9	8	6	8
5,3	5	0	5	3	6	5	0	8	2	7
5,4	5	1	4	8	9	5	1	7	8	6
5,5	5	2	4	4	3	5	2	7	4	5
5,6	5	3	3	9	6	5	3	7	0	4
5,7	5	4	3	5	0	5	4	6	6	3
5,8	5	5	3	0	3	5	5	6	2	2
5,9	5	6	2	5	7	5	6	5	8	1
6	5	7	2	1	0	5	7	5	4	0
6,1	5	8	1	6	4	5	8	4	9	9
6,2	5	9	1	1	7	5	9	4	5	8
6,3	6	0	0	7	1	6	0	4	1	7
6,4	6	1	0	2	4	6	1	3	7	6
6,5	6	1	9	7	8	6	2	3	3	5
6,6	6	2	9	3	1	6	3	2	9	4
6,7	6	3	8	8	5	6	4	2	5	3
6,8	6	4	8	3	8	6	5	2	1	2
6,9	6	5	7	9	2	6	6	1	7	1
7	6	6	7	4	5	6	7	1	3	0
7,1	6	7	6	9	9	6	8	0	8	9
7,2	6	8	6	5	2	6	9	0	4	8
7,3	6	9	6	0	6	7	0	0	0	7
7,4	7	0	5	5	9	7	0	9	6	6
7,5	7	1	5	1	3	7	1	9	2	5
7,6	7	2	4	6	6	7	2	8	8	4
7,7	7	3	4	2	0	7	3	8	4	3
7,8	7	4	3	7	3	7	4	8	0	2
7,9	7	5	3	2	7	7	5	7	6	1
8	7	6	2	8	0	7	6	7	2	0
8,1	7	7	2	3	4	7	7	6	7	9
8,2	7	8	1	8	7	7	8	6	3	8
8,3	7	9	1	4	1	7	9	5	9	7
8,4	8	0	0	9	4	8	0	5	5	6
8,5	8	1	0	4	8	8	1	5	1	5
8,6	8	2	0	0	1	8	2	4	7	4
8,7	8	2	9	5	5	8	3	4	3	3
8,8	8	3	9	0	8	8	4	3	9	2
8,9	8	4	8	6	2	8	5	3	5	1
9	8	5	8	1	5	8	6	3	1	0
9,1	8	6	7	6	9	8	7	2	6	9
9,2	8	7	7	2	2	8	8	2	2	8
9,3	8	8	6	7	6	8	9	1	8	7
9,4	8	9	6	2	9	9	0	1	4	6
9,5	9	0	5	8	3	9	1	1	0	5
9,6	9	1	5	3	6	9	2	0	6	4
9,7	9	2	4	9	0	9	3	0	2	3
9,8	9	3	4	4	3	9	3	9	8	2
9,9	9	4	3	9	7	9	4	9	4	1
10	9	5	3	5	0	9	5	9	0	0

0,01 bis **4,5**	**0,**9645	**9,**645	**96,**45	**964,**5	**9645,**0	**0,**97	**9,**7	**97,**0	**970,**0	**9700,**0
0,01	0	0	0	9	6	0	0	0	9	7
0,02	0	0	1	9	3	0	0	1	9	4
0,03	0	0	2	8	9	0	0	2	9	1
0,04	0	0	3	8	6	0	0	3	8	8
0,05	0	0	4	8	2	0	0	4	8	5
0,06	0	0	5	7	9	0	0	5	8	2
0,07	0	0	6	7	5	0	0	6	7	9
0,08	0	0	7	7	2	0	0	7	7	6
0,09	0	0	8	6	8	0	0	8	7	3
0,1	0	0	9	6	5	0	0	9	7	0
0,2	0	1	9	2	9	0	1	9	4	0
0,3	0	2	8	9	4	0	2	9	1	0
0,4	0	3	8	5	8	0	3	8	8	0
0,5	0	4	8	2	3	0	4	8	5	0
0,6	0	5	7	8	7	0	5	8	2	0
0,7	0	6	7	5	2	0	6	7	9	0
0,8	0	7	7	1	6	0	7	7	6	0
0,9	0	8	6	8	1	0	8	7	3	0
1	0	9	6	4	5	0	9	7	0	0
1,1	1	0	6	1	0	1	0	6	7	0
1,2	1	1	5	7	4	1	1	6	4	0
1,3	1	2	5	3	9	1	2	6	1	0
1,4	1	3	5	0	3	1	3	5	8	0
1,5	1	4	4	6	8	1	4	5	5	0
1,6	1	5	4	3	2	1	5	5	2	0
1,7	1	6	3	9	7	1	6	4	9	0
1,8	1	7	3	6	1	1	7	4	6	0
1,9	1	8	3	2	6	1	8	4	3	0
2	1	9	2	9	0	1	9	4	0	0
2,1	2	0	2	5	5	2	0	3	7	0
2,2	2	1	2	1	9	2	1	3	4	0
2,3	2	2	1	8	4	2	2	3	1	0
2,4	2	3	1	4	8	2	3	2	8	0
2,5	2	4	1	1	3	2	4	2	5	0
2,6	2	5	0	7	7	2	5	2	2	0
2,7	2	6	0	4	2	2	6	1	9	0
2,8	2	7	0	0	6	2	7	1	6	0
2,9	2	7	9	7	1	2	8	1	3	0
3	2	8	9	3	5	2	9	1	0	0
3,1	2	9	9	0	0	3	0	0	7	0
3,2	3	0	8	6	4	3	1	0	4	0
3,3	3	1	8	2	9	3	2	0	1	0
3,4	3	2	7	9	3	3	2	9	8	0
3,5	3	3	7	5	8	3	3	9	5	0
3,6	3	4	7	2	2	3	4	9	2	0
3,7	3	5	6	8	7	3	5	8	9	0
3,8	3	6	6	5	1	3	6	8	6	0
3,9	3	7	6	1	6	3	7	8	3	0
4	3	8	5	8	0	3	8	8	0	0
4,1	3	9	5	4	5	3	9	7	7	0
4,2	4	0	5	0	9	4	0	7	4	0
4,3	4	1	4	7	4	4	1	7	1	0
4,4	4	2	4	3	8	4	2	6	8	0
4,5	4	3	4	0	3	4	3	6	5	0

4,6 bis **10**	**0,**9645	**9,**645	**96,**45	**964,**5	**9645,**0	**0,**97	**9,**7	**97,**0	**970,**5	**9700,**0
4,6	4	4	3	6	7	4	4	6	2	0
4,7	4	5	3	3	2	4	5	5	9	0
4,8	4	6	2	9	6	4	6	5	6	0
4,9	4	7	2	6	1	4	7	5	3	0
5	4	8	2	2	5	4	8	5	0	0
5,1	4	9	1	9	0	4	9	4	7	0
5,2	5	0	1	5	4	5	0	4	4	0
5,3	5	1	1	1	9	5	1	4	1	0
5,4	5	2	0	8	3	5	2	3	8	0
5,5	5	3	0	4	8	5	3	3	5	0
5,6	5	4	0	1	2	5	4	3	2	0
5,7	5	4	9	7	7	5	5	2	9	0
5,8	5	5	9	4	1	5	6	2	6	0
5,9	5	6	9	0	6	5	7	2	3	0
6	5	7	8	7	0	5	8	2	0	0
6,1	5	8	8	3	5	5	9	1	7	0
6,2	5	9	7	9	9	6	0	1	4	0
6,3	6	0	7	6	4	6	1	1	1	0
6,4	6	1	7	2	8	6	2	0	8	0
6,5	6	2	6	9	3	6	3	0	5	0
6,6	6	3	6	5	7	6	4	0	2	0
6,7	6	4	6	2	2	6	4	9	9	0
6,8	6	5	5	8	6	6	5	9	6	0
6,9	6	6	5	5	1	6	6	9	3	0
7	6	7	5	1	5	6	7	9	0	0
7,1	6	8	4	8	0	6	8	8	7	0
7,2	6	9	4	4	4	6	9	8	4	0
7,3	7	0	4	0	9	7	0	8	1	0
7,4	7	1	3	7	3	7	1	7	8	0
7,5	7	2	3	3	8	7	2	7	5	0
7,6	7	3	3	0	2	7	3	7	2	0
7,7	7	4	2	6	7	7	4	6	9	0
7,8	7	5	2	3	1	7	5	6	6	0
7,9	7	6	1	9	6	7	6	6	3	0
8	7	7	1	6	0	7	7	6	0	0
8,1	7	8	1	2	5	7	8	5	7	0
8,2	7	9	0	8	9	7	9	5	4	0
8,3	8	0	0	5	4	8	0	5	1	0
8,4	8	1	0	1	8	8	1	4	8	0
8,5	8	1	9	8	3	8	2	4	5	0
8,6	8	2	9	4	7	8	3	4	2	0
8,7	8	3	9	1	2	8	4	3	9	0
8,8	8	4	8	7	6	8	5	3	6	0
8,9	8	5	8	4	1	8	6	3	3	0
9	8	6	8	0	5	8	7	3	0	0
9,1	8	7	7	7	0	8	8	2	7	0
9,2	8	8	7	3	4	8	9	2	4	0
9,3	8	9	6	9	9	9	0	2	1	0
9,4	9	0	6	6	3	9	1	1	8	0
9,5	9	1	6	2	8	9	2	1	5	0
9,6	9	2	5	9	2	9	3	1	2	0
9,7	9	3	5	5	7	9	4	0	9	0
9,8	9	4	5	2	1	9	5	0	6	0
9,9	9	5	4	8	6	9	6	0	3	0
10	9	6	4	5	0	9	7	0	0	0

9760–9820

0,01 bis 4,5	0,976	9,76	97,6	976,0	9760,0	0,982	9,82	98,2	982,0	9820,0
0,01	0	0	0	9	8	0	0	0	9	8
0,02	0	0	1	9	5	0	0	1	9	6
0,03	0	0	2	9	3	0	0	2	9	5
0,04	0	0	3	9	0	0	0	3	9	3
0,05	0	0	4	8	8	0	0	4	9	1
0,06	0	0	5	8	6	0	0	5	8	9
0,07	0	0	6	8	3	0	0	6	8	7
0,08	0	0	7	8	1	0	0	7	8	6
0,09	0	0	7	8	8	0	0	8	8	4
0,1	0	0	9	7	6	0	0	9	8	2
0,2	0	1	9	5	2	0	1	9	6	4
0,3	0	2	9	2	8	0	2	9	4	6
0,4	0	3	9	0	4	0	3	9	2	8
0,5	0	4	8	8	0	0	4	9	1	0
0,6	0	5	8	5	6	0	5	8	9	2
0,7	0	6	8	3	2	0	6	8	7	4
0,8	0	7	8	0	8	0	7	8	5	6
0,9	0	8	7	8	4	0	8	8	3	8
1	0	9	7	6	0	0	9	8	2	0
1,1	1	0	7	3	6	1	0	8	0	2
1,2	1	1	7	1	2	1	1	7	8	4
1,3	1	2	6	8	8	1	2	7	6	6
1,4	1	3	6	6	4	1	3	7	4	8
1,5	1	4	6	4	0	1	4	7	3	0
1,6	1	5	6	1	6	1	5	7	1	2
1,7	1	6	5	9	2	1	6	6	9	4
1,8	1	7	5	6	8	1	7	6	7	6
1,9	1	8	5	4	4	1	8	6	5	8
2	1	9	5	2	0	1	9	6	4	0
2,1	2	0	4	9	6	2	0	6	2	2
2,2	2	1	4	7	2	2	1	6	0	4
2,3	2	2	4	4	8	2	2	5	8	6
2,4	2	3	4	2	4	2	3	5	6	8
2,5	2	4	4	0	0	2	4	5	5	0
2,6	2	5	3	7	6	2	5	5	3	2
2,7	2	6	3	5	2	2	6	5	1	4
2,8	2	7	3	2	8	2	7	4	9	6
2,9	2	8	3	0	4	2	8	4	7	8
3	2	9	2	8	0	2	9	4	6	0
3,1	3	0	2	5	6	3	0	4	4	2
3,2	3	1	2	3	2	3	1	4	2	4
3,3	3	2	2	0	8	3	2	4	0	6
3,4	3	3	1	8	4	3	3	3	8	8
3,5	3	4	1	6	0	3	4	3	7	0
3,6	3	5	1	3	6	3	5	3	5	2
3,7	3	6	1	1	2	3	6	3	3	4
3,8	3	7	0	8	8	3	7	3	1	6
3,9	3	8	0	6	4	3	8	2	9	8
4	3	9	0	4	0	3	9	2	8	0
4,1	4	0	0	1	6	4	0	2	6	2
4,2	4	0	9	9	2	4	1	2	4	4
4,3	4	1	9	6	8	4	2	2	2	6
4,4	4	2	9	4	4	4	3	2	0	8
4,5	4	3	9	2	0	4	4	1	9	0

4,6 bis 10	0,976	9,76	97,6	976,0	9760,0	0,982	9,82	98,2	982,0	9820,0
4,6	4	4	8	9	6	4	5	1	7	2
4,7	4	5	8	7	2	4	6	1	5	4
4,8	4	6	8	4	8	4	7	1	3	6
4,9	4	7	8	2	4	4	8	1	1	8
5	4	8	8	0	0	4	9	1	0	0
5,1	4	9	7	7	6	5	0	0	8	2
5,2	5	0	7	5	2	5	1	0	6	4
5,3	5	1	7	2	8	5	2	0	4	6
5,4	5	2	7	0	4	5	3	0	2	8
5,5	5	3	6	8	0	5	4	0	1	0
5,6	5	4	6	5	6	5	4	9	9	2
5,7	5	5	6	3	2	5	5	9	7	4
5,8	5	6	6	0	8	5	6	9	5	6
5,9	5	7	5	8	4	5	7	9	3	8
6	5	8	5	6	0	5	8	9	2	0
6,1	5	9	5	3	6	5	9	9	0	2
6,2	6	0	5	1	2	6	0	8	8	4
6,3	6	1	4	8	8	6	1	8	6	6
6,4	6	2	4	6	4	6	2	8	4	8
6,5	6	3	4	4	0	6	3	8	3	0
6,6	6	4	4	1	6	6	4	8	1	2
6,7	6	5	3	9	2	6	5	7	9	4
6,8	6	6	3	6	8	6	6	7	7	6
6,9	6	7	3	4	4	6	7	7	5	8
7	6	8	3	2	0	6	8	7	4	0
7,1	6	9	2	9	6	6	9	7	2	2
7,2	7	0	2	7	2	7	0	7	0	4
7,3	7	1	2	4	8	7	1	6	8	6
7,4	7	2	2	2	4	7	2	6	6	8
7,5	7	3	2	0	0	7	3	6	5	0
7,6	7	4	1	7	6	7	4	6	3	2
7,7	7	5	1	5	2	7	5	6	1	4
7,8	7	6	1	2	8	7	6	5	9	6
7,9	7	7	1	0	4	7	7	5	7	8
8	7	8	0	8	0	7	8	5	6	0
8,1	7	9	0	5	6	7	9	5	4	2
8,2	8	0	0	3	2	8	0	5	2	4
8,3	8	1	0	0	8	8	1	5	0	6
8,4	8	1	9	8	4	8	2	4	8	8
8,5	8	2	9	6	0	8	3	4	7	0
8,6	8	3	9	3	6	8	4	4	5	2
8,7	8	4	9	1	2	8	5	4	3	4
8,8	8	5	8	8	8	8	6	4	1	6
8,9	8	6	8	6	4	8	7	3	9	8
9	8	7	8	4	0	8	8	3	8	0
9,1	8	8	8	1	6	8	9	3	6	2
9,2	8	9	7	9	2	9	0	3	4	4
9,3	9	0	7	6	8	9	1	3	2	6
9,4	9	1	7	4	4	9	2	3	0	8
9,5	9	2	7	2	0	9	3	2	9	0
9,6	9	3	6	9	6	9	4	2	7	2
9,7	9	4	6	7	2	9	5	2	5	4
9,8	9	5	6	4	8	9	6	2	3	6
9,9	9	6	6	2	4	9	7	2	1	8
10	9	7	6	0	0	9	8	2	0	0

0,01 bis 4,5	0,988	9,88	98,8	988,0	9880,0	0,994	9,94	99,4	994,0	9940,0
0,01	0	0	0	9	9	0	0	0	9	9
0,02	0	0	1	9	8	0	0	1	9	9
0,03	0	0	2	9	6	0	0	2	9	8
0,04	0	0	3	9	5	0	0	3	9	8
0,05	0	0	4	9	4	0	0	4	9	7
0,06	0	0	5	9	3	0	0	5	9	6
0,07	0	0	6	9	2	0	0	6	9	6
0,08	0	0	7	9	0	0	0	7	9	5
0,09	0	0	8	8	9	0	0	8	9	5
0,1	0	0	9	8	8	0	0	9	9	4
0,2	0	1	9	7	6	0	1	9	8	8
0,3	0	2	9	6	4	0	2	9	8	2
0,4	0	3	9	5	2	0	3	9	7	6
0,5	0	4	9	4	0	0	4	9	7	0
0,6	0	5	9	2	8	0	5	9	6	4
0,7	0	6	9	1	6	0	6	9	5	8
0,8	0	7	9	0	4	0	7	9	5	2
0,9	0	8	8	9	2	0	8	9	4	6
1	0	9	8	8	0	0	9	9	4	0
1,1	1	0	8	6	8	1	0	9	3	4
1,2	1	1	8	5	6	1	1	9	2	8
1,3	1	2	8	4	4	1	2	9	2	2
1,4	1	3	8	3	2	1	3	9	1	6
1,5	1	4	8	2	0	1	4	9	1	0
1,6	1	5	8	0	8	1	5	9	0	4
1,7	1	6	7	9	6	1	6	8	9	8
1,8	1	7	7	8	4	1	7	8	9	2
1,9	1	8	7	7	2	1	8	8	8	6
2	1	9	7	6	0	1	9	8	8	0
2,1	2	0	7	4	8	2	0	8	7	4
2,2	2	1	7	3	6	2	1	8	6	8
2,3	2	2	7	2	4	2	2	8	6	2
2,4	2	3	7	1	2	2	3	8	5	6
2,5	2	4	7	0	0	2	4	8	5	0
2,6	2	5	6	8	8	2	5	8	4	4
2,7	2	6	6	7	6	2	6	8	3	8
2,8	2	7	6	6	4	2	7	8	3	2
2,9	2	8	6	5	2	2	8	8	2	6
3	2	9	6	4	0	2	9	8	2	0
3,1	3	0	6	2	8	3	0	8	1	4
3,2	3	1	6	1	6	3	1	8	0	8
3,3	3	2	6	0	4	3	2	8	0	2
3,4	3	3	5	9	2	3	3	7	9	6
3,5	3	4	5	8	0	3	4	7	9	0
3,6	3	5	5	6	8	3	5	7	8	4
3,7	3	6	5	5	6	3	6	7	7	8
3,8	3	7	5	4	4	3	7	7	7	2
3,9	3	8	5	3	2	3	8	7	6	6
4	3	9	5	2	0	3	9	7	6	0
4,1	4	0	5	0	8	4	0	7	5	4
4,2	4	1	4	9	6	4	1	7	4	8
4,3	4	2	4	8	4	4	2	7	4	2
4,4	4	3	4	7	2	4	3	7	3	6
4,5	4	4	4	6	0	4	4	7	3	0

4,6 bis 10	0,988	9,88	98,8	988,0	9880,0	0,994	9,94	99,4	994,0	9940,0
4,6	4	5	4	4	8	4	5	7	2	4
4,7	4	6	4	3	6	4	6	7	1	8
4,8	4	7	4	2	4	4	7	7	1	2
4,9	4	8	4	1	2	4	8	7	0	6
5	4	9	4	0	0	4	9	7	0	0
5,1	5	0	3	8	8	5	0	6	9	4
5,2	5	1	3	7	6	5	1	6	8	8
5,3	5	2	3	6	4	5	2	6	8	2
5,4	5	3	3	5	2	5	3	6	7	6
5,5	5	4	3	4	0	5	4	6	7	0
5,6	5	5	3	2	8	5	5	6	6	4
5,7	5	6	3	1	6	5	6	6	5	8
5,8	5	7	3	0	4	5	7	6	5	2
5,9	5	8	2	9	2	5	8	6	4	6
6	5	9	2	8	0	5	9	6	4	0
6,1	6	0	2	6	8	6	0	6	3	4
6,2	6	1	2	5	6	6	1	6	2	8
6,3	6	2	2	4	4	6	2	6	2	2
6,4	6	3	2	3	2	6	3	6	1	6
6,5	6	4	2	2	0	6	4	6	9	0
6,6	6	5	2	0	8	6	5	6	0	4
6,7	6	6	1	9	6	6	6	5	9	8
6,8	6	7	1	8	4	6	7	5	9	2
6,9	6	8	1	7	2	6	8	5	8	6
7	6	9	1	6	0	6	9	5	8	0
7,1	7	0	1	4	8	7	0	5	7	4
7,2	7	1	1	3	6	7	1	5	6	8
7,3	7	2	1	2	4	7	2	5	6	2
7,4	7	3	1	1	2	7	3	5	5	6
7,5	7	4	1	0	0	7	4	5	5	0
7,6	7	5	0	8	8	7	5	5	4	4
7,7	7	6	0	7	6	7	6	5	3	8
7,8	7	7	0	6	4	7	7	5	3	2
7,9	7	8	0	5	2	7	8	5	2	6
8	7	9	0	4	0	7	9	5	2	0
8,1	8	0	0	2	8	8	0	5	1	4
8,2	8	1	0	1	6	8	1	5	0	8
8,3	8	2	0	0	4	8	2	5	0	2
8,4	8	2	9	9	2	8	3	4	9	6
8,5	8	3	9	8	0	8	4	4	9	0
8,6	8	4	9	6	8	8	5	4	8	4
8,7	8	5	9	5	6	8	6	4	7	8
8,8	8	6	9	4	4	8	7	4	7	2
8,9	8	7	9	3	2	8	8	4	6	6
9	8	8	9	2	0	8	9	4	6	0
9,1	8	9	9	0	8	9	0	4	5	4
9,2	9	0	8	9	6	9	1	4	4	8
9,3	9	1	8	8	4	9	2	4	4	2
9,4	9	2	8	7	2	9	3	4	3	6
9,5	9	3	8	6	0	9	4	4	3	0
9,6	9	4	8	4	8	9	5	4	2	4
9,7	9	5	8	3	6	9	6	4	1	8
9,8	9	6	8	2	4	9	7	4	1	2
9,9	9	7	8	1	2	9	8	4	0	6
10	9	8	8	0	0	9	9	4	0	0

0,01 bis 4,5 — 0,1 / 1,0 / 10,0 / 1000,0 / 10000,0 — $3{,}142 = \pi$

	0,1	1,0	10,0	1000,0	10000,0		$3{,}142 = \pi$		
0,01	0	0	1	0	0		0	0	3	1
0,02	0	0	2	0	0		0	0	6	2
0,03	0	0	3	0	0		0	0	9	4
0,04	0	0	4	0	0		0	1	2	5
0,05	0	0	5	0	0		0	1	5	7
0,06	0	0	6	0	0		0	1	8	8
0,07	0	0	7	0	0		0	2	1	9
0,08	0	0	8	0	0		0	2	5	1
0,09	0	0	9	0	0		0	2	8	2
0,1	0	1	0	0	0		0	3	1	4
0,2	0	2	0	0	0		0	6	2	8
0,3	0	3	0	0	0		0	9	4	2
0,4	0	4	0	0	0		1	2	5	6
0,5	0	5	0	0	0		1	5	7	1
0,6	0	6	0	0	0		1	8	8	5
0,7	0	7	0	0	0		2	1	9	9
0,8	0	8	0	0	0		2	5	1	3
0,9	0	9	0	0	0		2	8	2	7
1	1	0	0	0	0		3	1	4	2
1,1	1	1	0	0	0		3	4	5	6
1,2	1	2	0	0	0		3	7	7	0
1,3	1	3	0	0	0		4	0	8	4
1,4	1	4	0	0	0		4	3	9	8
1,5	1	5	0	0	0		4	7	1	3
1,6	1	6	0	0	0		5	0	2	7
1,7	1	7	0	0	0		5	3	4	1
1,8	1	8	0	0	0		5	6	5	6
1,9	1	9	0	0	0		5	9	6	9
2	2	0	0	0	0		6	2	8	4
2,1	2	1	0	0	0		6	5	9	8
2,2	2	1	0	0	0		6	9	1	2
2,3	2	3	0	0	0		7	2	2	6
2,4	2	4	0	0	0		7	5	4	0
2,5	2	5	0	0	0		7	8	5	5
2,6	2	6	0	0	0		8	1	6	9
2,7	2	7	0	0	0		8	4	8	3
2,8	2	8	0	0	0		8	7	9	7
2,9	2	9	0	0	0		9	1	1	1
3	3	0	0	0	0		9	4	2	6
3,1	3	1	0	0	0		9	7	4	0
3,2	3	2	0	0	0	1	0	0	5	4
3,3	3	3	0	0	0	1	0	3	6	8
3,4	3	4	0	0	0	1	0	6	8	2
3,5	3	5	0	0	0	1	0	9	9	7
3,6	3	6	0	0	0	1	1	3	1	1
3,7	3	7	0	0	0	1	1	6	2	5
3,8	3	8	0	0	0	1	1	9	3	9
3,9	3	9	0	0	0	1	2	2	5	3
4	4	0	0	0	0	1	2	5	6	8
4,1	4	1	0	0	0	1	2	8	8	2
4,2	4	2	0	0	0	1	3	1	9	6
4,3	4	3	0	0	0	1	3	5	1	0
4,4	4	4	0	0	0	1	3	8	2	4
4,5	4	5	0	0	0	1	4	1	3	9

4,6 bis 10 — 0,1 / 1,0 / 10,0 / 1000,0 / 10000,0 — $3{,}142 = \pi$

	0,1	1,0	10,0	1000,0	10000,0		$3{,}142 = \pi$		
4,6	4	6	0	0	0	1	4	4	5	3
4,7	4	7	0	0	0	1	4	7	6	7
4,8	4	8	0	0	0	1	5	0	8	1
4,9	4	9	0	0	0	1	5	3	9	5
5	5	0	0	0	0	1	5	7	1	0
5,1	5	1	0	0	0	1	6	0	2	4
5,2	5	2	0	0	0	1	6	3	3	8
5,3	5	3	0	0	0	1	6	6	5	2
5,4	5	4	0	0	0	1	6	9	6	6
5,5	5	5	0	0	0	1	7	2	8	1
5,6	5	6	0	0	0	1	7	5	9	5
5,7	5	7	0	0	0	1	7	9	0	9
5,8	5	8	0	0	0	1	8	2	2	3
5,9	5	9	0	0	0	1	8	5	3	7
6	6	0	0	0	0	1	8	8	5	2
6,1	6	1	0	0	0	1	9	1	6	6
6,2	6	2	0	0	0	1	9	4	8	0
6,3	6	3	0	0	0	1	9	7	9	4
6,4	6	4	0	0	0	2	0	1	0	8
6,5	6	5	0	0	0	2	0	4	2	3
6,6	6	6	0	0	0	2	0	7	3	7
6,7	6	7	0	0	0	2	1	0	5	1
6,8	6	8	0	0	0	2	1	3	6	5
6,9	6	9	0	0	0	2	1	6	7	9
7	7	0	0	0	0	2	1	9	9	4
7,1	7	1	0	0	0	2	2	3	0	8
7,2	7	2	0	0	0	2	2	6	2	2
7,3	7	3	0	0	0	2	2	9	3	6
7,4	7	4	0	0	0	2	3	2	5	0
7,5	7	5	0	0	0	2	3	5	6	5
7,6	7	6	0	0	0	2	3	8	7	9
7,7	7	7	0	0	0	2	4	1	9	3
7,8	7	8	0	0	0	2	4	5	0	7
7,9	7	9	0	0	0	2	4	8	2	1
8	8	0	0	0	0	2	5	1	3	6
8,1	8	1	0	0	0	2	5	4	5	0
8,2	8	2	0	0	0	2	5	7	6	4
8,3	8	3	0	0	0	2	6	0	7	8
8,4	8	4	0	0	0	2	6	3	9	2
8,5	8	5	0	0	0	2	6	7	0	7
8,6	8	6	0	0	0	2	7	0	2	1
8,7	8	7	0	0	0	2	7	3	3	5
8,8	8	8	0	0	0	2	7	6	4	9
8,9	8	9	0	0	0	2	7	9	6	3
9	9	0	0	0	0	2	8	2	7	8
9,1	9	1	0	0	0	2	8	5	8	2
9,2	9	2	0	0	0	2	8	9	0	6
9,3	9	3	0	0	0	2	9	2	2	0
9,4	9	4	0	0	0	2	9	5	3	4
9,5	9	5	0	0	0	2	9	8	4	9
9,6	9	6	0	0	0	3	0	1	6	3
9,7	9	7	0	0	0	3	0	4	7	7
9,8	9	8	0	0	0	3	0	7	9	1
9,9	9	9	0	0	0	3	1	1	0	5
10	10	0	0	0	0	3	1	4	2	0

Druck der Spamerschen Buchdruckerei in Leipzig.

Werkstättenbuchführung für moderne Fabrikbetriebe. Von **C. M. Lewin**, Dipl.-Ing. Zweite, verbesserte Auflage. Gebunden Preis M. 10.—

Die Betriebsbuchführung einer Werkzeugmaschinenfabrik. Probleme und Lösungen. Von Dr.-Ing. **Manfred Seng.** Mit 3 Abbildungen und 41 Formularen. Gebunden Preis M. 5.—

Die Betriebsleitung insbesondere der Werkstätten. Autor. deutsche Bearbeitung der Schrift „Shop management". Von **Fred. W. Taylor,** Philadelphia. Von **A. Wallichs,** Professor an der Technischen Hochschule in Aachen. Dritte, vermehrte Auflage. Dritter, unveränderter Neudruck mit 26 Abbildungen und 2 Zahlentafeln. Gebunden Preis M. 20.—

Aus der Praxis des Taylor-Systems mit eingehender Beschreibung seiner Anwendung bei der Tabor Manufacturing Company in Philadelphia. Von Dipl.-Ing. **Rudolf Seubert.** Mit 45 Abbildungen und Vordrucken. Vierter, berichtigter Neudruck. Gebunden Preis M. 20.—

Das ABC der wissenschaftlichen Betriebsführung. Primer of Scientific Management. Von **Frank B. Gilbreth.** Frei bearbeitet von Dr. **Colin Roß.** Mit 12 Textabbildungen. Dritter, unveränderter Neudruck. Preis M. 4.60

Die wirtschaftliche Arbeitsweise in den Werkstätten der Maschinenfabriken, ihre Kontrolle und Einführung mit besonderer Berücksichtigung des Taylor-Verfahrens. Von **Adolf Lauffer,** Betriebsingenieur in Königsberg i. Pr. Zweiter, berichtigter Neudruck. Preis M. 4.60

Grundlagen der Arbeitsorganisation im Betriebe, mit besonderer Berücksichtigung der Verkehrstechnik. Von Dr.-Ing. **Johannes Riedel** in Dresden. Mit 13 Textabbildungen. Preis M. 6.—

Industrielle Betriebsführung. — Betriebsführung und Betriebswissenschaft. Von **James Mapes Dodge** und Professor Dr.-Ing. **G. Schlesinger.** Vorträge, gehalten auf der 54. Hauptversammlung des Vereines deutscher Ingenieure in Leipzig. Unveränderter Neudruck. Preis M. 2.80

Hierzu Teuerungszuschläge

Wahl, Projektierung und Betrieb von Kraftanlagen. Ein Hilfsbuch für Ingenieure, Betriebsleiter, Fabrikbesitzer. Von **Friedrich Barth,** Oberingenieur an der Bayerischen Landesgewerbeanstalt in Nürnberg. Zweite, umgearbeitete und erweiterte Auflage. Mit 133 Abbildungen im Text und auf 3 Tafeln. Gebunden Preis M. 22.—

Billig Verladen und Fördern. Von Privatdozent Dipl.-Ing. **G. v. Hanffstengel.** Eine Zusammenstellung der maßgebenden Gesichtspunkte für die Schaffung von Neuanlagen nebst Beschreibung und Beurteilung der bestehenden Verlade- und Fördermittel unter besonderer Berücksichtigung ihrer Wirtschaftlichkeit. Zweite, verbesserte Auflage. Mit 116 Textabbildungen. Preis M. 6.—

Neuzeitliche Betriebsführung und Werkzeugmaschine. Theoretische Grundlagen. Beiträge zur Kenntnis der Werkzeugmaschine und ihrer Behandlung. Von Prof. **E. Toussaint** in Berlin. Mit 86 Textabbildungen. Preis M. 2.—

Der Fabrikbetrieb. Praktische Anleitungen zur Anlage und Verwaltung von Maschinenfabriken und ähnlichen Betrieben sowie zur Kalkulation und Lohnverrechnung. Von **Albert Ballewski.** Dritte, vermehrte und verbesserte Auflage bearbeitet von **C. M. Lewin,** beratender Ingenieur für Fabrikorganisation in Berlin. Zweiter, unveränderter Neudruck. Gebunden Preis M. 10.—

Die Abschätzung des Wertes industrieller Unternehmungen. Von Dr. **Felix Moral,** Zivilingenieur und beeidigter Sachverständiger. Preis M. 12.—; geb. M. 14.40

Die Wertveränderung durch Abschreibung, Tilgung und Zinseszinsen. Formeln und Tabellen zur sofortigen Ermittlung des Verlaufes und jeweiligen Standes eines Betriebs- oder Kapitalwertes. Zum Gebrauch für Ingenieure, Verwaltungsbeamte, Kaufleute usw. Aufgestellt und erläutert von Dipl.-Ing. **H. Kastendieck.** Gebunden Preis M. 1.60

Erneuerungs-, Ersatz-, Reserve-, Tilgungs- und Heimfallfonds, ihre grundsätzlichen Unterschiede und ihre bilanzmäßige Behandlung. Von Dr.-Ing. **Adolf Paul.** Preis M. 3.60

Die Wertminderungen an Betriebsanlagen in wirtschaftlicher, rechtlicher und rechnerischer Beziehung. (Bewertung, Abschreibung, Tilgung, Heimfallast, Ersatz und Unterhaltung.) Von **Emil Schiff** in Berlin. Dritter, unveränderter Neudruck. Preis M. 16.—

Die Inventur. Aufnahmetechnik, Bewertung und Kontrolle. Für Fabrik- und Warenhandelsbetriebe dargestellt von Ingenieur **Werner Grull,** Beeidigter und öffentlich angestellter Bücherrevisor in Erlangen. Unveränderter Neudruck. Gebunden Preis M. 15.—

Hierzu Teuerungszuschläge